Ilse Mayer

Arbeitsblätter Mathematik

Für individuelles Lernen und Verstehen

7./8. Jahrgangsstufe

Kopiervorlagen mit Lösungen

BRIGG Pädagogik

Gedruckt auf umweltbewusst gefertigtem, chlorfrei gebleichtem
und alterungsbeständigen Papier.

3. überarbeitete Auflage 2011
Nach den seit 2006 amtlich gültigen Regelungen der Rechtschreibung

Originalausgabe: Bildungsverlag Lemberger
A-1170 Wien, www.lemberger.at

Covergestaltung:
Gernot Lauboeck, da
Graphik Design, Wien
www.lauboeckdesign.at

Satz und geometrische Konstruktionen: Ilse Mayer, Wien

ISBN 978-3-87101-**261**-7

www.brigg-paedagogik.de

Arbeitsblätter Mathematik
7./8. Jahrgangsstufe

Mit den Mathematik-Lernprogrammen lernen die Schüler/-innen, selbstständig und in individuellem Arbeitstempo neuen Stoff zu erarbeiten, zu üben und anzuwenden. Sie sind motiviert, weil sie erfahren, dass sie Mathematik lernen können.

Die Lernprogramme sind in *Merkstoff* und *Arbeitsblätter* gegliedert.

Der ***Merkstoff*** soll gesammelt werden und als Lexikon dienen.

Die ***Arbeitsblätter*** vermitteln den Lehrstoff (meist) kontinuierlich aufbauend, sie werden in der angegebenen Reihenfolge bearbeitet.

In allen Organisationsformen der Sekundarstufe I ist mit den *„Arbeitsblättern Mathematik“* innere Differenzierung und Individualisierung nach Niveau und Zeit möglich.

Didaktische und organisatorische Aspekte für den Unterricht mit Mathematik-Lernprogrammen – ein erprobtes Unterrichtsmodell

Übersicht für Lehrer/-innen

	Klasse	Koordinatens.		Potenzen					Erweiterungs-	bereich		Hausaufgaben						Schularbeit
		1	2	1	2	3	4					9	10	11	12	13		
1	Anton	✓	✓	✓	✓	✓												
2	Beate	✓	✓	✓	✓	✓	✓											
3	Christine	✓	✓	✓		✓												
4	Daniel	✓	✓	✓	✓	✓	✓											
5	Eva	✓		✓														
6	Florian	✓	✓	✓	✓	✓												
7	Gerhard	✓		✓		✓												

Vom Lehrer/von der Lehrerin wird für jedes Kapitel eine Liste geführt, wodurch der individuelle Lernfortschritt bzw. Förderbedarf jedes einzelnen Kindes überblickt werden kann.

Übersicht für Schüler/-innen

Arbeitsblätter-Verzeichnis
Arbeitsblätter Mathematik 7/8

Name: Christine

M3 – Wiederholung	1	2	3	4	5				
Ganze und rationale Zahlen	1	2	3	4	5	6	7	8	9
Rechtw. Koordinatensystem	1	2							
Potenzen	1	2	3	4					

Die Schüler/-innen malen nach Fertigstellung eines Arbeitsblattes das entsprechende Feld im Verzeichnis an.

Die Listen zeigen die Leistungen von Schüler(inne)n in einer heterogenen Schülergruppe.

Ordnung trotz Zettelwirtschaft

Die Schüler/-innen verwenden A4-Mappen mit zwei großen Ringen.

A4-Mappe		
	1. Inhaltsverzeichnis Merkstoff Merkstoffblätter	je zwei Blätter in einer Klarsichthülle
	2. Inhaltsverzeichnis Arbeitsblätter Arbeitsblätter	
	3. Hausaufgaben	

Jene Arbeitsblätter, die einzelne/alle Schüler/-innen nicht bearbeiten, werden aufbewahrt und können zu einem späteren Zeitpunkt ausgeführt werden.

Der ganz normale Unterricht

- ✧ Bei einem neuen Kapitel beginnen die Kinder zunächst selbstständig die Aufgaben des ersten Arbeitsblattes zu bearbeiten. Bei neuem Stoff studieren sie den entsprechenden Abschnitt im Merkstoff.
- ✧ Die Kinder schreiben mit Bleistift bzw. Buntstift, falsche Rechnungen werden vom Kind ausradiert und neu gerechnet.
- ✧ Wenn eine Rechnung nicht selbstständig gelöst werden kann, kommt das Kind zur Lehrkraft.
- ✧ Jedem Kind wird nur erklärt, was es nicht selbst erarbeiten (wissen) kann.
- ✧ Aufgaben können für einzelne Schüler/-innen auf der Rückseite des Arbeitsblattes graphisch aufbereitet oder z. B. durch Beispiele mit einfachen Zahlen erklärt werden.
- ✧ Ist ein Schüler/eine Schülerin früher als vorgesehen mit dem Lernprogramm fertig, werden noch nicht gerechnete Arbeitsblätter aus vorher durchgenommenen Kapiteln ergänzt oder Beispiele aus anderen Aufgabensammlungen gerechnet.
- ✧ Hat ein Kind bei einem Arbeitsblatt mehrmals große Probleme, braucht es also außergewöhnlich oft die Hilfe des Lehrers/der Lehrerin, kann es dieses Arbeitsblatt ein zweites Mal rechnen.
- ✧ Die Arbeitsergebnisse werden nach Bedarf mit einem einzelnen Kind, einer Gruppe oder mit allen Schüler(inne)n besprochen.
- ✧ Wenn ein Arbeitsblatt fertig gerechnet wurde und richtig ist, wird dies vom Lehrer/von der Lehrerin in seiner/ihrer Liste eingetragen und das Kind bemalt das entsprechende Kästchen in seinem Verzeichnis. Das Blatt bleibt vorläufig beim Lehrer/bei der Lehrerin.
- ✧ Wenn (fast) alle Kinder das Blatt fertig gerechnet haben, wird dasselbe Arbeitsblatt noch einmal als Hausaufgabe gerechnet. Hausaufgaben werden ebenfalls nummeriert (Ordnung in der Mappe).
- ✧ Erst nachdem auch die Hausaufgabe gerechnet bzw. verbessert wurde, bekommen die Kinder auch ihr Schulübungsblatt.

Was trotzdem stattfindet (exemplarisch)

- ✧ Bei geeigneten Kapiteln bearbeiten die sehr guten Schüler/-innen zunächst das erste Arbeitsblatt mit Hilfe von anderen Büchern oder Arbeitsmaterialien und erhalten erst danach das Merkstoffblatt. Die mittlere Gruppe arbeitet mit Hilfe des Merkstoffblattes. Die guten Schüler/-innen erklären dann den schwachen das Merkstoffblatt (inkl. Abbildungen in Büchern bzw. Anschauungsmaterialien).
- ✧ Die guten Schüler/-innen erarbeiten neuen Lehrstoff selbstständig, die weniger begabten werden vom Lehrer/von der Lehrerin unterstützt.
- ✧ Anfertigen bzw. Verwenden von Anschauungsmaterial, z. B. Modelle von geometrischen Körpern ...
- ✧ Mathematische Spiele, Rollenspiele, Rätsel, „Reihenrechenübungen", Stationenbetrieb, themenzentrierte Einheiten, projektorientierter Unterricht u. dgl.

Was anders ist

- ✧ Jedes Kind arbeitet in seinem individuellen Arbeitstempo.
- ✧ Es ist ein hohes Ausmaß an Differenzierung möglich. In der vorgegebenen Zeit bearbeiten manche Kinder vier, andere zwölf Blätter, erreichen also unterschiedliche Teilziele.
- ✧ Jedes Kind arbeitet selbstständig.
- ✧ Jedes Kind muss den Merkstoff und die Arbeitsaufträge auf den Arbeitsblättern genau lesen und jedes Wort verstehen, sonst kann es die Aufgaben nicht lösen, es übt somit auch in den Mathematikstunden sinnerfassend zu lesen.
- ✧ Das Besprechen der Arbeitsergebnisse (Probleme, Lösungswege ...) kann in Gruppen erfolgen.
- ✧ Alle Rechnungen auf den Arbeitsblättern sind vollständig und richtig.
- ✧ Die Lehrerin/der Lehrer weiß genau, was jedes einzelne Kind kann und was nicht.
- ✧ Jedes Kind weiß genau, was es kann, und fragt, wenn es etwas nicht versteht.

✧ Jedes Kind verwendet die gesamte Unterrichtszeit sinnvoll – für Rechnungen, die es auch begreifen kann.

✧ Auch jene Schüler/-innen, die Unterrichtszeit z. B. durch Krankheit versäumen, bearbeiten die Arbeitsblätter in der vorgesehenen Reihenfolge.

✧ Bei deutschen / ausländischen Kindern, die während des Schuljahres / der Schulzeit in die Klasse kommen, kann Lehrstoff sinnvoll ergänzt bzw. erweitert werden.

✧ Die Merkstoffblätter werden von der fünften bis zur zehnten Klasse gesammelt, die Kinder sind daran gewöhnt, mit dem „Mathe-Lexikon“ zu arbeiten.

✧ Die Schüler/-innen sind motiviert, weil sie bei dieser Arbeitsweise erfahren, dass sie „Mathe“ lernen können, sie brauchen nicht zur Mitarbeit motiviert zu werden.

Beurteilung

✧ Die Summe aller fertigen Schulübungsblätter, richtigen Hausaufgabenblätter und ein Bruchteil der erreichten Schularbeitspunkte ergibt die Gesamtsumme der erreichten Punkte.

✧ Beispiel für einen Punkteschlüssel für die Schularbeit bzw. Notenschlüssel

Note		6		5		4		3		2		1	
Anzahl der Punkte	0		12		24		32		38		44		48
Punkte in %	0%		25%		50%		66%		80%		92%		100%

✧ Durch die Prozentangabe kann Schüler(inne)n bzw. Eltern jederzeit Auskunft über den Leistungsstand gegeben werden.

Was wichtig ist

✧ Die Schüler/-innen arbeiten mit Bleistift bzw. Buntstift, falsche Rechnungen werden ausradiert und neu gerechnet.

✧ Die Lehrer/-innen korrigieren anders. Auf den Arbeitsblättern werden die richtigen Ergebnisse abgehakt und auf Fehler wird das Kind nur aufmerksam gemacht. Falsche Ergebnisse werden nicht durchgestrichen.

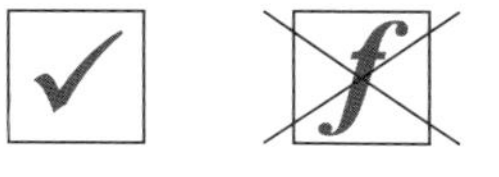

Tipps aus der Praxis

- Die Mathematik-Lernprogramme können von den Schüler(inne)n einzeln, mit Partner oder in Gruppen bearbeitet werden; es ist auch möglich, die Sozialform freizustellen.
- Die gelösten Aufgaben können – je nach Aufgabenstellung bzw. Niveau der Schüler/-innen – mit Hilfe der Lösung von der Lehrkraft, von einzelnen Schüler(inne)n, gruppenweise oder von allen Schüler(inne)n auf ihre Richtigkeit überprüft werden. Auch hier ist Differenzierung zweckmäßig und möglich.
- Integrationskinder der 7. Schulstufe können auch mit Mathematik-Lernprogrammen für die 5. bzw. 6. Schulstufe arbeiten.
- Kinder der 3. Leistungsgruppe oder langsame Rechner in heterogenen Schülergruppen können im Unterricht oder als Hausaufgabe Arbeitsblätter der 6. Schulstufe ergänzen oder noch einmal rechnen (z. B. Prozentrechnung, Prismen).
- Bei den verschiedenen Geräten ist die Eingabe sehr unterschiedlich vorzunehmen, deshalb gibt es für die Arbeit mit dem Taschenrechner nur wenige Arbeitsanleitungen. Ich halte es für zweckmäßig, wenn z. B. bei den Grundrechensarten mit ganzen und rationalen Zahlen zuerst ohne Taschenrechner gearbeitet wird und die Ergebnisse dann mit dem Taschenrechner „kontrolliert“ werden.
- Für die Arbeit mit dem Computer gibt es nur zwei exemplarische Hinweise, weil ich denke, dass vor allem die Ausgangsbedingungen an den Schulen sehr unterschiedlich sind. Dennoch: Excel-Tabellen halte ich auch bei Anfänger/-innen für geeignet. Und beim Unterricht mit Mathematik-Lernprogrammen ist Arbeiten mit dem Computer besonders einfach zu organisieren, sogar dann, wenn nur ein Gerät vorhanden ist.

Ilse Mayer

	Klasse																
1																	
2																	
3																	
4																	
5																	
6																	
7																	
8																	
9																	
10																	
11																	
12																	
13																	
14																	
15																	
16																	
17																	
18																	
19																	
20																	
21																	
22																	
23																	
24																	
25																	
26																	
27																	
28																	
29																	
30																	

Stoffverteilung

Arbeitsblätter Mathematik 7/8

Das Buch enthält Lernprogramme, die aus Merkstoff und Arbeitsblättern bestehen.
Die Arbeitsblätter vermitteln den Lehrstoff kontinuierlich aufbauend und werden in der angegebenen Reihenfolge bearbeitet. Die Schüler/-innen arbeiten selbstständig und in individuellem Arbeitstempo.

Pro Schulwoche sollen je nach Leistungsgruppe bzw. Niveau der Schüler/-innen durchschnittlich zwei bis vier Arbeitsblätter bearbeitet werden.

Differenzierung:
- ☐ Arbeitsblätter leicht
- ☐ Arbeitsblätter mittel
- ■ Arbeitsblätter schwer

Schulwoche	Thema	Arbeitsblattnummer
	M3 – Wiederholung	1 2 3 4 5
	Ganze und rationale Zahlen	1 2 3 4 5 6 7 8 9
	Das rechtw. Koordinatensystem	1 2
	Potenzen	1 2 3 4
	Anwendung der Prozentrechnung	1 2 3 4 5 6 7 8
	Termumformungen	1 2 3 4 5 6 7 8 9 10 11 12 13 14 15
	Flächeninhalte von Vielecken	1 2 3 4 5 6 7 8 9 10 11 12
	Lineare Gleichungen	1 2 3 4 5 6 7 8 9
	Verhältnisse und Proportionen	1 2 3 4 5
	Ähnlichkeit	1 2 3 4 5 6 7 8
	Proportionale Zuordnungen	1 2 3 4 5 6 7 8
	Prismen und Pyramiden	1 2 3 4 5 6 7 8 9 10
	Zinsen und Zinseszinsen	1 2 3 4 5 6 7 8 9
	Lehrsatz des Pythagoras	1 2 3 4 5 6 7 8 9
	Rechnen mit Formeln	1 2 3 4 5
	Statistik	1 2
	Sachaufgaben	1 2 3 4 5
	Rätsel	1 2 3

Merkstoff-Verzeichnis

Arbeitsblätter Mathematik 7/8

Merkstoff: Ganze und rationale Zahlen

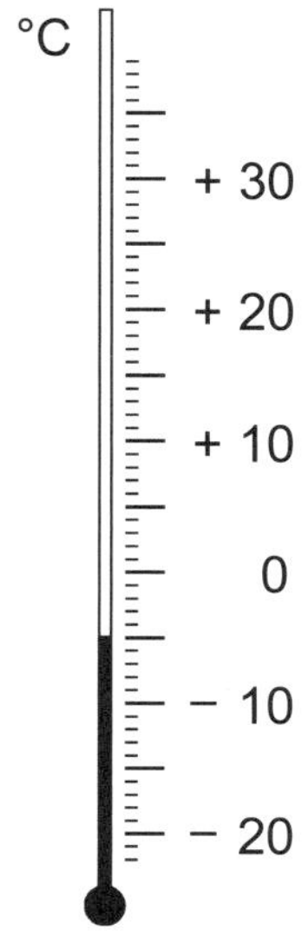

Am Morgen zeigt das Thermometer eine Temperatur von – 5 °C.

Am Tag wird die Temperatur um 14 °C steigen.

Die Tageshöchsttemperatur wird daher + 9 °C betragen.

In der Nacht wird die Temperatur um 16 °C fallen.

In der kommenden Nacht wird die Tiefsttemperatur daher – 7 °C betragen.

Um „Plusgrade“ und „Minusgrade“ klar zu unterscheiden, schreibt man die Zahlen meist mit einem Vorzeichen. Das Vorzeichen „Minus“ muss man immer schreiben, das Vorzeichen „Plus“ kann man oft weglassen.

Plusgrade: + 1 °C, + 2 °C, + 3 °C, ...
Minusgrade: – 1 °C, – 2 °C, – 3 °C, ...

1. Die Menge der ganzen Zahlen

Zahlen wie z. B. – 5, + 8, – 7 ... nennt man „ganze Zahlen“.

Zur Menge der ganzen Zahlen gehören
- **die negativen ganzen Zahlen,**
- **die Zahl Null,**
- **die positiven ganzen Zahlen.**

Z = {... – 3, – 2, – 1, 0, 1, 2, 3 ...}
Positive ganze Zahlen: Z^+ = {1, 2, 3 ...}
Negative ganze Zahlen: Z^- = {... – 3, – 2, – 1}

Es gibt unendlich viele ganze Zahlen.

Zahlengerade

Punktdarstellung: Jeder ganzen Zahl lässt sich auf der Zahlengeraden eindeutig ein Punkt zuordnen.

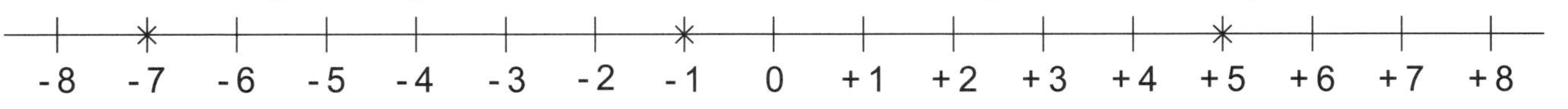

Die negativen Zahlen stehen links von der Null, die positiven ganzen Zahlen stehen rechts von der Null. Von zwei Zahlen steht auf der Zahlengeraden links die kleinere Zahl und rechts die größere Zahl.

Betrag: Den Abstand einer Zahl von der Null nennt man Betrag der Zahl.
$|+ a| = a \qquad |- a| = a$

Gegenzahl: Zwei Zahlen mit gleichem Betrag, aber ungleichem Vorzeichen, nennt man Gegenzahlen.
– a ist die Gegenzahl von + a,
+ a ist die Gegenzahl von – a.

Pfeildarstellung: Jede ganze Zahl lässt sich auf der Zahlengeraden als Pfeil darstellen.

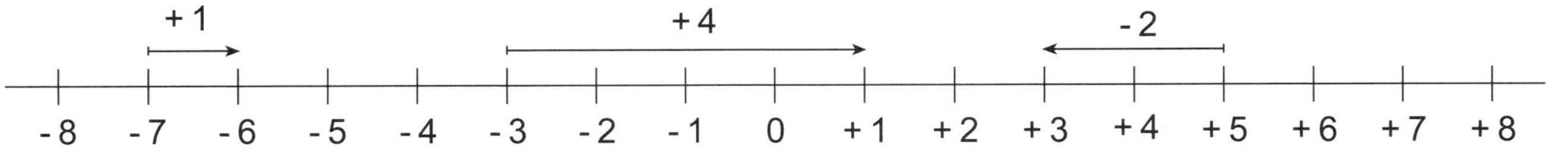

Positive ganze Zahl: → rechtsgerichteter Pfeil
Negative ganze Zahl: ← linksgerichteter Pfeil
Betrag der Zahl: Länge des Pfeils

2. Die vier Grundrechenarten mit ganzen Zahlen

Wenn bei Rechnungen mit ganzen Zahlen Rechenzeichen und Vorzeichen zusammenkommen, muss man das Vorzeichen und die dazugehörende Zahl in eine Klammer setzen.

Die **Rechengesetze** und **Vorrangregeln** für das Rechnen mit natürlichen Zahlen gelten auch für das Rechnen mit ganzen Zahlen.

2.1 Addition und Subtraktion

Graphische Darstellung

Bei der Zahl Null beginnend zeichnet man den Pfeil der ersten Zahl.
An die Spitze des Pfeils der ersten Zahl zeichnet man den Anfang des Pfeils der zweiten Zahl.
Der Ergebnispfeil reicht vom Anfang des ersten Pfeils bis zur Spitze des zweiten Pfeils.

(+ 4) + (+ 1) = + 5

einfacher: 4 + 1 = 5

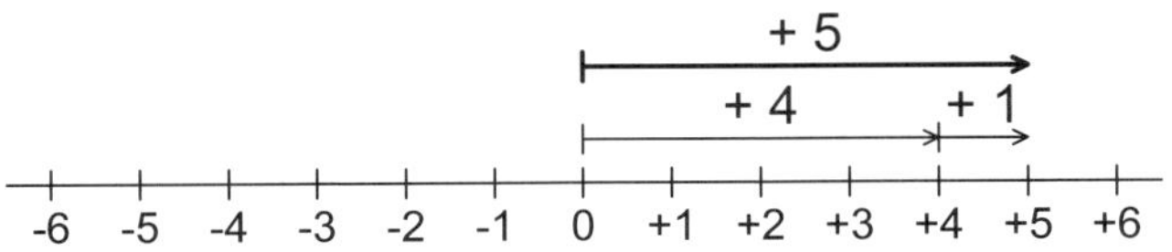

(– 4) + (+ 1) = – 3

einfacher: – 4 + 1 = – 3

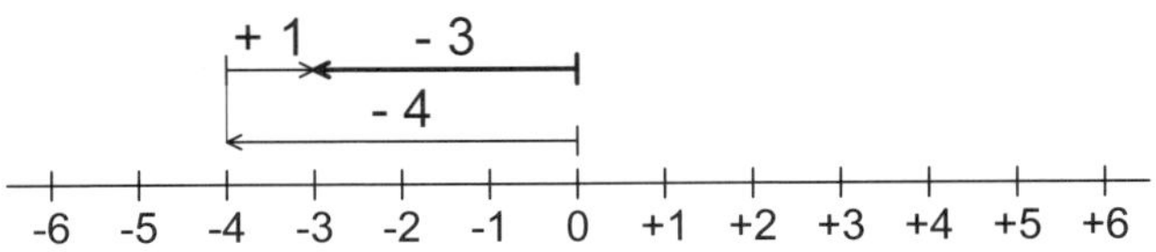

(+ 4) + (– 1) = + 3 | (+ 4) – (+ 1) = 3

einfacher: + 4 – 1 = 3

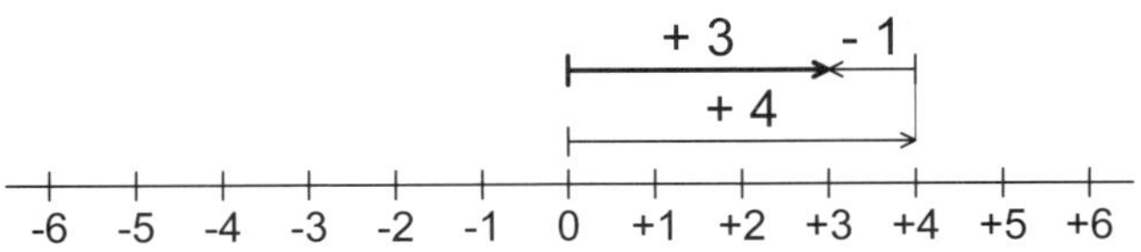

(– 4) – (+ 1) = – 5 | (– 4) + (– 1) = – 5

einfacher: – 4 – 1 = – 5

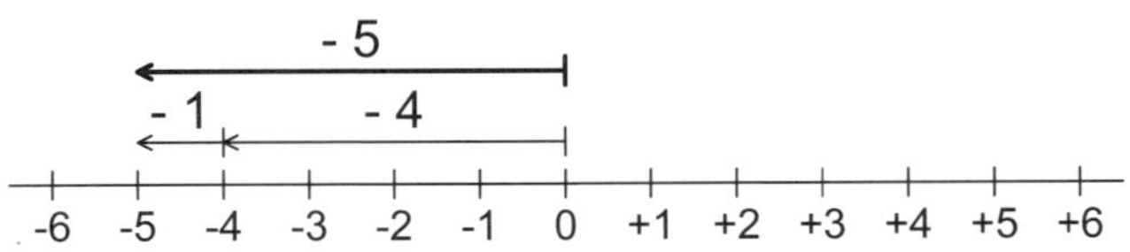

Addieren einer ganzen Zahl bedeutet Subtrahieren der Gegenzahl.

(+ a) + (+ b) = (+ a) – (– b)
(+ a) + (– b) = (+ a) – (+ b)

Subtrahieren einer ganzen Zahl bedeutet Addieren der Gegenzahl.

(+ a) – (+ b) = (+ a) + (– b)
(+ a) – (– b) = (+ a) + (+ b)

Vorzeichenregeln für Addition und Subtraktion

(+ 3) + (+ 5) = + 3 + 5 = + 8	Plus vor plus ergibt plus.	$a \underbrace{+ (+}_{+} b) = a + b$
(+ 3) + (– 5) = + 3 – 5 = – 2	Plus vor minus ergibt minus.	$a \underbrace{+ (-}_{-} b) = a - b$
(+ 3) – (+ 5) = + 3 – 5 = – 2	Minus vor plus ergibt minus.	$a \underbrace{- (+}_{-} b) = a - b$
(+ 3) – (– 5) = + 3 + 5 = + 8	Minus vor minus ergibt plus.	$a \underbrace{- (-}_{+} b) = a + b$

<table>
<tr><td>+ 4 + 1 = + 5</td><td>+ 2 + 9 = + 11</td><td rowspan="2">} gleiche Zeichen → addieren</td><td rowspan="4">} Das Ergebnis hat das Vorzeichen der Zahl mit dem größeren Betrag.</td></tr>
<tr><td>– 4 – 1 = – 5</td><td>– 2 – 9 = – 11</td></tr>
<tr><td>+ 4 – 1 = + 3</td><td>+ 2 – 9 = – 7</td><td rowspan="2">} ungleiche Zeichen → subtrahieren</td></tr>
<tr><td>– 4 + 1 = – 3</td><td>– 2 + 9 = + 7</td></tr>
</table>

2.2 Multiplikation und Division

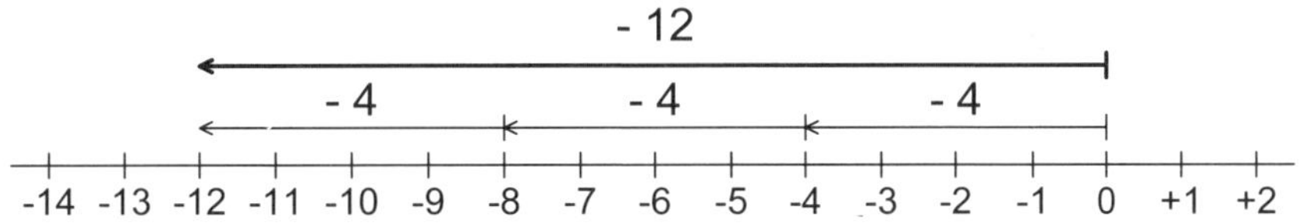

Die Multiplikation mit einer positiven Zahl kann auf eine Addition gleicher Summanden zurückgeführt werden.

(– 4) · (+ 3) = (– 4) + (– 4) + (– 4) = – 12

(+ 2) · (+ 4) = (+ 2) + (+ 2) + (+ 2) + (+ 2) = + 8
(+ 1) · (+ 4) = (+ 1) + (+ 1) + (+ 1) + (+ 1) = + 4
0 · (+ 4) = 0 + 0 + 0 + 0 = 0
(– 1) · (+ 4) = (– 1) + (– 1) + (– 1) + (– 1) = – 4
(– 2) · (+ 4) = (– 2) + (– 2) + (– 2) + (– 2) = – 8

Bei der Multiplikation mit einer negativen Zahl wird das Kommutativgesetz angewendet.

(+ 3) · (– 4) = (– 4) · (+ 3)

(+ 2) · (– 4) = – 8
(+ 1) · (– 4) = – 4
0 · (– 4) = 0
(– 1) · (– 4) = + 4
(– 2) · (– 4) = + 8

Die Division ist die Umkehrung der Multiplikation.

(+ 8) : (+ 4) = + 2,	denn (+ 2) · (+ 4) = + 8
(– 8) : (+ 4) = – 2,	denn (– 2) · (+ 4) = – 8
(– 8) : (– 4) = + 2,	denn (+ 2) · (– 4) = – 8
(+ 8) : (– 4) = – 2,	denn (– 2) · (– 4) = + 8

Vorzeichenregeln für Multiplikation und Division

(+ 3) · (+ 5) = + 15	gleiche Vorzeichen Ergebnis positiv	Plus mal plus ergibt plus.	(**+** a) · (**+** b) = **+** (a · b)
(– 3) · (– 5) = + 15		Minus mal minus ergibt plus.	(**–** a) · (**–** b) = **+** (a · b)
(+ 3) · (– 5) = – 15	ungleiche Vorzeichen Ergebnis negativ	Plus mal minus ergibt minus.	(**+** a) · (**–** b) = **–** (a · b)
(– 3) · (+ 5) = – 15		Minus mal plus ergibt minus.	(**–** a) · (**+** b) = **–** (a · b)
(+ 15) : (+ 5) = + 3	gleiche Vorzeichen Ergebnis positiv	Plus durch plus ergibt plus.	(**+** a) : (**+** b) = **+** (a : b)
(– 15) : (– 5) = + 3		Minus durch minus ergibt plus.	(**–** a) : (**–** b) = **+** (a : b)
(+ 15) : (– 5) = – 3	ungleiche Vorzeichen Ergebnis negativ	Plus durch minus ergibt minus.	(**+** a) : (**–** b) = **–** (a : b)
(– 15) : (+ 5) = – 3		Minus durch plus ergibt minus.	(**–** a) : (**+** b) = **–** (a : b)

3. Die Menge der rationalen Zahlen

Zahlen der Form $\frac{a}{b}$, wobei a ∈ Z und b ∈ Z \ {0} ist, bezeichnet man als rationale Zahlen.
Jede rationale Zahl lässt sich also als Quotient zweier ganzer Zahlen darstellen.
Die Menge der rationalen Zahlen wird in Kurzform mit Q (Quotient) bezeichnet.

$6 = \frac{6}{1}$	$+3,4 = +\frac{34}{10}$	$-19 = -\frac{19}{1}$	$7,035 = \frac{7035}{1000}$	$+1,\overline{5} = \frac{14}{9}$	$-0,1\overline{6} = -\frac{1}{6}$

In der Menge der rationalen Zahlen sind alle vier Grundrechenarten, ausgenommen die Division durch Null, ausführbar.

Es gelten dieselben Rechengesetze und Vorrangregeln wie beim Rechnen mit natürlichen Zahlen, wobei die Vorzeichenregeln zu berücksichtigen sind.

Merkstoff: Das rechtwinklige Koordinatensystem

1. Das rechtwinklige Koordinatensystem

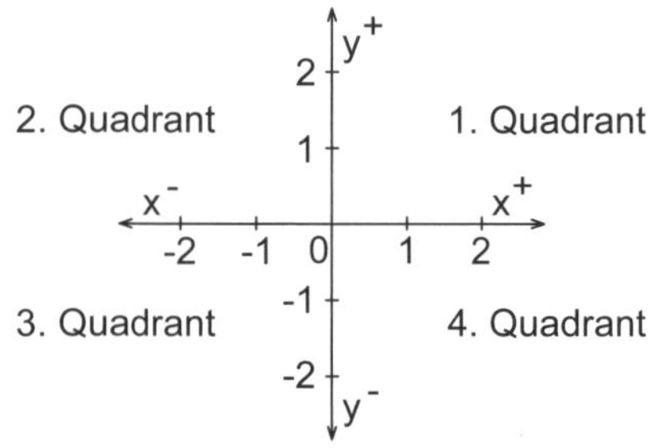

Das rechtwinklige Koordinatensystem besteht aus zwei aufeinander normal stehenden Geraden.

Diese Geraden (Koordinatenachsen) teilen eine Zeichenebene in vier Quadranten.

Durch zwei Koordinaten lässt sich jeder Punkt in dieser Zeichenebene eindeutig festlegen.

P(−3/2)

Die **erste** Koordinate ist die **x-Koordinate**. ↙ ↘ Die **zweite** Koordinate ist die **y-Koordinate**.

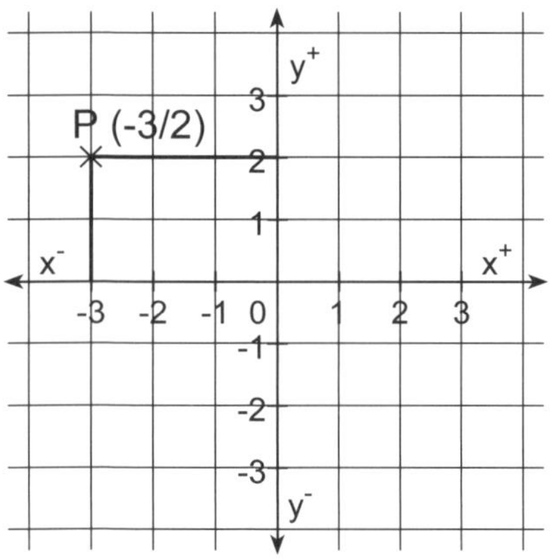

waagrechte Achse: 1. Koordinatenachse oder x-Achse

senkrechte Achse: 2. Koordinatenachse oder y-Achse

0 ... Koordinatenursprung oder Nullpunkt

P(x/y) ... Punkt P mit den Koordinaten x und y

2. Beispiel

Verbinde die Punkte nach dem Alphabet mit einem offenen Streckenzug und gib die Koordinaten der gezeichneten Punkte an.

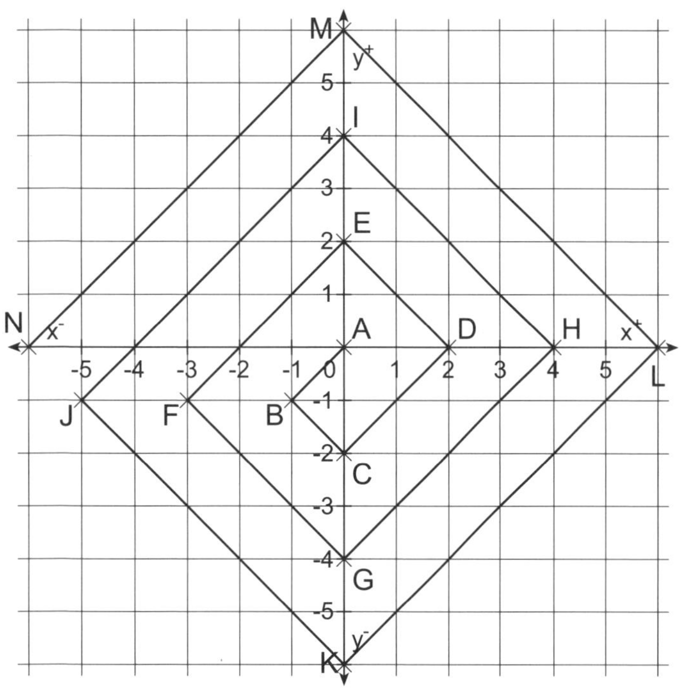

A(0/0)	H(4/0)
B(−1/−1)	I(0/4)
C(0/−2)	J(−5/−1)
D(2/0)	K(0/−6)
E(0/2)	L(6/0)
F(−3/−1)	M(0/6)
G(0/−4)	N(−6/0)

Merkstoff:	Potenzen

1. Begriffe

Eine Potenz ist ein Produkt gleicher Faktoren. $3^5 = 3 \cdot 3 \cdot 3 \cdot 3 \cdot 3$

a^n ← Hochzahl oder Exponent (n); ← Grundzahl oder Basis (a)

Das Bilden der Potenz bezeichnet man als Potenzieren. $a \cdot a \cdot a \cdot \ldots \cdot a = a^n$ (n = 1, 2, 3 ...)
Wird das Produkt berechnet, erhält man den Wert der Potenz. $2^6 = 2 \cdot 2 \cdot 2 \cdot 2 \cdot 2 \cdot 2 = 64$

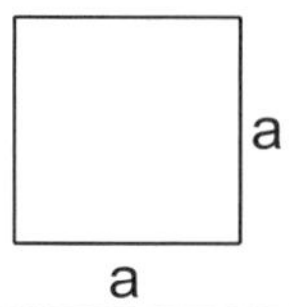

Quadrat:

$A = a \cdot a = a^2$

Quadrieren
(„a hoch 2“ oder „a Quadrat“)

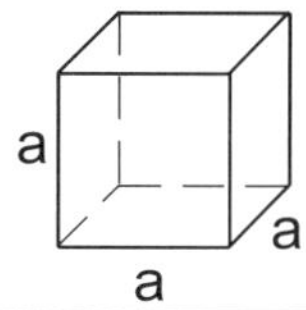

Würfel:

$V = a \cdot a \cdot a = a^3$

Kubieren
(„a hoch 3“ oder „a zur Dritten“)

2. Potenzen von negativen Zahlen

Ist die Basis eine **negative Zahl**, so ist der Wert der Potenz

- bei **ungeradem** Exponenten **negativ**.
- bei **geradem** Exponenten **positiv**.

$(-2)^1 = -2$	$(-2)^2 = (-2) \cdot (-2) = +4$
$(-2)^3 = (-2) \cdot (-2) \cdot (-2) = -8$	$(-2)^4 = (-2) \cdot (-2) \cdot (-2) \cdot (-2) = +16$
$(-2)^5 = (-2) \cdot (-2) \cdot (-2) \cdot (-2) \cdot (-2) = -32$	

3. Vorrangregeln

Potenzieren ist eine Rechnungsart dritter Stufe.

- **Klammern werden zuerst berechnet.**
- **Potenzieren vor Punktrechnung vor Strichrechnung.**
- **Wenn nicht anders geregelt, rechnet man von links nach rechts.**

4. Zehnerpotenzen

Dekadische Einheiten kann man – übersichtlich – mit Zehnerpotenzen darstellen.
Die Basis ist 10, und der Exponent gibt die Anzahl der Nullen an.
$10\,000\,000\,000\,000 = 10 \cdot 10 \cdot 10 \cdot 10 \cdot 10 \cdot 10 \cdot 10 \cdot 10 \cdot 10 \cdot 10 \cdot 10 \cdot 10 \cdot 10 = 10^{13}$

1 Tausend	1 000	10^3
1 Million	1 000 000	10^6
1 Milliarde	1 000 000 000	10^9
1 Billion	1 000 000 000 000	10^{12}
1 Billiarde	1 000 000 000 000 000	10^{15}
1 Trillion	1 000 000 000 000 000 000	10^{18}

Gleitkommadarstellung

$5\,300 = 5{,}3 \cdot 1\,000 = 5{,}3 \cdot 10^3$
$27\,300\,000 = 2{,}73 \cdot 10\,000\,000 = 2{,}73 \cdot 10^7$
Bei dieser Gleitkommadarstellung ist vor dem Komma genau eine Stelle (≠ 0).
Viele Taschenrechner zeigen große Zahlen in dieser Gleitkommadarstellung an.

1.2346 14
1.234567 x10 14

Merkstoff:	Anwendung der Prozentrechnung

1. Mehrwertsteuer

Bei jedem Kauf muss der Käufer den Preis der Ware (Preis ohne MwSt.) und die MwSt. bezahlen.
Der Verkäufer muss die vom Käufer bezahlte MwSt. an das Finanzamt überweisen.
(Jener Betrag an MwSt., den der Verkäufer selbst für diese Ware bezahlt hat, wird davon abgezogen.)

In Deutschland ist der Mehrwertsteuersatz
- 19 % für die meisten Waren
- 7 % (ermäßigter Steuersatz) für Lebensmittel, Bücher ...

Auch in anderen Ländern wird Mehrwertsteuer erhoben, die Mehrwertsteuersätze sind unterschiedlich hoch.

Preis ohne (exklusive) MwSt. ≙ 100 % – Nettopreis

plus MwSt.

Preis mit (inklusive) MwSt. – Bruttopreis

Beispiel

Ein Uhrmacher kauft eine Uhr für 80,00 € (Preis exklusive 19 % Mehrwertsteuer).
Er verkauft diese Uhr einem Kunden für 196,35 € (Preis inklusive 19 % Mehrwertsteuer).
a) Wie hoch ist die Mehrwertsteuer, die der Uhrmacher dem Händler bezahlt?
b) Wie hoch ist die Mehrwertsteuer, die der Kunde dem Uhrmacher bezahlt?
c) Welchen Betrag an Mehrwertsteuer überweist der Uhrmacher für diese Uhr dem Finanzamt?

a) Einkauf: G = 80,00 €, p % = 19 %; W = ?

Preis ohne MwSt.	100 %	80,00 €
MwSt.	19 %	15,20 €
Preis mit MwSt.	119 %	95,20 €

$W = G \cdot \frac{p}{100}$

$W = 80{,}00 \cdot 0{,}19$

$W = 15{,}20$

A: Der Uhrmacher bezahlt dem Händler 15,20 € MwSt.

b) Verkauf: W = 196,35 €, p % = 119 %; G = ?

Preis ohne MwSt.	100 %	165,00 €
MwSt.	19 %	31,35 €
Preis mit MwSt.	119 %	196,35 €

$W = G \cdot \frac{p}{100} \quad | : \frac{p}{100}$

$G = W : \frac{p}{100}$

$G = 196{,}35 : 1{,}19$

$G = 165 \qquad 196{,}35 - 165 = 31{,}35$

A: Der Kunde bezahlt dem Uhrmacher 31,35 € MwSt.

c) $31{,}35 - 15{,}20 = 16{,}15$

A: Der Uhrmacher überweist dem Finanzamt für diese Uhr 16,15 € MwSt.

Formel

G ... Preis ohne Mehrwertsteuer (Grundwert)
W .. Preis mit Mehrwertsteuer

Der Preis ohne MwSt. ist gegeben.
Der Preis mit (19 %) MwSt. wird berechnet.

$A = G \cdot 1{,}19$

Der Preis mit (19 %) MwSt. ist gegeben.
Der Preis ohne MwSt. wird berechnet.

$A = G \cdot 1{,}19 \quad | : 1{,}19$
$G = A : 1{,}19$

2. Rabatt – Mehrwertsteuer – Skonto

Rabatt ist ein Preisnachlass, der z. B. an Wiederverkäufer gegeben wird, beim Kauf großer Mengen, im Ausverkauf, bei Geschäftsaufgabe ...
Rabatt wird abgezogen, **bevor** die Mehrwertsteuer berechnet wird.

Skonto wird manchmal gegeben, wenn eine (teure) Ware bar (sofort oder innerhalb einer bestimmten Frist) bezahlt wird.
Skonto wird abgezogen, **nachdem** die Mehrwertsteuer berechnet wurde.

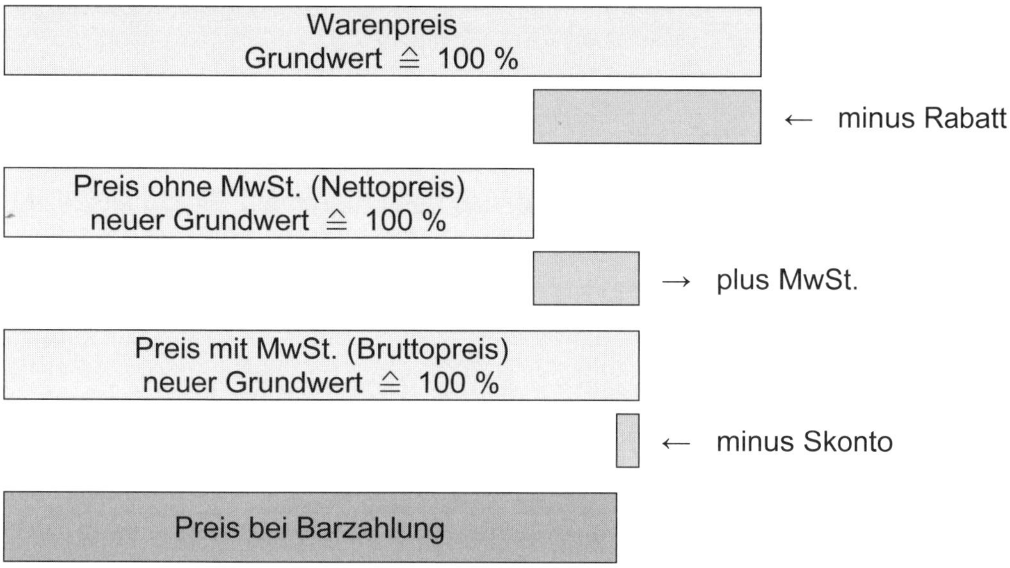

Beispiel

Ein Installateur kauft für einen großen Arbeitsauftrag Badewannen und Waschbecken zu einem Warenpreis von 4 850 €. Er bekommt 15 % Rabatt und 3 % Skonto.
Wie hoch ist der Preis bei Barzahlung?

a) Tabelle

Warenpreis	100 %			4 850,00 €	G_1
– Rabatt	– 15 %			– 727,50 €	R = 4 850 · 0,15 = 727,50
Preis ohne MwSt.	85 %	≙ 100 %		4 122,50 €	G_2 = 4 850 · 0,85 = 4 122,50
+ MwSt.		+ 19 %		+ 783,28 €	M = 4 122,50 · 0,19 = 783,28
Preis mit MwSt.		119 %	≙ 100 %	4 905,78 €	G_3 = 4 122,50 · 1,19 = 4 905,78
– Skonto			– 3 %	– 147,17 €	S = 4 905,78 · 0,03 = 147,17
Preis bei Barzahlung			97 %	4 758,61 €	P = 4 905,78 · 0,97 = 4 758,61

b) Formel

K: G = 4 850 €, p_1 % = 85 %, p_2 % = 119 %, p_3 % = 97 %; W = ?

$W = [(G_1 \cdot \frac{p_1}{100}) \cdot \frac{p_2}{100}] \cdot \frac{p_3}{100}$

W = [(4 850 · 0,85) · 1,19] · 0,97 = 4 758,60

W ___ 4 758,60 €

A: Der Preis bei Barzahlung beträgt 4 758,60 €.

Merkstoff:	Termumformungen

3 $\quad$ $3 + 3$ $\quad$ $x\,y$ $\quad$ x^3 $\quad$ $x \cdot (-3)$ $\quad$ $3x + 3y - 3z$ $\quad$ $-3x$ $\quad$ $3 \cdot (x + 3)$ $\quad$ $3\,€$ $\quad$ $3x$ $\quad$ $\frac{1}{3}x$ $\quad$ $3 \cdot x \cdot y$

Ein Term ist ein sinnvoller mathematischer Ausdruck, der Zahlen, Rechenzeichen, Größen, Variable und Vorzeichen enthalten kann.

Bei Formeln und Gleichungen sind zwei Terme gleichgesetzt, das heißt, durch ein Gleichheitszeichen verbunden.

1. Zahlen und Variable

Für das Rechnen mit Variablen gelten dieselben Regeln wie für das Rechnen mit Zahlen.

Schreibformen

$x \cdot y = xy$	Der Malpunkt darf weggelassen werden, wenn das Produkt aus mehreren Variablen oder aus einer Zahl und einer oder mehreren Variablen besteht.	$xy = x \cdot y$
$7 \cdot x = 7x$		$7x = 7 \cdot x$
$3 \cdot x \cdot y = 3xy$		$3xy = 3 \cdot x \cdot y$
$1 \cdot x = x$	Die Zahl Eins vor Variablen darf weggelassen werden.	$x = 1 \cdot x$
$+4 = 4$	Das Vorzeichen Plus vor einer Zahl oder Variablen darf weggelassen werden.	$4 = +4$
$+x = x$		$x = +x$
$x^1 = x$	Die Hochzahl Eins darf weggelassen werden.	$x = x^1$

$\frac{a}{2} = \frac{1 \cdot a}{2} = \frac{1}{2} \cdot a = \frac{1}{2}a$	Bruchteile von Variablen können auf verschiedene Arten geschrieben werden.

$3a + c - 4b = 3a - 4b + c$	Im Ergebnis werden die Variablen nach dem Alphabet geordnet.
$a^3 - a + a^5 = a^5 + a^3 - a$	Im Ergebnis werden die Variablen nach fallenden Potenzen geordnet.

2. Begriffe

Monom: eingliedriger Term (3x, ab, a^2, ...)
Binom: zweigliedriger Term (2a + 2b, ...)
Polynom: mehrgliedriger Term (3a + 4b + 5c – 2d, ...)

Vorzahl oder **Koeffizient**: Zahl, die vor einer Variablen steht. (**3**a, **12**v^4, **7**xyz, ...)

3. Wert des Terms

Von Termen, die keine Variablen enthalten, kann der Wert berechnet werden.

$T_1 = 4 + 25 = 29$	$T_2 = (11 - 3) : (-4) = -2$	$T_3 = 3 \cdot 16\,€ = 48\,€$

Für Variable kann man beliebige Zahlen aus Q einsetzen und dann den Wert des Terms berechnen.

$T(x) = 3x + 7$	$T(1) = 3 \cdot 1 + 7 = 3 + 7 = 10$	$T(x;y) = x + 5y$	$T(1;2) = 1 + 5 \cdot 2 = 1 + 10 = 11$
	$T(2) = 3 \cdot 2 + 7 = 6 + 7 = 13$		$T(1;3) = 1 + 5 \cdot 3 = 1 + 15 = 16$
	$T(3) = 3 \cdot 3 + 7 = 9 + 7 = 16$		$T(2;3) = 2 + 5 \cdot 3 = 2 + 15 = 17$

4. Addition und Subtraktion von Termen

Einfache Terme

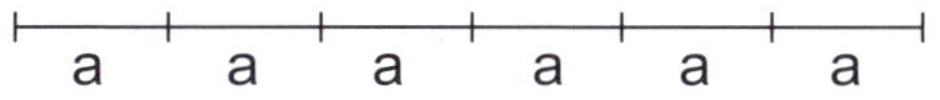	$a + a + a + a + a + a = 6a$
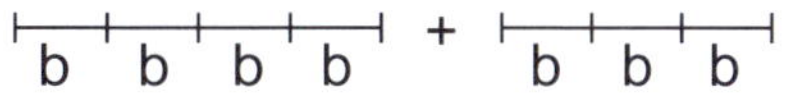	$4b + 3b = 7b$
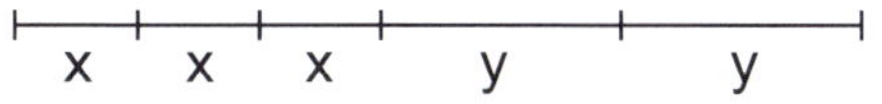	$x + x + x + y + y = 3x + 2y$

Gleiche Variable können zusammengefasst werden. (Eine Summe gleicher Summanden kann als Produkt geschrieben werden.)

?	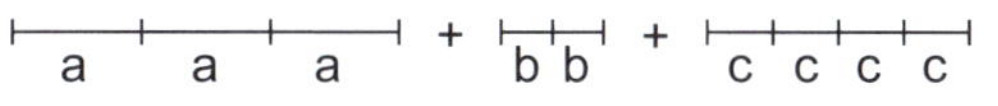	$3a + 2b + 4c$	Dieser Term kann **nicht** vereinfacht werden.

Potenzterme

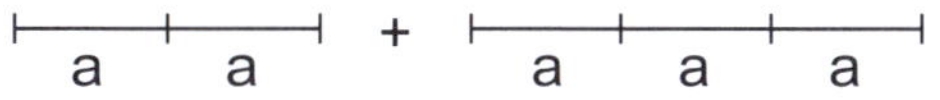	$2a + 3a = 5a$
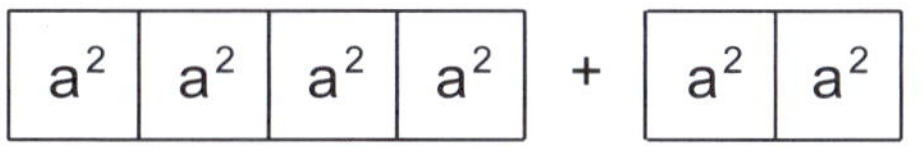	$4a^2 + 2a^2 = 6a^2$
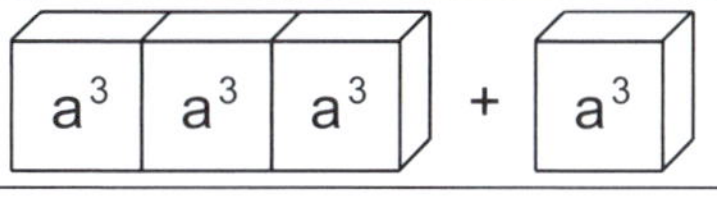	$3a^3 + a^3 = 4a^3$

Potenzen mit gleicher Basis und gleichem Exponenten können zusammengefasst werden.

?	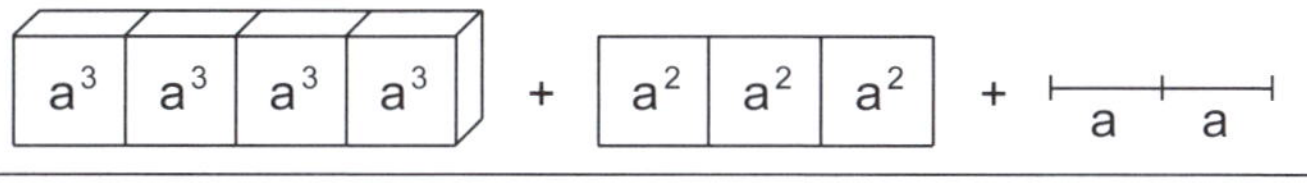	$4a^3 + 3a^2 + 2a$	Diese Terme können **nicht** vereinfacht werden.
?	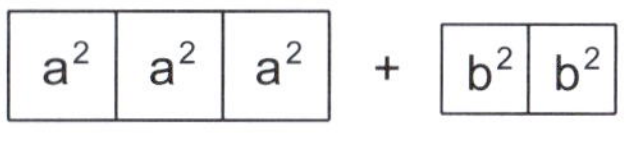	$3a^2 + 2b^2$	

5. Klammerregeln

$a + (b + c) = a + b + c$ $a + (b - c) = a + b - c$	Plus steht vor der Klammer: Man darf die Klammer einfach weglassen, der Wert bleibt gleich.
$a - (b + c) = a - b - c$ $a - (b - c) = a - b + c$ $a - (-b + c) = a + b - c$	Minus steht vor der Klammer: Wenn man die Klammer weglässt, muss man alle Rechenzeichen und Vorzeichen, die vorher in der Klammer standen, umkehren.

Es ist zweckmäßig, die Klammern schrittweise von innen nach außen aufzulösen.

$9a - \{3 - [5a + (2a + 6) - 7] + 9a\} =$	① runde Klammer auflösen
$9a - \{3 - [5a + 2a + 6 - 7] + 9a\} =$	② eckige Klammer auflösen
$9a - \{3 - 5a - 2a - 6 + 7 + 9a\} =$	③ geschwungene Klammer auflösen
$9a - 3 + 5a + 2a + 6 - 7 - 9a = \underline{7a - 4}$	

6. Probe

Bei der Probe setzt man für die Variablen Zahlen ein und berechnet den Wert des **A**nfangsterms (**A**ngabe) sowie den Wert des **E**ndterms (**E**rgebnis). Die Zahlenwerte werden dann verglichen.

$4a + 2b - (3a - 4b) + (5a - b) =$ $= 4a + 2b - 3a + 4b + 5a - b = \underline{6a + 5b}$	Probe für $a = 3$ und $b = 2$ A: $4 \cdot 3 + 2 \cdot 2 - (3 \cdot 3 - 4 \cdot 2) + (5 \cdot 3 - 2) =$ $= 12 + 4 - (9 - 8) + (15 - 2) =$ $= 16 - 1 + 13 = \underline{28}$ E: $6 \cdot 3 + 5 \cdot 2 = 18 + 10 = \underline{28}$

Bei der Probe werden Klammern nicht aufgelöst, sondern der Wert dieser Klammern wird berechnet.

7. Multiplikation und Division von Termen

Einfache Terme

$4 \cdot a \cdot 3 \cdot b = 4 \cdot 3 \cdot a \cdot b = (4 \cdot 3) \cdot a \cdot b = 12 \cdot a \cdot b = 12ab$

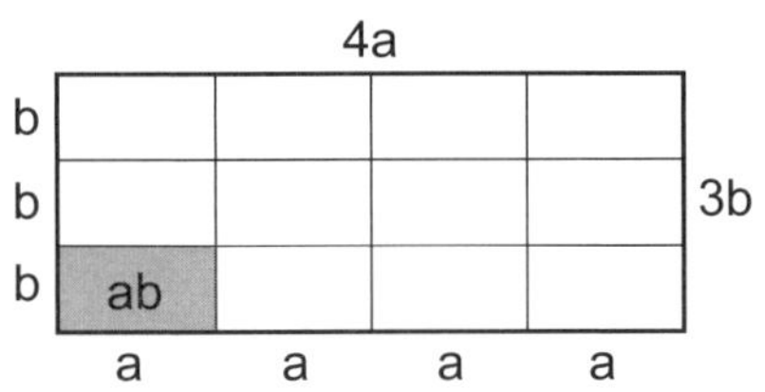

$4a \cdot 3b = 12ab$

Durch Anwenden der Rechengesetze (Kommutativgesetz, Assoziativgesetz) können Terme vereinfacht werden. (① Vorzeichen ② Zahl ③ Variable)

$5x \cdot 4 \cdot 2y = 40xy$	$(+4x) \cdot (-5y) \cdot (+10z) = -200xyz$
$25xyz : 15xz = \frac{{}^{5}\cancel{25} \cdot {}^{1}\cancel{x} \cdot y \cdot {}^{1}\cancel{z}}{\cancel{15}_{3} \cdot \cancel{x}_{1} \cdot \cancel{z}_{1}} = \frac{5y}{3}$ $(x \neq 0;\ z \neq 0)$	$(+27xyz) : (-9z) = -\frac{{}^{3}\cancel{27} \cdot x \cdot y \cdot {}^{1}\cancel{z}}{\cancel{9}_{1} \cdot \cancel{z}_{1}} = -3xy$ $(z \neq 0)$

Durch Null kann man nicht dividieren, die Variablen im Nenner dürfen daher nicht den Wert Null annehmen.

Potenzterme

$10^3 \cdot 10^2 = (10 \cdot 10 \cdot 10) \cdot (10 \cdot 10) = 10^5$	$x^6 \cdot x^4 = x^{6+4} = x^{10}$	$x^4 \cdot x = x^{4+1} = x^5$

Potenzen mit gleicher Basis werden multipliziert, indem man die Exponenten addiert.

$a^m \cdot a^n = a^{m+n} \quad (m, n \in Z^+)$

$10^6 : 10^4 = \frac{{}^{1}\cancel{10} \cdot {}^{1}\cancel{10} \cdot {}^{1}\cancel{10} \cdot {}^{1}\cancel{10} \cdot 10 \cdot 10}{{}_{1}\cancel{10} \cdot {}_{1}\cancel{10} \cdot {}_{1}\cancel{10} \cdot {}_{1}\cancel{10}} = 10^2$	$x^9 : x^5 = x^{9-5} = x^4$ $(x \neq 0)$	$x^4 : x = x^{4-1} = x^3$ $(x \neq 0)$

Potenzen mit gleicher Basis werden dividiert, indem man die Exponenten subtrahiert.

$a^m : a^n = a^{m-n} \quad (a \neq 0;\ m, n \in Z^+;\ m > n)$

8. Multiplikation von Summen und Differenzen

Multiplikation von mehrgliedrigen Termen mit eingliedrigen Termen

$(10 + 2) \cdot 3 = 10 \cdot 3 + 2 \cdot 3 = 30 + 6 = 36$ Probe: $12 \cdot 3 = 36$

Man darf die Klammer ausmultiplizieren. (Distributivgesetz)

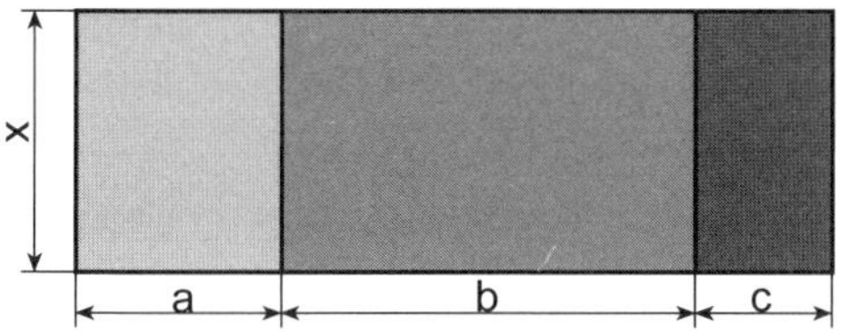

$A = (a + b + c) \cdot x = a \cdot x + b \cdot x + c \cdot x$

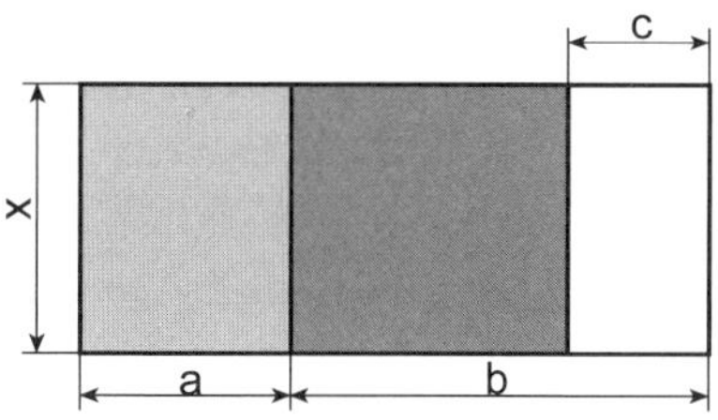

$A = (a + b - c) \cdot x = a \cdot x + b \cdot x - c \cdot x$

Man multipliziert jedes Glied des mehrgliedrigen Terms mit dem eingliedrigen Term und addiert bzw. subtrahiert die Teilprodukte.

Multiplikation von mehrgliedrigen Termen mit mehrgliedrigen Termen

$(20 + 3) \cdot (30 + 2) = (20 + 3) \cdot 30 + (20 + 3) \cdot 2 =$ Probe: $23 \cdot 32 = 736$

$= 20 \cdot 30 + 3 \cdot 30 + 20 \cdot 2 + 3 \cdot 2 = 600 + 90 + 40 + 6 = 736$

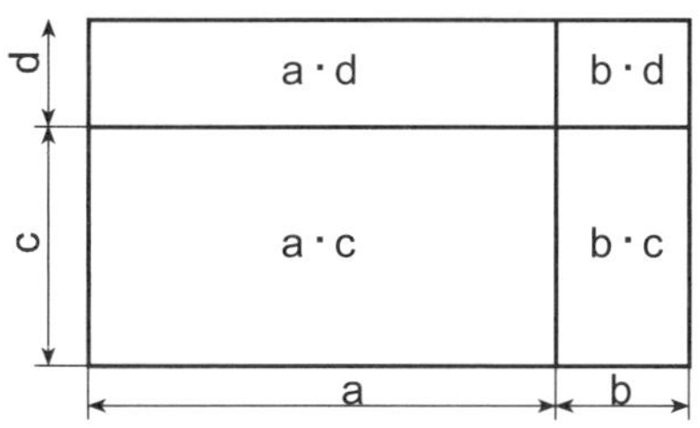

$A = (a + b) \cdot (c + d)$ (1, 2, 3, 4)

$A = a\,c + b\,c + a\,d + b\,d$

Man multipliziert jedes Glied des ersten Terms mit jedem Glied des zweiten Terms und addiert bzw. subtrahiert die Teilprodukte.

Binomische Formeln

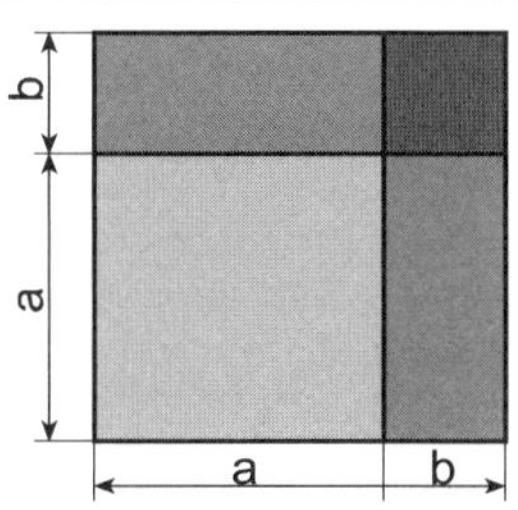	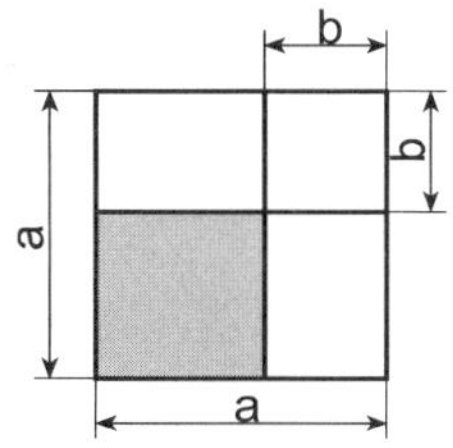	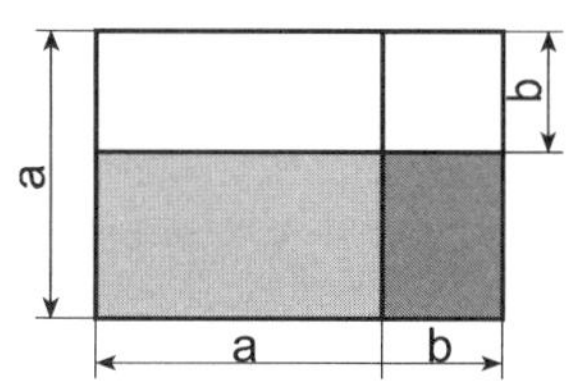
$(a + b)^2 = a^2 + 2ab + b^2$	$(a - b)^2 = a^2 - 2ab + b^2$	$(a + b) \cdot (a - b) = a^2 - b^2$

9. Ausklammern

$2 \cdot a + 2 \cdot b = 2 \cdot (a + b)$ $12x^2 - 8x^5 = 4x^2 \cdot (3 - 2x^3)$ $9a^2 - b^2 = (3a + b) \cdot (3a - b)$

Ausklammern ist die Umkehrung des Multiplizierens von Klammerausdrücken, es wird das Distributivgesetz in umgekehrter Reihenfolge angewendet.

Summen oder Differenzen lassen sich manchmal durch Ausklammern und/oder die Anwendung binomischer Formeln in Produkte umwandeln (faktorisieren).

Merkstoff:	Flächeninhalte von Vielecken

Ein Vieleck ist eine ebene Figur, die von geraden Linien (Seiten) begrenzt ist. Vielecke werden entsprechend der Anzahl ihrer Eckpunkte bezeichnet: Dreiecke, Vierecke, Fünfecke …
Sind alle Seiten gleich lang, so ist das Vieleck regelmäßig.

1. Rechteck und Parallelogramm

Rechteck

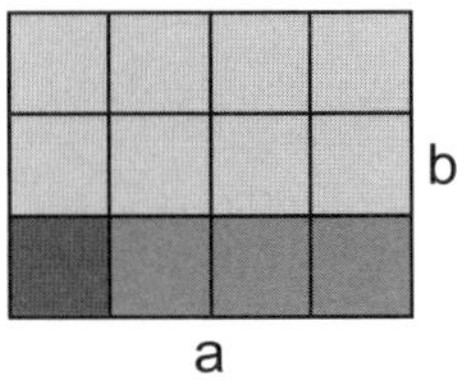

Beim Rechteck können Flächeneinheiten abgezählt werden.

A = a · b

Kurzsprechweise:

Flächeninhalt des Rechtecks gleich Länge mal Breite

Parallelogramm

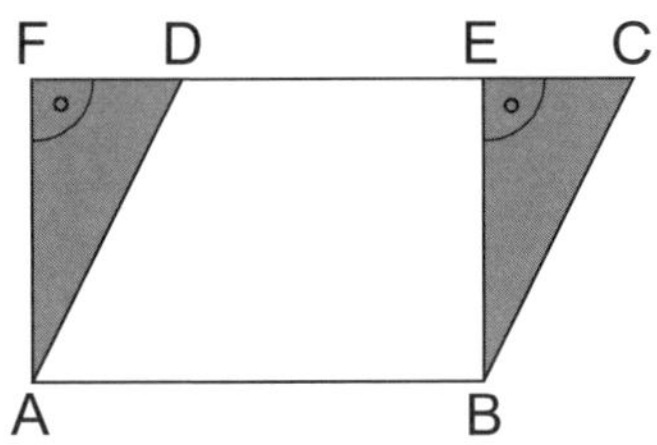

Die rechtwinkligen Dreiecke BCE und ADF sind kongruent.

Das Parallelogramm ABCD hat deshalb denselben Flächeninhalt wie das Rechteck ABEF.

(Wenn man beim Parallelogramm ABCD rechts das rechtwinklige Dreieck BCE abschneidet und links anfügt, entsteht ein Rechteck.)

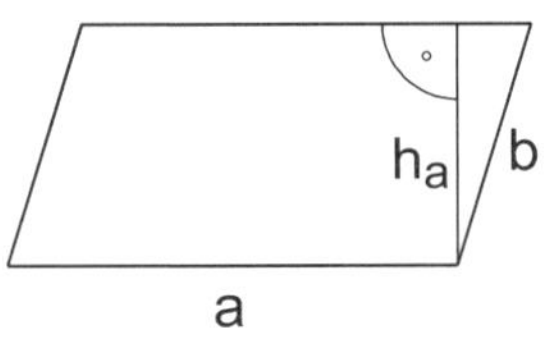

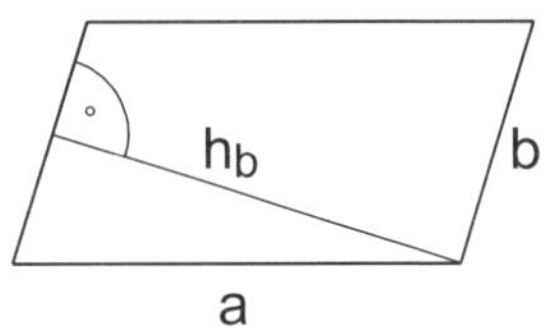

A = a · ha = b · hb

Kurzsprechweise:

Flächeninhalt des Parallelogramms gleich Länge einer Seite mal zugehörige Höhe

Die Raute ist ein gleichseitiges Parallelogramm, die beiden Höhen sind daher gleich lang.

A = a · h

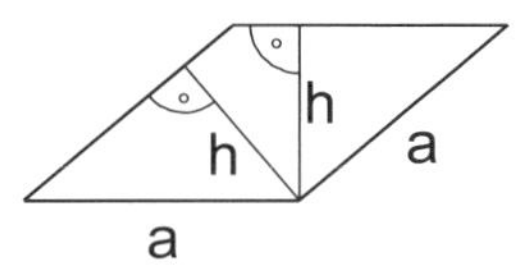

2. Dreieck

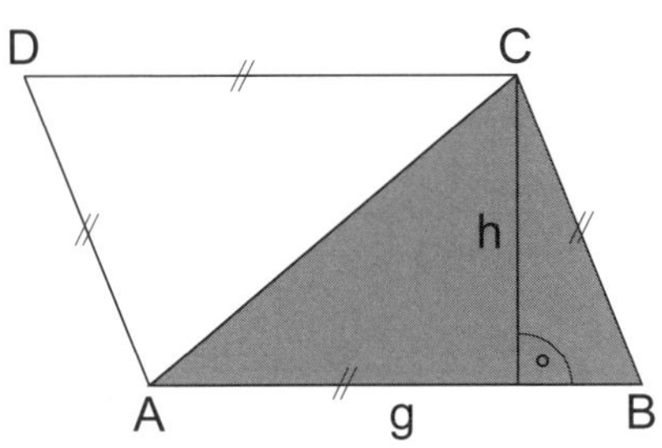

Schneidet man ein Parallelogramm ABCD entlang einer Diagonale in zwei Teile, so entstehen zwei kongruente Dreiecke.

Der Flächeninhalt eines Dreiecks ist demnach halb so groß wie der Flächeninhalt eines Parallelogramms mit gleich langer Grundlinie und gleicher Höhe.

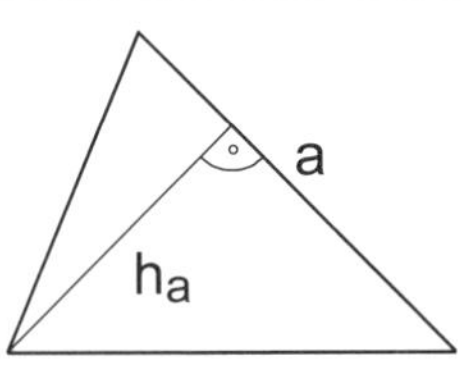

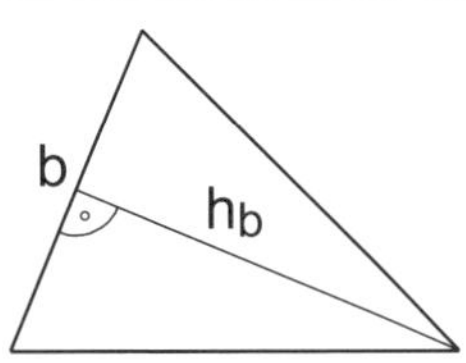

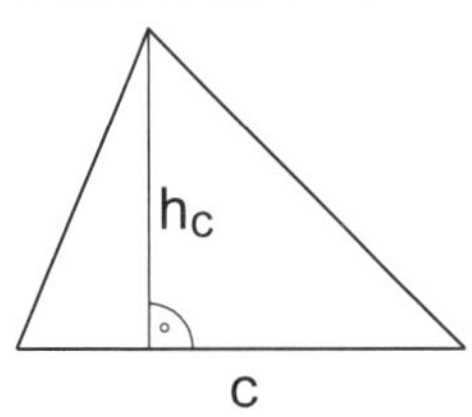

$$\mathbf{A = \frac{a \cdot h_a}{2} = \frac{b \cdot h_b}{2} = \frac{c \cdot h_c}{2}}$$

Kurzsprechweise:

Flächeninhalt des Dreiecks gleich Länge einer Seite mal zugehörige Höhe durch zwei

Beim rechtwinkligen Dreieck ist $b = h_a$ und $a = h_b$.

$$\mathbf{A = \frac{a \cdot b}{2} = \frac{c \cdot h_c}{2}}$$

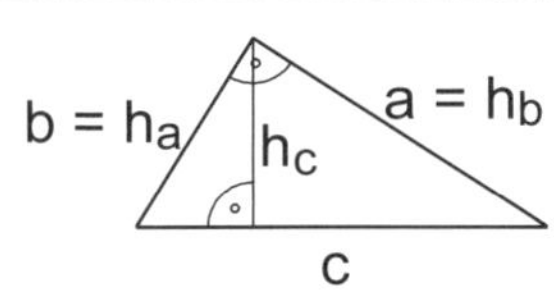

3. Trapez

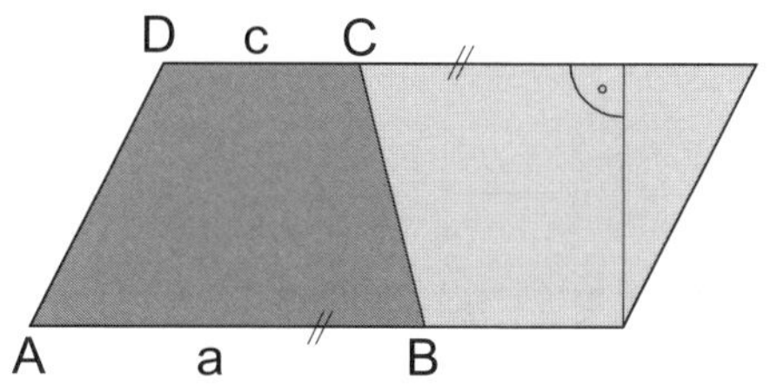

Zwei kongruente Trapeze sind so nebeneinandergelegt, dass die Figur insgesamt ein Parallelogramm darstellt.

$A_P = (a + c) \cdot h$

Ein Trapez ist halb so groß wie dieses Parallelogramm.

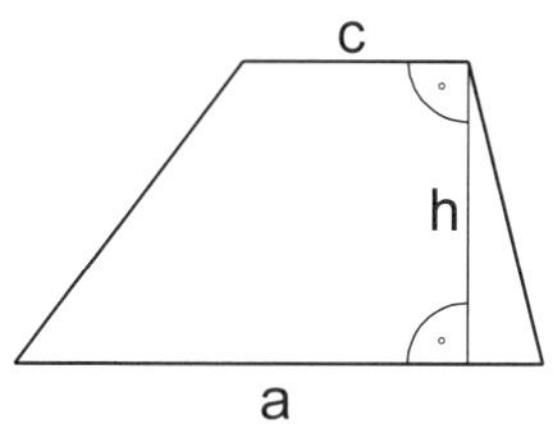

$$\mathbf{A = \frac{(a + c) \cdot h}{2} = m \cdot h}$$

Kurzsprechweise:

Flächeninhalt des Trapezes gleich
Summe der Längen der Parallelseiten mal zugehörige Höhe
durch zwei

Die Länge der Mittellinie ist der Mittelwert der Längen der beiden parallelen Seiten.

$$\mathbf{m = \frac{a + c}{2}}$$

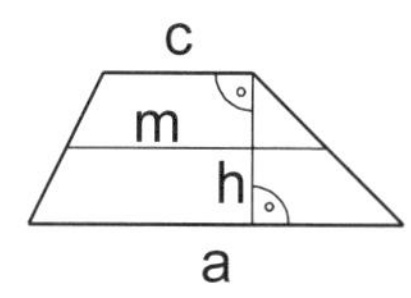

4. Vierecke mit aufeinander normal stehenden Diagonalen

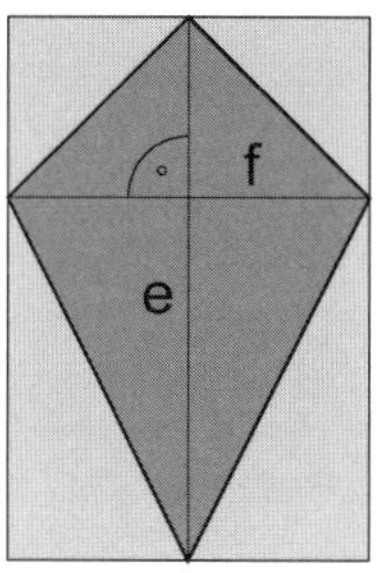

Deltoid: $\mathbf{A = \frac{e \cdot f}{2}}$

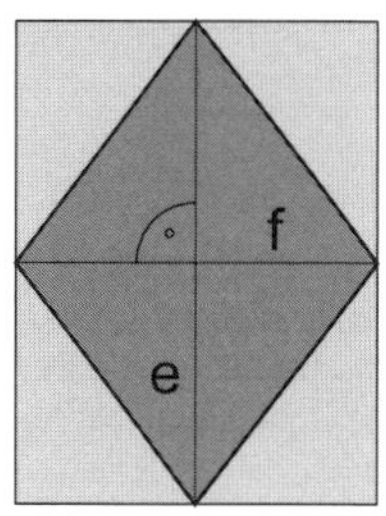

Raute: $\mathbf{A = \frac{e \cdot f}{2}}$

Die Raute ist ein besonderes Deltoid.

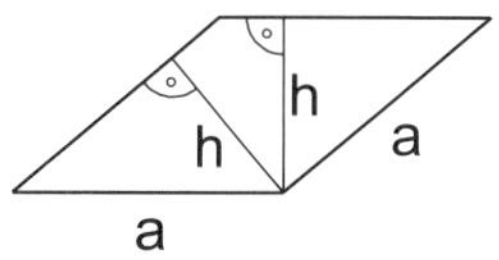

Raute: $\mathbf{A = a \cdot h}$

Die Raute ist ein besonderes Parallelogramm.

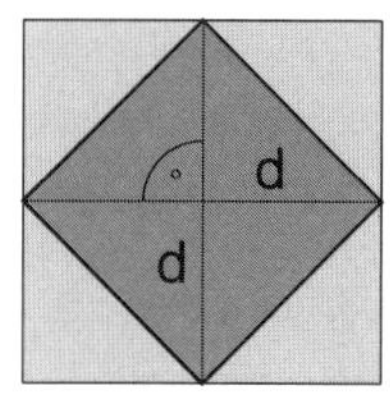

Quadrat: $\mathbf{A = \frac{d \cdot d}{2}}$

Das Quadrat ist ein besonderes Deltoid.

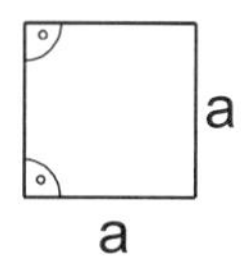

Quadrat: $\mathbf{A = a \cdot a}$

Das Quadrat ist ein besonderes Parallelogramm.

5. Allgemeine Vierecke und Vielecke

Allgemeine Vierecke und Vielecke kann man in Teilfiguren (Dreiecke, Trapeze ...) zerlegen. Die Summe der Flächeninhalte der Teilfiguren ergibt den Flächeninhalt des allgemeinen Vierecks bzw. Vielecks.

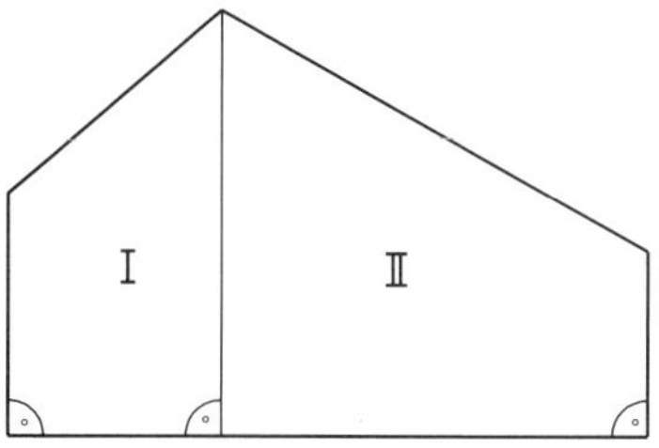

$A = A_I + A_{II}$

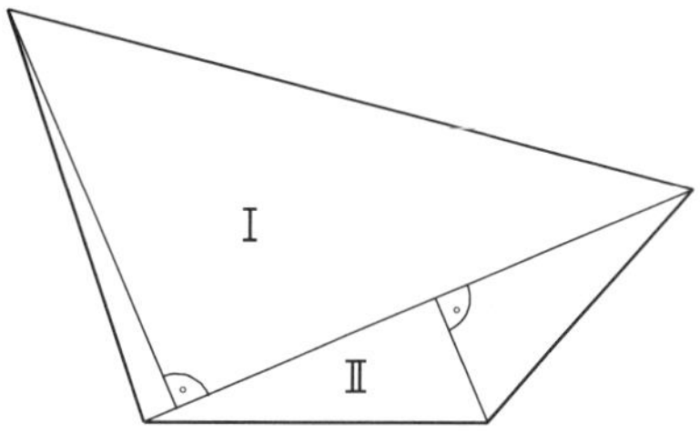

$A = A_I + A_{II}$

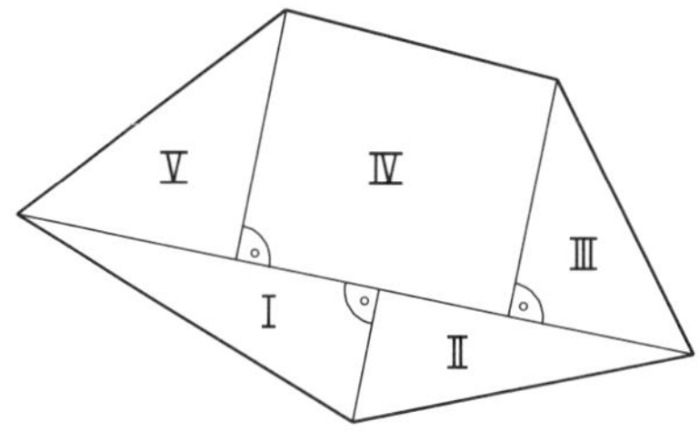

$A = A_I + A_{II} + A_{III} + A_{IV} + A_V$

Merkstoff:	Lineare Gleichungen

Bei einer Gleichung sind zwei Terme gleichgesetzt, das heißt durch ein Gleichheitszeichen verbunden.
Enthält eine Gleichung eine Unbekannte, so ist der Wert der Unbekannten so zu bestimmen, dass die Gleichung richtig ist.

$$2 \cdot 3 = 12 : 2$$
$$6 = 6 \quad \text{w. A.}$$

Die Gleichung ist richtig.

$$x - 5 = 4$$
$$x = 4 + 5$$
$$x = 9$$

Probe: $9 - 5 = 4$
$$4 = 4 \quad \text{w. A.}$$

Der Wert der Unbekannten kann berechnet werden.

1. Äquivalenzumformungen

Gleichungen sind äquivalent (gleichwertig), wenn sie dieselbe Lösung haben.

$x - 5 = 25$ $x = 30$	$2x + 5 = 65$ $x = 30$	$\frac{x}{3} + 1 = 11$ $x = 30$	$40 = \frac{x}{3} \cdot 4$ $x = 30$	$2x + 3x = 150$ $x = 30$

Durch Umformen kann man eine einfachere, äquivalente Gleichung erhalten, aus der die Lösung abgelesen werden kann.

$x - 5 = 23 \mid \mathbf{+5}$ $x = 23 + 5$ $x = 28$ P: $28 - 5 = 23$ $23 = 23$ w. A.	$x + 5 = 17 \mid \mathbf{-5}$ $x = 17 - 5$ $x = 12$ P: $12 + 5 = 17$ $17 = 17$ w. A.	$x : 5 = 10 \mid \mathbf{\cdot 5}$ $x = 10 \cdot 5$ $x = 50$ P: $50 : 5 = 10$ $10 = 10$ w. A.	$x \cdot 5 = 45 \mid \mathbf{: 5}$ $x = 45 : 5$ $x = 9$ P: $9 \cdot 5 = 45$ $45 = 45$ w. A.

Man darf: beide Seiten vertauschen;
auf beiden Seiten
- dieselbe Zahl addieren,
- dieselbe Zahl subtrahieren,
- mit derselben Zahl ($\neq 0$) multiplizieren,
- durch dieselbe Zahl ($\neq 0$) dividieren,
- dieselbe Anzahl von Unbekannten addieren oder subtrahieren.

2. Probe

Mit der Probe überprüft man, ob richtig gerechnet wurde: Man setzt in der ursprünglichen Gleichung (der Angabe) für die Unbekannte die Lösung ein und untersucht, ob die Gleichung richtig ist.

3. Arten

Bestimmungsgleichung

$$2x - 3 = 7 \quad | + 3$$
$$2x = 10 \quad | : 2$$
$$x = 5$$

Diese Gleichung hat genau eine Lösung.

Identische Gleichung

$$3x - 1 + 5 = 5x - 2x + 4$$
$$3x + 4 = 3x + 4 \quad | - 4$$
$$3x = 3x$$

Diese Gleichung hat unendlich viele Lösungen.

Widerspruch

$$2x - 5 - x = x + 4$$
$$x - 5 = x + 4 \quad | + 5$$
$$x = x + 9$$

Diese Gleichung hat keine Lösung.

4. Lösen einer Gleichung

$4x - (2x - 15 + 3) - x = (4 - 3x) \cdot 3 + 20$ $4x - 2x + 15 - 3 - x = 12 - 9x + 20$	zuerst vereinfachen	Klammern ausrechnen / auflösen zusammenfassen
$x + 12 = -9x + 32 \quad \| + 9x$ $10x + 12 = 32 \quad \| - 12$ $10x = 20 \quad \| : 10$ $x = 2$	dann umformen	alle x auf eine Seite alle Zahlen auf die andere Seite

5. Textgleichungen

- Überlege bei jeder Aufgabe, für welche Zahl oder Größe du die Unbekannte einsetzt.
- Beim Aufstellen einer Textgleichung kann oft eine Tabelle oder Skizze sehr hilfreich sein.

a) Ein Betrag von 12 000 € soll auf drei Erben A, B und C derart aufgeteilt werden, dass B ein Viertel mehr als A und C die Hälfte mehr als A erhält. Wie viel € erhält jeder der drei Erben?

		Probe:
Erbe A	x	3 200
Erbe B	$x + \frac{x}{4}$	3 200 + 800 = 4 000
Erbe C	$x + \frac{x}{2}$	3 200 + 1 600 = 4 800
Gesamt	12 000	12 000

$$x + x + \tfrac{x}{4} + x + \tfrac{x}{2} = 12\,000$$
$$3\tfrac{3}{4}x = 12\,000 \quad | : 3{,}75$$
$$x = 3\,200$$

A: Erbe A erhält 3 200 €, Erbe B erhält 4 000 € und Erbe C erhält 4 800 €.

b) Verlängert man eine Seite eines Quadrats um 4 cm und verkürzt die andere Seite um 2 cm, so erhält man ein Rechteck, das um 10 cm² größer ist als das ursprüngliche Quadrat. Welche Seitenlänge hat das Quadrat und wie lang und wie breit ist das Rechteck?

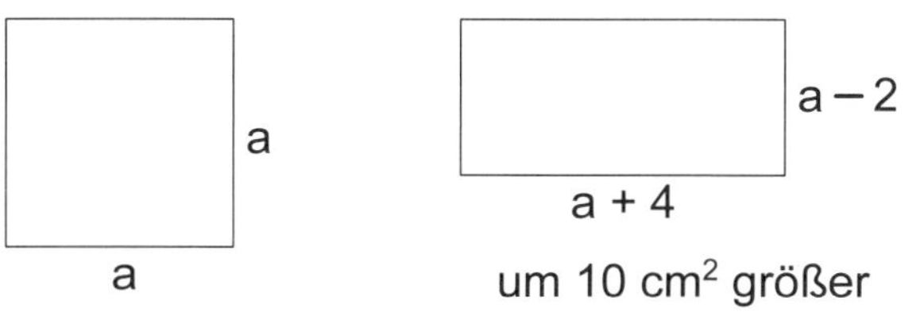

$$a^2 = (a + 4) \cdot (a - 2) - 10$$
$$a^2 = a^2 + 4a - 2a - 8 - 10$$
$$a^2 = a^2 + 2a - 18 \quad | - a^2$$
$$0 = 2a - 18 \quad | + 18$$
$$18 = 2a \quad | : 2$$
$$a = 9$$

Probe: $A_Q = 9 \cdot 9$; $A_Q = 81$

$A_R = (9 + 4) \cdot (9 - 2)$; $A_R = 13 \cdot 7$; $A_R = 91$

$A_Q = A_R - 10$; $81 = 91 - 10$; $81 = 81$ w. A.

A: Quadrat: a = 9 cm; Rechteck: l = 13 cm, b = 7 cm.

Merkstoff:	Verhältnisse und Proportionen

1. Vergleich von Größen

a	b
Die Strecke a ist 20 mm lang.	Die Strecke b ist 30 mm lang.

a ist um 10 mm kürzer als b.	b ist um 10 mm länger als a.
a ist um ein Drittel kürzer als b.	b ist um die Hälfte länger als a.
a ist $\frac{2}{3}$-mal so groß wie b.	b ist $1\frac{1}{2}$-mal so groß wie a.
a verhält sich zu b wie 2 : 3.	b verhält sich zu a wie 3 : 2.

2. Verhältnisse

Größenvergleiche können durch Verhältnisse beschrieben werden.
Das Verhältnis von a und b ist der Quotient a : b. (Man liest „a verhält sich zu b" oder „a zu b".)

Beispiele: 4 : 5; 1 m : 1,5 m; 10 € : 20 € : 50 €.
Man kann unbenannte Zahlen oder gleich benannte Größen in ein Verhältnis setzen.

$$20 : 25 = \frac{20}{25} = \frac{4}{5} = 4 : 5$$

$$1{,}8 : 0{,}15 = \frac{1{,}8}{0{,}15} = \frac{180}{15} = \frac{12}{1} = 12 : 1$$

Das Verhältnis a : b kann man als Bruch $\frac{a}{b}$ schreiben und durch Erweitern und/oder Kürzen vereinfachen.

a = 500 €, b = 700 €, c = 900 €.

$$500 : 700 : 900 \quad | : 100$$
$$5 : 7 : 9$$

Verhältnisse, die aus mehreren Zahlen oder Größen gebildet sind, kann man ebenfalls vereinfachen.

3. Verhältnisgleichung oder Proportion

Wenn die Verhältnisse $\frac{a}{b}$ und $\frac{c}{d}$ denselben Wert haben, können sie gleichgesetzt werden.

Diese Form einer Gleichung heißt Verhältnisgleichung oder Proportion a : b = c : d.
(Man liest „a verhält sich zu b wie c zu d".)

$$a : b = c : d$$
$$\frac{a}{b} = \frac{c}{d} \quad | \cdot b \cdot d$$
$$a \cdot d = b \cdot c$$

Proportion
↓
Produktgleichung

$$30 : 20 = 15 : 10$$
$$\frac{30}{20} = \frac{15}{10} \quad | \cdot 20 \ | \cdot 10$$
$$30 \cdot 10 = 20 \cdot 15$$
$$300 = 300 \quad \text{w. A.}$$

Außenglied	zu	Innenglied	wie	Innenglied	zu	Außenglied
a	:	b	=	c	:	d

Außenglied mal Außenglied
gleich
Innenglied mal Innenglied

Proportion
↓
Produktgleichung:
Bei einer Proportion ist das Produkt der Außenglieder gleich dem Produkt der Innenglieder.

Merkstoff:	Ähnlichkeit

Figuren sind ähnlich, wenn sie in einem bestimmten Maßstab vergrößert oder verkleinert sind. Ähnliche Figuren haben gleiche Gestalt, aber ungleiche Größe.

Ist der Maßstab 1 : 1, sind die Figuren kongruent. Die Kongruenz ist ein Sonderfall der Ähnlichkeit. Kongruente Figuren haben gleiche Gestalt und gleiche Größe.

1. Ähnliche Dreiecke

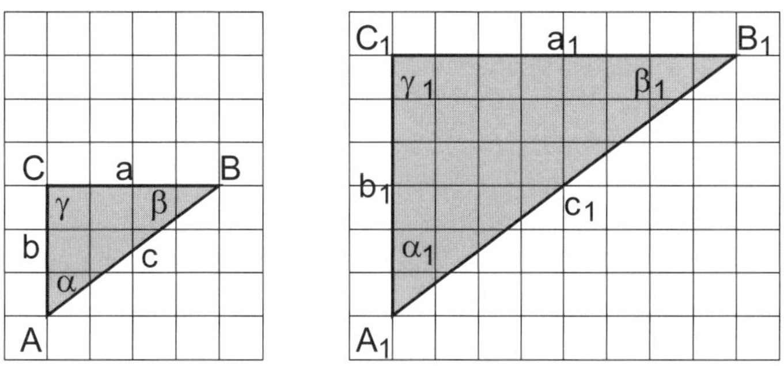

Das Dreieck ABC wurde im Maßstab 1 : 2 vergrößert.
Die Dreiecke ABC und $A_1B_1C_1$ haben die gleiche Gestalt, sie sind ähnlich.
$\triangle ABC \sim \triangle A_1B_1C_1$

~ ... ähnlich

$\alpha = 53°,\ \alpha_1 = 53°$ $\alpha = \alpha_1$	$\beta = 37°,\ \beta_1 = 37°$ $\beta = \beta_1$	$\gamma = 90°,\ \gamma_1 = 90°$ $\gamma = \gamma_1$

Dreiecke sind ähnlich, wenn einander entsprechende Winkel gleich groß sind.
$\boldsymbol{\alpha = \alpha_1,\ \beta = \beta_1,\ \gamma = \gamma_1}$

Eigenschaften ähnlicher Dreiecke

$a : a_1 = 2 : 4$ $a : a_1 = 1 : 2$	$b : b_1 = 1{,}5 : 3$ $b : b_1 = 1 : 2$	$c : c_1 = 2{,}5 : 5$ $c : c_1 = 1 : 2$

In ähnlichen Dreiecken stehen entsprechende Längen im gleichen Verhältnis.
$\mathbf{a : a_1 = b : b_1 = c : c_1}$

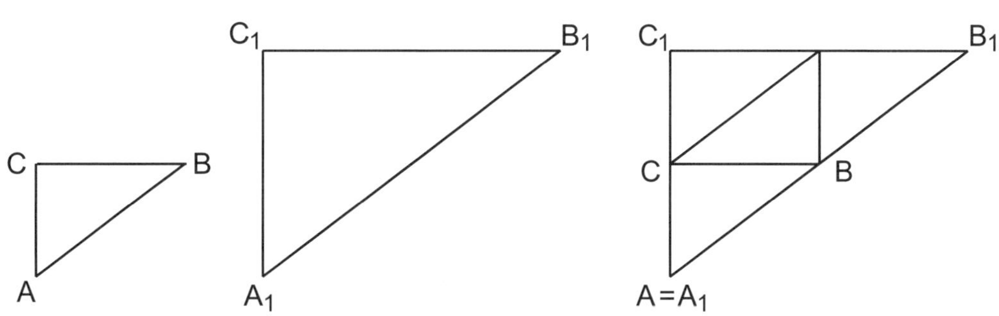

$A = \frac{4 \cdot 3}{2} = 6$

$A_1 = \frac{8 \cdot 6}{2} = 24$

$A : A_1 = 6 : 24$ $A : A_1 = 1 : 4$

In ähnlichen Dreiecken verhalten sich die Flächeninhalte wie die Quadrate entsprechender Längen.
$\mathbf{A : A_1 = a^2 : a_1^2 = b^2 : b_1^2 = c^2 : c_1^2}$

2. Ähnliche Figuren

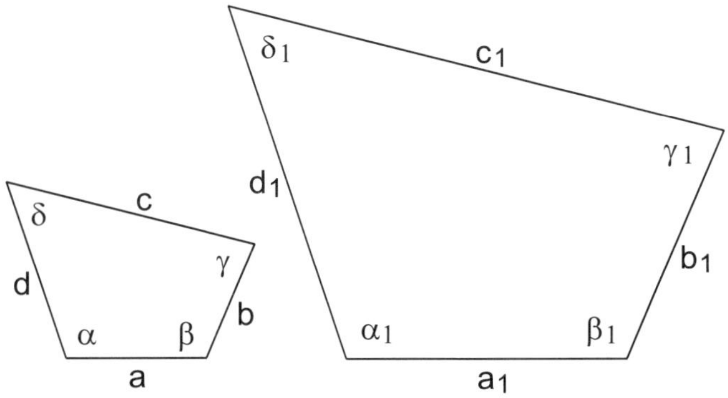

$\alpha = \alpha_1,\ \beta = \beta_1,\ \gamma = \gamma_1, \ldots$

In ähnlichen Figuren sind einander entsprechende Winkel gleich groß.

$a : a_1 = b : b_1 = c : c_1, \ldots$

In ähnlichen Figuren stehen entsprechende Längen im gleichen Verhältnis.

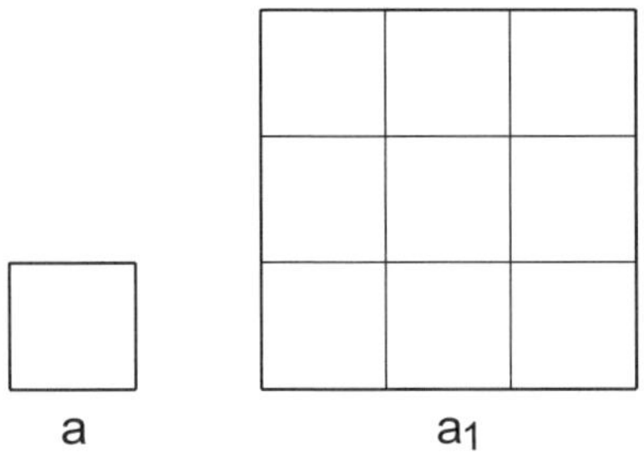

$u : u_1 = a : a_1$

In ähnlichen Figuren verhalten sich die Umfänge wie entsprechende Längen.

$A : A_1 = a^2 : a_1^2$

In ähnlichen Figuren verhalten sich die Flächeninhalte wie die Quadrate entsprechender Längen.

3. Strahlensatz

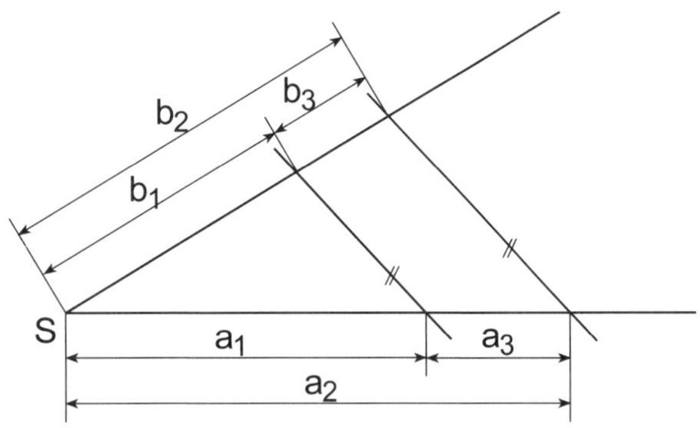

$a_1 : a_2 = b_1 : b_2$

$a_1 : a_3 = b_1 : b_3$

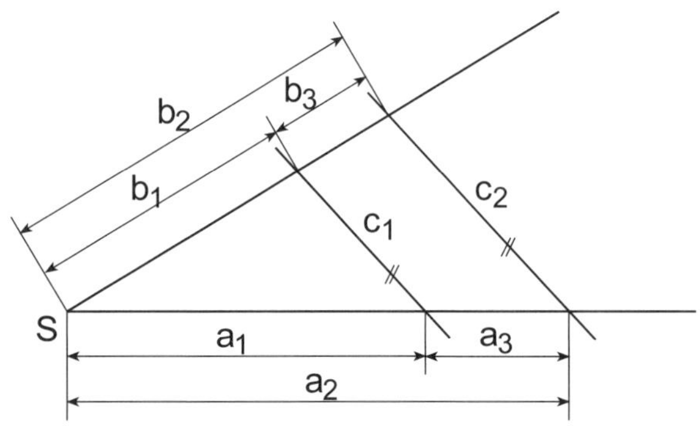

$c_1 : c_2 = a_1 : a_2$

$c_1 : c_2 = b_1 : b_2$

1. Strahlensatz

Werden zwei von einem Punkt S ausgehende Strahlen von parallelen Geraden geschnitten, so verhalten sich die Längen der Abschnitte auf dem einen Strahl wie die Längen der entsprechenden Abschnitte auf dem anderen Strahl.

2. Strahlensatz

Werden zwei von einem Punkt S ausgehende Strahlen von parallelen Geraden geschnitten, so verhalten sich die Abschnitte auf den Parallelen wie die entsprechenden vom Punkt S ausgehenden Abschnitte auf den Strahlen.

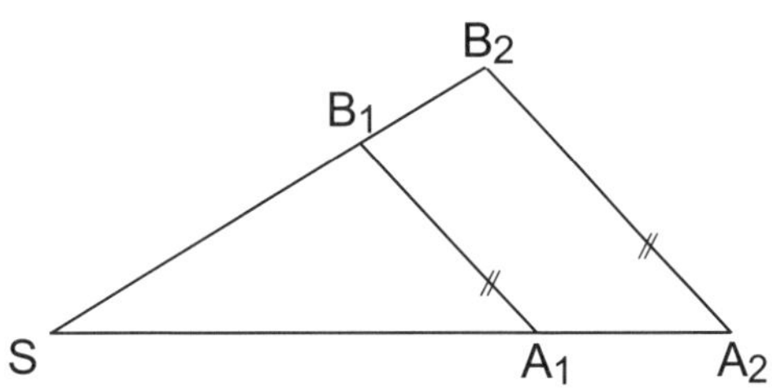

Die Strecken A_1B_1 und A_2B_2 sind parallel, deshalb sind in den Dreiecken SA_1B_1 und SA_2B_2 die entsprechenden Winkel gleich groß. Die Dreiecke SA_1B_1 und SA_2B_2 sind ähnlich.

In ähnlichen Dreiecken stehen entsprechende Seiten im selben Verhältnis, deshalb lässt sich bei ähnlichen Dreiecken aus drei gegebenen Längen eine vierte Länge berechnen.

Merkstoff: **Proportionale Zuordnungen**

1. Direkt proportionales Verhältnis

Ein Installateur erhält für eine Überstunde 8 €.
Wie viel Lohn erhält er für 2, 3, 4, 5, 6 Überstunden?

Wertetabelle

Zeit in h	Lohn in €
1	$8 = 8 \cdot 1$
2	$16 = 8 \cdot 2$
3	$24 = 8 \cdot 3$
4	$32 = 8 \cdot 4$
5	$40 = 8 \cdot 5$
6	$48 = 8 \cdot 6$

$y = 8 \cdot x$

Schaubild

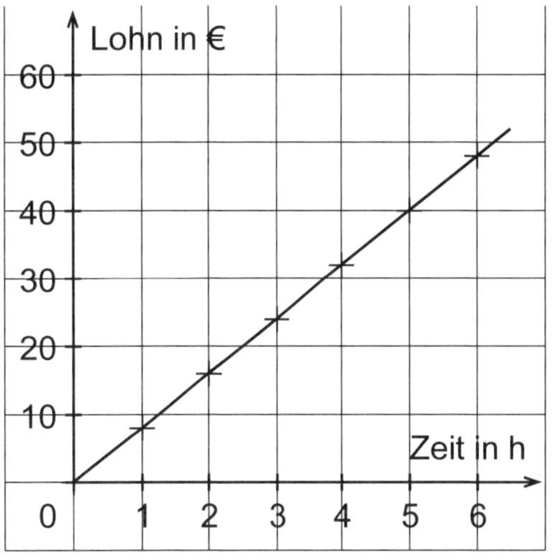

Formel

Für die 2-fache (3-fache, 4-fache ...) Zeit erhält der Installateur den 2-fachen (3-fachen, 4-fachen ...) Lohn. Der Lohn (y) ist direkt proportional zur Arbeitszeit (x).

Der Lohn (y) und die Arbeitszeit (x) stehen immer im selben Verhältnis, es ist konstant.
(Konstant bedeutet gleichbleibend, unveränderlich.)

$\frac{8}{1} = \frac{16}{2} = \frac{24}{3} = ... = 8$ Die konstante Zahl oder Größe bezeichnet man als Proportionalitätsfaktor k.

Den Lohn y für x Überstunden berechnet man mit der Formel: $y = 8 \cdot x$

Allgemein gilt:

Ist eine Größe y zu einer Größe x direkt proportional, so gilt die Formel: $y = k \cdot x$ oder **$k = \frac{y}{x}$**

k ... Proportionalitätsfaktor

Proportion

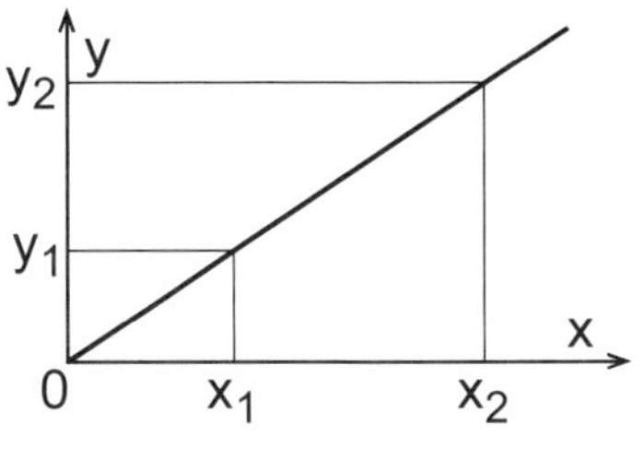

Der Graph einer direkt proportionalen Zuordnung ist ein Strahl, der im Ursprung beginnt.

Weil bei direkt proportionalen Zuordnungen die Verhältnisse zweier beliebiger Wertepaare konstant sind, kann man sie gleichsetzen.

$$y_1 : y_2 = x_1 : x_2$$

Bei der Proportion kann man mit Hilfe der Produktgleichung bei drei gegebenen Größen eine vierte Größe ausrechnen.

Ein Installateur verdient in drei Überstunden 24 €. Wie viel Lohn erhält er für 5 Überstunden?

↑ 3 h ___ 24 € ↑
5 h ___ x

$x : 24 = 5 : 3$

$3x = 24 \cdot 5 \quad | : 3$

$x = \frac{{}^{8}\cancel{24} \cdot 5}{\cancel{3}_1} = 40$

Es ist günstig, ein proportionales Verhältnis durch Pfeile zu kennzeichnen, das hilft beim Aufschreiben der Proportion.

Den ersten Pfeil zeichnet man – bei x beginnend – nach oben.
Bei einem direkten Verhältnis hat der zweite Pfeil dieselbe Richtung.

Die Proportion schreibt man dann so an:
„Anfang zu Spitze wie Anfang zu Spitze.“

A: Der Installateur erhält für 5 Überstunden einen Lohn von 40 €.

2. Indirekt proportionales Verhältnis

Für einen großen Arbeitsauftrag würde ein Installateur 60 Stunden brauchen.
Wie viele Arbeitsstunden würden 2, 3, 4, 5, 6 Installateure für diesen Arbeitsauftrag brauchen?

Wertetabelle

Anzahl der Installateure	Arbeitszeit in h
1	$60 = \frac{60}{1}$
2	$30 = \frac{60}{2}$
3	$20 = \frac{60}{3}$
4	$15 = \frac{60}{4}$
5	$12 = \frac{60}{5}$
6	$10 = \frac{60}{6}$
	$y = \frac{60}{x}$

Schaubild

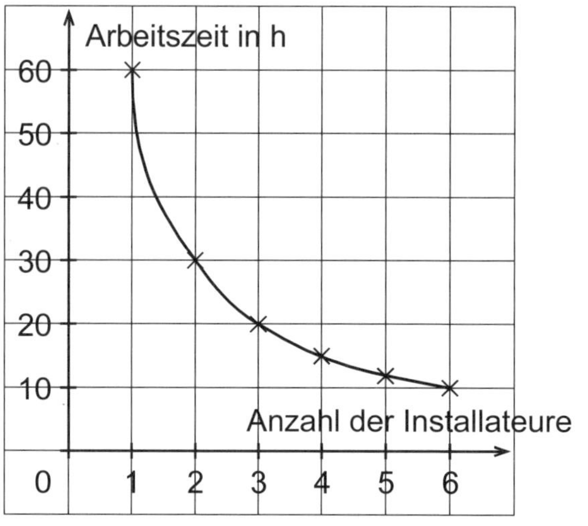

Formel

Bei der 2-fachen (3-fachen, 4-fachen ...) Anzahl von Installateuren ist die Arbeit in der Hälfte (einem Drittel, Viertel ...) der Zeit erledigt. Die Arbeitsdauer (y) ist indirekt proportional zur Anzahl der Installateure (x).

Die Arbeitszeit y bei x Installateuren berechnet man mit der Formel: $y = \frac{60}{x}$ (k = 60)

Allgemein gilt:

Ist eine Größe y zu einer Größe x indirekt proportional, so gilt die Formel: $y = \frac{k}{x}$ oder $k = y \cdot x$

k ... Proportionalitätsfaktor

Proportion

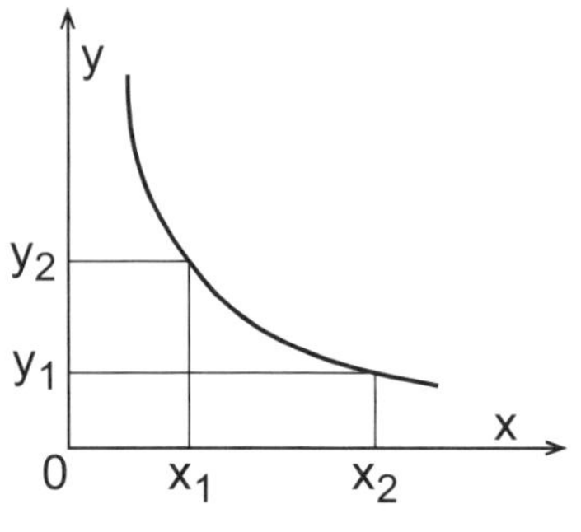

Der Graph einer indirekt proportionalen Zuordnung ist eine Kurve.

Weil bei indirekt proportionalen Zuordnungen die Produkte zweier beliebiger Wertepaare konstant sind, kann man sie gleichsetzen und die Produktgleichung zu einer Proportion umformen.

$x_1 \cdot y_1 = x_2 \cdot y_2 \quad | : x_1 \quad | : y_2$

$\frac{y_1}{y_2} = \frac{x_2}{x_1}$

$\mathbf{y_1 : y_2 = x_2 : x_1}$

Zwei Installateure brauchen zur Erledigung eines Arbeitsauftrages 30 Stunden.
Wie lange würden 5 Installateure für diese Arbeit brauchen?

↓ 2 Install. ___ 30 h ↑
5 Install. ___ x

$x : 30 = 2 : 5$

$5x = 30 \cdot 2 \quad | : 5$

$x = \frac{\overset{6}{\cancel{30}} \cdot 2}{\cancel{5}_1} = 12$

Es ist günstig, ein proportionales Verhältnis durch Pfeile zu kennzeichnen, das hilft beim Aufschreiben der Proportion.

Den ersten Pfeil zeichnet man immer – bei x beginnend – nach oben. Bei einem indirekten Verhältnis hat der zweite Pfeil entgegengesetzte Richtung.

Die Proportion schreibt man dann so an:
„Anfang zu Spitze wie Anfang zu Spitze."

A: 5 Installateure würden für diese Arbeit 12 Stunden brauchen.

Merkstoff:	Pyramiden

1. Eigenschaften und Arten

- Die Grundfläche ist ein Vieleck und die Seitenflächen sind Dreiecke.
- Die Seitenflächen stoßen in einem Punkt, der Spitze, zusammen.

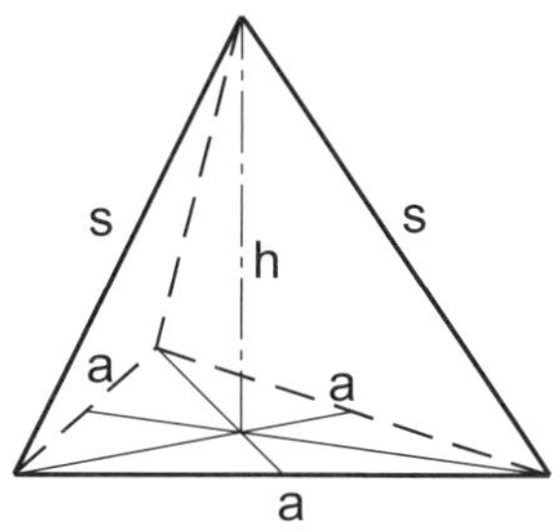

Regelmäßige dreiseitige Pyramide

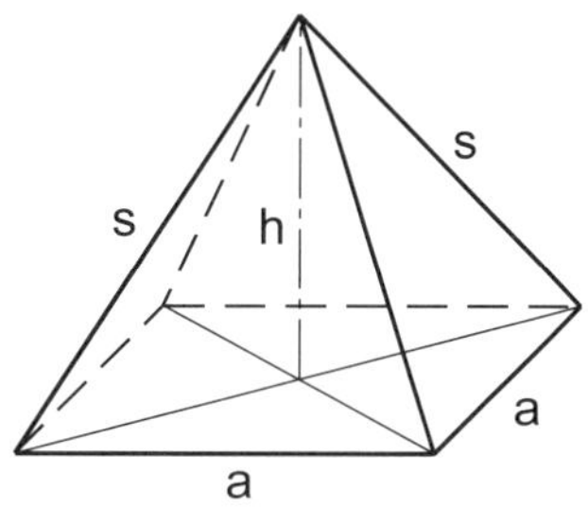

Regelmäßige quadratische Pyramide

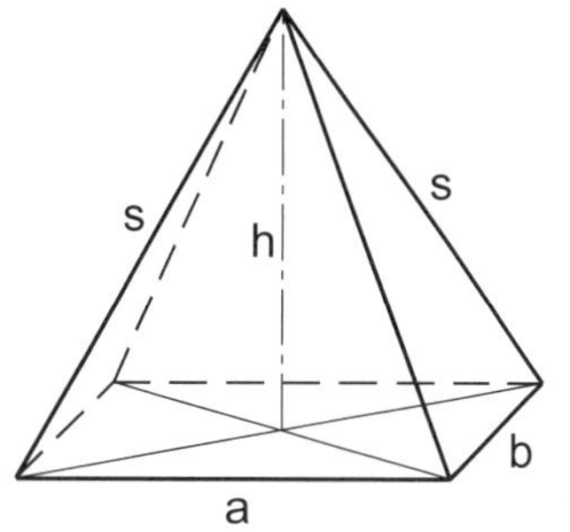

Rechteckige Pyramide

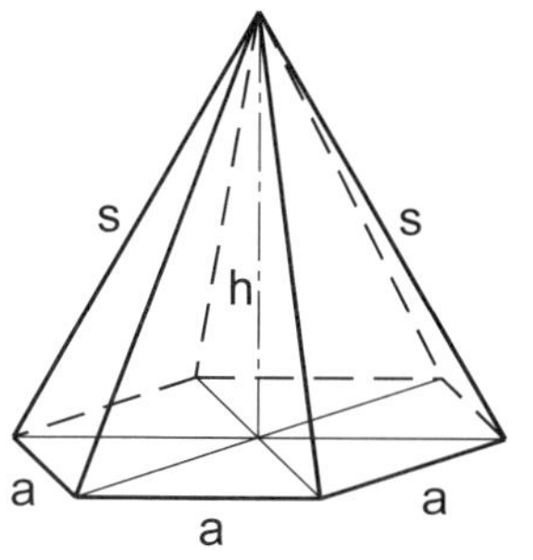

Regelmäßige sechsseitige Pyramide

Pyramiden werden nach der Form ihrer Grundfläche benannt.

Man nennt Pyramiden regelmäßig, wenn die Grundfläche ein regelmäßiges Vieleck ist und die Spitze über dem Umkreismittelpunkt der Grundfläche liegt.

Sonderformen:

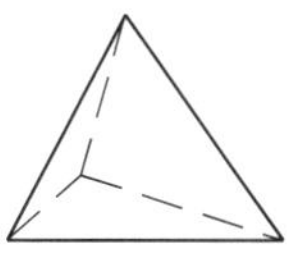

Tetraeder

Der Tetraeder ist eine regelmäßige dreiseitige Pyramide, die von vier gleichseitigen Dreiecken begrenzt ist.

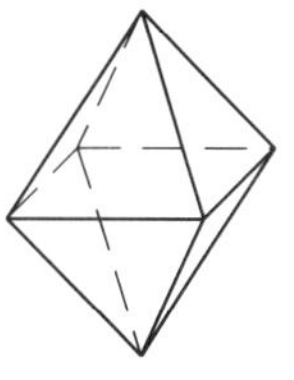

Oktaeder

Der Oktaeder ist eine regelmäßige quadratische Doppelpyramide, die von acht gleichseitigen Dreiecken begrenzt ist.

2. Volumen

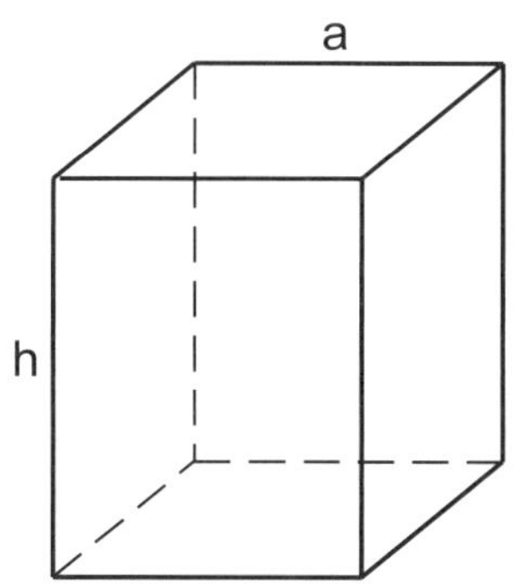

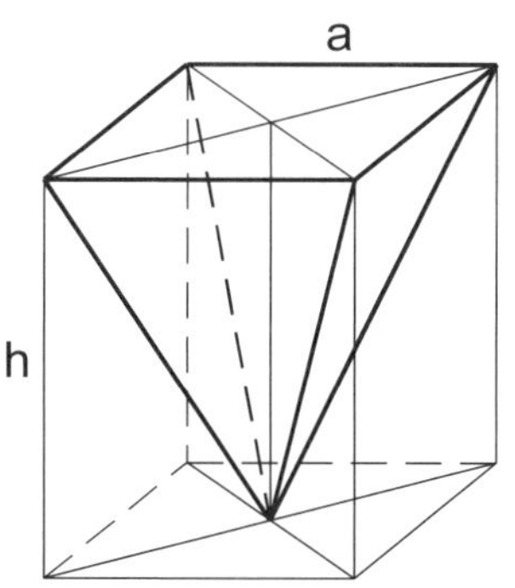

Haben ein Prisma und eine Pyramide gleich große Grundfläche und gleiche Höhe, dann ist das Volumen der Pyramide ein Drittel so groß wie das Volumen des Prismas.

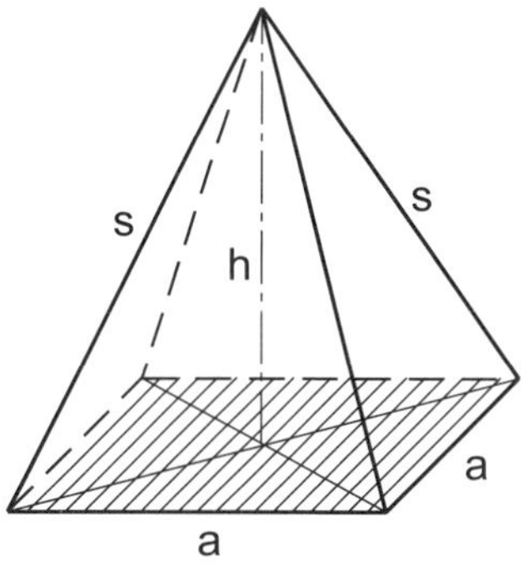

$$\mathbf{V = \frac{G \cdot h}{3} = \frac{1}{3} \cdot G \cdot h}$$

Kurzsprechweise:

Volumen einer Pyramide gleich Grundfläche mal Höhe durch drei

z. B. Regelmäßige quadratische Pyramide:
Die Grundfläche ist ein Quadrat, daher

$$V = \frac{G \cdot h}{3} = \frac{a^2 \cdot h}{3}$$

3. Oberfläche

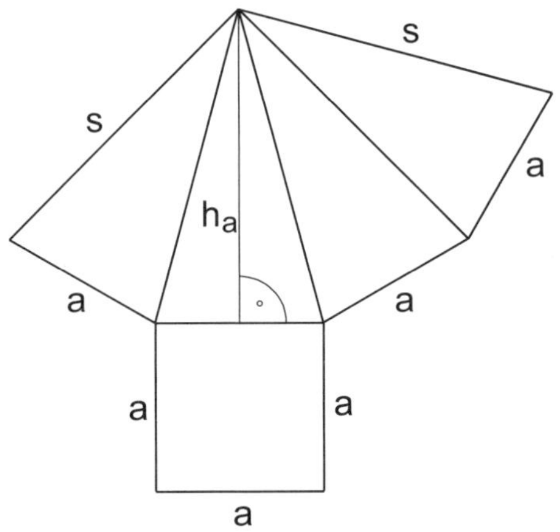

O = G + M

Kurzsprechweise:

Oberfläche einer Pyramide gleich Grundfläche plus Mantel

z. B. Regelmäßige quadratische Pyramide:
Die Grundfläche ist ein Quadrat, daher

$$O = G + M = G + \frac{u_G \cdot h_a}{2}$$

$$O = a^2 + \frac{4a \cdot h_a}{2} = a^2 + 2ah_a$$

4. Schnittdarstellungen bei regelmäßigen quadratischen Pyramiden

Mittelschnitt

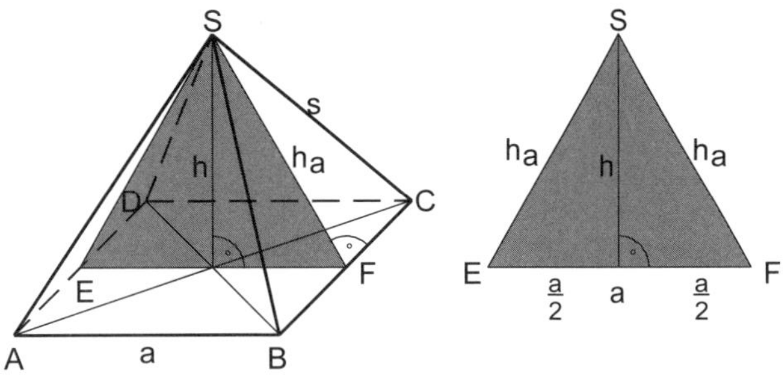

Die Schnittebene geht parallel zur Grundkante durch die Höhe.
Die Schnittfigur ist ein gleichschenkliges Dreieck.

Diagonalschnitt

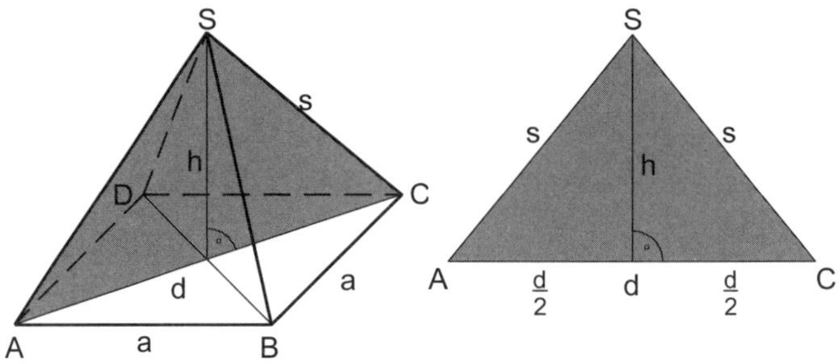

Die Schnittebene geht durch zwei gegenüberliegende Seitenkanten.
Die Schnittfigur ist ein gleichschenkliges Dreieck.

5. Berechnungen mit dem Lehrsatz des Pythagoras

Für die Konstruktion einer quadratischen Pyramide sind im Allgemeinen zwei Bestimmungsstücke nötig.

Mit dem Lehrsatz des Pythagoras kann man zusätzlich Größen berechnen, die für das Berechnen des Volumens oder der Größe der Oberfläche notwendig sind.

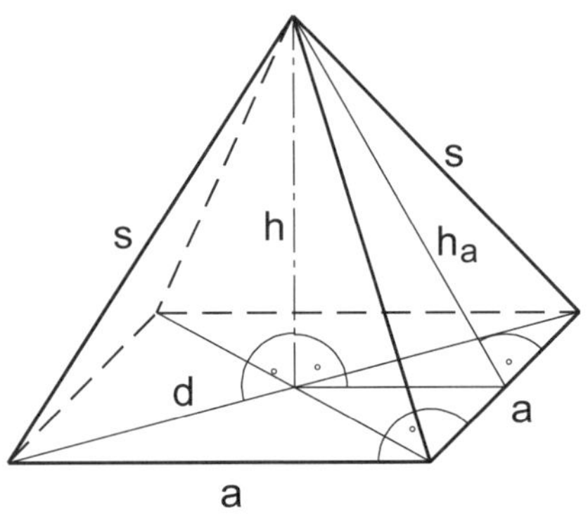

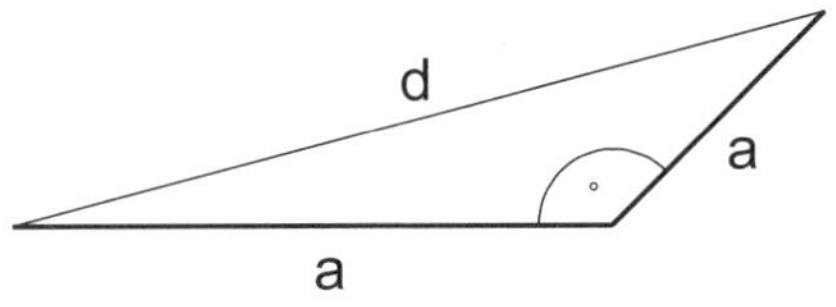

$d^2 = a^2 + a^2$

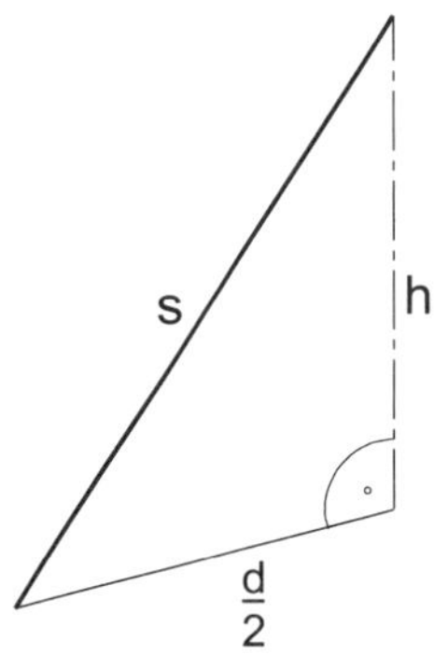

$s^2 = h^2 + \left(\frac{d}{2}\right)^2$

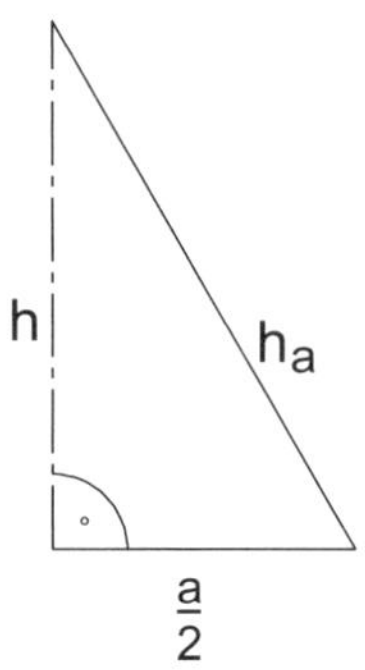

$h_a^2 = h^2 + \left(\frac{a}{2}\right)^2$

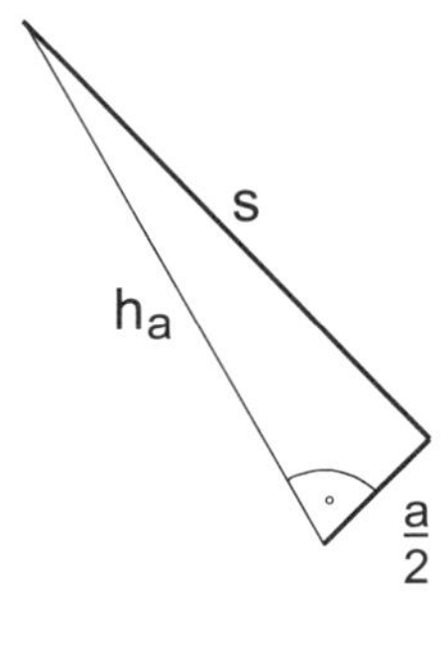

$s^2 = h_a^2 + \left(\frac{a}{2}\right)^2$

Merkstoff:	Zinsen- und Zinseszinsen

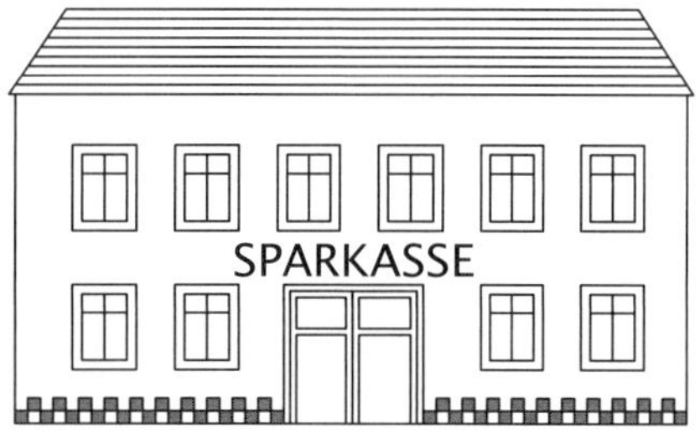

Sparzinsen	
4,125 %	Bausparen
4,5 %	Prämiensparen
2,75 %	Zielsparen

Kreditzinsen	
10,75 %	Autokredit
9,5 %	Wohnungsbaukredit
8,625 %	Firmenkredit

Sparzinsen (Habenzinsen)
Wenn man Geld bei einer Bank spart, erhält man Sparzinsen.

Kreditzinsen (Darlehenszinsen, Sollzinsen)
Wenn man Geld bei einer Bank leiht, bezahlt man Kreditzinsen.

1. Begriffe

Die Zinsrechnung ist eine Anwendung der Prozentrechnung.

Kapital K: Grundwert – jener Geldbetrag, der auf ein Sparkonto eingelegt wird oder als Kredit aufgenommen wird.

Zinssatz p: Prozentsatz – er gibt an, wie viel Prozent des Kapitals als Zinsen berechnet werden. Der Zinssatz bezieht sich – wenn nicht anders angegeben – immer auf ein Jahr. Der Zinssatz (auch Zinsfuß) p ist in % angegeben.

Zinsen Z: Prozentwert – jener Geldbetrag, der für eine Spareinlage gutgeschrieben wird oder für einen Kredit zu bezahlen ist.

2. Einfache Zinsen

Zinsen für ein Jahr
$Z = K \cdot \frac{p}{100}$

Zinsen für einen Monat
$Z = K \cdot \frac{p}{100} \cdot \frac{1}{12}$

Zinsen für einen Tag
$Z = K \cdot \frac{p}{100} \cdot \frac{1}{360}$

Zinsen für m Monate
$Z = K \cdot \frac{p}{100} \cdot \frac{m}{12}$

Zinsen für t Tage
$Z = K \cdot \frac{p}{100} \cdot \frac{t}{360}$

Die Bank verrechnet für jeden Monat 30 Tage.
Ein „Bankjahr" hat demnach genau 360 Tage.

3. Kredite

Banken vergeben an Einzelpersonen und an Betriebe Kredite für Wohnungskauf, Hausbau, Kauf eines Autos, Investitionen ...

Der Zinssatz für Kredite ist immer höher als der für Sparguthaben.

Zu den Kreditkosten zählt man alle Aufwendungen, die mit der Aufnahme und Rückzahlung von Krediten verbunden sind. Das sind vor allem Zinsen, Bearbeitungsgebühr und/oder andere Spesen.

Bei Aufnahme eines Kredits wird ein Vertrag abgeschlossen, der die Bedingungen für die Rückzahlung regelt. Wird z. B. eine vereinbarte Rate nicht pünktlich bezahlt, werden demnach sehr hohe Verzugszinsen berechnet und die restliche Schuld muss sofort bezahlt werden. Hat ein Kreditnehmer Probleme bei der Rückzahlung (Krankheit, Arbeitslosigkeit), soll er sich unbedingt an die Bank wenden, um neue Rückzahlungsregelungen zu vereinbaren.

4. Kredit-Tilgungsplan

Der Kredit-Tilgungsplan zeigt vereinfacht, wie bei einem Kredit gerechnet wird.
Die Zinsen werden vom fallenden Kapital berechnet: am Beginn des Jahres werden zur Schuld bzw. Restschuld vom Jahresende die Zinsen für ein Jahr addiert.

	Jahresanfang					Jahresende	
	Schuld	plus	Zinsen			Rückzahlung	Restschuld
1. Jahr	60 000,00	+	5 400,00	=	65 400,00	20 000,00	45 400,00
2. Jahr	45 400,00	+	4 086,00	=	49 486,00	20 000,00	29 486,00
3. Jahr	29 486,00	+	2 653,74	=	32 139,74	20 000,00	12 139,74
4. Jahr	12 139,74	+	1 092,58	=	13 232,32	13 232,32	0,00

5. Zinseszinsen

Spart man bei einer Bank länger als ein Jahr und hebt die Zinsen nicht ab, so erhält man Zinseszinsen, das heißt, man bekommt Zinsen auch für die Zinsen.

Einfache Zinsen

Claudia hat ein Sparguthaben von 100 €,
es wird zu p = 5 % verzinst.
Claudia hebt die Zinsen jedes Jahr ab.

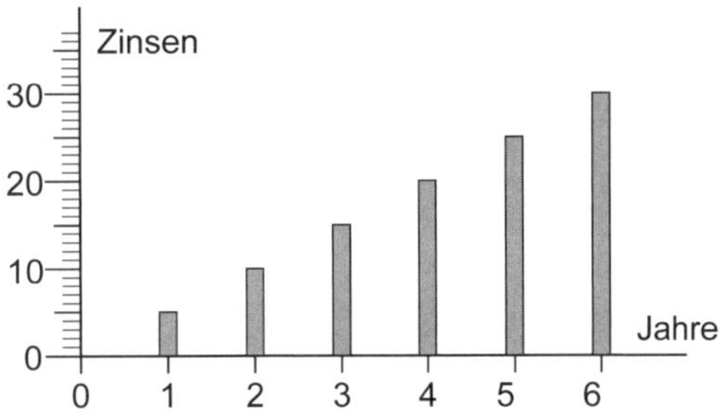

Nach 6 Jahren hat Claudia insgesamt 30 € Zinsen erhalten.

Zinseszinsen

Maria hat ein Sparguthaben von 100 €,
es wird zu p = 5 % verzinst.
Maria hebt die Zinsen nicht vorzeitig ab.

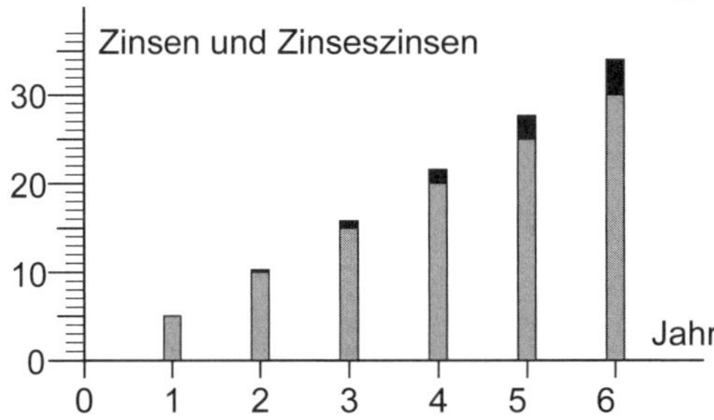

Nach 6 Jahren hat Maria insgesamt 34,01 € Zinsen und Zinseszinsen erhalten.

Beispiel: K_0 = 500 €, p = 4,5 %, Zeit: 3 Jahre

nach 1. Jahr	500,00 € plus 4,5 % von 500,00 € → 500,00 € · 1,045 = 522,50 €	$K_1 = K_0 \cdot 1{,}045$
nach 2. Jahr	522,50 € plus 4,5 % von 522,50 € → 522,50 € · 1,045 = 546,01 €	$K_2 = K_1 \cdot 1{,}045$
nach 3. Jahr	546,01 € plus 4,5 % von 546,01 € → 546,01 € · 1,045 = 570,58 €	$K_3 = K_2 \cdot 1{,}045$

Kapital K_0	Guthaben nach 1. Jahr K_1	Guthaben nach 2. Jahr K_2	Guthaben nach 3. Jahr K_3	...
$\cdot (1 + \frac{p}{100})$ →	$\cdot (1 + \frac{p}{100})$ →	$\cdot (1 + \frac{p}{100})$ →	...	

Formeln: Guthaben nach einem Jahr: $\mathbf{K_1 = K_0 \cdot (1 + \frac{p}{100})}$

Guthaben nach n Jahren: $\mathbf{K_n = K_0 \cdot (1 + \frac{p}{100})^n}$

Merkstoff: Lehrsatz des Pythagoras

1. Das rechtwinklige Dreieck

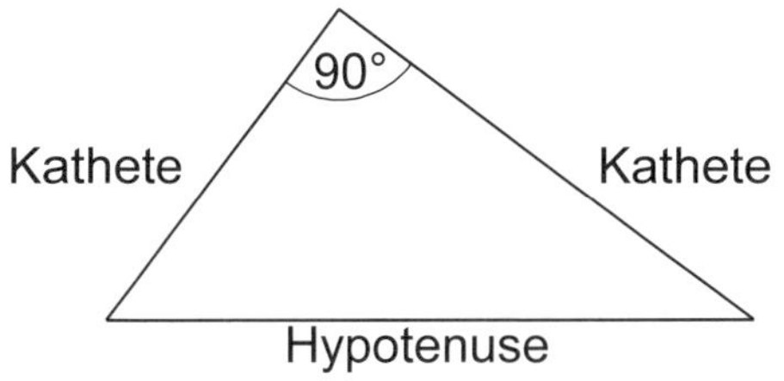

Ein Winkel hat 90°.

Die dem rechten Winkel gegenüberliegende Seite heißt Hypotenuse.

Die beiden den rechten Winkel einschließenden Seiten heißen Katheten.

2. Der Lehrsatz des Pythagoras

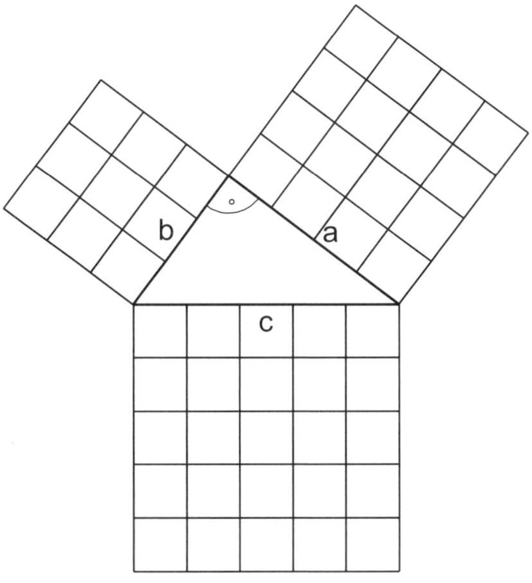

In jedem rechtwinkligen Dreieck ist die Summe der Flächeninhalte der beiden Kathetenquadrate gleich dem Flächeninhalt des Hypotenusenquadrates.

Lehrsatz (Formel): $\mathbf{a^2 + b^2 = c^2}$

Pythagoras war griechischer Philosoph und Mathematiker. Er lebte im 6. Jahrhundert vor Christus und gründete eine „Schule" von Wissenschaftlern.

Die Sage erzählt, dass Pythagoras den Göttern 100 Ochsen darbrachte, als er diesen Lehrsatz entdeckte.

Für den pythagoreischen Lehrsatz gibt es heute fast 400 Beweise.

3. Ein Beweis

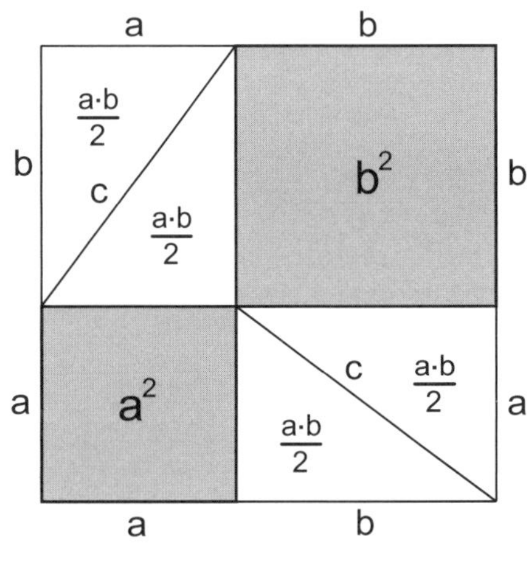

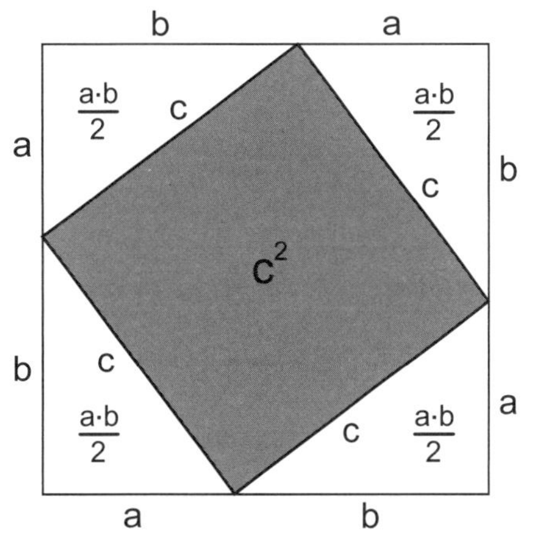

$$(a + b)^2 = (a + b)^2$$

$$a^2 + 4 \cdot \frac{a \cdot b}{2} + b^2 = c^2 + 4 \cdot \frac{a \cdot b}{2} \quad \Big| - 4 \cdot \frac{a \cdot b}{2}$$

$$a^2 + b^2 = c^2$$

4. Pythagoreische Zahlentripel

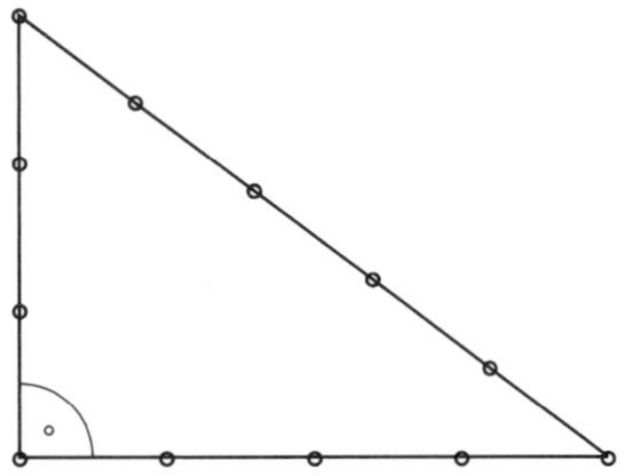

$$3^2 + 4^2 = 5^2$$
$$9 + 16 = 25$$
$$25 = 25 \quad \text{w. A.}$$

$$12^2 + 5^2 = 13^2$$
$$144 + 25 = 169$$
$$169 = 169 \quad \text{w. A.}$$

Wenn drei natürliche Zahlen x, y und z die Beziehung $x^2 + y^2 = z^2$ erfüllen, spricht man von einem pythagoreischen Zahlentripel.

Pythagoreische Zahlentripel waren schon im Altertum (Ägypten, Indien ...) bekannt. Man benützte „Knotentaue", um bei der Feldvermessung oder beim Bau der Pyramiden rechte Winkel zu erhalten.

5. Anwendung

Rechtwinkliges Dreieck

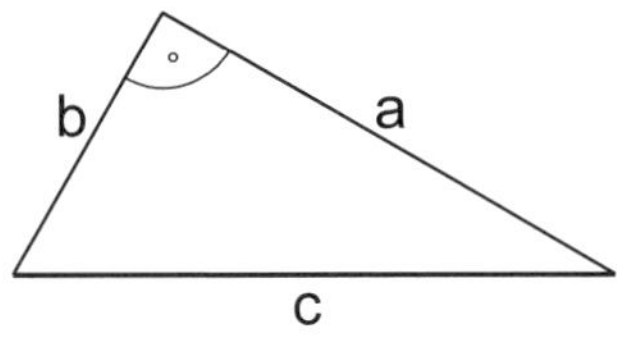

Länge der Hypotenuse

$$a^2 + b^2 = c^2 \quad | \sqrt{}$$
$$\sqrt{a^2 + b^2} = c$$
$$c = \sqrt{a^2 + b^2}$$

Länge einer Kathete

$$a^2 + b^2 = c^2\,; \quad a = ?$$
$$a^2 + b^2 = c^2 \quad | -b^2$$
$$a^2 = c^2 - b^2 \quad | \sqrt{}$$
$$a = \sqrt{c^2 - b^2}$$

Rechteck

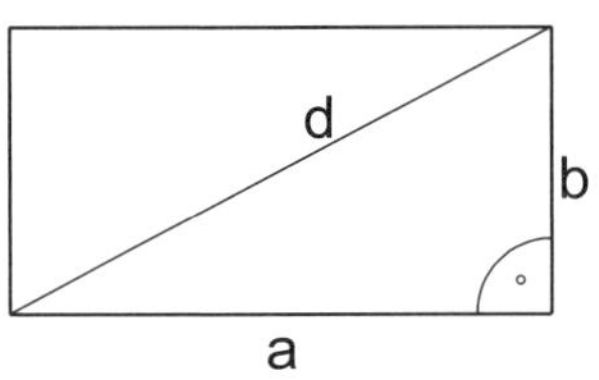

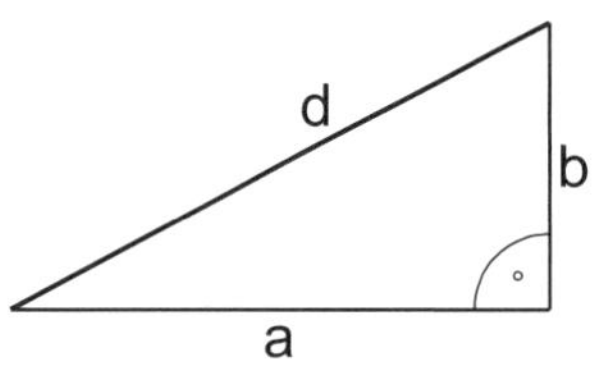

Länge der Diagonale

$$a^2 + b^2 = d^2 \quad | \sqrt{}$$
$$\sqrt{a^2 + b^2} = d$$
$$d = \sqrt{a^2 + b^2}$$

Quadrat

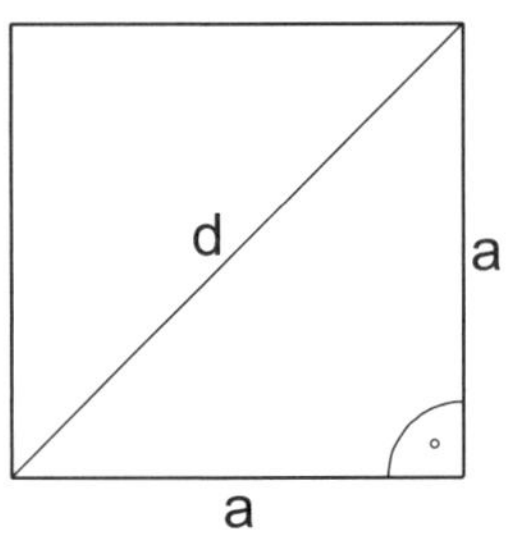

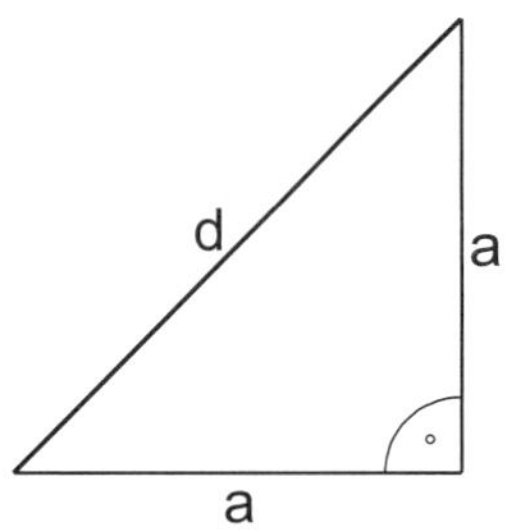

Länge der Diagonale

$$a^2 + a^2 = d^2$$
$$a^2 \cdot 2 = d^2 \quad | \sqrt{}$$
$$a \cdot \sqrt{2} = d$$
$$d = a \cdot \sqrt{2} \qquad \sqrt{2} = 1{,}414\,213... \approx 1{,}41$$

Gleichseitiges Dreieck

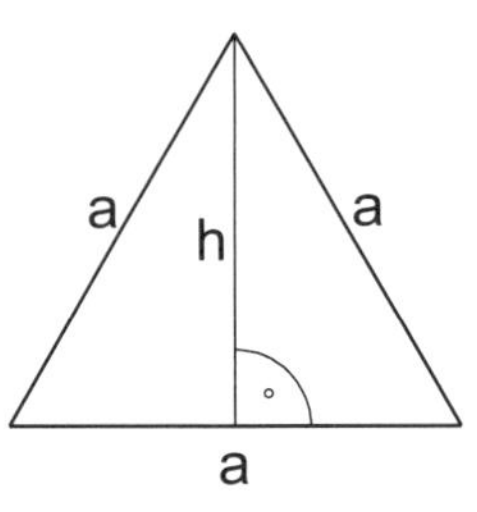

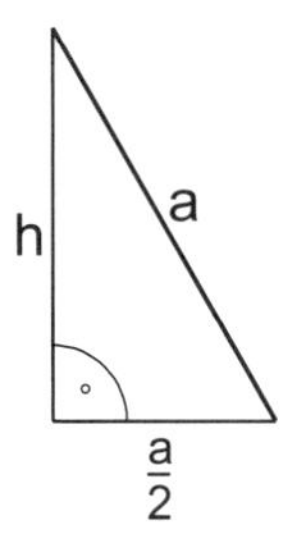

Länge der Höhe

$$h^2 + \left(\frac{a}{2}\right)^2 = a^2 \quad | -\left(\frac{a}{2}\right)^2$$
$$h^2 = a^2 - \left(\frac{a}{2}\right)^2$$
$$h^2 = a^2 - \frac{a^2}{4}$$
$$h^2 = \frac{a^2 \cdot 3}{4} \quad | \sqrt{}$$
$$h = \frac{a \cdot \sqrt{3}}{2}$$

Flächeninhalt

$$A = \frac{a \cdot h}{2}$$
$$A = \frac{a \cdot a \cdot \sqrt{3}}{2 \cdot 2}$$
$$A = \frac{a^2 \cdot \sqrt{3}}{4}$$

$$\sqrt{3} = 1{,}732\,050... \approx 1{,}73$$

Merkstoff:	Formeln

Formeln sind Gleichungen mit mehreren Variablen.

Bei Formeln kann eine unbekannte Größe berechnet werden, wenn für die andere Größe / die anderen Größen Zahlen eingesetzt werden.

Für viele Textaufgaben können Formeln aufgestellt werden.

1. Aufstellen von Formeln

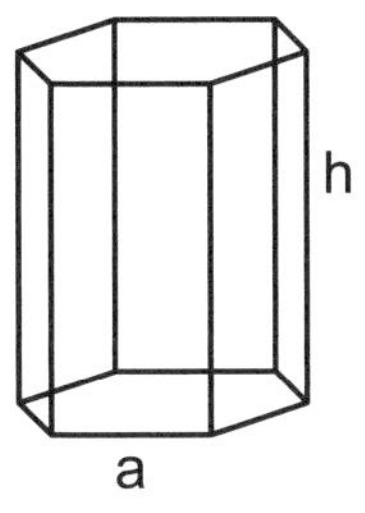

Für einen Papierkorb, der die Form eines regelmäßigen sechsseitigen Prismas haben soll, wird ein Gerüst aus Draht hergestellt.

Formel für die Berechnung der Gesamtlänge des Drahtes:

G = 12a + 6h

Die Telefonkosten K (Telekom) setzen sich aus der Grundgebühr G und dem Verbindungsentgelt V zusammen.

Die Grundgebühr (Grundentgelt und Endgeräteservice) beträgt im „Standardtarif" (T-ISDN) monatlich inkl. MwSt. 28,67 €.
Für die Berechnung des Verbindungsentgelts werden Tarifimpulse verwendet.
(Die Anzahl der während eines Gesprächs anfallenden Tarifimpulse hängt von der Entfernungszone, der Tageszeit und der Sprechdauer ab.)
Ein Tarifimpuls T kostet im „Standardtarif" inkl. MwSt. 0,06 €.

Formel für die Berechnung der monatlichen Telefonkosten bei Standardtarif:

K = G + V
K = G + T · x
K = 28,67 + 0,06 · x

2. Umformen von Formeln

Zum Umformen von Formeln werden ebenso wie zum Umformen von Gleichungen Äquivalenzumformungen verwendet.

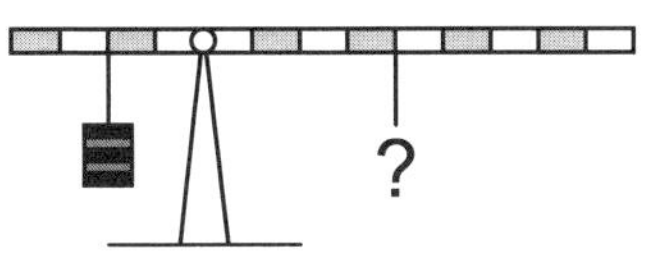

Das Hebelgesetz lautet $F_1 \cdot a_1 = F_2 \cdot a_2$.
$F_1 = 15$ N, $a_1 = 100$ cm, $F_2 = 120$ N; $a_2 = ?$

$F_1 \cdot a_1 = F_2 \cdot a_2$

$15 \cdot 100 = 120 \cdot a_2 \quad | : 120$

$$a_2 = \frac{\cancel{15}^{1} \cdot \cancel{100}^{25}}{\cancel{120}_{\cancel{8}\,2}} = \frac{25}{2} = 12{,}5$$

a_2 ___ 12,5 cm

$F_1 \cdot a_1 = F_2 \cdot a_2 \quad | : F_2$

$\frac{F_1 \cdot a_1}{F_2} = a_2$

$$a_2 = \frac{\cancel{15}^{1} \cdot \cancel{100}^{25}}{\cancel{120}_{\cancel{8}\,2}} = \frac{25}{2} = 12{,}5$$

a_2 ___ 12,5 cm

Es gibt zwei Möglichkeiten, die Unbekannte zu berechnen.

Zahlen einsetzen, dann Umformung der Gleichung.	oder	Umformung der Formel, dann Zahlen einsetzen.

Merkstoff:	Statistik

1. Statistische Kennzahlen

Beim Basketballtraining wurden Freiwürfe geübt. Die neun Spieler der Gruppe hatten bei 20 Versuchen folgende Trefferquoten: 18, 7, 10, 17, 13, 15, 9, 10, 14.

Für statistische Untersuchungen ist es wichtig, die Daten zu ordnen, man erhält eine geordnete Liste.

Trefferquote	7	9	10	10	13	14	15	17	18

Arithmetisches Mittel oder Mittelwert

Man erhält das arithmetische Mittel $\bar{x}$, wenn man die Summe der Einzelwerte durch die Anzahl der Einzelwerte dividiert. Das arithmetische Mittel wird auch als Mittelwert bezeichnet.

$$\bar{x} = \frac{7+9+10+10+13+14+15+17+18}{9} = 113 : 9 = 12,\bar{5}$$

Formel: $\bar{x} = \frac{x_1 + x_2 + x_3 + ... + x_n}{n}$

$\bar{x}$ .... arithmetisches Mittel
x_1 ... erster Einzelwert
x_n ... letzter Einzelwert
n ..... Anzahl der Einzelwerte

Das arithmetische Mittel kann auch mit den absoluten (bzw. relativen oder prozentualen) Häufigkeiten berechnet werden.

Zentralwert oder Median

Der Zentralwert z liegt genau in der Mitte der Werteliste, wenn die Werte geordnet sind. Untersucht man eine gerade Anzahl von Werten, so ist der Zentralwert das arithmetische Mittel der beiden mittleren Werte.

Trefferquote	7	9	10	10	13	14	15	17	18
					↓ z				

Die Trefferquote 13 liegt genau in der Mitte der geordneten Werte, 4 Werte sind kleiner als 13 und 4 Werte sind größer als 13.

Häufigster Wert oder Modalwert

Der häufigste Wert wird auch als Modalwert m bezeichnet.
Die Trefferquote 10 kommt von allen Trefferquoten am häufigsten vor.

Minimum, Maximum, Spannweite

Den kleinsten Wert bezeichnet man als Minimum x_{min} und den größten Wert als Maximum x_{max}.
Die Spannweite R ist der Unterschied zwischen Maximum und Minimum.
$R = x_{max} - x_{min} = 18 - 7 = 11$
Die Trefferquote 7 ist das Minimum und die Trefferquote 18 das Maximum; die Spannweite beträgt 11.

Quartile

Der Zentralwert z teilt die Werte der geordneten Liste in zwei Hälften.
Teilt man die untere Hälfte vor z sowie die obere Hälfte nach z noch einmal in die Hälfte, so erhält man das 1. Quartil q_1 sowie das 3. Quartil q_3. Der Zentralwert z ist gleichzeitig das 2. Quartil q_2.
Die Quartile teilen die Werte der geordneten Liste in Vierteln.

Trefferquote	7	9	10	10	13	14	15	17	18

↓ $q_1 = 9,5$ (zwischen 9 und 10)   ↓ $z = q_2 = 13$ ↓ $q_3 = 16$ (zwischen 15 und 17)

2. Darstellungsmöglichkeiten

Stängel-Blatt-Diagramm

In einer Klasse wurde erhoben, wie viel Zeit die Schüler/-innen zusätzlich zum Turnunterricht im Mittel in einer Woche Sport betreiben.

Die Ergebnisse in h:min: 0:45, 1:30, 5:00, 4:30, 1:00, 3:15, 2:30, 2:15, 0:0, 5:30, 0:15, 3:30, 5:00, 1:30, 2:00, 3:30, 3:00, 1:45, 2:30, 2:00, 4:00.

In einem „Stängel-Blatt-Diagramm“ kann eine größere Menge von Daten übersichtlich geordnet werden.

- Links vom Doppelstrich werden die „Stängel“ eingetragen; den Daten entsprechend sind es die Stunden.
- Rechts vom Doppelstrich werden – ungeordnet – die „Blätter“ eingetragen; den Daten entsprechend sind es die Minuten.

Noch übersichtlicher werden die Daten, wenn man in einem zweiten Arbeitsgang auch noch die „Blätter“ ordnet.

0	45, 0, 15
1	30, 0, 30, 45
2	30, 15, 0, 30, 0
3	15, 30, 30, 0
4	30, 0
5	0, 30, 0

0	0, 15, 45
1	0, 30, 30, 45
2	0, 0, 15, 30, 30
3	0, 15, 30, 30
4	0, 30
5	0, 0, 30

Darstellung auf dem Zahlenstrahl und Kastendiagramm

In einer Mathematik-Gruppe werden die Leistungen der einzelnen Schüler/-innen in Prozentsätzen angegeben. Zum Halbjahr gibt es folgende Ergebnisse:

56, 68, 84, 58, 53, 61, 98, 73, 95, 69, 65, 44, 69, 87, 91, 96, 70, 77.

Für die Untersuchungen werden die Daten geordnet. In der geordneten Liste werden das Minimum, das Maximum und die drei Quartile gekennzeichnet.

Leistungen in %	44	53	56	58	61	65	68	69	69	70	73	77	84	87	91	95	96	98
	↓ x_{min}				↓ q_1				↓ $z = q_2$					↓ q_3				↓ x_{max}

Um die Daten zu veranschaulichen, wird mit Hilfe eines Zahlenstrahls ein Kastendiagramm gezeichnet.

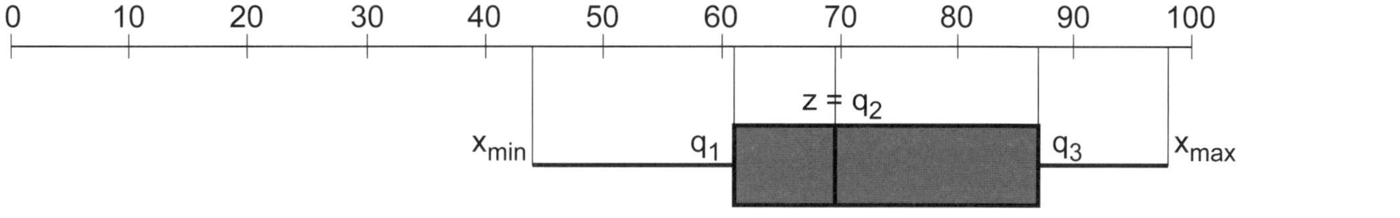

Im Kastendiagramm sind das Minimum, das Maximum und die drei Quartile maßstabgerecht dargestellt. Die Daten der „mittleren Hälfte“ sind in einem „Kasten“, der durch den Zentralwert geteilt ist.

Hier kann deutlich gesehen werden, wo sich jeder einzelne Schüler / jede einzelne Schülerin mit seiner / ihrer Leistung innerhalb der Klasse befindet: in der oberen Hälfte, in der unteren Hälfte, im „Mittelfeld“, im besten Viertel ...

Arbeitsblätter-Verzeichnis

Arbeitsblätter Mathematik 7/8

Name: ______________________________

39	M3 – Wiederholung	1	2	3	4	5										
49	Ganze und rationale Zahlen	1	2	3	4	5	6	7	8	9						
67	Das rechtw. Koordinatensystem	1	2													
71	Potenzen	1	2	3	4											
79	Anwendung der Prozentrechnung	1	2	3	4	5	6	7	8							
95	Termumformungen	1	2	3	4	5	6	7	8	9	10	11	12	13	14	15
125	Flächeninhalte von Vielecken	1	2	3	4	5	6	7	8	9	10	11	12			
149	Lineare Gleichungen	1	2	3	4	5	6	7	8	9						
167	Verhältnisse und Proportionen	1	2	3	4	5										
177	Ähnlichkeit	1	2	3	4	5	6	7	8							
193	Proportionale Zuordnungen	1	2	3	4	5	6	7	8							
209	Prismen und Pyramiden	1	2	3	4	5	6	7	8	9	10					
229	Zinsen und Zinseszinsen	1	2	3	4	5	6	7	8	9						
247	Lehrsatz des Pythagoras	1	2	3	4	5	6	7	8	9						
265	Rechnen mit Formeln	1	2	3	4	5										
275	Statistik	1	2													
279	Sachaufgaben	1	2	3	4	5										
289	Rätsel	1	2	3												

Name:	M3 – Wiederholung 1

1) Ergänze die Zahlenfolgen.

a) 16,8 ⟶ (+ 4,6) 21,4 , ________ , ________ , ________ , ________ , ________

b) 82,1 ⟶ (− 2,7) ________ , ________ , ________ , ________ , ________ , ________

c) 7,1 ⟶ (· 3) ________ , ________ , ________ , ________ , ________ , ________

d) 2 534,4 ⟶ (: 2) ________ , ________ , ________ , ________ , ________ , ________

2) Multiplikationen und Divisionen mit dekadischen Einheiten.

	· 10	· 100	· 0,1	: 10	: 100
7 000					
456,789					
380					
5,21					
0,004					

3) Rechne die vier Grundrechenarten mit den Dezimalzahlen a = 73,53 und b = 5,7.

a) b) c) d)

4) Berechne jeweils den Wert des Terms. Achte auf die Vorrangregeln.

8 · 5 – 3 · 6 + 7 =	8 · (5 – 3) · 6 + 7 =
8 · (5 – 3) · (6 + 7) =	(8 · 5 – 3) · (6 + 7) =
6 · 12 : 4 · 6 : 3 =	6 · (12 : 4) · (6 : 3) =
6 · 12 : (4 · 6) : 3 =	6 · 12 : (4 · 6 : 3) =

Name:	M3 – Wiederholung 1

1) Ergänze die Zahlenfolgen.

a) 16,8 → (+ 4,6) 21,4 , 26,0 , 30,6 , 35,2 , 39,8 , 44,4

b) 82,1 → (− 2,7) 79,4 , 76,7 , 74,0 , 71,3 , 68,6 , 65,9

c) 7,1 → (· 3) 21,3 , 63,9 , 191,7 , 575,1 , 1 725,3 , 5 175,9

d) 2 534,4 → (: 2) 1267,2 , 633,6 , 316,8 , 158,4 , 79,2 , 39,6

2) Multiplikationen und Divisionen mit dekadischen Einheiten.

	· 10	· 100	· 0,1	: 10	: 100
7 000	70 000	700 000	700	700	70
456,789	4 567,89	45 678,9	45,6789	45,6789	4,56789
380	3 800	38 000	38	38	3,8
5,21	52,1	521	0,521	0,521	0,0521
0,004	0,04	0,4	0,0004	0,0004	0,00004

3) Rechne die vier Grundrechenarten mit den Dezimalzahlen a = 73,53 und b = 5,7.

a)
```
 73,53
  5,70
 -----
 79,23
```

b)
```
 73,53
− 5,70
 -----
 67,83
```

c)
```
 73,53 · 5,7
 36765
   51471
 -------
 419,121
```

d)
```
73,53 : 5,7 = | · 10
735,3 : 57 = 12,9
165
  513
    00
```

4) Berechne jeweils den Wert des Terms. Achte auf die Vorrangregeln.

8 · 5 − 3 · 6 + 7 = = 40 − 18 + 7 = = 22 + 7 = 29	8 · (5 − 3) · 6 + 7 = = 8 · 2 · 6 + 7 = = 16 · 6 + 7 = = 96 + 7 = 103
8 · (5 − 3) · (6 + 7) = = 8 · 2 · 13 = = 16 · 13 = 208	(8 · 5 − 3) · (6 + 7) = = (40 − 3) · 13 = = 37 · 13 = 481
6 · 12 : 4 · 6 : 3 = = 72 : 4 · 6 : 3 = = 18 · 6 : 3 = 108 : 3 = 36	6 · (12 : 4) · (6 : 3) = = 6 · 3 · 2 = = 18 · 2 = 36
6 · 12 : (4 · 6) : 3 = = 72 : 24 : 3 = = 3 : 3 = 1	6 · 12 : (4 · 6 : 3) = = 72 : (24 : 3) = = 72 : 8 = 9

Name:	M3 – Wiederholung 2

5) Rechne im Kopf.

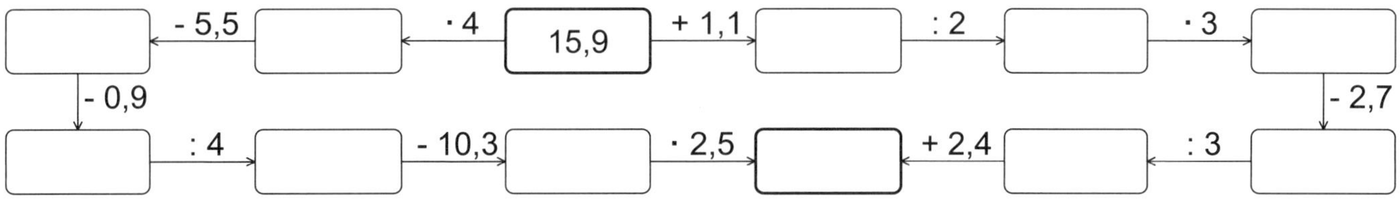

6) Schreibe die Zahlen ohne unnötige Nullen.

110		0101		0,110		11 000	
10,010		1,0100		00,011		1 000,100	

7) Gib jeweils die Rechenvorschrift an.

4,8	⇒	4 800	⇒	48	⇒	0,48
17,606	⇒	1 760,6	⇒	176,06	⇒	176 060

8) Dividiere und rechne dann die Probe.

1 5 3 9,0 : 4,5 =	2 2 7,9 4 : 2,9 =	2 3,9 0 2 : 3,7 =
P:	P:	P:

9) Schlussrechnungen. Überlege zuerst, ob du multiplizieren oder dividieren musst, rechne dann im Kopf und schreibe nur die Ergebnisse auf.

Menge in kg	Preis in €	Menge in kg	Preis in €	Menge in kg	Preis in €
3	1,50	4	24	40	60
1		1		20	
8			54	10	

Anzahl der Arbeiter	Arbeitszeit in h (dieselbe Arbeit)	Anzahl der Arbeiter	Arbeitszeit in h (dieselbe Arbeit)	Anzahl der Arbeiter	Arbeitszeit in h (dieselbe Arbeit)
8	24	5	16	40	60
1		1		20	
2			20	10	

5) Rechne im Kopf.

15,9 → · 4 → 63,6 → - 5,5 → 58,1 → - 0,9 → 57,2 → : 4 → 14,3 → - 10,3 → 4 → · 2,5 → 10

15,9 → + 1,1 → 17 → : 2 → 8,5 → · 3 → 25,5 → - 2,7 → 22,8 → : 3 → 7,6 → + 2,4 → 10

6) Schreibe die Zahlen ohne unnötige Nullen.

110	110	0101	101	0,110	0,11	11 000	11 000
10,010	10,01	1,0100	1,01	00,011	0,011	1 000,100	1 000,1

7) Gib jeweils die Rechenvorschrift an.

4,8 → · 1000 → 4 800 → : 100 → 48 → : 100 → 0,48

17,606 → · 100 → 1 760,6 → : 10 → 176,06 → · 1000 → 176 060

8) Dividiere und rechne dann die Probe.

1 5 3 9,0 : 4,5 = | · 1 0	2 2 7,9 4 : 2,9 = | · 1 0	2 3,9 0 2 : 3,7 = | · 1 0
1 5 3 9 0 : 4 5 = 3 4 2	2 2 7 9,4 : 2 9 = 7 8,6	2 3 9, 0 2 : 3 7 = 6,4 6
1 8 9	2 4 9	1 7 0
0 9 0	1 7 4	2 2 2
0 0	0 0	0 0
P: 3 4 2 · 4,5	P: 7 8,6 · 2,9	P: 6,4 6 · 3,7
1 3 6 8	1 5 7 2	1 9 3 8
1 7 1 0	7 0 7 4	4 5 2 2
1 5 3 9,0	2 2 7,9 4	2 3,9 0 2

9) Schlussrechnungen. Überlege zuerst, ob du multiplizieren oder dividieren musst, rechne dann im Kopf und schreibe nur die Ergebnisse auf.

Menge in kg	Preis in €	Menge in kg	Preis in €	Menge in kg	Preis in €
3	1,50	4	24	40	60
1	0,50	1	6	20	30
8	4,00	9	54	10	15

Anzahl der Arbeiter	Arbeitszeit in h (dieselbe Arbeit)	Anzahl der Arbeiter	Arbeitszeit in h (dieselbe Arbeit)	Anzahl der Arbeiter	Arbeitszeit in h (dieselbe Arbeit)
8	24	5	16	40	60
1	192	1	80	20	120
2	96	4	20	10	240

10) Schreibe die Zahlenwerte in die Kästchen:
oben in Bruchform und unten in Dezimalform.

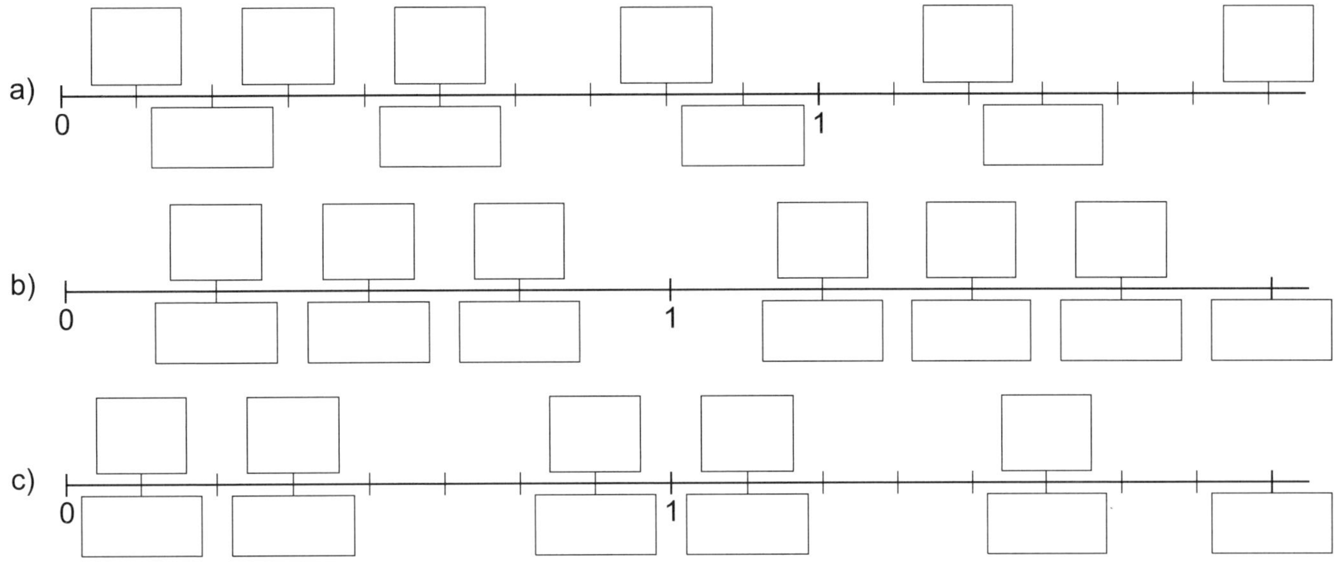

11) Markiere die gegebenen Zahlen auf dem Zahlenstrahl und beschrifte:
oben in Bruchform und unten in Dezimalform.

a) 0,1; $1\frac{1}{10}$; 0,5; $\frac{1}{2}$; $\frac{3}{10}$; 1,4; $\frac{4}{5}$; 0,8; $\frac{1}{5}$.

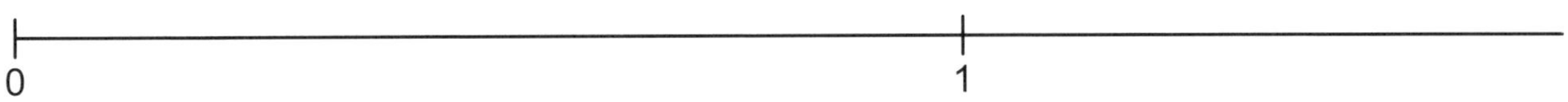

b) $\frac{1}{10}$; 0,25; $\frac{1}{2}$; 1,5; $\frac{3}{4}$; 1,25; $1\frac{2}{8}$; 0,75; $\frac{1}{4}$.

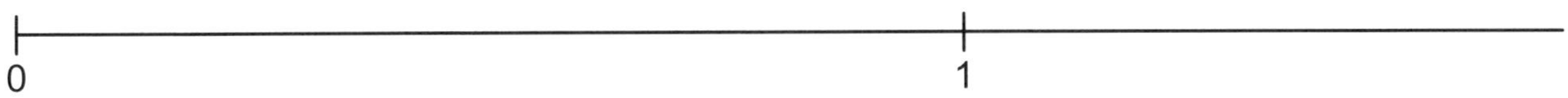

12) Vergleiche die Zahlen und setze das richtige Zeichen ein (<, =, >).

$\frac{1}{2}$	0,2	$\frac{1}{2}$	0,6	$\frac{1}{8}$	0,125	$\frac{3}{4}$	3,4	$\frac{7}{8}$	0,78
$\frac{1}{2}$	0,5	$1\frac{2}{8}$	1,4	$\frac{1}{8}$	$\frac{5}{10}$	$\frac{4}{5}$	0,8	$\frac{14}{10}$	1,4

13) Verwandle die unechten Brüche in gemischte Zahlen und umgekehrt.

$\frac{5}{2}$ =	$\frac{15}{8}$ =	$\frac{21}{5}$ =	$\frac{31}{6}$ =	$\frac{15}{7}$ =	$\frac{31}{24}$ =
$\frac{17}{10}$ =	$\frac{31}{9}$ =	$\frac{23}{12}$ =	$\frac{15}{4}$ =	$\frac{27}{20}$ =	$\frac{129}{100}$ =

$3\frac{1}{2}$ =	$1\frac{3}{8}$ =	$5\frac{3}{5}$ =	$2\frac{5}{6}$ =	$3\frac{5}{7}$ =	$3\frac{11}{20}$ =
$2\frac{3}{10}$ =	$4\frac{1}{9}$ =	$3\frac{7}{12}$ =	$9\frac{3}{4}$ =	$2\frac{19}{25}$ =	$6\frac{29}{100}$ =

10) Schreibe die Zahlenwerte in die Kästchen:
oben in Bruchform und unten in Dezimalform.

a)
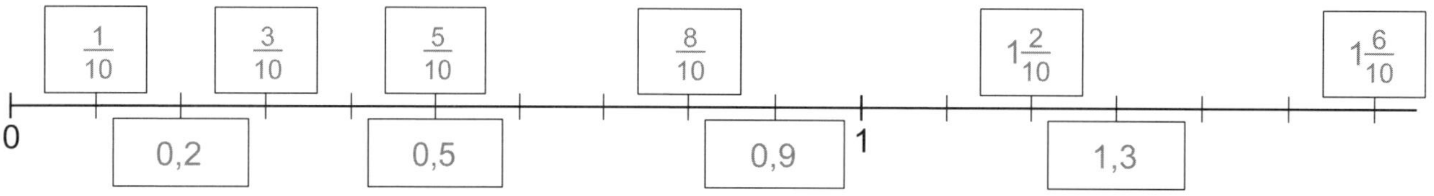

b)
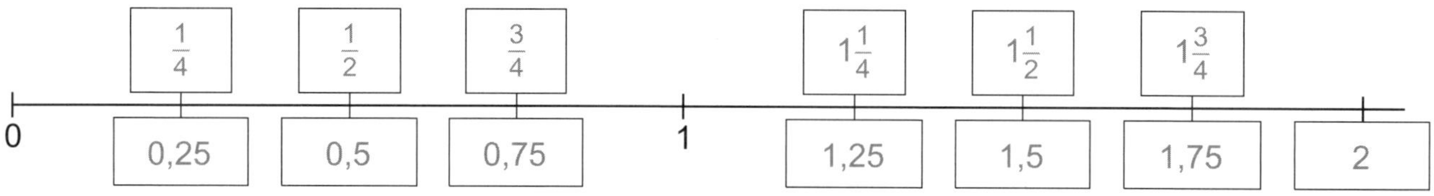

c)
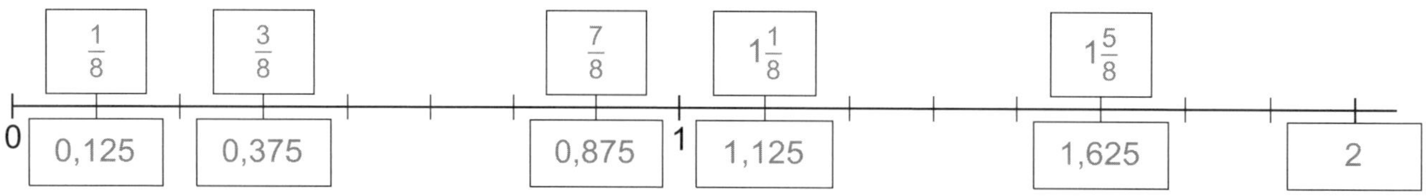

11) Markiere die gegebenen Zahlen auf dem Zahlenstrahl und beschrifte:
oben in Bruchform und unten in Dezimalform.

a) 0,1; $1\frac{1}{10}$; 0,5; $\frac{1}{2}$; $\frac{3}{10}$; 1,4; $\frac{4}{5}$; 0,8; $\frac{1}{5}$.

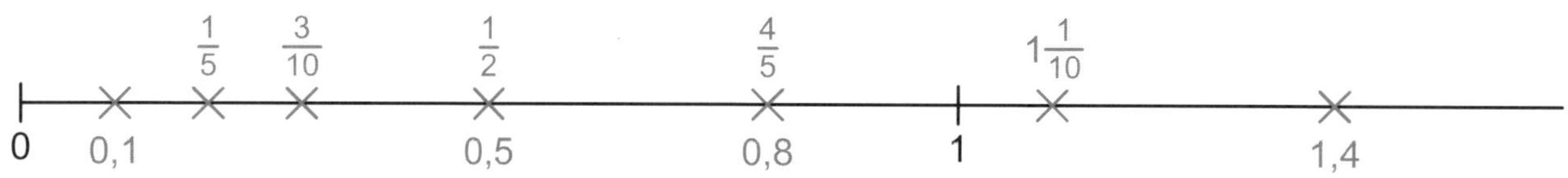

b) $\frac{1}{10}$; 0,25; $\frac{1}{2}$; 1,5; $\frac{3}{4}$; 1,25; $1\frac{2}{8}$; 0,75; $\frac{1}{4}$.

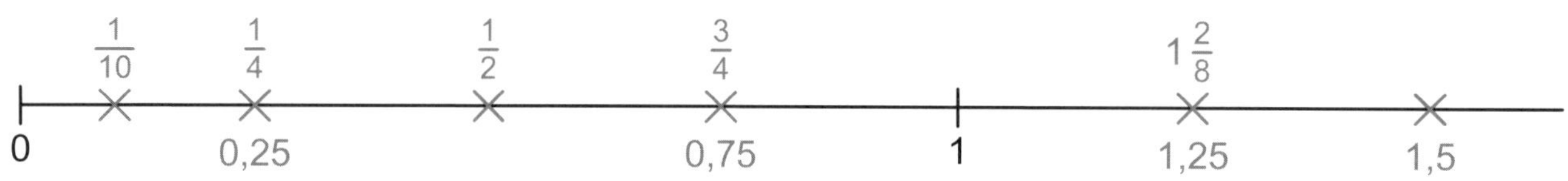

12) Vergleiche die Zahlen und setze das richtige Zeichen ein (<, =, >).

$\frac{1}{2} > 0{,}2$	$\frac{1}{2} < 0{,}6$	$\frac{1}{8} = 0{,}125$	$\frac{3}{4} < 3{,}4$	$\frac{7}{8} > 0{,}78$
$\frac{1}{2} = 0{,}5$	$1\frac{2}{8} < 1{,}4$	$\frac{1}{8} < \frac{5}{10}$	$\frac{4}{5} = 0{,}8$	$\frac{14}{10} = 1{,}4$

13) Verwandle die unechten Brüche in gemischte Zahlen und umgekehrt.

$\frac{5}{2} = 2\frac{1}{2}$	$\frac{15}{8} = 1\frac{7}{8}$	$\frac{21}{5} = 4\frac{1}{5}$	$\frac{31}{6} = 5\frac{1}{6}$	$\frac{15}{7} = 2\frac{1}{7}$	$\frac{31}{24} = 1\frac{7}{24}$
$\frac{17}{10} = 1\frac{7}{10}$	$\frac{31}{9} = 3\frac{4}{9}$	$\frac{23}{12} = 1\frac{11}{12}$	$\frac{15}{4} = 3\frac{3}{4}$	$\frac{27}{20} = 1\frac{7}{20}$	$\frac{129}{100} = 1\frac{29}{100}$

$3\frac{1}{2} = \frac{7}{2}$	$1\frac{3}{8} = \frac{11}{8}$	$5\frac{3}{5} = \frac{28}{5}$	$2\frac{5}{6} = \frac{17}{6}$	$3\frac{5}{7} = \frac{26}{7}$	$3\frac{11}{20} = \frac{71}{20}$
$2\frac{3}{10} = \frac{23}{10}$	$4\frac{1}{9} = \frac{37}{9}$	$3\frac{7}{12} = \frac{43}{12}$	$9\frac{3}{4} = \frac{39}{4}$	$2\frac{19}{25} = \frac{69}{25}$	$6\frac{29}{100} = \frac{629}{100}$

Name:	M3 – Wiederholung 4

14) Finde zuerst die Erweiterungszahl und ergänze dann die fehlenden Zähler bzw. Nenner.

$\frac{1 \cdot 4}{2 \cdot 4} = \frac{4}{\quad}$	$\frac{5}{4}\_\_\_\_ = \frac{30}{\quad}$	$\frac{4}{5}\_\_\_\_ = \frac{\quad}{15}$	$\frac{9}{10}\_\_\_\_ = \frac{\quad}{150}$
$\frac{1}{6}\_\_\_\_ = \frac{4}{\quad}$	$\frac{9}{8}\_\_\_\_ = \frac{\quad}{40}$	$\frac{7}{20}\_\_\_\_ = \frac{42}{\quad}$	$\frac{13}{25}\_\_\_\_ = \frac{\quad}{200}$

15) Kürze die Brüche so weit wie möglich.

$\frac{4}{20} =$	$\frac{35}{40} =$	$\frac{24}{80} =$	$\frac{40}{50} =$
$\frac{25}{15} =$	$\frac{27}{63} =$	$\frac{60}{100} =$	$\frac{80}{200} =$
$\frac{50}{70} =$	$\frac{56}{72} =$	$\frac{8}{48} =$	$\frac{150}{400} =$
$\frac{21}{35} =$	$\frac{30}{36} =$	$\frac{63}{77} =$	$\frac{200}{600} =$

16) Erweitere die Brüche auf Dezimalbrüche (Zehntel, Hundertstel oder Tausendstel) und verwandle sie dann in Dezimalzahlen.

$\frac{1}{2}$	$\frac{1}{4}$	$\frac{137}{200}$
$\frac{2}{5}$	$\frac{11}{20}$	$\frac{3}{8}$
$4\frac{1}{5}$	$\frac{16}{25}$	$3\frac{5}{8}$

17) Verwandle die Bruchzahlen durch Division in Dezimalzahlen.
Rechne die Divisionen auf einem extra Blatt und schreibe hier nur die Ergebnisse auf.

$\frac{3}{4} =$	$\frac{5}{8} =$	$\frac{17}{8} =$	$\frac{39}{20} =$
$\frac{13}{40} =$	$\frac{3}{25} =$	$\frac{137}{80} =$	$\frac{736}{100} =$
$\frac{1}{9} =$	$\frac{1}{99} =$	$\frac{1}{999} =$	$\frac{15}{9} =$
$\frac{7}{9} =$	$\frac{28}{99} =$	$\frac{176}{999} =$	$\frac{102}{99} =$

18) Verwandle die Dezimalzahlen in Bruchzahlen und kürze, wenn es möglich ist.

0,6 =	0,04 =	0,003 =
0,7 =	0,31 =	0,246 =
3,5 =	8,35 =	5,700 =
16,9 =	43,25 =	29,014 =
$0{,}\overline{2}$ =	$0{,}\overline{05}$ =	$0{,}\overline{235}$ =
$0{,}\overline{5}$ =	$0{,}\overline{67}$ =	$0{,}\overline{026}$ =

Name:	M3 – Wiederholung 4

14) Finde zuerst die Erweiterungszahl und ergänze dann die fehlenden Zähler bzw. Nenner.

$\frac{1 \cdot 4}{2 \cdot 4} = \frac{4}{8}$	$\frac{5 \cdot 6}{4 \cdot 6} = \frac{30}{24}$	$\frac{4 \cdot 3}{5 \cdot 3} = \frac{12}{15}$	$\frac{9 \cdot 15}{10 \cdot 15} = \frac{135}{150}$
$\frac{1 \cdot 4}{6 \cdot 4} = \frac{4}{24}$	$\frac{9 \cdot 5}{8 \cdot 5} = \frac{45}{40}$	$\frac{7 \cdot 6}{20 \cdot 6} = \frac{42}{120}$	$\frac{13 \cdot 8}{25 \cdot 8} = \frac{104}{200}$

15) Kürze die Brüche so weit wie möglich.

$\frac{4}{20} = \frac{1}{5}$	$\frac{35}{40} = \frac{7}{8}$	$\frac{24}{80} = \frac{3}{10}$	$\frac{40}{50} = \frac{4}{5}$
$\frac{25}{15} = \frac{5}{3}$	$\frac{27}{63} = \frac{3}{7}$	$\frac{60}{100} = \frac{3}{5}$	$\frac{80}{200} = \frac{2}{5}$
$\frac{50}{70} = \frac{5}{7}$	$\frac{56}{72} = \frac{7}{9}$	$\frac{8}{48} = \frac{1}{6}$	$\frac{150}{400} = \frac{3}{8}$
$\frac{21}{35} = \frac{3}{5}$	$\frac{30}{36} = \frac{5}{6}$	$\frac{63}{77} = \frac{9}{11}$	$\frac{200}{600} = \frac{1}{3}$

16) Erweitere die Brüche auf Dezimalbrüche (Zehntel, Hundertstel oder Tausendstel) und verwandle sie dann in Dezimalzahlen.

$\frac{1 \cdot 5}{2 \cdot 5} = \frac{5}{10} = 0{,}5$	$\frac{1 \cdot 25}{4 \cdot 25} = \frac{25}{100} = 0{,}25$	$\frac{137 \cdot 5}{200 \cdot 5} = \frac{685}{1000} = 0{,}685$
$\frac{2 \cdot 2}{5 \cdot 2} = \frac{4}{10} = 0{,}4$	$\frac{11 \cdot 5}{20 \cdot 5} = \frac{55}{100} = 0{,}55$	$\frac{3 \cdot 125}{8 \cdot 125} = \frac{375}{1000} = 0{,}375$
$4\frac{1 \cdot 2}{5 \cdot 2} = 4\frac{2}{10} = 4{,}2$	$\frac{16 \cdot 4}{25 \cdot 4} = \frac{64}{100} = 0{,}64$	$3\frac{5 \cdot 125}{8 \cdot 125} = 3\frac{625}{1000} = 3{,}625$

17) Verwandle die Bruchzahlen durch Division in Dezimalzahlen.
Rechne die Divisionen auf einem extra Blatt und schreibe hier nur die Ergebnisse auf.

$\frac{3}{4} = 0{,}75$	$\frac{5}{8} = 0{,}625$	$\frac{17}{8} = 2{,}125$	$\frac{39}{20} = 1{,}95$
$\frac{13}{40} = 0{,}325$	$\frac{3}{25} = 0{,}12$	$\frac{137}{80} = 1{,}7125$	$\frac{736}{100} = 7{,}36$
$\frac{1}{9} = 0{,}\overline{1}$	$\frac{1}{99} = 0{,}\overline{01}$	$\frac{1}{999} = 0{,}\overline{001}$	$\frac{15}{9} = 1{,}\overline{6}$
$\frac{7}{9} = 0{,}\overline{7}$	$\frac{28}{99} = 0{,}\overline{28}$	$\frac{176}{999} = 0{,}\overline{176}$	$\frac{102}{99} = 1{,}\overline{03}$

18) Verwandle die Dezimalzahlen in Bruchzahlen und kürze, wenn es möglich ist.

$0{,}6 = \frac{6}{10} = \frac{3}{5}$	$0{,}04 = \frac{4}{100} = \frac{1}{25}$	$0{,}003 = \frac{3}{1000}$
$0{,}7 = \frac{7}{10}$	$0{,}31 = \frac{31}{100}$	$0{,}246 = \frac{246}{1000} = \frac{123}{500}$
$3{,}5 = 3\frac{5}{10} = 3\frac{1}{2}$	$8{,}35 = 8\frac{35}{100} = 8\frac{7}{20}$	$5{,}700 = 5\frac{700}{1000} = 5\frac{7}{10}$
$16{,}9 = 16\frac{9}{10}$	$43{,}25 = 43\frac{25}{100} = 43\frac{1}{4}$	$29{,}014 = 29\frac{14}{1000} = 29\frac{7}{500}$
$0{,}\overline{2} = \frac{2}{9}$	$0{,}\overline{05} = \frac{5}{99}$	$0{,}\overline{235} = \frac{235}{999}$
$0{,}\overline{5} = \frac{5}{9}$	$0{,}\overline{67} = \frac{67}{99}$	$0{,}\overline{026} = \frac{26}{999}$

Name:	M3 – Wiederholung 5

19) Die vier Grundrechenarten mit Bruchzahlen.

$\frac{1}{4} + \frac{2}{3} =$	$\frac{4}{5} \cdot \frac{1}{3} =$
$\frac{7}{10} + \frac{4}{3} =$	$\frac{7}{5} \cdot \frac{11}{4} =$
$\frac{17}{20} + \frac{9}{5} =$	$\frac{5}{6} \cdot \frac{12}{7} =$
$\frac{7}{6} - \frac{3}{5} =$	$\frac{3}{7} : \frac{5}{6} =$
$\frac{7}{9} - \frac{5}{18} =$	$\frac{7}{3} : \frac{5}{6} =$
$\frac{11}{6} - \frac{7}{24} =$	$\frac{9}{20} : \frac{4}{15} =$

20) Die vier Grundrechenarten mit Bruchzahlen.
Vergiss nicht, die gemischten Zahlen vor dem Rechnen in unechte Bruchzahlen zu verwandeln.

$\frac{1}{2} + 1\frac{3}{4} + \frac{2}{3} =$	$1\frac{3}{4} - \frac{2}{5} - \frac{1}{2} =$	$\frac{1}{3} - \frac{1}{6} + 1\frac{4}{5} =$
$1\frac{3}{5} \cdot \frac{1}{4} \cdot 1\frac{1}{6} =$	$1\frac{1}{3} \cdot 1\frac{5}{8} : \frac{1}{2} =$	$2\frac{1}{4} : 1\frac{5}{6} : \frac{1}{9} =$
$1\frac{1}{2} + \frac{4}{5} \cdot \frac{1}{3} =$	$\left(\frac{4}{9} + \frac{1}{6}\right) \cdot 1\frac{1}{2} =$	$\left(1\frac{1}{5} - \frac{1}{2}\right) : \frac{3}{10} =$

21) Verwandle vor dem Rechnen die Dezimalzahlen in Bruchzahlen.

$0{,}75 - \frac{1}{3} =$	$0{,}\overline{1} + \frac{4}{9} =$
$0{,}\overline{5} + \frac{1}{5} =$	$\frac{1}{2} - 0{,}\overline{3} =$
$0{,}\overline{7} - 0{,}7 =$	$0{,}\overline{8} - 0{,}8 =$

19) Die vier Grundrechenarten mit Bruchzahlen.

$\frac{1}{4} + \frac{2}{3} = \frac{1 \cdot 3}{4 \cdot 3} + \frac{2 \cdot 4}{3 \cdot 4} = \frac{3 + 8}{12} = \frac{11}{12}$	$\frac{4}{5} \cdot \frac{1}{3} = \frac{4 \cdot 1}{5 \cdot 3} = \frac{4}{15}$
$\frac{7}{10} + \frac{4}{3} = \frac{7 \cdot 3}{10 \cdot 3} + \frac{4 \cdot 10}{3 \cdot 10} = \frac{21 + 40}{30} = \frac{61}{30} = 2\frac{1}{30}$	$\frac{7}{5} \cdot \frac{11}{4} = \frac{7 \cdot 11}{5 \cdot 4} = \frac{77}{20} = 3\frac{17}{20}$
$\frac{17}{20} + \frac{9}{5} = \frac{17 \cdot 1}{20 \cdot 1} + \frac{9 \cdot 4}{5 \cdot 4} = \frac{17 + 36}{20} = \frac{53}{20} = 2\frac{13}{20}$	$\frac{5}{6} \cdot \frac{12}{7} = \frac{5 \cdot {}^{2}\cancel{12}}{\cancel{6}_{1} \cdot 7} = \frac{10}{7} = 1\frac{3}{7}$

$\frac{7}{6} - \frac{3}{5} = \frac{7 \cdot 5}{6 \cdot 5} - \frac{3 \cdot 6}{5 \cdot 6} = \frac{35 - 18}{30} = \frac{17}{30}$	$\frac{3}{7} : \frac{5}{6} = \frac{3 \cdot 6}{7 \cdot 5} = \frac{18}{35}$
$\frac{7}{9} - \frac{5}{18} = \frac{7 \cdot 2}{9 \cdot 2} - \frac{5 \cdot 1}{18 \cdot 1} = \frac{14 - 5}{18} = \frac{9}{18} = \frac{1}{2}$	$\frac{7}{3} : \frac{5}{6} = \frac{7 \cdot {}^{2}\cancel{6}}{\cancel{3}_{1} \cdot 5} = \frac{14}{5} = 2\frac{4}{5}$
$\frac{11}{6} - \frac{7}{24} = \frac{11 \cdot 4}{6 \cdot 4} - \frac{7 \cdot 1}{24 \cdot 1} = \frac{44 - 7}{24} = \frac{37}{24} = 1\frac{13}{24}$	$\frac{9}{20} : \frac{4}{15} = \frac{9 \cdot {}^{3}\cancel{15}}{\cancel{20}_{4} \cdot 4} = \frac{27}{16} = 1\frac{11}{16}$

20) Die vier Grundrechenarten mit Bruchzahlen.
Vergiss nicht, die gemischten Zahlen vor dem Rechnen in unechte Bruchzahlen zu verwandeln.

$\frac{1}{2} + 1\frac{3}{4} + \frac{2}{3} =$ $= \frac{1 \cdot 6}{2 \cdot 6} + \frac{7 \cdot 3}{4 \cdot 3} + \frac{2 \cdot 4}{3 \cdot 4} =$ $= \frac{6 + 21 + 8}{12} = \frac{35}{12} = 2\frac{11}{12}$	$1\frac{3}{4} - \frac{2}{5} - \frac{1}{2} =$ $= \frac{7 \cdot 5}{4 \cdot 5} - \frac{2 \cdot 4}{5 \cdot 4} - \frac{1 \cdot 10}{2 \cdot 10} =$ $= \frac{35 - 8 - 10}{20} = \frac{17}{20}$	$\frac{1}{3} - \frac{1}{6} + 1\frac{4}{5} =$ $= \frac{1 \cdot 10}{3 \cdot 10} - \frac{1 \cdot 5}{6 \cdot 5} + \frac{9 \cdot 6}{5 \cdot 6} =$ $= \frac{10 - 5 + 54}{30} = \frac{59}{30} = 1\frac{29}{30}$
$1\frac{3}{5} \cdot \frac{1}{4} \cdot 1\frac{1}{6} =$ $= \frac{8}{5} \cdot \frac{1}{4} \cdot \frac{7}{6} =$ $= \frac{{}^{1\,\cancel{2}}\cancel{8} \cdot {}^{1}1 \cdot 7}{5 \cdot \cancel{4}_{1} \cdot \cancel{6}_{3}} = \frac{7}{15}$	$1\frac{1}{3} \cdot 1\frac{5}{8} : \frac{1}{2} =$ $= \frac{4}{3} \cdot \frac{13}{8} : \frac{1}{2} =$ $= \frac{{}^{1}\cancel{4} \cdot 13 \cdot {}^{1}\cancel{2}}{3 \cdot \cancel{8}_{\cancel{2}\,1} \cdot 1} = \frac{13}{3} = 4\frac{1}{3}$	$2\frac{1}{4} : 1\frac{5}{6} : \frac{1}{9} =$ $= \frac{9}{4} : \frac{11}{6} : \frac{1}{9} =$ $= \frac{9 \cdot {}^{3}\cancel{6} \cdot 9}{\cancel{4}_{2} \cdot 11 \cdot 1} = \frac{243}{22} = 11\frac{1}{22}$
$1\frac{1}{2} + \frac{4}{5} \cdot \frac{1}{3} =$ $= \frac{3}{2} + \frac{4}{15} =$ $= \frac{3 \cdot 15}{2 \cdot 15} + \frac{4 \cdot 2}{15 \cdot 2} =$ $= \frac{45 + 8}{30} = \frac{53}{30} = 1\frac{23}{30}$	$\left(\frac{4}{9} + \frac{1}{6}\right) \cdot 1\frac{1}{2} =$ $= \left(\frac{4 \cdot 2}{9 \cdot 2} + \frac{1 \cdot 3}{6 \cdot 3}\right) \cdot \frac{3}{2} =$ $= \left(\frac{8 + 3}{18}\right) \cdot \frac{3}{2} =$ $= \frac{11 \cdot {}^{1}\cancel{3}}{\cancel{18}_{6} \cdot 2} = \frac{11}{12}$	$\left(1\frac{1}{5} - \frac{1}{2}\right) : \frac{3}{10} =$ $= \left(\frac{6 \cdot 2}{5 \cdot 2} - \frac{1 \cdot 5}{2 \cdot 5}\right) : \frac{3}{10} =$ $= \frac{12 - 5}{10} : \frac{3}{10} =$ $= \frac{7 \cdot {}^{1}\cancel{10}}{\cancel{10}_{1} \cdot 3} = \frac{7}{3} = 2\frac{1}{3}$

21) Verwandle vor dem Rechnen die Dezimalzahlen in Bruchzahlen.

$0{,}75 - \frac{1}{3} = \frac{3 \cdot 3}{4 \cdot 3} - \frac{1 \cdot 4}{3 \cdot 4} = \frac{9 - 4}{12} = \frac{5}{12}$	$0{,}\overline{1} + \frac{4}{9} = \frac{1}{9} + \frac{4}{9} = \frac{5}{9}$
$0{,}\overline{5} + \frac{1}{5} = \frac{5 \cdot 5}{9 \cdot 5} + \frac{1 \cdot 9}{5 \cdot 9} = \frac{25 + 9}{45} = \frac{34}{45}$	$\frac{1}{2} - 0{,}\overline{3} = \frac{1 \cdot 3}{2 \cdot 3} - \frac{1 \cdot 2}{3 \cdot 2} = \frac{3 - 2}{6} = \frac{1}{6}$
$0{,}\overline{7} - 0{,}7 = \frac{7 \cdot 10}{9 \cdot 10} - \frac{7 \cdot 9}{10 \cdot 9} = \frac{70 - 63}{90} = \frac{7}{90}$	$0{,}\overline{8} - 0{,}8 = \frac{8 \cdot 10}{9 \cdot 10} - \frac{8 \cdot 9}{10 \cdot 9} = \frac{80 - 72}{90} = \frac{8}{90} = \frac{4}{45}$

Name:	Ganze und rationale Zahlen 1

1) Beschrifte die Zahlengerade.

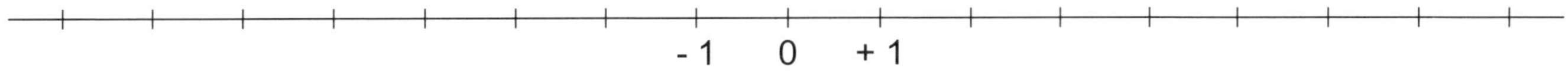

2) Kennzeichne und beschrifte die Zahl Null und markiere dann den negativen Bereich der Zahlengeraden mit grünem Buntstift.

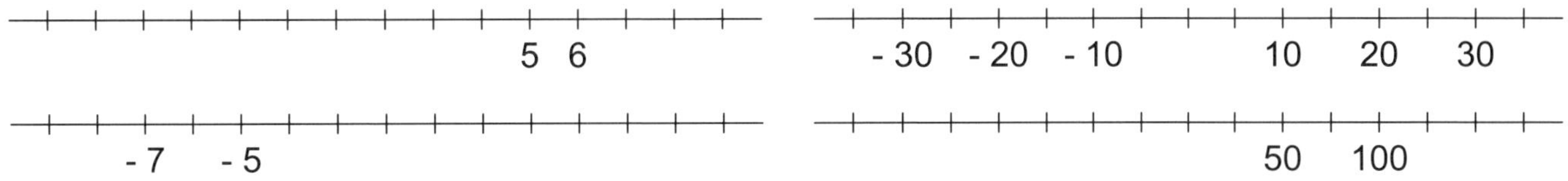

3) Schreibe die entsprechenden Zahlen in die Kästchen.

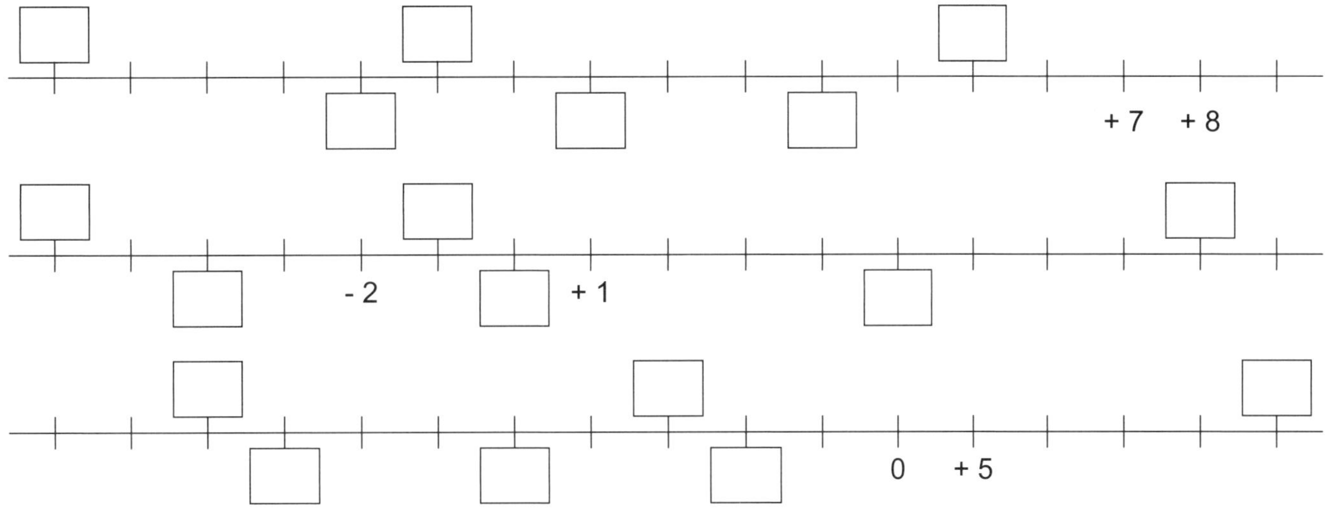

4) Kennzeichne folgende ganze Zahlen auf der Zahlengeraden.

a) – 2; + 3; – 6; – 4; + 5.

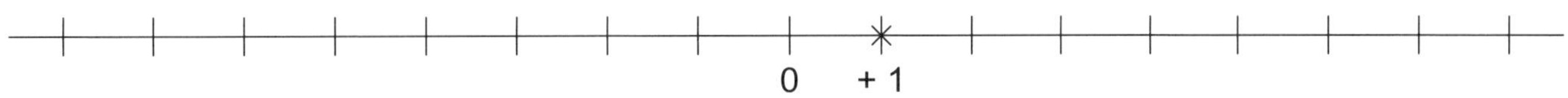

b) 0; – 1; + 1; – 9; – 3.

5) Kennzeichne folgende ganze Zahlen auf der Zahlengeraden und ordne sie dann der Größe nach.

a) + 3; – 6; – 3; + 5.

<	<	<

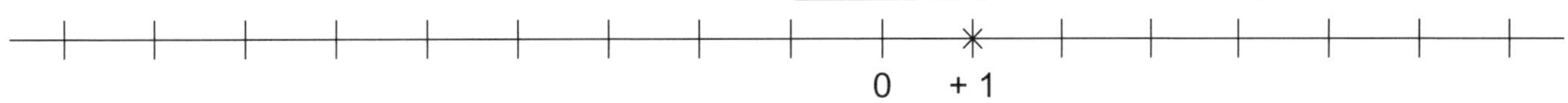

b) – 25; + 50; – 10; + 40.

<	<	<

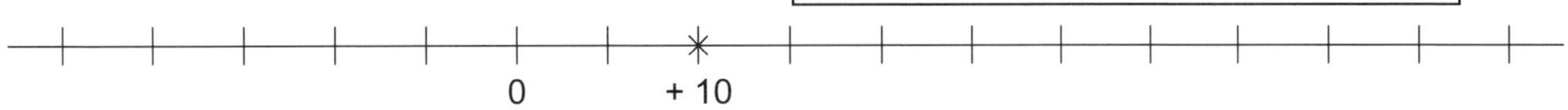

Name:	Ganze und rationale Zahlen 1

1) Beschrifte die Zahlengerade.

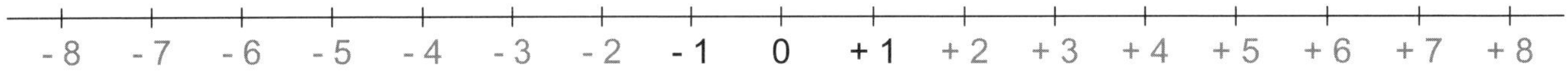

2) Kennzeichne und beschrifte die Zahl Null und markiere dann den negativen Bereich der Zahlengeraden mit grünem Buntstift.

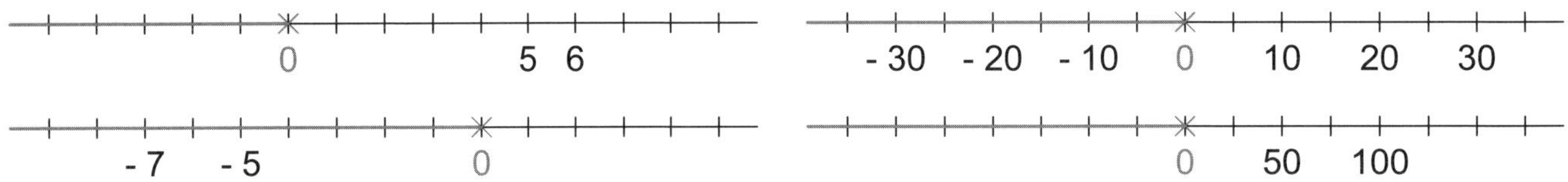

3) Schreibe die entsprechenden Zahlen in die Kästchen.

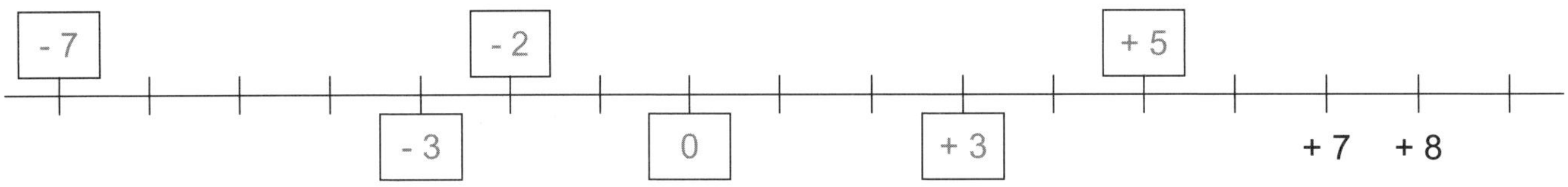

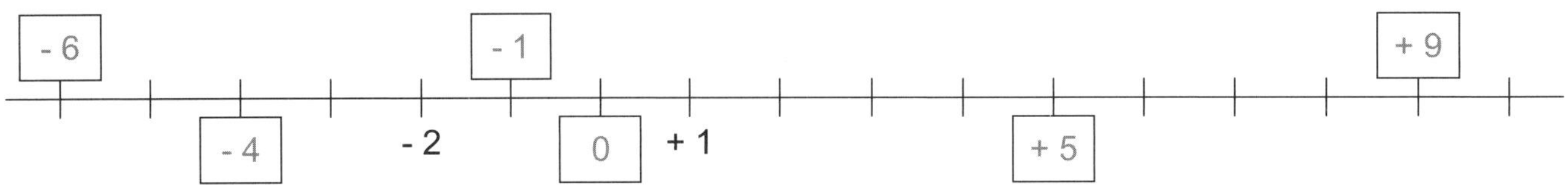

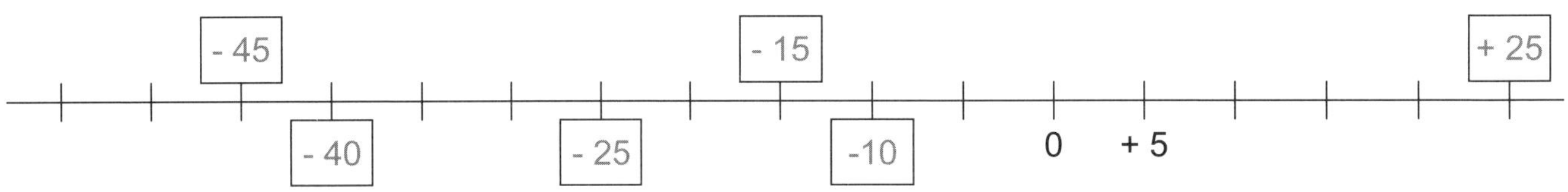

4) Kennzeichne folgende ganze Zahlen auf der Zahlengeraden.

a) – 2; + 3; – 6; – 4; + 5.

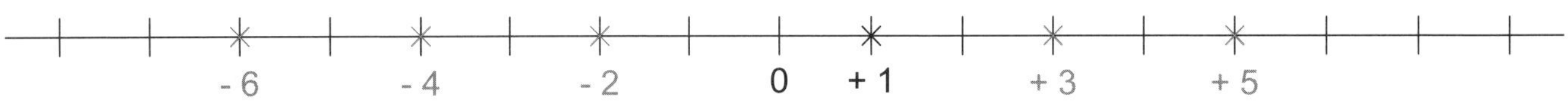

b) 0; – 1; + 1; – 9; – 3.

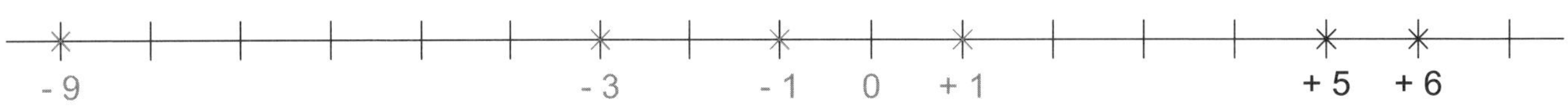

5) Kennzeichne folgende ganze Zahlen auf der Zahlengeraden und ordne sie dann der Größe nach.

a) + 3; – 6; – 3; + 5.

– 6	<	– 3	<	+ 3	<	+ 5

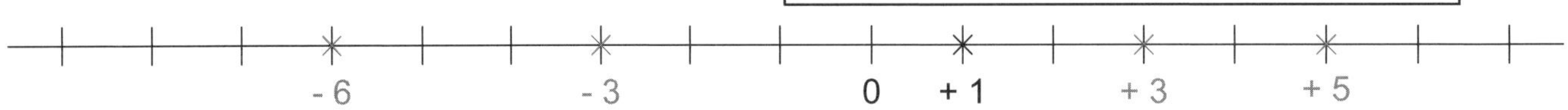

b) – 25; + 50; – 10; + 40.

– 25	<	– 10	<	+ 40	<	+ 50

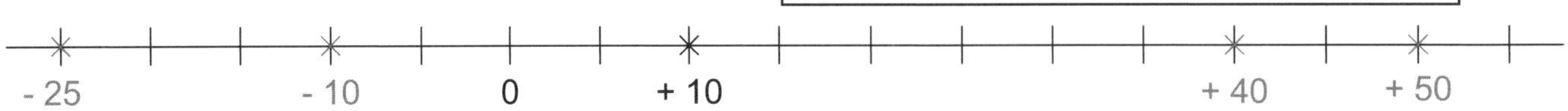

Name:	Ganze und rationale Zahlen 2

6) Gib die Temperaturen an.

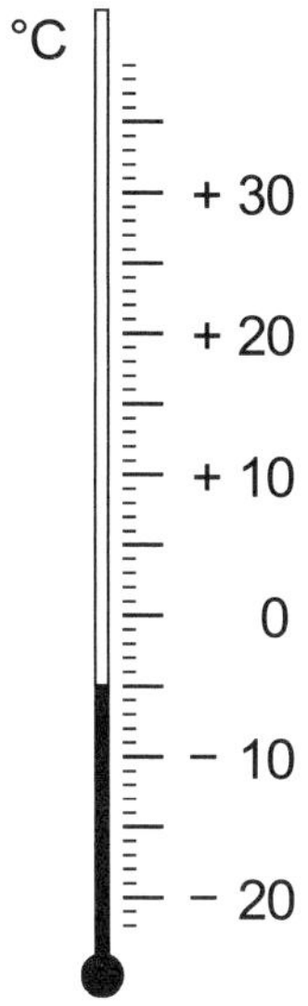

	um 2 °C tiefer
3 °C	
2 °C	
1 °C	
0 °C	

	um 5 °C höher
3 °C	
0 °C	
– 3 °C	
– 5 °C	

	um 6 °C tiefer
2 °C	
0 °C	
– 2 °C	
– 4 °C	

	um 9 °C höher
9 °C	
– 2 °C	
– 10 °C	
– 15 °C	

	um 10 °C tiefer
13 °C	
5 °C	
1 °C	
– 5 °C	

	um 20 °C höher
4 °C	
1 °C	
– 4 °C	
– 14 °C	

7) Berechne jeweils den Temperaturunterschied.

3 °C	2 °C	– 5 °C	0 °C	5 °C	– 7 °C	– 17 °C	– 13 °C	– 21 °C
0 °C	– 3 °C	5 °C	– 7 °C	15 °C	– 1 °C	– 10 °C	10 °C	– 3 °C

8) Ordne die Zahlen der Größe nach.

a) 5; – 4; 3; – 7: ____ < ____ < ____ < ____

b) 30; – 20; 10; – 60: ____ < ____ < ____ < ____

c) – 25; 0; – 13; 71: ____ < ____ < ____ < ____

d) – 125; – 24; – 372; – 197: ____ < ____ < ____ < ____

e) – 7 075; 0; 3 612; – 9 887: ____ < ____ < ____ < ____

9) Vergleiche die Zahlen und setze das Zeichen < oder > ein.

– 3 ___ + 3	+ 8 ___ – 1	– 3 ___ – 2	– 4 ___ – 5	– 3 ___ 0	– 1 ___ – 7
– 6 ___ – 9	+ 1 ___ – 5	– 9 ___ + 2	0 ___ – 4	– 3 ___ + 8	0 ___ + 6

10) Gib von den gegebenen Zahlen den Betrag an.

Zahl	+ 3	– 3	+ 27	– 38	– 44	0	+ a	– b
Betrag								

11) Vergleiche die Zahlen und setze das Zeichen <, = oder > ein.

– 5 ___ + 5	0 ___ + 5	– 4 ___ – 5	|+ 5| ___ 0	|+ 5| ___ + 5	|– 5| ___ |+ 4|
|– 5| ___ |+ 5|	0 ___ – 5	|– 4| ___ |– 5|	0 ___ |– 5|	– 5 ___ |– 5|	– 5 ___ – 4

Name:	Ganze und rationale Zahlen 2

6) Gib die Temperaturen an.

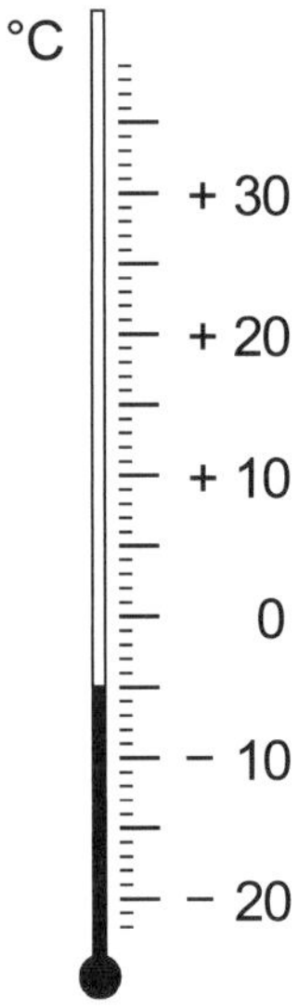

	um 2 °C tiefer
3 °C	1 °C
2 °C	0 °C
1 °C	– 1 °C
0 °C	– 2 °C

	um 5 °C höher
3 °C	8 °C
0 °C	5 °C
– 3 °C	2 °C
– 5 °C	0 °C

	um 6 °C tiefer
2 °C	– 4 °C
0 °C	– 6 °C
– 2 °C	– 8 °C
– 4 °C	– 10 °C

	um 9 °C höher
9 °C	18 °C
– 2 °C	7 °C
– 10 °C	– 1 °C
– 15 °C	– 6 °C

	um 10 °C tiefer
13 °C	3 °C
5 °C	– 5 °C
1 °C	– 9 °C
– 5 °C	– 15 °C

	um 20 °C höher
4 °C	24 °C
1 °C	21 °C
– 4 °C	16 °C
– 14 °C	6 °C

7) Berechne jeweils den Temperaturunterschied.

3 °C	2 °C	– 5 °C	0 °C	5 °C	– 7 °C	– 17 °C	– 13 °C	– 21 °C
0 °C	– 3 °C	5 °C	– 7 °C	15 °C	– 1 °C	– 10 °C	10 °C	– 3 °C
3 °C	5 °C	10 °C	7 °C	10 °C	6 °C	7 °C	23 °C	18 °C

8) Ordne die Zahlen der Größe nach.

a) 5; – 4; 3; – 7: – 7 < – 4 < 3 < 5

b) 30; – 20; 10; – 60: – 60 < – 20 < 10 < 30

c) – 25; 0; – 13; 71: – 25 < – 13 < 0 < 71

d) – 125; – 24; – 372; – 197: – 372 < – 197 < – 125 < – 24

e) – 7 075; 0; 3 612; – 9 887: – 9 887 < – 7 075 < 0 < 3 612

9) Vergleiche die Zahlen und setze das Zeichen < oder > ein.

– 3 < + 3	+ 8 > – 1	– 3 < – 2	– 4 > – 5	– 3 < 0	– 1 > – 7
– 6 > – 9	+ 1 > – 5	– 9 < + 2	0 > – 4	– 3 < + 8	0 < + 6

10) Gib von den gegebenen Zahlen den Betrag an.

Zahl	+ 3	– 3	+ 27	– 38	– 44	0	+ a	– b
Betrag	3	3	27	38	44	0	a	b

11) Vergleiche die Zahlen und setze das Zeichen <, = oder > ein.

– 5 < + 5	0 < + 5	– 4 > – 5	$\lvert + 5 \rvert$ > 0	$\lvert + 5 \rvert$ = + 5	$\lvert - 5 \rvert$ > $\lvert + 4 \rvert$
$\lvert - 5 \rvert$ = $\lvert + 5 \rvert$	0 > – 5	$\lvert - 4 \rvert$ < $\lvert - 5 \rvert$	0 < $\lvert - 5 \rvert$	– 5 < $\lvert - 5 \rvert$	– 5 < – 4

Name:	Ganze und rationale Zahlen 3

Gutschrift: Einzahlung auf ein Konto
Lastschrift: Abbuchung von einem Konto

12) Berechne jeweils den neuen Kontostand. Rechne im Kopf.

Alter Kontostand	+ 100 €	– 200 €	+ 350 €	– 90 €	+ 2 000 €
Gutschrift / Lastschrift	– 20 €	– 140 €	– 400 €	+ 300 €	– 3 150 €
Neuer Kontostand					

13) Beschrifte die Zahlen, die durch Pfeile dargestellt sind.

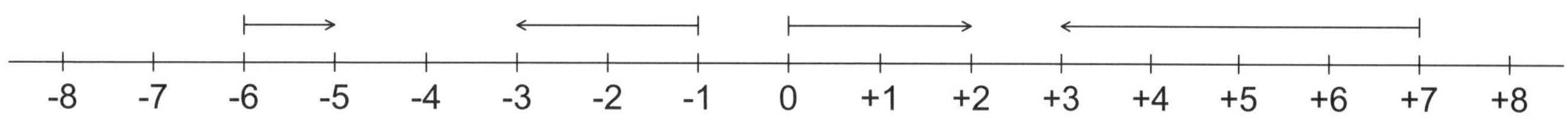

14) Additionen: Lies aus den Pfeildarstellungen die Rechnungen bzw. Ergebnisse ab und zieh die Ergebnispfeile mit grünem Buntstift nach.

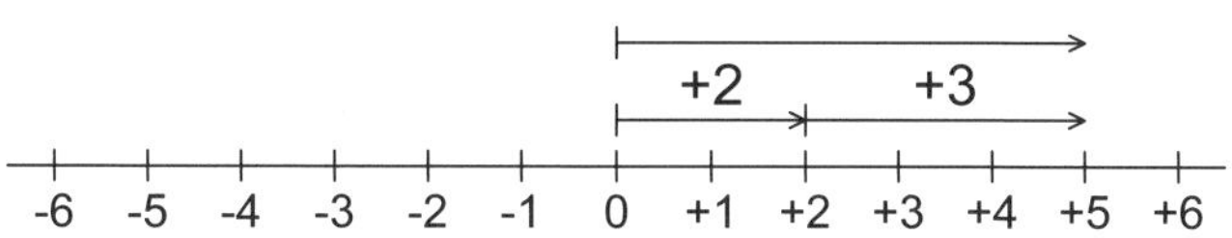

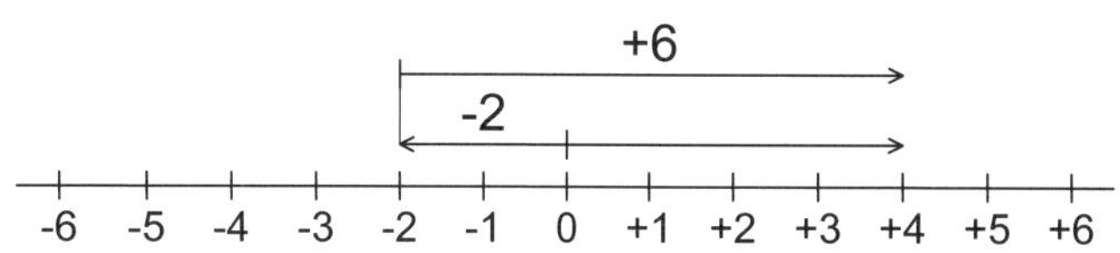

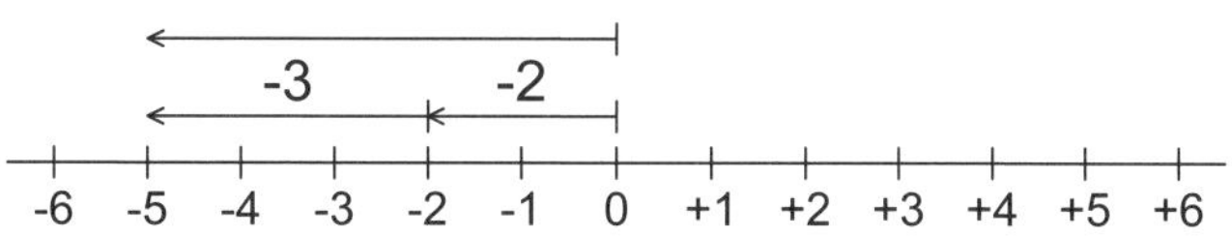

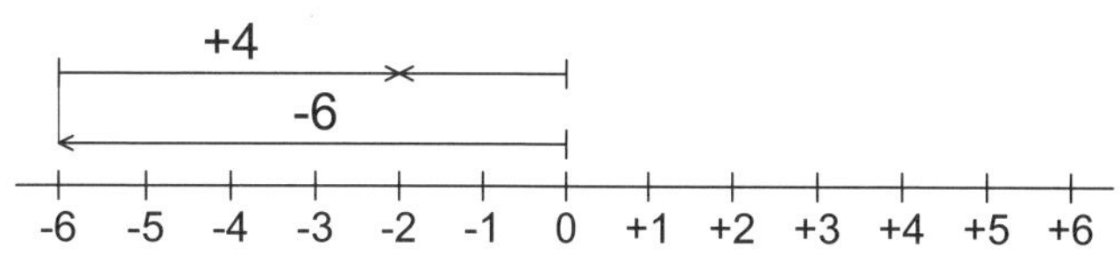

15) Stelle dir die Rechnungen auf dem Zahlenstrahl vor.

7 + 3 =	8 – 5 =	– 12 + 20 =	– 36 – 74 =
7 – 3 =	5 – 8 =	15 + 17 =	48 – 90 =
– 7 + 3 =	– 5 – 8 =	– 18 – 22 =	– 57 + 84 =
– 7 – 3 =	– 8 + 5 =	13 – 33 =	45 + 88 =

16) Schreibe zuerst einfacher (ohne Klammern) und berechne dann die Summe bzw. Differenz.

(+ 8) – (– 2) =	(– 1) – (+ 5) =
(– 5) – (– 9) =	(+ 8) + (– 6) =
(– 7) + (– 4) =	(– 2) + (+ 9) =
(+ 6) – (+ 1) =	(+ 7) + (+ 4) =
(+ 17) + (+ 23) =	(+ 26) – (+ 41) =
(+ 15) – (– 44) =	(+ 12) + (– 36) =
(– 13) + (– 24) =	(– 27) – (+ 15) =
(– 42) + (+ 19) =	(– 26) – (– 18) =

➪ Gutschrift: Einzahlung auf ein Konto
Lastschrift: Abbuchung von einem Konto

12) Berechne jeweils den neuen Kontostand. Rechne im Kopf.

Alter Kontostand	+ 100 €	– 200 €	+ 350 €	– 90 €	+ 2 000 €
Gutschrift / Lastschrift	– 20 €	– 140 €	– 400 €	+ 300 €	– 3 150 €
Neuer Kontostand	+ 80 €	– 340 €	– 50 €	+ 210 €	– 1 150 €

13) Beschrifte die Zahlen, die durch Pfeile dargestellt sind.

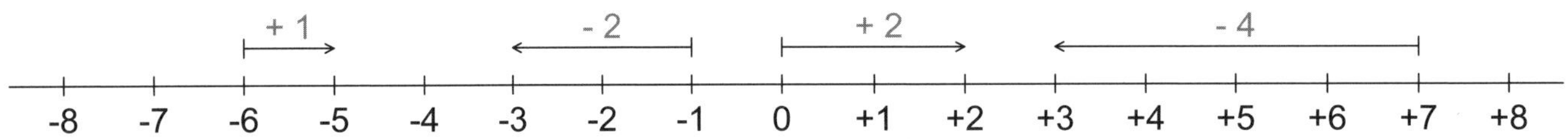

14) Additionen: Lies aus den Pfeildarstellungen die Rechnungen bzw. Ergebnisse ab und zieh die Ergebnispfeile mit grünem Buntstift nach.

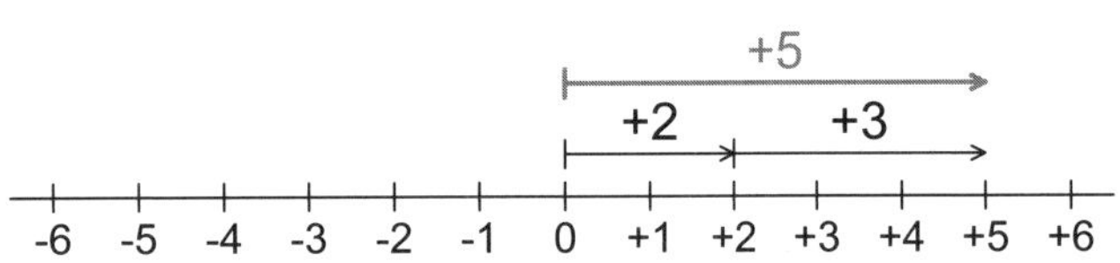

(+ 2) + (+ 3) = + 5

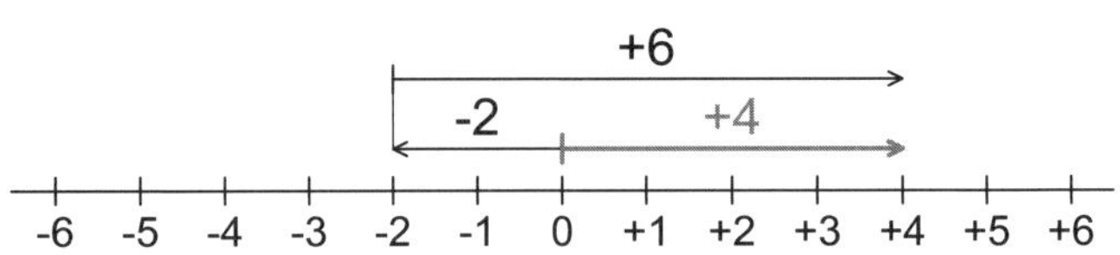

(– 2) + (+ 6) = + 4

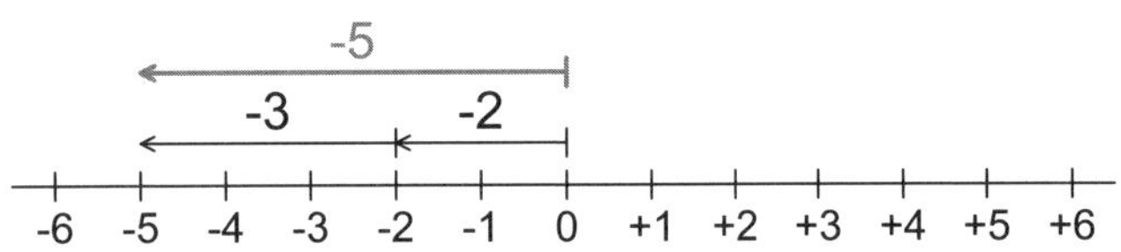

(– 2) + (– 3) = – 5

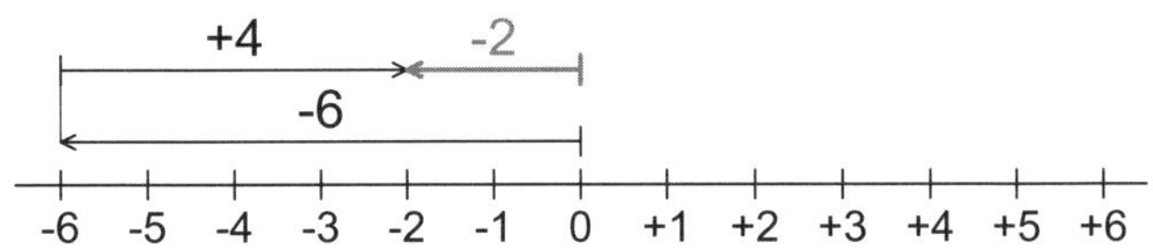

(– 6) + (+ 4) = – 2

15) Stelle dir die Rechnungen auf dem Zahlenstrahl vor.

7 + 3 =	10	8 – 5 =	3	– 12 + 20 =	8	– 36 – 74 =	– 110
7 – 3 =	4	5 – 8 =	– 3	15 + 17 =	32	48 – 90 =	– 42
– 7 + 3 =	– 4	– 5 – 8 =	– 13	– 18 – 22 =	– 40	– 57 + 84 =	27
– 7 – 3 =	– 10	– 8 + 5 =	– 3	13 – 33 =	– 20	45 + 88 =	133

16) Schreibe zuerst einfacher (ohne Klammern) und berechne dann die Summe bzw. Differenz.

(+ 8) – (– 2) =	+ 8 + 2 =	+ 10	(– 1) – (+ 5) =	– 1 – 5 =	– 6
(– 5) – (– 9) =	– 5 + 9 =	+ 4	(+ 8) + (– 6) =	+ 8 – 6 =	+ 2
(– 7) + (– 4) =	– 7 – 4 =	– 11	(– 2) + (+ 9) =	– 2 + 9 =	+ 7
(+ 6) – (+ 1) =	+ 6 – 1 =	+ 5	(+ 7) + (+ 4) =	+ 7 + 4 =	+ 11

(+ 17) + (+ 23) =	+ 17 + 23 =	+ 40	(+ 26) – (+ 41) =	+ 26 – 41 =	– 15
(+ 15) – (– 44) =	+ 15 + 44 =	+ 59	(+ 12) + (– 36) =	+ 12 – 36 =	– 24
(– 13) + (– 24) =	– 13 – 24 =	– 37	(– 27) – (+ 15) =	– 27 – 15 =	– 42
(– 42) + (+ 19) =	– 42 + 19 =	– 23	(– 26) – (– 18) =	– 26 + 18 =	– 8

Name:	Ganze und rationale Zahlen 4

➪ Schreibe Additionen und Subtraktionen immer zuerst einfacher (ohne Klammern) und rechne dann erst aus.

17) Additionen und Subtraktionen.

(+ 5) – (– 1) + (+ 8) =	(– 3) – (+ 7) – (– 6) =
(– 7) – (+ 4) + (+ 9) =	(+ 2) – (– 8) – (+ 1) =
(– 3) + (+ 2) + (– 6) =	(– 4) + (– 5) + (– 9) =

|+ 5| – |– 2| + |– 5| =	|– 43| – |+ 85| =
|– 8| + |– 4| – |– 1| =	|+ 28| + |– 56| =

18) Rechne schrittweise.

(+ 7) – [(– 2) + (+ 9)] = = + 7 – [– 2 + 9] = = + 7 – [+ 7] = + 7 – 7 = 0	(– 5) – [(+ 6) + (– 8)] =	(– 1) + [(– 4) – (– 3)] =
14 – [– 5 + (+ 6) + (– 8)] =	[– 1 – (+ 9)] + [2 + (– 17)] =	[2 – 8] – [5 – (– 13) + (– 9)] =

19) Der Bodensee ist der zweitgrößte Alpensee, er ist 539 km² groß und liegt an der Grenze Schweiz – Österreich – Deutschland. Der Seespiegel liegt 395 m über dem Meeresspiegel.

Das Tote Meer ist ein Salzsee an der israelisch-jordanischen Grenze. Der Seespiegel liegt 397 m unter dem Meeresspiegel.

Berechne den Höhenunterschied Bodensee – Totes Meer.

Wie hoch über dem Meeresspiegel fliegt ein Flugzeug, das den Bodensee in 900 m Höhe überfliegt?

Wie hoch über dem Meeresspiegel fliegt ein Flugzeug, das das Tote Meer in 900 m Höhe überfliegt?

20) Das Gradnetz der Erde (Längenkreise / Breitenkreise) hilft, die Lage eines Ortes genau zu bestimmen. Oft erfolgt die Angabe durch positive bzw. negative Zahlen.

	Nördliche Breite positive Zahl	
Westliche Länge negative Zahl		Östliche Länge positive Zahl
	Südliche Breite negative Zahl	

Entnimm dem Atlas die fehlenden (gerundeten) Werte und berechne dann den Unterschied der geographischen Längen und Breiten.

	Länge	Breite
Erfurt	+ 11°	+ 51°
Miami		+ 26°
Unterschied		

	Länge	Breite
Melbourne		– 38°
Tokyo	+ 140°	
Unterschied		

	Länge	Breite
Lima		– 12°
Kapstadt	+ 18°	
Unterschied		

Schreibe Additionen und Subtraktionen immer zuerst einfacher (ohne Klammern) und rechne dann erst aus.

17) Additionen und Subtraktionen.

(+ 5) – (– 1) + (+ 8) =	+ 5 + 1 + 8 =	+ 14
(– 7) – (+ 4) + (+ 9) =	– 7 – 4 + 9 =	– 2
(– 3) + (+ 2) + (– 6) =	– 3 + 2 – 6 =	– 7

(– 3) – (+ 7) – (– 6) =	– 3 – 7 + 6 =	– 4
(+ 2) – (– 8) – (+ 1) =	+ 2 + 8 – 1 =	+ 9
(– 4) + (– 5) + (– 9) =	– 4 – 5 – 9 =	– 18

|+ 5| – |– 2| + |– 5| =	5 – 2 + 5 =	8
|– 8| + |– 4| – |– 1| =	8 + 4 – 1 =	11

|– 43| – |+ 85| =	43 – 85 =	– 42
|+ 28| + |– 56| =	28 + 56 =	84

18) Rechne schrittweise.

(+ 7) – [(– 2) + (+ 9)] = = + 7 – [– 2 + 9] = = + 7 – [+ 7] = + 7 – 7 = 0	(– 5) – [(+ 6) + (– 8)] = = – 5 – [+ 6 – 8] = = – 5 – [– 2] = – 5 + 2 = – 3	(– 1) + [(– 4) – (– 3)] = = – 1 + [– 4 + 3] = = – 1 + [– 1] = – 1 – 1 = – 2
14 – [– 5 + (+ 6) + (– 8)] = = 14 – [– 5 + 6 – 8] = = 14 – [– 7] = 14 + 7 = 21	[– 1 – (+ 9)] + [2 + (– 17)] = = [– 1 – 9] + [2 – 17] = = [– 10] + [– 15] = = – 10 – 15 = – 25	[2 – 8] – [5 – (– 13) + (– 9)] = = – 6 – [5 + 13 – 9] = = – 6 – [+ 9] = – 6 – 9 = – 15

19) Der Bodensee ist der zweitgrößte Alpensee, er ist 539 km² groß und liegt an der Grenze Schweiz – Österreich – Deutschland. Der Seespiegel liegt 395 m über dem Meeresspiegel.
Das Tote Meer ist ein Salzsee an der israelisch-jordanischen Grenze. Der Seespiegel liegt 397 m unter dem Meeresspiegel.

Berechne den Höhenunterschied Bodensee – Totes Meer.	792 m
Wie hoch über dem Meeresspiegel fliegt ein Flugzeug, das den Bodensee in 900 m Höhe überfliegt?	1 295 m
Wie hoch über dem Meeresspiegel fliegt ein Flugzeug, das das Tote Meer in 900 m Höhe überfliegt?	503 m

20) Das Gradnetz der Erde (Längenkreise/Breitenkreise) hilft, die Lage eines Ortes genau zu bestimmen. Oft erfolgt die Angabe durch positive bzw. negative Zahlen.

	Nördliche Breite positive Zahl	
Westliche Länge negative Zahl		Östliche Länge positive Zahl
	Südliche Breite negative Zahl	

Entnimm dem Atlas die fehlenden (gerundeten) Werte und berechne dann den Unterschied der geographischen Längen und Breiten.

	Länge	Breite
Erfurt	+ 11°	+ 51°
Miami	– 80°	+ 26°
Unterschied	91°	25°

	Länge	Breite
Melbourne	+ 145°	– 38°
Tokyo	+ 140°	+ 36°
Unterschied	5°	74°

	Länge	Breite
Lima	– 77°	– 12°
Kapstadt	+ 18°	– 34°
Unterschied	95°	22°

Name:	Ganze und rationale Zahlen 5

21) Berechne die Produkte bzw. Quotienten.

(+ 4) · (– 1) =	(– 1) · (+ 7) =	(+ 13) · (+ 9) =
(– 9) · (– 9) =	(+ 11) · 0 =	(+ 8) · (– 16) =
(– 6) · (+ 7) =	(– 8) · (– 5) =	(– 4) · (– 19) =
|+ 7| · |+ 12| =	|– 3| · |+ 9| =	|– 22| · |+ 5| =

(+ 6) : (+ 1) =	(– 49) : (– 7) =	(– 70) : (+ 5) =
(+ 36) : (– 4) =	(– 60) : (+ 6) =	(+ 260) : (+ 13) =
(– 72) : (– 9) =	(+ 56) : (– 8) =	(– 108) : (– 12) =
|– 21| : |+ 3| =	|– 32| : |+ 2| =	|+ 35| : |– 7| =

22) Rechne schrittweise.

(+ 4) · (– 2) · (+ 9) = = (– 8) · (+ 9) = – 72	(+ 8) · (– 3) · (– 5) =	(– 40) : (– 2) : (+ 5) =
(– 48) : (+ 3) : (– 8) =	(– 90) · [(– 42) : (– 7)] =	(+ 63) : [(+ 56) : (– 8)] =
(– 96) : (+ 8) · (+ 7) =	(+ 120) : [(+ 3) · (– 5)] =	[(+ 25) · (– 8)] : (+ 20) =

23) Zeige, dass die folgenden Gesetze auch für das Rechnen mit den angegebenen ganzen Zahlen gelten. Gib jeweils auch den Namen des Gesetzes an.

(+ 12) + (– 7) = (– 7) + (+ 12)	(– 9) · (– 10) = (– 10) · (– 9)

Gesetz: ______________________________

[(– 9) + (– 5)] + (– 2) = (– 9) + [(– 5) + (– 2)]	[(– 6) · (+ 3)] · (– 4) = (– 6) · [(+ 3) · (– 4)]

Gesetz: ______________________________

[(+ 7) + (– 8)] · (– 2) = (+ 7) · (– 2) + (– 8) · (– 2)	[(– 9) – (+ 6)] : (+ 3) = (– 9) : (+ 3) – (+ 6) : (+ 3)

Gesetz: ______________________________

21) Berechne die Produkte bzw. Quotienten.

(+ 4) · (– 1) =	– 4	(– 1) · (+ 7) =	– 7	(+ 13) · (+ 9) =	+ 117
(– 9) · (– 9) =	+ 81	(+ 11) · 0 =	0	(+ 8) · (– 16) =	– 128
(– 6) · (+ 7) =	– 42	(– 8) · (– 5) =	+ 40	(– 4) · (– 19) =	+ 76
|+ 7| · |+ 12| =	84	|– 3| · |+ 9| =	27	|– 22| · |+ 5| =	110

(+ 6) : (+ 1) =	+ 6	(– 49) : (– 7) =	+ 7	(– 70) : (+ 5) =	– 14
(+ 36) : (– 4) =	– 9	(– 60) : (+ 6) =	– 10	(+ 260) : (+ 13) =	+ 20
(– 72) : (– 9) =	+ 8	(+ 56) : (– 8) =	– 7	(– 108) : (– 12) =	+ 9
|– 21| : |+ 3| =	7	|– 32| : |+ 2| =	16	|+ 35| : |– 7| =	5

22) Rechne schrittweise.

(+ 4) · (– 2) · (+ 9) = = (– 8) · (+ 9) = – 72	(+ 8) · (– 3) · (– 5) = = (– 24) · (– 5) = + 120	(– 40) : (– 2) : (+ 5) = = (+ 20) : (+ 5) = + 4
(– 48) : (+ 3) : (– 8) = = (– 16) : (– 8) = + 2	(– 90) · [(– 42) : (– 7)] = = (– 90) · (+ 6) = – 540	(+ 63) : [(+ 56) : (– 8)] = = (+ 63) : [– 7] = – 9
(– 96) : (+ 8) · (+ 7) = = (– 12) · (+ 7) = – 84	(+ 120) : [(+ 3) · (– 5)] = = (+ 120) : [– 15] = – 8	[(+ 25) · (– 8)] : (+ 20) = = [– 200] : (+ 20) = – 10

23) Zeige, dass die folgenden Gesetze auch für das Rechnen mit den angegebenen ganzen Zahlen gelten. Gib jeweils auch den Namen des Gesetzes an.

(+ 12) + (– 7) = (– 7) + (+ 12) 12 – 7 = – 7 + 12 + 5 = + 5 w. A.	(– 9) · (– 10) = (– 10) · (– 9) + 90 = + 90 w. A.

Gesetz: Kommutativgesetz

[(– 9) + (– 5)] + (– 2) = (– 9) + [(– 5) + (– 2)] [– 9 – 5] + (– 2) = (– 9) + [– 5 – 2] [– 14] + (– 2) = (– 9) + [– 7] – 14 – 2 = – 9 – 7 – 16 = – 16 w. A.	[(– 6) · (+ 3)] · (– 4) = (– 6) · [(+ 3) · (– 4)] [– 18] · (– 4) = (– 6) · [– 12] + 72 = + 72 w. A.

Gesetz: Assoziativgesetz

[(+ 7) + (– 8)] · (– 2) = (+ 7) · (– 2) + (– 8) · (– 2) [7 – 8] · (– 2) = (– 14) + (+ 16) [– 1] · (– 2) = – 14 + 16 + 2 = + 2 w. A.	[(– 9) – (+ 6)] : (+ 3) = (– 9) : (+ 3) – (+ 6) : (+ 3) [– 9 – 6] : (+ 3) = (– 3) – (+ 2) [– 15] : (+ 3) = – 3 – 2 – 5 = – 5 w. A.

Gesetz: Distributivgesetz

Name:	Ganze und rationale Zahlen 6

24) Rechne schrittweise. Achte auf die Vorrangregeln und auf die Vorzeichenregeln.

(+ 8) · (– 1) + (– 7) · (+ 9) + (– 6) · (– 4) = = (– 8) + (– 63) + (+ 24) =	(– 5) · (– 2) – (– 8) · (+ 3) + (– 6) · (+ 9) =
(– 12) : (– 2) – (+ 15) : (– 3) – (– 20) : (+ 5) =	(+ 20) : (– 5) – (+ 35) : (+ 5) + (– 64) : (+ 8) =
(– 60) : (+ 12) + (– 8) · (+ 6) – (– 4) · (+ 9) =	(– 15) · (+ 3) + (– 7) · (– 4) + (– 63) : (– 9) =

(– 7) · 4 + (– 6) · 8 – (+ 2) · 9 =	(– 4) · 9 – (– 8) · 3 + (– 12) · 2 =
(+ 49) : 7 – (– 72) : 9 + (– 24) : 12 =	(– 63) : 9 + (– 18) : 2 – (– 150) : 10 =
(+ 5) · 11 + (– 32) : 8 – (+ 9) · 9 =	(+ 21) : 7 – (– 12) · 4 + (+ 60) : 5 =

[(– 7) + (– 9)] · [(+ 6) – (+ 8)] =	[(– 5) – (– 27)] · [(– 4) + (+ 3)] =
[35 + (– 5)] : [– 6 – (+ 9)] =	[(– 13) + 22)] : [(+ 2) – 5] =

[(+ 12) – (+ 6)] · [(+ 3) – (– 1)] + (+ 8) =	[(– 18) – (+ 2)] : [– 5 + (+ 9)] – (+7) =
[2 – (+ 5)] · 8 – [(+ 7) – (+ 13)] =	[4 + (+ 7)] · 4 + [(– 7) – 10] =
(+ 12) : (– 3) · (+ 6) – [(– 1) + (+ 33)] =	(– 12) · (+ 5) : (– 6) – [14 – (–12)] =

Name:	Ganze und rationale Zahlen 6

24) Rechne schrittweise. Achte auf die Vorrangregeln und auf die Vorzeichenregeln.

(+ 8) · (– 1) + (– 7) · (+ 9) + (– 6) · (– 4) = = (– 8) + (– 63) + (+ 24) = = – 8 – 63 + 24 = 24 – 71 = – 47	(– 5) · (– 2) – (– 8) · (+ 3) + (– 6) · (+ 9) = = (+ 10) – (– 24) + (– 54) = = + 10 + 24 – 54 = 34 – 54 = – 20
(– 12) : (– 2) – (+ 15) : (– 3) – (– 20) : (+ 5) = = (+ 6) – (– 5) – (– 4) = = + 6 + 5 + 4 = + 15	(+ 20) : (– 5) – (+ 35) : (+ 5) + (– 64) : (+ 8) = = (– 4) – (+ 7) + (– 8) = = – 4 – 7 – 8 = – 19
(– 60) : (+ 12) + (– 8) · (+ 6) – (– 4) · (+ 9) = = (– 5) + (– 48) – (– 36) = = – 5 – 48 + 36 = 36 – 53 = – 17	(– 15) · (+ 3) + (– 7) · (– 4) + (– 63) : (– 9) = = (– 45) + (+ 28) + (+ 7) = = – 45 + 28 + 7 = 35 – 45 = – 10

(– 7) · 4 + (– 6) · 8 – (+ 2) · 9 = = (– 28) + (– 48) – (+ 18) = = – 28 – 48 – 18 = – 94	(– 4) · 9 – (– 8) · 3 + (– 12) · 2 = = (– 36) – (– 24) + (– 24) = = – 36 + 24 – 24 = – 36
(+ 49) : 7 – (– 72) : 9 + (– 24) : 12 = = (+ 7) – (– 8) + (– 2) = = + 7 + 8 – 2 = + 13	(– 63) : 9 + (– 18) : 2 – (– 150) : 10 = = (– 7) + (– 9) – (– 15) = = – 7 – 9 + 15 = + 15 – 16 = – 1
(+ 5) · 11 + (– 32) : 8 – (+ 9) · 9 = = (+ 55) + (– 4) – (+ 81) = = + 55 – 4 – 81 = + 55 – 85 = – 30	(+ 21) : 7 – (– 12) · 4 + (+ 60) : 5 = = (+ 3) – (– 48) + (+ 12) = = + 3 + 48 + 12 = + 63

[(– 7) + (– 9)] · [(+ 6) – (+ 8)] = = [– 7 – 9] · [+ 6 – 8] = = [– 16] · [– 2] = + 32	[(– 5) – (– 27)] · [(– 4) + (+ 3)] = = [– 5 + 27] · [– 4 + 3] = = [+ 22] · [– 1] = – 22
[35 + (– 5)] : [– 6 – (+ 9)] = = [35 – 5] : [– 6 – 9] = = 30 : [– 15] = – 2	[(– 13) + 22)] : [(+ 2) – 5] = = [– 13 + 22] : [+ 2 – 5] = = [+ 9] : [– 3] = – 3

[(+ 12) – (+ 6)] · [(+ 3) – (– 1)] + (+ 8) = = [+ 12 – 6] · [+ 3 + 1] + 8 = = [+ 6] · [+ 4] + 8 = + 24 + 8 = + 32	[(– 18) – (+ 2)] : [– 5 + (+ 9)] – (+7) = = [– 18 – 2] : [– 5 + 9] – 7 = = [– 20] : [+ 4] – 7 = – 5 – 7 = – 12
[2 – (+ 5)] · 8 – [(+ 7) – (+ 13)] = = [2 – 5] · 8 – [+ 7 – 13] = = [– 3] · 8 – [– 6] = – 24 + 6 = – 18	[4 + (+ 7)] · 4 + [(– 7) – 10] = = [4 + 7] · 4 + [– 7 – 10] = = [+ 11] · 4 + [– 17] = + 44 – 17 = + 27
(+ 12) : (– 3) · (+ 6) – [(– 1) + (+ 33)] = = (– 4) · (+ 6) – [– 1 + 33] = = – 24 – [+ 32] = – 24 – 32 = – 56	(– 12) · (+ 5) : (– 6) – [14 – (–12)] = = (– 60) : (– 6) – [14 + 12] = = + 10 – [+ 26] = + 10 – 26 = – 16

25) Beschrifte die auf der Zahlengeraden markierten rationalen Zahlen oben in Bruchform und unten in Dezimalform.

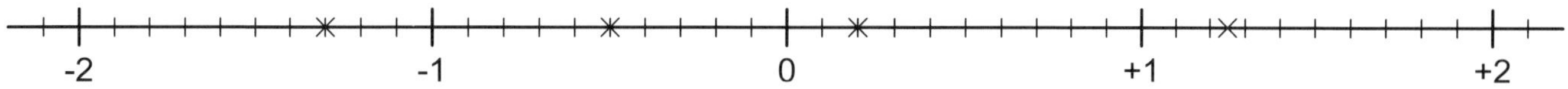

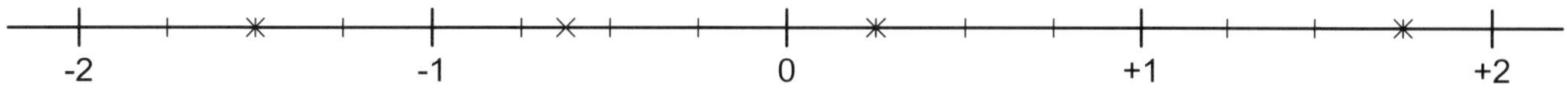

26) Kennzeichne folgende rationalen Zahlen auf der Zahlengeraden und ordne sie dann der Größe nach.

a) $+1\frac{1}{2}$; $-1{,}9$; $-0{,}1$; $+\frac{4}{5}$

	<	<	<

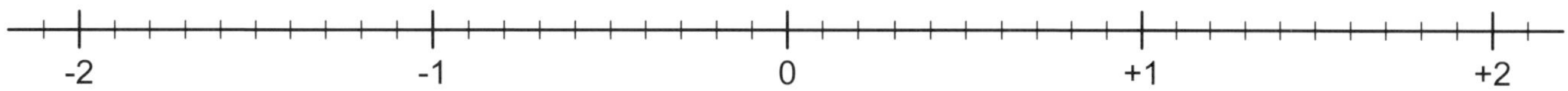

b) $-\frac{20}{10}$; $+0{,}50$; $-1\frac{1}{4}$; $+1{,}125$

	<	<	<

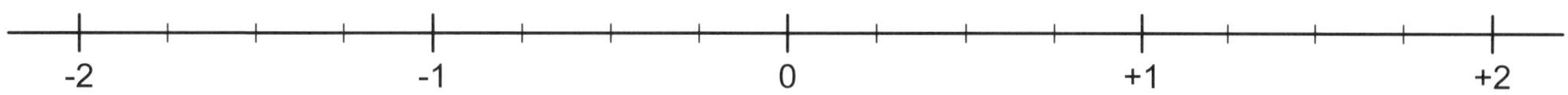

27) Vergleiche die Zahlen und setze das Zeichen <, = oder > ein.

0	+ 0,01	0	– 0,1	– 3,5	+ 3,5	+ 0,1	0,1	+ 0,1	– 0,1
$-\frac{30}{10}$	0	$+\frac{8}{10}$	– 1,8	– 1,7	– 1,8	$+2\frac{1}{4}$	+ 2,2	$-1\frac{1}{4}$	$-1\frac{3}{4}$
$-\frac{1}{8}$	– 1,8	– 9,1	– 9,01	|– 1,5|	|+ 1,5|	|– 0,7|	+ 0,7	|– 0,7|	|– 0,6|

28) Grundrechenarten mit rationalen Zahlen.

(+ 7,2) + (– 6,9) = + 7,2 – 6,9 =	(– 5,8) – (– 9,4) =
(– 4,9) + (– 0,8) =	(+ 2,7) – (+ 5,1) =
(– 5,3) + (+ 4,6) =	(– 6,3) – (+ 1,2) =

(– 5,3) · (– 0,4) =	(– 7,2) : (+ 0,6) =
(+ 0,46) · (– 0,07) =	(– 5,6) : (– 0,04) =
(– 0,6) · (+ 8,2) =	(+ 4,28) : (+ 5) =

29) Schreibe jeweils den Bruch mit nur einem Vorzeichen vor der Bruchzahl und verwandle ihn dann in eine Dezimalzahl.

$\frac{-5}{+2}$ =	$\frac{+1}{-8}$ =	$\frac{9}{-5}$ =
$\frac{-7}{-4}$ =	$\frac{-14}{10}$ =	$\frac{-8}{-25}$ =

25) Beschrifte die auf der Zahlengeraden markierten rationalen Zahlen oben in Bruchform und unten in Dezimalform.

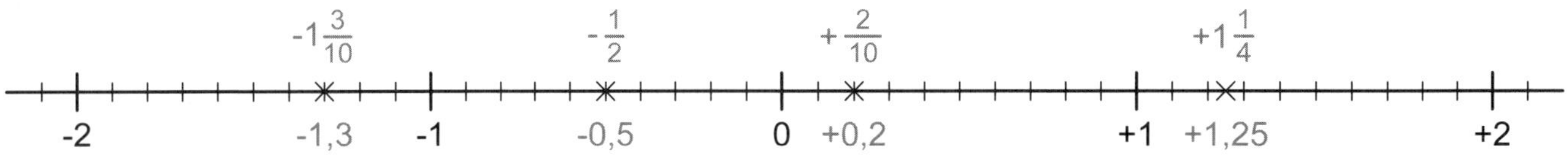

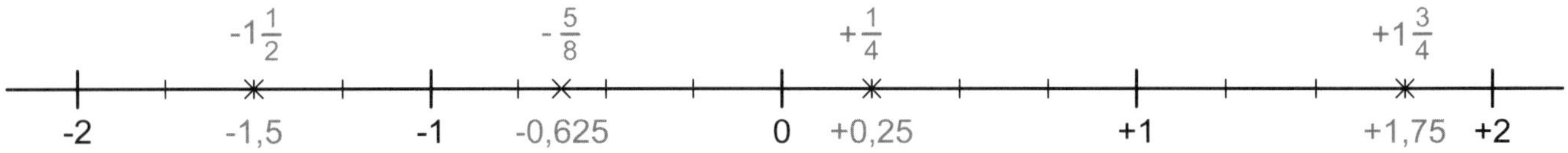

26) Kennzeichne folgende rationalen Zahlen auf der Zahlengeraden und ordne sie dann der Größe nach.

a) $+1\frac{1}{2}$; $-1{,}9$; $-0{,}1$; $+\frac{4}{5}$

$-1{,}9 < -0{,}1 < +\frac{4}{5} < +1\frac{1}{2}$

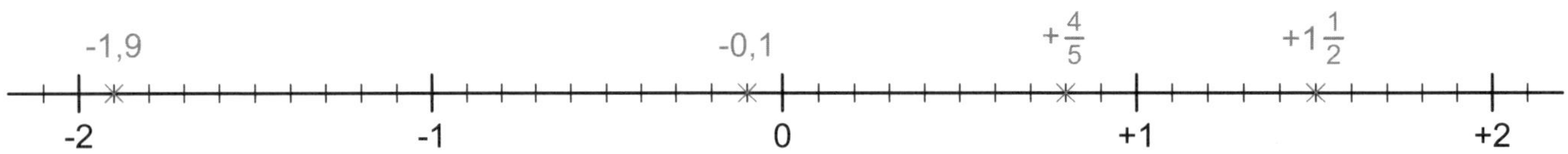

b) $-\frac{20}{10}$; $+0{,}50$; $-1\frac{1}{4}$; $+1{,}125$

$-\frac{20}{10} < -1\frac{1}{4} < +0{,}50 < +1{,}125$

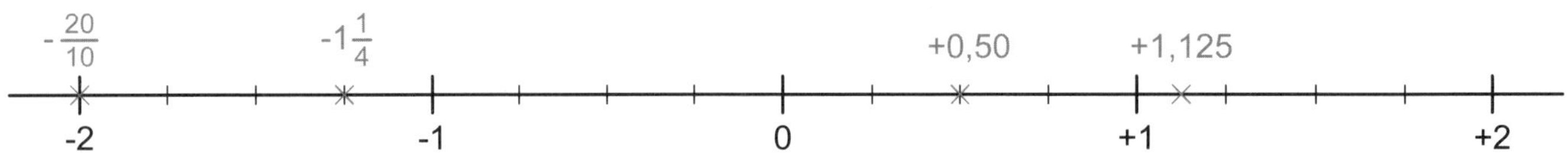

27) Vergleiche die Zahlen und setze das Zeichen <, = oder > ein.

$0 < +0{,}01$	$0 > -0{,}1$	$-3{,}5 < +3{,}5$	$+0{,}1 = 0{,}1$	$+0{,}1 > -0{,}1$
$-\frac{30}{10} < 0$	$+\frac{8}{10} > -1{,}8$	$-1{,}7 > -1{,}8$	$+2\frac{1}{4} > +2{,}2$	$-1\frac{1}{4} > -1\frac{3}{4}$
$-\frac{1}{8} > -1{,}8$	$-9{,}1 < -9{,}01$	$\lvert -1{,}5\rvert = \lvert +1{,}5\rvert$	$\lvert -0{,}7\rvert = +0{,}7$	$\lvert -0{,}7\rvert > \lvert -0{,}6\rvert$

28) Grundrechenarten mit rationalen Zahlen.

(+ 7,2) + (– 6,9) =	+ 7,2 – 6,9	= + 0,3
(– 4,9) + (– 0,8) =	– 4,9 – 0,8	= – 5,7
(– 5,3) + (+ 4,6) =	– 5,3 + 4,6	= – 0,7

(– 5,8) – (– 9,4) =	– 5,8 + 9,4	= + 3,6
(+ 2,7) – (+ 5,1) =	+ 2,7 – 5,1	= – 2,4
(– 6,3) – (+ 1,2) =	– 6,3 – 1,2	= – 7,5

(– 5,3) · (– 0,4) =	+ 2,12
(+ 0,46) · (– 0,07) =	– 0,032 2
(– 0,6) · (+ 8,2) =	– 4,92

(– 7,2) : (+ 0,6) =	– 12
(– 5,6) : (– 0,04) =	+ 140
(+ 4,28) : (+ 5) =	+ 0,856

29) Schreibe jeweils den Bruch mit nur einem Vorzeichen vor der Bruchzahl und verwandle ihn dann in eine Dezimalzahl.

$\frac{-5}{+2} = -\frac{5}{2} = -2{,}5$	$\frac{+1}{-8} = -\frac{1}{8} = -0{,}125$	$\frac{9}{-5} = -\frac{9}{5} = -1{,}8$
$\frac{-7}{-4} = +\frac{7}{4} = +1{,}75$	$\frac{-14}{10} = -\frac{14}{10} = -1{,}4$	$\frac{-8}{-25} = +\frac{8}{25} = +0{,}32$

➪ Bei vielen Banken werden die Vorzeichen rechts neben den Betrag geschrieben.

30) Frau Haslinger notiert sich alle Einzahlungen und Abbuchungen ihres Gehaltskontos.

Datum		Gutschrift (€)	Lastschrift (€)	Neuer Kontostand (€)
25. 09.	Bargeld-Automat		500,00 –	291,50 –
29. 09.	Gehalt	1 900,00 +		
05. 10.	Supermarkt		20,00 –	
16. 10.	Flugreise		1 700,00 –	

Datum		Gutschrift (€)	Lastschrift (€)	Neuer Kontostand (€)
30. 10.	Gehalt	1 392,72 +		1 420,63 +
02. 11.	Strom- und Gasrechnung		217,95 –	
05. 11.	Bargeld-Automat		300,00 –	
12. 11.	Telefon		17,30 –	

31) Berechne jeweils den neuen Kontostand.

Alter Kontostand	1 290,63 € +	293,45 € –	359,25 € +	92,99 € –
Gutschrift/Lastschrift	892,20 € –	142,94 € –	401,50 € –	304,68 € +
Neuer Kontostand				

32) Rechne wenn möglich im Kopf.

a) Herr Schulz hat sein Konto um 973,50 € überzogen. Welchen Betrag muss er einzahlen, um ein Guthaben von 200,00 € zu haben?

b) Frau Winkler hat auf ihrem Konto ein Guthaben von 215,20 €. Wie lautet der neue Kontostand, wenn sie bei einem Bargeld-Automaten 300,00 € abhebt?

c) Frau Köhler hat ihr Konto um 23,90 € überzogen. Wie hoch ist der Kontostand, wenn ihr Gehalt von 1 100,00 € überwiesen wird?

d) Herr Berger hat auf seinem Konto ein Guthaben von 2 075,50 €. Wie viel könnte er abheben, wenn er sein Konto um 2 000,00 € überziehen darf?

33) Kontoauszug. Berechne die Summe der Ausgänge, der Eingänge und den neuen Kontostand.

Datum	Buchungstext	Ausgänge	Eingänge
30. 09.	Abhebung am Automat Nr. 108376	250,00 –	
31. 09.	Habenzinsen		7,42 +
31. 09.	Sollzinsen	2,49 –	
02. 10.	Gutschrift		1 174,93 +
05. 10.	Überweisung	175,50 –	
08. 10.	Lastschrift Telekom	20,89 –	

Alter Kontostand	€	297,19 +
Summe Ausgänge		
Summe Eingänge		
Neuer Kontostand		

➪ Bei vielen Banken werden die Vorzeichen rechts neben den Betrag geschrieben.

30) Frau Haslinger notiert sich alle Einzahlungen und Abbuchungen ihres Gehaltskontos.

Datum		Gutschrift (€)	Lastschrift (€)	Neuer Kontostand (€)
25. 09.	Bargeld-Automat		500,00 –	291,50 –
29. 09.	Gehalt	1 900,00 +		1 608,50 +
05. 10.	Supermarkt		20,00 –	1 588,50 +
16. 10.	Flugreise		1 700,00 –	111,50 –

Datum		Gutschrift (€)	Lastschrift (€)	Neuer Kontostand (€)
30. 10.	Gehalt	1 392,72 +		1 420,63 +
02. 11.	Strom- und Gasrechnung		217,95 –	1 202,68 +
05. 11.	Bargeld-Automat		300,00 –	902,68 +
12. 11.	Telefon		17,30 –	885,38 +

31) Berechne jeweils den neuen Kontostand.

Alter Kontostand	1 290,63 € +	293,45 € –	359,25 € +	92,99 € –
Gutschrift/Lastschrift	892,20 € –	142,94 € –	401,50 € –	304,68 € +
Neuer Kontostand	398,43 € +	436,39 € –	42,25 € –	211,69 € +

32) Rechne wenn möglich im Kopf.

a) Herr Schulz hat sein Konto um 973,50 € überzogen. Welchen Betrag muss er einzahlen, um ein Guthaben von 200,00 € zu haben? — 1 173,50 €

b) Frau Winkler hat auf ihrem Konto ein Guthaben von 215,20 €. Wie lautet der neue Kontostand, wenn sie bei einem Bargeld-Automaten 300,00 € abhebt? — 84,80 € –

c) Frau Köhler hat ihr Konto um 23,90 € überzogen. Wie hoch ist der Kontostand, wenn ihr Gehalt von 1 100,00 € überwiesen wird? — 1 076,10 € +

d) Herr Berger hat auf seinem Konto ein Guthaben von 2 075,50 €. Wie viel könnte er abheben, wenn er sein Konto um 2 000,00 € überziehen darf? — 4 075,50 €

33) Kontoauszug. Berechne die Summe der Ausgänge, der Eingänge und den neuen Kontostand.

Datum	Buchungstext	Ausgänge	Eingänge
30. 09.	Abhebung am Automat Nr. 108376	250,00 –	
31. 09.	Habenzinsen		7,42 +
31. 09.	Sollzinsen	2,49 –	
02. 10.	Gutschrift		1 174,93 +
05. 10.	Überweisung	175,50 –	
08. 10.	Lastschrift Telekom	20,89 –	

Alter Kontostand	€	297,19 +
Summe Ausgänge	€	448,88 –
Summe Eingänge	€	1 182,35 +
Neuer Kontostand	€	1 030,66 +

34) Die vier Grundrechenarten mit rationalen Zahlen.

$(-\frac{7}{3}) + (+\frac{2}{3}) =$	$(-\frac{4}{5}) + (-3) =$
$(-\frac{7}{3}) - (+\frac{2}{3}) =$	$(-\frac{4}{5}) - (-3) =$
$(-\frac{7}{3}) \cdot (+\frac{2}{3}) =$	$(-\frac{4}{5}) \cdot (-3) =$
$(-\frac{7}{3}) : (+\frac{2}{3}) =$	$(-\frac{4}{5}) : (-3) =$

$(+\frac{5}{6}) + (-1\frac{3}{5}) =$
$(+2\frac{1}{4}) - (-3\frac{2}{3}) =$
$(-1\frac{3}{7}) \cdot (+2\frac{1}{3}) =$
$(-3\frac{1}{8}) : (-1\frac{1}{4}) =$

35) Überprüfe die Rechengesetze mit den rationalen Zahlen $a = -3\frac{1}{3}$, $b = +1\frac{5}{6}$, $c = -\frac{6}{11}$.

Kommutativgesetz der Addition	Assoziativgesetz der Multiplikation

Distributivgesetz

36) Ergänze bei den Gleichungen jeweils die fehlende Zahl.

$(+0{,}8) + \quad = \quad 0$	$(+4{,}5) - \quad = \quad +9$	$(+\frac{3}{5}) - \quad = \quad 0$
$(-1) \cdot \quad = \quad -7{,}9$	$(-\frac{3}{7}) : \quad = \quad +1$	$(+6{,}2) - \quad = \quad -1$
$\frac{24}{35} \cdot \quad = \quad 0$	$(-\frac{1}{6}) + \quad = \quad -1$	$(-\frac{2}{3}) \cdot \quad = \quad +1$

34) Die vier Grundrechenarten mit rationalen Zahlen.

$(-\frac{7}{3}) + (+\frac{2}{3}) =$	$-\frac{7}{3} + \frac{2}{3} = -\frac{5}{3} = -1\frac{2}{3}$	$(-\frac{4}{5}) + (-3) =$	$-\frac{4}{5} - 3 = -3\frac{4}{5}$
$(-\frac{7}{3}) - (+\frac{2}{3}) =$	$-\frac{7}{3} - \frac{2}{3} = -\frac{9}{3} = -3$	$(-\frac{4}{5}) - (-3) =$	$-\frac{4}{5} + 3 = +2\frac{1}{5}$
$(-\frac{7}{3}) \cdot (+\frac{2}{3}) =$	$-\frac{7 \cdot 2}{3 \cdot 3} = -\frac{14}{9} = -1\frac{5}{9}$	$(-\frac{4}{5}) \cdot (-3) =$	$+\frac{4 \cdot 3}{5 \cdot 1} = +\frac{12}{5} = +2\frac{2}{5}$
$(-\frac{7}{3}) : (+\frac{2}{3}) =$	$-\frac{7 \cdot {}^{1}\cancel{3}}{\cancel{3}_{1} \cdot 2} = -\frac{7}{2} = -3\frac{1}{2}$	$(-\frac{4}{5}) : (-3) =$	$+\frac{4 \cdot 1}{5 \cdot 3} = +\frac{4}{15}$

$(+\frac{5}{6}) + (-1\frac{3}{5}) =$	$+\frac{5 \cdot 5}{6 \cdot 5} - \frac{8 \cdot 6}{5 \cdot 6} = \frac{25 - 48}{30} = \frac{-23}{30} = -\frac{23}{30}$
$(+2\frac{1}{4}) - (-3\frac{2}{3}) =$	$+\frac{9 \cdot 3}{4 \cdot 3} + \frac{11 \cdot 4}{3 \cdot 4} = \frac{27 + 44}{12} = \frac{71}{12} = 5\frac{11}{12}$
$(-1\frac{3}{7}) \cdot (+2\frac{1}{3}) =$	$-\frac{10 \cdot {}^{1}\cancel{7}}{\cancel{7}_{1} \cdot 3} = -\frac{10}{3} = -3\frac{1}{3}$
$(-3\frac{1}{8}) : (-1\frac{1}{4}) =$	$+\frac{{}^{5}\cancel{25} \cdot {}^{1}\cancel{4}}{\cancel{8}_{2} \cdot \cancel{5}_{1}} = +\frac{5}{2} = +2\frac{1}{2}$

35) Überprüfe die Rechengesetze mit den rationalen Zahlen $a = -3\frac{1}{3}$, $b = +1\frac{5}{6}$, $c = -\frac{6}{11}$.

Kommutativgesetz der Addition

$$(-3\frac{1}{3}) + (+1\frac{5}{6}) = (+1\frac{5}{6}) + (-3\frac{1}{3})$$

$$-\frac{10 \cdot 2}{3 \cdot 2} + \frac{11 \cdot 1}{6 \cdot 1} = +\frac{11 \cdot 1}{6 \cdot 1} - \frac{10 \cdot 2}{3 \cdot 2}$$

$$-\frac{20}{6} + \frac{11}{6} = +\frac{11}{6} - \frac{20}{6}$$

$$-\frac{9}{6} = -\frac{9}{6}$$ w. A.

Assoziativgesetz der Multiplikation

$$[(-3\frac{1}{3}) \cdot (+1\frac{5}{6})] \cdot (-\frac{6}{11}) = (-3\frac{1}{3}) \cdot [(+1\frac{5}{6}) \cdot (-\frac{6}{11})]$$

$$[-\frac{{}^{5}\cancel{10} \cdot 11}{3 \cdot \cancel{6}_{3}}] \cdot (-\frac{6}{11}) = (-\frac{10}{3}) \cdot [-\frac{{}^{1}\cancel{11} \cdot \cancel{6}^{1}}{\cancel{6}_{1} \cdot \cancel{11}_{1}}]$$

$$(-\frac{{}^{5}\cancel{55}}{\cancel{9}_{3}}) \cdot (-\frac{{}^{2}\cancel{6}}{{}_{1}\cancel{11}}) = +\frac{10}{3}$$

$$+\frac{10}{3} = +\frac{10}{3}$$ w. A.

Distributivgesetz

$$[(-3\frac{1}{3}) + (+1\frac{5}{6})] \cdot (-\frac{6}{11}) = (-3\frac{1}{3}) \cdot (-\frac{6}{11}) + (+1\frac{5}{6}) \cdot (-\frac{6}{11})$$

$$[(-\frac{20}{6}) + (+\frac{11}{6})] \cdot (-\frac{6}{11}) = (+\frac{10 \cdot \cancel{6}^{2}}{\cancel{3}_{1} \cdot 11}) + (-\frac{{}^{1}\cancel{11} \cdot \cancel{6}^{1}}{\cancel{6}_{1} \cdot \cancel{11}_{1}})$$

$$+\frac{9 \cdot \cancel{6}^{1}}{\cancel{6}_{1} \cdot 11} = +\frac{20}{11} - 1$$

$$+\frac{9}{11} = +\frac{9}{11}$$ w. A.

36) Ergänze bei den Gleichungen jeweils die fehlende Zahl.

$(+0{,}8) + (-0{,}8) = 0$	$(+4{,}5) - (-4{,}5) = +9$	$(+\frac{3}{5}) - (+\frac{3}{5}) = 0$
$(-1) \cdot (+7{,}9) = -7{,}9$	$(-\frac{3}{7}) : (-\frac{3}{7}) = +1$	$(+6{,}2) - (+7{,}2) = -1$
$\frac{24}{35} \cdot 0 = 0$	$(-\frac{1}{6}) + (-\frac{5}{6}) = -1$	$(-\frac{2}{3}) \cdot (-\frac{3}{2}) = +1$

Name:	Das rechtwinklige Koordinatensystem 1

1) a) Lies die Koordinaten der gezeichneten Punkte ab.

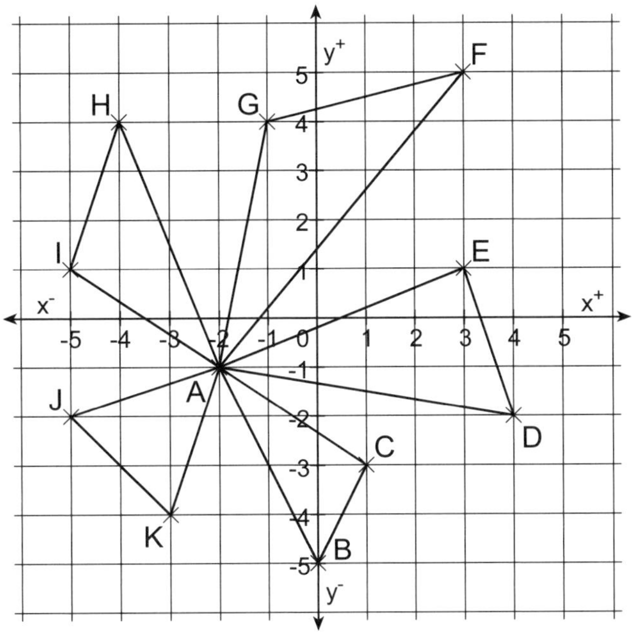

A

B

C

D

E

F

G

H

I

J

K

b) Zeichne die Punkte in das Koordinatensystem und verbinde sie nach dem Alphabet mit einem geschlossenen Streckenzug.

A(–3/–5)
B(3/–5)
C(1/–1)
D(4/1)
E(0/2)
F(2/3)
G(0/5)
H(–2/3)
I = E
J(–4/1)
K(–1/–1)

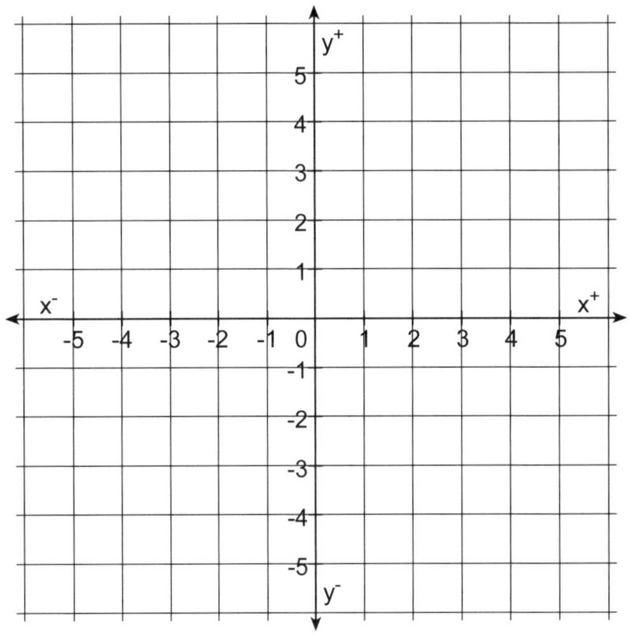

2) a) Zeichne das Quadrat ABCD in das rechtwinklige Koordinatensystem und gib die Koordinaten von D an.
A(–3/–4), B(2/–2), C(0/3), D.

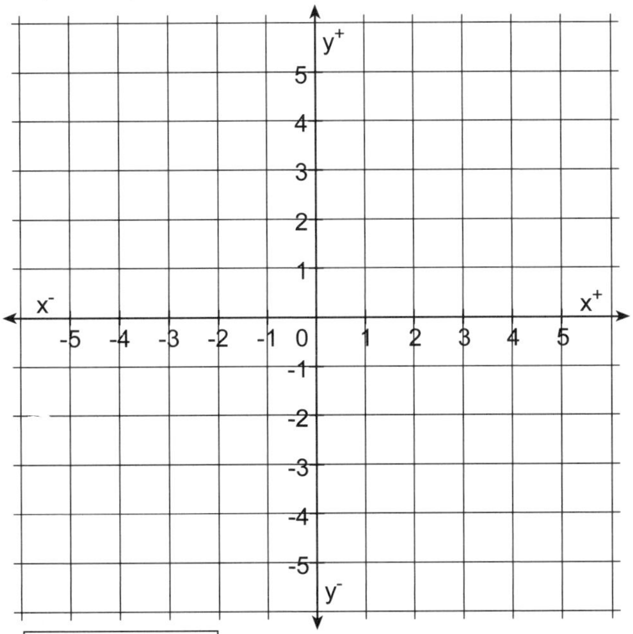

D

b) Zeichne das Rechteck ABCD in das rechtwinklige Koordinatensystem und gib die Koordinaten von D an.
A(–2/–5), B(2/–4), C(0/4), D.

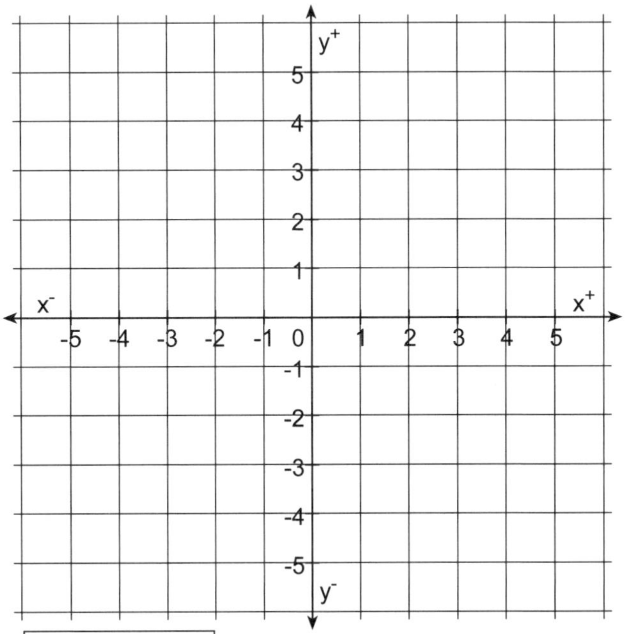

D

Name:	Das rechtwinklige Koordinatensystem 1

1) a) Lies die Koordinaten der gezeichneten Punkte ab.

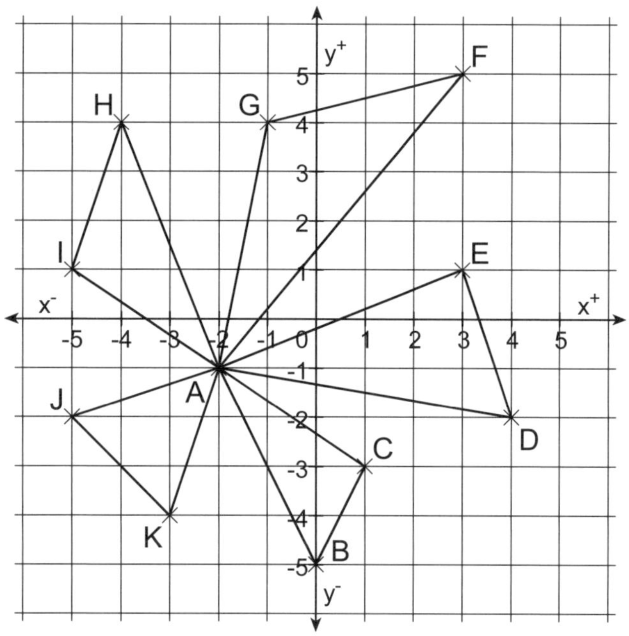

A (–2/–1)

B (0/–5)

C (1/–3)

D (4/–2)

E (3/1)

F (3/5)

G (–1/4)

H (–4/4)

I (–5/1)

J (–5/–2)

K (–3/–4)

b) Zeichne die Punkte in das Koordinatensystem und verbinde sie nach dem Alphabet mit einem geschlossenen Streckenzug.

A(–3/–5)

B(3/–5)

C(1/–1)

D(4/1)

E(0/2)

F(2/3)

G(0/5)

H(–2/3)

I = E

J(–4/1)

K(–1/–1)

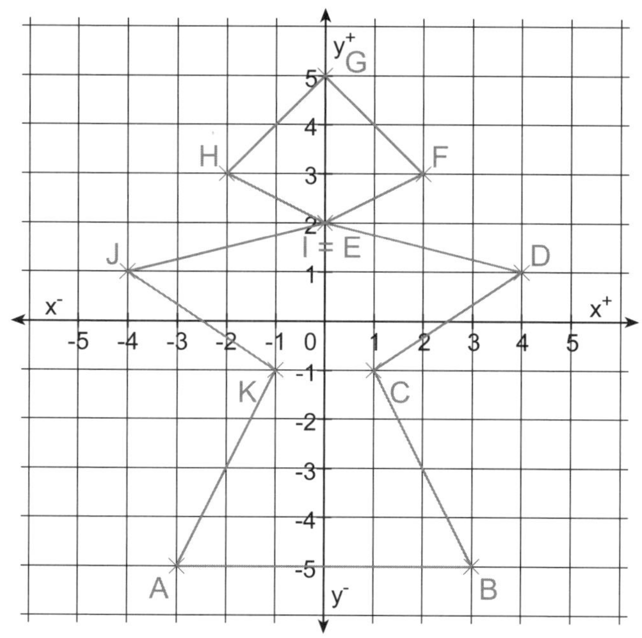

2) a) Zeichne das Quadrat ABCD in das rechtwinklige Koordinatensystem und gib die Koordinaten von D an.
A(–3/–4), B(2/–2), C(0/3), D.

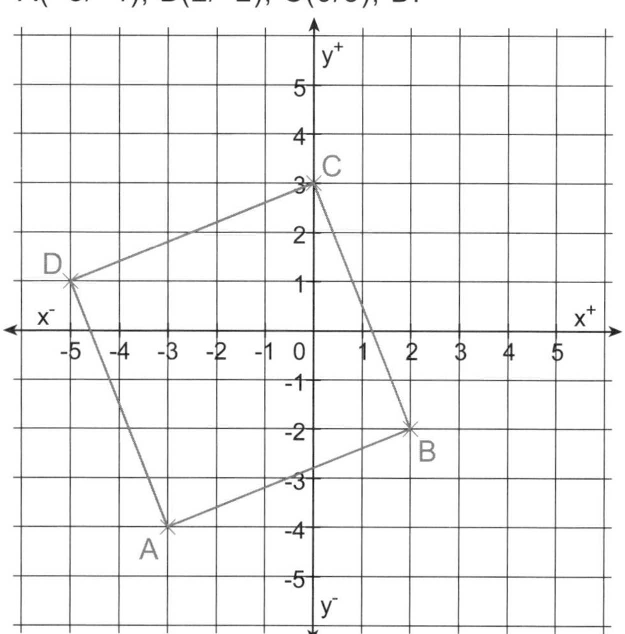

D (–5/1)

b) Zeichne das Rechteck ABCD in das rechtwinklige Koordinatensystem und gib die Koordinaten von D an.
A(–2/–5), B(2/–4), C(0/4), D.

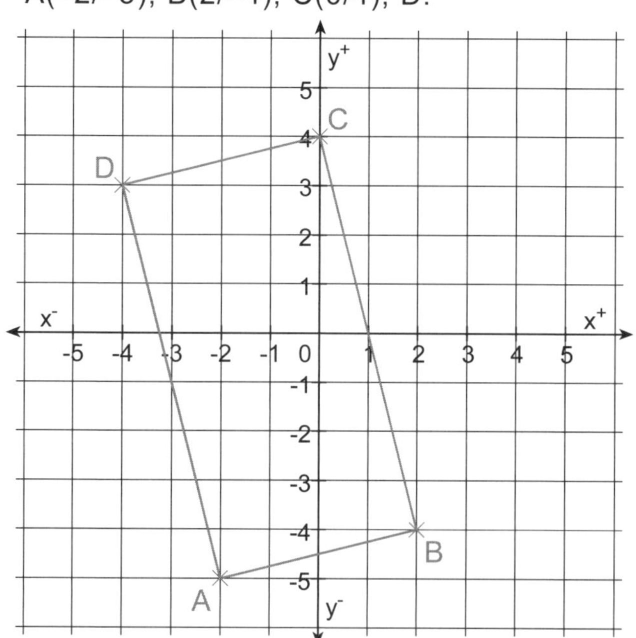

D (–4/3)

Name:	Das rechtwinklige Koordinatensystem 2

3) a) Zeichne das Parallelogramm ABCD in das rechtwinklige Koordinatensystem.
Gib die Koordinaten von D und die Größen der Winkel α und β an.
A(–5/–4), B(0/–4), C(4/4), D.

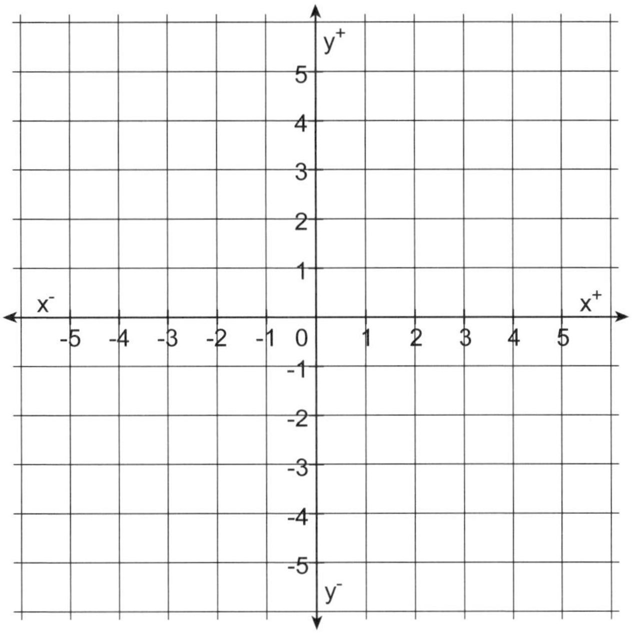

D	α =	β =

b) Zeichne die Raute ABCD in das rechtwinklige Koordinatensystem.
Gib die Koordinaten von D und die Größen der Winkel α und β an.
A(–2/–4), B(6/–3), C(2/4), D.

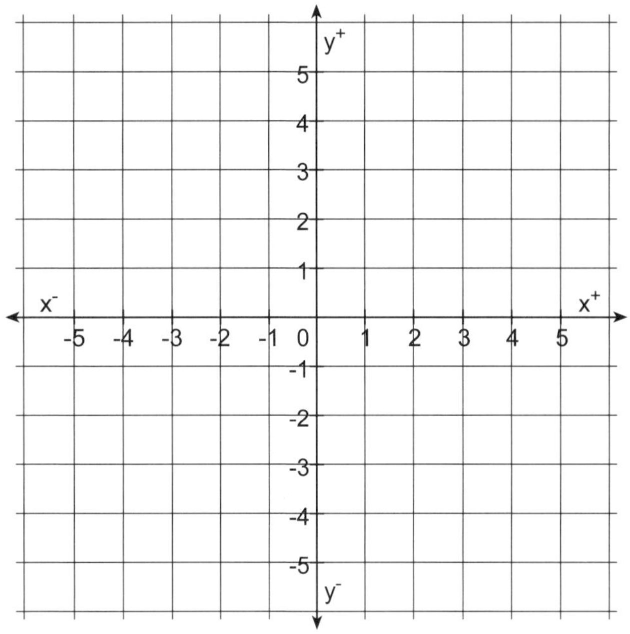

D	α =	β =

4) a) Zeichne das Dreieck ABC in das rechtwinklige Koordinatensystem.
Spiegle es an der y-Achse und gib die Koordinaten der Bildpunkte an.
A(3/–4), B(5/0), C(–1/4).

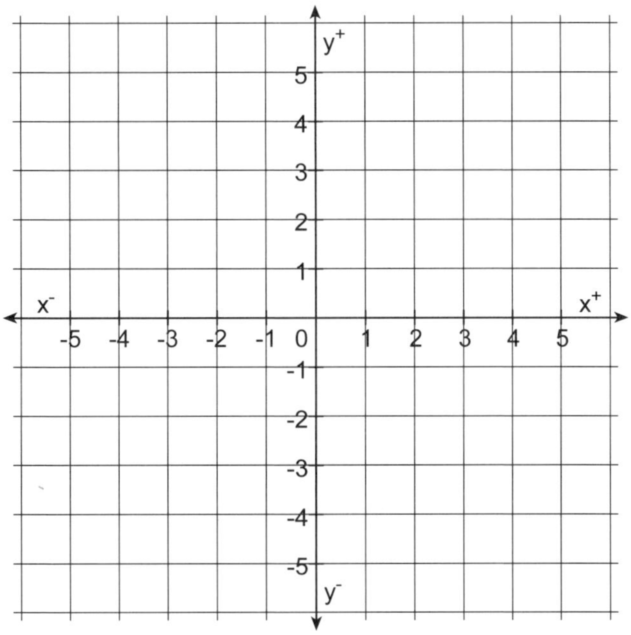

b) Zeichne den Streckenzug ABC in das rechtwinklige Koordinatensystem.
Spiegle ihn an der x-Achse und gib den Namen der dadurch entstandenen Figur an.
A(–5/0), B(–3/–4), C(4/0).

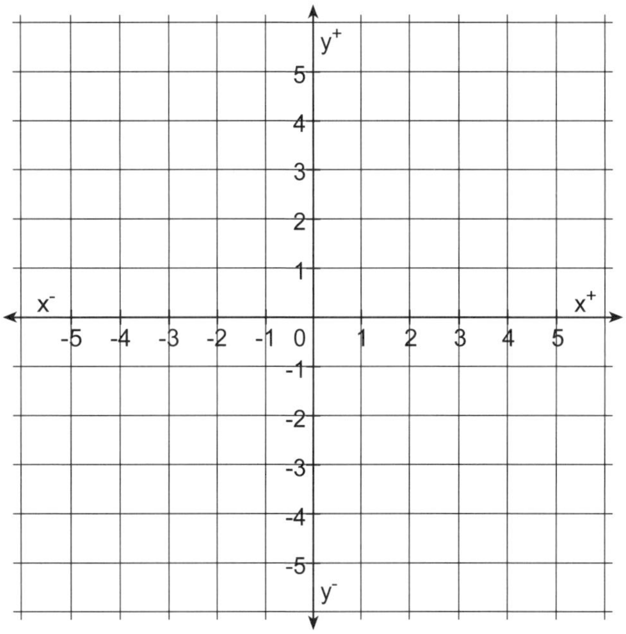

3) a) Zeichne das Parallelogramm ABCD in das rechtwinklige Koordinatensystem.
Gib die Koordinaten von D und die Größen der Winkel α und β an.
A(–5/–4), B(0/–4), C(4/4), D.

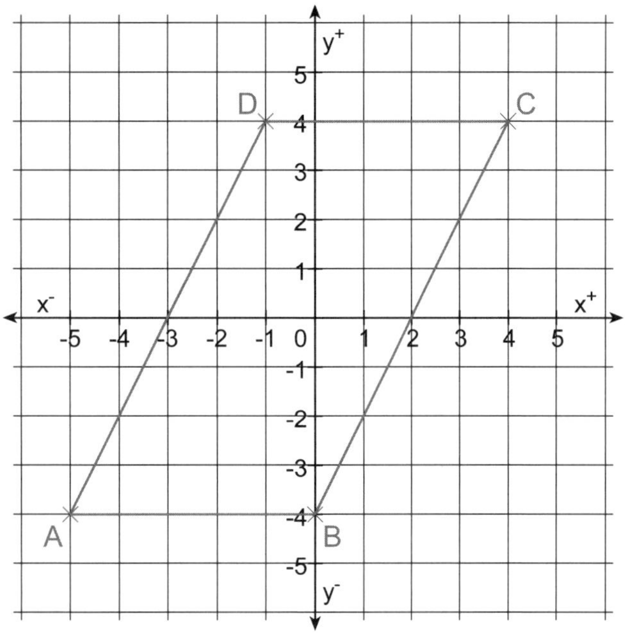

D (–1/4)	α = 63,4°	β = 116,6°

b) Zeichne die Raute ABCD in das rechtwinklige Koordinatensystem.
Gib die Koordinaten von D und die Größen der Winkel α und β an.
A(–2/–4), B(6/–3), C(2/4), D.

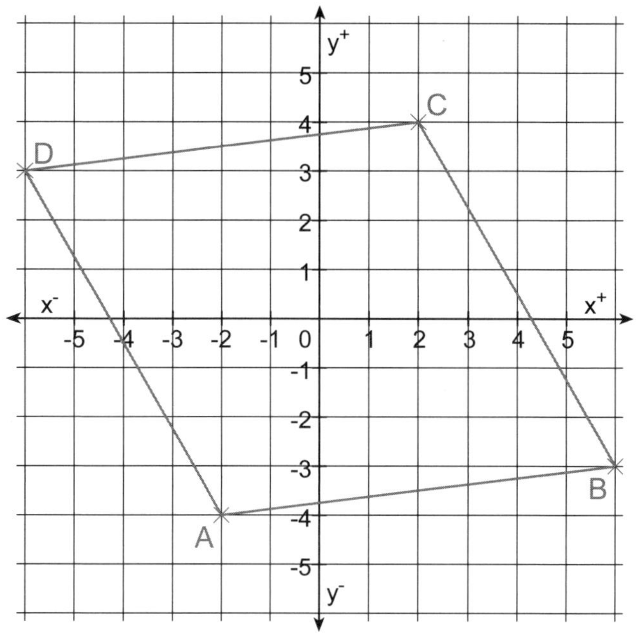

D (–6/3)	α = 111,6°	β = 68,4°

4) a) Zeichne das Dreieck ABC in das rechtwinklige Koordinatensystem.
Spiegle es an der y-Achse und gib die Koordinaten der Bildpunkte an.
A(3/–4), B(5/0), C(–1/4).

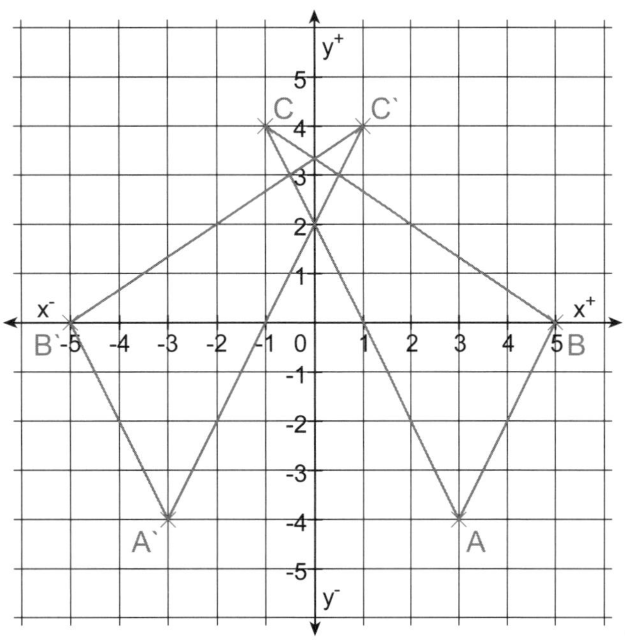

A` (–3/–4)	B` (–5/0)	C` (1/4)

b) Zeichne den Streckenzug ABC in das rechtwinklige Koordinatensystem.
Spiegle ihn an der x-Achse und gib den Namen der dadurch entstandenen Figur an.
A(–5/0), B(–3/–4), C(4/0).

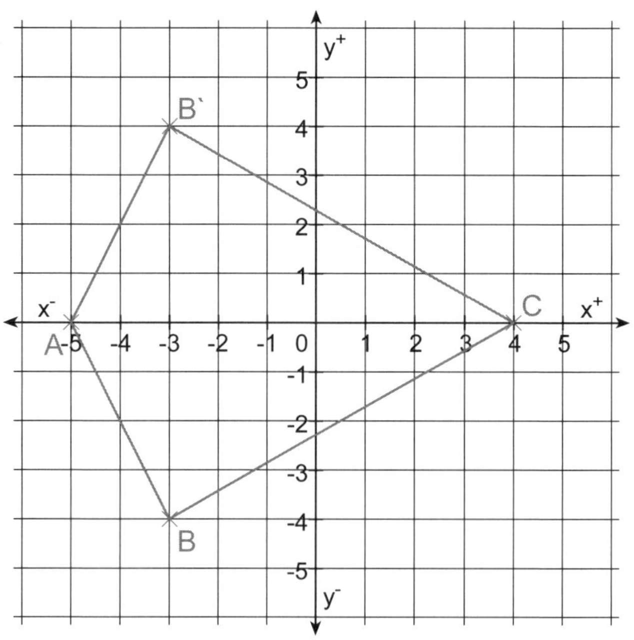

Deltoid

Name:	Potenzen 1

1) Schreibe jeweils die Summe als Produkt und umgekehrt und berechne dann den Wert.

$3 + 3 + 3 + 3 + 3 + 3 =$	$8 \cdot 5 =$
$1 + 1 + 1 + 1 + 1 + 1 + 1 + 1 + 1 =$	$2 \cdot 3 =$
$7 + 7 + 7 + 7 + 7 =$	$4 \cdot 7 =$

2) Erkläre den Begriff Potenz.

____

3) Schreibe jeweils das Produkt als Potenz und umgekehrt und berechne dann den Wert.

$3 \cdot 3 \cdot 3 \cdot 3 =$	$9^2 =$
$2 \cdot 2 \cdot 2 \cdot 2 \cdot 2 =$	$4^3 =$
$1 \cdot 1 \cdot 1 \cdot 1 \cdot 1 \cdot 1 \cdot 1 \cdot 1 \cdot 1 =$	$0^6 =$

4) Gib die Produkte in Potenzschreibweise an und berechne den Wert.

$(+4) \cdot (+4) =$	$(-8) \cdot (-8) =$
$(+5) \cdot (+5) \cdot (+5) =$	$(-3) \cdot (-3) \cdot (-3) =$
$(+2) \cdot (+2) \cdot (+2) \cdot (+2) =$	$(-1) \cdot (-1) \cdot (-1) \cdot (-1) =$

$\left(\frac{1}{3}\right) \cdot \left(\frac{1}{3}\right) =$	$\left(\frac{4}{7}\right) \cdot \left(\frac{4}{7}\right) =$
$\left(\frac{1}{4}\right) \cdot \left(\frac{1}{4}\right) \cdot \left(\frac{1}{4}\right) =$	$\left(\frac{3}{5}\right) \cdot \left(\frac{3}{5}\right) \cdot \left(\frac{3}{5}\right) =$
$\left(-\frac{1}{3}\right) \cdot \left(-\frac{1}{3}\right) \cdot \left(-\frac{1}{3}\right) =$	$\left(-\frac{1}{8}\right) \cdot \left(-\frac{1}{8}\right) =$

5) Berechne den Wert der Potenz.

$(-4)^2 =$	$-4^2 =$	$(-5)^2 =$	$-5^2 =$
$(-3)^3 =$	$-3^3 =$	$(-3)^4 =$	$-3^4 =$
$(-2)^4 =$	$-2^4 =$	$(-10)^5 =$	$-10^5 =$

6) Berechne die Terme. Arbeite schrittweise und achte auf die Vorrangregeln.

$2 + 5^2 =$	$8^2 - 4 \cdot 3 =$	$15 + (2 + 3)^2 =$
$100 - 5^2 \cdot 2^2 =$	$(3 + 5) \cdot 4^2 =$	$(10 - 2 \cdot 3)^2 =$
$2^4 \cdot 5 + 6^2 : 3 =$	$5^3 - 4^2 : 2 =$	$6^3 : (2 \cdot 3)^3 =$

7) Gib jeweils an, ob die Aussage richtig (r) oder falsch (f) ist.

$2^4 = 2 \cdot 4$		$(-3)^4 = +3^4$		$(-5)^3 = (-5) + (-5) + (-5)$	
$2 \cdot 4 = 2 + 2 + 2 + 2$		$(-3)^4 = -3^4$		$(-5)^3 = (-5) \cdot (-5) \cdot (-5)$	
$2^4 = 2 \cdot 2 \cdot 2 \cdot 2$		$-3^4 = -3 \cdot 3 \cdot 3 \cdot 3$		$(-5)^3 = -5 \cdot 3$	

Name:	Potenzen 1

1) Schreibe jeweils die Summe als Produkt und umgekehrt und berechne dann den Wert.

$3 + 3 + 3 + 3 + 3 + 3 =$	$3 \cdot 6 = 18$	$8 \cdot 5 =$	$8 + 8 + 8 + 8 + 8 = 40$
$1 + 1 + 1 + 1 + 1 + 1 + 1 + 1 + 1 =$	$1 \cdot 9 = 9$	$2 \cdot 3 =$	$2 + 2 + 2 = 6$
$7 + 7 + 7 + 7 + 7 =$	$7 \cdot 5 = 35$	$4 \cdot 7 =$	$4 + 4 + 4 + 4 + 4 + 4 + 4 = 28$

2) Erkläre den Begriff Potenz.

Eine Potenz ist ein Produkt gleicher Faktoren.

3) Schreibe jeweils das Produkt als Potenz und umgekehrt und berechne dann den Wert.

$3 \cdot 3 \cdot 3 \cdot 3 =$	$3^4 = 81$	$9^2 =$	$9 \cdot 9 = 81$
$2 \cdot 2 \cdot 2 \cdot 2 \cdot 2 =$	$2^5 = 32$	$4^3 =$	$4 \cdot 4 \cdot 4 = 64$
$1 \cdot 1 \cdot 1 \cdot 1 \cdot 1 \cdot 1 \cdot 1 \cdot 1 \cdot 1 =$	$1^9 = 1$	$0^6 =$	$0 \cdot 0 \cdot 0 \cdot 0 \cdot 0 \cdot 0 = 0$

4) Gib die Produkte in Potenzschreibweise an und berechne den Wert.

$(+4) \cdot (+4) =$	$(+4)^2 = +16$	$(-8) \cdot (-8) =$	$(-8)^2 = +64$
$(+5) \cdot (+5) \cdot (+5) =$	$(+5)^3 = +125$	$(-3) \cdot (-3) \cdot (-3) =$	$(-3)^3 = -27$
$(+2) \cdot (+2) \cdot (+2) \cdot (+2) =$	$(+2)^4 = +16$	$(-1) \cdot (-1) \cdot (-1) \cdot (-1) =$	$(-1)^4 = +1$

$\left(\frac{1}{3}\right) \cdot \left(\frac{1}{3}\right) =$	$\left(\frac{1}{3}\right)^2 = \frac{1}{9}$	$\left(\frac{4}{7}\right) \cdot \left(\frac{4}{7}\right) =$	$\left(\frac{4}{7}\right)^2 = \frac{16}{49}$
$\left(\frac{1}{4}\right) \cdot \left(\frac{1}{4}\right) \cdot \left(\frac{1}{4}\right) =$	$\left(\frac{1}{4}\right)^3 = \frac{1}{64}$	$\left(\frac{3}{5}\right) \cdot \left(\frac{3}{5}\right) \cdot \left(\frac{3}{5}\right) =$	$\left(\frac{3}{5}\right)^3 = \frac{27}{125}$
$\left(-\frac{1}{3}\right) \cdot \left(-\frac{1}{3}\right) \cdot \left(-\frac{1}{3}\right) =$	$\left(-\frac{1}{3}\right)^3 = -\frac{1}{27}$	$\left(-\frac{1}{8}\right) \cdot \left(-\frac{1}{8}\right) =$	$\left(-\frac{1}{8}\right)^2 = +\frac{1}{64}$

5) Berechne den Wert der Potenz.

$(-4)^2 =$	$+16$	$-4^2 =$	-16	$(-5)^2 =$	$+25$	$-5^2 =$	-25
$(-3)^3 =$	-27	$-3^3 =$	-27	$(-3)^4 =$	$+81$	$-3^4 =$	-81
$(-2)^4 =$	$+16$	$-2^4 =$	-16	$(-10)^5 =$	$-100\,000$	$-10^5 =$	$-100\,000$

6) Berechne die Terme. Arbeite schrittweise und achte auf die Vorrangregeln.

$2 + 5^2 =$ $= 2 + 25 = 27$	$8^2 - 4 \cdot 3 =$ $= 64 - 12 = 52$	$15 + (2 + 3)^2 =$ $= 15 + 5^2 = 15 + 25 = 40$
$100 - 5^2 \cdot 2^2 =$ $= 100 - 25 \cdot 4 = 100 - 100 = 0$	$(3 + 5) \cdot 4^2 =$ $= 8 \cdot 16 = 128$	$(10 - 2 \cdot 3)^2 =$ $= (10 - 6)^2 = 4^2 = 16$
$2^4 \cdot 5 + 6^2 : 3 =$ $= 16 \cdot 5 + 36 : 3 = 80 + 12 = 92$	$5^3 - 4^2 : 2 =$ $= 125 - 16 : 2 = 125 - 8 = 117$	$6^3 : (2 \cdot 3)^3 =$ $= 216 : 6^3 = 216 : 216 = 1$

7) Gib jeweils an, ob die Aussage richtig (r) oder falsch (f) ist.

$2^4 = 2 \cdot 4$	f	$(-3)^4 = +3^4$	r	$(-5)^3 = (-5) + (-5) + (-5)$	f
$2 \cdot 4 = 2 + 2 + 2 + 2$	r	$(-3)^4 = -3^4$	f	$(-5)^3 = (-5) \cdot (-5) \cdot (-5)$	r
$2^4 = 2 \cdot 2 \cdot 2 \cdot 2$	r	$-3^4 = -3 \cdot 3 \cdot 3 \cdot 3$	r	$(-5)^3 = -5 \cdot 3$	f

Name:	Potenzen 2

8) Berechne die Terme. Achte auf die Vorzeichen- und Vorrangregeln.

$7 + (-4)^2 + (-3)^2 =$	$-5^2 - 3 \cdot (-4) =$	$-20 + (-6 + 1)^2 =$
$50 - (+3)^2 \cdot (-4)^2 =$	$(-4)^3 - (3^4 - 2^6) =$	$-2^7 - (-5)^3 + 3^2 =$

9) Berechne die Terme und vergleiche die Ergebnisse.

$3^2 + 4^2 =$	$(3 + 4)^2 =$	$10^2 - 8^2 =$	$(10 - 8)^2 =$
$1^2 + 6^2 =$	$(1 + 6)^2 =$	$7^2 - 3^2 =$	$(7 - 3)^2 =$
$3^2 \cdot 4^2 =$	$(3 \cdot 4)^2 =$	$12^2 : 4^2 =$	$(12 : 4)^2 =$
$5^2 \cdot 2^2 =$	$(5 \cdot 2)^2 =$	$10^2 : 2^2 =$	$(10 : 2)^2 =$

10) Gib jeweils an, ob die Aussage richtig (r) oder falsch (f) ist.

$2^2 + 3^2 = (2 + 3)^2$		$6^2 - 2^2 = (6 - 2)^2$	
$2^2 \cdot 3^2 = (2 \cdot 3)^2$		$6^2 : 2^2 = (6 : 2)^2$	

11) Fasse gleiche Faktoren zusammen und gib in Potenzschreibweise an.

$7 \cdot 7 \cdot 7 \cdot 9 \cdot 9 =$	$8 \cdot 8 \cdot 3 \cdot 8 \cdot 8 \cdot 8 \cdot 3 \cdot 3 \cdot 3 =$
$4 \cdot 5 \cdot 4 \cdot 5 \cdot 4 \cdot 5 \cdot 5 =$	$(-6) \cdot (-6) \cdot (-2) \cdot (-2) \cdot (-2) =$

12) Schreibe die Potenzen als Produkt gleicher Faktoren und dann als eine einzige Potenz.

$5^4 \cdot 5^2 =$	$6^3 \cdot 6 =$
$4^7 : 4^2 =$	$8^5 : 8^3 =$

13) Schreibe als eine einzige Potenz.

$3^5 \cdot 3^2 =$	$7^4 \cdot 7^5 =$	$10^6 \cdot 10^2 =$
$3^9 : 3^3 =$	$7^5 : 7 =$	$10^7 : 10^6 =$
$3^4 \cdot 3^2 : 3^3 =$	$7^8 \cdot (7^5 : 7) =$	$10^9 : (10^2 \cdot 10^2) =$

14) Schreibe zuerst als Produkt und dann als Potenz mit nur einem Exponenten.

$(2^2)^2 =$	$(4^3)^3 =$
$(3^2)^3 =$	$(-10^3)^4 =$

Name:	Potenzen 2

8) Berechne die Terme. Achte auf die Vorzeichen- und Vorrangregeln.

$7 + (-4)^2 + (-3)^2 =$ $= 7 + 16 + 9 = 32$	$-5^2 - 3 \cdot (-4) =$ $= -25 - (-12) =$ $= -25 + 12 = -13$	$-20 + (-6 + 1)^2 =$ $= -20 + (-5)^2 =$ $= -20 + 25 = 5$
$50 - (+3)^2 \cdot (-4)^2 =$ $= 50 - 9 \cdot 16 =$ $= 50 - 144 = -94$	$(-4)^3 - (3^4 - 2^6) =$ $= -64 - (81 - 64) =$ $= -64 - 17 = -81$	$-2^7 - (-5)^3 + 3^2 =$ $= -128 - (-125) + 9 =$ $= -128 + 125 + 9 = +6$

9) Berechne die Terme und vergleiche die Ergebnisse.

$3^2 + 4^2 =$ $= 9 + 16 = 25$	$(3 + 4)^2 =$ $= 7^2 = 49$	$10^2 - 8^2 =$ $= 100 - 64 = 36$	$(10 - 8)^2 =$ $= 2^2 = 4$
$1^2 + 6^2 =$ $= 1 + 36 = 37$	$(1 + 6)^2 =$ $= 7^2 = 49$	$7^2 - 3^2 =$ $= 49 - 9 = 40$	$(7 - 3)^2 =$ $= 4^2 = 16$
$3^2 \cdot 4^2 =$ $= 9 \cdot 16 = 144$	$(3 \cdot 4)^2 =$ $= 12^2 = 144$	$12^2 : 4^2 =$ $= 144 : 16 = 9$	$(12 : 4)^2 =$ $= 3^2 = 9$
$5^2 \cdot 2^2 =$ $= 25 \cdot 4 = 100$	$(5 \cdot 2)^2 =$ $= 10^2 = 100$	$10^2 : 2^2 =$ $= 100 : 4 = 25$	$(10 : 2)^2 =$ $= 5^2 = 25$

10) Gib jeweils an, ob die Aussage richtig (r) oder falsch (f) ist.

$2^2 + 3^2 = (2 + 3)^2$	f
$2^2 \cdot 3^2 = (2 \cdot 3)^2$	r

$6^2 - 2^2 = (6 - 2)^2$	f
$6^2 : 2^2 = (6 : 2)^2$	r

11) Fasse gleiche Faktoren zusammen und gib in Potenzschreibweise an.

$7 \cdot 7 \cdot 7 \cdot 9 \cdot 9 =$ $7^3 \cdot 9^2$	$8 \cdot 8 \cdot 3 \cdot 8 \cdot 8 \cdot 8 \cdot 3 \cdot 3 \cdot 3 =$ $8^5 \cdot 3^4$
$4 \cdot 5 \cdot 4 \cdot 5 \cdot 4 \cdot 5 \cdot 5 =$ $4^3 \cdot 5^4$	$(-6) \cdot (-6) \cdot (-2) \cdot (-2) \cdot (-2) =$ $(-6)^2 \cdot (-2)^3$

12) Schreibe die Potenzen als Produkt gleicher Faktoren und dann als eine einzige Potenz.

$5^4 \cdot 5^2 = (5 \cdot 5 \cdot 5 \cdot 5) \cdot (5 \cdot 5) = 5^6$	$6^3 \cdot 6 = (6 \cdot 6 \cdot 6) \cdot 6 = 6^4$
$4^7 : 4^2 = \frac{\cancel{4} \cdot \cancel{4} \cdot 4 \cdot 4 \cdot 4 \cdot 4 \cdot 4}{\cancel{4} \cdot \cancel{4}} = 4^5$	$8^5 : 8^3 = \frac{\cancel{8} \cdot \cancel{8} \cdot \cancel{8} \cdot 8 \cdot 8}{\cancel{8} \cdot \cancel{8} \cdot \cancel{8}} = 8^2$

13) Schreibe als eine einzige Potenz.

$3^5 \cdot 3^2 =$ 3^7	$7^4 \cdot 7^5 =$ 7^9	$10^6 \cdot 10^2 =$ 10^8
$3^9 : 3^3 =$ 3^6	$7^5 : 7 =$ 7^4	$10^7 : 10^6 =$ 10
$3^4 \cdot 3^2 : 3^3 =$ $3^6 : 3^3 = 3^3$	$7^8 \cdot (7^5 : 7) =$ $7^8 \cdot 7^4 = 7^{12}$	$10^9 : (10^2 \cdot 10^2) =$ $10^9 : 10^4 = 10^5$

14) Schreibe zuerst als Produkt und dann als Potenz mit nur einem Exponenten.

$(2^2)^2 = 2^2 \cdot 2^2 =$ 2^4	$(4^3)^3 = 4^3 \cdot 4^3 \cdot 4^3 =$ 4^9
$(3^2)^3 = 3^2 \cdot 3^2 \cdot 3^2 =$ 3^6	$(-10^3)^4 = (-10^3) \cdot (-10^3) \cdot (-10^3) \cdot (-10^3) =$ $(-10)^{12}$

Name:	Potenzen 3

15) Schreibe die Zahlen als Zehnerpotenzen.

10 =	10 000 =	10 000 000 =
100 =	100 000 =	100 000 000 =
1 000 =	1 000 000 =	1 000 000 000 =

16) Schreibe die Zahlen mit Hilfe von Zehnerpotenzen.

50 =	20 000 =	30 000 000 =
700 =	400 000 =	500 000 000 =
8 000 =	9 000 000 =	6 000 000 000 =

vier Tausend	sechs Billionen
drei Millionen	neun Billiarden
acht Milliarden	fünf Trillionen

17) Berechne die Produkte.

2,738 1 · 10 =	5,1 · 10 000 =
3,189 · 100 =	9,264 7 · 100 000 =
7,290 35 · 1000 =	1,253 8 · 1 000 000 =

18) Schreibe die Zahlen ohne Zehnerpotenzen.

$3{,}5 \cdot 10^3$ =	$4{,}129\,9 \cdot 10^9$ =
$2{,}986 \cdot 10^6$ =	$6{,}2 \cdot 10^5$ =
$8{,}71 \cdot 10^2$ =	$5{,}934 \cdot 10^{11}$ =

19) Schreibe die Zahlen in Gleitkommadarstellung.

270 =	4 820 000 =
15 380 =	251 000 000 000 000 =
9 500 000 000 000 =	5 123 900 000 =

20) Schreibe die im Text vorkommenden Zahlen in Gleitkommadarstellung.

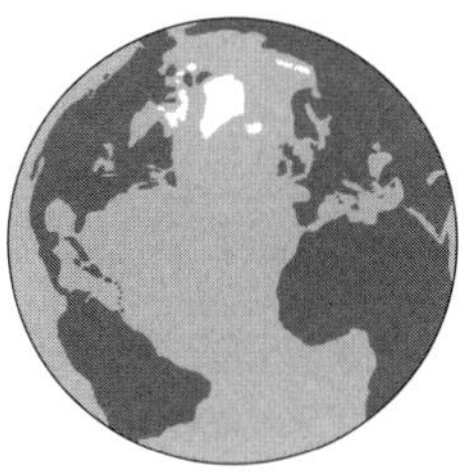

Der Durchmesser der Sonne beträgt rund 1 390 000 km.	
Die Entfernung der Erde zur Sonne beträgt rund 149 600 000 km.	
Die Lichtgeschwindigkeit beträgt im Vakuum rund 300 000 km/s.	
Der Umfang der Erde am Äquator beträgt rund 40 000 km.	
Der Rauminhalt der Erde beträgt rund 1 083 000 000 000 km³.	
Die Masse der Erde beträgt rund 5 972 000 000 000 000 000 000 t.	

Name:	Potenzen 3

15) Schreibe die Zahlen als Zehnerpotenzen.

10 =	10^1	10 000 =	10^4	10 000 000 =	10^7
100 =	10^2	100 000 =	10^5	100 000 000 =	10^8
1 000 =	10^3	1 000 000 =	10^6	1 000 000 000 =	10^9

16) Schreibe die Zahlen mit Hilfe von Zehnerpotenzen.

50 =	$5 \cdot 10^1$	20 000 =	$2 \cdot 10^4$	30 000 000 =	$3 \cdot 10^7$
700 =	$7 \cdot 10^2$	400 000 =	$4 \cdot 10^5$	500 000 000 =	$5 \cdot 10^8$
8 000 =	$8 \cdot 10^3$	9 000 000 =	$9 \cdot 10^6$	6 000 000 000 =	$6 \cdot 10^9$

vier Tausend	$4 \cdot 10^3$	sechs Billionen	$6 \cdot 10^{12}$
drei Millionen	$3 \cdot 10^6$	neun Billiarden	$9 \cdot 10^{15}$
acht Milliarden	$8 \cdot 10^9$	fünf Trillionen	$5 \cdot 10^{18}$

17) Berechne die Produkte.

$2{,}738\,1 \cdot 10 =$	27,381	$5{,}1 \cdot 10\,000 =$	51 000
$3{,}189 \cdot 100 =$	318,9	$9{,}264\,7 \cdot 100\,000 =$	926 470
$7{,}290\,35 \cdot 1000 =$	7 290,35	$1{,}253\,8 \cdot 1\,000\,000 =$	1 253 800

18) Schreibe die Zahlen ohne Zehnerpotenzen.

$3{,}5 \cdot 10^3 =$	3 500	$4{,}129\,9 \cdot 10^9 =$	4 129 900 000
$2{,}986 \cdot 10^6 =$	2 986 000	$6{,}2 \cdot 10^5 =$	620 000
$8{,}71 \cdot 10^2 =$	871	$5{,}934 \cdot 10^{11} =$	593 400 000 000

19) Schreibe die Zahlen in Gleitkommadarstellung.

270 =	$2{,}7 \cdot 10^2$	4 820 000 =	$4{,}82 \cdot 10^6$
15 380 =	$1{,}538 \cdot 10^4$	251 000 000 000 000 =	$2{,}51 \cdot 10^{14}$
9 500 000 000 000 =	$9{,}5 \cdot 10^{12}$	5 123 900 000 =	$5{,}123\,9 \cdot 10^9$

20) Schreibe die im Text vorkommenden Zahlen in Gleitkommadarstellung.

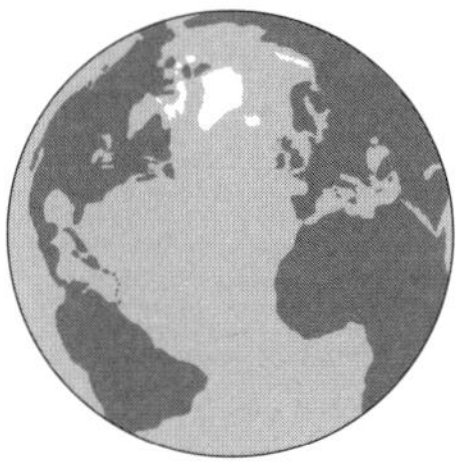

Der Durchmesser der Sonne beträgt rund 1 390 000 km.	$1{,}39 \cdot 10^6$
Die Entfernung der Erde zur Sonne beträgt rund 149 600 000 km.	$1{,}496 \cdot 10^8$
Die Lichtgeschwindigkeit beträgt im Vakuum rund 300 000 km/s.	$3 \cdot 10^5$
Der Umfang der Erde am Äquator beträgt rund 40 000 km.	$4 \cdot 10^4$
Der Rauminhalt der Erde beträgt rund 1 083 000 000 000 km³.	$1{,}083 \cdot 10^{12}$
Die Masse der Erde beträgt rund 5 972 000 000 000 000 000 000 t.	$5{,}972 \cdot 10^{21}$

Name:	Potenzen 4

21) Überprüfe die Rechnungen ohne Taschenrechner und gib an, ob sie richtig (r) oder falsch (f) sind.

$0{,}1^2 = 0{,}01$	☐	$0{,}3^2 = 0{,}09$	☐	$0{,}4^2 = 0{,}08$	☐	$0{,}05^2 = 0{,}025$	☐
$30^2 = 900$	☐	$100^2 = 1\,000$	☐	$8\,000^2 = 64\,000\,000$	☐	$700^2 = 490\,000$	☐
$378^2 = 142\,848$	☐	$7{,}9^2 = 6{,}241$	☐	$0{,}002^2 = 0{,}000\,004$	☐	$120^2 = 14\,400$	☐

22) Berechne die Quadrate mit dem Taschenrechner. (Verwende die Taste x^2.)

$1{,}7^2 =$	$3{,}9^2 =$	$5{,}7^2 =$
$2{,}18^2 =$	$4{,}05^2 =$	$3{,}56^2 =$
$1{,}123^2 =$	$0{,}291^2 =$	$2{,}403^2 =$

$210^2 =$	$480^2 =$	$650^2 =$
$3\,700^2 =$	$6\,400^2 =$	$8\,300^2 =$

23) Berechne die Potenzen mit dem Taschenrechner. (Verwende die Taste y^x bzw. x^y bzw. ^.)

$5{,}8^3 =$	$0{,}5^5 =$	$(-2)^8 =$	$-1{,}3^3 =$
$7{,}4^4 =$	$2{,}1^6 =$	$-2^8 =$	$(-1{,}3)^3 =$

24) Längen- Flächen- und Raummaße. Verwandle die Größen in die angegebenen Einheiten und schreibe in der kleinsten vorkommenden Einheit die Maßzahl auch in Gleitkommadarstellung auf.

1 m =	dm	=	cm	=	mm	=	mm
1 m^2 =	dm^2	=	cm^2	=	mm^2	=	mm^2
1 m^3 =	dm^3	=	cm^3	=	mm^3	=	mm^3

1 km =	m	=	mm	=	mm
1 km^2 =	m^2	=	mm^2	=	mm^2
1 km^3 =	m^3	=	mm^3	=	mm^3

3 km =	m	=	mm	=	mm
5,8 km^2 =	m^2	=	mm^2	=	mm^2
37 km^3 =	m^3	=	mm^3	=	mm^3

25) Der im Jahr 2001 schnellste Computer der Welt, der die Größe von zwei Basketballfeldern hat, erreicht eine Geschwindigkeit von 12,3 Billionen Rechenoperationen in der Sekunde.

Der im Jahr 2007 schnellste zivil genutzte Rechner der Welt steht im Forschungszentrum Jülich; der Superrechner erreicht 167 Billionen Rechenoperationen pro Sekunde.

Schreibe die Anzahl der Rechenoperationen je Sekunde mit Hilfe von Zehnerpotenzen.

2001:

2007:

Name:	Potenzen 4

21) Überprüfe die Rechnungen ohne Taschenrechner und gib an, ob sie richtig (r) oder falsch (f) sind.

$0{,}1^2 = 0{,}01$	r	$0{,}3^2 = 0{,}09$	r	$0{,}4^2 = 0{,}08$	f	$0{,}05^2 = 0{,}025$	f
$30^2 = 900$	r	$100^2 = 1\,000$	f	$8\,000^2 = 64\,000\,000$	r	$700^2 = 490\,000$	r
$378^2 = 142\,848$	f	$7{,}9^2 = 6{,}241$	f	$0{,}002^2 = 0{,}000\,004$	r	$120^2 = 14\,400$	r

22) Berechne die Quadrate mit dem Taschenrechner. (Verwende die Taste x^2.)

$1{,}7^2 =$	2,89	$3{,}9^2 =$	15,21	$5{,}7^2 =$	32,49
$2{,}18^2 =$	4,752 4	$4{,}05^2 =$	16,402 5	$3{,}56^2 =$	12,673 6
$1{,}123^2 =$	1,261 129	$0{,}291^2 =$	0,084 681	$2{,}403^2 =$	5,774 409

$210^2 =$	44 100	$480^2 =$	230 400	$650^2 =$	422 500
$3\,700^2 =$	13 690 000	$6\,400^2 =$	40 960 000	$8\,300^2 =$	68 890 000

23) Berechne die Potenzen mit dem Taschenrechner. (Verwende die Taste y^x bzw. x^y bzw. ^.)

$5{,}8^3 =$	195,112	$0{,}5^5 =$	0,031 25	$(-2)^8 =$	+ 256	$-1{,}3^3 =$	– 2,197
$7{,}4^4 =$	2998,657 6	$2{,}1^6 =$	85,766 121	$-2^8 =$	– 256	$(-1{,}3)^3 =$	– 2,197

24) Längen- Flächen- und Raummaße. Verwandle die Größen in die angegebenen Einheiten und schreibe in der kleinsten vorkommenden Einheit die Maßzahl auch in Gleitkommadarstellung auf.

1 m =	10	dm	=	100	cm	=	1 000	mm	=	10^3	mm
$1\ m^2$ =	100	dm^2	=	10 000	cm^2	=	1 000 000	mm^2	=	10^6	mm^2
$1\ m^3$ =	1 000	dm^3	=	1 000 000	cm^3	=	1 000 000 000	mm^3	=	10^9	mm^3

1 km =	1 000	m	=	1 000 000	mm	=	10^6	mm
$1\ km^2$ =	1 000 000	m^2	=	1 000 000 000 000	mm^2	=	10^{12}	mm^2
$1\ km^3$ =	1 000 000 000	m^3	=	1 000 000 000 000 000 000	mm^3	=	10^{18}	mm^3

3 km =	3 000	m	=	3 000 000	mm	=	$3 \cdot 10^6$	mm
$5{,}8\ km^2$ =	5 800 000	m^2	=	5 800 000 000 000	mm^2	=	$5{,}8 \cdot 10^{12}$	mm^2
$37\ km^3$ =	37 000 000 000	m^3	=	37 000 000 000 000 000 000	mm^3	=	$3{,}7 \cdot 10^{19}$	mm^3

25) Der im Jahr 2001 schnellste Computer der Welt, der die Größe von zwei Basketballfeldern hat, erreicht eine Geschwindigkeit von 12,3 Billionen Rechenoperationen in der Sekunde.

Der im Jahr 2007 schnellste zivil genutzte Rechner der Welt steht im Forschungszentrum Jülich; der Superrechner erreicht 167 Billionen Rechenoperationen pro Sekunde.

Schreibe die Anzahl der Rechenoperationen je Sekunde mit Hilfe von Zehnerpotenzen.

2001: 12,3 Billionen = 12 300 000 000 000 = $1{,}23 \cdot 10^{13}$

2007: 167 Billionen = 167 000 000 000 000 = $1{,}67 \cdot 10^{14}$

Name:	Anwendung der Prozentrechnung 1

1) Gib den gefärbten Bruchteil / Prozentsatz an.

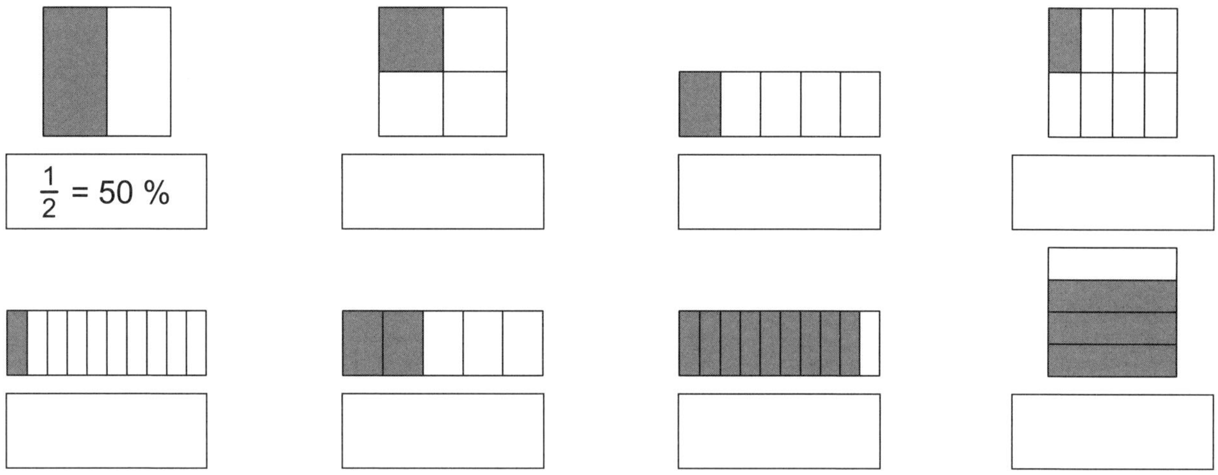

2) Ergänze die fehlende Bruchzahl bzw. den Prozentsatz.
Bemale dann die Fläche, die den angegebenen Bruchteil / Prozentsatz darstellt, mit Buntstift.

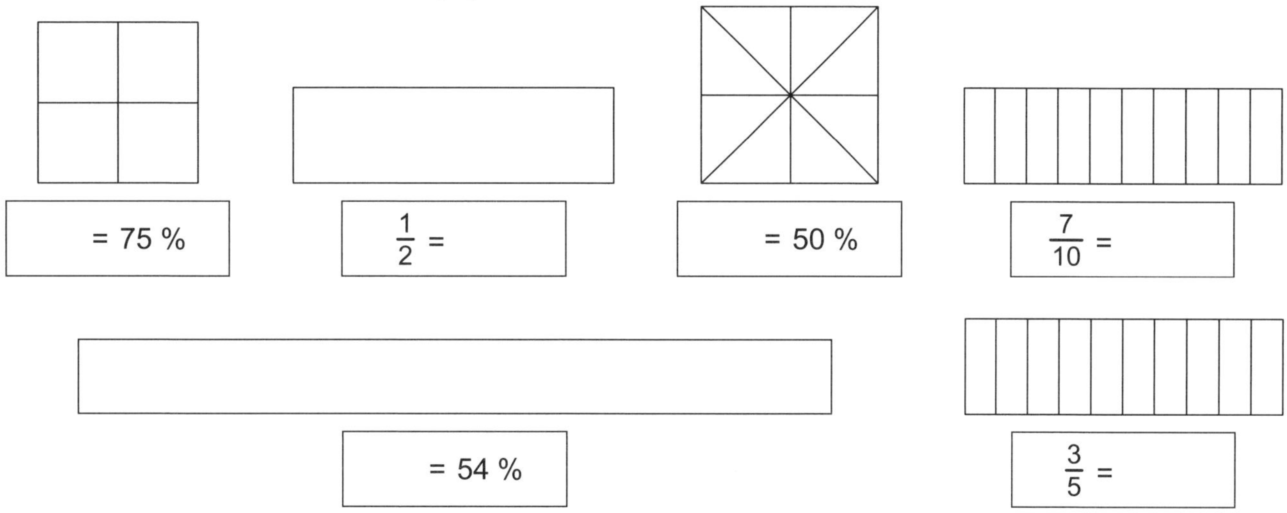

3) Grundaufgaben der Prozentrechnung. (Rechne im Kopf.)

100 % =	3 400 €
1 % =	
6 % =	

100 % =	3 400 €
1 % =	
	170 €

4 % =	3 400 €
1 % =	
100 % =	

100 % =	500 €
1 % =	
57 % =	

100 % =	500 €
1 % =	
	190 €

25 % =	500 €
1 % =	
100 % =	

100 % =	8 000 €
1 % =	
23 % =	

100 % =	8 000 €
1 % =	
	1 200 €

16 % =	8 000 €
1 % =	
100 % =	

100 % =	60 €
25 % =	
75 % =	

100 % =	60 €
	6 €
	42 €

20 % =	60 €
40 % =	
100 % =	

Name:	Anwendung der Prozentrechnung 1

1) Gib den gefärbten Bruchteil / Prozentsatz an.

$\frac{1}{2}$ = 50 %

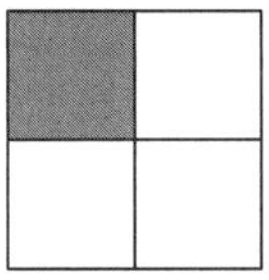

$\frac{1}{4}$ = 25 %

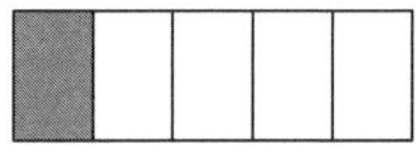

$\frac{1}{5}$ = 20 %

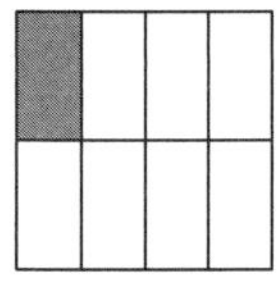

$\frac{1}{8}$ = 12,5 %

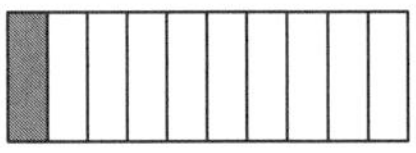

$\frac{1}{10}$ = 10 %

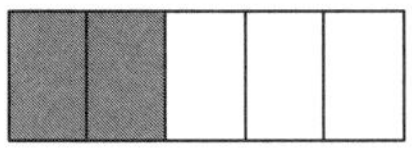

$\frac{2}{5}$ = 40 %

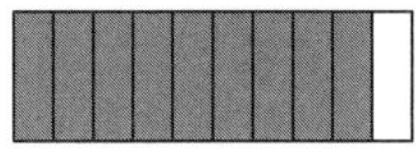

$\frac{9}{10}$ = 90 %

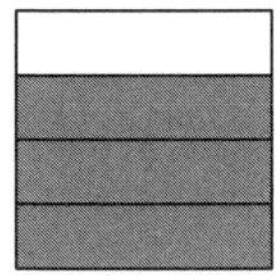

$\frac{3}{4}$ = 75 %

2) Ergänze die fehlende Bruchzahl bzw. den Prozentsatz.
Bemale dann die Fläche, die den angegebenen Bruchteil / Prozentsatz darstellt, mit Buntstift.

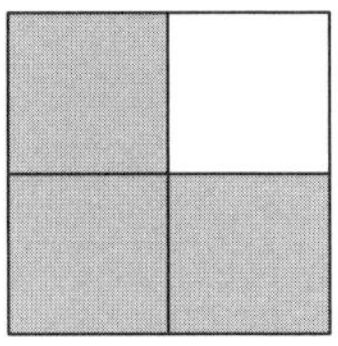

$\frac{3}{4}$ = 75 %

$\frac{1}{2}$ = 50 %

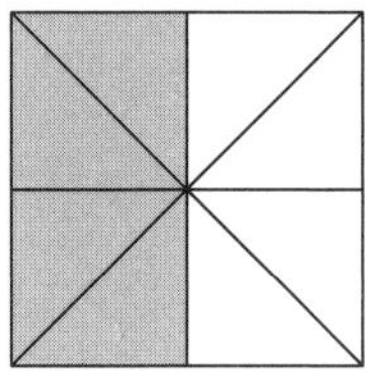

$\frac{1}{2}$ = 50 %

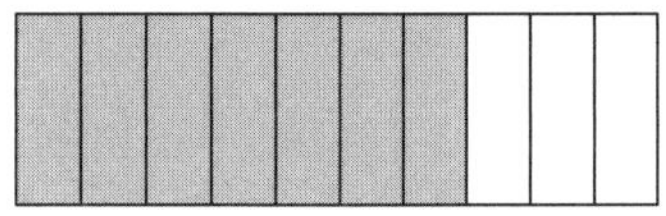

$\frac{7}{10}$ = 70 %

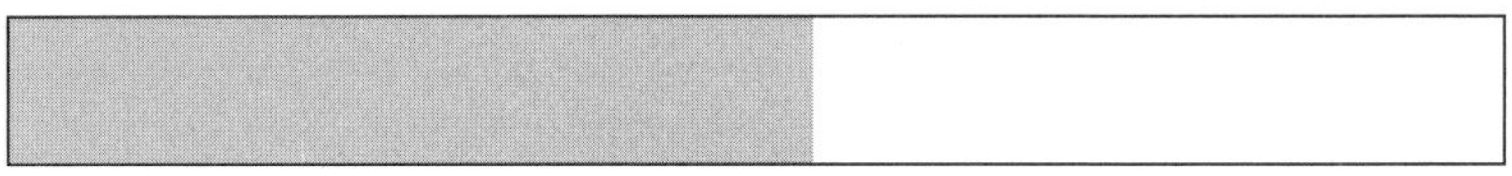

$\frac{54}{100}$ = 54 %

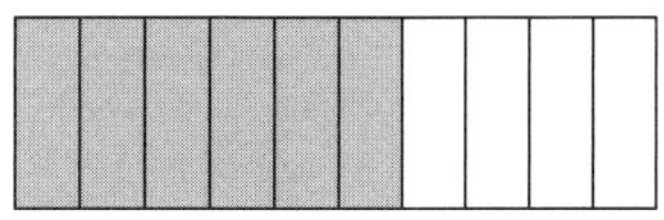

$\frac{3}{5}$ = 60 %

3) Grundaufgaben der Prozentrechnung. (Rechne im Kopf.)

100 % =	3 400 €	100 % =	3 400 €	4 % =	3 400 €
1 % =	34 €	1 % =	34 €	1 % =	850 €
6 % =	204 €	5 % =	170 €	100 % =	85 000 €

100 % =	500 €	100 % =	500 €	25 % =	500 €
1 % =	5 €	1 % =	5 €	1 % =	20 €
57 % =	285 €	38 % =	190 €	100 % =	2 000 €

100 % =	8 000 €	100 % =	8 000 €	16 % =	8 000 €
1 % =	80 €	1 % =	80 €	1 % =	500 €
23 % =	1 840 €	15 % =	1 200 €	100 % =	50 000 €

100 % =	60 €	100 % =	60 €	20 % =	60 €
25 % =	15 €	10 % =	6 €	40 % =	120 €
75 % =	45 €	70 % =	42 €	100 % =	300 €

Name:	Anwendung der Prozentrechnung 2

4) Verwandle die Bruchzahlen in Dezimalzahlen und umgekehrt.

$\frac{1}{10}$ =	$\frac{7}{10}$ =	0,2 =	0,9 =
$\frac{13}{10}$ =	$\frac{39}{10}$ =	2,7 =	6,1 =
$\frac{4}{100}$ =	$\frac{67}{100}$ =	0,03 =	0,25 =
$\frac{18}{100}$ =	$\frac{385}{100}$ =	0,38 =	4,37 =
$\frac{5}{1000}$ =	$\frac{134}{1000}$ =	0,006 =	0,084 =
$\frac{72}{1000}$ =	$\frac{8539}{1000}$ =	0,019 =	5,427 =

5) Ergänze die Tabellen (Prozentangabe / Bruchzahl / Dezimalzahl).

3 %		
7 %		
35 %		
61 %		
184 %		
2 ‰		
13 ‰		

	$\frac{5}{100}$	
	$\frac{19}{100}$	
	$\frac{54}{100}$	
	$\frac{76}{100}$	
	$\frac{200}{100}$	
	$\frac{39}{1000}$	
	$\frac{100}{1000}$	

		0,02
		0,84
		0,99
		1,11
		10,00
		0,999
		1,000

6) Berechne den Prozentwert. Rechne im Kopf.

50 % von 30 € =	10 % von 40 g =	$33{,}\overline{3}$ % von 60 m =
20 % von 800 € =	25 % von 120 g =	$66{,}\overline{6}$ % von 150 m =
3 % von 1 000 € =	75 % von 200 g =	300 % von 80 m =

7) Berechne den Prozentwert. Schreibe die Formel auf, setze die Zahlen ein und rechne dann aus.

a) G = 185,20 €, p % = 18 %; W = ?

b) G = 836 m, p % = 94,5 %; W = ?

8) Berechne den Prozentwert. Schreibe den Rechengang auf und rechne dann aus.

3 % von 400 € =	14 % von 500 g =
70 % von 825 € =	2,5 % von 45,30 g =
135 % von 62 € =	1000 % von 99 g =

Name:	Anwendung der Prozentrechnung 2

4) Verwandle die Bruchzahlen in Dezimalzahlen und umgekehrt.

$\frac{1}{10}$ = 0,1	$\frac{7}{10}$ = 0,7	0,2 = $\frac{2}{10}$	0,9 = $\frac{9}{10}$
$\frac{13}{10}$ = 1,3	$\frac{39}{10}$ = 3,9	2,7 = $\frac{27}{10}$	6,1 = $\frac{61}{10}$
$\frac{4}{100}$ = 0,04	$\frac{67}{100}$ = 0,67	0,03 = $\frac{3}{100}$	0,25 = $\frac{25}{100}$
$\frac{18}{100}$ = 0,18	$\frac{385}{100}$ = 3,85	0,38 = $\frac{38}{100}$	4,37 = $\frac{437}{100}$
$\frac{5}{1000}$ = 0,005	$\frac{134}{1000}$ = 0,134	0,006 = $\frac{6}{1000}$	0,084 = $\frac{84}{1000}$
$\frac{72}{1000}$ = 0,072	$\frac{8539}{1000}$ = 8,539	0,019 = $\frac{19}{1000}$	5,427 = $\frac{5427}{1000}$

5) Ergänze die Tabellen (Prozentangabe / Bruchzahl / Dezimalzahl).

3 %	$\frac{3}{100}$	0,03
7 %	$\frac{7}{100}$	0,07
35 %	$\frac{35}{100}$	0,35
61 %	$\frac{61}{100}$	0,61
184 %	$\frac{184}{100}$	1,84
2 ‰	$\frac{2}{1000}$	0,002
13 ‰	$\frac{13}{1000}$	0,013

5 %	$\frac{5}{100}$	0,05
19 %	$\frac{19}{100}$	0,19
54 %	$\frac{54}{100}$	0,54
76 %	$\frac{76}{100}$	0,76
200 %	$\frac{200}{100}$	2,00
39 ‰	$\frac{39}{1000}$	0,039
100 ‰	$\frac{100}{1000}$	0,100

2 %	$\frac{2}{100}$	0,02
84 %	$\frac{84}{100}$	0,84
99 %	$\frac{99}{100}$	0,99
111 %	$\frac{111}{100}$	1,11
1000 %	$\frac{1000}{100}$	10,00
999 ‰	$\frac{999}{1000}$	0,999
1000 ‰	$\frac{1000}{1000}$	1,000

6) Berechne den Prozentwert. Rechne im Kopf.

50 % von 30 € = 15 €	10 % von 40 g = 4 g	$33,\overline{3}$ % von 60 m = 20 m
20 % von 800 € = 160 €	25 % von 120 g = 30 g	$66,\overline{6}$ % von 150 m = 100 m
3 % von 1 000 € = 30 €	75 % von 200 g = 150 g	300 % von 80 m = 240 m

7) Berechne den Prozentwert. Schreibe die Formel auf, setze die Zahlen ein und rechne dann aus.

a) G = 185,20 €, p % = 18 %; W = ?

$W = G \cdot \frac{p}{100}$

W = 185,20 · 0,18

W = 33,336

W ___ 33,34 €

b) G = 836 m, p % = 94,5 %; W = ?

$W = G \cdot \frac{p}{100}$

W = 836 · 0,945

W = 790,02

W ___ 790,02 m

8) Berechne den Prozentwert. Schreibe den Rechengang auf und rechne dann aus.

3 % von 400 € =	400 € · 0,03 = 12 €
70 % von 825 € =	825 € · 0,70 = 577,50 €
135 % von 62 € =	62 € · 1,35 = 83,70 €

14 % von 500 g =	500 g · 0,14 = 70 g
2,5 % von 45,30 g =	45,30 g · 0,025 = 1,132 5 g
1000 % von 99 g =	99 g · 10,00 = 990 g

Name:	Anwendung der Prozentrechnung 3

9) Berechne den Prozentsatz. Rechne im Kopf.

40 € von 80 € =	10 m von 40 m =	20 g von 60 g =
2 € von 20 € =	90 m von 120 m =	600 g von 900 g =
30 € von 600 € =	24 m von 80 m =	800 g von 400 g =

10) Berechne den Prozentsatz. Rechne mit Formel.

a) G = 258 €, W = 90,3 €; p % = ?

b) G = 410 m W = 10,25 m; p % = ?

11) Berechne den Prozentsatz. Schreibe den Rechengang auf und rechne dann aus.

3 € von 40 € =	0,6 g von 50 g =
77 € von 140 € =	18 g von 30 g =
9 € von 150 € =	400 g von 200 g =

12) Berechne den Grundwert. Rechne im Kopf.

10 % sind 40 €; G =	80 % sind 400 m;	$33,\overline{3}$ % sind 70 g;
5 % sind 10 €;	25 % sind 750 m;	$66,\overline{6}$ % sind 50 g;
20 % sind 80 €;	75 % sind 60 m;	200 % sind 190 g;

13) Berechne den Grundwert. Rechne mit Formel.

a) W = 28,44 €, p % = 12 %; G = ?

b) W = 133 m, p % = 3,5 %; G = ?

14) Berechne den Grundwert. Schreibe den Rechengang auf und rechne dann aus.

60 % sind 84 €;	2,5 % sind 5 g;
15 % sind 90 €;	16 % sind 512 g;
8 % sind 76 €;	150 % sind 6,75 g;

Name:	Anwendung der Prozentrechnung 3

9) Berechne den Prozentsatz. Rechne im Kopf.

40 € von 80 € = 50 %	10 m von 40 m = 25 %	20 g von 60 g = $33,\overline{3}$ %
2 € von 20 € = 10 %	90 m von 120 m = 75 %	600 g von 900 g = $66,\overline{6}$ %
30 € von 600 € = 5 %	24 m von 80 m = 30 %	800 g von 400 g = 200 %

10) Berechne den Prozentsatz. Rechne mit Formel.

a) G = 258 €, W = 90,3 €; p % = ?

$$W = G \cdot \frac{p}{100}$$

$$G \cdot \frac{p}{100} = W \quad | : G$$

$$\frac{p}{100} = W : G$$

$$\frac{p}{100} = 90,3 : 258$$

$$\frac{p}{100} = 0,35$$

p % ___ 35 %

b) G = 410 m W = 10,25 m; p % = ?

$$W = G \cdot \frac{p}{100}$$

$$G \cdot \frac{p}{100} = W \quad | : G$$

$$\frac{p}{100} = W : G$$

$$\frac{p}{100} = 10,25 : 410$$

$$\frac{p}{100} = 0,025$$

p % ___ 2,5 %

11) Berechne den Prozentsatz. Schreibe den Rechengang auf und rechne dann aus.

3 € von 40 € =	3 € : 40 € = 0,075 = 7,5 %
77 € von 140 € =	77 € : 140 € = 0,55 = 55 %
9 € von 150 € =	9€ : 150 € = 0,06 = 6 %

0,6 g von 50 g =	0,6 g : 50 g = 0,012 = 1,2 %
18 g von 30 g =	18 g : 30 g = 0,6 = 60 %
400 g von 200 g =	400 g : 200 g = 2 = 200 %

12) Berechne den Grundwert. Rechne im Kopf.

10 % sind 40 €; G = 400 €	80 % sind 400 m; G = 500 m	$33,\overline{3}$ % sind 70 g; G = 210 g
5 % sind 10 €; G = 200 €	25 % sind 750 m; G = 3 000 m	$66,\overline{6}$ % sind 50 g; G = 75 g
20 % sind 80 €; G = 400 €	75 % sind 60 m; G = 80 m	200 % sind 190 g; G = 95 g

13) Berechne den Grundwert. Rechne mit Formel.

a) W = 28,44 €, p % = 12 %; G = ?

$$W = G \cdot \frac{p}{100}$$

$$G \cdot \frac{p}{100} = W \quad | : \frac{p}{100}$$

$$G = W : \frac{p}{100}$$

$$G = 28,44 : 0,12$$

$$G = 237$$

G ___ 237 €

b) W = 133 m, p % = 3,5 %; G = ?

$$W = G \cdot \frac{p}{100}$$

$$G \cdot \frac{p}{100} = W \quad | : \frac{p}{100}$$

$$G = W : \frac{p}{100}$$

$$G = 133 : 0,035$$

$$G = 3\,800$$

G ___ 3 800 m

14) Berechne den Grundwert. Schreibe den Rechengang auf und rechne dann aus.

60 % sind 84 €;	G = 84 € : 0,60 = 140 €
15 % sind 90 €;	G = 90 € : 0,15 = 600 €
8 % sind 76 €;	G = 76 € : 0,08 = 950 €

2,5 % sind 5 g;	G = 5 g : 0,025 = 200 g
16 % sind 512 g;	G = 512 g : 0,16 = 3 200 g
150 % sind 6,75 g;	G = 6,75 g : 1,50 = 4,50 g

15) Herr Gruber verdient in einem Monat 1 783,20 €. Im kommenden Jahr wird sein Gehalt um 2,8 % erhöht. Wie viel Euro werden die Lohnerhöhung und sein neuer Monatslohn betragen?

Kurzangabe:

A:

16) Frau Berger spart für eine neue Wohnung. Sie legt 351 € auf ein Sparbuch, das sind 26 % ihres Monatseinkommens. Wie viel verdient Frau Berger in einem Monat?

Kurzangabe:

A:

17) Eine Wohnung ist 78 m^2 groß, das Jugendzimmer 15 m^2. Wie viel % der gesamten Wohnung entfallen auf diesen Raum?

Kurzangabe:

A:

18) Ein Fernsehapparat für 582,50 € wird auf Raten gekauft. Als Anzahlung müssen 15 % des Kaufpreises bezahlt werden. Wie viel Euro müssen als Anzahlung bezahlt werden?

Kurzangabe:

A:

Name:	Anwendung der Prozentrechnung 4

15) Herr Gruber verdient in einem Monat 1 783,20 €. Im kommenden Jahr wird sein Gehalt um 2,8 % erhöht. Wie viel Euro werden die Lohnerhöhung und sein neuer Monatslohn betragen?

Kurzangabe: G = 1 783,20 €, p % = 2,8 %; W = ?

$W = G \cdot \frac{p}{100}$

W = 1 783,20 · 0,028

W = 49,93

W ___ 49,93 €

NR:
```
1 7 8 3,2 0 · 0,0 2 8
3 5 6 6 4 0
1 4 2 6 5 6 0
4 9,9 2 9 6 0 ≈ 4 9,9 3

1 7 8 3,2 0
    4 9,9 3
1 8 3 3,1 3
```

A: Herr Gruber wird eine Lohnerhöhung von 49,93 € bekommen.

Sein neuer Monatslohn wird 1 833,13 € betragen.

16) Frau Berger spart für eine neue Wohnung. Sie legt 351 € auf ein Sparbuch, das sind 26 % ihres Monatseinkommens. Wie viel verdient Frau Berger in einem Monat?

Kurzangabe: W= 351 €, p % = 26 %; G = ?

$W = G \cdot \frac{p}{100} \quad | : \frac{p}{100}$

$G = W : \frac{p}{100}$

G = 351 : 0,26

G = 1350

G ___ 1350 €

NR:
```
3 5 1 : 0,2 6 = | · 1 0 0
3 5 1 0 0 : 2 6 = 1 3 5 0
  9 1
  1 3 0
    0 0 0
        0
```

A: Frau Berger verdient in einem Monat 1 350 €.

17) Eine Wohnung ist 78 m^2 groß, das Jugendzimmer 15 m^2. Wie viel % der gesamten Wohnung entfallen auf diesen Raum?

Kurzangabe: G = 78 m^2, W = 15 m^2; p % = ?

$W = G \cdot \frac{p}{100} \quad | : G$

$\frac{p}{100} = W : G$

$\frac{p}{100} = 15 : 78$

$\frac{p}{100} = 0{,}1923$

p % ___ 19,2 %

NR:
```
1 5 : 7 8 = 0,1 9 2 3
1 5 0
  7 2 0
    1 8 0
      2 4 0
        6 Rest
```

A: 19,2 % der gesamten Wohnung entfallen auf das Jugendzimmer.

18) Ein Fernsehapparat für 582,50 € wird auf Raten gekauft. Als Anzahlung müssen 15 % des Kaufpreises bezahlt werden. Wie viel Euro müssen als Anzahlung bezahlt werden?

Kurzangabe: G = 582,50 €, p % = 15 %; W = ?

$W = G \cdot \frac{p}{100}$

W = 582,50 · 0,15

W = 87,375

W ___ 87,38 €

NR:
```
5 8 2,5 · 0,1 5
2 9 1 2 5
8 7,3 7 5 ≈ 8 7,3 8
```

A: Als Anzahlung müssen 87,38 € bezahlt werden.

19) Eine Packung mit 350 g Müsli enthält 53 % Haferflocken, 20 % Schokolade und der Rest sind andere Zutaten.

a) Berechne, wie viel g Haferflocken, Schokolade und andere Zutaten diese Müsli-Packung enthält.

K:

A:

b) Stelle die Anteile im Prozentstreifen und im Prozentkreis dar. Beschrifte entsprechend.

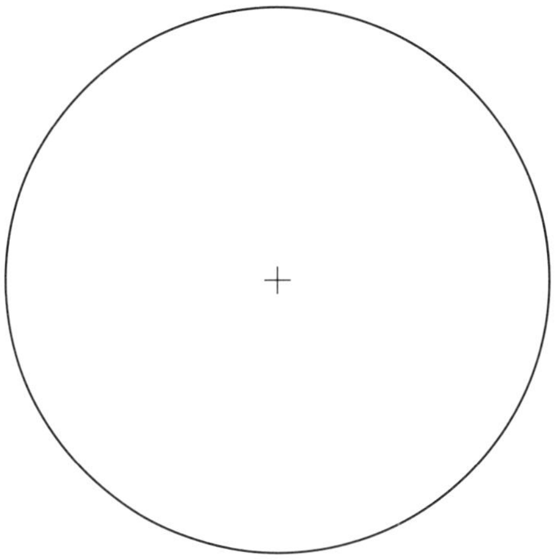

20) Inhaltsstoffe für Vollmilch.

a) Berechne die Inhaltsstoffe für 250 g Vollmilch. Runde auf g.

b) Stelle die einzelnen Anteile in einem Prozentkreis dar.

Vollmilch		
Wasser	87,50 %	
Kohlenhydrate	4,80 %	
Milchfett	3,50 %	
Eiweiße	3,40 %	
Spurenelemente	0,80 %	

19) Eine Packung mit 350 g Müsli enthält 53 % Haferflocken, 20 % Schokolade und der Rest sind andere Zutaten.

a) Berechne, wie viel g Haferflocken, Schokolade und andere Zutaten diese Müsli-Packung enthält.

K: G = 350 g, p_1 % = 53 %, p_2 % = 20 %, p_3 % = 27 %; W = ? $W = G \cdot \frac{p}{100}$

Müsli	100 %	350,0 g
Haferflocken	53 %	185,5 g
Schokolade	20 %	70,0 g
andere Zutaten	27 %	94,5 g

$W_1 = 350 \cdot 0{,}53$

$W_1 = 185{,}5$

$W_2 = 350 \cdot 0{,}20$

$W_2 = 70$

A: Die Müsli-Packung enthält 185,5 g Haferflocken, 70 g Schokolade und 94,5 g andere Zutaten.

b) Stelle die Anteile im Prozentstreifen und im Prozentkreis dar. Beschrifte entsprechend.

Haferflocken	Schoko-lade	Andere Zutaten

$3{,}6° \cdot 53 = 190{,}8° \approx 191°$

$3{,}6° \cdot 20 = 72°$

$3{,}6° \cdot 27 = 97{,}2° \approx 97°$

20) Inhaltsstoffe für Vollmilch.

a) Berechne die Inhaltsstoffe für 250 g Vollmilch. Runde auf g.

b) Stelle die einzelnen Anteile in einem Prozentkreis dar.

Vollmilch		250 g
Wasser	87,50 %	219 g
Kohlenhydrate	4,80 %	12 g
Milchfett	3,50 %	9 g
Eiweiße	3,40 %	9 g
Spurenelemente	0,80 %	2 g

$250 \text{ g} \cdot 0{,}875 = 218{,}75 \text{ g}$

$250 \text{ g} \cdot 0{,}048 = 12 \text{ g}$

$250 \text{ g} \cdot 0{,}035 = 8{,}75 \text{ g}$

$250 \text{ g} \cdot 0{,}034 = 8{,}5 \text{ g}$

$250 \text{ g} \cdot 0{,}008 = 2 \text{ g}$

$3{,}6° \cdot 87{,}5 = 315°$

$3{,}6° \cdot 4{,}8 = 17{,}28° \approx 17°$

$3{,}6° \cdot 3{,}5 = 12{,}6° \approx 13°$

$3{,}6° \cdot 3{,}4 = 12{,}24° \approx 12°$

$3{,}6° \cdot 0{,}8 = 2{,}88° \approx 3°$

Name:	Anwendung der Prozentrechnung 6

Preis ohne MwSt. ≙ 100 % – Nettopreis

plus MwSt.

Preis mit MwSt. – Bruttopreis

21) Thomas kauft ein Fahrrad, das ohne MwSt. 318 € kostet. Wie viel € beträgt die MwSt. (19 %) und wie viel bezahlt Thomas (inklusive MwSt.) für das Fahrrad?

K:

Preis ohne MwSt.		
MwSt.		
Preis mit MwSt.		

A:

22) Maria kauft ein Buch, das inklusive 7 % MwSt. 18,82 € kostet. Wie hoch ist der Preis ohne MwSt. und wie viel beträgt die MwSt.?

K:

A:

23) Herr Lanner kaufte im Jahr 2006 Software für 643 €. Zuzüglich waren noch 102,88 € MwSt. zu entrichten. Wie viel zahlte Herr Lanner für die Software und wie hoch war 2006 der Mehrwertsteuersatz für Software?

K:

A:

24) Berechne die fehlenden Beträge. Schreibe den Rechengang auf und rechne dann aus.

Preis ohne MwSt.	18 €		
Preis mit 19 % MwSt.		18 €	200 €

Preis ohne MwSt.	18 €		
Preis mit 7 % MwSt.		18 €	200 €

Name:	Anwendung der Prozentrechnung 6

Preis ohne MwSt. ≙ 100 % – Nettopreis

plus MwSt.

Preis mit MwSt. – Bruttopreis

21) Thomas kauft ein Fahrrad, das ohne MwSt. 318 € kostet. Wie viel € beträgt die MwSt. (19 %) und wie viel bezahlt Thomas (inklusive MwSt.) für das Fahrrad?

K: G = 318 €, p % = 19 %; W = ?

Preis ohne MwSt.	100 %	318,00 €
MwSt.	19 %	60,42 €
Preis mit MwSt.	119 %	378,42 €

$W = G \cdot \frac{p}{100}$

$W = 318 \cdot 0{,}19$

$W = 60{,}42$

A: Die MwSt. beträgt 60,42 €. Thomas bezahlt für das Fahrrad inklusive MwSt. 378,42 €.

22) Maria kauft ein Buch, das inklusive 7 % MwSt. 18,82 € kostet. Wie hoch ist der Preis ohne MwSt. und wie viel beträgt die MwSt.?

K: W = 18,82 €, p % = 107 %; G = ?

Preis ohne MwSt.	100 %	17,59 €
MwSt.	7 %	1,23 €
Preis mit MwSt.	107 %	18,82 €

$W = G \cdot \frac{p}{100} \quad | : \frac{p}{100}$

$G = W : \frac{p}{100}$

$G = 18{,}82 : 1{,}07$

$G = 17{,}588... \approx 17{,}59$

A: Der Preis ohne MwSt. beträgt 17,59 € und die MwSt. beträgt 1,23 €.

23) Herr Lanner kaufte im Jahr 2006 Software für 643 €. Zuzüglich waren noch 102,88 € MwSt. zu entrichten. Wie viel zahlte Herr Lanner für die Software und wie hoch war 2006 der Mehrwertsteuersatz für Software?

K: G = 643 €, W = 102,88 €; p % = ?

Preis ohne MwSt.	100 %	643,00 €
MwSt.	16 %	102,88 €
Preis mit MwSt.	116 %	745,88 €

$W = G \cdot \frac{p}{100} \quad | : G$

$\frac{p}{100} = W : G$

$\frac{p}{100} = 102{,}88 : 643$

$\frac{p}{100} = 0{,}16 \qquad p = 16$

A: Der Preis inklusive MwSt. betrug 745,88 €; der Mehrwertsteuersatz für Software betrug im Jahr 2006 16 %.

24) Berechne die fehlenden Beträge. Schreibe den Rechengang auf und rechne dann aus.

Preis ohne MwSt.	18 €	18 € : 1,19 = 15,13 €	200 € : 1,19 = 168,07 €
Preis mit 19 % MwSt.	18 € · 1,19 = 21,42 €	18 €	200 €

Preis ohne MwSt.	18 €	18 € : 1,07 = 16,82 €	200 € : 1,07 = 186,92 €
Preis mit 7 % MwSt.	18 € · 1,07 = 19,26 €	18 €	200 €

Name:	Anwendung der Prozentrechnung 7

25) Für eine Frühstückspension wird Besteck zu einem Warenpreis von 610 € gekauft. Berechne den Preis bei Barzahlung, wenn 18 % Rabatt und bei Zahlung innerhalb von 14 Tagen 2 ½ % Skonto vereinbart werden. Rechne auf zwei Arten: Tabelle / Formel.

a) Tabelle

b) Formel

K:

A:

26) Eine Waschmaschine kostet ohne Mehrwertsteuer 582 €. Weil das Email an einer Stelle leicht beschädigt ist, wird ein Rabatt von 12 % gewährt. Wie viel ist inklusive Mehrwertsteuer zu bezahlen? Rechne auf zwei Arten: Tabelle / Formel.

a) Tabelle

b) Formel

K:

A:

27) Ein Farb-Scanner wird im Geschäft A für 120,50 € (Preis exklusive MwSt.) angeboten. Im Geschäft B kostet dasselbe Gerät 146,53 € (Preis inklusive MwSt.), wobei 3 ½ % Skonto gegeben werden. Welches Angebot ist günstiger?

K: K:

A:

25) Für eine Frühstückspension wird Besteck zu einem Warenpreis von 610 € gekauft. Berechne den Preis bei Barzahlung, wenn 18 % Rabatt und bei Zahlung innerhalb von 14 Tagen 2 ½ % Skonto vereinbart werden. Rechne auf zwei Arten: Tabelle / Formel.

a) Tabelle

Warenpreis	100 %			610,00 €	G_1
– Rabatt	– 18 %			– 109,80 €	R = 610 · 0,18 = 109,80
Preis ohne MwSt.	82 %	≙ 100 %		500,20 €	G_2 = 610 · 0,82 = 500,20
+ MwSt.		+ 19 %		+ 95,04 €	M = 500,20 · 0,19 = 95,038
Preis mit MwSt.		119 %	≙ 100 %	595,24 €	G_3 = 500,20 · 1,19 = 595,238
– Skonto			– 2,5 %	– 14,88 €	S = 595,24 · 0,025 = 14,881
Preis bei Barzahlung			97,5 %	580,36 €	P = 595,24 · 0,975 = 580,359

b) Formel

K: G = 610 €, p_1 % = 82 %, p_2 % = 119 %, p_3 % = 97,5 %; W = ?

$W = [(G_1 \cdot \frac{p_1}{100}) \cdot \frac{p_2}{100}] \cdot \frac{p_3}{100}$

W = [(610 · 0,82) · 1,19] · 0,975 = 580,357... ≈ 580,36

A: Der Preis bei Barzahlung beträgt 580,36 €.

26) Eine Waschmaschine kostet ohne Mehrwertsteuer 582 €. Weil das Email an einer Stelle leicht beschädigt ist, wird ein Rabatt von 12 % gewährt. Wie viel ist inklusive Mehrwertsteuer zu bezahlen? Rechne auf zwei Arten: Tabelle / Formel.

a) Tabelle

Warenpreis	100 %		582,00 €	G_1
– Rabatt	– 12 %		– 69,84 €	R = 582 · 0,12 = 69,84
Preis ohne MwSt.	88 %	≙ 100 %	512,16 €	G_2 = 582 · 0,88 = 512,16
+ MwSt.		+ 19 %	+ 97,31 €	M = 512,16 · 0,19 = 97,310 4
Preis mit MwSt.		119 %	609,47 €	P = 512,16 · 1,19 = 609,470 4

b) Formel

K: G = 582 €, p_1 % = 88 %, p_2 % = 119 %; W = ?

$W = (G \cdot \frac{p_1}{100}) \cdot \frac{p_2}{100}$

W = 582 · 0,88 · 1,19 = 609,470 4 ≈ 609,47

A: Inklusive Mehrwertsteuer kostet die Waschmaschine 609,47 €.

27) Ein Farb-Scanner wird im Geschäft A für 120,50 € (Preis exklusive MwSt.) angeboten. Im Geschäft B kostet dasselbe Gerät 146,53 € (Preis inklusive MwSt.), wobei 3 ½ % Skonto gegeben werden. Welches Angebot ist günstiger?

K: G_1 = 120,50 €, p_1 % = 119 %; W_1 = ?

A: $W_1 = G_1 \cdot \frac{p_1}{100}$

W_1 = 120,50 · 1,19 = 143,395 ≈ 143,40

K: G_2 = 146,53 €, p_2 % = 96,5 %; W_2 = ?

B: $W_2 = G_2 \cdot \frac{p_2}{100}$

W_2 = 146,53 · 0,965 = 141,401... ≈ 141,40

A: Das Angebot im Geschäft B ist günstiger.

28) In einem Textverarbeitungsprogramm können eingefügte „Objekte“ skaliert (vergrößert oder verkleinert) werden.

Berechne die Längen der gegebenen Strecken und zeichne sie.

a) Die Strecke a ist 5 cm lang.
Die Strecke a_1 ist um 20 % länger als a.
Die Strecke a_2 ist um 20 % länger als a_1.
Die Strecke a_3 ist um 20 % länger als a_2.

b) Die Strecke b ist 5 cm lang.
Die Strecke b_1 ist um 60 % länger als b.

c) Die Strecke c ist 5 cm lang.
Die Strecke c_1 ist um 60 % länger als c.
Die Strecke c_2 ist um 60 % kürzer als c_1.

29) In zwei Filialen eines Büromarktes kostete ein PC (inkl. Tastatur und Bildschirm) ursprünglich 1 324 €.
In der Filiale A wurde der Preis vor drei Monaten um 7 % gesenkt, vor einer Woche wurde der Preis noch einmal um 3 % gesenkt.
In der Filiale B wurde der Preis nur einmal vor zwei Wochen um 10 % gesenkt.
Berechne den jeweils aktuellen Preis in der Filiale A und in der Filiale B.

K: K:

A: A:

Name:	Anwendung der Prozentrechnung 8

28) In einem Textverarbeitungsprogramm können eingefügte „Objekte“ skaliert (vergrößert oder verkleinert) werden.

verkleinert um 20 % — verkleinert um 20 % — verkleinert um 20 % — verkleinert um 20 %

verkleinert um 80 %

Berechne die Längen der gegebenen Strecken und zeichne sie.

a) Die Strecke a ist 5 cm lang.
Die Strecke a_1 ist um 20 % länger als a.
Die Strecke a_2 ist um 20 % länger als a_1.
Die Strecke a_3 ist um 20 % länger als a_2.

$a = 5$

$a_1 = 5 \cdot 1,20 = 6$

$a_2 = 6 \cdot 1,20 = 7,2$

$a_3 = 7,2 \cdot 1,20 = 8,64$

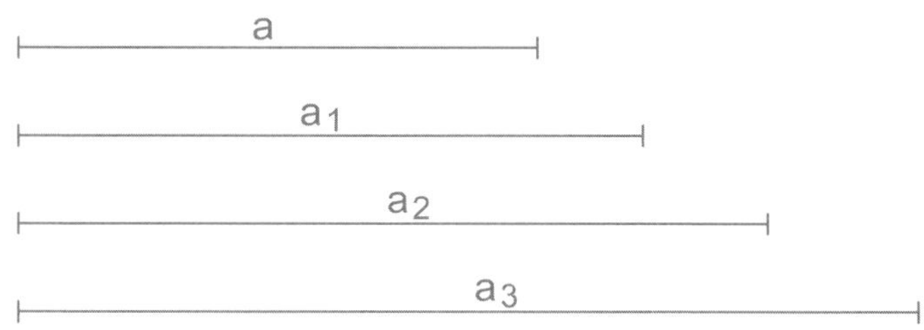

b) Die Strecke b ist 5 cm lang.
Die Strecke b_1 ist um 60 % länger als b.

$b = 5$

$b_1 = 5 \cdot 1,60 = 8$

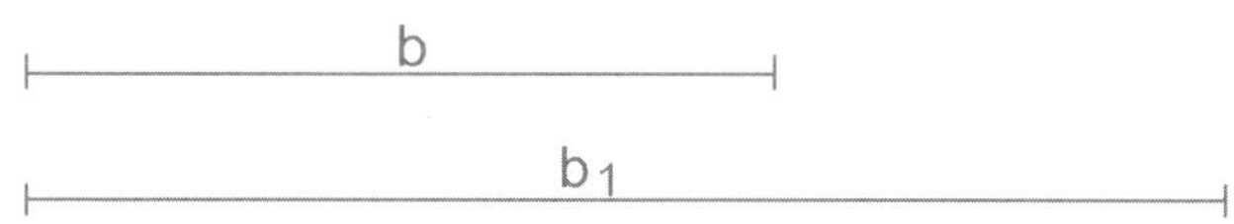

c) Die Strecke c ist 5 cm lang.
Die Strecke c_1 ist um 60 % länger als c.
Die Strecke c_2 ist um 60 % kürzer als c_1.

$c = 5$

$c_1 = 5 \cdot 1,60 = 8$

$c_1 = 8 \cdot 0,40 = 3,2$

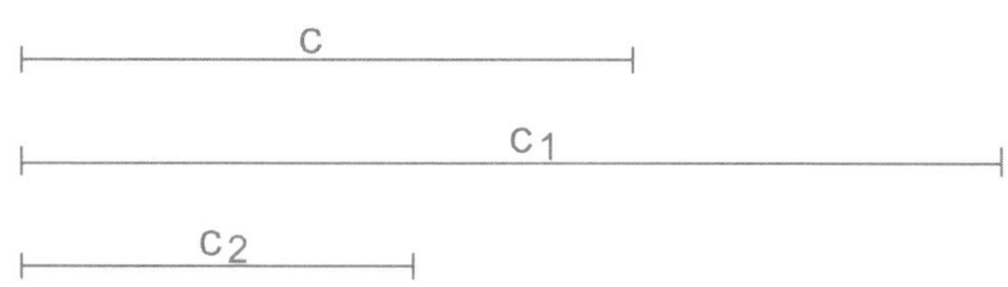

29) In zwei Filialen eines Büromarktes kostete ein PC (inkl. Tastatur und Bildschirm) ursprünglich 1 324 €.
In der Filiale A wurde der Preis vor drei Monaten um 7 % gesenkt, vor einer Woche wurde der Preis noch einmal um 3 % gesenkt.
In der Filiale B wurde der Preis nur einmal vor zwei Wochen um 10 % gesenkt.
Berechne den jeweils aktuellen Preis in der Filiale A und in der Filiale B.

K: $G = 1\,324$ €, $p_1\,\% = 93\,\%$, $p_2\,\% = 97\,\%$; $W = ?$

A: $P_1 = G \cdot \frac{p_1}{100} \cdot \frac{p_2}{100}$

$P_1 = 1\,324 \cdot 0,93 \cdot 0,97 = 1\,194,380\,4$

P_1 ___ 1 194,38 €

A: Aktueller Preis: 1 194,38 €.

K: $G = 1\,324$ €, $p\,\% = 90\,\%$; $W = ?$

B: $P_2 = G \cdot \frac{p}{100}$

$P_2 = 1\,324 \cdot 0,90 = 1\,191,6$

P_2 ___ 1 191,60 €

A: Aktueller Preis: 1 191,60 €.

Name:	Termumformungen 1

Schreibe Variable immer in Lateinschrift.

1) Gib jeweils für die Länge der Gesamtstrecke zwei Formeln an.

a a a b b — x x y x y x — r r s s s s s

l_1 = ______________ l_2 = ______________ l_3 = ______________

l_1 = ______________ l_2 = ______________ l_3 = ______________

2) Stelle dir die Rechnungen auf der Zahlengeraden vor.

-9 -8 -7 -6 -5 -4 -3 -2 -1 0 +1 +2 +3 +4 +5 +6 +7 +8 +9

4 + 7 =	10 + 7 =	10 – 17 =	– 9 + 5 =
4 – 7 =	10 – 7 =	– 5 – 12 =	– 6 – 8 =
– 4 + 7 =	– 10 + 7 =	9 + 13 =	5 – 11 =
– 4 – 7 =	– 10 – 7 =	– 8 + 7 =	8 + 7 =

3) Vereinfache die Terme. Stelle dir Strecken vor.

a + a + a + a =	b + b + b – b =	2c + 6c + c =
3d + 5d – 4d – d =	3e + 7e – 9e =	5f + 8f – 13f =
3g – 5g =	3h – 10h + h =	7i – 7i – 7i =
2,5k + 3,9k – 0,3k =	– 3,6l + 0,8l – 5,2l =	– 5,4m – m – 4,9m =

Das Rechenzeichen gehört zu der Zahl, die rechts danach steht.

4) Vereinfache die Terme. Beachte: Im Ergebnis sollen die Variablen nach dem Alphabet geordnet sein.

3a + 4b + 5a + b =	2b – 4a + b – 5a =
5x + 9y – 2x – 4y =	2x – 3y + 8x + 5y =
8k + 3 – 3k – 1 + 7 =	2k – 9 + 5k – 3 – k =
7u + 3v – 2w + 3u – v – 4w =	3w + 2u + 5v + 2v – w – 3w =
4r + 3s – 2t + 3s – 6t – 3r =	– 8r + 5s – 2t – 6t + t – 7r =

5) Vereinfache die Terme und rechne die Probe für x = 3.

2x + 4 + 6x – 3 + 5x = A: E:	x + 5 + 3x – 2x – 5 = A: E:
3x – 5 + 5x – 9 – 4x = A: E:	4x + 2 – 6x + 9 – 8x = A: E:

Name:	Termumformungen 1

Schreibe Variable immer in Lateinschrift.

1) Gib jeweils für die Länge der Gesamtstrecke zwei Formeln an.

a a a b b | x x y x y x | r r s s s s s

l_1 = a + a + a + b + b | l_2 = x + x + y + x + y + x | l_3 = r + r + s + s + s + s + s

l_1 = 3a + 2b | l_2 = 4x + 2y | l_3 = 2r + 5s

2) Stelle dir die Rechnungen auf der Zahlengeraden vor.

-9 -8 -7 -6 -5 -4 -3 -2 -1 0 +1 +2 +3 +4 +5 +6 +7 +8 +9

4 + 7 =	11	10 + 7 =	17	10 – 17 =	– 7	– 9 + 5 =	– 4
4 – 7 =	– 3	10 – 7 =	3	– 5 – 12 =	– 17	– 6 – 8 =	– 14
– 4 + 7 =	3	– 10 + 7 =	– 3	9 + 13 =	22	5 – 11 =	– 6
– 4 – 7 =	– 11	– 10 – 7 =	– 17	– 8 + 7 =	– 1	8 + 7 =	15

3) Vereinfache die Terme. Stelle dir Strecken vor.

a + a + a + a =	4a	b + b + b – b =	2b	2c + 6c + c =	9c
3d + 5d – 4d – d =	3d	3e + 7e – 9e =	e	5f + 8f – 13f =	0
3g – 5g =	– 2g	3h – 10h + h =	– 6h	7i – 7i – 7i =	– 7i
2,5k + 3,9k – 0,3k =	6,1k	– 3,6l + 0,8l – 5,2l =	– 8l	– 5,4m – m – 4,9m =	– 11,3m

Das Rechenzeichen gehört zu der Zahl, die rechts danach steht.

4) Vereinfache die Terme. Beachte: Im Ergebnis sollen die Variablen nach dem Alphabet geordnet sein.

3a + 4b + 5a + b =	8a + 5b	2b – 4a + b – 5a =	– 9a + 3b
5x + 9y – 2x – 4y =	3x + 5y	2x – 3y + 8x + 5y =	10x + 2y
8k + 3 – 3k – 1 + 7 =	5k + 9	2k – 9 + 5k – 3 – k =	6k – 12
7u + 3v – 2w + 3u – v – 4w =	10u + 2v – 6w	3w + 2u + 5v + 2v – w – 3w =	2u +7v – w
4r + 3s – 2t + 3s – 6t – 3r =	r + 6s – 8t	– 8r + 5s – 2t – 6t + t – 7r =	– 15r + 5s – 7t

5) Vereinfache die Terme und rechne die Probe für x = 3.

2x + 4 + 6x – 3 + 5x = 13x + 1 A: 2 · 3 + 4 + 6 · 3 – 3 + 5 · 3 = = 6 + 4 + 18 – 3 + 15 = 40 E: 13 · 3 + 1 = 39 + 1 = 40	x + 5 + 3x – 2x – 5 = 2x A: 3 + 5 + 3 · 3 – 2 · 3 – 5 = = 3 + 5 + 9 – 6 – 5 = 6 E: 2 · 3 = 6
3x – 5 + 5x – 9 – 4x = 4x – 14 A: 3 · 3 – 5 + 5 · 3 – 9 – 4 · 3 = = 9 – 5 + 15 – 9 – 12 = – 2 E: 4 · 3 – 14 = 12 – 14 = – 2	4x + 2 – 6x + 9 – 8x = – 10x + 11 A: 4 · 3 + 2 – 6 · 3 + 9 – 8 · 3 = = 12 + 2 – 18 + 9 – 24 = – 19 E: – 10 · 3 + 11 = – 30 + 11 = – 19

Name:	Termumformungen 2

6) Schreibe die Terme ohne Klammern.

a + (b + c) =	a – (b + c) =	– a + (b + c) =
a + (b – c) =	a – (b – c) =	– a – (b + c) =
a + (– b – c) =	a – (– b – c) =	– a – (– b + c) =

7) Löse zuerst die Klammern auf und vereinfache dann die Terme.

3a + 4b + (5a – 2b) – b =	2a + 4b – (a – 5b) + 7b =
4x + 6 – (3x – 7x) + 5 =	5x – 4 – (6x – 1) – 2x =
5x – (3x + 8) – (2x + 6) – 5x =	10 + (2x – 5) – (7 – x) + 3 =

8) Löse die Klammern auf, vereinfache die Terme und rechne die Probe für p = 2.

4p – 5 + (2p – 1) – (p + 8) = A: E:	6p + 1 – (2p – 1 + p) – (– 3p + 8) = A: E:

9) Arbeite schrittweise: Löse zuerst die inneren (runden), dann die äußeren (eckigen) Klammern auf und vereinfache dann die Terme so weit wie möglich.

5x – [3x – (7 + 2x) + 4] =	3x + [2 – (3x + 6) – 7x] =
4x + [(3x –7) – (2x + 6) – 8] =	9 + 2x – [– 3x – 7 + (– 2x + 6) – 8] =

10) Löse die Klammern schrittweise von innen nach außen auf und vereinfache.
① runde Klammern ② eckige Klammern ③ geschweifte Klammern.

5x – {3x – [8 – (7x + 2) – 6] + 4x} =	7 – {2x + [8x – (5 – 6x) + 6] – 9 + x} =

Name:	Termumformungen 2

6) Schreibe die Terme ohne Klammern.

a + (b + c) = a + b + c	a – (b + c) = a – b – c	– a + (b + c) = – a + b + c
a + (b – c) = a + b – c	a – (b – c) = a – b + c	– a – (b + c) = – a – b – c
a + (– b – c) = a – b – c	a – (– b – c) = a + b + c	– a – (– b + c) = – a + b – c

7) Löse zuerst die Klammern auf und vereinfache dann die Terme.

3a + 4b + (5a – 2b) – b = = 3a + 4b + 5a – 2b – b = 8a + b	2a + 4b – (a – 5b) + 7b = = 2a + 4b – a + 5b + 7b = a + 16b
4x + 6 – (3x – 7x) + 5 = = 4x + 6 – 3x + 7x + 5 = 8x + 11	5x – 4 – (6x – 1) – 2x = = 5x – 4 – 6x + 1 – 2x = – 3x – 3
5x – (3x + 8) – (2x + 6) – 5x = = 5x – 3x – 8 – 2x – 6 – 5x = – 5x – 14	10 + (2x – 5) – (7 – x) + 3 = = 10 + 2x – 5 – 7 + x + 3 = 3x + 1

8) Löse die Klammern auf, vereinfache die Terme und rechne die Probe für p = 2.

4p – 5 + (2p – 1) – (p + 8) = = 4p – 5 + 2p – 1 – p – 8 = 5p – 14 A: 4 · 2 – 5 + (2 · 2 – 1) – (2 + 8) = = 8 – 5 + (4 – 1) – 10 = = 3 + 3 – 10 = – 4 E: 5 · 2 – 14 = 10 – 14 = – 4	6p + 1 – (2p – 1 + p) – (– 3p + 8) = = 6p + 1 – 2p + 1 – p + 3p – 8 = 6p – 6 A: 6 · 2 + 1 – (2 · 2 – 1 + 2) – (– 3 · 2 + 8) = = 12 + 1 – (4 – 1 + 2) – (– 6 + 8) = = 13 – 5 – 2 = 6 E: 6 · 2 – 6 = 12 – 6 = 6

9) Arbeite schrittweise: Löse zuerst die inneren (runden), dann die äußeren (eckigen) Klammern auf und vereinfache dann die Terme so weit wie möglich.

5x – [3x – (7 + 2x) + 4] = = 5x – [3x – 7 – 2x + 4] = = 5x – 3x + 7 + 2x – 4 = 4x + 3	3x + [2 – (3x + 6) – 7x] = = 3x + [2 – 3x – 6 – 7x] = = 3x + 2 – 3x – 6 – 7x = – 7x – 4
4x + [(3x –7) – (2x + 6) – 8] = = 4x + [3x – 7 – 2x – 6 – 8] = = 4x + 3x – 7 – 2x – 6 – 8 = 5x – 21	9 + 2x – [– 3x – 7 + (– 2x + 6) – 8] = = 9 + 2x – [– 3x – 7 – 2x + 6 – 8] = = 9 + 2x + 3x + 7 + 2x – 6 + 8 = 7x + 18

10) Löse die Klammern schrittweise von innen nach außen auf und vereinfache.
① runde Klammern ② eckige Klammern ③ geschweifte Klammern.

5x – {3x – [8 – (7x + 2) – 6] + 4x} = = 5x – {3x – [8 – 7x – 2 – 6] + 4x} = = 5x – {3x – 8 + 7x + 2 + 6 + 4x} = = 5x – 3x + 8 – 7x – 2 – 6 – 4x = – 9x	7 – {2x + [8x – (5 – 6x) + 6] – 9 + x} = = 7 – {2x + [8x – 5 + 6x + 6] – 9 + x} = = 7 – {2x + 8x – 5 + 6x + 6 – 9 + x} = = 7 – 2x – 8x + 5 – 6x – 6 + 9 – x = – 17x + 15

Name:	Termumformungen 3

11) Lies aus den Skizzen die Rechnungen ab. Veranschauliche die Rechnungen durch Skizzen.

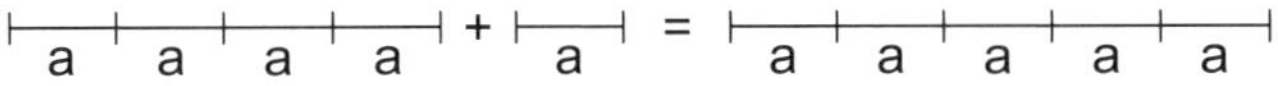	$a + 3a = 4a$
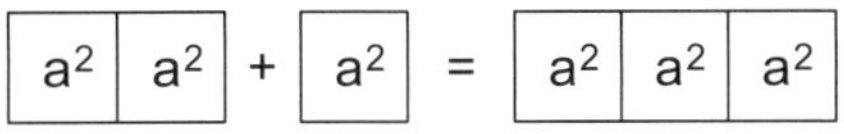	$3a^2 + 2a^2 = 5a^2$
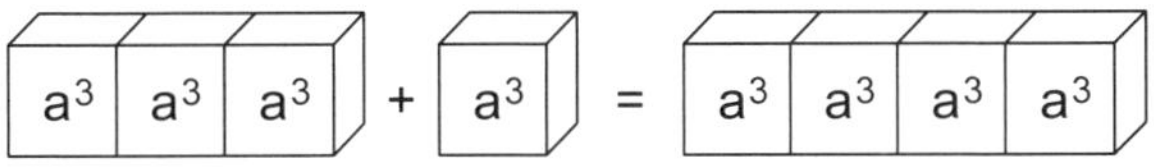	$a^3 + 2a^3 = 3a^3$

12) Vereinfache die Terme so weit wie möglich.

$a + a + a + a =$	$2a + 4a + 3a =$
$b^2 + b^2 + b^2 =$	$3b^2 + 2b^2 + 5b^2 =$
$c^3 + c^3 + c^3 + c^3 + c^3 =$	$4c^3 + c^3 + 2c^3 + 5c^3 =$
$d^4 + d^4 + d^4 =$	$d^4 + 6d^4 + 4d^4 =$

13) Additionen und Subtraktionen von Potenztermen. Ordne nach fallenden Potenzen: $x^4 \dots x^3 \dots x^2 \dots x$

$a^2 + a + a^2 + a + a =$	$12a^3 + 4a^2 - 5a^3 =$
$b^3 + 4b^3 + 6 =$	$4b^4 - 2b^2 - 7b^4 + 5b^2 - 3b^2 =$
$4c^3 + 2c^2 + 4c + 7c^3 + c^2 =$	$4c^3 - c^3 + 2c^2 - 5c^3 - 8c^2 =$
$5d^4 + d^2 + 3d^4 + 20 =$	$d^4 + 6d^2 + 4d^4 =$

14) Berechne jeweils den Wert des Terms für $x = 3$.

$T(x) = 5x^3 - 7x$ $T(3)$	$T(x) = x^4 + 2x^2 - 5$	$T(x) = 2x^3 - 3x^2 + 8x - 17$

15) Vereinfache den Term und rechne die Probe für $x = 2$.

$x^3 - 2x^2 + 4x - 2x^3 + x^2 - 6x + 3 =$

A:

E:

Name:	Termumformungen 3

11) Lies aus den Skizzen die Rechnungen ab. Veranschauliche die Rechnungen durch Skizzen.

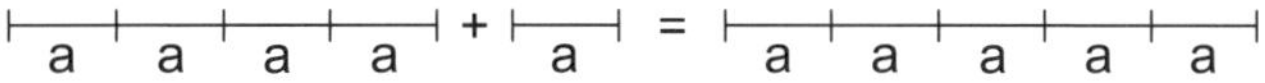 $4a + a = 5a$	$a + 3a = 4a$ 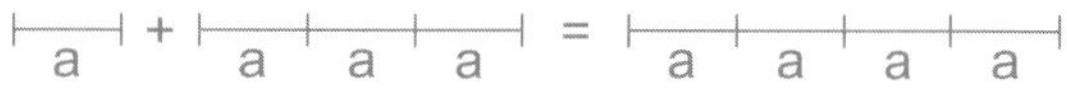
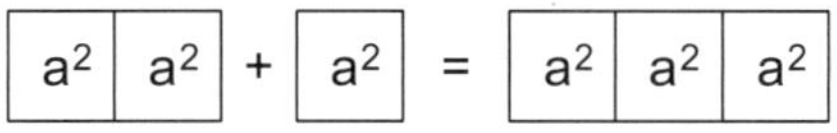 $2a^2 + a^2 = 3a^2$	$3a^2 + 2a^2 = 5a^2$ 
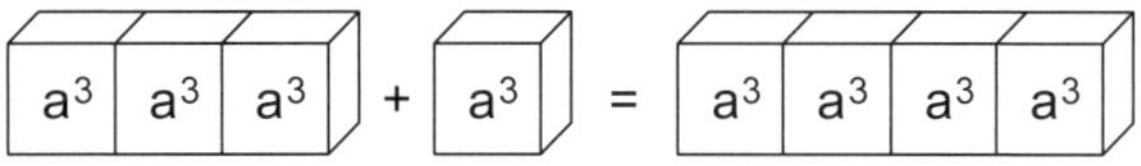 $3a^3 + a^3 = 4a^3$	$a^3 + 2a^3 = 3a^3$ 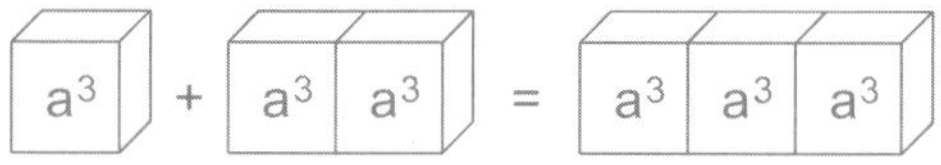

12) Vereinfache die Terme so weit wie möglich.

$a + a + a + a =$	$4a$	$2a + 4a + 3a =$	$9a$
$b^2 + b^2 + b^2 =$	$3b^2$	$3b^2 + 2b^2 + 5b^2 =$	$10b^2$
$c^3 + c^3 + c^3 + c^3 + c^3 =$	$5c^3$	$4c^3 + c^3 + 2c^3 + 5c^3 =$	$12c^3$
$d^4 + d^4 + d^4 =$	$3d^4$	$d^4 + 6d^4 + 4d^4 =$	$11d^4$

13) Additionen und Subtraktionen von Potenztermen. Ordne nach fallenden Potenzen: $x^4 \ldots x^3 \ldots x^2 \ldots x$

$a^2 + a + a^2 + a + a =$	$2a^2 + 3a$	$12a^3 + 4a^2 - 5a^3 =$	$7a^3 + 4a^2$
$b^3 + 4b^3 + 6 =$	$5b^3 + 6$	$4b^4 - 2b^2 - 7b^4 + 5b^2 - 3b^2 =$	$-3b^4$
$4c^3 + 2c^2 + 4c + 7c^3 + c^2 =$	$11c^3 + 3c^2 + 4c$	$4c^3 - c^3 + 2c^2 - 5c^3 - 8c^2 =$	$-2c^3 - 6c^2$
$5d^4 + d^2 + 3d^4 + 20 =$	$8d^4 + d^2 + 20$	$d^4 + 6d^2 + 4d^4 =$	$5d^4 + 6d^2$

14) Berechne jeweils den Wert des Terms für x = 3.

$T(x) = 5x^3 - 7x$ $T(3) = 5 \cdot 3^3 - 7 \cdot 3 =$ $= 5 \cdot 27 - 21 =$ $= 135 - 21 = 114$	$T(x) = x^4 + 2x^2 - 5$ $T(3) = 3^4 + 2 \cdot 3^2 - 5 =$ $= 81 + 2 \cdot 9 - 5 =$ $= 81 + 18 - 5 = 94$	$T(x) = 2x^3 - 3x^2 + 8x - 17$ $T(3) = 2 \cdot 3^3 - 3 \cdot 3^2 + 8 \cdot 3 - 17 =$ $= 2 \cdot 27 - 3 \cdot 9 + 24 - 17 =$ $= 54 - 27 + 24 - 17 = 34$

15) Vereinfache den Term und rechne die Probe für x = 2.

$x^3 - 2x^2 + 4x - 2x^3 + x^2 - 6x + 3 = \quad -x^3 - x^2 - 2x + 3$

A: $2^3 - 2 \cdot 2^2 + 4 \cdot 2 - 2 \cdot 2^3 + 2^2 - 6 \cdot 2 + 3 =$

$= 8 - 2 \cdot 4 + 8 - 2 \cdot 8 + 4 - 12 + 3 =$

$= 8 - 8 + 8 - 16 + 4 - 12 + 3 = -13$

E: $-2^3 - 2^2 - 2 \cdot 2 + 3 = -8 - 4 - 4 + 3 = -13$

Name:	Termumformungen 4

16) Schreibe die Terme ohne Klammern.

$(+a)-(-b)+(-c)=$	$(-a)+(+b)-(+c)=$	$-a-(+b)-(-c)=$

17) Vereinfache die Terme und rechne die Probe für $a = 1$ und $b = 2$.

$7a + 5b + (-6a - b) - (9b - a) =$ A: E:	$-2a + 4b - (-6a - 7b) - 9a =$ A: E:

18) Vereinfache die Terme und rechne die Probe für $x = 3$, $y = 2$.

$4x - (3y + 1) - [8 - (7x + y) - 5] + 4x =$ A: E:
$5x + (y - 1) - [6x + 3 - (7y - 5) + x] + 9 =$ A: E:

19) Vereinfache die Terme und rechne die Probe für $a = 2$.

$a^3 - 8a^2 - a + 3 - 5a^2 + 4a + 7 =$ A: E:
$2a^3 + a^2 - 3a - 5 - 9 - 2a^2 + 6a =$ A: E:

Name:	Termumformungen 4

16) Schreibe die Terme ohne Klammern.

$(+a)-(-b)+(-c)=$ $a+b-c$	$(-a)+(+b)-(+c)=$ $-a+b-c$	$-a-(+b)-(-c)=$ $-a-b+c$

17) Vereinfache die Terme und rechne die Probe für a = 1 und b = 2.

$7a + 5b + (-6a - b) - (9b - a) =$	$-2a + 4b - (-6a - 7b) - 9a =$
$= 7a + 5b - 6a - b - 9b + a = \quad 2a - 5b$	$= -2a + 4b + 6a + 7b - 9a = \quad -5a + 11b$
A: $7 \cdot 1 + 5 \cdot 2 + (-6 \cdot 1 - 2) - (9 \cdot 2 - 1) =$	A: $-2 \cdot 1 + 4 \cdot 2 - (-6 \cdot 1 - 7 \cdot 2) - 9 \cdot 1 =$
$= 7 + 10 + (-6 - 2) - (18 - 1) =$	$= -2 + 8 - (-6 - 14) - 9 =$
$= 17 + (-8) - 17 = 17 - 8 - 17 = -8$	$= -2 + 8 - (-20) - 9 = 6 + 20 - 9 = 17$
E: $2 \cdot 1 - 5 \cdot 2 = 2 - 10 = -8$	E: $-5 \cdot 1 + 11 \cdot 2 = -5 + 22 = 17$

18) Vereinfache die Terme und rechne die Probe für x = 3, y = 2.

$4x - (3y + 1) - [8 - (7x + y) - 5] + 4x = \quad 4x - 3y - 1 - [8 - 7x - y - 5] + 4x =$

$= 4x - 3y - 1 - 8 + 7x + y + 5 + 4x = \quad 15x - 2y - 4$

A: $4 \cdot 3 - (3 \cdot 2 + 1) - [8 - (7 \cdot 3 + 2) - 5] + 4 \cdot 3 =$

$= 12 - (6 + 1) - [8 - (21 + 2) - 5] + 12 =$

$= 12 - 7 - [8 - 23 - 5] + 12 = 5 - (-20) + 12 = 5 + 20 + 12 = 37$

E: $15 \cdot 3 - 2 \cdot 2 - 4 = 45 - 4 - 4 = 37$

$5x + (y - 1) - [6x + 3 - (7y - 5) + x] + 9 = \quad 5x + y - 1 - [6x + 3 - 7y + 5 + x] + 9 =$

$= 5x + y - 1 - 6x - 3 + 7y - 5 - x + 9 = \quad -2x + 8y$

A: $5 \cdot 3 + (2 - 1) - [6 \cdot 3 + 3 - (7 \cdot 2 - 5) + 3] + 9 =$

$= 15 + 1 - [18 + 3 - (14 - 5) + 3] + 9 =$

$= 16 - [21 - 9 + 3] + 9 = 16 - 15 + 9 = 10$

E: $-2 \cdot 3 + 8 \cdot 2 = -6 + 16 = 10$

19) Vereinfache die Terme und rechne die Probe für a = 2.

$a^3 - 8a^2 - a + 3 - 5a^2 + 4a + 7 = \quad a^3 - 13a^2 + 3a + 10$

A: $2^3 - 8 \cdot 2^2 - 2 + 3 - 5 \cdot 2^2 + 4 \cdot 2 + 7 =$

$= 8 - 8 \cdot 4 - 2 + 3 - 5 \cdot 4 + 4 \cdot 2 + 7 =$

$= 8 - 32 - 2 + 3 - 20 + 8 + 7 = 26 - 54 = -28$

E: $2^3 - 13 \cdot 2^2 + 3 \cdot 2 + 10 = 8 - 13 \cdot 4 + 6 + 10 = 8 - 52 + 6 + 10 = 24 - 52 = -28$

$2a^3 + a^2 - 3a - 5 - 9 - 2a^2 + 6a = \quad 2a^3 - a^2 + 3a - 14$

A: $2 \cdot 2^3 + 2^2 - 3 \cdot 2 - 5 - 9 - 2 \cdot 2^2 + 6 \cdot 2 =$

$= 2 \cdot 8 + 4 - 3 \cdot 2 - 5 - 9 - 2 \cdot 4 + 6 \cdot 2 =$

$= 16 + 4 - 6 - 5 - 9 - 8 + 12 = 32 - 28 = 4$

E: $2 \cdot 2^3 - 2^2 + 3 \cdot 2 - 14 = 2 \cdot 8 - 4 + 6 - 14 = 16 - 4 + 6 - 14 = 22 - 18 = 4$

Name:	Termumformungen 5

20) a) Kommutativgesetz der Multiplikation mit Variablen:

Zahlenbeispiel:

b) Assoziativgesetz der Multiplikation mit Variablen:

Zahlenbeispiel:

21) Vereinfache die Terme so weit wie möglich.

$5 \cdot 6 \cdot a =$	$2 \cdot b \cdot 3 =$	$4 \cdot c \cdot d =$
$8 \cdot e \cdot 7 \cdot f =$	$5 \cdot g \cdot 4 \cdot h \cdot 2 =$	$3 \cdot i \cdot j \cdot k \cdot 9 =$
$8x \cdot 3y =$	$4x \cdot 5y \cdot 3 =$	$2x \cdot y \cdot 10z =$

22) Schreibe die Terme als Brüche und vereinfache so weit wie möglich. ($a \neq 0$; $b \neq 0$; $c \neq 0$)

$24a : 6 =$	$20a : 4a =$
$12 \cdot 5a : 4 =$	$18ab : 3ab =$
$14ab : 7a =$	$15abc : 3ab =$
$10a \cdot 6bc : (3a \cdot 2b) =$	$(5a \cdot b \cdot 4c) : (7b \cdot 2c) =$

23) Vereinfache und addiere bzw. subtrahiere dann, wenn dies möglich ist.

$3x \cdot 4y + 2x \cdot 5y =$	$5x \cdot 6y \cdot z - 2x \cdot 3y \cdot 3z =$
$6x \cdot 2yz + 3x \cdot 4y =$	$7xy \cdot 8z - x \cdot 4y \cdot 6z =$

24) Stelle geometrisch dar:

x	xy	xyz	$xy + xyz$

25) Kürze vor dem Addieren bzw. Subtrahieren. ($x \neq 0$; $y \neq 0$; $z \neq 0$)

$\frac{12\,x\,y}{4\,y} + \frac{8\,x\,y}{2\,y} =$
$\frac{20\,x\,y}{5\,x} - \frac{21\,x\,y\,z}{3\,x\,z} =$
$\frac{7\,x\,y}{14\,y} + \frac{24\,x\,y\,z}{16\,y\,z} =$

Name:	Termumformungen 5

20) a) Kommutativgesetz der Multiplikation mit Variablen:

$a \cdot b = b \cdot a$

Zahlenbeispiel:

$5 \cdot 3 = 3 \cdot 5$
$15 = 15$ w. A.

b) Assoziativgesetz der Multiplikation mit Variablen:

$(a \cdot b) \cdot c = a \cdot (b \cdot c)$

Zahlenbeispiel:

$(2 \cdot 3) \cdot 4 = 2 \cdot (3 \cdot 4)$
$6 \cdot 4 = 2 \cdot 12$
$24 = 24$ w. A.

21) Vereinfache die Terme so weit wie möglich.

$5 \cdot 6 \cdot a =$	$30a$	$2 \cdot b \cdot 3 =$	$6b$	$4 \cdot c \cdot d =$	$4cd$
$8 \cdot e \cdot 7 \cdot f =$	$56ef$	$5 \cdot g \cdot 4 \cdot h \cdot 2 =$	$40gh$	$3 \cdot i \cdot j \cdot k \cdot 9 =$	$27ijk$
$8x \cdot 3y =$	$24xy$	$4x \cdot 5y \cdot 3 =$	$60xy$	$2x \cdot y \cdot 10z =$	$20xyz$

22) Schreibe die Terme als Brüche und vereinfache so weit wie möglich. ($a \neq 0$; $b \neq 0$; $c \neq 0$)

$24a : 6 =$	$\frac{^{4}\cancel{24} \cdot a}{\cancel{6}_1} = 4a$	$20a : 4a =$	$\frac{^{5}\cancel{20} \cdot {^1}\cancel{a}}{\cancel{4}_1 \cdot \cancel{a}_1} = 5$
$12 \cdot 5a : 4 =$	$\frac{^{3}\cancel{12} \cdot 5 \cdot a}{\cancel{4}_1} = 15a$	$18ab : 3ab =$	$\frac{^{6}\cancel{18} \cdot {^1}\cancel{a} \cdot {^1}\cancel{b}}{\cancel{3}_1 \cdot \cancel{a}_1 \cdot \cancel{b}_1} = 6$
$14ab : 7a =$	$\frac{^{2}\cancel{14} \cdot {^1}\cancel{a} \cdot b}{\cancel{7}_1 \cdot \cancel{a}_1} = 2b$	$15abc : 3ab =$	$\frac{^{5}\cancel{15} \cdot {^1}\cancel{a} \cdot {^1}\cancel{b} \cdot c}{\cancel{3}_1 \cdot \cancel{a}_1 \cdot \cancel{b}_1} = 5c$
$10a \cdot 6bc : (3a \cdot 2b) =$	$\frac{^{5}\cancel{10} \cdot {^1}\cancel{a} \cdot {^2}\cancel{6} \cdot {^1}\cancel{b} \cdot c}{\cancel{3}_1 \cdot \cancel{a}_1 \cdot \cancel{2}_1 \cdot \cancel{b}_1} = 10c$	$(5a \cdot b \cdot 4c) : (7b \cdot 2c) =$	$\frac{5 \cdot a \cdot {^1}\cancel{b} \cdot {^2}\cancel{4} \cdot {^1}\cancel{c}}{7 \cdot \cancel{b}_1 \cdot \cancel{2}_1 \cdot \cancel{c}_1} = \frac{10a}{7}$

23) Vereinfache und addiere bzw. subtrahiere dann, wenn dies möglich ist.

$3x \cdot 4y + 2x \cdot 5y =$	$12xy + 10xy = 22xy$	$5x \cdot 6y \cdot z - 2x \cdot 3y \cdot 3z =$	$30xyz - 18xyz = 12xyz$
$6x \cdot 2yz + 3x \cdot 4y =$	$12xyz + 12xy$	$7xy \cdot 8z - x \cdot 4y \cdot 6z =$	$56xyz - 24xyz = 32xyz$

24) Stelle geometrisch dar:

x 	xy 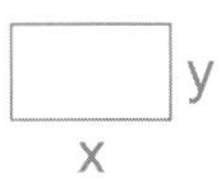	xyz 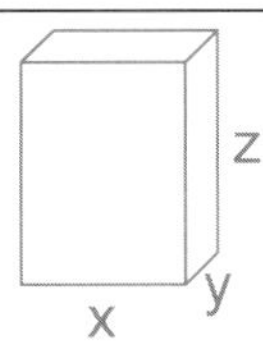	xy + xyz 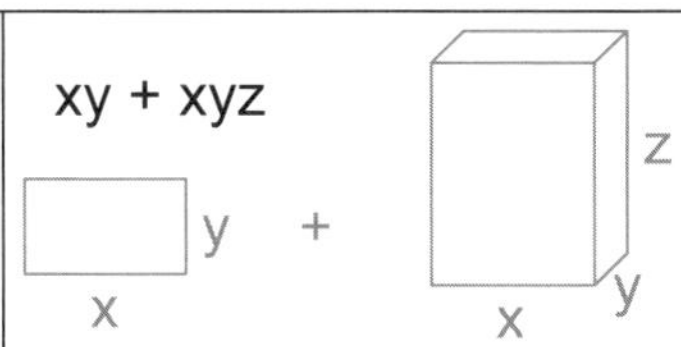

25) Kürze vor dem Addieren bzw. Subtrahieren. ($x \neq 0$; $y \neq 0$; $z \neq 0$)

$\frac{12\ x\ y}{4\ y} + \frac{8\ x\ y}{2\ y} =$	$\frac{^{3}\cancel{12}\ x\ \cancel{y}}{\cancel{4}_1\cancel{y}} + \frac{^{4}\cancel{8}\ x\ \cancel{y}}{\cancel{2}_1\cancel{y}} = 3x + 4x = 7x$
$\frac{20\ x\ y}{5\ x} - \frac{21\ x\ y\ z}{3\ x\ z} =$	$\frac{^{4}\cancel{20}\ \cancel{x}\ y}{\cancel{5}_1\cancel{x}} - \frac{^{7}\cancel{21}\ \cancel{x}\ y\ \cancel{z}}{\cancel{3}_1\cancel{x}\ \cancel{z}} = 4y - 7y = -3y$
$\frac{7\ x\ y}{14\ y} + \frac{24\ x\ y\ z}{16\ y\ z} =$	$\frac{^{1}\cancel{7}\ x\ \cancel{y}}{\cancel{14}_2\ \cancel{y}} + \frac{^{3}\cancel{24}\ x\ \cancel{y}\ \cancel{z}}{\cancel{16}_2\ \cancel{y}\ \cancel{z}} = \frac{x}{2} + \frac{3x}{2} = 2x$

Name:	Termumformungen 6

26) Schreibe als Potenz bzw. als Produkt gleicher Faktoren.

$a \cdot a \cdot a \cdot a \cdot a =$	$x^3 =$
$b \cdot b \cdot b \cdot b \cdot b \cdot b \cdot b \cdot b =$	$y^7 =$
$c =$	$z^2 =$

27) Schreibe zuerst als Produkt ohne Exponenten und dann als nur eine Potenz.

$a^2 \cdot a^3 =$	$5^3 \cdot 5^4 \cdot 5^2 =$
$b^2 \cdot b \cdot b^3 =$	$1{,}7^5 \cdot 1{,}7 =$
$x^4 \cdot x^2 \cdot x =$	$(-4)^2 \cdot (-4)^3 =$

28) Wende die Rechenregeln für die Multiplikation und Division richtig an. ($a \neq 0$; $b \neq 0$)

$2a^2 \cdot 3a^3 =$	$5b^5 \cdot 2b^2 =$	$a^2 \cdot b \cdot b^3 =$
$4b^2 \cdot 2b \cdot 5b^3 =$	$3a^3 \cdot 2b \cdot 6b^4 =$	$3a^4 \cdot 2a^3 \cdot 4b^3 =$
$10a^5 : a^3 =$	$20b^5 : 5b^4 =$	$12a^4 : a^4 =$
$6b^3 : 2b =$	$16a^4 : 4a^2 =$	$17a^4b : 17a^4b =$

29) Schreibe die Terme als Brüche und vereinfache so weit wie möglich. Gib jeweils an, welchen Wert die Variablen nicht annehmen dürfen.

$2^3 \cdot x^2 : x^5 =$
$(6a^2 \cdot 10b^3) : 3ab =$

30) Gib jeweils die Formel für das Volumen des Körpers an und vereinfache so weit wie möglich.

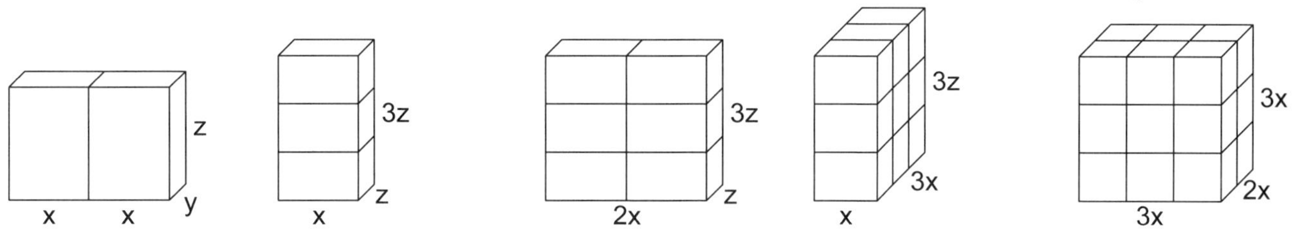

V =	V =	V =	V =	V =
V =	V =	V =	V =	V =

31) Vereinfache die Terme, wenn es möglich ist.

$3a^2 + ab + 4a^2 =$	$2a^2b + 3ab^2 + 4a^2b + 5ab^2 =$
$4a^2b^2 - 3a^2b^2 - 4a^2 =$	$5a^3b^3 + 6a^2b^2 + 10a^2b^2 - 5a^3b^3 =$
$5a^2b + 6ab - 2a^2b + 7 =$	$3a^3 + 6a^2b + 10ab^2 - 5b^3 =$

Name:	Termumformungen 6

26) Schreibe als Potenz bzw. als Produkt gleicher Faktoren.

$a \cdot a \cdot a \cdot a \cdot a =$	a^5	$x^3 =$	$x \cdot x \cdot x$
$b \cdot b \cdot b \cdot b \cdot b \cdot b \cdot b \cdot b =$	b^8	$y^7 =$	$y \cdot y \cdot y \cdot y \cdot y \cdot y \cdot y$
$c =$	c^1	$z^2 =$	$z \cdot z$

27) Schreibe zuerst als Produkt ohne Exponenten und dann als nur eine Potenz.

$a^2 \cdot a^3 =$	$a \cdot a \cdot a \cdot a \cdot a = a^5$	$5^3 \cdot 5^4 \cdot 5^2 =$	$5 \cdot 5 \cdot 5 \cdot 5 \cdot 5 \cdot 5 \cdot 5 \cdot 5 \cdot 5 = 5^9$
$b^2 \cdot b \cdot b^3 =$	$b \cdot b \cdot b \cdot b \cdot b \cdot b = b^6$	$1{,}7^5 \cdot 1{,}7 =$	$1{,}7 \cdot 1{,}7 \cdot 1{,}7 \cdot 1{,}7 \cdot 1{,}7 \cdot 1{,}7 = 1{,}7^6$
$x^4 \cdot x^2 \cdot x =$	$x \cdot x \cdot x \cdot x \cdot x \cdot x \cdot x = x^7$	$(-4)^2 \cdot (-4)^3 =$	$(-4) \cdot (-4) \cdot (-4) \cdot (-4) \cdot (-4) = (-4)^5$

28) Wende die Rechenregeln für die Multiplikation und Division richtig an. ($a \neq 0$; $b \neq 0$)

$2a^2 \cdot 3a^3 =$	$6a^5$	$5b^5 \cdot 2b^2 =$	$10b^7$	$a^2 \cdot b \cdot b^3 =$	a^2b^4
$4b^2 \cdot 2b \cdot 5b^3 =$	$40b^6$	$3a^3 \cdot 2b \cdot 6b^4 =$	$36a^3\,b^5$	$3a^4 \cdot 2a^3 \cdot 4b^3 =$	$24a^7b^3$
$10a^5 : a^3 =$	$10a^2$	$20b^5 : 5b^4 =$	$4b$	$12a^4 : a^4 =$	12
$6b^3 : 2b =$	$3b^2$	$16a^4 : 4a^2 =$	$4a^2$	$17a^4b : 17a^4b =$	1

29) Schreibe die Terme als Brüche und vereinfache so weit wie möglich. Gib jeweils an, welchen Wert die Variablen nicht annehmen dürfen.

$2^3 \cdot x^2 : x^5 =$	$\frac{2 \cdot 2 \cdot 2 \cdot \cancel{x} \cdot \cancel{x}}{\cancel{x} \cdot \cancel{x} \cdot x \cdot x \cdot x} = \frac{8}{x^3}$	$(x \neq 0)$
$(6a^2 \cdot 10b^3) : 3ab =$	$\frac{{}^2\cancel{6} \cdot \cancel{a} \cdot a \cdot 10 \cdot \cancel{b} \cdot b \cdot b}{\cancel{3}_1 \cdot \cancel{a} \cdot \cancel{b}} = 20ab^2$	$(a \neq 0;\ b \neq 0)$

30) Gib jeweils die Formel für das Volumen des Körpers an und vereinfache so weit wie möglich.

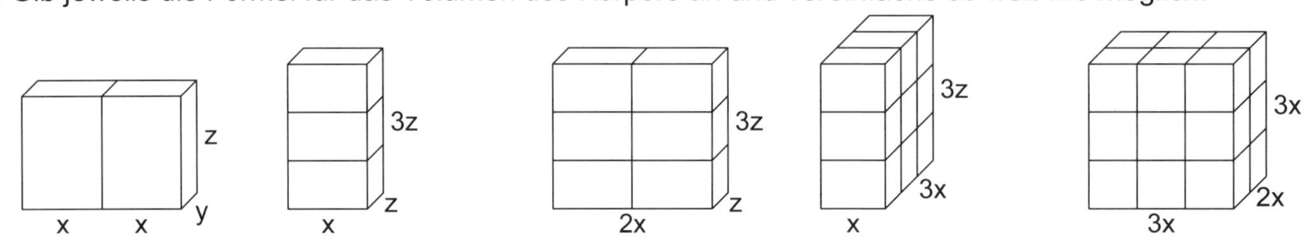

$V = 2x \cdot y \cdot z$	$V = x \cdot z \cdot 3z$	$V = 2x \cdot z \cdot 3z$	$V = x \cdot 3x \cdot 3z$	$V = 3x \cdot 2x \cdot 3x$
$V = 2xyz$	$V = 3xz^2$	$V = 6xz^2$	$V = 9x^2z$	$V = 18x^3$

31) Vereinfache die Terme, wenn es möglich ist.

$3a^2 + ab + 4a^2 =$	$7a^2 + ab$	$2a^2b + 3ab^2 + 4a^2b + 5ab^2 =$	$6a^2b + 8ab^2$
$4a^2b^2 - 3a^2b^2 - 4a^2 =$	$a^2b^2 - 4a^2$	$5a^3b^3 + 6a^2b^2 + 10a^2b^2 - 5a^3b^3 =$	$16a^2b^2$
$5a^2b + 6ab - 2a^2b + 7 =$	$3a^2b + 6ab + 7$	$3a^3 + 6a^2b + 10ab^2 - 5b^3 =$	---

Name:	Termumformungen 7

32) a) Ergänze beim Zahlenbeispiel das Distributivgesetz und schreibe es mit Variablen.

$(7 + 5) \cdot 2 =$	mit Variablen:

b) Vereinfache die Terme und nutze das Distributivgesetz.

$2 \cdot (a + b) =$	$3 \cdot (a - 2b) =$
$(3a - 2b) \cdot 5 =$	$(-2a + 7b) \cdot 4 =$
$(5a + 7b - 4c) \cdot 6 =$	$(a - 3b + 9c) \cdot 4=$
$-3 \cdot (-4a - 2b + 5c) =$	$-2 \cdot (2a + b - 7c) =$

33) Multipliziere die Klammern aus und vereinfache.

$2a + 5 \cdot (a + 4b) =$	$2b + (3a - 7b) \cdot 4 =$
$6a - b + 6 \cdot (2a + b) =$	$-5a + 3b + (a - 9b) \cdot 2 =$

➯ Wenn vor der Multiplikation einer Klammer ein **Minus** steht, rechne in zwei Schritten.

34) Multipliziere die Klammern aus und vereinfache.

$3a - 4 \cdot (2a + b) =$ $= 3a - (8a + 4b) =$ $= 3a - 8a - 4b = -5a - 4b$	$4b - (9a - 6b) \cdot 2 =$
$a - 7b - 5 \cdot (6a + 2b) =$	$-4a + b - (-3a - 5b) \cdot 6 =$

35) Multipliziere die Klammern aus und vereinfache. Vergiss nicht in zwei Schritten zu rechnen, wenn vor der Klammer ein Minus steht.

$3 \cdot (a + b) + 4 \cdot (3a + 2b) =$	$-5 \cdot (3a - 2b) + 2 \cdot (2a + 4b) =$
$(4a - 5b) \cdot (-6) + (a + 7b) \cdot 5 =$	$(2a - 6b) \cdot 7 + (5a - b) \cdot 3 =$
$5 \cdot (2a - 7b) - 3 \cdot (a + 8b) =$	$4 \cdot (-9a + 22b) - 6 \cdot (a - 8b) =$
$(a + 6b) \cdot (-2) - (5a - 3b) \cdot 9 =$	$(-4a + 7b) \cdot 4 - (a + 2b) \cdot 8 =$

Name:	Termumformungen 7

32) a) Ergänze beim Zahlenbeispiel das Distributivgesetz und schreibe es mit Variablen.

(7 + 5) · 2 = 7 · 2 + 5 · 2	mit Variablen: (a + b) · c = a · c + b · c

b) Vereinfache die Terme und nutze das Distributivgesetz.

2 · (a + b) =	2a + 2b	3 · (a – 2b) =	3a – 6b
(3a – 2b) · 5 =	15a – 10b	(– 2a + 7b) · 4 =	– 8a + 28b
(5a + 7b – 4c) · 6 =	30a + 42b – 24c	(a – 3b + 9c) · 4=	4a – 12b + 36c
– 3 · (– 4a – 2b + 5c) =	12a + 6b – 15c	– 2 · (2a + b – 7c) =	– 4a – 2b + 14c

33) Multipliziere die Klammern aus und vereinfache.

2a + 5 · (a + 4b) = = 2a + 5a + 20b = 7a + 20b	2b + (3a – 7b) · 4 = = 2b + 12a – 28b = 12a – 26b
6a – b + 6 · (2a + b) = = 6a – b + 12a + 6b = 18a + 5b	– 5a + 3b + (a – 9b) · 2 = = – 5a + 3b + 2a – 18b = – 3a – 15b

Wenn vor der Multiplikation einer Klammer ein **Minus** steht, rechne in zwei Schritten.

34) Multipliziere die Klammern aus und vereinfache.

3a – 4 · (2a + b) = = 3a **–** **(**8a + 4b**)** = = 3a – 8a – 4b = – 5a – 4b	4b – (9a – 6b) · 2 = = 4b – (18a – 12b) = = 4b – 18a + 12b = – 18a + 16b
a – 7b **–** 5 · (6a + 2b) = = a – 7b – (30a + 10b) = = a – 7b – 30a – 10b = – 29a – 17b	– 4a + b **–** (– 3a – 5b) · 6 = = – 4a + b – (– 18a – 30b) = = – 4a + b + 18a + 30b = 14a + 31b

35) Multipliziere die Klammern aus und vereinfache. Vergiss nicht in zwei Schritten zu rechnen, wenn vor der Klammer ein Minus steht.

3 · (a + b) + 4 · (3a + 2b) = = 3a + 3b + 12a + 8b = 15a + 11b	– 5 · (3a – 2b) + 2 · (2a + 4b) = = – 15a + 10b + 4a + 8b = – 11a + 18b
(4a – 5b) · (– 6) + (a + 7b) · 5 = = – 24a + 30b + 5a + 35b = – 19a + 65b	(2a – 6b) · 7 + (5a – b) · 3 = = 14a – 42b + 15a – 3b = 29a – 45b
5 · (2a – 7b) – 3 · (a + 8b) = = 10a – 35b – (3a + 24b) = = 10a – 35b – 3a – 24b = 7a – 59b	4 · (– 9a + 22b) – 6 · (a – 8b) = = – 36a + 88b – (6a – 48b) = = – 36a + 88b – 6a + 48b = – 42a + 136b
(a + 6b) · (– 2) – (5a – 3b) · 9 = = – 2a – 12b – (45a – 27b) = = – 2a – 12b – 45a + 27b = – 47a + 15b	(– 4a + 7b) · 4 – (a + 2b) · 8 = = – 16a + 28b – (8a + 16b) = = – 16a + 28b – 8a – 16b = – 24a + 12b

36) Gib jeweils zwei Formeln für den Flächeninhalt der gefärbten Figur an.

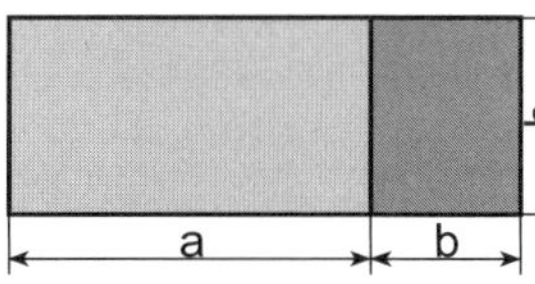

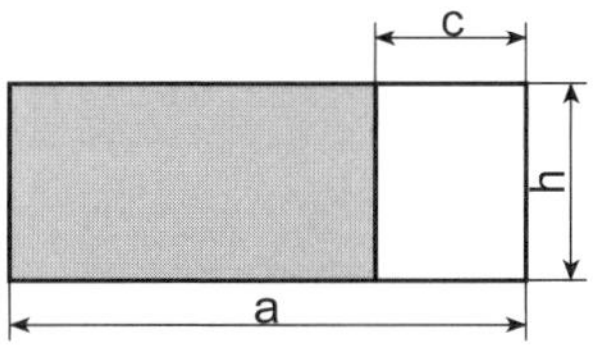

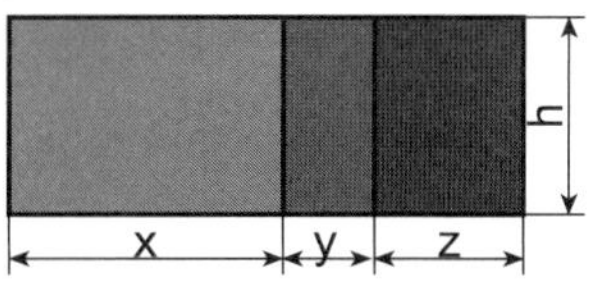

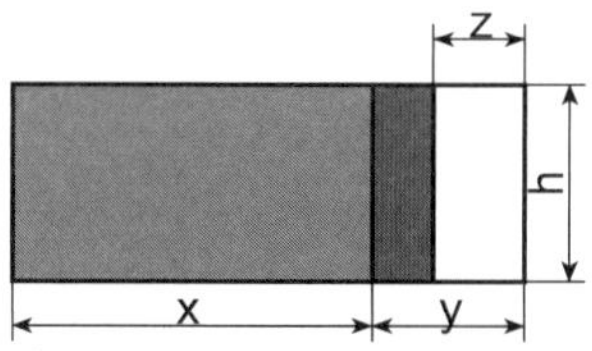

A =	A =	A =	A =
A =	A =	A =	A =

37) Multipliziere die Klammern aus.

(a + b) · c =	(e – 3) · f =
7 · (p + q) =	x · (1 – y) =
(2a + 3b) · c =	(4e – 3f) · g =
4x · (p + q) =	6x · (2 – y) =
(5a + 4b) · 3c =	(2e – 4f) · 5g =
– 3 · (2p + q) =	7x · (– 1 – 2y) =

38) Beschrifte alle Seiten des Rechtecks mit den entsprechenden Variablen, schreibe in die Teilflächen des Rechtecks die Formeln für die Flächeninhalte und lies die Formeln für die gesamte Rechtecksfläche ab.

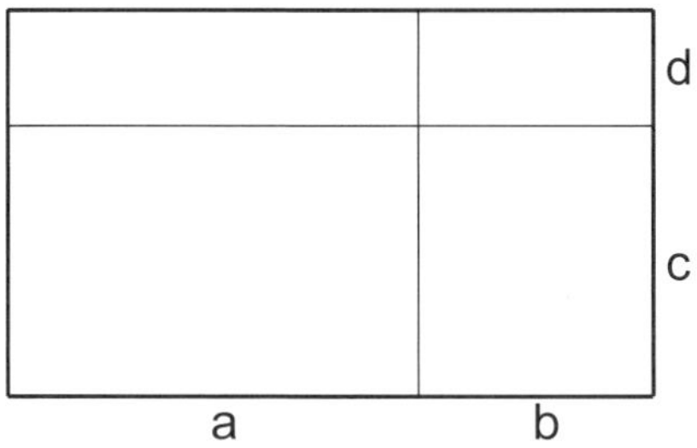

A =

A =

39) Multipliziere die Binome bzw. Polynome.

(x + 4) · (y + 3) =
(2 + x) · (5 – y) =
(x – 6) · (y + 4) =
(a – x) · (b – y) =

(2x + y) · (7a + 5b) =
(3a – 4b) · (2c + d) =
(4r – 6s) · (8 – 10t) =
(– u + 2v) · (3w – 9) =

(a + b + c) · (x + y) =
(3a + 2b + 5c) · (2x + 4y) =
(a – 6b + 4c) · (3x – 2y) =

36) Gib jeweils zwei Formeln für den Flächeninhalt der gefärbten Figur an.

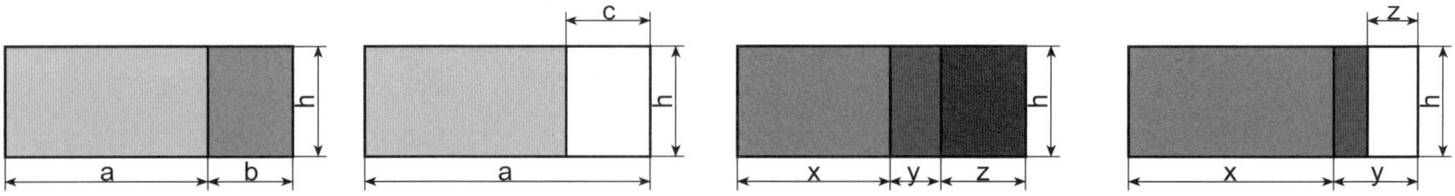

A = $(a + b) \cdot h$	A = $(a - c) \cdot h$	A = $(x + y + z) \cdot h$	A = $(x + y - z) \cdot h$
A = $a \cdot h + b \cdot h$	A = $a \cdot h - c \cdot h$	A = $x \cdot h + y \cdot h + z \cdot h$	A = $x \cdot h + y \cdot h - z \cdot h$

37) Multipliziere die Klammern aus.

$(a + b) \cdot c =$	$ac + bc$	$(e - 3) \cdot f =$	$ef - 3f$
$7 \cdot (p + q) =$	$7p + 7q$	$x \cdot (1 - y) =$	$x - xy$
$(2a + 3b) \cdot c =$	$2ac + 3bc$	$(4e - 3f) \cdot g =$	$4eg - 3fg$
$4x \cdot (p + q) =$	$4px + 4qx$	$6x \cdot (2 - y) =$	$12x - 6xy$
$(5a + 4b) \cdot 3c =$	$15ac + 12bc$	$(2e - 4f) \cdot 5g =$	$10eg - 20fg$
$-3 \cdot (2p + q) =$	$-6p - 3q$	$7x \cdot (-1 - 2y) =$	$-7x - 14xy$

38) Beschrifte alle Seiten des Rechtecks mit den entsprechenden Variablen, schreibe in die Teilflächen des Rechtecks die Formeln für die Flächeninhalte und lies die Formeln für die gesamte Rechtecksfläche ab.

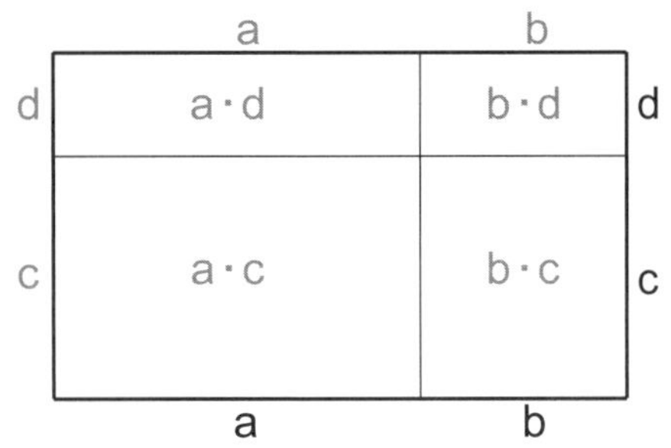

A = $(a + b) \cdot (c + d)$

A = $a \cdot c + b \cdot c + a \cdot d + b \cdot d$

39) Multipliziere die Binome bzw. Polynome.

$(x + 4) \cdot (y + 3) =$	$xy + 4y + 3x + 12$
$(2 + x) \cdot (5 - y) =$	$10 + 5x - 2y - xy$
$(x - 6) \cdot (y + 4) =$	$xy - 6y + 4x - 24$
$(a - x) \cdot (b - y) =$	$ab - bx - ay + xy$

$(2x + y) \cdot (7a + 5b) =$	$14ax + 7ay + 10bx + 5by$
$(3a - 4b) \cdot (2c + d) =$	$6ac - 8bc + 3ad - 4bd$
$(4r - 6s) \cdot (8 - 10t) =$	$32r - 48s - 40rt + 60st$
$(-u + 2v) \cdot (3w - 9) =$	$-3uw + 6vw + 9u - 18v$

$(a + b + c) \cdot (x + y) =$	$ax + bx + cx + ay + by + cy$
$(3a + 2b + 5c) \cdot (2x + 4y) =$	$6ax + 4bx + 10cx + 12ay + 8by + 20cy$
$(a - 6b + 4c) \cdot (3x - 2y) =$	$3ax - 18bx + 12cx - 2ay + 12by - 8cy$

Name:	Termumformungen 9

40) Vereinfache die Terme.

$3a \cdot 4b =$	$3a \cdot 3a =$	$2a^2 \cdot 5a =$
$4a \cdot b =$	$(4a)^2 =$	$3a^2 \cdot 2a^3 =$
$5a \cdot (-2b) =$	$a^3 \cdot a^4 =$	$-5a \cdot 2a^4 =$
$(-2a) \cdot (-3b) =$	$a^8 \cdot a^5 =$	$a^2 \cdot (-2a^4) =$

41) Gib jeweils zwei Formeln für den Flächeninhalt der gefärbten Figur an.

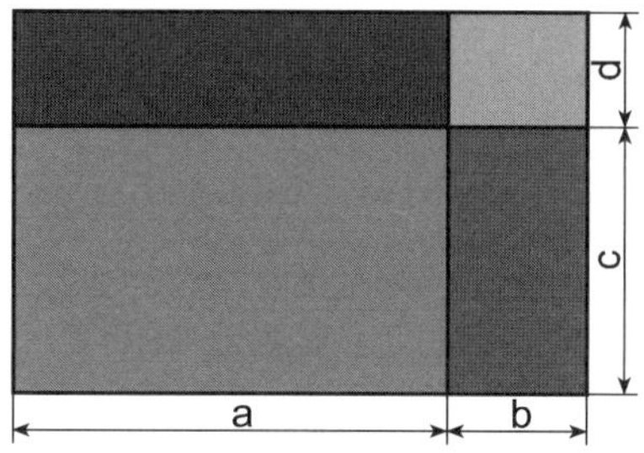

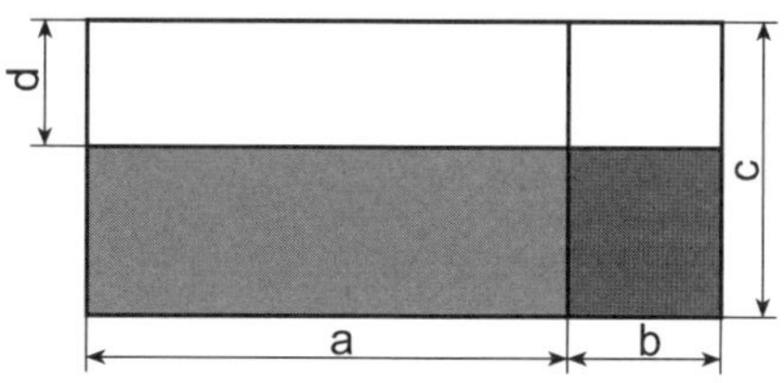

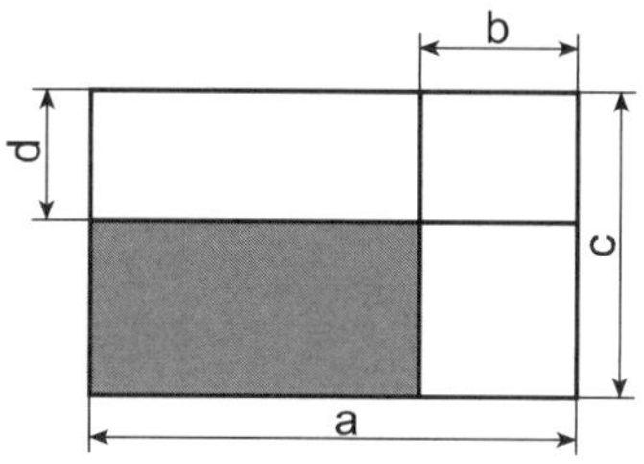

A =	A =	A =
A =	A =	A =

42) Multipliziere die Binome. Vereinfache dann die Terme, wenn es möglich ist.

$(3x + 4y) \cdot (2x + 3y) =$
$(2x + y) \cdot (5x - y) =$
$(x - 6y) \cdot (-3x + 4y) =$
$(-5x + 4y) \cdot (x - 2y) =$

$(x^2 + 5) \cdot (y^2 + 2) =$
$(2x^2 + x) \cdot (3x - 4) =$
$(x^2 - 6) \cdot (x^2 + 5) =$
$(x^3 - x^2) \cdot (x^2 - x) =$

43) Rechne aus und vereinfache, wenn dies möglich ist.

$12 + (x + 4) \cdot (x + 3) =$
$(5x + y) \cdot (2x - 4y) - 3xy =$
$x^2 + (x - 6) \cdot (x + 2) =$
$(x - 1) \cdot (2x + 2) - 2x^2 =$

$(a^2 + 4) \cdot (a^2 + 2) - 3a^2 + 4 =$
$(5a^2 + a) \cdot (a - 6) + 3a^3 - 2a =$
$(a^2 - 6a) \cdot (a + 4) - a^3 + 2a^2 =$

Name:	Termumformungen 9

40) Vereinfache die Terme.

$3a \cdot 4b =$	$12ab$	$3a \cdot 3a =$	$9a^2$	$2a^2 \cdot 5a =$	$10a^3$
$4a \cdot b =$	$4ab$	$(4a)^2 =$	$16a^2$	$3a^2 \cdot 2a^3 =$	$6a^5$
$5a \cdot (-2b) =$	$-10ab$	$a^3 \cdot a^4 =$	a^7	$-5a \cdot 2a^4 =$	$-10a^5$
$(-2a) \cdot (-3b) =$	$+6ab$	$a^8 \cdot a^5 =$	a^{13}	$a^2 \cdot (-2a^4) =$	$-2a^6$

41) Gib jeweils zwei Formeln für den Flächeninhalt der gefärbten Figur an.

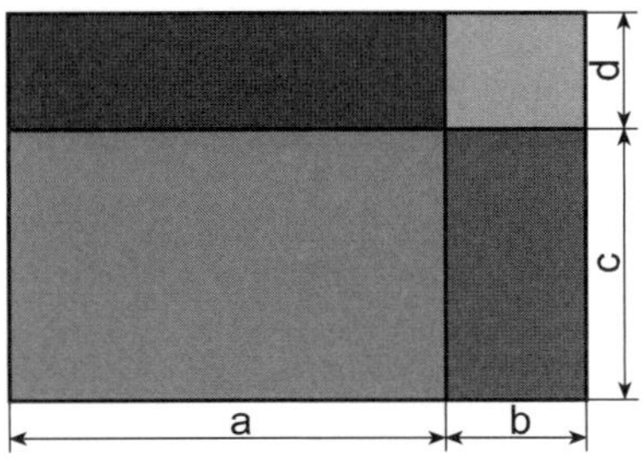

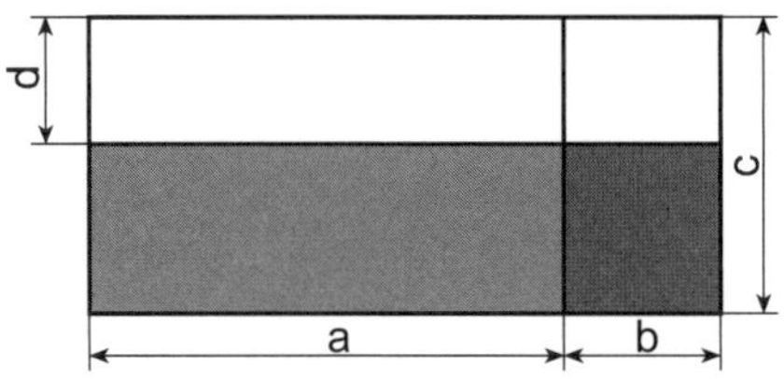

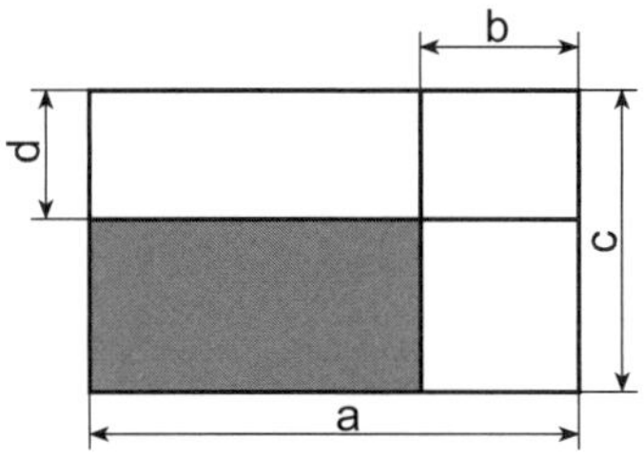

$A = a \cdot c + b \cdot c + a \cdot d + b \cdot d$	$A = a \cdot c + b \cdot c - a \cdot d - b \cdot d$	$A = a \cdot c - b \cdot c - a \cdot d + b \cdot d$
$A = (a + b) \cdot (c + d)$	$A = (a + b) \cdot (c - d)$	$A = (a - b) \cdot (c - d)$

42) Multipliziere die Binome. Vereinfache dann die Terme, wenn es möglich ist.

$(3x + 4y) \cdot (2x + 3y) =$	$6x^2 + 8xy + 9xy + 12y^2 = \quad 6x^2 + 17xy + 12y^2$
$(2x + y) \cdot (5x - y) =$	$10x^2 + 5xy - 2xy - y^2 = \quad 10x^2 + 3xy - y^2$
$(x - 6y) \cdot (-3x + 4y) =$	$-3x^2 + 18xy + 4xy - 24y^2 = \quad -3x^2 + 22xy - 24y^2$
$(-5x + 4y) \cdot (x - 2y) =$	$-5x^2 + 4xy + 10xy - 8y^2 = \quad -5x^2 + 14xy - 8y^2$

$(x^2 + 5) \cdot (y^2 + 2) =$	$x^2y^2 + 5y^2 + 2x^2 + 10$
$(2x^2 + x) \cdot (3x - 4) =$	$6x^3 + 3x^2 - 8x^2 - 4x = \quad 6x^3 - 5x^2 - 4x$
$(x^2 - 6) \cdot (x^2 + 5) =$	$x^4 - 6x^2 + 5x^2 - 30 = \quad x^4 - x^2 - 30$
$(x^3 - x^2) \cdot (x^2 - x) =$	$x^5 - x^4 - x^4 + x^3 = \quad x^5 - 2x^4 + x^3$

43) Rechne aus und vereinfache, wenn dies möglich ist.

$12 + (x + 4) \cdot (x + 3) =$	$12 + x^2 + 4x + 3x + 12 = \quad x^2 + 7x + 24$
$(5x + y) \cdot (2x - 4y) - 3xy =$	$10x^2 + 2xy - 20xy - 4y^2 - 3xy = \quad 10x^2 - 21xy - 4y^2$
$x^2 + (x - 6) \cdot (x + 2) =$	$x^2 + x^2 - 6x + 2x - 12 = \quad 2x^2 - 4x - 12$
$(x - 1) \cdot (2x + 2) - 2x^2 =$	$2x^2 - 2x + 2x - 2 - 2x^2 = \quad -2$

$(a^2 + 4) \cdot (a^2 + 2) - 3a^2 + 4 =$	$a^4 + 4a^2 + 2a^2 + 8 - 3a^2 + 4 = \quad a^4 + 3a^2 + 12$
$(5a^2 + a) \cdot (a - 6) + 3a^3 - 2a =$	$5a^3 + a^2 - 30a^2 - 6a + 3a^3 - 2a = \quad 8a^3 - 29a^2 - 8a$
$(a^2 - 6a) \cdot (a + 4) - a^3 + 2a^2 =$	$a^3 - 6a^2 + 4a^2 - 24a - a^3 + 2a^2 = \quad -24a$

44) Multipliziere und rechne die Probe für $e = 1$, $f = 2$, $g = 3$, $h = 4$.

$(3e + 4f) \cdot (-g - 5h) =$

A:

E:

$(5e - f) \cdot (-2g + 3h - 2) =$

A:

E:

45) Multipliziere und vereinfache, wenn dies möglich ist. Rechne die Probe für $a = 3$.

$(3a^2 + 4a) \cdot (a - 1) =$

A:

E:

$(a^2 - 3a) \cdot (2a - 5) =$

A:

E:

$(a^3 - 4a^2) \cdot (a + 4) =$

A:

E:

46) Berechne und vereinfache, wenn dies möglich ist.

$(3a - 4b) \cdot (2a + b) + (2a + b) \cdot (5a - 4b) =$

$(2a - 5b) \cdot (-a + 3b) - (a - 6b) \cdot (a - 7b) =$

$(-a - 5b) \cdot (-2a - 4b) - (4a + b) \cdot (2a - 6b) =$

47) Zu einer Aufgabe passt kein Ergebnis, zu einem Ergebnis keine Aufgabe. Male die entsprechenden Felder an.

Aufgaben	$a^2 + a^2$	$(ab)^2$	$a \cdot (a + b)$	$a^2 \cdot a^3$	$a \cdot (a + 1)$	$a \cdot a \cdot a$	$a - (b + c)$	$-5a - 5a$
Ergebnisse	$a^2 + ab$	a^3	$a - b - c$	$a^2 + a$	$a^2 b^2$	$-10a$	$2a^2$	a^6

Name:	Termumformungen 10

44) Multipliziere und rechne die Probe für $e = 1$, $f = 2$, $g = 3$, $h = 4$.

$(3e + 4f) \cdot (-g - 5h) =$ $-3eg - 4fg - 15eh - 20fh$

A: $(3 \cdot 1 + 4 \cdot 2) \cdot (-3 - 5 \cdot 4) = (3 + 8) \cdot (-3 - 20) = 11 \cdot (-23) = -253$

E: $-3 \cdot 1 \cdot 3 - 4 \cdot 2 \cdot 3 - 15 \cdot 1 \cdot 4 - 20 \cdot 2 \cdot 4 = -9 - 24 - 60 - 160 = -253$

$(5e - f) \cdot (-2g + 3h - 2) =$ $-10eg + 2fg + 15eh - 3fh - 10e + 2f$

A: $(5 \cdot 1 - 2) \cdot (-2 \cdot 3 + 3 \cdot 4 - 2) = (5 - 2) \cdot (-6 + 12 - 2) = 3 \cdot 4 = 12$

E: $-10 \cdot 1 \cdot 3 + 2 \cdot 2 \cdot 3 + 15 \cdot 1 \cdot 4 - 3 \cdot 2 \cdot 4 - 10 \cdot 1 + 2 \cdot 2 = -30 + 12 + 60 - 24 - 10 + 4 = 12$

45) Multipliziere und vereinfache, wenn dies möglich ist. Rechne die Probe für $a = 3$.

$(3a^2 + 4a) \cdot (a - 1) =$ $3a^3 + 4a^2 - 3a^2 - 4a = 3a^3 + a^2 - 4a$

A: $(3 \cdot 3^2 + 4 \cdot 3) \cdot (3 - 1) = (3 \cdot 9 + 12) \cdot 2 = 39 \cdot 2 = 78$

E: $3 \cdot 3^3 + 3^2 - 4 \cdot 3 = 3 \cdot 27 + 9 - 12 = 81 + 9 - 12 = 78$

$(a^2 - 3a) \cdot (2a - 5) =$ $2a^3 - 6a^2 - 5a^2 + 15a = 2a^3 - 11a^2 + 15a$

A: $(3^2 - 3 \cdot 3) \cdot (2 \cdot 3 - 5) = (9 - 9) \cdot (6 - 5) = 0 \cdot 1 = 0$

E: $2 \cdot 3^3 - 11 \cdot 3^2 + 15 \cdot 3 = 2 \cdot 27 - 11 \cdot 9 + 45 = 54 - 99 + 45 = 0$

$(a^3 - 4a^2) \cdot (a + 4) =$ $a^4 - 4a^3 + 4a^3 - 16a^2 = a^4 - 16a^2$

A: $(3^3 - 4 \cdot 3^2) \cdot (3 + 4) = (27 - 4 \cdot 9) \cdot 7 = (27 - 36) \cdot 7 = -9 \cdot 7 = -63$

E: $3^4 - 16 \cdot 3^2 = 81 - 16 \cdot 9 = 81 - 144 = -63$

46) Berechne und vereinfache, wenn dies möglich ist.

$(3a - 4b) \cdot (2a + b) + (2a + b) \cdot (5a - 4b) =$

$= (6a^2 - 8ab + 3ab - 4b^2) + (10a^2 + 5ab - 8ab - 4b^2) =$

$= 6a^2 - 8ab + 3ab - 4b^2 + 10a^2 + 5ab - 8ab - 4b^2 =$ $16a^2 - 8ab - 8b^2$

$(2a - 5b) \cdot (-a + 3b) - (a - 6b) \cdot (a - 7b) =$

$= (-2a^2 + 5ab + 6ab - 15b^2) - (a^2 - 6ab - 7ab + 42b^2) =$

$= -2a^2 + 5ab + 6ab - 15b^2 - a^2 + 6ab + 7ab - 42b^2 =$ $-3a^2 + 24ab - 57b^2$

$(-a - 5b) \cdot (-2a - 4b) - (4a + b) \cdot (2a - 6b) =$

$= (2a^2 + 10ab + 4ab + 20b^2) - (8a^2 + 2ab - 24ab - 6b^2) =$

$= 2a^2 + 10ab + 4ab + 20b^2 - 8a^2 - 2ab + 24ab + 6b^2 =$ $-6a^2 + 36ab + 26b^2$

47) Zu einer Aufgabe passt kein Ergebnis, zu einem Ergebnis keine Aufgabe. Male die entsprechenden Felder an.

Aufgaben	$a^2 + a^2$	$(ab)^2$	$a \cdot (a + b)$	$a^2 \cdot a^3$	$a \cdot (a + 1)$	$a \cdot a \cdot a$	$a - (b + c)$	$-5a - 5a$
Ergebnisse	$a^2 + ab$	a^3	$a - b - c$	$a^2 + a$	$a^2 b^2$	$-10a$	$2a^2$	a^6

Name:	Termumformungen 11

48) Schreibe, wenn möglich, als Produkt, rechne aus und fasse zusammen.

$(a + 3b)^2 =$
$(3a + 4b)^2 =$
$(5a + b)^2 =$

$(2a - b)^2 =$
$(4a - 5b)^2 =$
$(a - 7b)^2 =$

$(4a + b) \cdot (4a - b) =$
$(3a - 6b) \cdot (3a + 6b) =$
$(a + 5b) \cdot (a - 5b) =$

49) Vereinfache die Terme.

$2 \cdot 3a \cdot 4b =$	$(5a)^2 =$	$2 \cdot 5a \cdot 3b =$	$(-4)^2 =$
$2 \cdot 5a \cdot b =$	$(-3b)^2 =$	$2 \cdot 7 \cdot 4b =$	$(-8a)^2 =$
$2 \cdot 5 \cdot 6b =$	$(4a)^2 =$	$2 \cdot 3a \cdot 1 =$	$(9b)^2 =$

L:	30ab	$9b^2$	24ab	6a	60b	$81b^2$	16	$25a^2$	10ab	$16a^2$	$64a^2$	

50) Gib jeweils zwei Formeln für den Flächeninhalt der gefärbten Figur an.

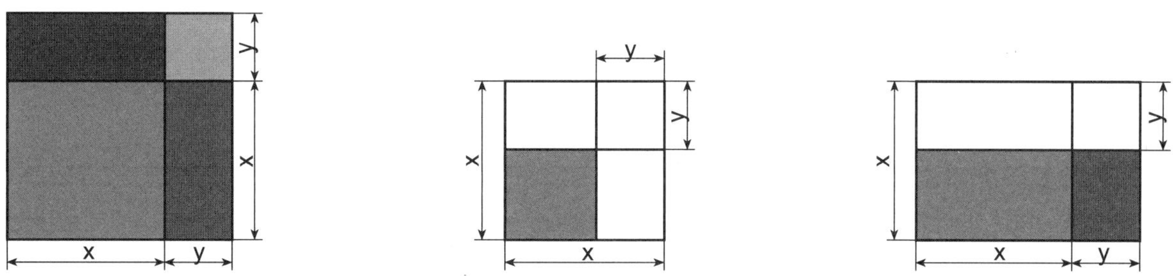

A =	A =	A =
A =	A =	A =

51) Berechne mit Hilfe der binomischen Formeln.

$(5x + 6y)^2 =$	$(7x + y)^2 =$
$(3x - 4y)^2 =$	$(x - 6y)^2 =$
$(4x - 2y) \cdot (4x + 2y) =$	$(3x + y) \cdot (3x - y) =$

$(3p + q)^2 =$	$(10 - q) \cdot (10 + q) =$
$(1 + 2q) \cdot (1 - 2q) =$	$(4p + 7q)^2 =$
$(5p - 2q)^2 =$	$(3p - 6)^2 =$

Name:	Termumformungen 11

48) Schreibe, wenn möglich, als Produkt, rechne aus und fasse zusammen.

$(a + 3b)^2 =$	$(a + 3b) \cdot (a + 3b) =$	$a^2 + 3ab + 3ab + 9b^2 =$	$a^2 + 6ab + 9b^2$
$(3a + 4b)^2 =$	$(3a + 4b) \cdot (3a + 4b) =$	$9a^2 + 12ab + 12ab + 16b^2 =$	$9a^2 + 24ab + 16b^2$
$(5a + b)^2 =$	$(5a + b) \cdot (5a + b) =$	$25a^2 + 5ab + 5ab + b^2 =$	$25a^2 + 10ab + b^2$

$(2a - b)^2 =$	$(2a - b) \cdot (2a - b) =$	$4a^2 - 2ab - 2ab + b^2 =$	$4a^2 - 4ab + b^2$
$(4a - 5b)^2 =$	$(4a - 5b) \cdot (4a - 5b) =$	$16a^2 - 20ab - 20ab + 25b^2 =$	$16a^2 - 40ab + 25b^2$
$(a - 7b)^2 =$	$(a - 7b) \cdot (a - 7b) =$	$a^2 - 7ab - 7ab + 49b^2 =$	$a^2 - 14ab + 49b^2$

$(4a + b) \cdot (4a - b) =$	$16a^2 + 4ab - 4ab - b^2 =$	$16a^2 - b^2$
$(3a - 6b) \cdot (3a + 6b) =$	$9a^2 - 18ab + 18ab - 36b^2 =$	$9a^2 - 36b^2$
$(a + 5b) \cdot (a - 5b) =$	$a^2 + 5ab - 5ab - 25b^2 =$	$a^2 - 25b^2$

49) Vereinfache die Terme.

$2 \cdot 3a \cdot 4b =$	$24ab$	$(5a)^2 =$	$25a^2$	$2 \cdot 5a \cdot 3b =$	$30ab$	$(-4)^2 =$	16
$2 \cdot 5a \cdot b =$	$10ab$	$(-3b)^2 =$	$9b^2$	$2 \cdot 7 \cdot 4b =$	$56b$	$(-8a)^2 =$	$64a^2$
$2 \cdot 5 \cdot 6b =$	$60b$	$(4a)^2 =$	$16a^2$	$2 \cdot 3a \cdot 1 =$	$6a$	$(9b)^2 =$	$81b^2$

L:	$30ab$	$9b^2$	$24ab$	$6a$	$60b$	$81b^2$	16	$25a^2$	$10ab$	$16a^2$	$64a^2$	$56b$

50) Gib jeweils zwei Formeln für den Flächeninhalt der gefärbten Figur an.

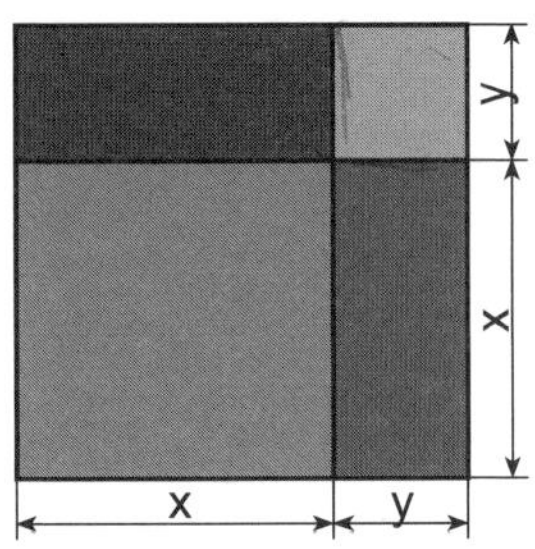

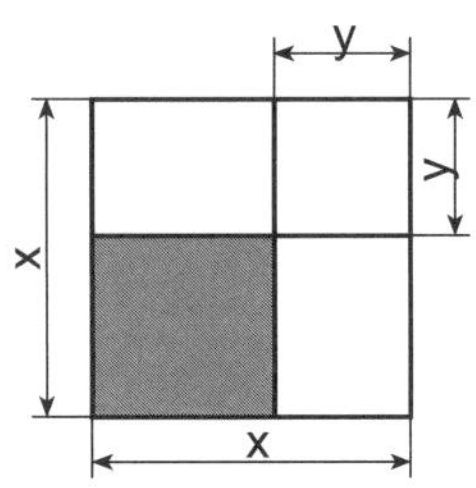

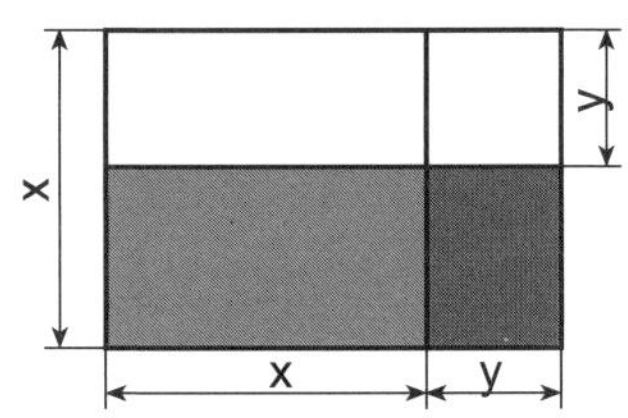

$A = x^2 + 2xy + y^2$	$A = x^2 - 2xy + y^2$	$A = x^2 - y^2$
$A = (x + y) \cdot (x + y)$	$A = (x - y) \cdot (x - y)$	$A = (x + y) \cdot (x - y)$

51) Berechne mit Hilfe der binomischen Formeln.

$(5x + 6y)^2 =$	$25x^2 + 60xy + 36y^2$	$(7x + y)^2 =$	$49x^2 + 14xy + y^2$
$(3x - 4y)^2 =$	$9x^2 - 24xy + 16y^2$	$(x - 6y)^2 =$	$x^2 - 12xy + 36y^2$
$(4x - 2y) \cdot (4x + 2y) =$	$16x^2 - 4y^2$	$(3x + y) \cdot (3x - y) =$	$9x^2 - y^2$

$(3p + q)^2 =$	$9p^2 + 6pq + q^2$	$(10 - q) \cdot (10 + q) =$	$100 - q^2$
$(1 + 2q) \cdot (1 - 2q) =$	$1 - 4q^2$	$(4p + 7q)^2 =$	$16p^2 + 56pq + 49q^2$
$(5p - 2q)^2 =$	$25p^2 - 20pq + 4q^2$	$(3p - 6)^2 =$	$9p^2 - 36p + 36$

Name:	Termumformungen 12

52) Vereinfache die Terme so weit wie möglich. Verwende die binomischen Formeln.

$(x + 5)^2 - 5x + x^2 =$
$(2x - y)^2 + 4xy - x^2 =$
$(5x - 6)^2 + (5x + 6)^2 =$
$(3x + 4y) \cdot (3x - 4y) - 5x^2 + 10y^2 =$
$(4x + 1)^2 - (16x^2 - 1) + 16x =$

53) Vor der Klammer steht ein „Minus“. Rechne in zwei Schritten.

$9y^2 - (5x + 3y)^2 = 9y^2 - ($
$16 - (2x + 5) \cdot (2x - 5) =$
$x^2 - (x - 3)^2 =$

54) Vereinfache die Terme so weit wie möglich und rechne die Probe für a = 3, b = 2.

$(a + 1)^2 + (a - 1)^2 =$
A:
E:

$(3a - 4b)^2 - (2a + b)^2 =$
A:
E:

$(-2a + 3b)^2 - (5a - 3b) \cdot (5a + 3b) =$
A:
E:

$(2a + b)^2 + (a - 2b)^2 =$
A:
E:

$(2 - 5a)^2 - (6a - 1)^2 =$
A:
E:

Name:	Termumformungen 12

52) Vereinfache die Terme so weit wie möglich. Verwende die binomischen Formeln.

$(x + 5)^2 - 5x + x^2 =$	$x^2 + 10x + 25 - 5x + x^2 = \quad 2x^2 + 5x + 25$
$(2x - y)^2 + 4xy - x^2 =$	$4x^2 - 4xy + y^2 + 4xy - x^2 = \quad 3x^2 + y^2$
$(5x - 6)^2 + (5x + 6)^2 =$	$25x^2 - 60x + 36 + 25x^2 + 60x + 36 = \quad 50x^2 + 72$
$(3x + 4y) \cdot (3x - 4y) - 5x^2 + 10y^2 =$	$9x^2 - 16y^2 - 5x^2 + 10y^2 = \quad 4x^2 - 6y^2$
$(4x + 1)^2 - (16x^2 - 1) + 16x =$	$16x^2 + 8x + 1 - 16x^2 + 1 + 16x = \quad 24x + 2$

53) Vor der Klammer steht ein „Minus“. Rechne in zwei Schritten.

$9y^2 - (5x + 3y)^2 = 9y^2 - (25x^2 + 30xy + 9y^2) = 9y^2 - 25x^2 - 30xy - 9y^2 = \quad -25x^2 - 30xy$
$16 - (2x + 5) \cdot (2x - 5) = \quad 16 - (4x^2 - 25) = 16 - 4x^2 + 25 = \quad -4x^2 + 41$
$x^2 - (x - 3)^2 = \quad x^2 - (x^2 - 6x + 9) = x^2 - x^2 + 6x - 9 = \quad 6x - 9$

54) Vereinfache die Terme so weit wie möglich und rechne die Probe für a = 3, b = 2.

$(a + 1)^2 + (a - 1)^2 = \quad a^2 + 2a + 1 + a^2 - 2a + 1 = \quad 2a^2 + 2$
A: $(3 + 1)^2 + (3 - 1)^2 = 4^2 + 2^2 = 16 + 4 = 20$
E: $2 \cdot 3^2 + 2 = 2 \cdot 9 + 2 = 18 + 2 = 20$

$(3a - 4b)^2 - (2a + b)^2 = \quad (9a^2 - 24ab + 16b^2) - (4a^2 + 4ab + b^2) =$ $= 9a^2 - 24ab + 16b^2 - 4a^2 - 4ab - b^2 = \quad 5a^2 - 28ab + 15b^2$
A: $(3 \cdot 3 - 4 \cdot 2)^2 - (2 \cdot 3 + 2)^2 = (9 - 8)^2 - (6 + 2)^2 = 1^2 - 8^2 = 1 - 64 = -63$
E: $5 \cdot 3^2 - 28 \cdot 3 \cdot 2 + 15 \cdot 2^2 = 5 \cdot 9 - 56 \cdot 3 + 15 \cdot 4 = 45 - 168 + 60 = -63$

$(-2a + 3b)^2 - (5a - 3b) \cdot (5a + 3b) = \quad (4a^2 - 12ab + 9b^2) - (25a^2 - 9b^2) =$ $= 4a^2 - 12ab + 9b^2 - 25a^2 + 9b^2 = \quad -21a^2 - 12ab + 18b^2$
A: $(-2 \cdot 3 + 3 \cdot 2)^2 - (5 \cdot 3 - 3 \cdot 2) \cdot (5 \cdot 3 + 3 \cdot 2) = (-6 + 6)^2 - (15 - 6) \cdot (15 + 6) =$ $= -9 \cdot 21 = -189$
E: $-21 \cdot 3^2 - 12 \cdot 3 \cdot 2 + 18 \cdot 2^2 = -21 \cdot 9 - 72 + 18 \cdot 4 = -189 - 72 + 72 = -189$

$(2a + b)^2 + (a - 2b)^2 = \quad 4a^2 + 4ab + b^2 + a^2 - 4ab + 4b^2 = \quad 5a^2 + 5b^2$
A: $(2 \cdot 3 + 2)^2 + (3 - 2 \cdot 2)^2 = (6 + 2)^2 + (3 - 4)^2 = 8^2 + (-1)^2 = 64 + 1 = 65$
E: $5 \cdot 3^2 + 5 \cdot 2^2 = 5 \cdot 9 + 5 \cdot 4 = 45 + 20 = 65$

$(2 - 5a)^2 - (6a - 1)^2 = \quad (4 - 20a + 25a^2) - (36a^2 - 12a + 1) =$ $= 4 - 20a + 25a^2 - 36a^2 + 12a - 1 = \quad -11a^2 - 8a + 3$
A: $(2 - 5 \cdot 3)^2 - (6 \cdot 3 - 1)^2 = (2 - 15)^2 - (18 - 1)^2 = (-13)^2 - 17^2 = 169 - 289 = -120$
E: $-11 \cdot 3^2 - 8 \cdot 3 + 3 = -11 \cdot 9 - 24 + 3 = -99 - 24 + 3 = -123 + 3 = -120$

Name:	Termumformungen 13

Wenn du gemeinsame Faktoren ausklammerst, rechne immer sofort die Probe.

55) Klammere gemeinsame Faktoren aus.

$2a + 2b =$	$4a - 12b =$	$15a + 25b =$
$7p - 7q =$	$10p + 5q =$	$24p - 18q =$
$5x - 5 =$	$14 - 7y =$	$30x + 20 =$

$3ac + bc =$	$5ac - 8bc =$	$3ab + ac =$
$10px + 10qx =$	$18x - 6xy =$	$12xy - 16x =$
$5eg + 5g =$	$2g + 6fg =$	$28eg - 35g =$

$4e - 4f + 4g =$	$80e + 40f - 60g =$
$3ex - 3fx + 3gx =$	$40ef + 30eg - 50e =$

$x^2 + x =$	$x^3 + x^2 =$	$x^4 + x =$
$5x^2 + 3x =$	$4x^3 - 3x^2 =$	$2x^5 + 7x =$
$2x^4 - 2x^2 =$	$6x^5 - 2x^2 =$	$6x^5 - 8x^3 =$

56) Vereinfache die Formeln durch Ausklammern gemeinsamer Faktoren.

$O = 2 \cdot a \cdot b + 2 \cdot a \cdot c + 2 \cdot b \cdot c =$
$O = 2 \cdot a^2 + 4 \cdot a \cdot h =$
$M = a \cdot h + b \cdot h + c \cdot h =$

57) Klammere den Faktor (– 1) aus.

$-4a + 3b =$	$-5a + 6b + 3c =$
$-15a^2 + 9b^2 =$	$-4a^2 - 2b^2 - c^2 =$

58) Gib jeweils an, ob die Rechnung richtig (r) oder falsch (f) ist.

$4a^2b - 10ab^2 + 6ab = 2ab \cdot (2a - 5b + 3)$		$-7a^3 + 3a^2 - 5a = a \cdot (7a^2 - 3a + 5)$	
$5x^6 - 25x^4 + 15x^2 = 5x^2 \cdot (x^3 - 5x^2 + 3x)$		$2x \cdot (a + b) + 3y \cdot (a + b) = (a + b) \cdot (2x + 3y)$	

59) Bei den folgenden Aufgaben kannst du die gemeinsamen Klammerausdrücke ausklammern. Vereinfache danach, wenn es möglich ist.

$5a \cdot (x + 3) + 4b \cdot (x + 3) =$
$2a \cdot (x - 2) + 3b \cdot (x - 2) - 4c \cdot (x - 2) =$
$4a \cdot (1 - x) - 3a \cdot (1 - x) + 7a \cdot (1 - x) =$
$3e \cdot (a + 2b) + 2f \cdot (a + 2b) - 6f \cdot (a + 2b) =$
$-e^2 \cdot (2a - b) + e^3 \cdot (2a - b) - e \cdot (2a - b) =$
$2e^3 \cdot (a + 5b) + 3e^5 \cdot (a + 5b) - 4e \cdot (a + 5b) =$

Name:	Termumformungen 13

Wenn du gemeinsame Faktoren ausklammerst, rechne immer sofort die Probe.

55) Klammere gemeinsame Faktoren aus.

$2a + 2b =$ $2 \cdot (a + b)$	$4a - 12b =$ $4 \cdot (a - 3b)$	$15a + 25b =$ $5 \cdot (3a + 5b)$
$7p - 7q =$ $7 \cdot (p - q)$	$10p + 5q =$ $5 \cdot (2p + q)$	$24p - 18q =$ $6 \cdot (4p - 3q)$
$5x - 5 =$ $5 \cdot (x - 1)$	$14 - 7y =$ $7 \cdot (2 - y)$	$30x + 20 =$ $10 \cdot (3x + 2)$

$3ac + bc =$ $c \cdot (3a + b)$	$5ac - 8bc =$ $c \cdot (5a - 8b)$	$3ab + ac =$ $a \cdot (3b + c)$
$10px + 10qx =$ $10x \cdot (p + q)$	$18x - 6xy =$ $6x \cdot (3 - y)$	$12xy - 16x =$ $4x \cdot (3y - 4)$
$5eg + 5g =$ $5g \cdot (e + 1)$	$2g + 6fg =$ $2g \cdot (1 + 3f)$	$28eg - 35g =$ $7g \cdot (4e - 5)$

$4e - 4f + 4g =$ $4 \cdot (e - f + g)$	$80e + 40f - 60g =$ $20 \cdot (4e + 2f - 3g)$
$3ex - 3fx + 3gx =$ $3x \cdot (e - f + g)$	$40ef + 30eg - 50e =$ $10e \cdot (4f + 3g - 5)$

$x^2 + x =$ $x \cdot (x + 1)$	$x^3 + x^2 =$ $x^2 \cdot (x + 1)$	$x^4 + x =$ $x \cdot (x^3 + 1)$
$5x^2 + 3x =$ $x \cdot (5x + 3)$	$4x^3 - 3x^2 =$ $x^2 \cdot (4x - 3)$	$2x^5 + 7x =$ $x \cdot (2x^4 + 7)$
$2x^4 - 2x^2 =$ $2x^2 \cdot (x^2 - 1)$	$6x^5 - 2x^2 =$ $2x^2 \cdot (3x^3 - 1)$	$6x^5 - 8x^3 =$ $2x^3 \cdot (3x^2 - 4)$

56) Vereinfache die Formeln durch Ausklammern gemeinsamer Faktoren.

$O = 2 \cdot a \cdot b + 2 \cdot a \cdot c + 2 \cdot b \cdot c =$	$2 \cdot (a \cdot b + a \cdot c + b \cdot c)$
$O = 2 \cdot a^2 + 4 \cdot a \cdot h =$	$2 \cdot a \cdot (a + 2 \cdot h)$
$M = a \cdot h + b \cdot h + c \cdot h =$	$h \cdot (a + b + c)$

57) Klammere den Faktor (– 1) aus.

$-4a + 3b =$ $(-1) \cdot (4a - 3b)$	$-5a + 6b + 3c =$ $(-1) \cdot (5a - 6b - 3c)$
$-15a^2 + 9b^2 =$ $(-1) \cdot (15a^2 - 9b^2)$	$-4a^2 - 2b^2 - c^2 =$ $(-1) \cdot (4a^2 + 2b^2 + c^2)$

58) Gib jeweils an, ob die Rechnung richtig (r) oder falsch (f) ist.

$4a^2b - 10ab^2 + 6ab = 2ab \cdot (2a - 5b + 3)$	r	$-7a^3 + 3a^2 - 5a = a \cdot (7a^2 - 3a + 5)$	f
$5x^6 - 25x^4 + 15x^2 = 5x^2 \cdot (x^3 - 5x^2 + 3x)$	f	$2x \cdot (a + b) + 3y \cdot (a + b) = (a + b) \cdot (2x + 3y)$	r

59) Bei den folgenden Aufgaben kannst du die gemeinsamen Klammerausdrücke ausklammern. Vereinfache danach, wenn es möglich ist.

$5a \cdot (x + 3) + 4b \cdot (x + 3) =$	$(x + 3) \cdot (5a + 4b)$
$2a \cdot (x - 2) + 3b \cdot (x - 2) - 4c \cdot (x - 2) =$	$(x - 2) \cdot (2a + 3b - 4c)$
$4a \cdot (1 - x) - 3a \cdot (1 - x) + 7a \cdot (1 - x) =$	$(1 - x) \cdot (4a - 3a + 7a) = (1 - x) \cdot 8a$
$3e \cdot (a + 2b) + 2f \cdot (a + 2b) - 6f \cdot (a + 2b) =$	$(a + 2b) \cdot (3e + 2f - 6f) = (a + 2b) \cdot (3e - 4f)$
$-e^2 \cdot (2a - b) + e^3 \cdot (2a - b) - e \cdot (2a - b) =$	$(2a - b) \cdot (-e^2 + e^3 - e) = (2a - b) \cdot (e^3 - e^2 - e)$
$2e^3 \cdot (a + 5b) + 3e^5 \cdot (a + 5b) - 4e \cdot (a + 5b) =$	$(a + 5b) \cdot (2e^3 + 3e^5 - 4e) = (a + 5b) \cdot (3e^5 + 2e^3 - 4e)$

Name:	Termumformungen 14

60) Ergänze aufgrund der binomischen Formeln.

$(\square + \square)^2 = 4x^2 + \square + 9y^2$	$(\square + 1)^2 = 16r^2 + 8r + \square$
$(\square + \square)^2 = \square + 84u + 36$	$(\square + 9f)^2 = 25e^2 + \square + \square$
$(\square - \square)^2 = 9x^2 - 12xy + 4y^2$	$(\square - s)^2 = 36r^2 - 12rs + \square$
$(\square - \square)^2 = u^2 - 10uv + \square$	$(\square - \square)^2 = 9e^2 - 42ef + \square$
$(x - 2y) \cdot (\square + \square) = x^2 - 4y^2$	$(\square + 9) \cdot (5r - \square) = 25r^2 - 81$
$(3 + \square) \cdot (\square - 6u) = 9 - 36u^2$	$(\square - \square) \cdot (\square + \square) = 49e^2 - 16f^2$

61) Zerlege in ein Produkt von Faktoren. (Umkehrung der Binomischen Formeln.)

$25x^2 + 60xy + 36y^2 =$	$49x^2 + 14xy + y^2 =$
$16r^2 + 16rs + 4s^2 =$	$100r^2 + 160rs + 64s^2 =$
$9p^2 + 6pq + q^2 =$	$16p^2 + 56pq + 49q^2 =$
$25p^2 - 20pq + 4q^2 =$	$9p^2 - 36p + 36 =$
$49r^2 - 14rs + s^2 =$	$64r^2 - 144rs + 81s^2 =$
$9x^2 - 24xy + 16y^2 =$	$x^2 - 12xy + 36y^2 =$
$1 - 4q^2 =$	$81 - q^2 =$
$36r^2 - 49s^2 =$	$100r^2 - 64s^2 =$
$16x^2 - 4y^2 =$	$9x^2 - y^2 =$

62) Hier sind Binomische Formeln „versteckt". Klammere zunächst einen Faktor aus und wende danach eine binomische Formel an.

$7a^2 - 7b^2 =$
$5a^2 + 10ab + 5b^2 =$
$4a^2 - 8ab + 4b^2 =$
$8a^2 - 48ab + 72b^2 =$
$6a^2 - 24b^2 =$
$2a^2 + 16ab + 32b^2 =$

63) Verbinde Terme gleichen Inhalts mit einer geraden Linie.

a)

$x \cdot x \cdot x$	$(x + 3) \cdot (x - 3)$
$x^2 - 9$	$3x$
$x^2 - 3x$	x^3
$x + x + x$	$x \cdot (x - 3)$

b)

$(x + 3)^2$	$3 \cdot (x + y - z)$
$x^3 \cdot x^3$	$x^2 + 6x + 9$
$3x + 3y - 3z$	x^6
$x^2 - 6x + 9$	$(x - 3)^2$

60) Ergänze aufgrund der binomischen Formeln.

$(2x + 3y)^2 = 4x^2 + 12xy + 9y^2$

$(4r + 1)^2 = 16r^2 + 8r + 1$

$(7u + 6)^2 = 49u^2 + 84u + 36$

$(5e + 9f)^2 = 25e^2 + 90ef + 81f^2$

$(3x - 2y)^2 = 9x^2 - 12xy + 4y^2$

$(6r - s)^2 = 36r^2 - 12rs + s^2$

$(u - 5v)^2 = u^2 - 10uv + 25v^2$

$(3e - 7f)^2 = 9e^2 - 42ef + 49f^2$

$(x - 2y) \cdot (x + 2y) = x^2 - 4y^2$

$(5r + 9) \cdot (5r - 9) = 25r^2 - 81$

$(3 + 6u) \cdot (3 - 6u) = 9 - 36u^2$

$(7e - 4f) \cdot (7e + 4f) = 49e^2 - 16f^2$

61) Zerlege in ein Produkt von Faktoren. (Umkehrung der Binomischen Formeln.)

$25x^2 + 60xy + 36y^2 =$	$(5x + 6y)^2$	$49x^2 + 14xy + y^2 =$	$(7x + y)^2$
$16r^2 + 16rs + 4s^2 =$	$(4r + 2s)^2$	$100r^2 + 160rs + 64s^2 =$	$(10r + 8s)^2$
$9p^2 + 6pq + q^2 =$	$(3p + q)^2$	$16p^2 + 56pq + 49q^2 =$	$(4p + 7q)^2$
$25p^2 - 20pq + 4q^2 =$	$(5p - 2q)^2$	$9p^2 - 36p + 36 =$	$(3p - 6)^2$
$49r^2 - 14rs + s^2 =$	$(7r - s)^2$	$64r^2 - 144rs + 81s^2 =$	$(8r - 9s)^2$
$9x^2 - 24xy + 16y^2 =$	$(3x - 4y)^2$	$x^2 - 12xy + 36y^2 =$	$(x - 6y)^2$
$1 - 4q^2 =$	$(1 + 2q) \cdot (1 - 2q)$	$81 - q^2 =$	$(9 - q) \cdot (9 + q)$
$36r^2 - 49s^2 =$	$(6r - 7s) \cdot (6r + 7s)$	$100r^2 - 64s^2 =$	$(10r - 8s) \cdot (10r + 8s)$
$16x^2 - 4y^2 =$	$(4x - 2y) \cdot (4x + 2y)$	$9x^2 - y^2 =$	$(3x + y) \cdot (3x - y)$

62) Hier sind Binomische Formeln „versteckt". Klammere zunächst einen Faktor aus und wende danach eine binomische Formel an.

$7a^2 - 7b^2 =$	$7 \cdot (a^2 - b^2) =$	$7 \cdot (a + b) \cdot (a - b)$
$5a^2 + 10ab + 5b^2 =$	$5 \cdot (a^2 + 2ab + b^2) =$	$5 \cdot (a + b)^2$
$4a^2 - 8ab + 4b^2 =$	$4 \cdot (a^2 - 2ab + b^2) =$	$4 \cdot (a - b)^2$
$8a^2 - 48ab + 72b^2 =$	$8 \cdot (a^2 - 6ab + 9b^2) =$	$8 \cdot (a - 3b)^2$
$6a^2 - 24b^2 =$	$6 \cdot (a^2 - 4b^2) =$	$6 \cdot (a + 2b) \cdot (a - 2b)$
$2a^2 + 16ab + 32b^2 =$	$2 \cdot (a^2 + 8ab + 16b^2) =$	$2 \cdot (a + 4b)^2$

63) Verbinde Terme gleichen Inhalts mit einer geraden Linie.

a)

$x \cdot x \cdot x$	$(x + 3) \cdot (x - 3)$
$x^2 - 9$	$3x$
$x^2 - 3x$	x^3
$x + x + x$	$x \cdot (x - 3)$

b)

$(x + 3)^2$	$3 \cdot (x + y - z)$
$x^3 \cdot x^3$	$x^2 + 6x + 9$
$3x + 3y - 3z$	x^6
$x^2 - 6x + 9$	$(x - 3)^2$

64) Gib jeweils die gekennzeichnete Strecke als Bruchteil der gesamten Strecke x an.

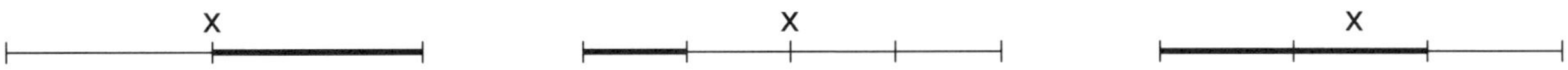

65) Schreibe die Brüche jeweils auf drei weitere Arten.

$\frac{a}{3} =$	$\frac{a}{5} =$
$\frac{2a}{3} =$	$\frac{5a}{9} =$

66) Additionen und Subtraktionen.

$\frac{2a}{9} + \frac{5a}{9} = \frac{7a}{9} = \frac{7}{9}a$	$\frac{3a}{10} + \frac{7a}{10} =$	$\frac{1}{5}a + \frac{2}{5}a =$
$\frac{8a}{9} - \frac{7a}{9} =$	$\frac{9a}{10} - \frac{2a}{10} =$	$\frac{7}{5}a - \frac{3}{5}a =$
$a - \frac{5a}{9} =$	$\frac{19a}{10} - a =$	$a - \frac{4}{5}a =$

$\frac{7a}{8} + \frac{1a}{2} =$	$\frac{1}{2}a + \frac{1}{3}a =$
$3a + \frac{5}{6}a =$	$a + \frac{2}{3}a =$
$\frac{4a}{5} - \frac{2a}{3} =$	$\frac{7}{8}a - \frac{1}{5}a =$
$\frac{30a}{7} - 3a =$	$5a - \frac{3}{4}a =$

67) Multiplikationen und Divisionen.

$\frac{1}{2}x \cdot \frac{1}{3}y =$	$\frac{3}{4}x \cdot \frac{2}{5}y =$
$\frac{3}{4}x^2 \cdot \frac{1}{3}x^3 =$	$\frac{5}{8}x \cdot \frac{3}{4}x^5 =$

$\frac{4}{5}x : \frac{1}{6}y =$
$\frac{5}{6}x : \frac{2}{3}y =$
$\frac{7}{9}x^3 : \frac{5}{3}x^2 = \frac{7x^3}{9} : \frac{5x^2}{3} = \frac{7 \cdot {}^1\cancel{x} \cdot {}^1\cancel{x} \cdot x \cdot {}^1\cancel{3}}{{}_3\cancel{9} \cdot 5 \cdot \cancel{x}_1 \cdot \cancel{x}_1} =$

68) Achte auf die Rechen- und Vorrangregeln.

$\left(2x - \frac{3x}{8}\right) \cdot 3 =$	$\left(\frac{2x}{3} - \frac{x}{6}\right) \cdot 5 =$	$\left(\frac{4x}{5} + 3x\right) : 4 =$

Name:	Termumformungen 15

64) Gib jeweils die gekennzeichnete Strecke als Bruchteil der gesamten Strecke x an.

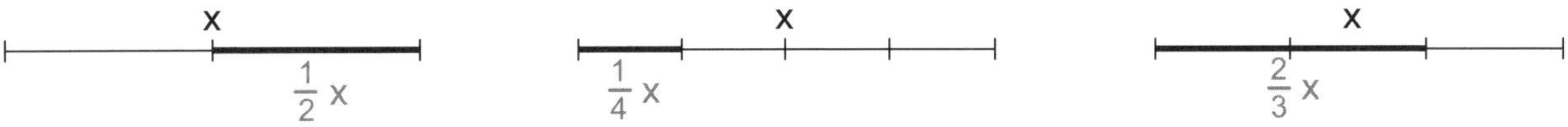

65) Schreibe die Brüche jeweils auf drei weitere Arten.

$\frac{a}{3} = \frac{1 \cdot a}{3} = \frac{1}{3} \cdot a = \frac{1}{3}a$	$\frac{a}{5} = \frac{1 \cdot a}{5} = \frac{1}{5} \cdot a = \frac{1}{5}a$
$\frac{2a}{3} = \frac{2 \cdot a}{3} = \frac{2}{3} \cdot a = \frac{2}{3}a$	$\frac{5a}{9} = \frac{5 \cdot a}{9} = \frac{5}{9} \cdot a = \frac{5}{9}a$

66) Additionen und Subtraktionen.

$\frac{2a}{9} + \frac{5a}{9} = \frac{7a}{9} = \frac{7}{9}a$	$\frac{3a}{10} + \frac{7a}{10} = \frac{10a}{10} = a$	$\frac{1}{5}a + \frac{2}{5}a = \frac{3}{5}a$
$\frac{8a}{9} - \frac{7a}{9} = \frac{1a}{9} = \frac{1}{9}a$	$\frac{9a}{10} - \frac{2a}{10} = \frac{7a}{10} = \frac{7}{10}a$	$\frac{7}{5}a - \frac{3}{5}a = \frac{4}{5}a$
$a - \frac{5a}{9} = \frac{9a}{9} - \frac{5a}{9} = \frac{4a}{9} = \frac{4}{9}a$	$\frac{19a}{10} - a = \frac{19a}{10} - \frac{10a}{10} = \frac{9a}{10} = \frac{9}{10}a$	$a - \frac{4}{5}a = \frac{5}{5}a - \frac{4}{5}a = \frac{1}{5}a$

$\frac{7a}{8} + \frac{1a}{2} = \frac{7a}{8} + \frac{4a}{8} = \frac{11a}{8} = \frac{11}{8}a$	$\frac{1}{2}a + \frac{1}{3}a = \frac{3}{6}a + \frac{2}{6}a = \frac{5}{6}a$
$3a + \frac{5}{6}a = \frac{18a}{6} + \frac{5a}{6} = \frac{23a}{6} = \frac{23}{6}a$	$a + \frac{2}{3}a = \frac{3}{3}a + \frac{2}{3}a = \frac{5a}{3} = \frac{5}{3}a$
$\frac{4a}{5} - \frac{2a}{3} = \frac{12a}{15} - \frac{10a}{15} = \frac{2a}{15} = \frac{2}{15}a$	$\frac{7}{8}a - \frac{1}{5}a = \frac{35}{40}a - \frac{8}{40}a = \frac{27}{40}a$
$\frac{30a}{7} - 3a = \frac{30a}{7} - \frac{21a}{7} = \frac{9a}{7} = \frac{9}{7}a$	$5a - \frac{3}{4}a = \frac{20}{4}a - \frac{3}{4}a = \frac{17}{4}a$

67) Multiplikationen und Divisionen.

$\frac{1}{2}x \cdot \frac{1}{3}y = \frac{1}{6}xy$	$\frac{3}{4}x \cdot \frac{2}{5}y = \frac{6}{20}xy = \frac{3}{10}xy$
$\frac{3}{4}x^2 \cdot \frac{1}{3}x^3 = \frac{3}{12}x^5 = \frac{1}{4}x^5$	$\frac{5}{8}x \cdot \frac{3}{4}x^5 = \frac{15}{32}x^6$

$\frac{4}{5}x : \frac{1}{6}y = \frac{4x}{5} : \frac{y}{6} = \frac{4 \cdot x \cdot 6}{5 \cdot y} = \frac{24x}{5y}$
$\frac{5}{6}x : \frac{2}{3}y = \frac{5x}{6} : \frac{2y}{3} = \frac{5 \cdot x \cdot \cancel{3}^{1}}{_{2}\cancel{6} \cdot 2 \cdot y} = \frac{5x}{4y}$
$\frac{7}{9}x^3 : \frac{5}{3}x^2 = \frac{7x^3}{9} : \frac{5x^2}{3} = \frac{7 \cdot {}^{1}\cancel{x} \cdot {}^{1}\cancel{x} \cdot x \cdot {}^{1}\cancel{3}}{\cancel{9}_{3} \cdot 5 \cdot \cancel{x}_{1} \cdot \cancel{x}_{1}} = \frac{7x}{15} = \frac{7}{15}x$

68) Achte auf die Rechen- und Vorrangregeln.

$(2x - \frac{3x}{8}) \cdot 3 =$ $= (\frac{16x}{8} - \frac{3x}{8}) \cdot 3 = \frac{13x}{8} \cdot 3 =$ $= \frac{39x}{8} = \frac{39}{8}x$	$(\frac{2x}{3} - \frac{x}{6}) \cdot 5 =$ $= (\frac{4x}{6} - \frac{x}{6}) \cdot 5 = \frac{3x}{6} \cdot 5 =$ $= \frac{x}{2} \cdot 5 = \frac{5x}{2} = \frac{5}{2}x$	$(\frac{4x}{5} + 3x) : 4 =$ $= (\frac{4x}{5} + \frac{15x}{5}) : 4 = \frac{19x}{5} \cdot \frac{1}{4} =$ $= \frac{19x}{20} = \frac{19}{20}x$

Name:	Flächeninhalte von Vielecken 1

1) Bestimme von den Figuren den Flächeninhalt (Flächeneinheit E^2).

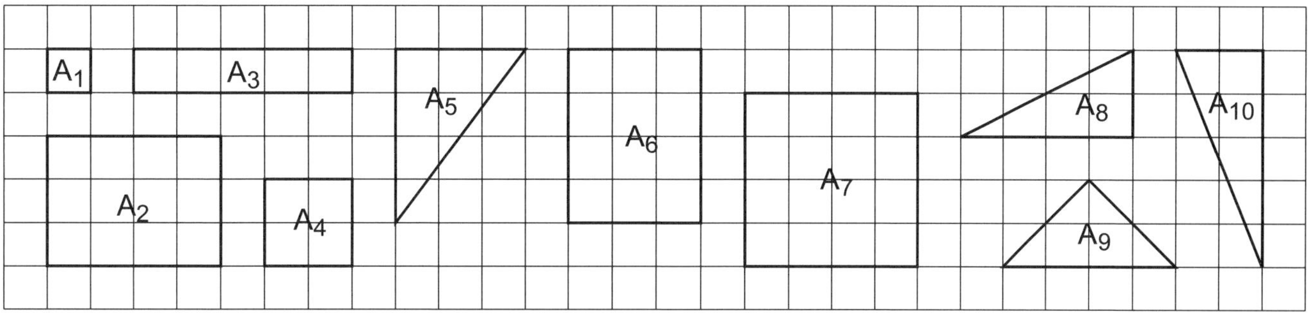

A_1 =	A_3 =	A_5 =	A_7 =	A_9 =
A_2 =	A_4 =	A_6 =	A_8 =	A_{10} =

2) Gib für die Flächeninhalte der Rechtecke, Quadrate und rechtwinkligen Dreiecke jeweils eine Formel an.

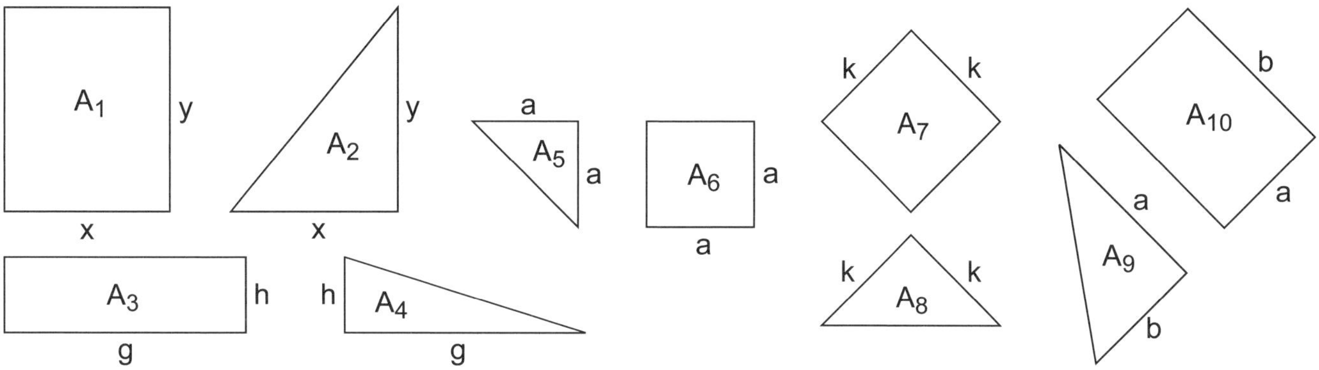

A_1 =	A_3 =	A_5 =	A_7 =	A_9 =
A_2 =	A_4 =	A_6 =	A_8 =	A_{10} =

3) Zeichne eine Skizze und berechne – mit Formel – den Flächeninhalt.

a) Rechteck: a = 9,5 m, b = 14 m; A = ?

b) Rechtw. Dreieck: a = 5,4 m, b = 8 m; A = ?

4) Flächenformeln sind gegeben – ordne sie den abgebildeten Figuren zu.

① $A = x \cdot y$ ② $A = x \cdot y \cdot 2$ ③ $A = x \cdot y + \frac{x \cdot y}{2}$ ④ $A = x \cdot x + \frac{x \cdot y}{2} \cdot 2$ ⑤ $A = y \cdot y + \frac{x \cdot y}{2} \cdot 2$

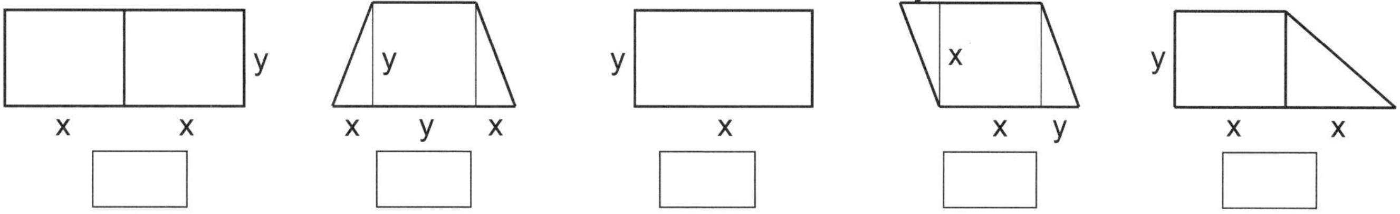

Name:	Flächeninhalte von Vielecken 1

1) Bestimme von den Figuren den Flächeninhalt (Flächeneinheit E^2).

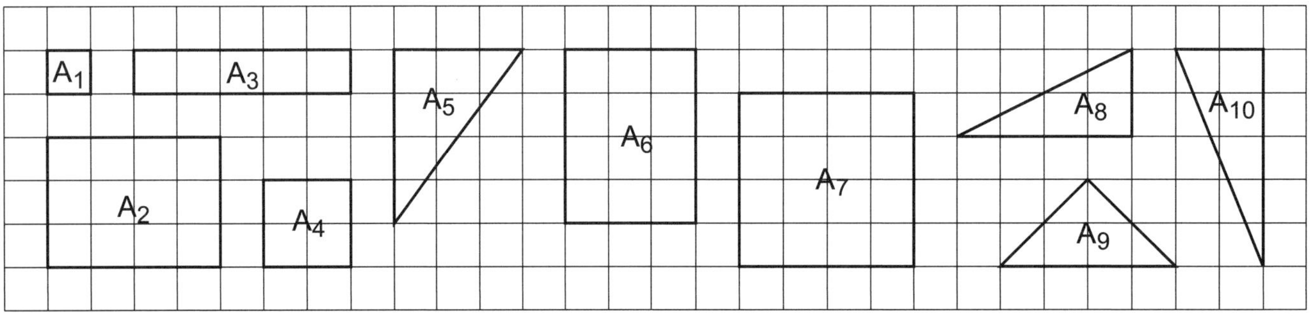

A_1 = 1 E^2	A_3 = 5 E^2	A_5 = 6 E^2	A_7 = 16 E^2	A_9 = 4 E^2
A_2 = 12 E^2	A_4 = 4 E^2	A_6 = 12 E^2	A_8 = 4 E^2	A_{10} = 5 E^2

2) Gib für die Flächeninhalte der Rechtecke, Quadrate und rechtwinkligen Dreiecke jeweils eine Formel an.

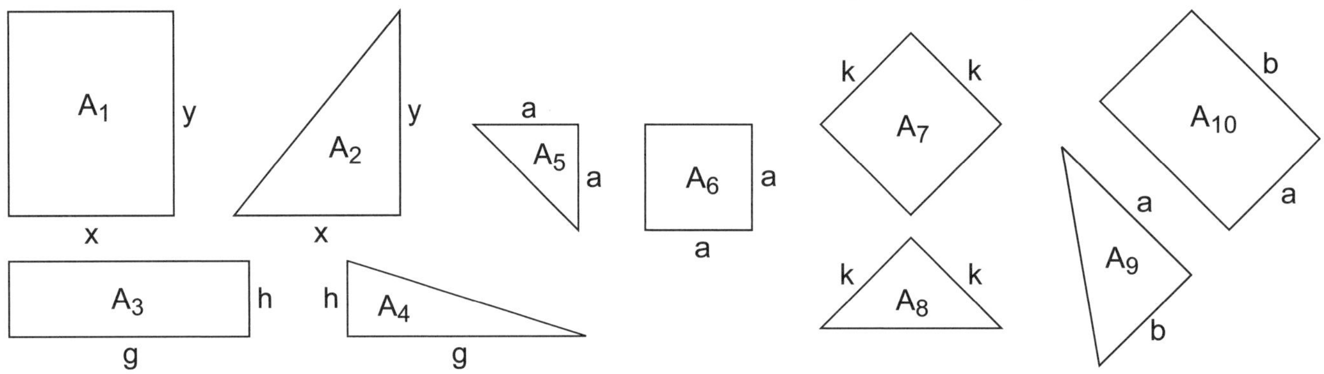

$A_1 = x \cdot y$	$A_3 = g \cdot h$	$A_5 = \frac{a \cdot a}{2}$	$A_7 = k \cdot k$	$A_9 = \frac{a \cdot b}{2}$
$A_2 = \frac{x \cdot y}{2}$	$A_4 = \frac{g \cdot h}{2}$	$A_6 = a \cdot a$	$A_8 = \frac{k \cdot k}{2}$	$A_{10} = a \cdot b$

3) Zeichne eine Skizze und berechne – mit Formel – den Flächeninhalt.

a) Rechteck: a = 9,5 m, b = 14 m; A = ?

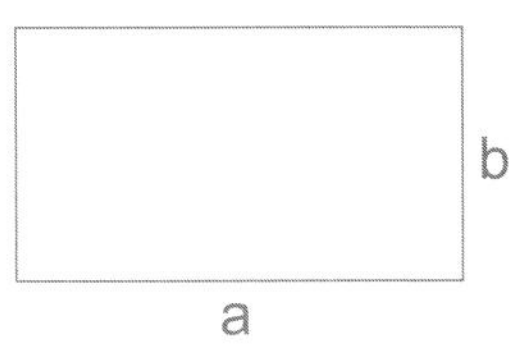

$A = a \cdot b$

$A = 9{,}5 \cdot 14 = 133$

A ___ 133 m^2

b) Rechtw. Dreieck: a = 5,4 m, b = 8 m; A = ?

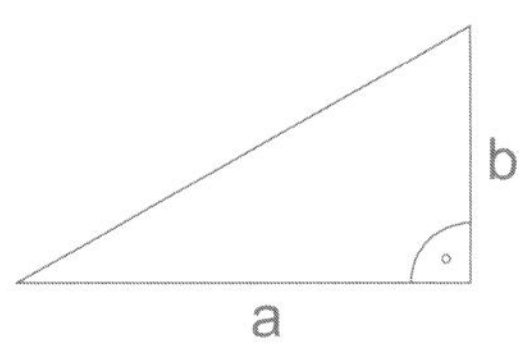

$A = \frac{a \cdot b}{2}$

$A = \frac{5{,}4 \cdot 8^4}{2_1} = 21{,}6$

A ___ 21,6 m^2

4) Flächenformeln sind gegeben – ordne sie den abgebildeten Figuren zu.

① $A = x \cdot y$ ② $A = x \cdot y \cdot 2$ ③ $A = x \cdot y + \frac{x \cdot y}{2}$ ④ $A = x \cdot x + \frac{x \cdot y}{2} \cdot 2$ ⑤ $A = y \cdot y + \frac{x \cdot y}{2} \cdot 2$

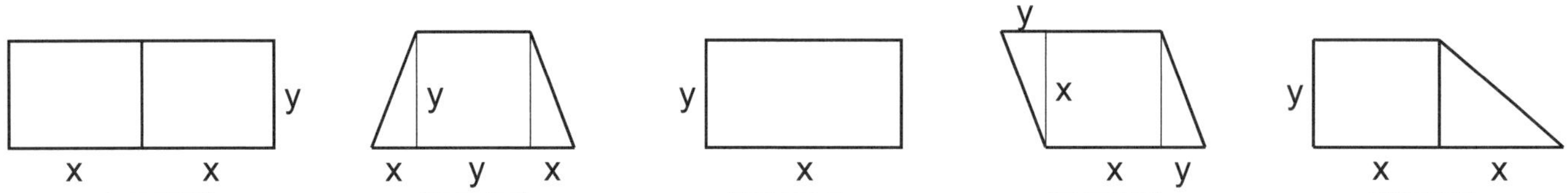

2	5	1	4	3

Name:	Flächeninhalte von Vielecken 2

5) Benenne jeweils die Figur, entnimm die Längen den entsprechenden Bestimmungsstücken und berechne – mit Formel – den Flächeninhalt und den Umfang.

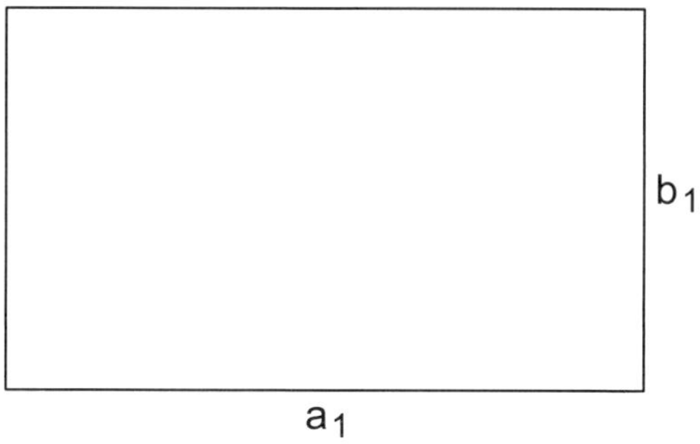

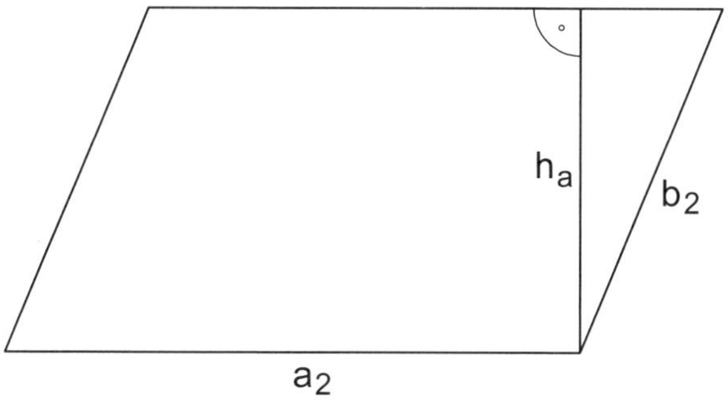

6) a) Parallelogramm: a = 54 m, h_a = 42 m; A = ?

Skizze:

b) Parallelogramm: b = 7,9 m, h_b = 5,8 m; A = ?

c) Parallelogramm: b = 0,97 m, h_b = 1,6 m; A = ?

7) Zeichne eine Skizze und konstruiere die Raute: a = 40 mm, $\alpha = 58°$.
Miss die Höhe und berechne den Umfang und den Flächeninhalt.

Name:	Flächeninhalte von Vielecken 2

5) Benenne jeweils die Figur, entnimm die Längen den entsprechenden Bestimmungsstücken und berechne – mit Formel – den Flächeninhalt und den Umfang.

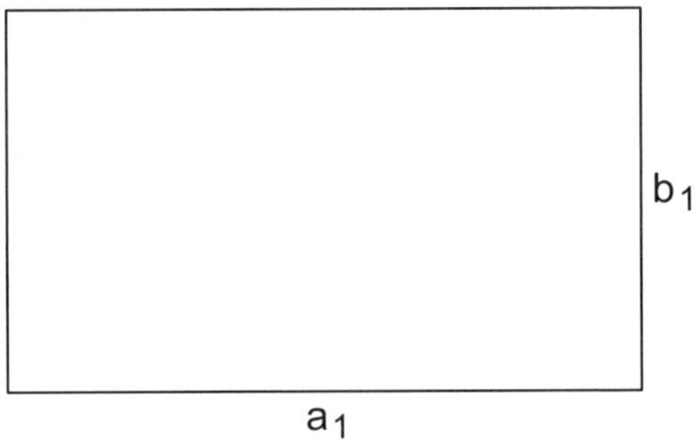

K: Rechteck: $a_1 = 60$ mm, $b_1 = 36$ mm; A = ? u = ?

$A = a_1 \cdot b_1$

$A = 60 \cdot 36 = 2\,160$

A ___ 2 160 mm²

$u = 2 \cdot a_1 + 2 \cdot b_1$

$u = 2 \cdot 60 + 2 \cdot 36 = 120 + 72 = 192$

u ___ 192 mm

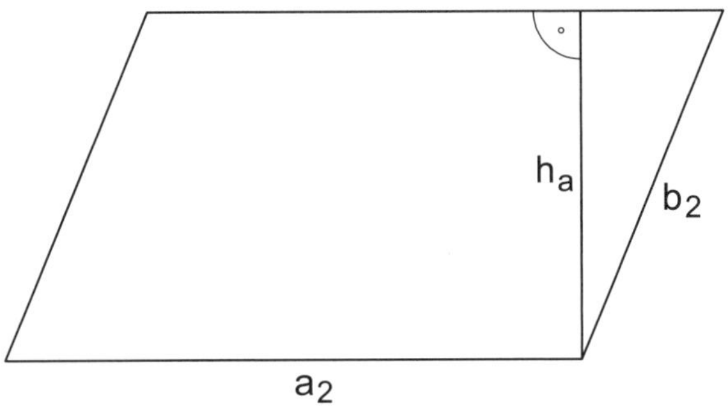

K: Parallelogramm:
$a_2 = 60$ mm, $b_2 = 39$ mm, $h_a = 36$ mm; A = ? u = ?

$A = a_2 \cdot h_a$

$A = 60 \cdot 36 = 2\,160$

A ___ 2 160 mm²

$u = 2 \cdot a_2 + 2 \cdot b_2$

$u = 2 \cdot 60 + 2 \cdot 39 = 120 + 78 = 198$

u ___ 198 mm

6) a) Parallelogramm: a = 54 m, $h_a = 42$ m; A = ?

Skizze:

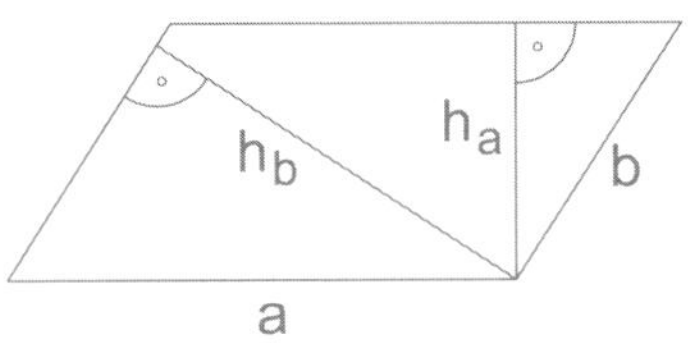

$A = a \cdot h_a$

$A = 54 \cdot 42 = 2\,268$

A ___ 2 268 m²

b) Parallelogramm: b = 7,9 m, $h_b = 5{,}8$ m; A = ?

$A = b \cdot h_b$

$A = 7{,}9 \cdot 5{,}8 = 45{,}82$

A ___ 45,82 m²

c) Parallelogramm: b = 0,97 m, $h_b = 1{,}6$ m; A = ?

$A = b \cdot h_b$

$A = 0{,}97 \cdot 1{,}6 = 1{,}552$

A ___ 1,552 m²

7) Zeichne eine Skizze und konstruiere die Raute: a = 40 mm, $\alpha = 58°$.
Miss die Höhe und berechne den Umfang und den Flächeninhalt.

Skizze:

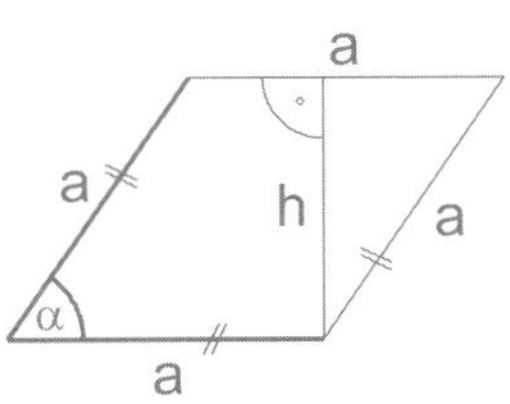

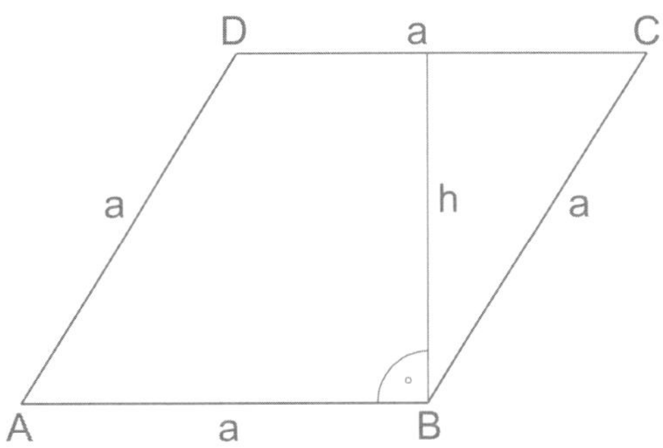

h = 33,92 mm ≈ 34 mm

$u = 4 \cdot a$

$u = 4 \cdot 40 = 160$

u ___ 160 mm

$A = a \cdot h$

$A = 40 \cdot 34 = 1\,360$

A ___ 1 360 mm²

Name:	Flächeninhalte von Vielecken 3

8) Ein Baugrund, der von vier Straßen begrenzt ist, hat die Form eines Parallelogramms. Berechne den Kaufpreis, wenn 1 m^2 142 € kostet.

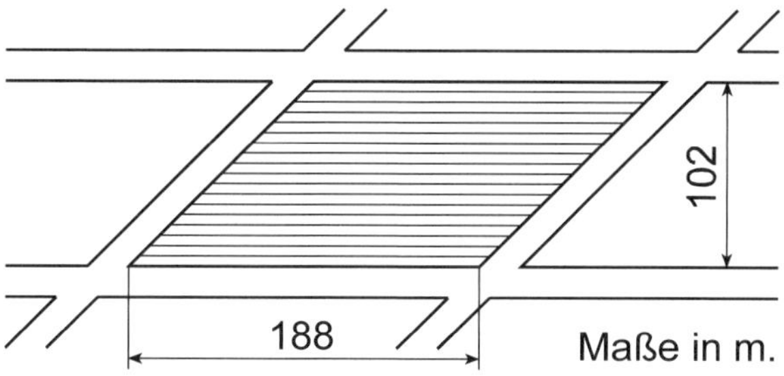

9) Berechne den Flächeninhalt der Parallelogramme. (Maße in m.) Rechne im Kopf.

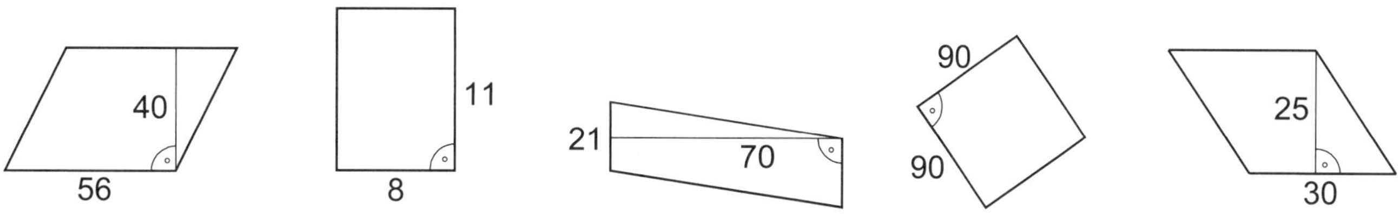

A =	A =	A =	A =	A =

10) a) Parallelogramm: a = 85 cm, A = 3 995 cm^2; h_a = ?

Skizze:

b) Parallelogramm:
b = 6,7 cm, A = 61,64 cm^2; h_b = ?

c) Parallelogramm:
h_b = 14,9 cm, A = 83,44 cm^2; b = ?

11) Berechne den Flächeninhalt der Parallelogramme.

Grundlinie	6 cm	12 cm	8 cm	8 cm	5 cm	10 cm
zugehörige Höhe	5 cm	5 cm	3 cm	6 cm	3 cm	6 cm
Flächeninhalt						

12) Finde selbst Angaben für Parallelogramme mit dem Flächeninhalt A = 40 cm^2.

Grundlinie						
zugehörige Höhe						
Flächeninhalt	40 cm^2	40 cm^2	40 cm^2	40 cm^2	40 cm^2	40 cm^2

8) Ein Baugrund, der von vier Straßen begrenzt ist, hat die Form eines Parallelogramms. Berechne den Kaufpreis, wenn 1 m² 142 € kostet.

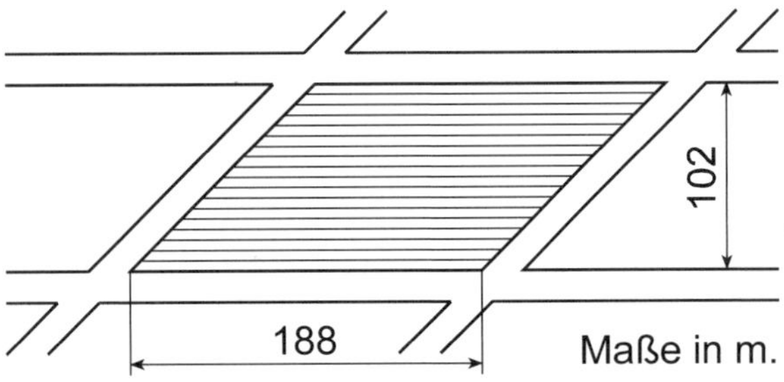

$A = a \cdot h_a$

$A = 188 \cdot 102 = 19\,176$

A ___ 19 176 m²

1 m² ___ 142 €

19 176 m² ___ 142 € · 19 176 = 2 722 992 €

9) Berechne den Flächeninhalt der Parallelogramme. (Maße in m.) Rechne im Kopf.

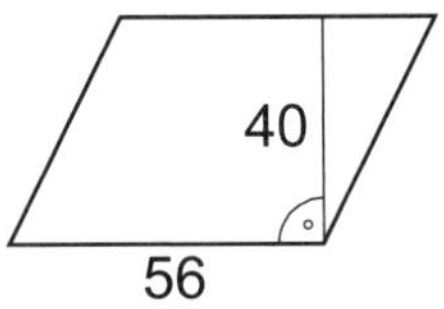

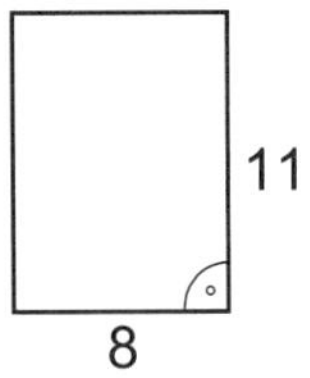

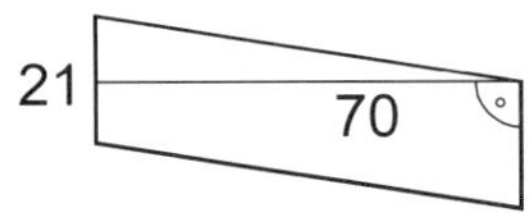

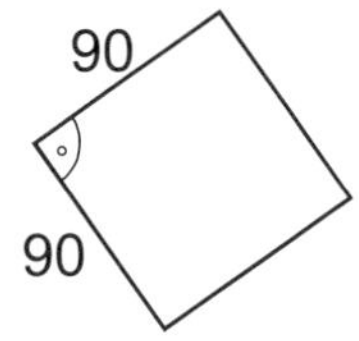

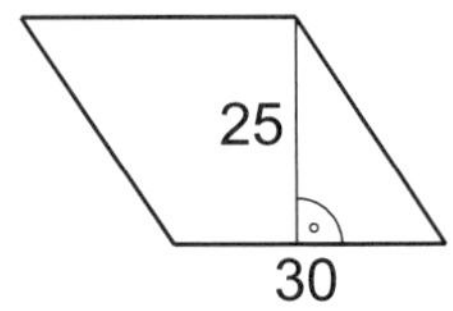

A = 2 240 m²	A = 88 m²	A = 1 470 m²	A = 8 100 m²	A = 750 m²

10) a) Parallelogramm: a = 85 cm, A = 3 995 cm²; h_a = ?

Skizze:

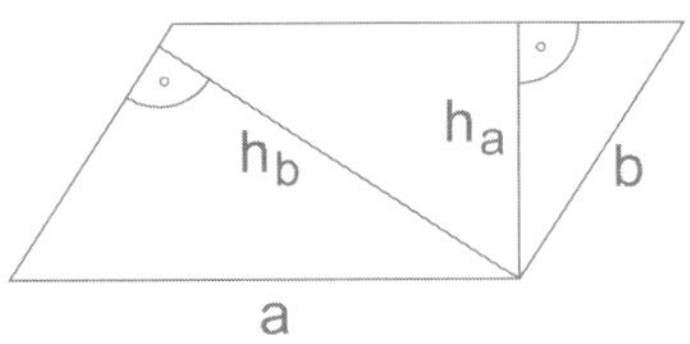

$A = a \cdot h_a \quad | : a$

$h_a = A : a$

$h_a = 3\,995 : 85 = 47$

h_a ___ 47 cm

b) Parallelogramm:
b = 6,7 cm, A = 61,64 cm²; h_b = ?

$A = b \cdot h_b \quad | : b$

$h_b = A : b$

$h_b = 61{,}64 : 6{,}7 = 9{,}2$

h_b ___ 9,2 cm

c) Parallelogramm:
h_b = 14,9 cm, A = 83,44 cm²; b = ?

$A = b \cdot h_b \quad | : h_b$

$b = A : h_b$

$b = 83{,}44 : 14{,}9 = 5{,}6$

b ___ 5,6 cm

11) Berechne den Flächeninhalt der Parallelogramme.

Grundlinie	6 cm	12 cm	8 cm	8 cm	5 cm	10 cm
zugehörige Höhe	5 cm	5 cm	3 cm	6 cm	3 cm	6 cm
Flächeninhalt	30 cm²	60 cm²	24 cm²	48 cm²	15 cm²	60 cm²

12) Finde selbst Angaben für Parallelogramme mit dem Flächeninhalt A = 40 cm².

Grundlinie	1 cm	2 cm	4 cm	5 cm	10 cm	20 cm
zugehörige Höhe	40 cm	20 cm	10 cm	8 cm	4 cm	2 cm
Flächeninhalt	40 cm²	40 cm²	40 cm²	40 cm²	40 cm²	40 cm²

Name:	Flächeninhalte von Vielecken 4

Zeichne vor jeder Flächenberechnung eine Skizze.
Eine Skizze ist wie ein „Schummelzettel“ – du kannst daraus die Formel „abschauen“.

13) Parallelogramm: $a = 75$ cm, $h_a = 42$ cm, $h_b = 70$ cm; $b = ?$ $u = ?$

14) Ein Quadrat ($a = 3{,}6$ cm) und ein Parallelogramm ($b = 4{,}8$ cm) haben den gleichen Flächeninhalt. Berechne die Höhe h_b des Parallelogramms.

Messergebnisse sind ungenau. Wenn du mit Größen, die du aus deiner Konstruktion abgemessen hast, auf zwei Arten den Flächeninhalt berechnest, werden die Ergebnisse meist unterschiedlich sein. Berechne daher den Mittelwert.

15) Zeichne eine Skizze und konstruiere das Parallelogramm: $a = 7$ cm, $b = 4{,}5$ cm, $\alpha = 120°$.
Zeichne die Höhen ein und gib deren Längen an.
Berechne den Umfang und auf zwei Arten den Flächeninhalt.

Name:	Flächeninhalte von Vielecken 4

Zeichne vor jeder Flächenberechnung eine Skizze.
Eine Skizze ist wie ein „Schummelzettel" – du kannst daraus die Formel „abschauen".

13) Parallelogramm: $a = 75$ cm, $h_a = 42$ cm, $h_b = 70$ cm; $b = ?$ $u = ?$

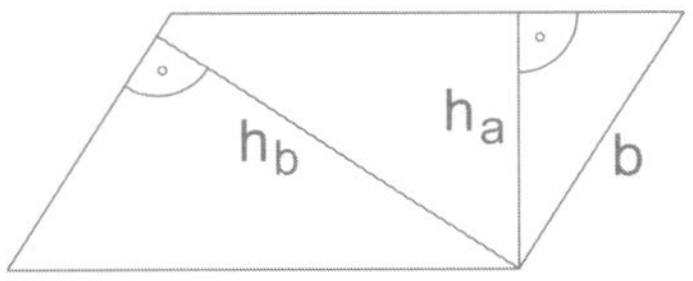

$a \cdot h_a = b \cdot h_b$

$75 \cdot 42 = b \cdot 70$

$3\,150 = 70 \cdot b \quad | : 70$

$b = 3\,150 : 70 = 45$

b ___ 45 cm

$u = 2 \cdot a + 2 \cdot b$

$u = 2 \cdot 75 + 2 \cdot 45$

$u = 150 + 90 = 240$

u ___ 240 cm

14) Ein Quadrat (a = 3,6 cm) und ein Parallelogramm (b = 4,8 cm) haben den gleichen Flächeninhalt.
Berechne die Höhe h_b des Parallelogramms.

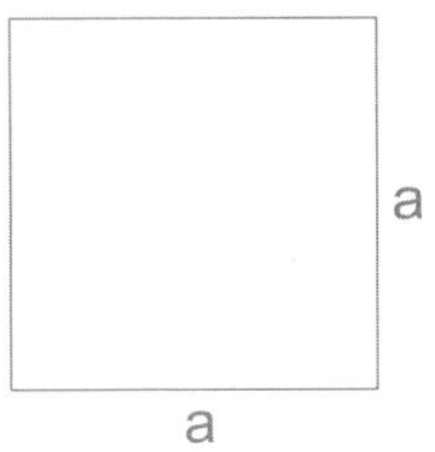

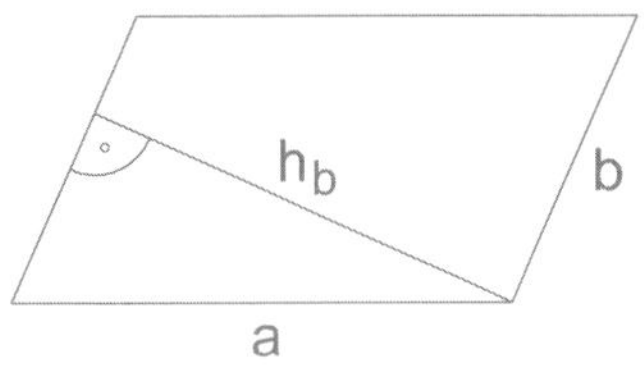

$A_Q = A_P$

$A_Q = A_P$

$a \cdot a = b \cdot h_b$

$3{,}6 \cdot 3{,}6 = 4{,}8 \cdot h_b$

$12{,}96 = 4{,}8 \cdot h_b \quad | : 4{,}8$

$h_b = 12{,}96 : 4{,}8 = 2{,}7$

h_b ___ 2,7 cm

Messergebnisse sind ungenau. Wenn du mit Größen, die du aus deiner Konstruktion abgemessen hast, auf zwei Arten den Flächeninhalt berechnest, werden die Ergebnisse meist unterschiedlich sein. Berechne daher den Mittelwert.

15) Zeichne eine Skizze und konstruiere das Parallelogramm: a = 7 cm, b = 4,5 cm, $\alpha = 120°$.
Zeichne die Höhen ein und gib deren Längen an.
Berechne den Umfang und auf zwei Arten den Flächeninhalt.

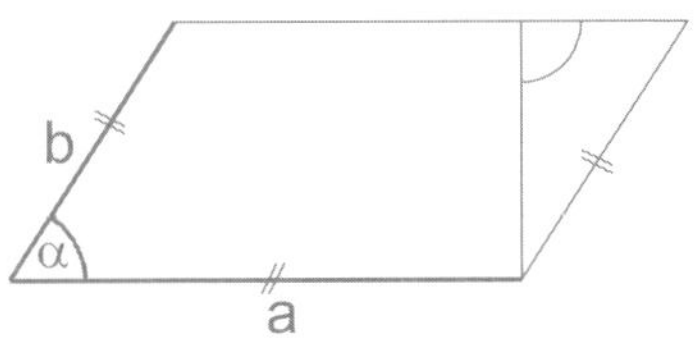

$u = 2 \cdot a + 2 \cdot b$

$u = 2 \cdot 7 + 2 \cdot 4{,}5 = 14 + 9 = 23$

u ___ 23 cm

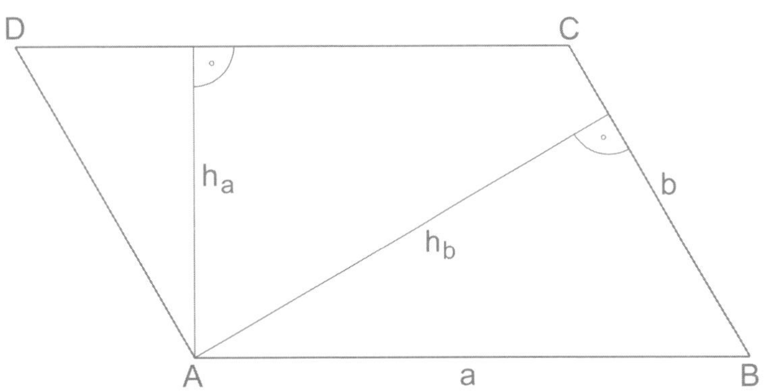

$h_a = 3{,}897 \text{ cm} \approx 3{,}9$ cm

$h_b = 6{,}062 \text{ cm} \approx 6{,}1$ cm

$A_1 = a \cdot h_a$

$A_1 = 7 \cdot 3{,}9 = 27{,}3$

A_1 ___ 27,3 cm²

$A_2 = b \cdot h_b$

$A_2 = 4{,}5 \cdot 6{,}1 = 27{,}45$

A_2 ___ 27,45 cm²

$A = (A_1 + A_2) : 2$

$A = (27{,}3 + 27{,}45) : 2 = 54{,}75 : 2 = 27{,}375$

A ___ 27,38 cm²

16) Gib die Eigenschaften der Dreiecke an:
- • nach den Seiten
- •• nach den Winkeln

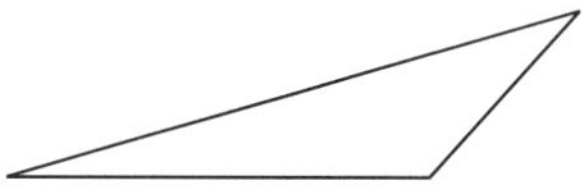
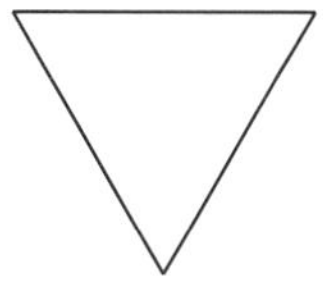
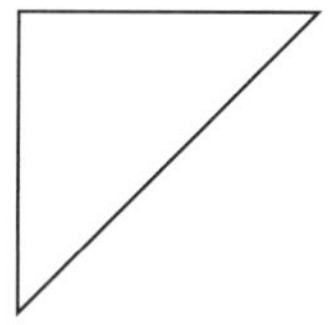

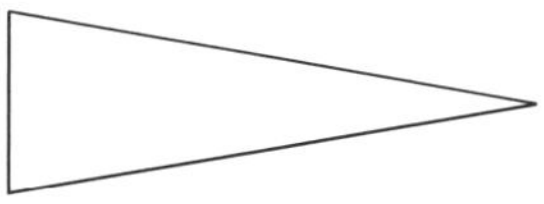
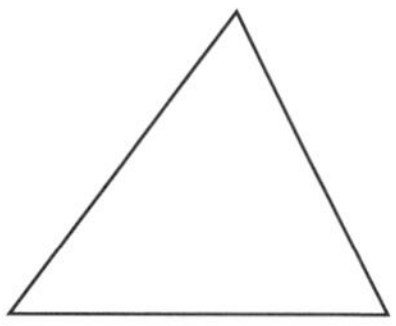
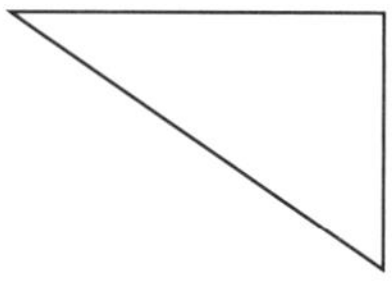

17) Zeichne jeweils eine Skizze und berechne den Flächeninhalt.

a) Dreieck: $c = 88$ mm, $h_c = 35$ mm; $A = ?$

b) Dreieck: $a = 4{,}9$ mm, $h_a = 8{,}6$ mm; $A = ?$

c) Dreieck: $b = 14{,}1$ m, $h_b = 9{,}7$ m; $A = ?$

d) Rechtw. Dreieck: $a = 7{,}5$ m, $b = 3{,}4$ m; $A = ?$

18) Die Giebelmauer eines Einfamilienhauses soll einen neuen wetterfesten Verputz bekommen. Die Gesamtfläche der Eingangstüre und Fenster beträgt 10,4 m^2 – hier wird nicht verputzt. Berechne die Kosten, wenn 59 € für 1 m^2 berechnet werden.

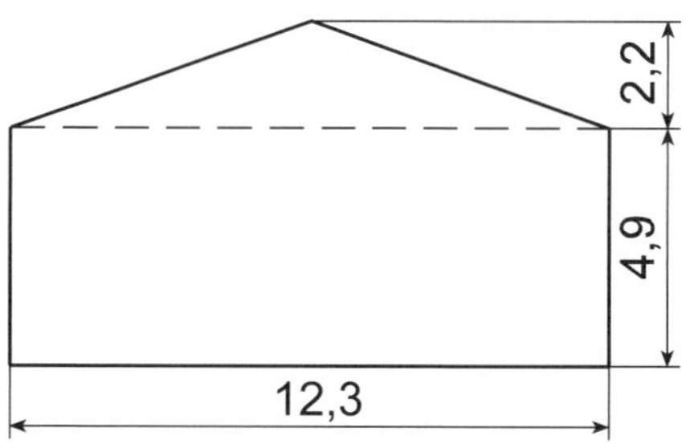

Maße in m.

A:

16) Gib die Eigenschaften der Dreiecke an:
- • nach den Seiten
- •• nach den Winkeln

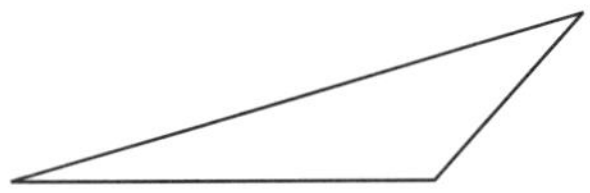

ungleichseitig

stumpfwinklig

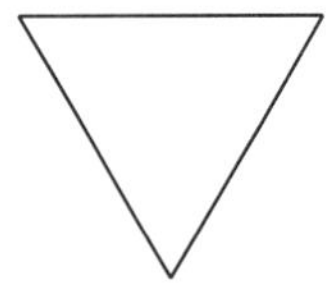

gleichseitig

spitzwinklig

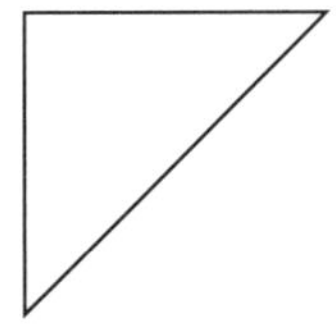

gleichschenklig

rechtwinklig

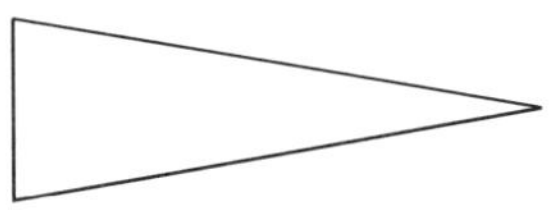

gleichschenklig

spitzwinklig

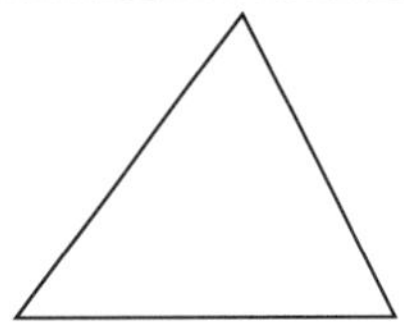

ungleichseitig

spitzwinklig

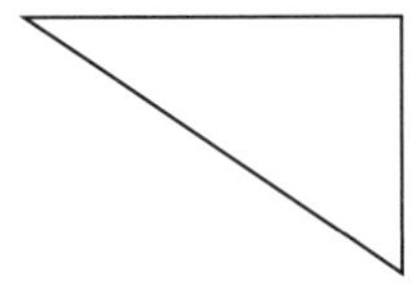

ungleichseitig

rechtwinklig

17) Zeichne jeweils eine Skizze und berechne den Flächeninhalt.

a) Dreieck: $c = 88$ mm, $h_c = 35$ mm; $A = ?$

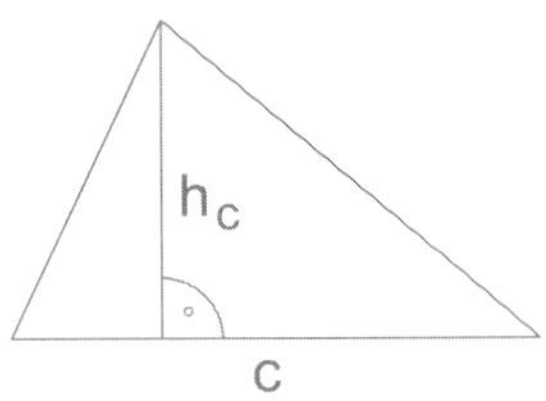

$A = \frac{c \cdot h_c}{2}$

$A = \frac{^{44}\cancel{88} \cdot 35}{\cancel{2}_1} = 1\,540$

A ___ 1 540 mm^2

b) Dreieck: $a = 4{,}9$ mm, $h_a = 8{,}6$ mm; $A = ?$

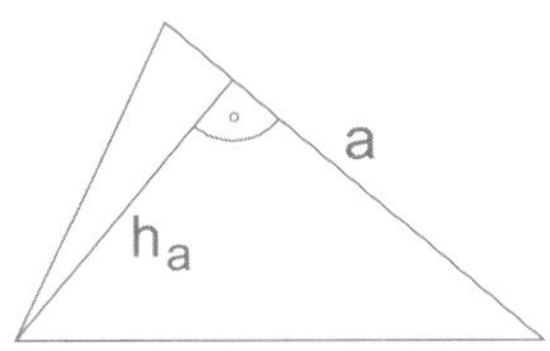

$A = \frac{a \cdot h_a}{2}$

$A = \frac{4{,}9 \cdot 8{,}6}{2} = 21{,}07$

A ___ 21,07 mm^2

c) Dreieck: $b = 14{,}1$ m, $h_b = 9{,}7$ m; $A = ?$

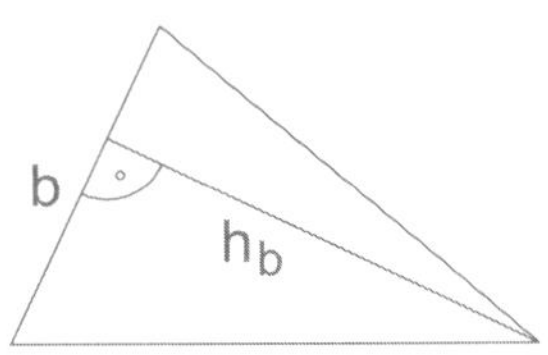

$A = \frac{b \cdot h_b}{2}$

$A = \frac{14{,}1 \cdot 9{,}7}{2} = 68{,}385$

A ___ 68,385 m^2

d) Rechtw. Dreieck: $a = 7{,}5$ m, $b = 3{,}4$ m; $A = ?$

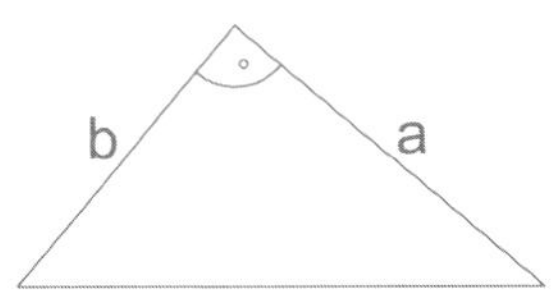

$A = \frac{a \cdot b}{2}$

$A = \frac{7{,}5 \cdot 3{,}4}{2} = 12{,}75$

A ___ 12,75 m^2

18) Die Giebelmauer eines Einfamilienhauses soll einen neuen wetterfesten Verputz bekommen. Die Gesamtfläche der Eingangstüre und Fenster beträgt 10,4 m^2 – hier wird nicht verputzt. Berechne die Kosten, wenn 59 € für 1 m^2 berechnet werden.

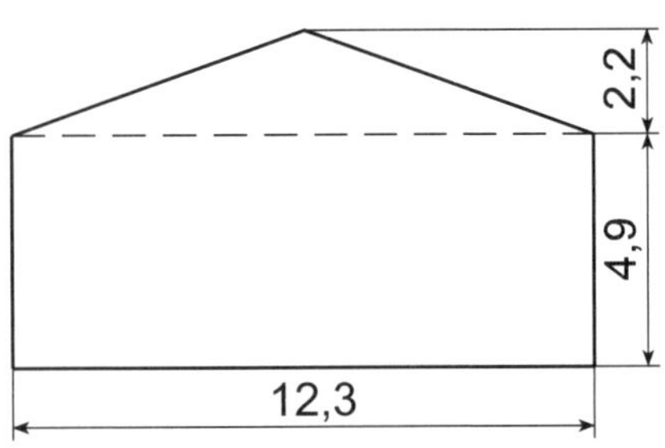

Maße in m.

$A = A_R + A_D - A_F$

$A = 12{,}3 \cdot 4{,}9 + \frac{12{,}3 \cdot \cancel{2{,}2}^{1,1}}{\cancel{2}} - 10{,}4$

$A = 60{,}27 + 13{,}53 - 10{,}4 = 63{,}4$

A ___ 63,4 m^2

1 m^2 ___ 59 €

63,4 m^2 ___ 59 € · 63,4 = 3 740,60 €

A: Die Kosten für den Verputz der Giebelmauer betragen 3 740,60 €.

Name:	Flächeninhalte von Vielecken 6

19) a) Dreieck: $A = 1\,365\ m^2$, $a = 78\ m$; $h_a = ?$

b) Dreieck: $A = 26{,}22\ m^2$, $b = 5{,}7\ m$; $h_b = ?$

c) Dreieck: $A = 44{,}08\ m^2$, $h_c = 2{,}9\ m$; $c = ?$

d) Rechtwinkliges Dreieck:
$A = 66{,}3\ m^2$, $a = 7{,}8\ m$; $b = ?$

20) Dreieck: $a = 14{,}8\ m$, $c = 18{,}5\ m$, $h_a = 20\ m$; $h_c = ?$

21) Lies jeweils die Länge der Grundlinie und der zugehörigen Höhe ab und berechne den Flächeninhalt des Dreiecks im Kopf. (Längeneinheit E.)

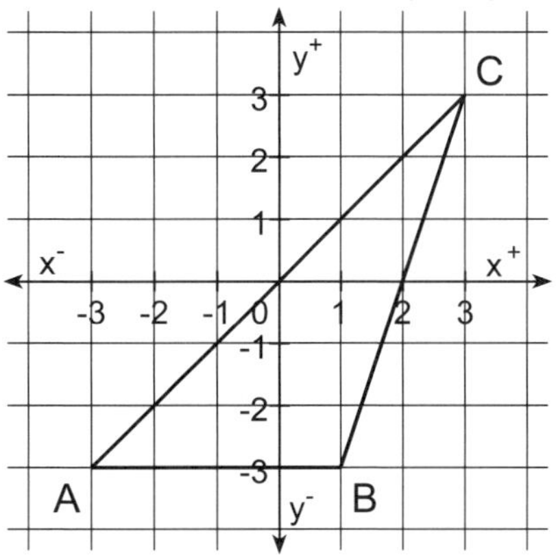

c =

h_c =

A =

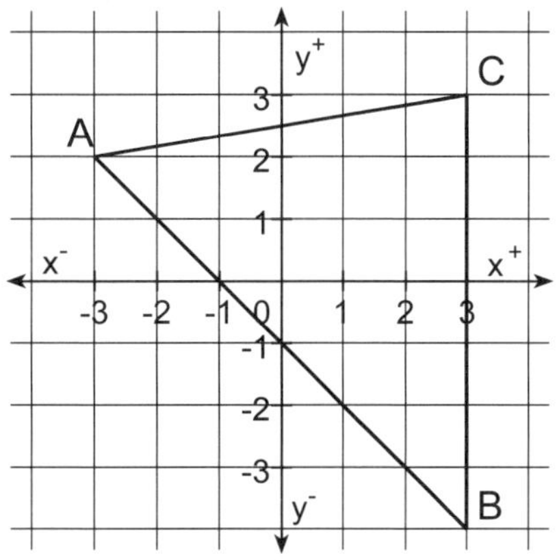

a =

h_a =

A =

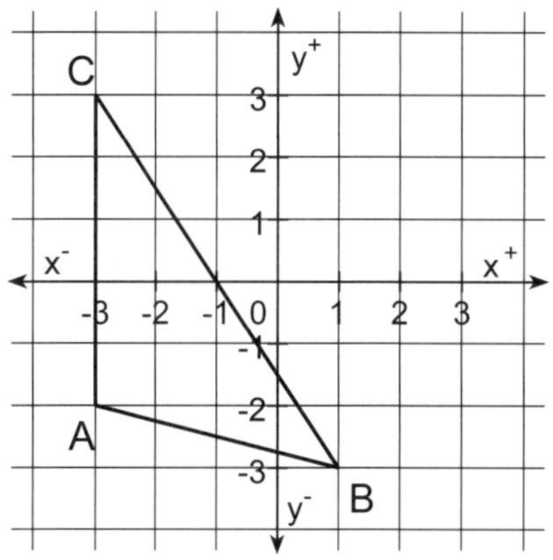

b =

h_b =

A =

19) a) Dreieck: $A = 1\,365\ m^2$, $a = 78\ m$; $h_a = ?$

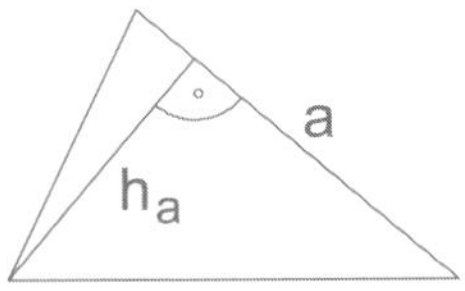

$A = \frac{a \cdot h_a}{2}$

$1\,365 = \frac{^{39}\cancel{78} \cdot h_a}{\cancel{2}_1}$

$1\,365 = 39 \cdot h_a \quad | : 39$

$h_a = 1\,365 : 39 = 35$

h_a ___ 35 m

b) Dreieck: $A = 26{,}22\ m^2$, $b = 5{,}7\ m$; $h_b = ?$

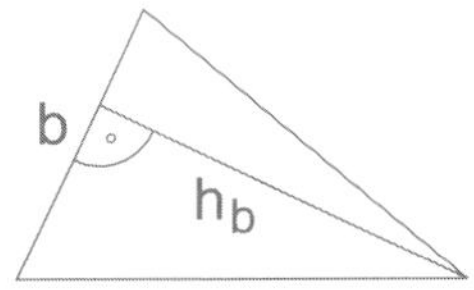

$A = \frac{b \cdot h_b}{2}$

$26{,}22 = \frac{5{,}7 \cdot h_b}{2}$

$26{,}22 = 2{,}85 \cdot h_b \quad | : 2{,}85$

$h_b = 26{,}22 : 2{,}85 = 9{,}2$

h_b ___ 9,2 m

c) Dreieck: $A = 44{,}08\ m^2$, $h_c = 2{,}9\ m$; $c = ?$

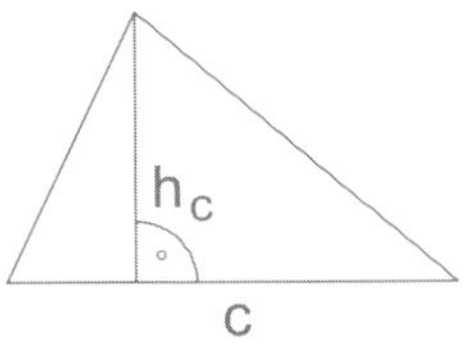

$A = \frac{c \cdot h_c}{2}$

$44{,}08 = \frac{c \cdot 2{,}9}{2}$

$44{,}08 = c \cdot 1{,}45 \quad | : 1{,}45$

$c = 44{,}08 : 1{,}45 = 30{,}4$

c ___ 30,4 m

d) Rechtwinkliges Dreieck:
$A = 66{,}3\ m^2$, $a = 7{,}8\ m$; $b = ?$

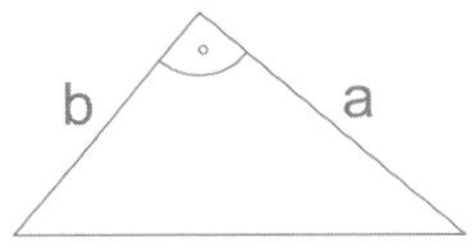

$A = \frac{a \cdot b}{2}$

$66{,}3 = \frac{7{,}8 \cdot b}{2}$

$66{,}3 = 3{,}9 \cdot b \quad | : 3{,}9$

$b = 66{,}3 : 3{,}9 = 17$

b ___ 17 m

20) Dreieck: $a = 14{,}8\ m$, $c = 18{,}5\ m$, $h_a = 20\ m$; $h_c = ?$

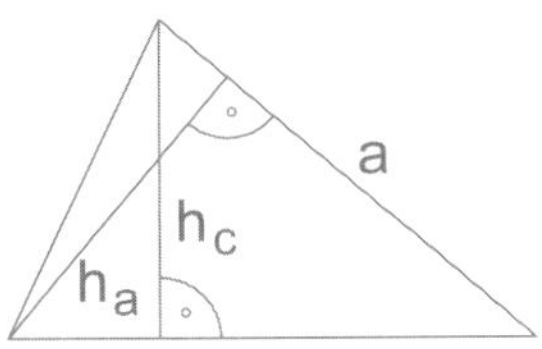

$\frac{a \cdot h_a}{2} = \frac{c \cdot h_c}{2}$

$\frac{14{,}8 \cdot \cancel{20}^{10}}{\cancel{2}_1} = \frac{18{,}5 \cdot h_c}{2}$

$148 = 9{,}25 \cdot h_c \quad | : 9{,}25$

$h_c = 148 : 9{,}25 = 16$

h_c ___ 16 m

21) Lies jeweils die Länge der Grundlinie und der zugehörigen Höhe ab und berechne den Flächeninhalt des Dreiecks im Kopf. (Längeneinheit E.)

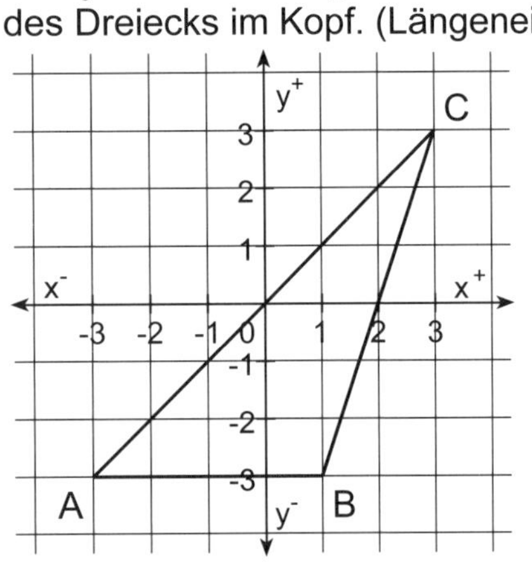

$c =$ 4 E $\quad h_c =$ 6 E

$A =$ 12 E^2

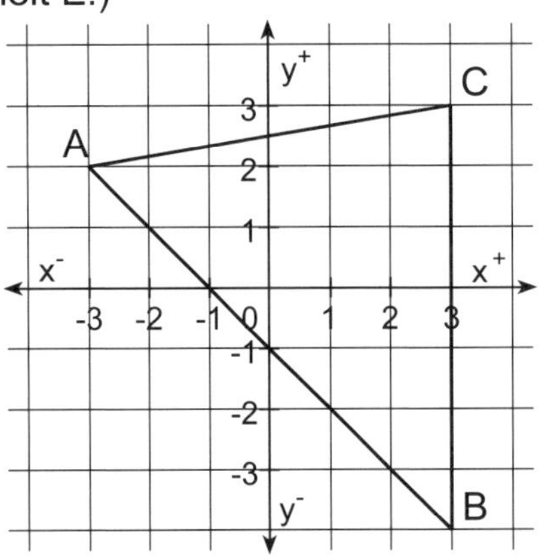

$a =$ 7 E $\quad h_a =$ 6 E

$A =$ 21 E^2

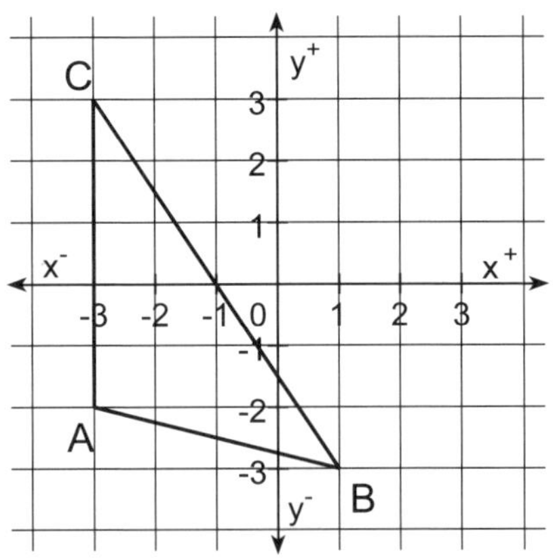

$b =$ 5 E $\quad h_b =$ 4 E

$A =$ 10 E^2

22) Miss die Seitenlängen und die zugehörigen Höhen des Dreiecks und berechne auf drei Arten den Flächeninhalt. Berechne danach den Mittelwert der drei Ergebnisse.

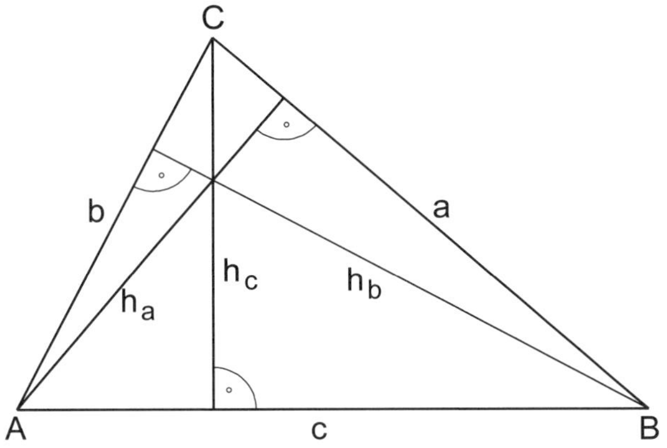

23) Zeichne eine Skizze und konstruiere das rechtwinklige Dreieck ($\gamma = 90°$): c = 65 mm, a = 52 mm. Miss in deiner Konstruktion die Länge der Kathete b, berechne den Umfang und den Flächeninhalt. Berechne mit Hilfe der zweiten Flächenformel die Höhe h_c und überprüfe deine Rechnung mit der Konstruktion.

24) Zeichne bei jedem Dreieck ein zweites kongruentes Dreieck so dazu, dass ein Parallelogramm entsteht und die bei dem Dreieck eingezeichnete Höhe auch eine Höhe des Parallelogramms ist.

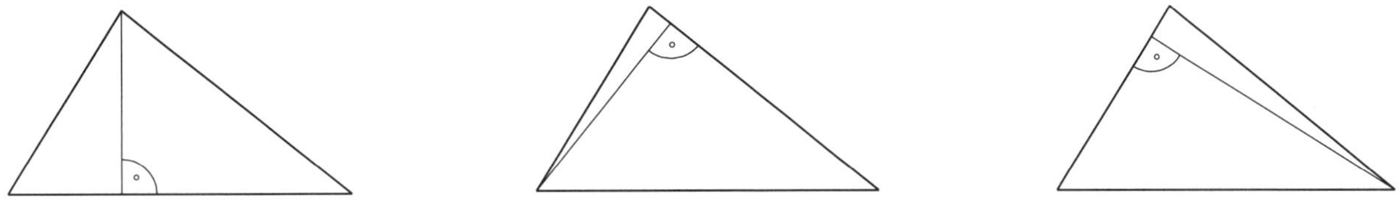

22) Miss die Seitenlängen und die zugehörigen Höhen des Dreiecks und berechne auf drei Arten den Flächeninhalt. Berechne danach den Mittelwert der drei Ergebnisse.

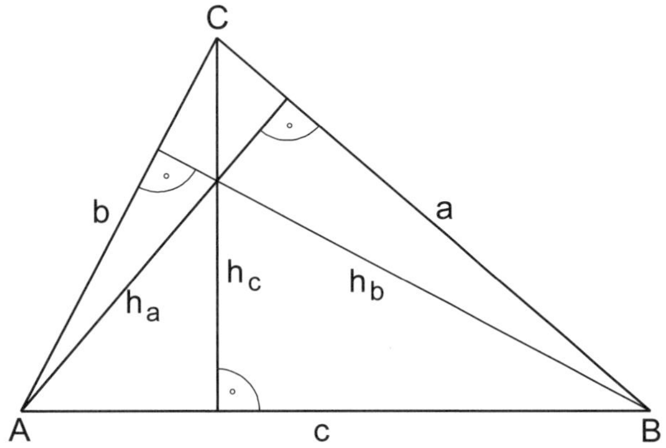

$A_1 = \frac{c \cdot h_c}{2}$

$A_1 = \frac{75 \cdot \cancel{44}^{22}}{\cancel{2}_1} = 1\,650$

$A_2 = \frac{a \cdot h_a}{2}$

$A_2 = \frac{^{34}\cancel{68} \cdot 49}{\cancel{2}_1} = 1\,666$

$A_3 = \frac{b \cdot h_b}{2}$

$A_3 = \frac{50 \cdot \cancel{66}^{33}}{\cancel{2}_1} = 1\,650$

$c = 75$ mm, $h_c = 44{,}2$ mm ≈ 44 mm

$a = 68$ mm, $h_a = 48{,}8$ mm ≈ 49 mm

$b = 50$ mm, $h_b = 66{,}3$ mm ≈ 66 mm

$A = (A_1 + A_2 + A_3) : 3$

$A = (1\,650 + 1\,666 + 1\,650) : 3 = 4\,966 : 3 = 1\,655,\overline{3}$

A ___ 1 655 mm²

23) Zeichne eine Skizze und konstruiere das rechtwinklige Dreieck ($\gamma = 90°$): c = 65 mm, a = 52 mm. Miss in deiner Konstruktion die Länge der Kathete b, berechne den Umfang und den Flächeninhalt. Berechne mit Hilfe der zweiten Flächenformel die Höhe h_c und überprüfe deine Rechnung mit der Konstruktion.

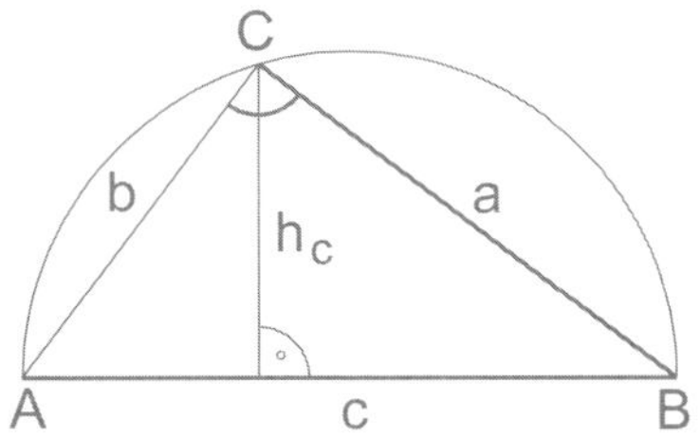

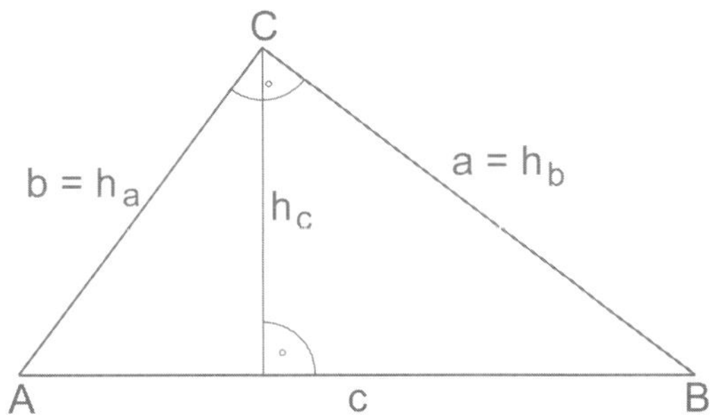

$b = 39$ mm $h_c = 31{,}20 \approx 31$ mm

$u = a + b + c$

$u = 52 + 39 + 65 = 156$

u ___ 156 mm

$A = \frac{a \cdot b}{2}$

$A = \frac{^{26}\cancel{52} \cdot 39}{\cancel{2}_1} = 1\,014$

A ___ 1 014 mm²

$A = \frac{c \cdot h_c}{2}$

$1\,014 = \frac{65 \cdot h_c}{2}$

$1\,014 = 32{,}5 \cdot h_c \quad | : 32{,}5$

$h_c = 1\,014 : 32{,}5 = 31{,}2$

h_c ___ 31,2 mm

24) Zeichne bei jedem Dreieck ein zweites kongruentes Dreieck so dazu, dass ein Parallelogramm entsteht und die bei dem Dreieck eingezeichnete Höhe auch eine Höhe des Parallelogramms ist.

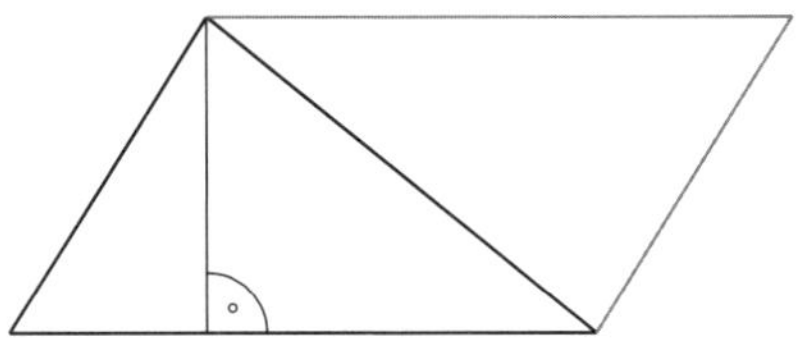

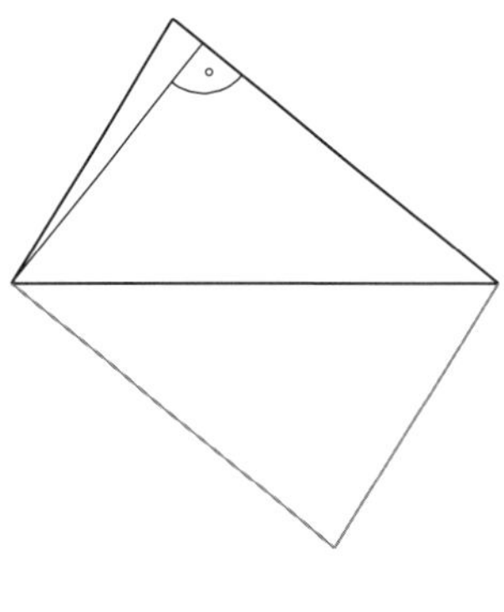

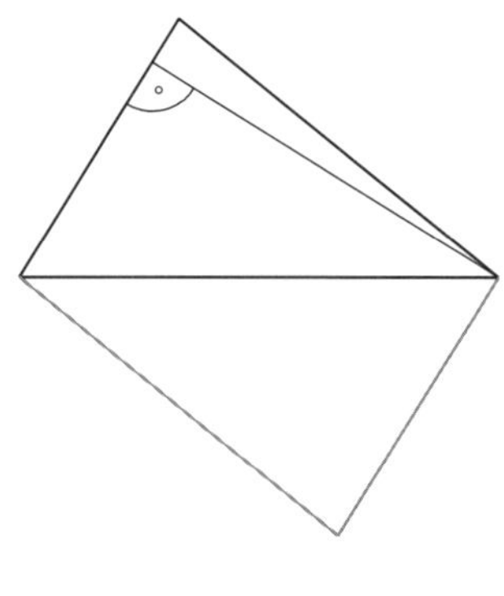

25) Zeichne eine Skizze und konstruiere das Trapez: a = 80 mm, c = 26 mm, d = 54 mm, h = 50 mm. Entnimm deiner Konstruktion fehlende Längenangaben und berechne den Umfang und den Flächeninhalt.

26) a) Trapez: a = 5,4 m, c = 3 m, h = 2,8 m; A = ?

Skizze:

b) Gleichschenkliges Trapez:
a = 14 m, c = 21 m, h = 5,5 m; A = ?

c) Trapez: m = 7,4 m, h = 1,6 m; A = ?

27) Die Flächenformel für das Trapez kann auf verschiedene Arten geschrieben werden.
Setze in die Formeln die gegebenen Zahlen ein und zeige, dass die unterschiedlichen Schreibweisen zum selben Ergebnis führen. Achte auf den Vorrang und schreibe jeden Rechenschritt auf.
Trapez: a = 20 cm, c = 8 cm, h = 6 cm.

$A = \frac{(a + c) \cdot h}{2}$	$A = \frac{(a + c)}{2} \cdot h$	$A = \frac{1}{2} \cdot (a + c) \cdot h$	$A = (a + c) \cdot \frac{h}{2}$

25) Zeichne eine Skizze und konstruiere das Trapez: a = 80 mm, c = 26 mm, d = 54 mm, h = 50 mm. Entnimm deiner Konstruktion fehlende Längenangaben und berechne den Umfang und den Flächeninhalt.

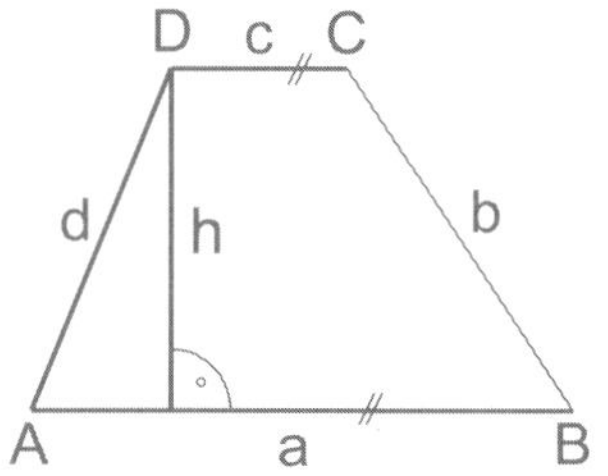

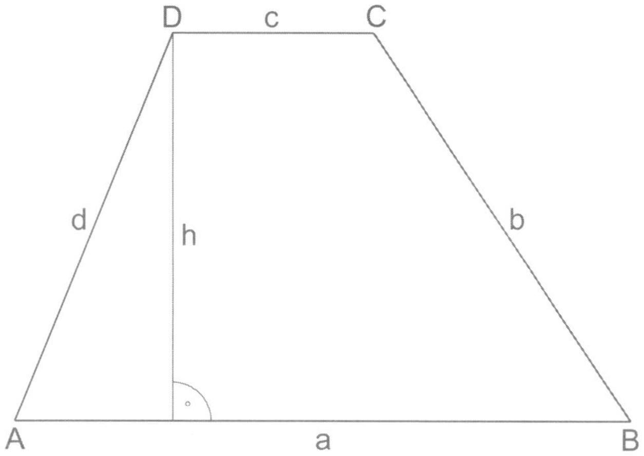

b = 60,2 mm ≈ 60 mm

u = a + b + c + d

u = 80 + 60 + 26 + 54 = 220

u ___ 220 mm

$A = \frac{(a + c) \cdot h}{2}$

$A = \frac{(80 + 26) \cdot 50}{2} = \frac{^{53}\cancel{106} \cdot 50}{\cancel{2}_1} = 2\,650$

A ___ 2 650 mm^2

26) a) Trapez: a = 5,4 m, c = 3 m, h = 2,8 m; A = ?

Skizze:

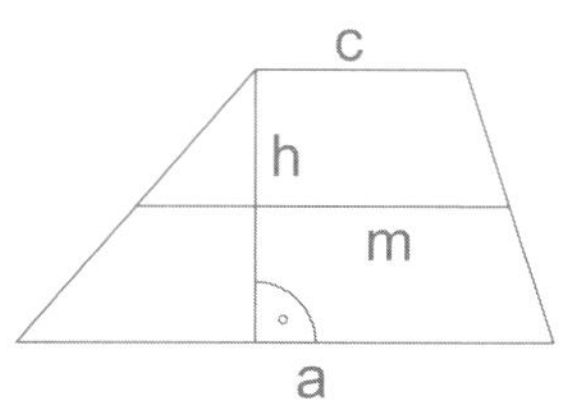

$A = \frac{(a + c) \cdot h}{2}$

$A = \frac{(5{,}4 + 3) \cdot 2{,}8}{2} = 11{,}76$

A ___ 11,76 m^2

b) Gleichschenkliges Trapez:
a = 14 m, c = 21 m, h = 5,5 m; A = ?

$A = \frac{(a + c) \cdot h}{2}$

$A = \frac{(14 + 21) \cdot 5{,}5}{2} = 96{,}25$

A ___ 96,25 m^2

c) Trapez: m = 7,4 m, h = 1,6 m; A = ?

$A = m \cdot h$

$A = 7{,}4 \cdot 1{,}6 = 11{,}84$

A ___ 11,84 m^2

27) Die Flächenformel für das Trapez kann auf verschiedene Arten geschrieben werden.
Setze in die Formeln die gegebenen Zahlen ein und zeige, dass die unterschiedlichen Schreibweisen zum selben Ergebnis führen. Achte auf den Vorrang und schreibe jeden Rechenschritt auf.
Trapez: a = 20 cm, c = 8 cm, h = 6 cm.

$A = \frac{(a + c) \cdot h}{2}$	$A = \frac{(a + c)}{2} \cdot h$	$A = \frac{1}{2} \cdot (a + c) \cdot h$	$A = (a + c) \cdot \frac{h}{2}$
$A = \frac{(20 + 8) \cdot 6}{2}$	$A = \frac{(20 + 8)}{2} \cdot 6$	$A = \frac{1}{2} \cdot (20 + 8) \cdot 6$	$A = (20 + 8) \cdot \frac{6}{2}$
$A = \frac{28 \cdot 6}{2}$	$A = \frac{28}{2} \cdot 6$	$A = \frac{1}{2} \cdot 28 \cdot 6$	$A = 28 \cdot 3 = 84$
$A = 168 : 2 = 84$	$A = 14 \cdot 6 = 84$	$A = 14 \cdot 6 = 84$	

Name:	Flächeninhalte von Vielecken 9

28) Löse die Gleichungen.

$84 = (8 + 12) \cdot x$	$150 = (17 + x) \cdot 6$	$64 = \frac{x + 9}{2}$

29) a) Trapez: $A = 20{,}16\ m^2$, $a = 5{,}9\ m$, $c = 3{,}7\ m$; $h = ?$

Skizze:

b) Trapez:
$A = 130\ m^2$, $a = 12\ m$, $h = 6{,}5\ m$; $c = ?$

c) Trapez:
$A = 44{,}4\ m^2$, $c = 10{,}6\ m$, $h = 6\ m$; $a = ?$

30) Forme die Formeln so um, dass die gesuchte Größe berechnet werden kann.

$A = \frac{(a + c) \cdot h}{2}$; $h = ?$

$A = \frac{(a + c) \cdot h}{2}$; $c = ?$

31) Angaben für Trapeze mit einfachen Zahlen. Berechne die fehlenden Größen im Kopf.

Seite a	10 m	12 m	20 m	
Seite c	4 m	6 m		9 m
Höhe h	5 m		4 m	8 m
Flächeninhalt A		27 m^2	60 m^2	100 m^2

28) Löse die Gleichungen.

$84 = (8 + 12) \cdot x$	$150 = (17 + x) \cdot 6 \quad \mid : 6$	$64 = \frac{x + 9}{2} \quad \mid \cdot 2$
$84 = 20 \cdot x \quad \mid : 20$	$25 = 17 + x \quad \mid - 17$	$128 = x + 9 \quad \mid - 9$
$x = 84 : 20$	$x = 8$	$x = 119$
$x = 4{,}2$		

29) a) Trapez: $A = 20{,}16\ m^2$, $a = 5{,}9\ m$, $c = 3{,}7\ m$; $h = ?$

Skizze:

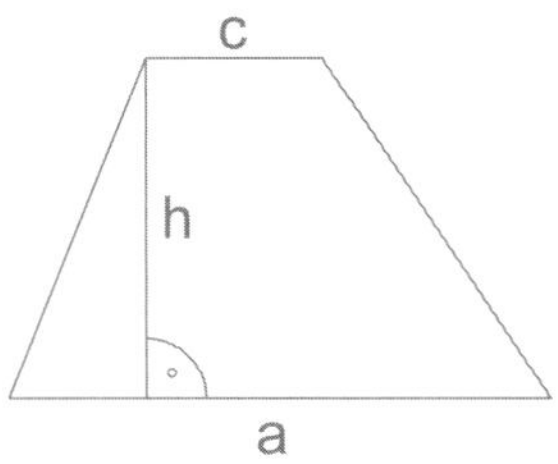

$$A = \frac{(a + c) \cdot h}{2}$$

$$20{,}16 = \frac{(5{,}9 + 3{,}7) \cdot h}{2}$$

$$20{,}16 = 4{,}8 \cdot h \quad \mid : 4{,}8$$

$$h = 20{,}16 : 4{,}8 = 4{,}2$$

h ___ 4,2 m

b) Trapez:
$A = 130\ m^2$, $a = 12\ m$, $h = 6{,}5\ m$; $c = ?$

$$A = \frac{(a + c) \cdot h}{2}$$

$$130 = \frac{(12 + c) \cdot 6{,}5}{2} \quad \mid \cdot 2$$

$$260 = (12 + c) \cdot 6{,}5 \quad \mid : 6{,}5$$

$$40 = 12 + c \quad \mid - 12$$

$$c = 28$$

c ___ 28 m

c) Trapez:
$A = 44{,}4\ m^2$, $c = 10{,}6\ m$, $h = 6\ m$; $a = ?$

$$A = \frac{(a + c) \cdot h}{2}$$

$$44{,}4 = \frac{(a + 10{,}6) \cdot \cancel{6}^{3}}{\cancel{2}_{1}}$$

$$44{,}4 = (a + 10{,}6) \cdot 3 \quad \mid : 3$$

$$14{,}8 = a + 10{,}6 \quad \mid - 10{,}6$$

$$a = 4{,}2$$

a ___ 4,2 m

30) Forme die Formeln so um, dass die gesuchte Größe berechnet werden kann.

$A = \frac{(a + c) \cdot h}{2}$; $h = ?$

$$A = \frac{(a + c) \cdot h}{2} \quad \mid \cdot 2$$

$$2 \cdot A = (a + c) \cdot h \quad \mid : (a + c)$$

$$h = \frac{2 \cdot A}{a + c}$$

$A = \frac{(a + c) \cdot h}{2}$; $c = ?$

$$A = \frac{(a + c) \cdot h}{2} \quad \mid \cdot 2$$

$$2 \cdot A = (a + c) \cdot h \quad \mid : h$$

$$\frac{2 \cdot A}{h} = a + c \quad \mid - a$$

$$c = \frac{2 \cdot A}{h} - a$$

31) Angaben für Trapeze mit einfachen Zahlen. Berechne die fehlenden Größen im Kopf.

Seite a	10 m	12 m	20 m	16 m
Seite c	4 m	6 m	10 m	9 m
Höhe h	5 m	3 m	4 m	8 m
Flächeninhalt A	35 m^2	27 m^2	60 m^2	100 m^2

32) Die beiden aufeinander normal stehenden Strecken sollen jeweils Diagonalen eines Vierecks sein.

a) Verbinde die Endpunkte der Diagonalen so, dass ein Viereck entsteht.
Male das Viereck ganz leicht an und benenne es.

(1)

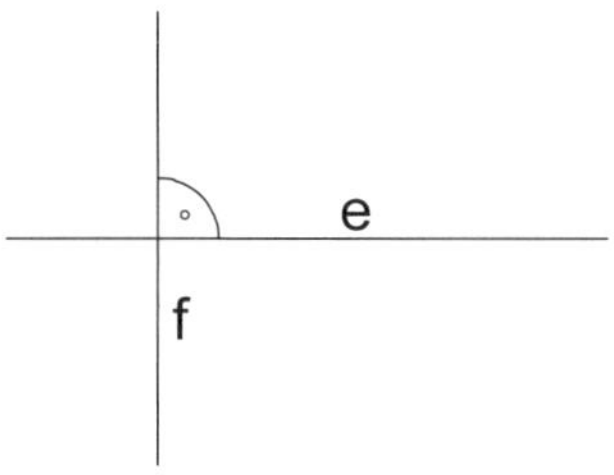

(2)

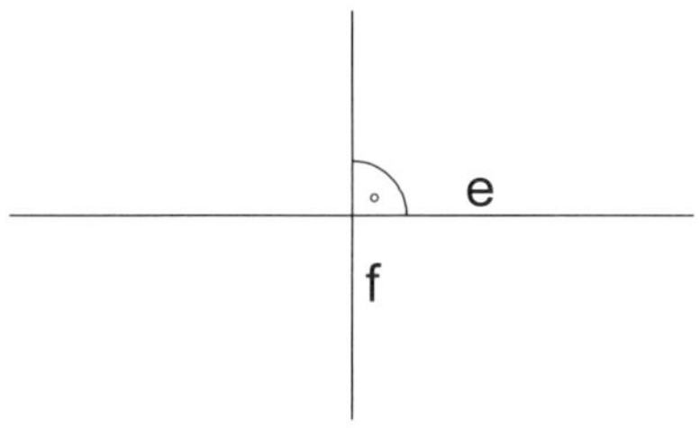

(3)

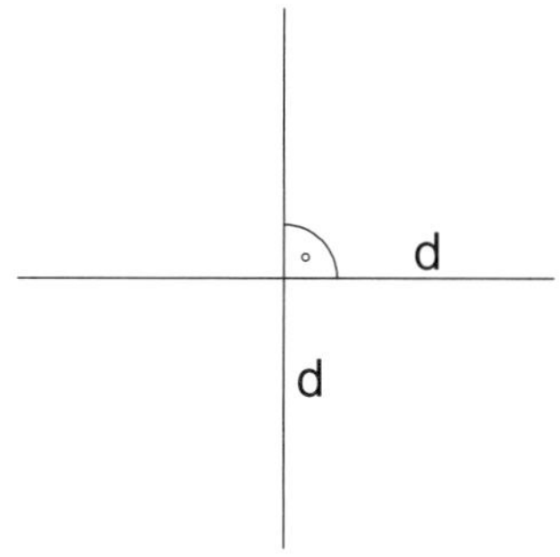

b) Zeichne Parallelen zu den Diagonalen durch die Eckpunkte des Vierecks, sodass ein Rechteck entsteht.
Entnimm der Zeichnung entsprechende Längenangaben und berechne den Flächeninhalt des Rechtecks.

(1) (2) (3)

c) Berechne den Flächeninhalt der Vierecke mit aufeinander normal stehenden Diagonalen.

(1) (2) (3)

33) Zeichne jeweils eine Skizze und berechne den Flächeninhalt des Vierecks.

a) Deltoid: e = 68 cm, f = 54 cm; A = ?

b) Raute: e = 82 cm, f = 73 cm; A = ?

34) Konstruiere das Quadrat (a = 46 mm), berechne den Umfang und auf zwei Arten den Flächeninhalt.

32) Die beiden aufeinander normal stehenden Strecken sollen jeweils Diagonalen eines Vierecks sein.
a) Verbinde die Endpunkte der Diagonalen so, dass ein Viereck entsteht.
Male das Viereck ganz leicht an und benenne es.

(1)
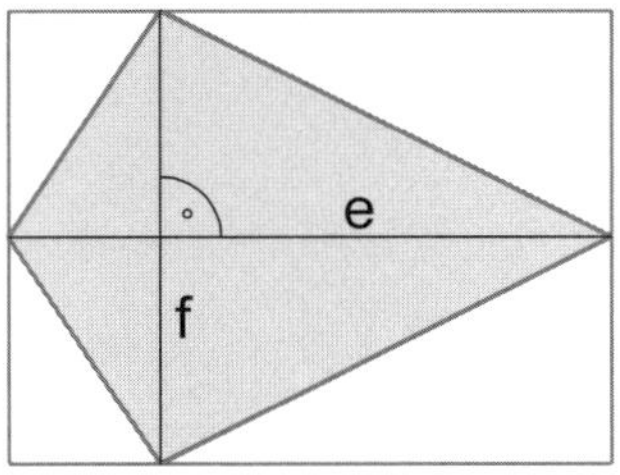

Deltoid

(2)
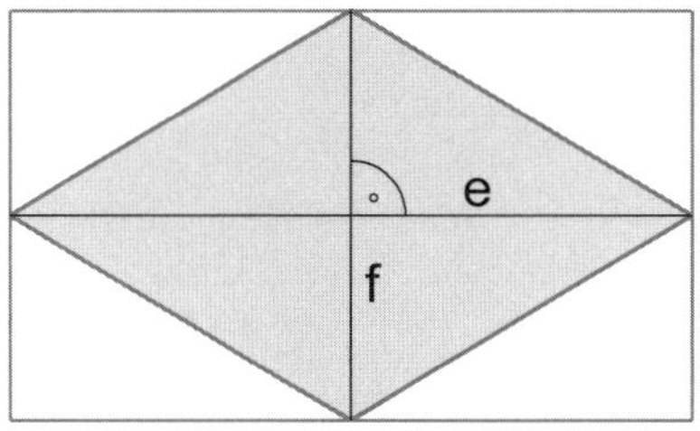

Raute

(3)
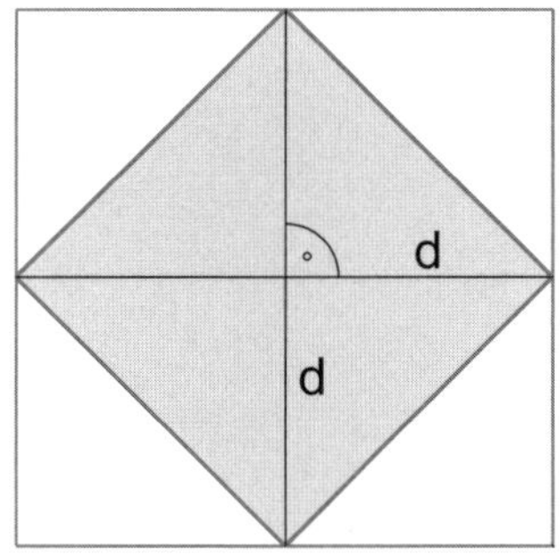

Quadrat

b) Zeichne Parallelen zu den Diagonalen durch die Eckpunkte des Vierecks, sodass ein Rechteck entsteht.
Entnimm der Zeichnung entsprechende Längenangaben und berechne den Flächeninhalt des Rechtecks.

(1) $A_R = e \cdot f$

$A_R = 4 \cdot 3 = 12$

A_R ___ 12 cm²

(2) $A_R = e \cdot f$

$A_R = 5 \cdot 3 = 15$

A_R ___ 15 cm²

(3) $A_R = d \cdot d$

$A_R = 4 \cdot 4 = 16$

A_R ___ 16 cm²

c) Berechne den Flächeninhalt der Vierecke mit aufeinander normal stehenden Diagonalen.

(1) $A_D = \frac{e \cdot f}{2}$

$A_D = \frac{4 \cdot 3}{2} = 6$

A_D ___ 6 cm²

(2) $A_{Ra} = \frac{e \cdot f}{2}$

$A_{Ra} = \frac{5 \cdot 3}{2} = 7{,}5$

A_{Ra} ___ 7,5 cm²

(3) $A_Q = \frac{d \cdot d}{2}$

$A_Q = \frac{4 \cdot 4}{2} = 8$

A_Q ___ 8 cm²

33) Zeichne jeweils eine Skizze und berechne den Flächeninhalt des Vierecks.

a) Deltoid: e = 68 cm, f = 54 cm; A = ?

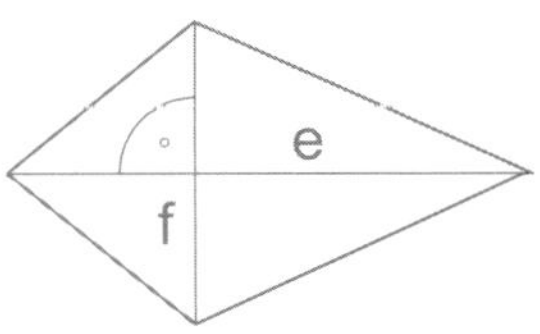

$A = \frac{e \cdot f}{2}$

$A = \frac{{}^{34}\not{68} \cdot 54}{\not{2}_1} = 1\,836$

A ___ 1 836 cm²

b) Raute: e = 82 cm, f = 73 cm; A = ?

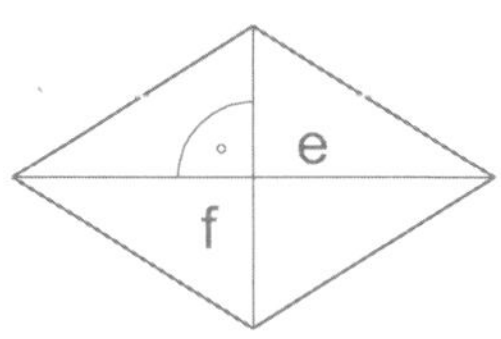

$A = \frac{e \cdot f}{2}$

$A = \frac{{}^{41}\not{82} \cdot 73}{\not{2}_1} = 2\,993$

A ___ 2 993 cm²

34) Konstruiere das Quadrat (a = 46 mm), berechne den Umfang und auf zwei Arten den Flächeninhalt.

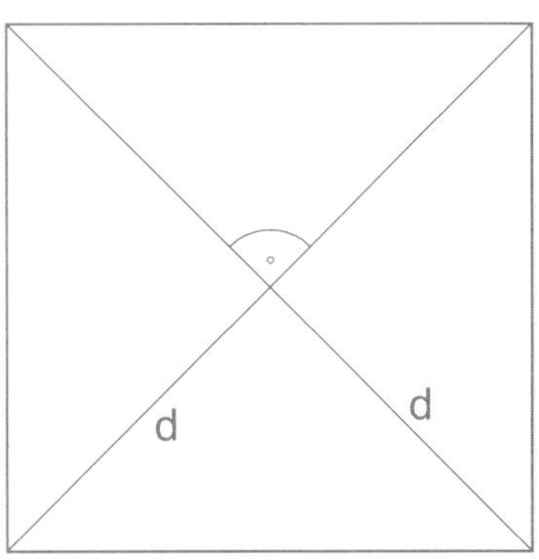

$u = 4 \cdot a$

$u = 4 \cdot 46 = 184$

u ___ 184 mm

$A = a^2$

$A = 46^2 = 2\,116$

A ___ 2 116 mm²

d = 65,05 mm ≈ 65 mm

$A = \frac{d^2}{2}$

$A = \frac{65^2}{2} = 2\,112{,}5$

A ___ ≈ 2 112,5 mm²

35) Berechne die Länge der zweiten Diagonale.

a) Deltoid: $A = 16{,}08\ cm^2$, $f = 4{,}8\ cm$; $e = ?$

b) Raute: $A = 35{,}25\ cm^2$, $e = 7{,}5\ cm$; $f = ?$

36) Ein Quadrat ($a = 18\ cm$) und ein Deltoid ($e = 21{,}6\ cm$) sind flächengleich. Berechne die Länge der zweiten Diagonale des Deltoids.

37) Ein Deltoid ($e_1 = 4{,}2\ cm$, $f_1 = 7{,}5\ cm$) und eine Raute ($e_2 = 3\ cm$) sind flächengleich. Berechne die Länge der zweiten Diagonale der Raute.

38) Diese Figuren sollen den Flächeninhalt $A = 400\ cm^2$ haben. Finde selbst Größen, die dafür zutreffen. (Verwende natürliche Zahlen und jede Zahl nur einmal.)

Quadrat	Raute	Deltoid	Rechteck	Raute	Dreieck
a =	a =	e =	a =	e =	c =
	h =	f =	b =	f =	h_c =

39) Die Formel für den Flächeninhalt der Raute lässt sich auf verschiedene Arten aufschreiben. Ordne die Skizzen der jeweiligen Formel zu.

① 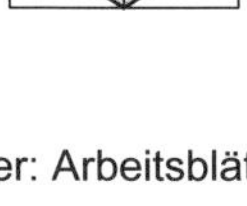

② 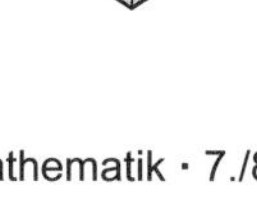

③ 

◯ $A = \frac{e}{2} \cdot f$ ◯ $A = \frac{e \cdot f}{2}$ ◯ $A = e \cdot \frac{f}{2}$

35) Berechne die Länge der zweiten Diagonale.

a) Deltoid: $A = 16{,}08\ cm^2$, $f = 4{,}8\ cm$; $e = ?$

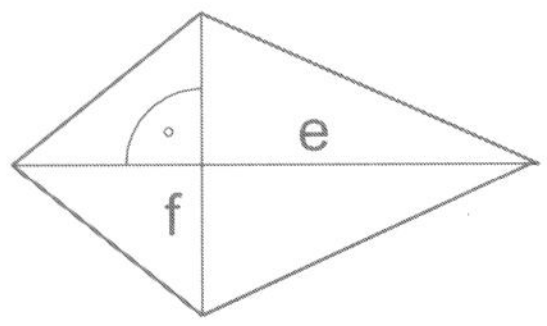

$A = \frac{e \cdot f}{2}$

$16{,}08 = \frac{e \cdot \cancel{4{,}8}^{2{,}4}}{\cancel{2}_1}$

$16{,}08 = 2{,}4 \cdot e \quad | : 2{,}4$

$e = 16{,}08 : 2{,}4 = 6{,}7$

e ___ 6,7 cm

b) Raute: $A = 35{,}25\ cm^2$, $e = 7{,}5\ cm$; $f = ?$

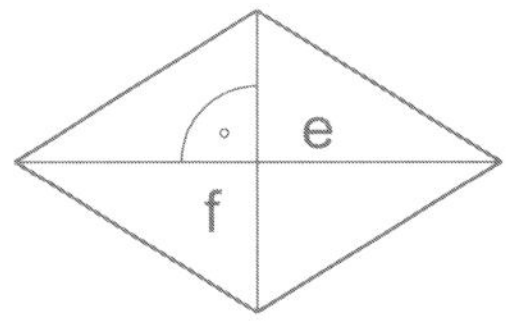

$A = \frac{e \cdot f}{2}$

$35{,}25 = \frac{7{,}5 \cdot f}{2} \quad | \cdot 2$

$70{,}5 = 7{,}5 \cdot f \quad | : 7{,}5$

$f = 70{,}5 : 7{,}5 = 9{,}4$

f ___ 9,4 cm

36) Ein Quadrat (a = 18 cm) und ein Deltoid (e = 21,6 cm) sind flächengleich. Berechne die Länge der zweiten Diagonale des Deltoids.

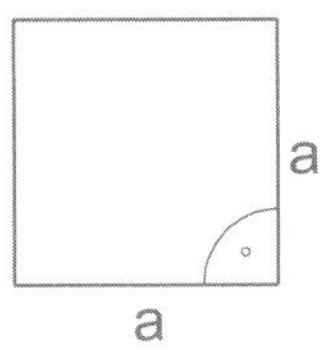

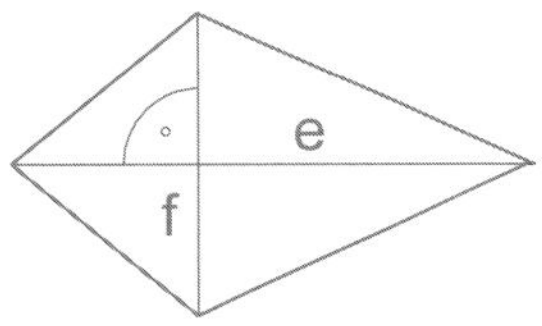

$A_Q = A_D$

$A_Q = A_D$

$a \cdot a = \frac{e \cdot f}{2}$

$18 \cdot 18 = \frac{{}^{10{,}8}\cancel{21{,}6} \cdot f}{\cancel{2}_1}$

$324 = 10{,}8 \cdot f \quad | : 10{,}8$

$f = 324 : 10{,}8 = 30$

f ___ 30 cm

37) Ein Deltoid ($e_1 = 4{,}2$ cm, $f_1 = 7{,}5$ cm) und eine Raute ($e_2 = 3$ cm) sind flächengleich. Berechne die Länge der zweiten Diagonale der Raute.

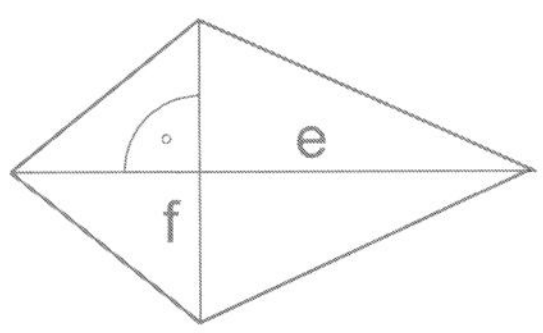

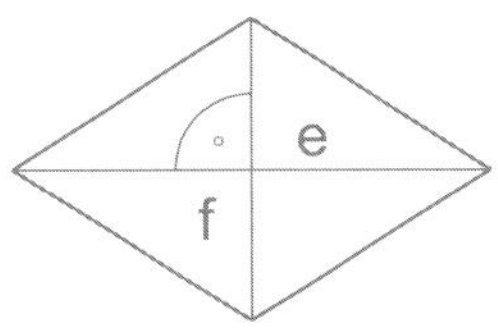

$A_D = A_R$

$A_D = A_R$

$\frac{e_1 \cdot f_1}{2} = \frac{e_2 \cdot f_2}{2}$

$\frac{{}^{2{,}1}\cancel{4{,}2} \cdot 7{,}5}{\cancel{2}_1} = \frac{3 \cdot f}{2}$

$15{,}75 = 1{,}5 \cdot f \quad | : 1{,}5$

$f = 15{,}75 : 1{,}5 = 10{,}5$

f ___ 10,5 cm

38) Diese Figuren sollen den Flächeninhalt $A = 400\ cm^2$ haben. Finde selbst Größen, die dafür zutreffen. (Verwende natürliche Zahlen und jede Zahl nur einmal.)

Quadrat	Raute	Deltoid	Rechteck	Raute	Dreieck
a = 20 cm	a = 10 cm	e = 100 cm	a = 80 cm	e = 50 cm	c = 200 cm
	h = 40 cm	f = 8 cm	b = 5 cm	f = 16 cm	h_c = 4 cm

39) Die Formel für den Flächeninhalt der Raute lässt sich auf verschiedene Arten aufschreiben. Ordne die Skizzen der jeweiligen Formel zu.

①
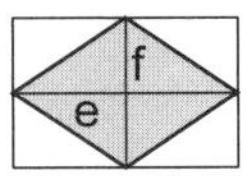

②
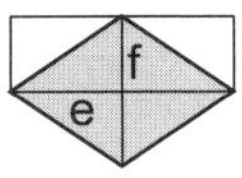

③
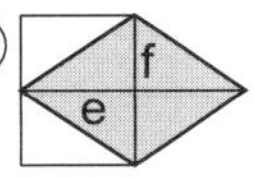

(3) $A = \frac{e}{2} \cdot f$ (1) $A = \frac{e \cdot f}{2}$ (2) $A = e \cdot \frac{f}{2}$

40) Zeichne das Vieleck in ein rechtwinkliges Koordinatensystem, unterteile es in Dreiecke und Trapeze und berechne den Flächeninhalt. (Längeneinheit: E.)

a) A(–5/0), B(–3/–3), C(0/–3), D(5/0), E(–2/4).

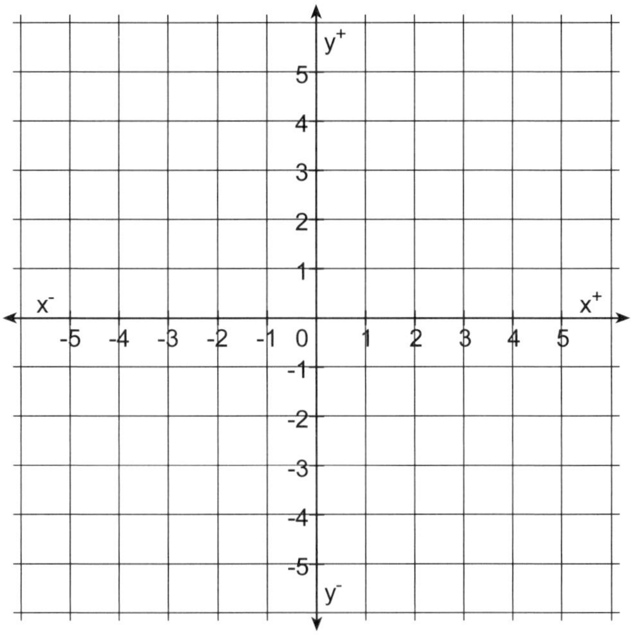

b) A(–5/0), B(–2/–5), C(4/–4), D(4/0), E(2/5), F(–3/3).

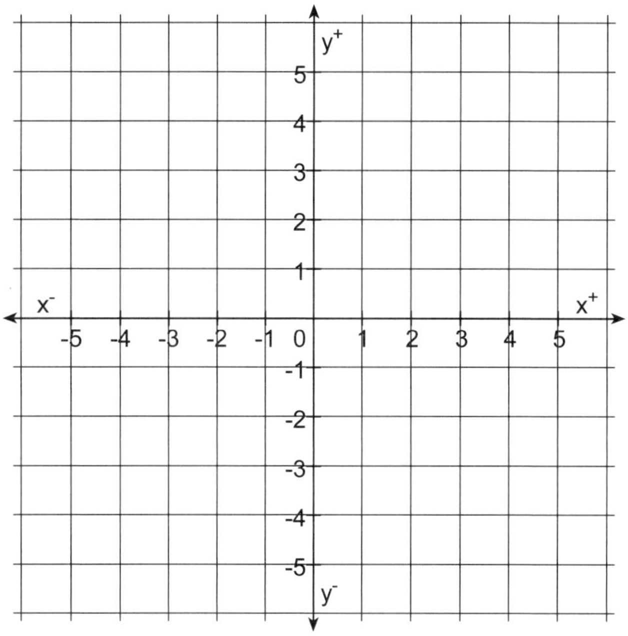

41) Zeichne ein rechtwinkliges Koordinatensystem (Einheit: 1 cm) und konstruiere das allgemeine Viereck: A(–2/–1), B(1/ –2), C(3/4), D(–3/3).
Zeichne die Diagonale AC und zu dieser Normalen durch die Eckpunkte B und D (Höhen der Teildreiecke).
Berechne den Flächeninhalt der Teildreiecke und den Flächeninhalt des Vierecks.

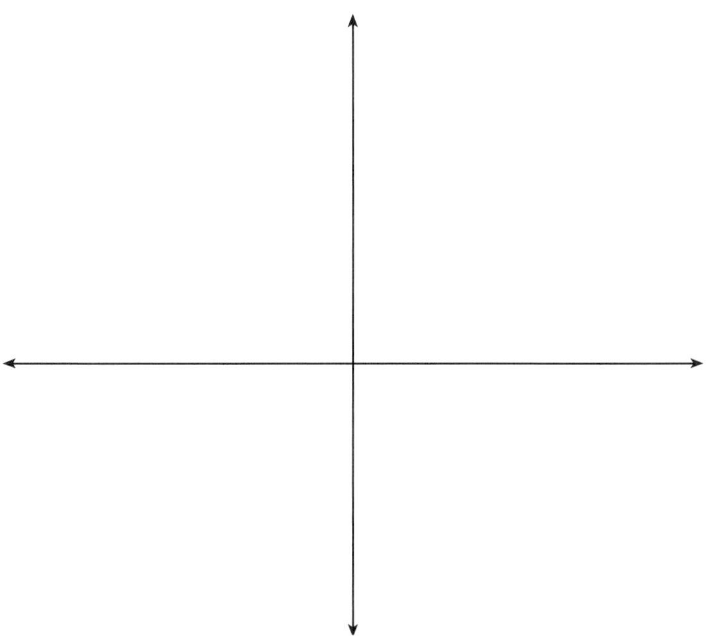

40) Zeichne das Vieleck in ein rechtwinkliges Koordinatensystem, unterteile es in Dreiecke und Trapeze und berechne den Flächeninhalt. (Längeneinheit: E.)

a) A(–5/0), B(–3/–3), C(0/–3), D(5/0), E(–2/4).

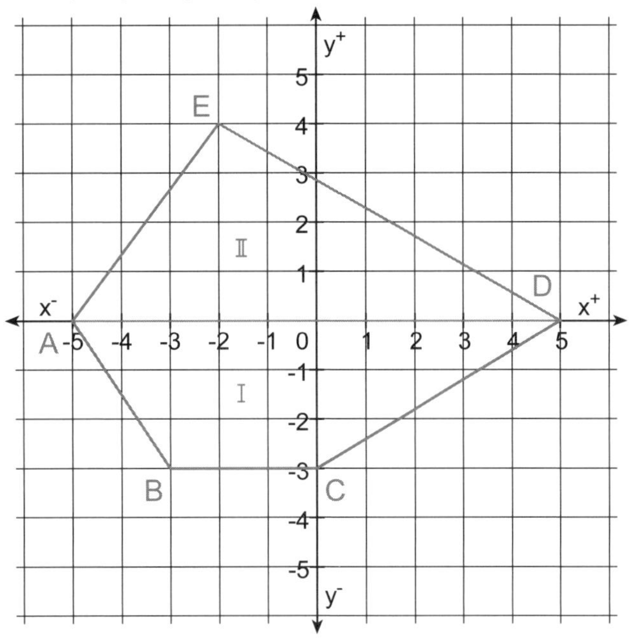

$A = A_I + A_{II}$

$A = \frac{(10+3)\cdot 3}{2} + \frac{{}^{5}\cancel{10}\cdot 4}{\cancel{2}_1}$

$A = 19{,}5 + 20 = 39{,}5$

A ___ 39,5 E^2

b) A(–5/0), B(–2/–5), C(4/–4), D(4/0), E(2/5), F(–3/3).

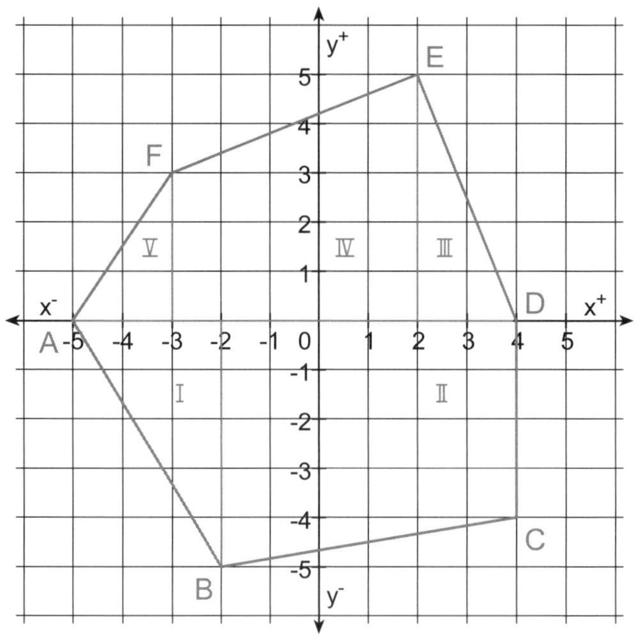

$A = A_I + A_{II} + A_{III} + A_{IV} + A_V$

$A = \frac{5\cdot 3}{2} + \frac{(5+4)\cdot \cancel{6}^{3}}{\cancel{2}_1} + \frac{5\cdot \cancel{2}^{1}}{\cancel{2}_1} + \frac{(5+3)\cdot 5}{2} + \frac{3\cdot \cancel{2}^{1}}{\cancel{2}_1}$

$A = 7{,}5 + 27 + 5 + 20 + 3 = 62{,}5$

A ___ 62,5 E^2

41) Zeichne ein rechtwinkliges Koordinatensystem (Einheit: 1 cm) und konstruiere das allgemeine Viereck: A(–2/–1), B(1/ –2), C(3/4), D(–3/3).
Zeichne die Diagonale AC und zu dieser Normalen durch die Eckpunkte B und D (Höhen der Teildreiecke).
Berechne den Flächeninhalt der Teildreiecke und den Flächeninhalt des Vierecks.

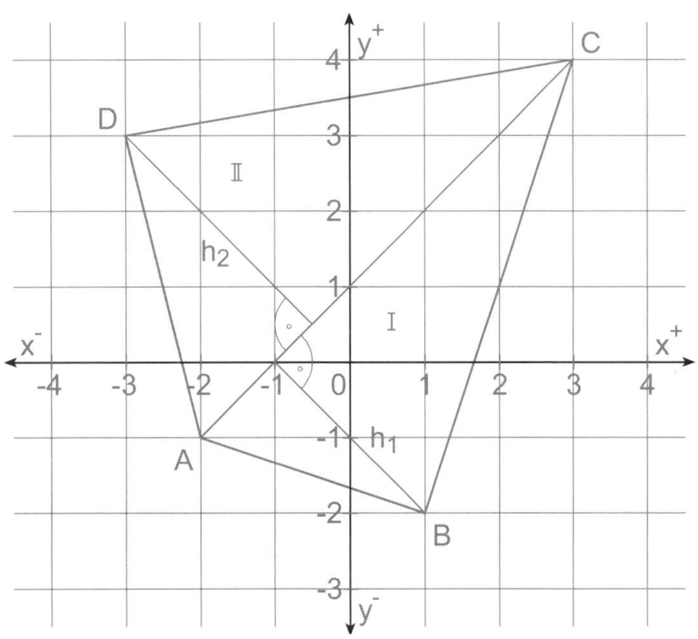

e = 70,71 ≈ 71 mm

$h_1 = 28{,}28 \approx 28$ mm

$h_2 = 35{,}36 \approx 35$ mm

$A_I = \frac{71\cdot \cancel{28}^{14}}{\cancel{2}_1} = 994$

$A_{II} = \frac{71\cdot 35}{2} = 1\,242{,}5$

$A = A_I + A_{II}$

$A = 994 + 1\,242{,}5 = 2\,236{,}5$

A ___ 2 236,5 mm^2

Name:	Lineare Gleichungen 1

1) Gib jeweils an, ob die zweite bzw. dritte Gleichung zur ersten äquivalent ist oder nicht (ja / nein).

$5x = 110$	$x - 5 = 48$	$x + 5 = 39$	$\frac{x}{5} = 55$
$x = 22$	$x = 48 - 5$	$x = 39 - 5$	$x = 275$
$5x + 5 = 115$	$x = 48 + 5$	$2x + 10 = 78$	$x = \frac{55}{5}$

2) Löse die Gleichung durch Umformen und führe die Probe durch.

a)	$x + 27 = 69 \quad \vert -27$ $x = 69 - 27$ $x = 42$	P:
b)	$x - 35 = 90$	P:
c)	$x \cdot 8 = 96$	P:
d)	$\frac{x}{3} = 47$	P:

3) Gleichungen mit zwei Umformungsschritten. Rechne mit Probe.

a)	$3x + 46 = 118 \quad \vert -46$ $3x = 72$	P:
b)	$37 + 6x = 91$	P:
c)	$3x - 29 = 46$	P:
d)	$23 + \frac{x}{4} = 38$	P:
e)	$\frac{x}{9} - 5 = 11$	P:

Name:	Lineare Gleichungen 1

1) Gib jeweils an, ob die zweite bzw. dritte Gleichung zur ersten äquivalent ist oder nicht (ja / nein).

$5x = 110$		$x - 5 = 48$		$x + 5 = 39$		$\frac{x}{5} = 55$	
$x = 22$	ja	$x = 48 - 5$	nein	$x = 39 - 5$	ja	$x = 275$	ja
$5x + 5 = 115$	ja	$x = 48 + 5$	ja	$2x + 10 = 78$	ja	$x = \frac{55}{5}$	nein

2) Löse die Gleichung durch Umformen und führe die Probe durch.

a)	$x + 27 = 69$	$\mid -27$	P:	$42 + 27 = 69$	
	$x = 69 - 27$			$69 = 69$	w. A.
	$x = 42$				
b)	$x - 35 = 90$	$\mid +35$	P:	$125 - 35 = 90$	
	$x = 90 + 35$			$90 = 90$	w. A.
	$x = 125$				
c)	$x \cdot 8 = 96$	$\mid :8$	P:	$12 \cdot 8 = 96$	
	$x = 96 : 8$			$96 = 96$	w. A.
	$x = 12$				
d)	$\frac{x}{3} = 47$	$\mid \cdot 3$	P:	$\frac{141}{3} = 47$	
	$x = 47 \cdot 3$			$47 = 47$	w. A.
	$x = 141$				

3) Gleichungen mit zwei Umformungsschritten. Rechne mit Probe.

a)	$3x + 46 = 118$	$\mid -46$	P:	$3 \cdot 24 + 46 = 118$	
	$3x = 72$	$\mid :3$		$72 + 46 = 118$	
	$x = 24$			$118 = 118$	w. A.
b)	$37 + 6x = 91$	$\mid -37$	P:	$37 + 6 \cdot 9 = 91$	
	$6x = 54$	$\mid :6$		$37 + 54 = 91$	
	$x = 9$			$91 = 91$	w. A.
c)	$3x - 29 = 46$	$\mid +29$	P:	$3 \cdot 25 - 29 = 46$	
	$3x = 75$	$\mid :3$		$75 - 29 = 46$	
	$x = 25$			$46 = 46$	w. A.
d)	$23 + \frac{x}{4} = 38$	$\mid -23$	P:	$23 + \frac{60}{4} = 38$	
	$\frac{x}{4} = 15$	$\mid \cdot 4$		$23 + 15 = 38$	
	$x = 60$			$38 = 38$	w. A.
e)	$\frac{x}{9} - 5 = 11$	$\mid +5$	P:	$\frac{144}{9} - 5 = 11$	
	$\frac{x}{9} = 16$	$\mid \cdot 9$		$16 - 5 = 11$	
	$x = 144$			$11 = 11$	w. A.

Name:	Lineare Gleichungen 2

➪ Es ist (für noch Ungeübte) einfacher zu rechnen, wenn die Unbekannte auf der linken Seite steht.

4) Gleichungen mit zwei Umformungsschritten. Vertausche vor dem Rechnen die beiden Seiten.

a)	$62 = 34 + 8x$ $34 + 8x = 62$	P:
b)	$40 = 27 + \frac{x}{10}$	P:
c)	$80 = 23x - 12$	P:
d)	$1 = \frac{x}{6} - 25$	P:

5) Gleichungen mit zwei oder drei Umformungsschritten.
① Bringe zuerst alle x auf die linke Seite. ② Dann bringe alle Zahlen auf die rechte Seite.

a)	$33 + 6x = 53 + 5x$	P:
b)	$9x + 23 = 4x + 65$	P:
c)	$12x - 20 = 11x - 7$	P:
d)	$25 + 10x = 59 - 7x$	P:

Name:	Lineare Gleichungen 2

Es ist (für noch Ungeübte) einfacher zu rechnen, wenn die Unbekannte auf der linken Seite steht.

4) Gleichungen mit zwei Umformungsschritten. Vertausche vor dem Rechnen die beiden Seiten.

	Lösung	Probe
a)	$62 = 34 + 8x$ $34 + 8x = 62 \quad \mid -34$ $8x = 28 \quad \mid :8$ $x = 3{,}5$	P: $62 = 34 + 8 \cdot 3{,}5$ $62 = 34 + 28$ $62 = 62$ w. A.
b)	$40 = 27 + \frac{x}{10}$ $27 + \frac{x}{10} = 40 \quad \mid -27$ $\frac{x}{10} = 13 \quad \mid \cdot 10$ $x = 130$	P: $40 = 27 + \frac{130}{10}$ $40 = 27 + 13$ $40 = 40$ w. A.
c)	$80 = 23x - 12$ $23x - 12 = 80 \quad \mid +12$ $23x = 92 \quad \mid :23$ $x = 4$	P: $80 = 23 \cdot 4 - 12$ $80 = 92 - 12$ $80 = 80$ w. A.
d)	$1 = \frac{x}{6} - 25$ $\frac{x}{6} - 25 = 1 \quad \mid +25$ $\frac{x}{6} = 26 \quad \mid \cdot 6$ $x = 156$	P: $1 = \frac{156}{6} - 25$ $1 = 26 - 25$ $1 = 1$ w. A.

5) Gleichungen mit zwei oder drei Umformungsschritten.
① Bringe zuerst alle x auf die linke Seite. ② Dann bringe alle Zahlen auf die rechte Seite.

	Lösung	Probe
a)	$33 + 6x = 53 + 5x \quad \mid -5x$ $33 + x = 53 \quad \mid -33$ $x = 20$	P: $33 + 6 \cdot 20 = 53 + 5 \cdot 20$ $33 + 120 = 53 + 100$ $153 = 153$ w. A.
b)	$9x + 23 = 4x + 65 \quad \mid -4x$ $5x + 23 = 65 \quad \mid -23$ $5x = 42 \quad \mid :5$ $x = 8{,}4$	P: $9 \cdot 8{,}4 + 23 = 4 \cdot 8{,}4 + 65$ $75{,}6 + 23 = 33{,}6 + 65$ $98{,}6 = 98{,}6$ w. A.
c)	$12x - 20 = 11x - 7 \quad \mid -11x$ $x - 20 = -7 \quad \mid +20$ $x = 13$	P: $12 \cdot 13 - 20 = 11 \cdot 13 - 7$ $156 - 20 = 143 - 7$ $136 = 136$ w. A.
d)	$25 + 10x = 59 - 7x \quad \mid +7x$ $25 + 17x = 59 \quad \mid -25$ $17x = 34 \quad \mid :17$ $x = 2$	P: $25 + 10 \cdot 2 = 59 - 7 \cdot 2$ $25 + 20 = 59 - 14$ $45 = 45$ w. A.

Name:	Lineare Gleichungen 3

Wenn nötig, vertausche die beiden Seiten, damit links die größere Anzahl von Unbekannten steht. ($3x > -5x$)

6) Gleichungen mit drei Umformungsschritten.

a)	$100 - 5x = 28 + 3x$	P:
b)	$75 - 3x = x + 23$	P:

7) Vereinfache die Gleichungen zuerst auf beiden Seiten und forme dann erst um.

a)	$8x - 33 - 2x = 15 - 3x + 42$	P:
b)	$16x - 15 + 5x = 24x + 53 - 20x$	P:
c)	$35 - 3x + 62 = 16x - 29 - 5x$	P:
d)	$-27 + 20x - 5 = 36 - 15x + 9$	P:

Name:	Lineare Gleichungen 3

⇒ Wenn nötig, vertausche die beiden Seiten, damit links die größere Anzahl von Unbekannten steht. ($3x > -5x$)

6) Gleichungen mit drei Umformungsschritten.

a)

Gleichung		P:
$100 - 5x = 28 + 3x$		$100 - 5 \cdot 9 = 28 + 3 \cdot 9$
$28 + 3x = 100 - 5x$	$\mid + 5x$	$100 - 45 = 28 + 27$
$28 + 8x = 100$	$\mid - 28$	$55 = 55$ w. A.
$8x = 72$	$\mid : 8$	
$x = 9$		

b)

Gleichung		P:
$75 - 3x = x + 23$		$75 - 3 \cdot 13 = 13 + 23$
$x + 23 = 75 - 3x$	$\mid + 3x$	$75 - 39 = 36$
$4x + 23 = 75$	$\mid - 23$	$36 = 36$ w. A.
$4x = 52$	$\mid : 4$	
$x = 13$		

7) Vereinfache die Gleichungen zuerst auf beiden Seiten und forme dann erst um.

a)

Gleichung		P:
$8x - 33 - 2x = 15 - 3x + 42$		$8 \cdot 10 - 33 - 2 \cdot 10 = 15 - 3 \cdot 10 + 42$
$6x - 33 = 57 - 3x$	$\mid + 3x$	$80 - 33 - 20 = 15 - 30 + 42$
$9x - 33 = 57$	$\mid + 33$	$47 - 20 = 57 - 30$
$9x = 90$	$\mid : 9$	$27 = 27$ w. A.
$x = 10$		

b)

Gleichung		P:
$16x - 15 + 5x = 24x + 53 - 20x$		$16 \cdot 4 - 15 + 5 \cdot 4 = 24 \cdot 4 + 53 - 20 \cdot 4$
$21x - 15 = 4x + 53$	$\mid - 4x$	$64 - 15 + 20 = 96 + 53 - 80$
$17x - 15 = 53$	$\mid + 15$	$69 = 69$ w. A.
$17x = 68$	$\mid : 17$	
$x = 4$		

c)

Gleichung		P:
$35 - 3x + 62 = 16x - 29 - 5x$		$35 - 3 \cdot 9 + 62 = 16 \cdot 9 - 29 - 5 \cdot 9$
$-3x + 97 = 11x - 29$		$35 - 27 + 62 = 144 - 29 - 45$
$11x - 29 = -3x + 97$	$\mid + 3x$	$70 = 70$ w. A.
$14x - 29 = 97$	$\mid + 29$	
$14x = 126$	$\mid : 14$	
$x = 9$		

d)

Gleichung		P:
$-27 + 20x - 5 = 36 - 15x + 9$		$-27 + 20 \cdot 2{,}2 - 5 = 36 - 15 \cdot 2{,}2 + 9$
$20x - 32 = -15x + 45$	$\mid + 15x$	$-27 + 44 - 5 = 36 - 33 + 9$
$35x - 32 = 45$	$\mid + 32$	$12 = 12$ w. A.
$35x = 77$	$\mid : 35$	
$x = 2{,}2$		

Name:	Lineare Gleichungen 4

8) Löse die Klammern auf, vereinfache die Gleichungen auf beiden Seiten und forme dann erst um.

a)	$5x - (3x - 15) = 7 + (4 + 3x)$	P:
b)	$25 - (8 - 5x) = 51 - (7x + 10)$	P:

9) Multipliziere die Klammern aus, vereinfache die Gleichungen auf beiden Seiten und forme dann um.

a)	$(3x - 15) \cdot 4 = (4 + 3x) \cdot 3$	P:
b)	$5 \cdot (8 - 2x) = 6 \cdot (4x - 7) + 14$	P:

10) Löse die Gleichungen.

a)	$x \cdot 6 = 0$	$x + 6 = 0$	$x - 6 = 0$	$x : 6 = 0$

b)	$2 \cdot (4x - 5) = 0$	P:

Name:	Lineare Gleichungen 4

8) Löse die Klammern auf, vereinfache die Gleichungen auf beiden Seiten und forme dann erst um.

a)

$5x - (3x - 15) = 7 + (4 + 3x)$	P: $5 \cdot 4 - (3 \cdot 4 - 15) = 7 + (4 + 3 \cdot 4)$
$5x - 3x + 15 = 7 + 4 + 3x$	$20 - (12 - 15) = 7 + (4 + 12)$
$2x + 15 = 11 + 3x$	$20 - (-3) = 7 + 16$
$11 + 3x = 2x + 15 \quad \mid -2x$	$20 + 3 = 23$
$11 + x = 15 \quad \mid -11$	$23 = 23$ w. A.
$x = 4$	

b)

$25 - (8 - 5x) = 51 - (7x + 10)$	P: $25 - (8 - 5 \cdot 2) = 51 - (7 \cdot 2 + 10)$
$25 - 8 + 5x = 51 - 7x - 10$	$25 - (8 - 10) = 51 - (14 + 10)$
$17 + 5x = 41 - 7x \quad \mid +7x$	$25 - (-2) = 51 - 24$
$17 + 12x = 41 \quad \mid -17$	$25 + 2 = 27$
$12x = 24 \quad \mid :12$	$27 = 27$ w. A.
$x = 2$	

9) Multipliziere die Klammern aus, vereinfache die Gleichungen auf beiden Seiten und forme dann um.

a)

$(3x - 15) \cdot 4 = (4 + 3x) \cdot 3$	P: $(3 \cdot 24 - 15) \cdot 4 = (4 + 3 \cdot 24) \cdot 3$
$12x - 60 = 12 + 9x \quad \mid -9x$	$(72 - 15) \cdot 4 = (4 + 72) \cdot 3$
$3x - 60 = 12 \quad \mid +60$	$57 \cdot 4 = 76 \cdot 3$
$3x = 72 \quad \mid :3$	$228 = 228$ w. A.
$x = 24$	

b)

$5 \cdot (8 - 2x) = 6 \cdot (4x - 7) + 14$	P: $5 \cdot (8 - 2 \cdot 2) = 6 \cdot (4 \cdot 2 - 7) + 14$
$40 - 10x = 24x - 42 + 14$	$5 \cdot (8 - 4) = 6 \cdot (8 - 7) + 14$
$40 - 10x = 24x - 28$	$5 \cdot 4 = 6 \cdot 1 + 14$
$24x - 28 = 40 - 10x \quad \mid +10x$	$20 = 6 + 14$
$34x - 28 = 40 \quad \mid +28$	$20 = 20$ w. A.
$34x = 68 \quad \mid :34$	
$x = 2$	

10) Löse die Gleichungen.

a)

$x \cdot 6 = 0 \quad \mid :6$	$x + 6 = 0 \quad \mid -6$	$x - 6 = 0 \quad \mid +6$	$x : 6 = 0 \quad \mid \cdot 6$
$x = 0$	$x = -6$	$x = 6$	$x = 0$

b)

$2 \cdot (4x - 5) = 0$	P: $2 \cdot (4 \cdot 1{,}25 - 5) = 0$
$8x - 10 = 0 \quad \mid +10$	$2 \cdot (5 - 5) = 0$
$8x = 10 \quad \mid :8$	$2 \cdot 0 = 0$
$x = 1{,}25$	$0 = 0$ w. A.

Name:	Lineare Gleichungen 5

11) Wende die binomischen Formeln an, vereinfache und löse dann die Gleichung.
Bei diesen Gleichungen kommen Quadrate von Unbekannten vor. Durch richtiges Umformen fallen sie aber weg.

a)	$(x + 2)^2 = x^2 + 4$	P:
b)	$(x + 3)^2 = (x - 2)^2 + 35$	P:
c)	$(x + 4) \cdot (x - 4) = (x - 5)^2 + 9$	P:

12) Eine dieser Gleichungen ist ein Sonderfall.
Wenn eine Gleichung unendlich viele Lösungen hat, rechne die Probe mit einer beliebigen Zahl.

a)	$(x - 4)^2 = (x - 4) \cdot (x + 8)$	P:
b)	$3 \cdot (x + 8) = (4x + 12) \cdot 2 - 5x$	P:

Name:	Lineare Gleichungen 5

11) Wende die binomischen Formeln an, vereinfache und löse dann die Gleichung.
Bei diesen Gleichungen kommen Quadrate von Unbekannten vor. Durch richtiges Umformen fallen sie aber weg.

	Rechnung	Probe
a)	$(x + 2)^2 = x^2 + 4$ $x^2 + 4x + 4 = x^2 + 4 \quad | - x^2$ $4x + 4 = 4 \quad | - 4$ $4x = 0 \quad | : 4$ $x = 0$	P: $(0 + 2)^2 = 0^2 + 4$ $2^2 = 4$ $4 = 4$ w. A.
b)	$(x + 3)^2 = (x - 2)^2 + 35$ $x^2 + 6x + 9 = x^2 - 4x + 4 + 35 \quad | - x^2$ $6x + 9 = -4x + 39 \quad | + 4x$ $10x + 9 = 39 \quad | - 9$ $10x = 30 \quad | : 10$ $x = 3$	P: $(3 + 3)^2 = (3 - 2)^2 + 35$ $6^2 = 1^2 + 35$ $36 = 1 + 35$ $36 = 36$ w. A.
c)	$(x + 4) \cdot (x - 4) = (x - 5)^2 + 9$ $x^2 - 16 = x^2 - 10x + 25 + 9 \quad | - x^2$ $-16 = -10x + 34 \quad | + 10x$ $10x - 16 = +34 \quad | + 16$ $10x = 50 \quad | : 10$ $x = 5$	P: $(5 + 4) \cdot (5 - 4) = (5 - 5)^2 + 9$ $9 \cdot 1 = 0^2 + 9$ $9 = 0 + 9$ $9 = 9$ w. A.

12) Eine dieser Gleichungen ist ein Sonderfall.
Wenn eine Gleichung unendlich viele Lösungen hat, rechne die Probe mit einer beliebigen Zahl.

	Rechnung	Probe
a)	$(x - 4)^2 = (x - 4) \cdot (x + 8)$ $x^2 - 8x + 16 = x^2 - 4x + 8x - 32$ $x^2 - 8x + 16 = x^2 + 4x - 32 \quad | - x^2$ $-8x + 16 = 4x - 32$ $4x - 32 = -8x + 16 \quad | + 8x$ $12x - 32 = 16 \quad | + 32$ $12x = 48 \quad | : 12$ $x = 4$	P: $(4 - 4)^2 = (4 - 4) \cdot (4 + 8)$ $0^2 = 0 \cdot 12$ $0 = 0$ w. A.
b)	$3 \cdot (x + 8) = (4x + 12) \cdot 2 - 5x$ $3x + 24 = 8x + 24 - 5x$ $3x + 24 = 3x + 24 \quad | - 24$ $3x = 3x \quad | : 3$ $x = x$ ... unendlich viele Lösungen	P: z. B. $x = 1$ $3 \cdot (1 + 8) = (4 \cdot 1 + 12) \cdot 2 - 5 \cdot 1$ $3 \cdot 9 = (4 + 12) \cdot 2 - 5$ $27 = 16 \cdot 2 - 5$ $27 = 32 - 5$ $27 = 27$ w. A.

Name:	Lineare Gleichungen 6

13) Übersetze in die mathematische Fachsprache.

Eine Zahl.	x	z. B.: 12
Das Doppelte einer Zahl wird um 3 vermindert.		
Das Doppelte einer um 3 verminderten Zahl.		
Die Summe aus der Hälfte einer Zahl und dem Drittel derselben Zahl.		

14) Die Summe von drei aufeinanderfolgenden natürlichen Zahlen ergibt 87. Wie heißen die drei Zahlen?

A:

15) Vermehrt man das Vierfache einer Zahl um 26, so ergibt das 90. Wie heißt die Zahl?

A:

16) Addiert man zu einer Zahl ein Drittel dieser Zahl, so ergibt das 16. Wie heißt die Zahl?

A:

17) Subtrahiert man von der Hälfte einer Zahl ein Drittel derselben Zahl, so ergibt das 10. Wie heißt die Zahl?

A:

18) Das Doppelte einer um 3 vermehrten Zahl vermindert um 5 ergibt 17. Wie heißt die Zahl?

A:

Name:	Lineare Gleichungen 6

13) Übersetze in die mathematische Fachsprache.

Eine Zahl.	x	z. B.: 12
Das Doppelte einer Zahl wird um 3 vermindert.	$2x - 3$	$2 \cdot 12 - 3 = 24 - 3 = 21$
Das Doppelte einer um 3 verminderten Zahl.	$2 \cdot (x - 3)$	$2 \cdot (12 - 3) = 2 \cdot 9 = 18$
Die Summe aus der Hälfte einer Zahl und dem Drittel derselben Zahl.	$\frac{x}{2} + \frac{x}{3}$	$\frac{12}{2} + \frac{12}{3} = 6 + 4 = 10$

14) Die Summe von drei aufeinanderfolgenden natürlichen Zahlen ergibt 87. Wie heißen die drei Zahlen?

$$\begin{aligned} x + x + 1 + x + 2 &= 87 \\ 3x + 3 &= 87 \quad | -3 \\ 3x &= 84 \quad | :3 \\ x &= 28 \end{aligned}$$

P: $$\begin{aligned} 28 + 28 + 1 + 28 + 2 &= 87 \\ 87 &= 87 \quad \text{w. A.} \end{aligned}$$

A: Die Zahlen heißen 28, 29, 30.

15) Vermehrt man das Vierfache einer Zahl um 26, so ergibt das 90. Wie heißt die Zahl?

$$\begin{aligned} 4x + 26 &= 90 \quad | -26 \\ 4x &= 64 \quad | :4 \\ x &= 16 \end{aligned}$$

P: $$\begin{aligned} 4 \cdot 16 + 26 &= 90 \\ 64 + 26 &= 90 \\ 90 &= 90 \quad \text{w. A.} \end{aligned}$$

A: Die Zahl heißt 16.

16) Addiert man zu einer Zahl ein Drittel dieser Zahl, so ergibt das 16. Wie heißt die Zahl?

$$\begin{aligned} x + \frac{x}{3} &= 16 \quad | \cdot 3 \\ 3x + x &= 48 \\ 4x &= 48 \quad | :4 \\ x &= 12 \end{aligned}$$

P: $$\begin{aligned} 12 + \frac{12}{3} &= 16 \\ 12 + 4 &= 16 \\ 16 &= 16 \quad \text{w. A.} \end{aligned}$$

A: Die Zahl heißt 12.

17) Subtrahiert man von der Hälfte einer Zahl ein Drittel derselben Zahl, so ergibt das 10. Wie heißt die Zahl?

$$\begin{aligned} \frac{x}{2} - \frac{x}{3} &= 10 \quad | \cdot 6 \\ 3x - 2x &= 60 \\ x &= 60 \end{aligned}$$

P: $$\begin{aligned} \frac{60}{2} - \frac{60}{3} &= 10 \\ 30 - 20 &= 10 \\ 10 &= 10 \quad \text{w. A.} \end{aligned}$$

A: Die Zahl heißt 60.

18) Das Doppelte einer um 3 vermehrten Zahl vermindert um 5 ergibt 17. Wie heißt die Zahl?

$$\begin{aligned} (x + 3) \cdot 2 - 5 &= 17 \\ 2x + 6 - 5 &= 17 \\ 2x + 1 &= 17 \quad | -1 \\ 2x &= 16 \quad | :2 \\ x &= 8 \end{aligned}$$

P: $$\begin{aligned} (8 + 3) \cdot 2 - 5 &= 17 \\ 11 \cdot 2 - 5 &= 17 \\ 22 - 5 &= 17 \\ 17 &= 17 \quad \text{w. A.} \end{aligned}$$

A: Die Zahl heißt 8.

Name:	Lineare Gleichungen 7

19) Zahlenrätsel. Berechne jeweils die gesuchte Zahl im Kopf.

a) Vermehrt man die Zahl 2 um die Hälfte einer Zahl, so erhält man 20.

b) Vermindert man das Doppelte einer Zahl um 2, so erhält man 20.

c) Addiert man zum Doppelten einer Zahl die Zahl 2, so erhält man 20.

d) Die Hälfte einer Zahl ist um 20 größer als 2.

e) Die Hälfte einer Zahl ist um 20 kleiner als das um 2 vermehrte Doppelte der Zahl.

f) Das Doppelte einer Zahl ist um 20 größer als 2.

Ordne jeder Gleichung den passenden Text zu. Schreibe die Nummer des Textes (a, b, c ...) in das Kästchen unter der entsprechenden Gleichung.

$2x - 2 = 20$	$2x + 2 = 20$	$2x - 20 = 2$	$2 + \frac{x}{2} = 20$	$\frac{x}{2} - 20 = 2$	$\frac{x}{2} + 20 = 2x + 2$

20) Addiert man 35 zum 3-Fachen einer Zahl, so erhält man dasselbe, wie wenn man die um 25 größere Zahl verdoppelt. Wie heißt die Zahl?

A:

21) Das 5-Fache einer Zahl vermehrt um 8 ist um 20 größer als das 3-Fache der Zahl. Wie heißt die Zahl?

A:

22) Das 3-Fache einer um 7 verminderten Zahl ist um 43 kleiner als das 5-Fache dieser Zahl.

A:

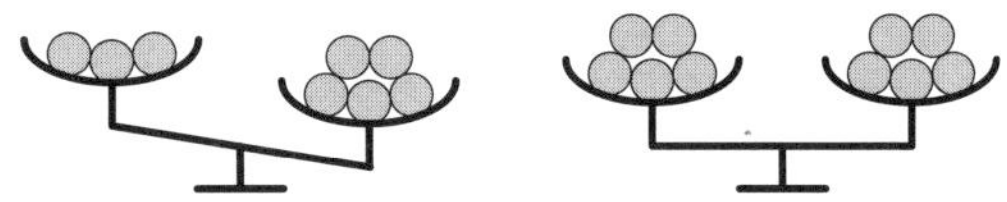

19) Zahlenrätsel. Berechne jeweils die gesuchte Zahl im Kopf.

a) Vermehrt man die Zahl 2 um die Hälfte einer Zahl, so erhält man 20.	36
b) Vermindert man das Doppelte einer Zahl um 2, so erhält man 20.	11
c) Addiert man zum Doppelten einer Zahl die Zahl 2, so erhält man 20.	9
d) Die Hälfte einer Zahl ist um 20 größer als 2.	44
e) Die Hälfte einer Zahl ist um 20 kleiner als das um 2 vermehrte Doppelte der Zahl.	12
f) Das Doppelte einer Zahl ist um 20 größer als 2.	11

Ordne jeder Gleichung den passenden Text zu. Schreibe die Nummer des Textes (a, b, c ...) in das Kästchen unter der entsprechenden Gleichung.

$2x - 2 = 20$	$2x + 2 = 20$	$2x - 20 = 2$	$2 + \frac{x}{2} = 20$	$\frac{x}{2} - 20 = 2$	$\frac{x}{2} + 20 = 2x + 2$
b	c	f	a	d	e

20) Addiert man 35 zum 3-Fachen einer Zahl, so erhält man dasselbe, wie wenn man die um 25 größere Zahl verdoppelt. Wie heißt die Zahl?

$3x + 35 = (x + 25) \cdot 2$		P:	$3 \cdot 15 + 35 = (15 + 25) \cdot 2$	
$3x + 35 = 2x + 50$	$\mid -2x$		$45 + 35 = 40 \cdot 2$	
$x + 35 = 50$	$\mid -35$		$80 = 80$	w. A.
$x = 15$				

A: Die Zahl heißt 15.

21) Das 5-Fache einer Zahl vermehrt um 8 ist um 20 größer als das 3-Fache der Zahl. Wie heißt die Zahl?

$5x + 8 - 20 = 3x$		P:	$5 \cdot 6 + 8 - 20 = 3 \cdot 6$	
$5x - 12 = 3x$	$\mid -3x$		$30 + 8 - 20 = 18$	
$2x - 12 = 0$	$\mid +12$		$18 = 18$	w. A.
$2x = 12$	$\mid :2$			
$x = 6$				

A: Die Zahl heißt 6.

22) Das 3-Fache einer um 7 verminderten Zahl ist um 43 kleiner als das 5-Fache dieser Zahl.

$(x - 7) \cdot 3 + 43 = 5x$		P:	$(11 - 7) \cdot 3 + 43 = 5 \cdot 11$	
$3x - 21 + 43 = 5x$			$4 \cdot 3 + 43 = 55$	
$3x + 22 = 5x$			$12 + 43 = 55$	
$5x = 3x + 22$	$\mid -3x$		$55 = 55$	w. A.
$2x = 22$				
$x = 11$				

A: Die Zahl heißt 11.

Name:	Lineare Gleichungen 8

Überlege bei jeder Aufgabe, für welche Zahl oder Größe du die Unbekannte einsetzt.

23) In einem gleichschenkligen Dreieck ist der Scheitelwinkel um 20° größer als die Hälfte des Basiswinkels. Berechne die Größen der Winkel.

		Probe:
Winkel α		
Winkel β		
Winkel γ		
Winkelsumme		

A:

24) In einem Dreieck ist der Winkel α dreimal so groß wie der Winkel β und der Winkel γ um 5° größer als der Winkel α. Berechne die Größen der Winkel.

		Probe:
Winkel α		
Winkel β		
Winkel γ		
Winkelsumme		

A:

25) In einem Viereck ist der Winkel β doppelt so groß wie der Winkel α, der Winkel γ um 20° größer als α und der Winkel δ ist um 45° kleiner als der Winkel α. Berechne die Größen der Winkel.

		Probe:

A:

26) In einem Viereck ist der Winkel β um 25° größer als α, γ ist um 35° größer als β und δ ist um 45° kleiner als α. Berechne die Größen der Winkel.

		Probe:

A:

Name:	Lineare Gleichungen 8

Überlege bei jeder Aufgabe, für welche Zahl oder Größe du die Unbekannte einsetzt.

23) In einem gleichschenkligen Dreieck ist der Scheitelwinkel um 20° größer als die Hälfte des Basiswinkels. Berechne die Größen der Winkel.

		Probe:
Winkel α	x	64
Winkel β	x	64
Winkel γ	$\frac{x}{2} + 20$	64 : 2 + 20 = 52
Winkelsumme	180	180

$$
\begin{aligned}
x + x + \tfrac{x}{2} + 20 &= 180 \\
2{,}5x + 20 &= 180 \quad | -20 \\
2{,}5x &= 160 \quad | :2{,}5 \\
x &= 64
\end{aligned}
$$

A: Winkel α hat 64°, Winkel β hat 64° und Winkel γ hat 52°.

24) In einem Dreieck ist der Winkel α dreimal so groß wie der Winkel β und der Winkel γ um 5° größer als der Winkel α. Berechne die Größen der Winkel.

		Probe:
Winkel α	3x	3 · 25 = 75
Winkel β	x	25
Winkel γ	3x + 5	3 · 25 + 5 = 80
Winkelsumme	180	180

$$
\begin{aligned}
3x + x + 3x + 5 &= 180 \\
7x + 5 &= 180 \quad | -5 \\
7x &= 175 \quad | :7 \\
x &= 25
\end{aligned}
$$

A: Winkel α hat 75°, Winkel β hat 25° und Winkel γ hat 80°.

25) In einem Viereck ist der Winkel β doppelt so groß wie der Winkel α, der Winkel γ um 20° größer als α und der Winkel δ ist um 45° kleiner als der Winkel α. Berechne die Größen der Winkel.

		Probe:
Winkel α	x	77
Winkel β	2x	2 · 77 = 154
Winkel γ	x + 20	77 + 20 = 97
Winkel δ	x – 45	77 – 45 = 32
Winkelsumme	360	360

$$
\begin{aligned}
x + 2x + x + 20 + x - 45 &= 360 \\
5x - 25 &= 360 \quad | +25 \\
5x &= 385 \quad | :5 \\
x &= 77
\end{aligned}
$$

A: Winkel α hat 77°, Winkel β hat 154°, Winkel γ hat 97° und Winkel δ hat 32°.

26) In einem Viereck ist der Winkel β um 25° größer als α, γ ist um 35° größer als β und δ ist um 45° kleiner als α. Berechne die Größen der Winkel.

		Probe:
Winkel α	x	80
Winkel β	x + 25	80 + 25 = 105
Winkel γ	x + 25 + 35	80 + 60 = 140
Winkel δ	x – 45	80 – 45 = 35
Winkelsumme	360	360

$$
\begin{aligned}
x + x + 25 + x + 60 + x - 45 &= 360 \\
4x + 40 &= 360 \quad | -40 \\
4x &= 320 \quad | :4 \\
x &= 80
\end{aligned}
$$

A: Winkel α hat 80°, Winkel β hat 105°, Winkel γ hat 140° und Winkel δ hat 35°.

Name:	Lineare Gleichungen 9

➪ Zeichne Skizzen, überlege, wofür du die Unbekannte einsetzt, und beschrifte die Skizzen mit den entsprechenden Variablen.

27) Verlängert man eine Seite eines Quadrats um 3 cm und verkürzt die andere Seite um 2 cm, so erhält man ein Rechteck mit gleich großem Flächeninhalt. Berechne die Seitenlängen durch Gleichsetzen der Flächenformeln.

A:

28) Verlängert man die Seiten eines Quadrats um je 3 cm, so erhält man ein zweites Quadrat, dessen Flächeninhalt um 63 cm^2 größer ist als der des ersten Quadrats. Berechne die Seitenlängen.

A:

29) Verlängert man eine Seite eines Quadrats um 5 cm und verkürzt die andere Seite um 4 cm, so erhält man ein Rechteck, das um 12 cm^2 kleiner ist als das ursprüngliche Quadrat. Berechne die Seitenlängen.

A:

Name:	Lineare Gleichungen 9

Zeichne Skizzen, überlege, wofür du die Unbekannte einsetzt, und beschrifte die Skizzen mit den entsprechenden Variablen.

27) Verlängert man eine Seite eines Quadrats um 3 cm und verkürzt die andere Seite um 2 cm, so erhält man ein Rechteck mit gleich großem Flächeninhalt. Berechne die Seitenlängen durch Gleichsetzen der Flächenformeln.

$$\begin{aligned} a \cdot a &= (a + 3) \cdot (a - 2) \\ a^2 &= a^2 + 3a - 2a - 6 \\ a^2 &= a^2 + a - 6 \quad &| -a^2 \\ 0 &= a - 6 \quad &| +6 \\ 6 &= a \end{aligned}$$

Probe: $A_Q = 6 \cdot 6$ $\quad A_R = (6 + 3) \cdot (6 - 2)$ $\quad A_Q = A_R$

$A_Q = 36$ $\quad A_R = 9 \cdot 4$ $\quad 36 = 36$ w. A.

$A_R = 36$

A: Quadrat: a = 6 cm; Rechteck: a = 9 cm, b = 4 cm.

28) Verlängert man die Seiten eines Quadrats um je 3 cm, so erhält man ein zweites Quadrat, dessen Flächeninhalt um 63 cm² größer ist als der des ersten Quadrats. Berechne die Seitenlängen.

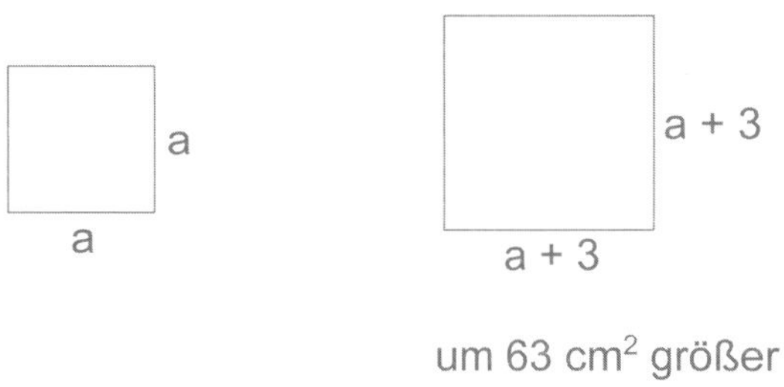

$$\begin{aligned} a^2 &= (a + 3)^2 - 63 \\ a^2 &= a^2 + 6a + 9 - 63 \\ a^2 &= a^2 + 6a - 54 \quad &| -a^2 \\ 0 &= 6a - 54 \quad &| +54 \\ 54 &= 6a \quad &| :6 \\ 9 &= a \end{aligned}$$

Probe: $A_1 = 9 \cdot 9$ $\quad A_2 = (9 + 3)^2$ $\quad A_1 = A_2 - 63$

$A_1 = 81$ $\quad A_2 = 12^2$ $\quad 81 = 144 - 63$

$A_2 = 144$ $\quad 81 = 81$ w. A.

A: 1. Quadrat: a_1 = 9 cm; 2. Quadrat: a_2 = 12 cm.

29) Verlängert man eine Seite eines Quadrats um 5 cm und verkürzt die andere Seite um 4 cm, so erhält man ein Rechteck, das um 12 cm² kleiner ist als das ursprüngliche Quadrat. Berechne die Seitenlängen.

$$\begin{aligned} a^2 &= (a + 5) \cdot (a - 4) + 12 \\ a^2 &= a^2 + 5a - 4a - 20 + 12 \\ a^2 &= a^2 + a - 8 \quad &| -a^2 \\ 0 &= a - 8 \quad &| +8 \\ 8 &= a \end{aligned}$$

Probe: $A_Q = 8 \cdot 8$ $\quad A_R = (8 + 5) \cdot (8 - 4)$ $\quad A_Q = A_R + 12$

$A_Q = 64$ $\quad A_R = 13 \cdot 4$ $\quad 64 = 52 + 12$

$A_R = 52$ $\quad 64 = 64$ w. A.

A: Quadrat: a = 8 cm; Rechteck: l = 13 cm, b = 4 cm.

Name:	Verhältnisse und Proportionen 1

1) Vergleiche die Zahlen 800 und 200 auf verschiedene Arten. Studiere zuerst die Aufgabe im Merkstoff.

2) Kürze die Brüche so weit wie möglich.

$\frac{6}{8}$ =	$\frac{20}{24}$ =	$\frac{70}{90}$ =	$\frac{25}{75}$ =	$\frac{56}{64}$ =	$\frac{200}{450}$ =
$\frac{10}{15}$ =	$\frac{12}{24}$ =	$\frac{90}{100}$ =	$\frac{160}{200}$ =	$\frac{700}{3000}$ =	$\frac{96}{100}$ =

3) Erweitere die Brüche zuerst so, dass sie kommafrei sind, und kürze sie dann so weit wie möglich.

$\frac{2,8}{3,5}$ =	$\frac{6,6}{10}$ =	$\frac{0,06}{6}$ =
$\frac{0,15}{0,25}$ =	$\frac{8,3}{16,6}$ =	$\frac{0,02}{12,6}$ =

4) Miss die Strecken und bilde jeweils das Verhältnis der Längen.

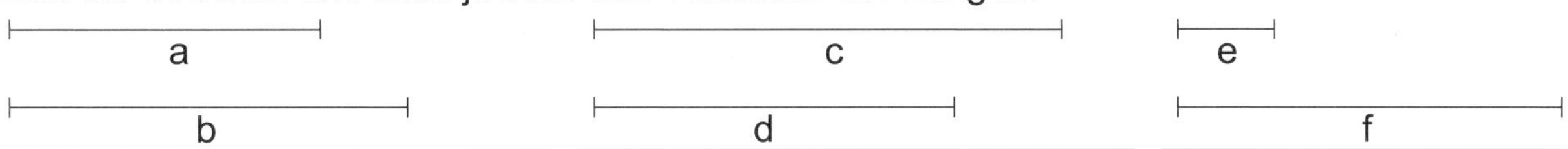

a = b =		

5) Lies das Verhältnis der Längen der abgebildeten Strecken ab und gib es mit Worten an.

a) 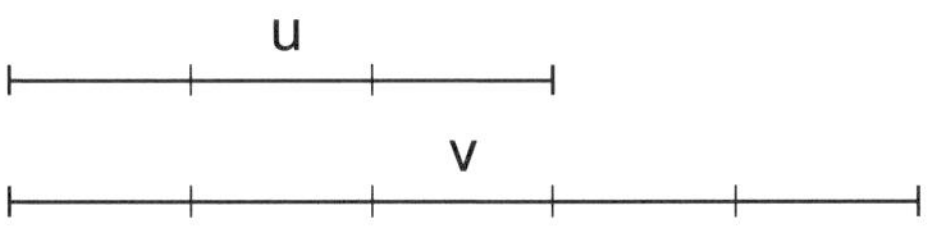

A:

b) 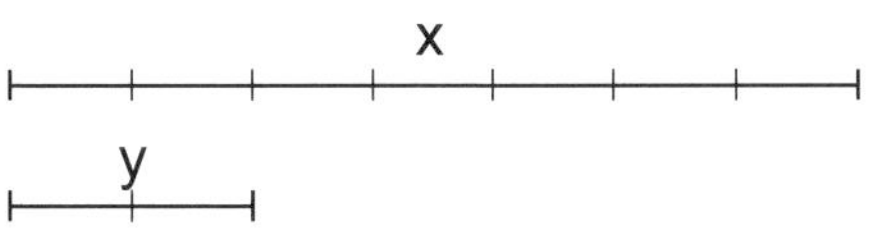

A:

6) Vereinfache die Verhältnisse durch Kürzen bzw. Erweitern.

15 : 20 = $\frac{15}{20}$ = $\frac{3}{4}$ = 3 : 4	3 : 0,3 =
60 : 12 =	2,5 : 6,5 =
440 : 1 000 =	1,25 : 5 =

Name:	Verhältnisse und Proportionen 1

1) Vergleiche die Zahlen 800 und 200 auf verschiedene Arten. Studiere zuerst die Aufgabe im Merkstoff.

800 ist um 600 größer als 200.	200 ist um 600 kleiner als 800.
800 ist um das 3-Fache größer als 200.	200 ist um drei Viertel kleiner als 800.
800 ist 4-mal so groß wie 200.	200 ist ein Viertel von 800.
Das Verhältnis der Zahlen 800 und 200 beträgt 4 : 1.	Das Verhältnis der Zahlen 200 und 800 beträgt 1 : 4.

2) Kürze die Brüche so weit wie möglich.

$\frac{6}{8} = \frac{3}{4}$	$\frac{20}{24} = \frac{5}{6}$	$\frac{70}{90} = \frac{7}{9}$	$\frac{25}{75} = \frac{1}{3}$	$\frac{56}{64} = \frac{7}{8}$	$\frac{200}{450} = \frac{4}{9}$
$\frac{10}{15} = \frac{2}{3}$	$\frac{12}{24} = \frac{1}{2}$	$\frac{90}{100} = \frac{9}{10}$	$\frac{160}{200} = \frac{4}{5}$	$\frac{700}{3000} = \frac{7}{30}$	$\frac{96}{100} = \frac{24}{25}$

3) Erweitere die Brüche zuerst so, dass sie kommafrei sind, und kürze sie dann so weit wie möglich.

$\frac{2,8}{3,5} = \frac{28}{35} = \frac{4}{5}$	$\frac{6,6}{10} = \frac{66}{100} = \frac{33}{50}$	$\frac{0,06}{6} = \frac{6}{600} = \frac{1}{100}$
$\frac{0,15}{0,25} = \frac{15}{25} = \frac{3}{5}$	$\frac{8,3}{16,6} = \frac{83}{166} = \frac{1}{2}$	$\frac{0,02}{12,6} = \frac{2}{1260} = \frac{1}{630}$

4) Miss die Strecken und bilde jeweils das Verhältnis der Längen.

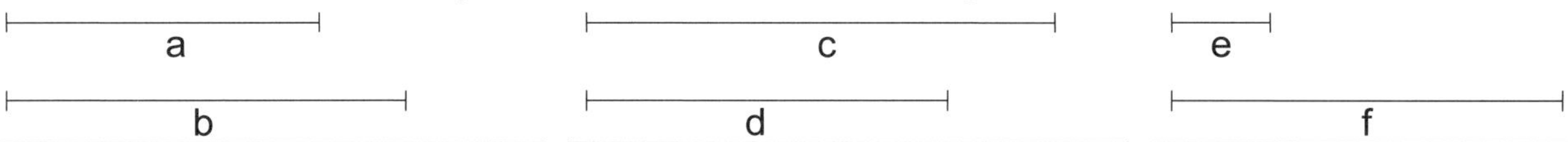

a = 32 mm b = 41 mm	c = 48 mm d = 37 mm	e = 10 mm f = 40 mm
32 : 41	48 : 37	10 : 40

5) Lies das Verhältnis der Längen der abgebildeten Strecken ab und gib es mit Worten an.

a) 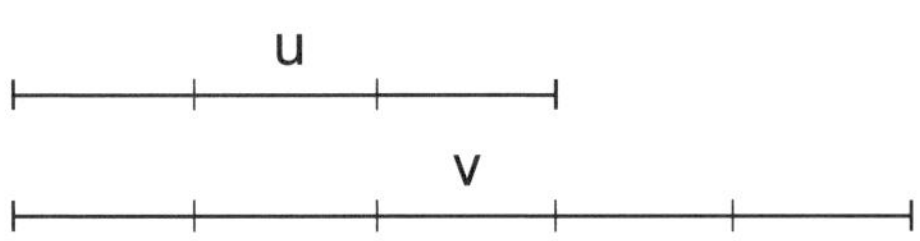

u : v = 3 : 5

A: Die Länge der Strecke u verhält sich zur Länge der Strecke v wie 3 zu 5.

b) 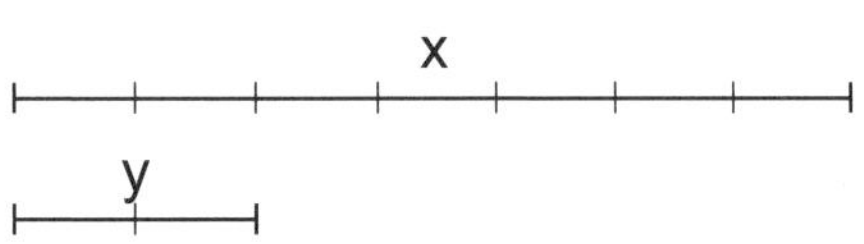

x : y = 7 : 2

A: Die Länge der Strecke x verhält sich zur Länge der Strecke y wie 7 zu 2.

6) Vereinfache die Verhältnisse durch Kürzen bzw. Erweitern.

$15 : 20 = \frac{15}{20} = \frac{3}{4} = 3 : 4$	$3 : 0,3 = \frac{3}{0,3} = \frac{30}{3} = \frac{10}{1} = 10 : 1$
$60 : 12 = \frac{60}{12} = \frac{5}{1} = 5 : 1$	$2,5 : 6,5 = \frac{2,5}{6,5} = \frac{25}{65} = \frac{5}{13} = 5 : 13$
$440 : 1\,000 = \frac{440}{1000} = \frac{44}{100} = \frac{11}{25} = 11 : 25$	$1,25 : 5 = \frac{1,25}{5} = \frac{125}{500} = \frac{25}{100} = \frac{1}{4} = 1 : 4$

Name:	Verhältnisse und Proportionen 2

7) Vereinfache die Verhältnisse.

$\frac{3}{4} : \frac{1}{2} =$	$\frac{18}{7} : \frac{9}{2} =$
$1\frac{2}{3} : \frac{5}{8} =$	$\frac{3}{10} : 0{,}9 =$

8) Vereinfache die Verhältnisse so, dass a) die erste Zahl 1 und b) die letzte Zahl 1 wird.

a)	3 : 18 : 12	50 : 750	8 : 2 000	2,5 : 8 500
b)	140 : 60 : 20	9 : 4	80 : 100	39 : 30

9) Rechne jeweils die Länge in der Wirklichkeit in dieselbe Einheit um, in der die Länge auf dem Plan angegeben ist.
Bilde das Verhältnis Plan zu Wirklichkeit und vereinfache so, dass die erste Verhältniszahl 1 wird.
Gib den Maßstab an.

Plan	Wirklichkeit	Verhältnis (Plan : Wirklichkeit)	Maßstab
10 cm	1 m		
8 cm	4 m		
5 mm	50 m		
10 mm	1 km		
8 dm	1 km		
0,6 m	30 km		

10) Die Erde hat einen Durchmesser von rund 12 757 km, die Sonne von 1 390 000 km. Bilde das Verhältnis und vereinfache so, dass die erste Zahl (Erde) 1 wird.

A:

11) Deutschland ist rund 357 022 km^2 groß. Frankreich, unser Nachbarland im Westen, ist rund 543 965 km^2 groß. Polen, unser Nachbarland im Osten, ist rund 312 685 km^2 groß.
Bilde das Verhältnis der Größen der drei Länder. Die Verhältniszahl für Deutschland soll 1 betragen, die beiden anderen runde auf zwei Dezimalen.

Um wie viel % sind diese Nachbarländer größer bzw. kleiner als Deutschland?

A:

Name:	Verhältnisse und Proportionen 2

7) Vereinfache die Verhältnisse.

$\frac{3}{4} : \frac{1}{2} = \frac{3 \cdot \cancel{2}^1}{\cancel{4}_2 \cdot 1} = \frac{3}{2} = 3 : 2$	$\frac{18}{7} : \frac{9}{2} = \frac{{}^2\cancel{18} \cdot 2}{7 \cdot \cancel{9}_1} = \frac{4}{7} = 4 : 7$
$1\frac{2}{3} : \frac{5}{8} = \frac{{}^1\cancel{5} \cdot 8}{3 \cdot \cancel{5}_1} = \frac{8}{3} = 8 : 3$	$\frac{3}{10} : 0{,}9 = \frac{3}{10} : \frac{9}{10} = \frac{{}^1\cancel{3} \cdot \cancel{10}^1}{{}_1\cancel{10} \cdot \cancel{9}_3} = \frac{1}{3} = 1 : 3$

8) Vereinfache die Verhältnisse so, dass a) die erste Zahl 1 und b) die letzte Zahl 1 wird.

a)

3 : 18 : 12 | : 3	50 : 750 | : 50	8 : 2 000 | : 8	2,5 : 8 500 | : 2,5
1 : 6 : 4	1 : 15	1 : 250	1 : 3 400

b)

140 : 60 : 20 | : 20	9 : 4 | : 4	80 : 100 | : 100	39 : 30 | : 30
7 : 3 : 1	2,25 : 1	0,80 : 1	1,3 : 1

9) Rechne jeweils die Länge in der Wirklichkeit in dieselbe Einheit um, in der die Länge auf dem Plan angegeben ist.
Bilde das Verhältnis Plan zu Wirklichkeit und vereinfache so, dass die erste Verhältniszahl 1 wird.
Gib den Maßstab an.

Plan	Wirklichkeit	Verhältnis (Plan : Wirklichkeit)	Maßstab
10 cm	1 m = 100 cm	10 : 100 = 1 : 10	1 : 10
8 cm	4 m = 400 cm	8 : 400 = 1 : 50	1 : 50
5 mm	50 m = 50 000 mm	5 : 50 000 = 1 : 10 000	1 : 10 000
10 mm	1 km = 1 000 000 mm	10 : 1 000 000 = 1 : 100 000	1 : 100 000
8 dm	1 km = 10 000 dm	8 : 10 000 = 1 : 1 250	1 : 1 250
0,6 m	30 km = 30 000 m	0,6 : 30 000 = 6 : 300 000 = 1 : 50 000	1 : 50 000

10) Die Erde hat einen Durchmesser von rund 12 757 km, die Sonne von 1 390 000 km. Bilde das Verhältnis und vereinfache so, dass die erste Zahl (Erde) 1 wird.

Erde Sonne

12 757 : 1 390 000 | : 12 757 NR: 1 390 000 : 12 757 = 108,9...

1 : 109

A: Der Durchmesser der Erde verhält sich zum Durchmesser der Sonne wie 1 : 109.

11) Deutschland ist rund 357 022 km² groß. Frankreich, unser Nachbarland im Westen, ist rund 543 965 km² groß. Polen, unser Nachbarland im Osten, ist rund 312 685 km² groß.
Bilde das Verhältnis der Größen der drei Länder. Die Verhältniszahl für Deutschland soll 1 betragen, die beiden anderen runde auf zwei Dezimalen.

Deutschland		Frankreich		Polen	
357 022	:	543 965	:	312 685	| : 357 022
1	:	1,52	:	0,88	
100 %	:	152 %	:	88 %	

Um wie viel % sind diese Nachbarländer größer bzw. kleiner als Deutschland?

A: Frankreich ist um 52 % größer als Deutschland. Polen ist um 12 % kleiner als Deutschland.

12) Hier erkennst du ohne zu messen oder zu rechnen, dass nicht bei allen Elefantenbildern die Proportionen stimmen, das heißt, dass nicht immer im „richtigen" Verhältnis verkleinert bzw. vergrößert wurde.

Überprüfe jeweils mit Hilfe der Produktgleichung, ob die Proportion richtig (r) oder falsch (f) ist.

3 : 6 = 15 : 30	2 : 3 = 3 : 4	4 : 5 = 16 : 20	100 : 150 = 200 : 250
9 : 13 = 10 : 15	4 : 5 = 6 : 7,5	3 : 0,5 = 15 : 2,5	20 : 80 = 80 : 20

13) Berechne jeweils die Unbekannte. (x ≠ 0)

3 : 6 = 15 : x	27 : 21 = x : 7	5 : x = 15 : 24	x : 4 = 36 : 24
24 : 76 = 6 : x	x : 8 = 77 : 56	39 : x = 1 : 13	17 : 12 = x : 96

14) a) Ein Bild, das 10 cm breit und 14 cm hoch ist, soll vergrößert werden. Das vergrößerte Bild soll 25 cm breit sein; wie ist die Höhe zu wählen?

A:

b) Ein Bild, das 10 cm breit und 15 cm hoch ist, soll verkleinert werden. Das verkleinerte Bild soll 10,5 cm hoch sein; wie ist die Breite zu wählen?

A:

12) Hier erkennst du ohne zu messen oder zu rechnen, dass nicht bei allen Elefantenbildern die Proportionen stimmen, das heißt, dass nicht immer im „richtigen" Verhältnis verkleinert bzw. vergrößert wurde.

Überprüfe jeweils mit Hilfe der Produktgleichung, ob die Proportion richtig (r) oder falsch (f) ist.

3 : 6 = 15 : 30 3 · 30 = 6 · 15 90 = 90 r	2 : 3 = 3 : 4 2 · 4 = 3 · 3 8 = 9 f	4 : 5 = 16 : 20 4 · 20 = 5 · 16 80 = 80 r	100 : 150 = 200 : 250 100 · 250 = 150 · 200 25 000 = 30 000 f
9 : 13 = 10 : 15 9 · 15 = 13 · 10 135 = 130 f	4 : 5 = 6 : 7,5 4 · 7,5 = 5 · 6 30 = 30 r	3 : 0,5 = 15 : 2,5 3 · 2,5 = 0,5 · 15 7,5 = 7,5 r	20 : 80 = 80 : 20 20 · 20 = 80 · 80 400 = 6 400 f

13) Berechne jeweils die Unbekannte. (x ≠ 0)

3 : 6 = 15 : x 3 · x = 6 · 15 | : 3 x = 2 · 15 x = 30	27 : 21 = x : 7 27 · 7 = 21 · x | : 7 3x = 27 | : 3 x = 9	5 : x = 15 : 24 5 · 24 = x · 15 | : 5 3x = 24 | : 3 x = 8	x : 4 = 36 : 24 x · 24 = 4 · 36 | : 4 6x = 36 | : 6 x = 6
24 : 76 = 6 : x 24 · x = 6 · 76 | : 6 4x = 76 | : 4 x = 19	x : 8 = 77 : 56 x · 56 = 8 · 77 | : 8 7x = 77 | : 7 x = 11	39 : x = 1 : 13 39 · 13 = x · 1 x = 507	17 : 12 = x : 96 17 · 96 = 12 · x | : 12 x = 17 · 8 x = 136

14) a) Ein Bild, das 10 cm breit und 14 cm hoch ist, soll vergrößert werden. Das vergrößerte Bild soll 25 cm breit sein; wie ist die Höhe zu wählen?

10 : 14 = 25 : x

10 · x = 14 · 25 | : 10

x = 350 : 10 = 35

x ___ 35 cm

A: Das vergrößerte Bild wird 35 cm hoch sein.

b) Ein Bild, das 10 cm breit und 15 cm hoch ist, soll verkleinert werden. Das verkleinerte Bild soll 10,5 cm hoch sein; wie ist die Breite zu wählen?

10 : 15 = x : 10,5

10 · 10,5 = 15 · x | : 15

x = 105 : 15 = 7

x ___ 7 cm

A: Das verkleinerte Bild wird 7 cm breit sein.

Name:	Verhältnisse und Proportionen 4

15) Überprüfe mit Hilfe der Produktgleichung, ob die Proportion richtig (r) oder falsch (f) ist.

$\frac{1}{3} : \frac{2}{3} = \frac{4}{3} : \frac{8}{3}$	$16 : \frac{1}{4} = 8 : \frac{1}{2}$	$\frac{2}{7} : \frac{6}{7} = \frac{1}{5} : \frac{3}{15}$	$\frac{2}{3} : \frac{1}{5} = \frac{4}{3} : \frac{2}{5}$

16) Berechne jeweils die Unbekannte. ($x \neq 0$)

$\frac{1}{3} : \frac{1}{4} = \frac{1}{5} : x$	$x : \frac{2}{3} = \frac{3}{4} : \frac{2}{5}$	$\frac{5}{8} : x = 3\frac{3}{4} : 3$

17) Gegeben ist die Proportion 2 : 3 = 10 : 15. Untersuche, ob du – wie angegeben – vertauschen darfst oder nicht. Ergänze dann beim Antwortsatz: „ vertauschen“ bzw. „NICHT vertauschen“.

a) Vertausche die Innenglieder.	b) Vertausche die Außenglieder.	c) Vertausche die Innen- und die Außenglieder.
2 : 3 = 10 : 15	2 : 3 = 10 : 15	2 : 3 = 10 : 15
Bei einer Proportion darf man die Innenglieder	Bei einer Proportion darf man die Außenglieder	Bei einer Proportion darf man die Innen- und die Außenglieder

d) Vertausche die Terme der beiden Seiten.	e) Vertausche die Zahlen nur auf einer Seite.	f) Vertausche die Zahlen auf beiden Seiten.
2 : 3 = 10 : 15	2 : 3 = 10 : 15	2 : 3 = 10 : 15
Bei einer Proportion darf man die Terme der beiden Seiten	Bei einer Proportion darf man die Zahlen nur auf einer Seite	Bei einer Proportion darf man die Zahlen auf beiden Seiten

18) Bilde zur gegebenen Proportion durch Vertauschen drei äquivalente Proportionen. Rechne die Probe im Kopf.

3 : 4 = 9 : 12			

15) Überprüfe mit Hilfe der Produktgleichung, ob die Proportion richtig (r) oder falsch (f) ist.

$\frac{1}{3} : \frac{2}{3} = \frac{4}{3} : \frac{8}{3}$	$16 : \frac{1}{4} = 8 : \frac{1}{2}$	$\frac{2}{7} : \frac{6}{7} = \frac{1}{5} : \frac{3}{15}$	$\frac{2}{3} : \frac{1}{5} = \frac{4}{3} : \frac{2}{5}$
$\frac{1}{3} \cdot \frac{8}{3} = \frac{2}{3} \cdot \frac{4}{3}$	$16 \cdot \frac{1}{2} = 8 \cdot \frac{1}{4}$	$\frac{2}{7} \cdot \frac{3}{15} = \frac{6}{7} \cdot \frac{1}{5}$	$\frac{2}{3} \cdot \frac{2}{5} = \frac{1}{5} \cdot \frac{4}{3}$
$\frac{8}{9} = \frac{8}{9}$ r	$8 = 2$ f	$\frac{6}{105} = \frac{6}{35}$ f	$\frac{4}{15} = \frac{4}{15}$ r

16) Berechne jeweils die Unbekannte. ($x \neq 0$)

$\frac{1}{3} : \frac{1}{4} = \frac{1}{5} : x$	$x : \frac{2}{3} = \frac{3}{4} : \frac{2}{5}$	$\frac{5}{8} : x = 3\frac{3}{4} : 3$
$\frac{1}{3} \cdot x = \frac{1}{4} \cdot \frac{1}{5} \quad \vert : \frac{1}{3}$	$x \cdot \frac{2}{5} = \frac{2}{3} \cdot \frac{3}{4} \quad \vert : \frac{2}{5}$	$\frac{5}{8} \cdot 3 = x \cdot \frac{15}{4} \quad \vert : \frac{15}{4}$
$x = \frac{1 \cdot 1 \cdot 3}{4 \cdot 5 \cdot 1}$	$x = \frac{2 \cdot 3 \cdot 5}{3 \cdot 4 \cdot 2}$	$x = \frac{5 \cdot 3 \cdot 4}{8 \cdot 1 \cdot 15}$
$x = \frac{3}{20}$	$x = \frac{5}{4} = 1\frac{1}{4}$	$x = \frac{1}{2}$

17) Gegeben ist die Proportion 2 : 3 = 10 : 15. Untersuche, ob du – wie angegeben – vertauschen darfst oder nicht. Ergänze dann beim Antwortsatz: „ vertauschen“ bzw. „NICHT vertauschen“.

a) Vertausche die Innenglieder. b) Vertausche die Außenglieder. c) Vertausche die Innen- und die Außenglieder.

2 : 3 = 10 : 15	2 : 3 = 10 : 15	2 : 3 = 10 : 15
2 : 10 = 3 : 15	15 : 3 = 10 : 2	15 : 10 = 3 : 2
2 · 15 = 10 · 3	15 · 2 = 3 · 10	15 · 2 = 10 · 3
30 = 30 w. A.	30 = 30 w. A.	30 = 30 w. A.

Bei einer Proportion darf man die Innenglieder vertauschen.	Bei einer Proportion darf man die Außenglieder vertauschen.	Bei einer Proportion darf man die Innen- und die Außenglieder vertauschen.

d) Vertausche die Terme der beiden Seiten. e) Vertausche die Zahlen nur auf einer Seite. f) Vertausche die Zahlen auf beiden Seiten.

2 : 3 = 10 : 15	2 : 3 = 10 : 15	2 : 3 = 10 : 15
10 : 15 = 2 : 3	3 : 2 = 10 : 15	3 : 2 = 15 : 10
10 · 3 = 15 · 2	3 · 15 = 2 · 10	3 · 10 = 2 · 15
30 = 30 w. A.	45 = 20 f. A.	30 = 30 w. A.

Bei einer Proportion darf man die Terme der beiden Seiten vertauschen.	Bei einer Proportion darf man die Zahlen nur auf einer Seite NICHT vertauschen.	Bei einer Proportion darf man die Zahlen auf beiden Seiten vertauschen.

18) Bilde zur gegebenen Proportion durch Vertauschen drei äquivalente Proportionen. Rechne die Probe im Kopf.

3 : 4 = 9 : 12	3 : 9 = 4 : 12	12 : 4 = 9 : 3	12 : 9 = 4 : 3

19) Zwei Brüder gründen gemeinsam einen Betrieb. Michael bringt 24 000 € ein und Norbert 28 000 €. Nach drei Jahren erzielt der Betrieb erstmals einen Gewinn und dieser wird im Verhältnis der ursprünglichen Kapitaleinlage aufgeteilt. Michael bekommt 8 250 €, wie viel bekommt Norbert?

A:

20) Berechne die Unbekannte und rechne die Probe.

$3 : 7 = x : (20 - x)$ P:

21) Sabine und Thomas gewinnen bei einem Preisausschreiben 30 €. Sabine bekommt x €. Wie viel bekommt Thomas? ☐

Uli macht eine 95 km lange Radtour. x km hat sie schon zurückgelegt. Wie viel km wird sie noch fahren? ☐

Eine Gruppe von 17 Personen fährt gemeinsam in Urlaub. x Personen spielen Beach-Volleyball, die anderen segeln. Wie viele segeln? ☐

22) Ein Ehepaar mit 2 Kindern und ein befreundetes Ehepaar mit 3 Kindern mieten gemeinsam ein Ferienhaus. Wie sind die Gesamtkosten von 1 800 € auf die zwei Ehepaare aufzuteilen, wenn man sich darauf geeinigt hat, dass der Anteil für ein Kind bzw. einen Erwachsenen gleich hoch ist?

A:

23) Eine Erbschaft von 20 000 € wird auf die drei Erben A, B und C im Verhältnis 1 : 3 : 4 aufgeteilt.

Erbe A	1x	
Erbe B		
Erbe C		
zusammen		

A:

19) Zwei Brüder gründen gemeinsam einen Betrieb. Michael bringt 24 000 € ein und Norbert 28 000 €. Nach drei Jahren erzielt der Betrieb erstmals einen Gewinn und dieser wird im Verhältnis der ursprünglichen Kapitaleinlage aufgeteilt. Michael bekommt 8 250 €, wie viel bekommt Norbert?

$$M : N = 24\,000 : 28\,000$$

$$8\,250 : N = 24\,000 : 28\,000$$

$$8\,250 \cdot 28\,000 = N \cdot 24\,000 \quad | : 24\,000$$

$$N = \frac{{}^{1\,375}\cancel{8\,250} \cdot \cancel{28\,000}^{7}}{\cancel{24\,000}_{\cancel{6}\,1}}$$

$$N = 9\,625$$

A: Norbert bekommt einen Gewinnanteil von 9 625 €.

20) Berechne die Unbekannte und rechne die Probe.

$$3 : 7 = x : (20 - x)$$

$$3 \cdot (20 - x) = 7 \cdot x$$

$$60 - 3x = 7x \quad | + 3x$$

$$60 = 10x \quad | : 10$$

$$x = 6$$

P:

$$3 : 7 = 6 : (20 - 6)$$

$$3 : 7 = 6 : 14$$

$$\frac{3}{7} = \frac{6}{14}$$

$$\frac{3}{7} = \frac{3}{7}$$ w. A.

21) Sabine und Thomas gewinnen bei einem Preisausschreiben 30 €. Sabine bekommt x €. Wie viel bekommt Thomas?

30 – x

Uli macht eine 95 km lange Radtour. x km hat sie schon zurückgelegt. Wie viel km wird sie noch fahren?

95 – x

Eine Gruppe von 17 Personen fährt gemeinsam in Urlaub. x Personen spielen Beach-Volleyball, die anderen segeln. Wie viele segeln?

17 – x

22) Ein Ehepaar mit 2 Kindern und ein befreundetes Ehepaar mit 3 Kindern mieten gemeinsam ein Ferienhaus. Wie sind die Gesamtkosten von 1 800 € auf die zwei Ehepaare aufzuteilen, wenn man sich darauf geeinigt hat, dass der Anteil für ein Kind bzw. einen Erwachsenen gleich hoch ist?

$$4 : 5 = x : (1\,800 - x)$$

$$4 \cdot (1\,800 - x) = 5 \cdot x$$

$$7\,200 - 4x = 5x \quad | + 4x$$

$$7\,200 = 9x \quad | : 9$$

$$x = 800$$

$$1\,800 - x = 1\,800 - 800 = 1\,000$$

A: Das Ehepaar mit den zwei Kindern bezahlt 800 €, das Ehepaar mit den 3 Kindern bezahlt 1 000 €.

23) Eine Erbschaft von 20 000 € wird auf die drei Erben A, B und C im Verhältnis 1 : 3 : 4 aufgeteilt.

Erbe A	1x	2 500
Erbe B	3x	3 · 2 500 = 7 500
Erbe C	4x	4 · 2 500 = 10 000
zusammen	8x	20 000

$$1x + 3x + 4x = 20\,000$$

$$8x = 20\,000 \quad | : 8$$

$$x = 2\,500$$

A: Erbe A bekommt 2 500 €, Erbe B bekommt 7 500 € und Erbe C bekommt 10 000 €.

Name:	Ähnlichkeit 1

1) Gib an, ob die Figuren ähnlich oder nicht ähnlich sind. Bemale dann jene Figuren, die ähnlich sind, mit grünem Buntstift.

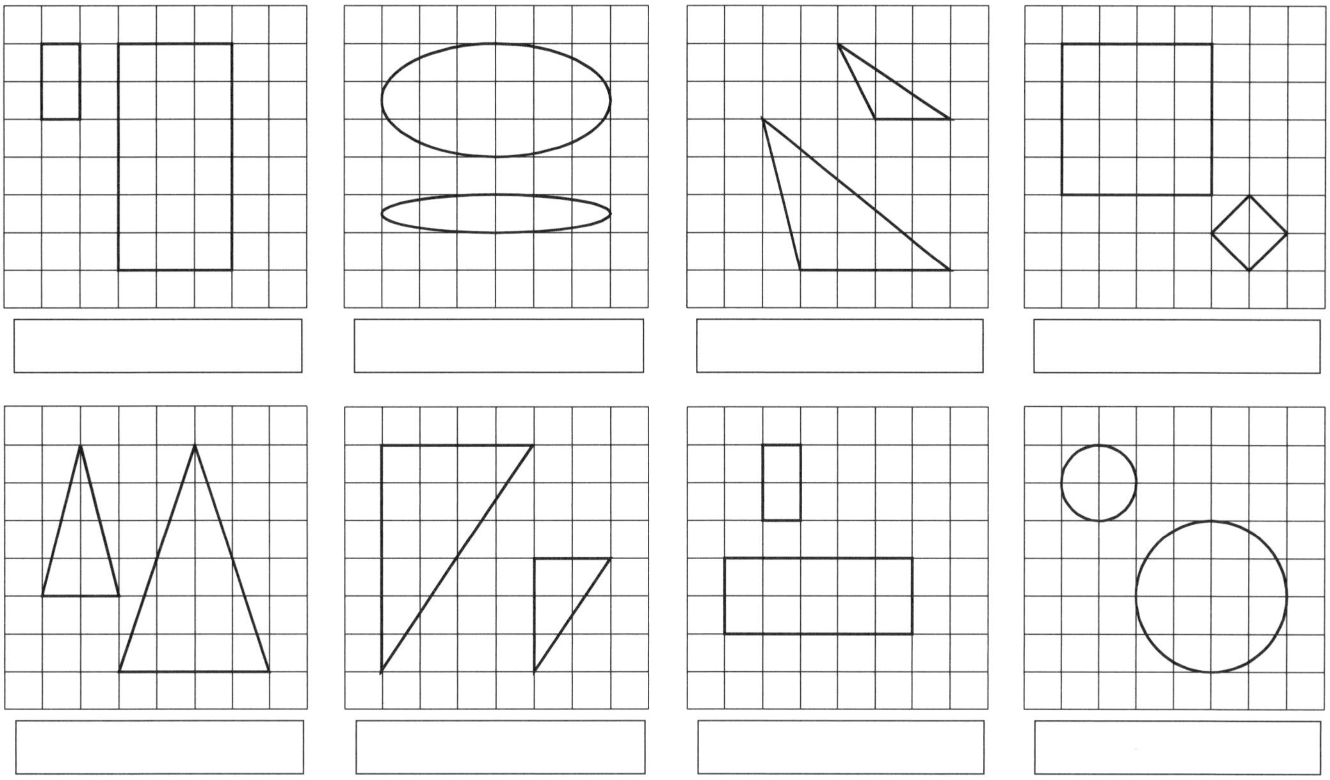

2) Miss beim Quadrat ABCD die Seitenlänge und konstruiere ein ähnliches Quadrat $A_1B_1C_1D_1$, dessen Seiten halb so lang sind. Gib das Verhältnis an, in dem die Seiten des Quadrats verkleinert werden.

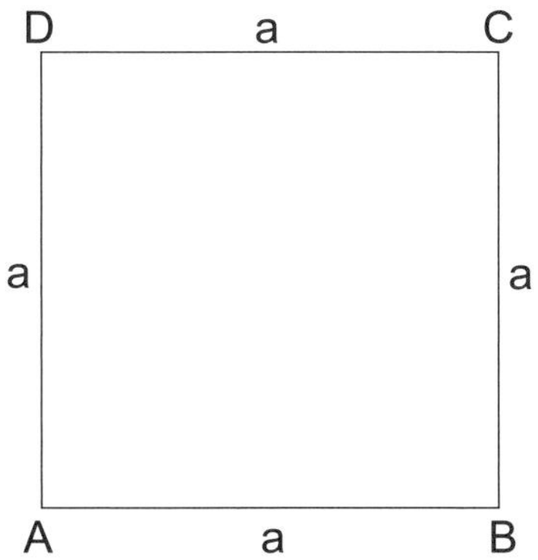

3) Konstruiere ein Rechteck ABCD (a = 25 mm, b = 20 mm) und dazu ein ähnliches Rechteck $A_1B_1C_1D_1$, dessen Seiten doppelt so lang sind. Gib das Verhältnis an, in dem die Seiten des Rechtecks vergrößert werden.

Name:	Ähnlichkeit 1

1) Gib an, ob die Figuren ähnlich oder nicht ähnlich sind. Bemale dann jene Figuren, die ähnlich sind, mit grünem Buntstift.

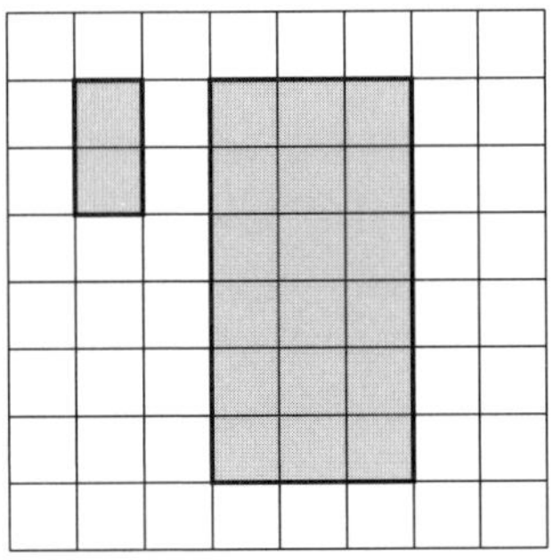

ähnlich

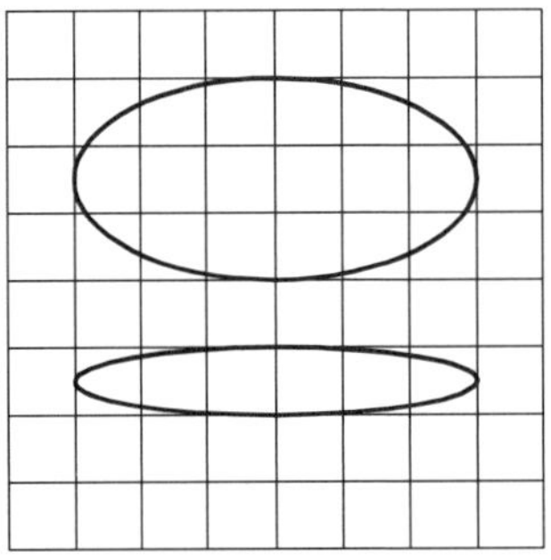

nicht ähnlich

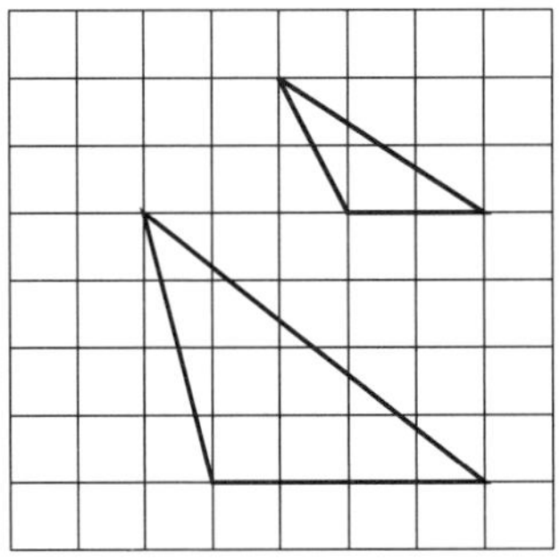

nicht ähnlich

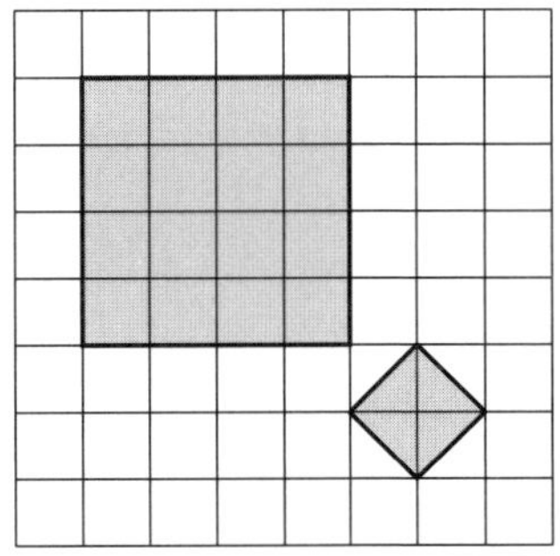

ähnlich

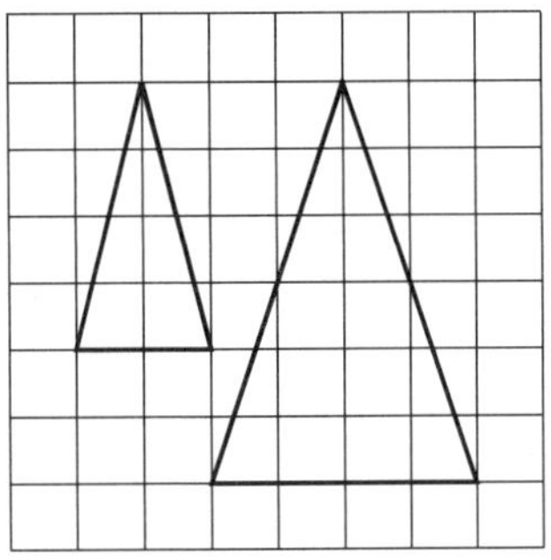

nicht ähnlich

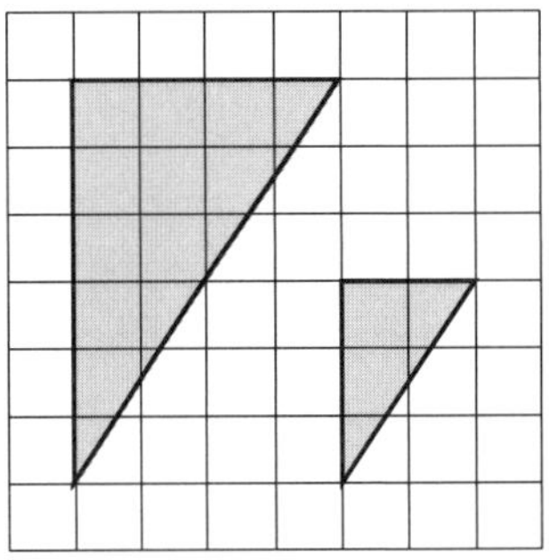

ähnlich

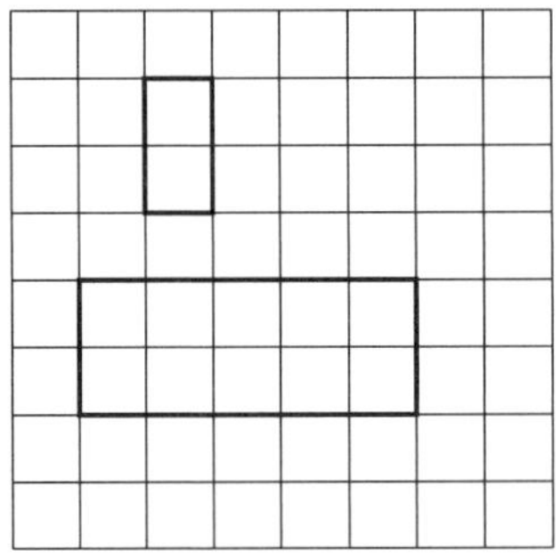

nicht ähnlich

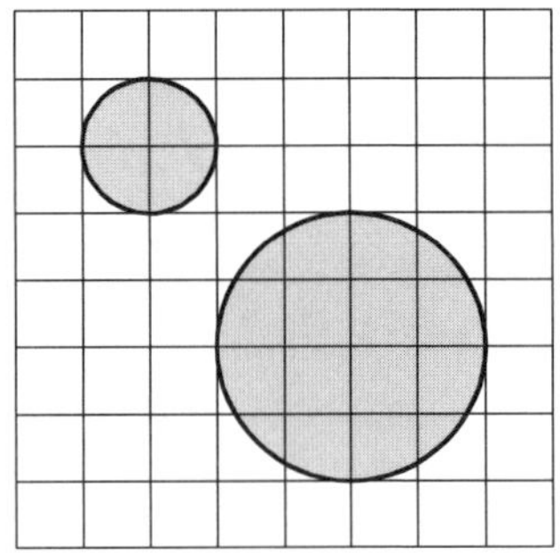

ähnlich

2) Miss beim Quadrat ABCD die Seitenlänge und konstruiere ein ähnliches Quadrat $A_1B_1C_1D_1$, dessen Seiten halb so lang sind. Gib das Verhältnis an, in dem die Seiten des Quadrats verkleinert werden.

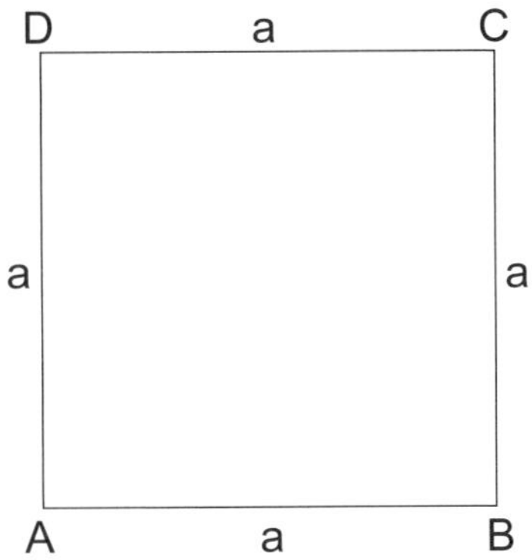

a = 40 mm

a_1 = 20 mm

Verhältnis 2 : 1

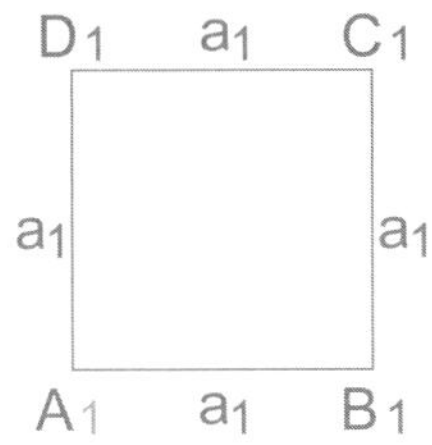

3) Konstruiere ein Rechteck ABCD (a = 25 mm, b = 20 mm) und dazu ein ähnliches Rechteck $A_1B_1C_1D_1$, dessen Seiten doppelt so lang sind. Gib das Verhältnis an, in dem die Seiten des Rechtecks vergrößert werden.

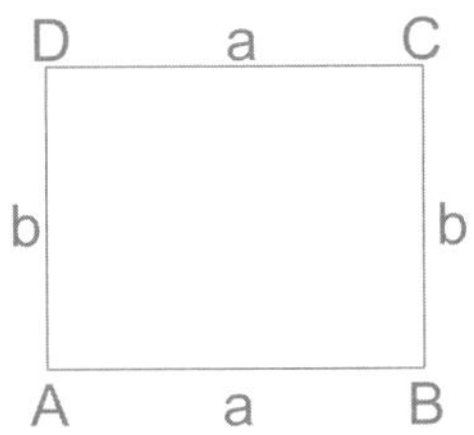

a = 25 mm

b = 20 mm

a_1 = 50 mm

b_1 = 40 mm

Verhältnis 1 : 2

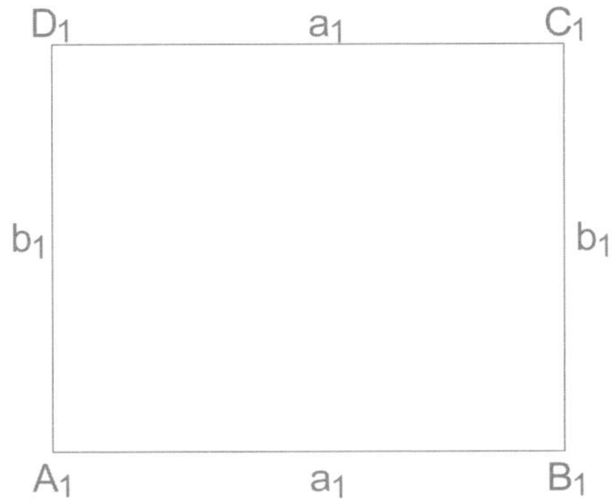

Name:	Ähnlichkeit 2

4) Zeichne jeweils zur gegebenen Figur zwei weitere Figuren, die ähnlich, aber nicht kongruent sind.

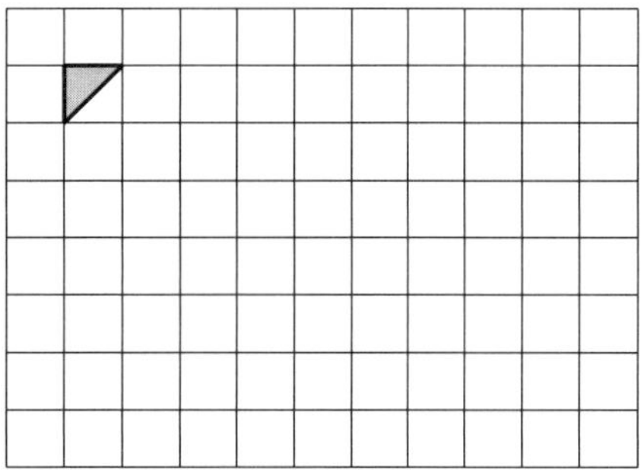
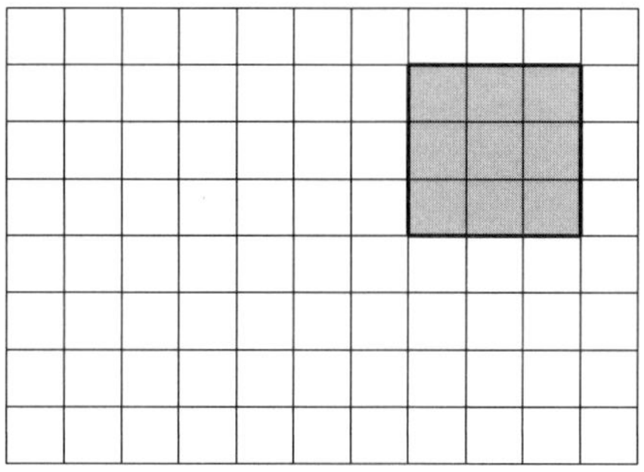
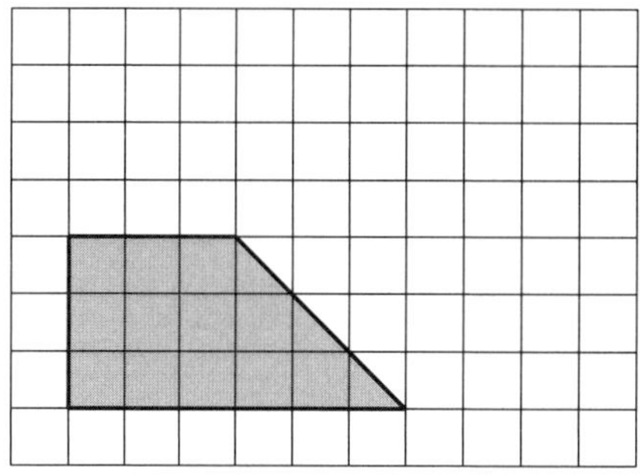

5) Miss beim gegebenen Dreieck die Längen der Seiten a, b und c und konstruiere ein Dreieck mit doppelt so langen Seiten. Miss dann bei beiden Dreiecken die Größen der Winkel.

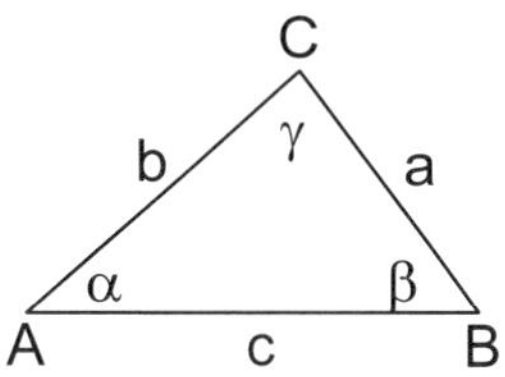

a =	a_1 =
b =	b_1 =
c =	c_1 =

α =	α_1 =
β =	β_1 =
γ =	γ_1 =

6) Miss beim gegebenen Dreieck die Größen der Winkel α, β und γ und konstruiere ein Dreieck mit gleich großen Winkeln. Miss dann bei beiden Dreiecken die Längen der Seiten.

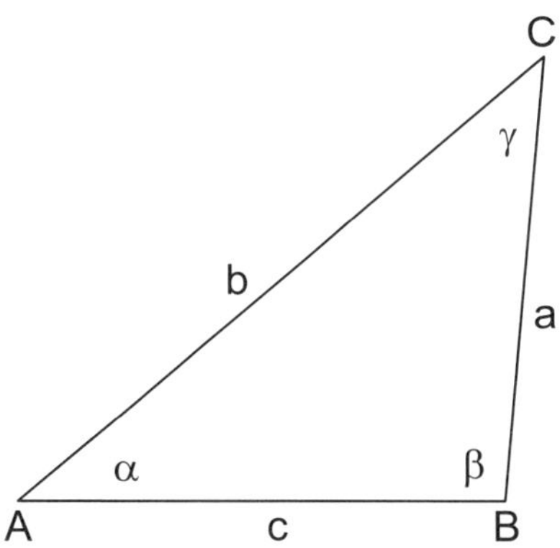

α =	α_1 =
β =	β_1 =
γ =	γ_1 =

a =	a_1 =
b =	b_1 =
c =	c_1 =

7) Gib jeweils an, welche Figuren ähnlich sind.

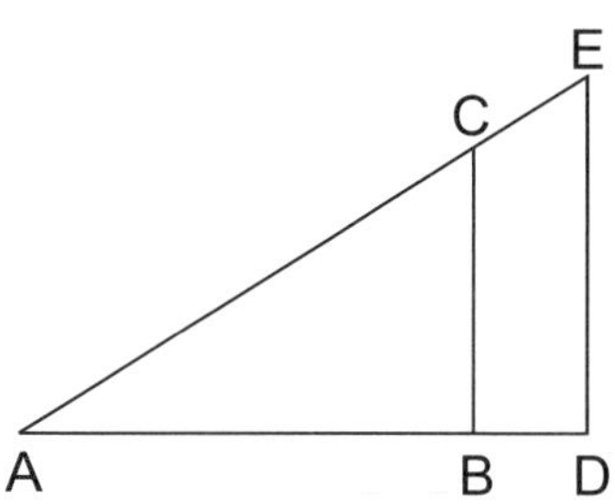

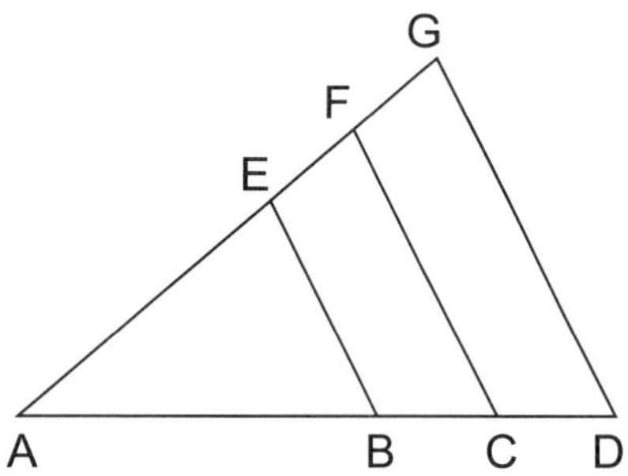

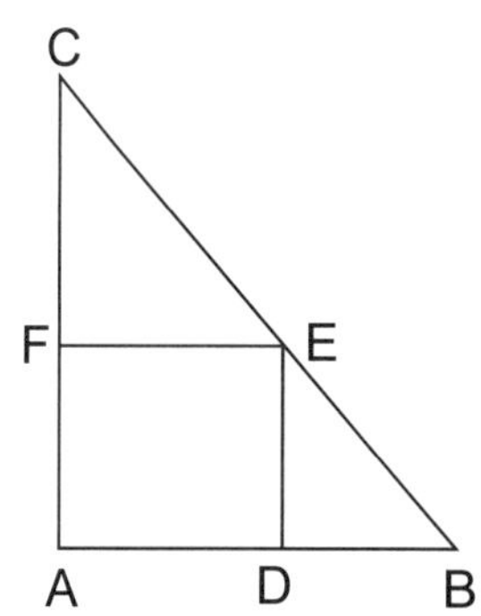

△ ABC ~		

Name:	Ähnlichkeit 2

4) Zeichne jeweils zur gegebenen Figur zwei weitere Figuren, die ähnlich, aber nicht kongruent sind.

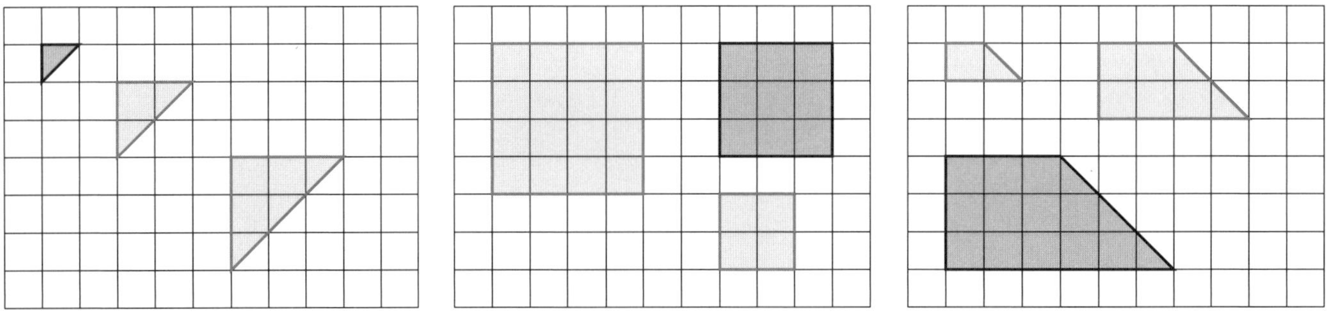

5) Miss beim gegebenen Dreieck die Längen der Seiten a, b und c und konstruiere ein Dreieck mit doppelt so langen Seiten. Miss dann bei beiden Dreiecken die Größen der Winkel.

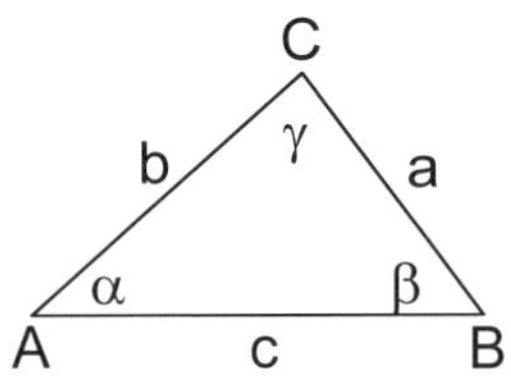

a =	20 mm	a_1 =	40 mm
b =	24 mm	b_1 =	48 mm
c =	30 mm	c_1 =	60 mm

α =	42°	α_1 =	42°
β =	53°	β_1 =	53°
γ =	85°	γ_1 =	85°

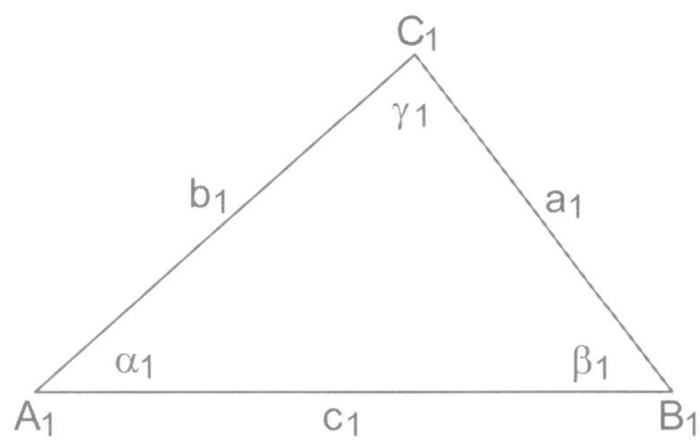

6) Miss beim gegebenen Dreieck die Größen der Winkel α, β und γ und konstruiere ein Dreieck mit gleich großen Winkeln. Miss dann bei beiden Dreiecken die Längen der Seiten.

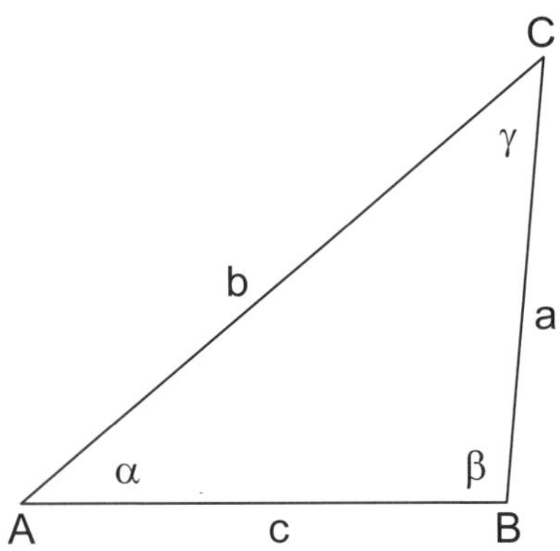

α =	40°	α_1 =	40°
β =	95°	β_1 =	95°
γ =	45°	γ_1 =	45°

a =	41 mm	a_1 =	27 mm
b =	63 mm	b_1 =	42 mm
c =	45 mm	c_1 =	30 mm

Z. B.

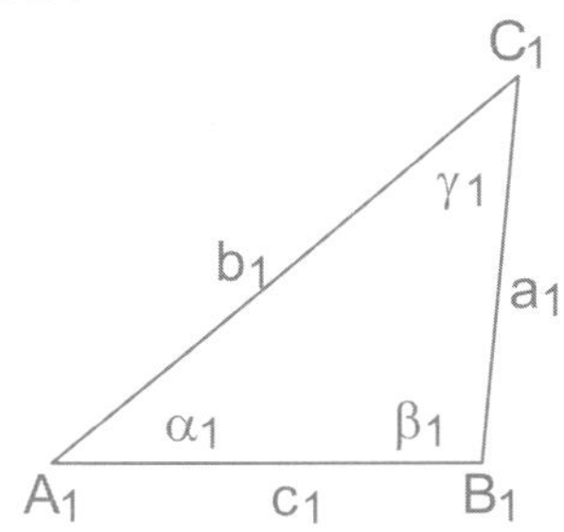

7) Gib jeweils an, welche Figuren ähnlich sind.

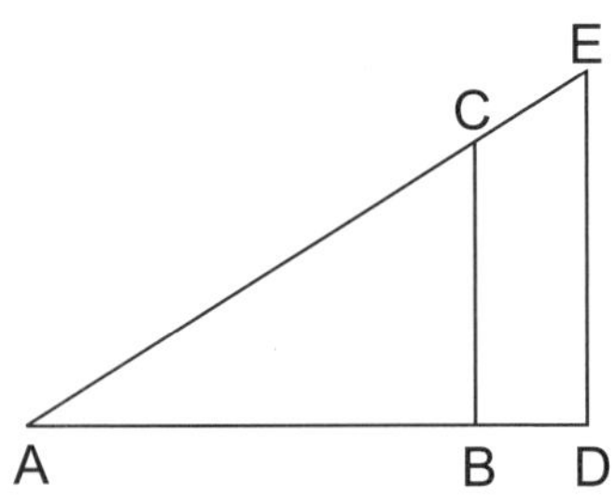

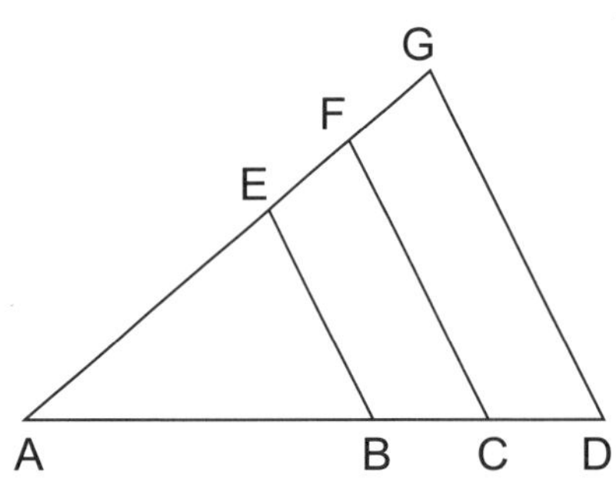

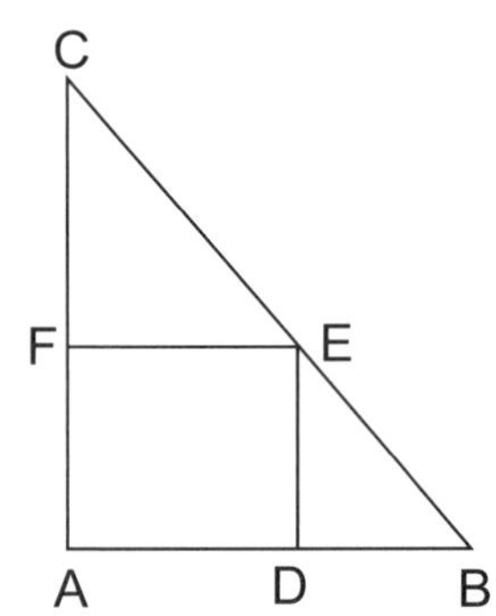

△ ABC ~ △ ADE	△ ABE ~ △ ACF ~ △ ADG	△ ABC ~ △ DBE ~ △ FEC

Name:	Ähnlichkeit 3

8) Ein Rechteck ist 40 mm lang und 28 mm breit. Ein ähnliches Rechteck ist 30 mm lang.
   a) Berechne die Breite des ähnlichen Rechtecks.
   b) Berechne von beiden Figuren den Umfang und den Flächeninhalt.
   c) Gib von den beiden Rechtecken das Verhältnis der Seitenlängen, der Umfänge und der Flächeninhalte an und vereinfache es jeweils auf möglichst kleine natürliche Zahlen.

a) b)

c)

9) Konstruiere ein Rechteck ABCD (a = 30 mm, b = 20 mm) und ein ähnliches Rechteck $A_1B_1C_1D_1$, wobei das Verhältnis der Seitenlängen 2 : 3 beträgt.

10) Ein Parallelogramm hat die Seitenlängen: a = 5,6 cm, b = 4 cm.
Ein ähnliches Parallelogramm hat den Umfang u_1 = 120 mm. Berechne die Seitenlängen.

8) Ein Rechteck ist 40 mm lang und 28 mm breit. Ein ähnliches Rechteck ist 30 mm lang.
   a) Berechne die Breite des ähnlichen Rechtecks.
   b) Berechne von beiden Figuren den Umfang und den Flächeninhalt.
   c) Gib von den beiden Rechtecken das Verhältnis der Seitenlängen, der Umfänge und der Flächeninhalte an und vereinfache es jeweils auf möglichst kleine natürliche Zahlen.

a) $a : a_1 = b : b_1$

$40 : 30 = 28 : b_1$

$40 \cdot b_1 = 30 \cdot 28 \quad | : 40$

$b_1 = \frac{{}^{3}\cancel{30} \cdot \cancel{28}^{7}}{\cancel{40}_{\cancel{4}\,1}}$

$b_1 = 21$

b_1 ___ 21 mm

b) $u = 2a + 2b$

$u = 2 \cdot 40 + 2 \cdot 28 = 80 + 56 = 136$ u ___ 136 mm

$u_1 = 2a_1 + 2b_1$

$u_1 = 2 \cdot 30 + 2 \cdot 21 = 60 + 42 = 102$ u_1 ___ 102 mm

$A = a \cdot b$

$A = 40 \cdot 28 = 1\,120$ A ___ 1 120 mm²

$A_1 = a_1 \cdot b_1$

$A_1 = 30 \cdot 21 = 630$ A_1 ___ 630 mm²

c) $a : a_1 = 40 : 30$

$a : a_1 = 4 : 3$

$b : b_1 = 28 : 21$

$b : b_1 = 4 : 3$

$u : u_1 = 136 : 102$

$u : u_1 = 68 : 51$

$u : u_1 = 4 : 3$

$A : A_1 = 1\,120 : 630$

$A : A_1 = 560 : 315$

$A : A_1 = 112 : 63$

$A : A_1 = 16 : 9$

9) Konstruiere ein Rechteck ABCD (a = 30 mm, b = 20 mm) und ein ähnliches Rechteck $A_1B_1C_1D_1$, wobei das Verhältnis der Seitenlängen 2 : 3 beträgt.

$a : a_1 = 2 : 3$

$30 : a_1 = 2 : 3$

$30 \cdot 3 = 2a_1 \quad | : 2$

$a_1 = 90 : 2$

$a_1 = 45$

$b : b_1 = 2 : 3$

$20 : b_1 = 2 : 3$

$20 \cdot 3 = 2b_1 \quad | : 2$

$b_1 = 60 : 2$

$b_1 = 30$

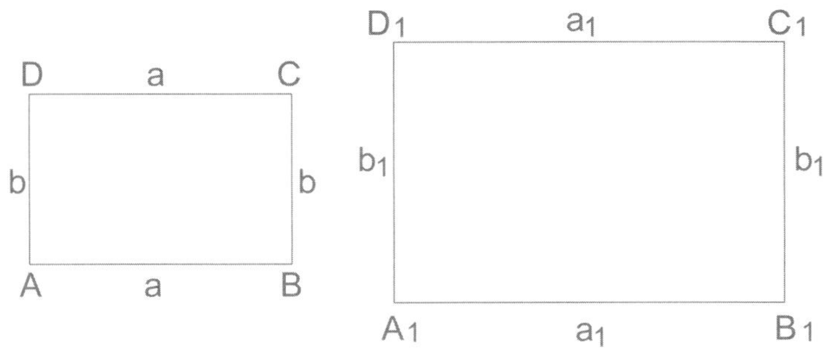

10) Ein Parallelogramm hat die Seitenlängen: a = 5,6 cm, b = 4 cm.
Ein ähnliches Parallelogramm hat den Umfang u_1 = 120 mm. Berechne die Seitenlängen.

$u = 2a + 2b$ u_1 ___ 12 cm

$u = 2 \cdot 5{,}6 + 2 \cdot 4 = 11{,}2 + 8 = 19{,}2$ u ___ 19,2 cm

$u : u_1$

$19{,}2 : 12 \quad | \cdot 10$

$192 : 120 \quad | : 2$

$96 : 60 \quad | : 2$

$48 : 30 \quad | : 6$

$8 : 5$

$a : a_1 = u : u_1$

$5{,}6 : a_1 = 8 : 5$

$8 \cdot a_1 = 5{,}6 \cdot 5 \quad | : 8$

$a_1 = \frac{{}^{0,7}\cancel{5{,}6} \cdot 5}{\cancel{8}_1} = 3{,}5$

a_1 ___ 3,5 cm

$b : b_1 = u : u_1$

$4 : b_1 = 8 : 5$

$8 \cdot b_1 = 4 \cdot 5$

$b_1 = 20 : 8 = 2{,}5$

b_1 ___ 2,5 cm

Name:	Ähnlichkeit 4

11) Ein Dreieck hat die Seitenlängen: $a = 60$ mm, $b = 45$ mm, $c = 51$ mm.
Ein ähnliches Dreieck hat die Seitenlänge $a_1 = 100$ mm. Berechne die Längen der Seiten b_1 und c_1.

12) Ein gleichschenkliges Dreieck hat die Seitenlängen: $a = b = 6{,}5$ cm, $c = 8$ cm.
Ein ähnliches Dreieck hat den Umfang $u_1 = 33{,}6$ cm. Berechne die Seitenlängen.

13) Lies von den abgebildeten Figuren jeweils das Verhältnis entsprechender Längen und das Verhältnis der Flächeninhalte ab.

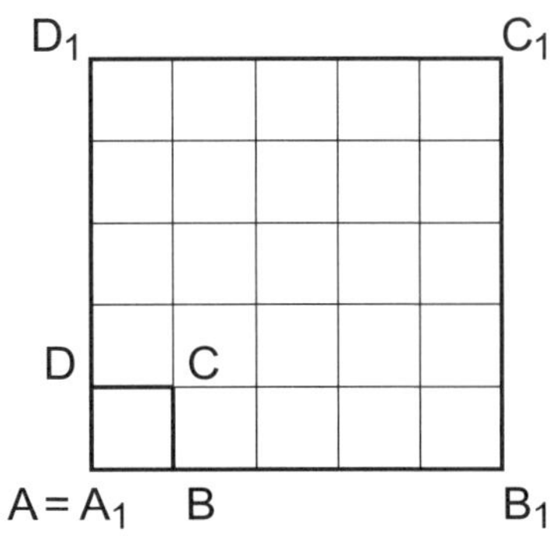

$a : a_1 =$
$A : A_1 =$

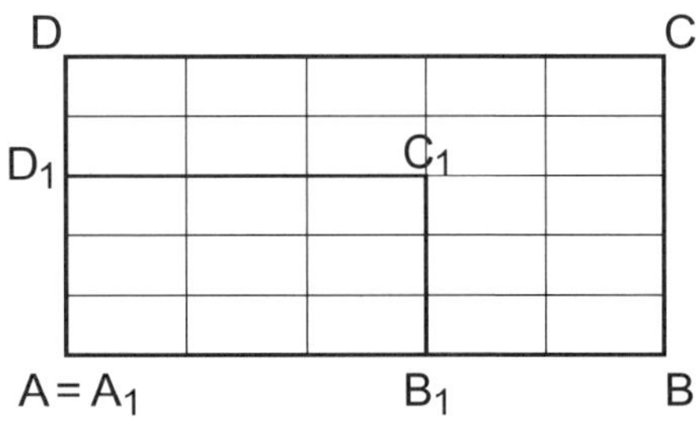

$a : a_1 =$
$A : A_1 =$

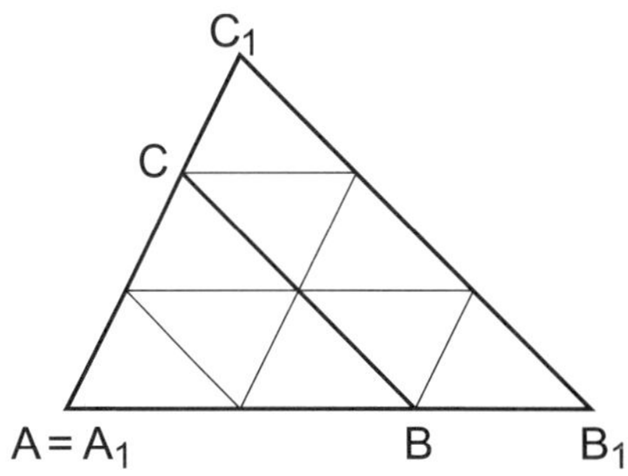

$a : a_1 =$
$A : A_1 =$

14) Ergänze jeweils „Alle“ bzw. „Nicht alle“.

Rechtecke sind ähnlich.	Quadrate sind ähnlich.	Dreiecke sind ähnlich.	Ellipsen sind ähnlich.
gleichseitigen Dreiecke sind ähnlich.	Rauten sind ähnlich.	rechtwinkligen Dreiecke sind ähnlich.	Kreise sind ähnlich.
regelmäßigen Sechsecke sind ähnlich.	Trapeze sind ähnlich.	Parallelogramme sind ähnlich.	gleichschenkligen Dreiecke sind ähnlich.

Name:	Ähnlichkeit 4

11) Ein Dreieck hat die Seitenlängen: a = 60 mm, b = 45 mm, c = 51 mm.
Ein ähnliches Dreieck hat die Seitenlänge a_1 = 100 mm. Berechne die Längen der Seiten b_1 und c_1.

$a : a_1$ — $b : b_1 = 3 : 5$ — $c : c_1 = 3 : 5$

$60 : 100 \quad | : 20$ — $45 : b_1 = 3 : 5$ — $51 : c_1 = 3 : 5$

$3 : 5$ — $45 \cdot 5 = 3 \cdot b_1 \quad | : 3$ — $51 \cdot 5 = 3 \cdot c_1 \quad | : 3$

$b_1 = 15 \cdot 5 = 75$ — $c_1 = 17 \cdot 5 = 85$

b_1 ___ 75 mm — c_1 ___ 85 mm

12) Ein gleichschenkliges Dreieck hat die Seitenlängen: a = b = 6,5 cm, c = 8 cm.
Ein ähnliches Dreieck hat den Umfang u_1 = 33,6 cm. Berechne die Seitenlängen.

$u = 2a + c$

$u = 2 \cdot 6{,}5 + 8 = 13 + 8 = 21$ — u ___ 21 cm

$u : u_1$ — $a : a_1 = u : u_1$ — $c : c_1 = u : u_1$

$21 : 33{,}6 \quad | \cdot 10$ — $6{,}5 : a_1 = 5 : 8$ — $8 : c_1 = 5 : 8$

$210 : 336 \quad | : 3$ — $6{,}5 \cdot 8 = 5a_1 \quad | : 5$ — $8 \cdot 8 = 5c_1 \quad | : 5$

$70 : 112 \quad | : 2$ — $a_1 = 1{,}3 \cdot 8 = 10{,}4$ — $c_1 = 64 : 5 = 12{,}8$

$35 : 56 \quad | : 7$ — $a_1 = b_1$ ___ 10,4 cm — c_1 ___ 12,8 cm

$5 : 8$

13) Lies von den abgebildeten Figuren jeweils das Verhältnis entsprechender Längen und das Verhältnis der Flächeninhalte ab.

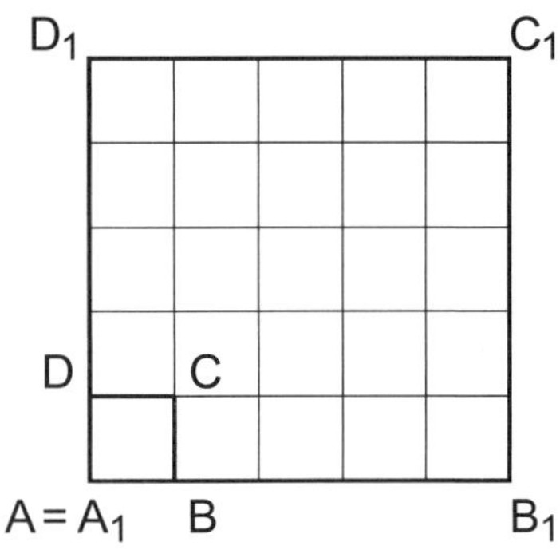

$a : a_1$ = 1 : 5
$A : A_1$ = 1 : 25

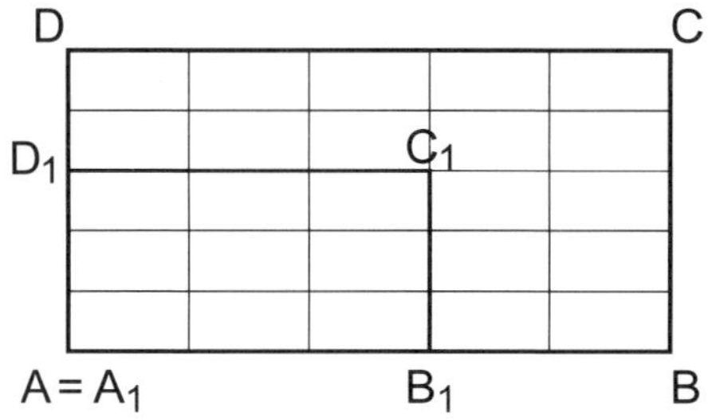

$a : a_1$ = 5 : 3
$A : A_1$ = 25 : 9

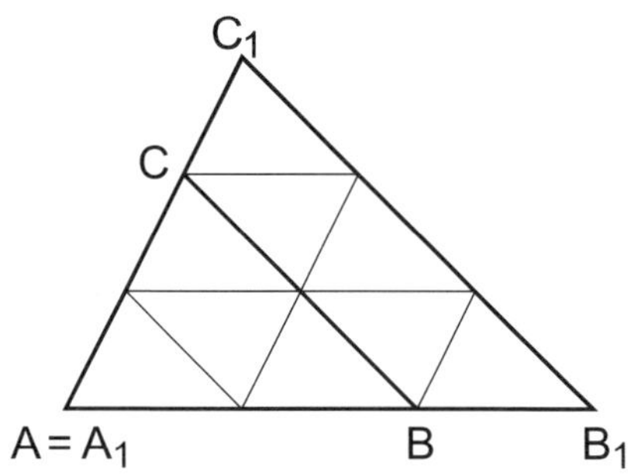

$a : a_1$ = 2 : 3
$A : A_1$ = 4 : 9

14) Ergänze jeweils „Alle“ bzw. „Nicht alle“.

Nicht alle Rechtecke sind ähnlich.	Alle Quadrate sind ähnlich.	Nicht alle Dreiecke sind ähnlich.	Nicht alle Ellipsen sind ähnlich.
Alle gleichseitigen Dreiecke sind ähnlich.	Nicht alle Rauten sind ähnlich.	Nicht alle rechtwinkligen Dreiecke sind ähnlich.	Alle Kreise sind ähnlich.
Alle regelmäßigen Sechsecke sind ähnlich.	Nicht alle Trapeze sind ähnlich.	Nicht alle Parallelogramme sind ähnlich.	Nicht alle gleichschenkligen Dreiecke sind ähnlich.

Name:	Ähnlichkeit 5

15) Quader mit gleichem Rauminhalt. Ähnliche Quader.

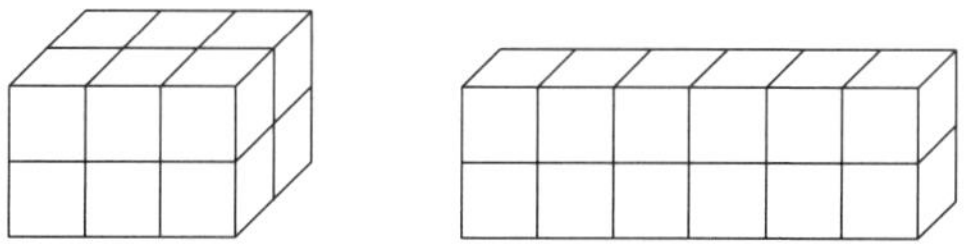

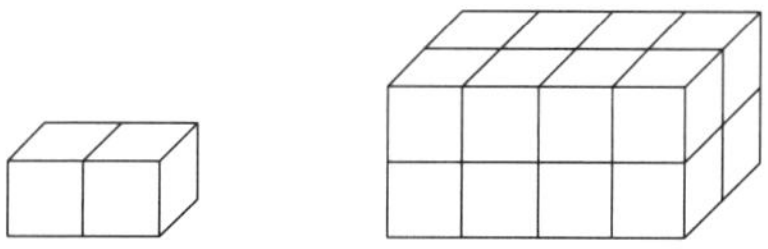

Fülle die Tabellen aus.

a) Die Quader haben gleichen Rauminhalt.

Länge	3 cm		
Breite	1 cm		
Höhe			
Volumen	12 cm^3		

b) Die Quader sind ähnlich.

Länge	4 cm	12 cm	2 cm
Breite	6 cm		
Höhe	10 cm		
Volumen			

16) Die Kantenlängen zweier Würfel sind $a_1 = 10$ cm und $a_2 = 15$ cm.

a) Zeichne Skizzen und berechne von den Würfeln die Größen der Oberflächen und die Rauminhalte.

b) Bilde jeweils das Verhältnis der Kantenlängen, der Größen der Oberflächen und der Rauminhalte und vereinfache es auf möglichst kleine natürliche Zahlen.

17) Bilde von den Würfeln jeweils das Verhältnis der Kantenlängen und vereinfache es auf möglichst kleine natürliche Zahlen. Versuche dann – ohne zu rechnen – die Verhältnisse der Größen der Oberflächen und der Rauminhalte zu bilden.

$a_1 = 30$ cm und $a_2 = 40$ cm	$a_1 = 1$ cm und $a_2 = 2{,}5$ cm	$a_1 = 5$ cm und $a_2 = 35$ cm
$a_1 : a_2 =$	$a_1 : a_2 =$	$a_1 : a_2 =$
$a_1 : a_2 =$	$a_1 : a_2 =$	$a_1 : a_2 =$
$O_1 : O_2 =$	$O_1 : O_2 =$	$O_1 : O_2 =$
$V_1 : V_2 =$	$V_1 : V_2 =$	$V_1 : V_2 =$

15) Quader mit gleichem Rauminhalt.

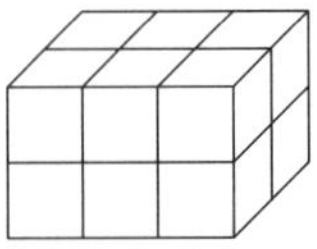 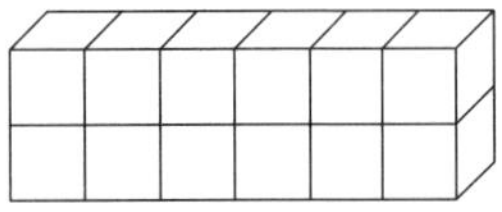

Ähnliche Quader.

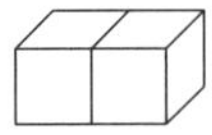 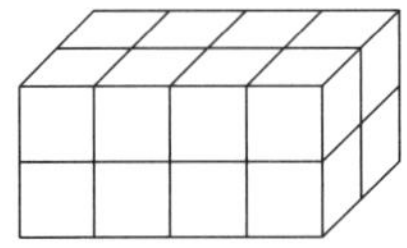

Fülle die Tabellen aus.

a) Die Quader haben gleichen Rauminhalt.

Länge	3 cm	6 cm	2 cm
Breite	1 cm	2 cm	3 cm
Höhe	4 cm	1 cm	2 cm
Volumen	12 cm^3	12 cm^3	12 cm^3

b) Die Quader sind ähnlich.

Länge	4 cm	12 cm	2 cm
Breite	6 cm	18 cm	3 cm
Höhe	10 cm	30 cm	5 cm
Volumen	240 cm^3	6 480 cm^3	30 cm^3

16) Die Kantenlängen zweier Würfel sind a_1 = 10 cm und a_2 = 15 cm.

a) Zeichne Skizzen und berechne von den Würfeln die Größen der Oberflächen und die Rauminhalte.

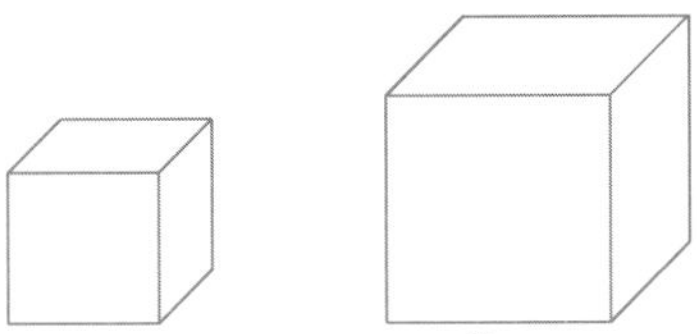

a_1 a_2

$O_1 = 6 \cdot a_1^2$

$O_1 = 6 \cdot 10^2 = 6 \cdot 100 = 600$

O_1 ___ 600 cm^2

$O_2 = 6 \cdot a_2^2$

$O_2 = 6 \cdot 15^2 = 6 \cdot 225 = 1\,350$

O_2 ___ 1 350 cm^2

$V_1 = a_1^3$

$V_1 = 10^3 = 1\,000$

V_1 ___ 1 000 cm^3

$V_2 = a_2^3$

$V_2 = 15^3 = 3\,375$

V_2 ___ 3 375 cm^3

b) Bilde jeweils das Verhältnis der Kantenlängen, der Größen der Oberflächen und der Rauminhalte und vereinfache es auf möglichst kleine natürliche Zahlen.

$a_1 : a_2$
10 : 15 | : 5
2 : 3

$O_1 : O_2$
600 : 1 350 | : 50
12 : 27 | : 3
4 : 9

$V_1 : V_2$
1 000 : 3 375 | : 25
40 : 135 | : 5
8 : 27

17) Bilde von den Würfeln jeweils das Verhältnis der Kantenlängen und vereinfache es auf möglichst kleine natürliche Zahlen. Versuche dann – ohne zu rechnen – die Verhältnisse der Größen der Oberflächen und der Rauminhalte zu bilden.

a_1 = 30 cm und a_2 = 40 cm	a_1 = 1 cm und a_2 = 2,5 cm	a_1 = 5 cm und a_2 = 35 cm
$a_1 : a_2$ = 30 : 40	$a_1 : a_2$ = 1 : 2,5	$a_1 : a_2$ = 5 : 35
$a_1 : a_2$ = 3 : 4	$a_1 : a_2$ = 2 : 5	$a_1 : a_2$ = 1 : 7
$O_1 : O_2$ = 9 : 16	$O_1 : O_2$ = 4 : 25	$O_1 : O_2$ = 1 : 49
$V_1 : V_2$ = 27 : 64	$V_1 : V_2$ = 8 : 125	$V_1 : V_2$ = 1 : 343

Name:	Ähnlichkeit 6

18) Zeichne einen Raster (Einheit 1 cm) und vergrößere die Figur.

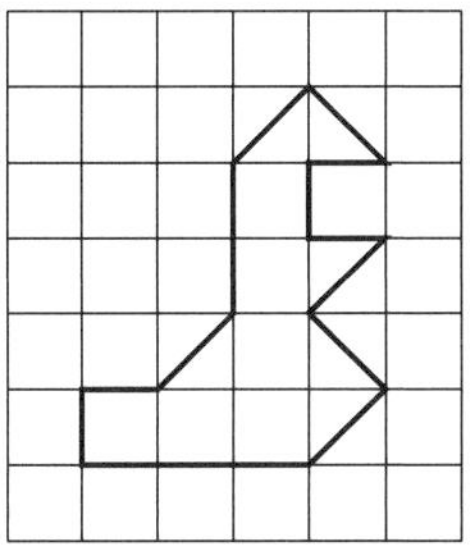

Wenn du diese Figur ausschneidest und in Drei- und Vierecke zerschneidest, kannst du mit diesen Teilen ein Quadrat legen.

Wie groß ist jeweils das Quadrat, wenn du die kleinere bzw. größere Figur wählst?

19) Teile eine Strecke AB ($\overline{AB}$ = 60 mm) mit einer Hilfskonstruktion in 7 gleich große Teile.

Zeichne zuerst die Strecke AB.

Vom Anfangspunkt A der Strecke zeichne in beliebige Richtung einen Hilfsstrahl.

Auf diesem Hilfsstrahl trage vom Punkt A aus 7-mal eine beliebige Einheitsstrecke auf (z. B. 1 cm).

Verbinde Punkt 7 des Hilfsstrahls mit dem Endpunkt B der Strecke.

Zeichne durch die Punkte 1 bis 6 Parallelen zur Verbindungsstrecke B7, so erhältst du die Teilungspunkte C bis H.

20) a) Teile eine Strecke AB ($\overline{AB}$ = 60 mm) in 5 gleich lange Teile.

b) Teile eine Strecke AB ($\overline{AB}$ = 50 mm) in 3 gleich lange Teile.

21) a) Teile eine Strecke AB ($\overline{AB}$ = 70 mm) im Verhältnis 1 : 3.

b) Teile eine Strecke AB ($\overline{AB}$ = 54 mm) im Verhältnis 3 : 5.

Name:	Ähnlichkeit 6

18) Zeichne einen Raster (Einheit 1 cm) und vergrößere die Figur.

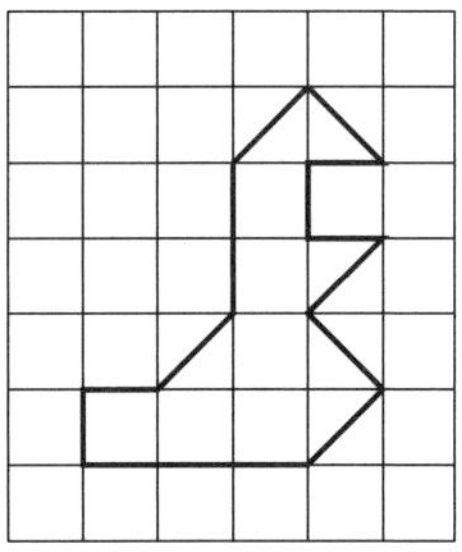

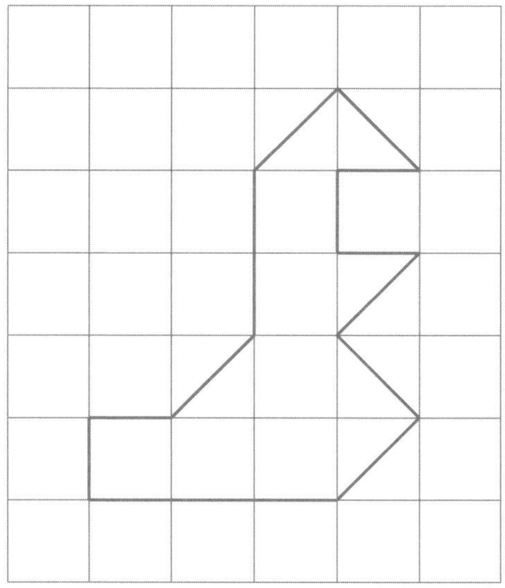

Wenn du diese Figur ausschneidest und in Drei- und Vierecke zerschneidest, kannst du mit diesen Teilen ein Quadrat legen.

Wie groß ist jeweils das Quadrat, wenn du die kleinere bzw. größere Figur wählst?

2,25 cm^2	9 cm^2

19) Teile eine Strecke AB ($\overline{AB}$ = 60 mm) mit einer Hilfskonstruktion in 7 gleich große Teile.

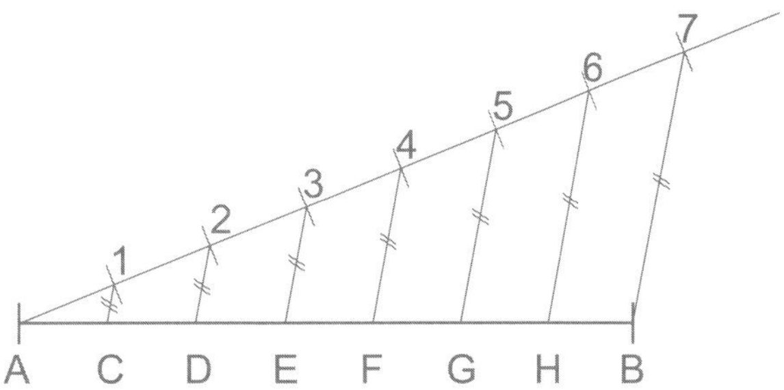

Zeichne zuerst die Strecke AB.

Vom Anfangspunkt A der Strecke zeichne in beliebige Richtung einen Hilfsstrahl.

Auf diesem Hilfsstrahl trage vom Punkt A aus 7-mal eine beliebige Einheitsstrecke auf (z. B. 1 cm).

Verbinde Punkt 7 des Hilfsstrahls mit dem Endpunkt B der Strecke.

Zeichne durch die Punkte 1 bis 6 Parallelen zur Verbindungsstrecke B7, so erhältst du die Teilungspunkte C bis H.

20) a) Teile eine Strecke AB ($\overline{AB}$ = 60 mm) in 5 gleich lange Teile.

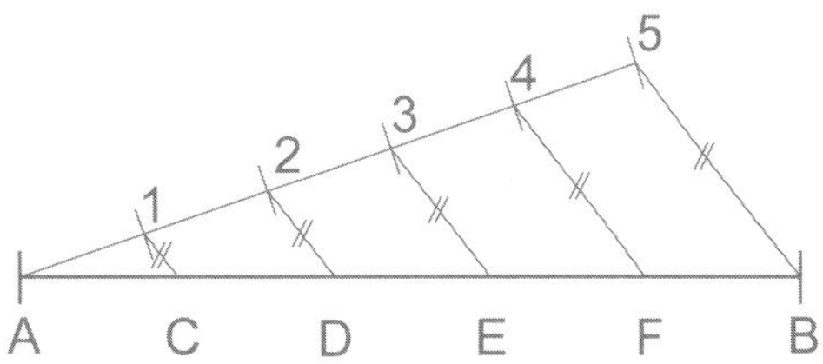

b) Teile eine Strecke AB ($\overline{AB}$ = 50 mm) in 3 gleich lange Teile.

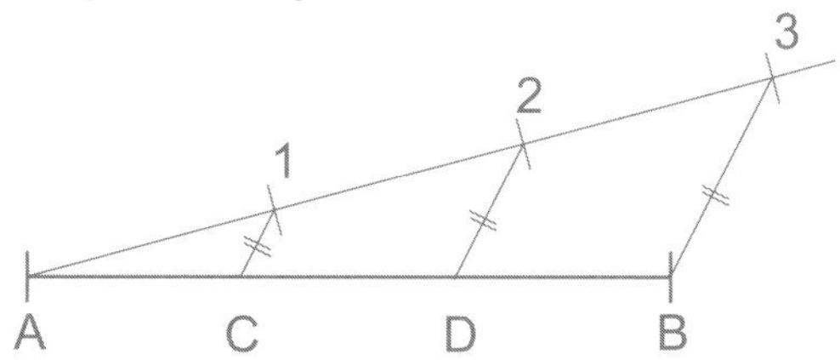

21) a) Teile eine Strecke AB ($\overline{AB}$ = 70 mm) im Verhältnis 1 : 3.

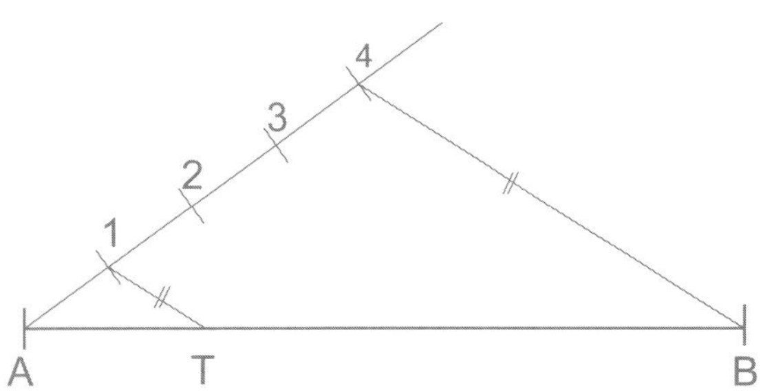

b) Teile eine Strecke AB ($\overline{AB}$ = 54 mm) im Verhältnis 3 : 5.

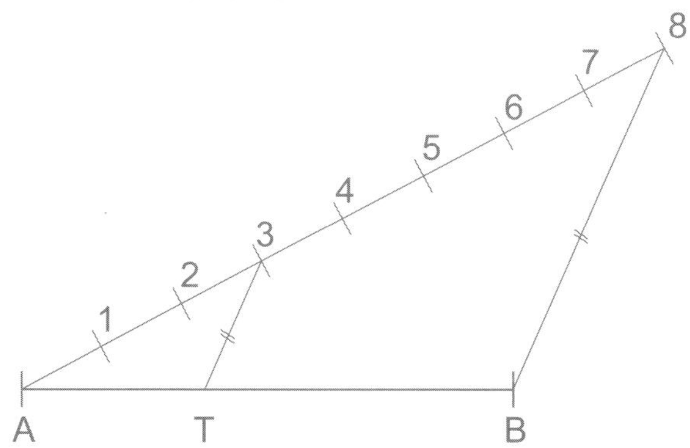

Name:	Ähnlichkeit 7

22) Berechne mit Hilfe des Strahlensatzes die Längen der Strecken x und y. (Maße in m.)

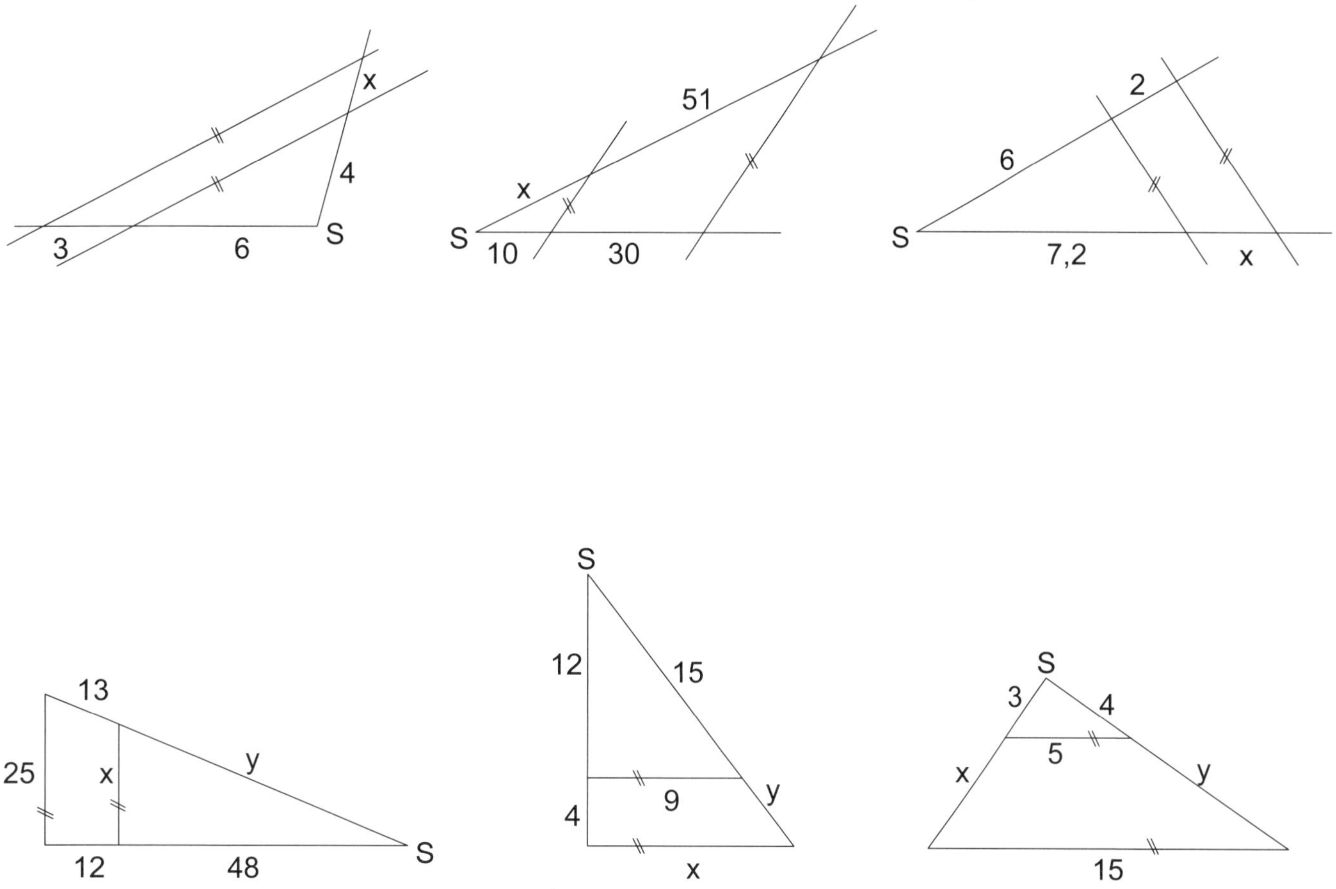

23) a) Vergrößere die Strecke AB ($\overline{AB}$ = 48 mm) im Verhältnis 4 : 5. Überprüfe deine Konstruktion mit Rechnung und Messung.

b) Verkleinere die Strecke AB ($\overline{AB}$ = 72 mm) im Verhältnis 8 : 3. Überprüfe deine Konstruktion mit Rechnung und Messung.

Name:	Ähnlichkeit 7

22) Berechne mit Hilfe des Strahlensatzes die Längen der Strecken x und y. (Maße in m.)

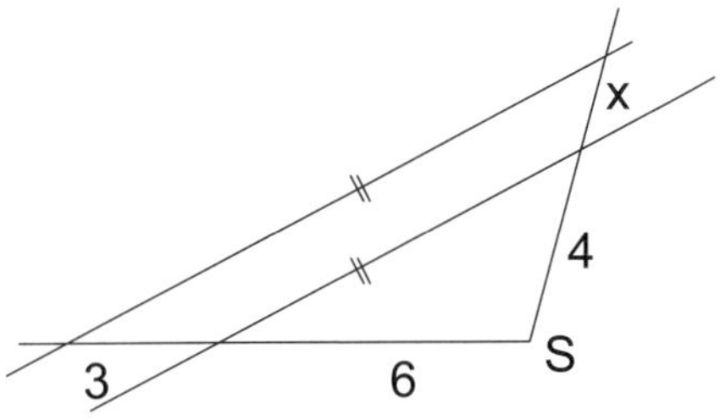

6 : 3 = 4 : x

6 · x = 3 · 4

6x = 12 | : 6

x = 2

x ___ 2 m

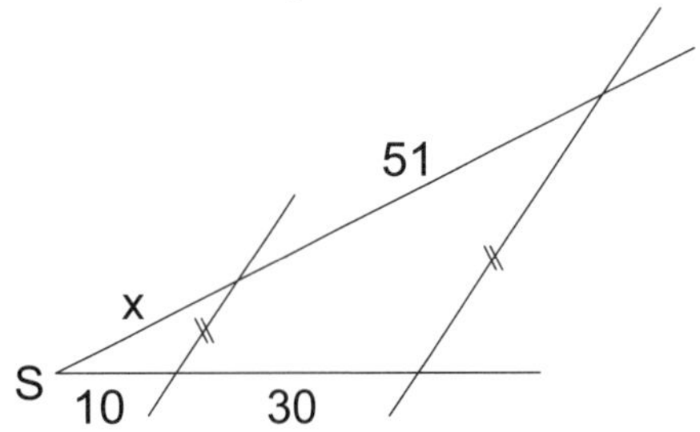

10 : 30 = x : 51

30 · x = 10 · 51

30x = 510 | : 30

x = 17

x ___ 17 m

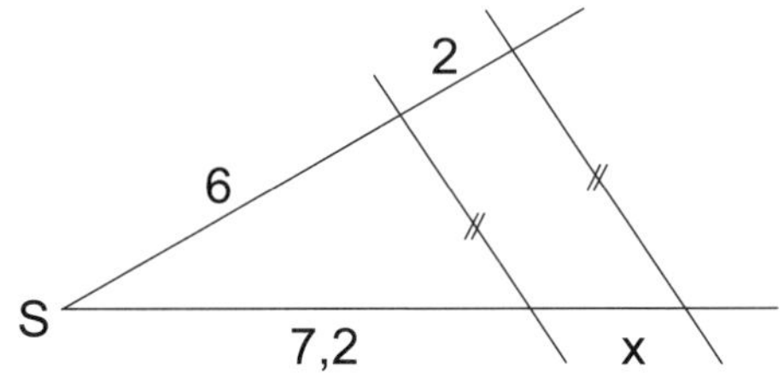

7,2 : x = 6 : 2

7,2 · 2 = 6 · x

6x = 14,4 | : 6

x = 2,4

x ___ 2,4 m

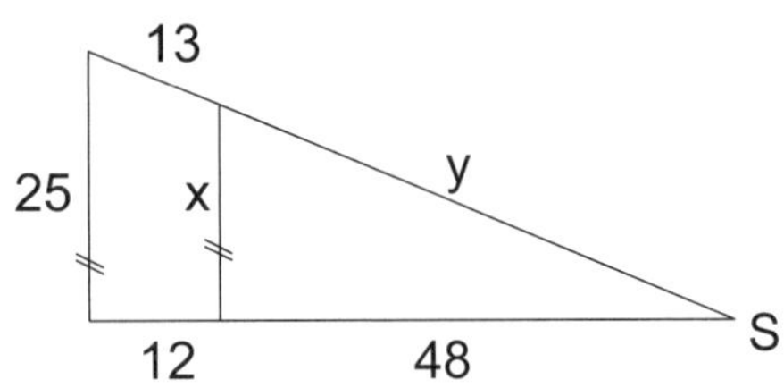

48 : x = 60 : 25

60 · x = 48 · 25 | : 60

$x = \frac{{}^{4}\not{48} \cdot \not{25}^{5}}{\not{60}_{\not{5}\,1}} = 20$

48 : 12 = y : 13

12 · y = 48 · 13 | : 12

$x = \frac{{}^{4}\not{48} \cdot 13}{\not{12}_{1}} = 52$

x ___ 20 m, y ___ 52 m

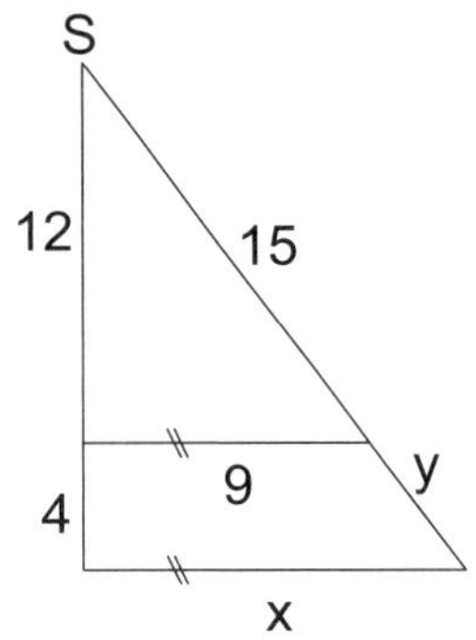

12 : 9 = 16 : x

12 · x = 9 · 16 | : 12

$x = \frac{{}^{3}\not{9} \cdot \not{16}^{4}}{\not{12}_{\not{3}\,1}} = 12$

12 : 4 = 15 : y

12 · y = 4 · 15 | : 12

$y = \frac{{}^{1}\not{4} \cdot \not{15}^{5}}{\not{12}_{\not{4}\,1}} = 5$

x ___ 12 m, y ___ 5 m

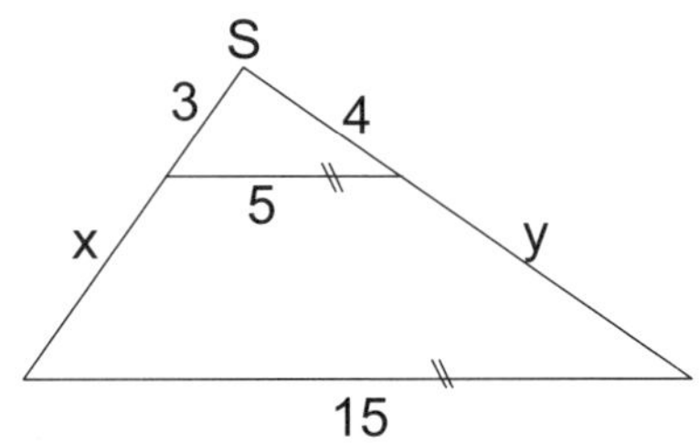

3 : 5 = (3 + x) : 15

3 · 15 = (3 + x) · 5 | : 5

3 · 3 = 3 + x | – 3

x = 9 – 3 = 6

3 : 6 = 4 : y

3 · y = 6 · 4 | : 3

y = 2 · 4 = 8

x ___ 6 m, y ___ 8 m

23) a) Vergrößere die Strecke AB ($\overline{AB}$ = 48 mm) im Verhältnis 4 : 5. Überprüfe deine Konstruktion mit Rechnung und Messung.

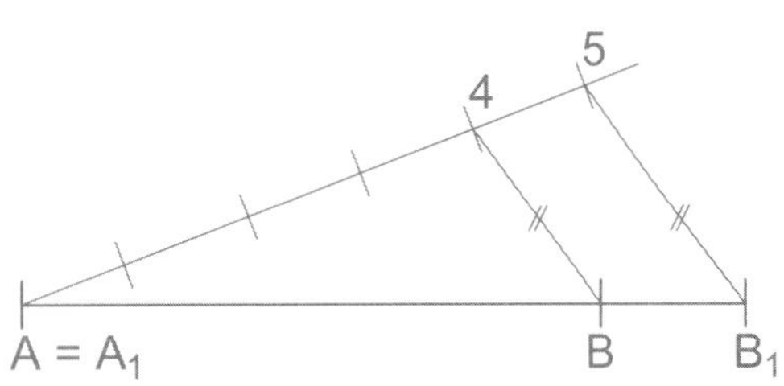

b) Verkleinere die Strecke AB ($\overline{AB}$ = 72 mm) im Verhältnis 8 : 3. Überprüfe deine Konstruktion mit Rechnung und Messung.

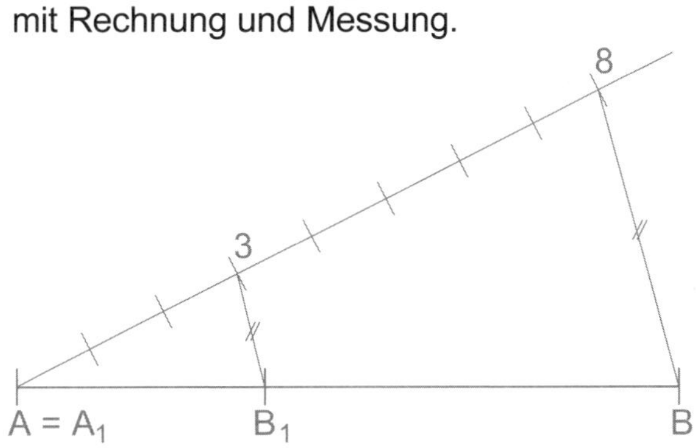

Name:	Ähnlichkeit 8

24) Um die Stabilität zu verbessern, sollen auf einem Dachboden Stützen aufgestellt werden. In welcher Entfernung x vom Außenrand des Dachbodens sind die 1,6 m langen Stützen jeweils zu befestigen?

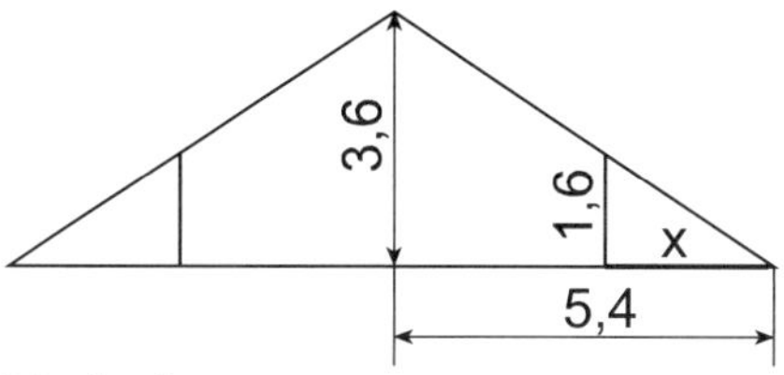

Maße in m.

A:

25) Der Schatten einer Funkantenne weist an einem Nachmittag eine Länge von 24,5 m auf. Neben der Antenne steht zur selben Zeit ein 1,20 m großes Kind, dessen Schatten 1,40 m lang ist. Zeichne eine Skizze und berechne die Höhe der Antenne.

A:

26) Berechne die Breite x eines Flusses. $\overline{AB} = 80$ m, $\overline{AD} = 24$ m, $\overline{DE} = 48$ m.

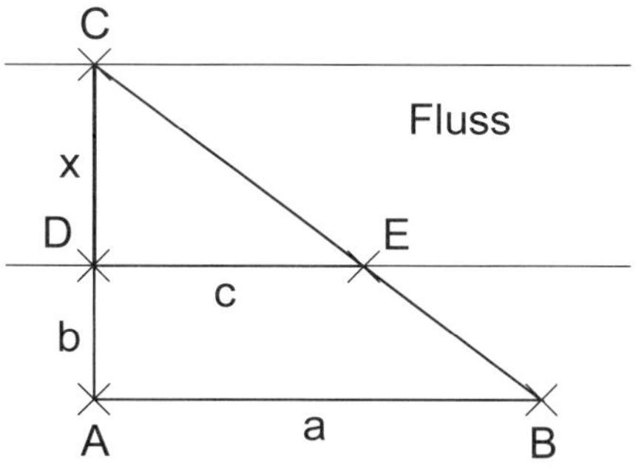

A:

27) Mit einem 10 cm langen Messkeil kann der innere Durchmesser (die „lichte Weite") von engen Gegenständen ermittelt werden. Berechne, wie breit die in der Abbildung dargestellte Öffnung ist.

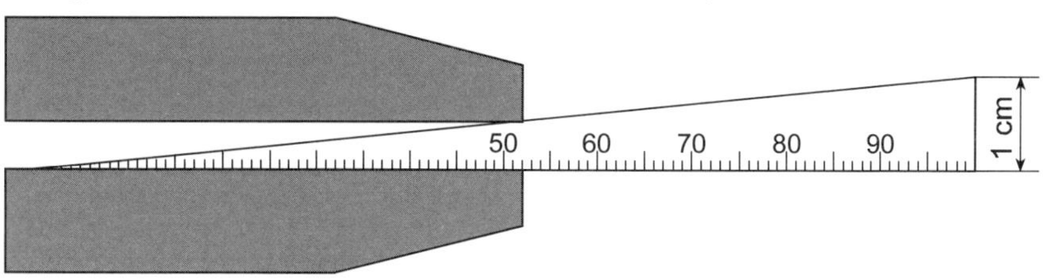

A:

24) Um die Stabilität zu verbessern, sollen auf einem Dachboden Stützen aufgestellt werden. In welcher Entfernung x vom Außenrand des Dachbodens sind die 1,6 m langen Stützen jeweils zu befestigen?

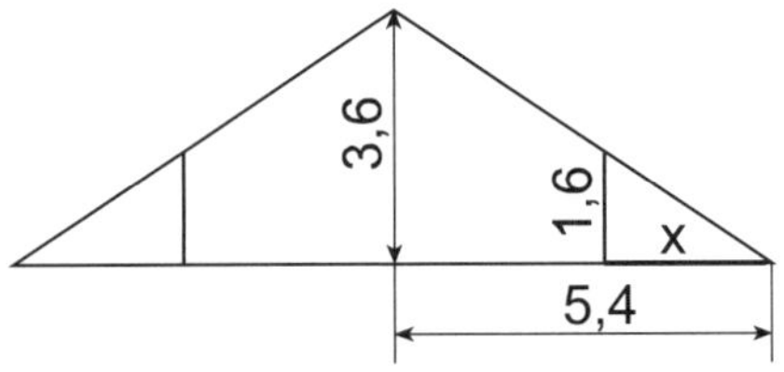

Maße in m.

$x : 1{,}6 = 5{,}4 : 3{,}6$

$x \cdot 3{,}6 = 1{,}6 \cdot 5{,}4$

$3{,}6x = 8{,}64 \quad | : 3{,}6$

$x = 2{,}4$

A: Die Stützen sind 2,4 m vom Außenrand des Dachbodens entfernt zu befestigen.

25) Der Schatten einer Funkantenne weist an einem Nachmittag eine Länge von 24,5 m auf. Neben der Antenne steht zur selben Zeit ein 1,20 m großes Kind, dessen Schatten 1,40 m lang ist. Zeichne eine Skizze und berechne die Höhe der Antenne.

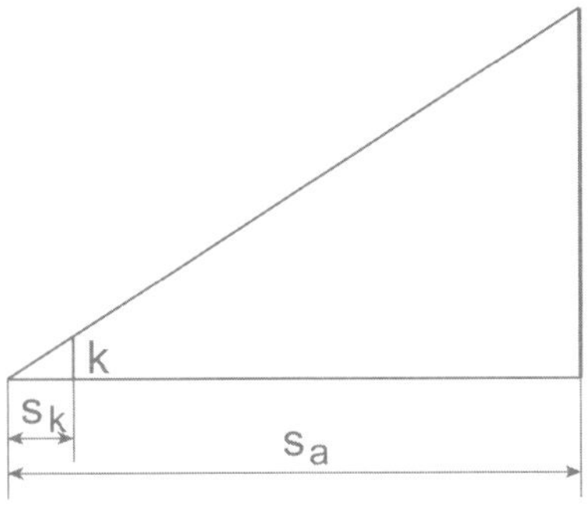

$s_k = 1{,}40$ m

$k = 1{,}20$ m

$s_a = 24{,}5$ m

$a = ?$

$a : k = s_a : s_k$

$a : 1{,}2 = 24{,}5 : 1{,}4$

$a \cdot 1{,}4 = 1{,}2 \cdot 24{,}5$

$1{,}4a = 29{,}4 \quad | : 1{,}4$

$a = 21$

A: Die Antenne ist 21 m hoch.

26) Berechne die Breite x eines Flusses. $\overline{AB} = 80$ m, $\overline{AD} = 24$ m, $\overline{DE} = 48$ m.

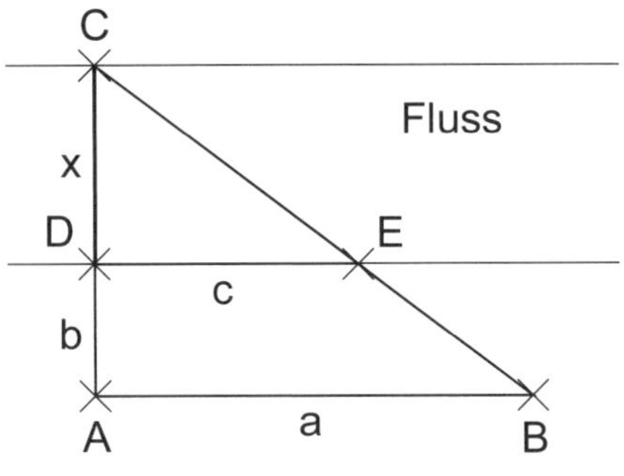

a = 80 m

b = 24 m

c = 48 m

$c : a = x : (x + b)$

$48 : 80 = x : (x + 24)$

$48 \cdot (x + 24) = 80 \cdot x$

$80x = 48x + 1152 \quad | - 48x$

$32x = 1152 \quad | : 32$

$x = 36$

A: Der Fluss ist 36 m breit.

27) Mit einem 10 cm langen Messkeil kann der innere Durchmesser (die „lichte Weite") von engen Gegenständen ermittelt werden. Berechne, wie breit die in der Abbildung dargestellte Öffnung ist.

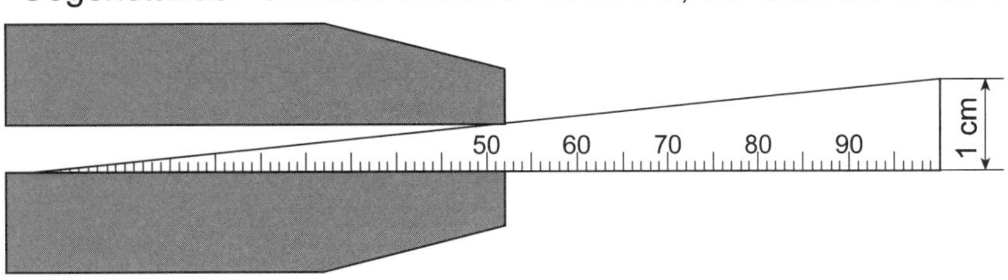

$52 : x = 100 : 10$

$52 \cdot 10 = 100 \cdot x$

$520 = 100x \quad | : 100$

$x = 5{,}2$

A: Die Öffnung ist 5,2 mm breit.

Name:	Proportionale Zuordnungen 1

1) Schlussrechnungen. Überlege zuerst, ob du multiplizieren oder dividieren musst, rechne dann im Kopf und schreibe nur die Ergebnisse auf.

Länge in m	Preis in €
5	3,20
1	
20	

Stückzahl	Masse in g
3	66
1	
15	

Menge in l	Preis in €
1,5	0,78
0,5	
1	

Anzahl der Arbeiter	Arbeitszeit in h für dieselbe Arbeit
4	12
1	
3	

Füllmenge in l	Wasserhöhe in cm
200	5
400	
1 000	

Volumen in cm^3	Masse in g
10	15
30	
2,5	

Fahrstrecke in km	Fahrpreis in €
100	12,50
10	
300	

Geschwindigkeit in km/h	Fahrzeit in min
50	4
10	
25	

Fahrzeit in min	Fahrstrecke in km
5	7,5
1	
40	

2) Fülle jeweils die Tabelle aus. Schreibe auch den Rechengang auf.

a) 6 Buntstifte kosten 2,10 €.

Anzahl der Buntstifte	Preis
6	
1	
2	
5	

b) 6 Kinder brauchen zum Aufräumen der Klasse 5 Minuten.

Anzahl der Kinder	Zeit
6	
1	
2	
5	

3) Ein Fliesenleger hat 5 ½ Stunden gebraucht, um im Bad 16,2 m^2 Fliesen zu verlegen. Wie lange wird er ungefähr brauchen, um im WC 6,6 m^2 Fliesen zu verlegen? Rechne mit Minuten und verwandle das Ergebnis in Stunden und Minuten.

A:

4) In einer neu errichteten Wohnhausanlage sollen sämtliche Bäder verfliest werden; acht Fliesenleger würden dafür 25 Tage brauchen. Damit die Arbeit rascher erledigt werden kann, werden noch zusätzlich zwei Fliesenleger aufgenommen. Nach wie vielen Tagen wird die Arbeit fertig sein?

A:

Name:	Proportionale Zuordnungen 1

1) Schlussrechnungen. Überlege zuerst, ob du multiplizieren oder dividieren musst, rechne dann im Kopf und schreibe nur die Ergebnisse auf.

Länge in m	Preis in €
5	3,20
1	0,64
20	12,80

Stückzahl	Masse in g
3	66
1	22
15	330

Menge in l	Preis in €
1,5	0,78
0,5	0,26
1	0,52

Anzahl der Arbeiter	Arbeitszeit in h für dieselbe Arbeit
4	12
1	48
3	16

Füllmenge in l	Wasserhöhe in cm
200	5
400	10
1 000	25

Volumen in cm³	Masse in g
10	15
30	45
2,5	3,75

Fahrstrecke in km	Fahrpreis in €
100	12,50
10	1,25
300	37,50

Geschwindigkeit in km/h	Fahrzeit in min
50	4
10	20
25	8

Fahrzeit in min	Fahrstrecke in km
5	7,5
1	1,5
40	60

2) Fülle jeweils die Tabelle aus. Schreibe auch den Rechengang auf.

a) 6 Buntstifte kosten 2,10 €.

Anzahl der Buntstifte	Preis
6	2,10 €
1	2,10 € : 6 = 0,35 €
2	0,35 € · 2 = 0,70 €
5	0,35 € · 5 = 1,75 €

b) 6 Kinder brauchen zum Aufräumen der Klasse 5 Minuten.

Anzahl der Kinder	Zeit
6	5 min
1	5 min · 6 = 30 min
2	30 min : 2 =15 min
5	30 min : 5 = 6 min

3) Ein Fliesenleger hat 5 ½ Stunden gebraucht, um im Bad 16,2 m² Fliesen zu verlegen. Wie lange wird er ungefähr brauchen, um im WC 6,6 m² Fliesen zu verlegen? Rechne mit Minuten und verwandle das Ergebnis in Stunden und Minuten.

16,2 m² ___ 330 min

1 m² ___ 330 min : 16,2

6,6 m² ___ 330 min : 16,2 · 6,6 = 134 min

NR: 330 : 16,2 = 20,37

20,37 · 6,6 = 134,442 ≈ 134

134 : 60 = 2 (Rest 14)

A: Der Fliesenleger wird ca. 2 Stunden 14 Minuten brauchen, um im WC 6,6 m² Fliesen zu verlegen.

4) In einer neu errichteten Wohnhausanlage sollen sämtliche Bäder verfliest werden; acht Fliesenleger würden dafür 25 Tage brauchen. Damit die Arbeit rascher erledigt werden kann, werden noch zusätzlich zwei Fliesenleger aufgenommen. Nach wie vielen Tagen wird die Arbeit fertig sein?

8 F ___ 25 d

1 F ___ 25 d · 8

10 F ___ 25 d · 8 : 10 = 20 d

A: Die Arbeit wird nach 20 Tagen fertig sein.

Name:	Proportionale Zuordnungen 2

5) Schreibe, wenn es sinnvoll ist, jeweils „mehr“ bzw. „weniger“ in das Kästchen, und kreuze dann an, wenn die Zuordnung direkt proportional oder indirekt proportional ist.

	direkt proportional	indirekt proportional
Mehr CDs kosten ☐ Geld.	☐	☐
Bei mehr Spielen schießt ein Fußballer ☐ Tore.	☐	☐
Mit mehr Geschwindigkeit braucht man für dieselbe Strecke ☐ Zeit.	☐	☐
Auf einer längeren Strecke verbraucht ein Auto ☐ Treibstoff.	☐	☐
Für weniger Geld bekommt man ☐ Treibstoff.	☐	☐
Bei mehr Personen reicht der Vorrat für ☐ Tage.	☐	☐

6) Die graphischen Darstellungen zeigen proportionale Zuordnungen.
Trage jeweils die Koordinaten der markierten Punkte in der Wertetabelle ein.

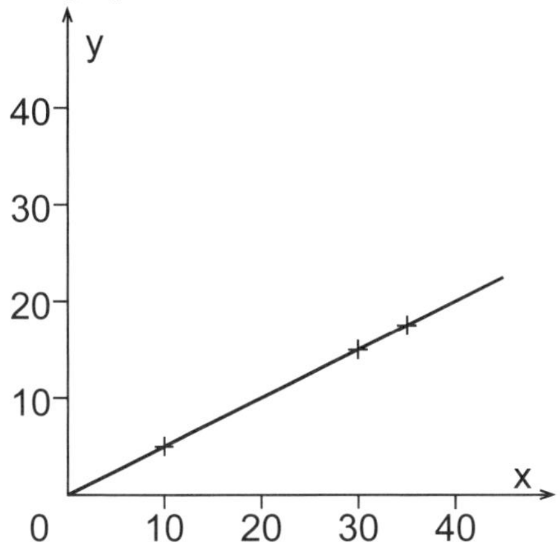

x			
y			

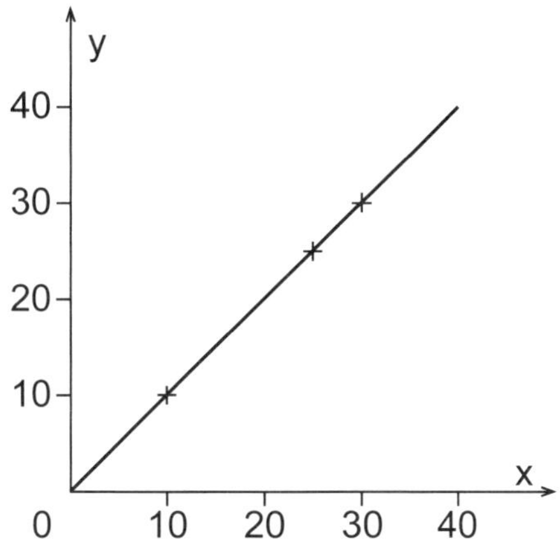

x			
y			

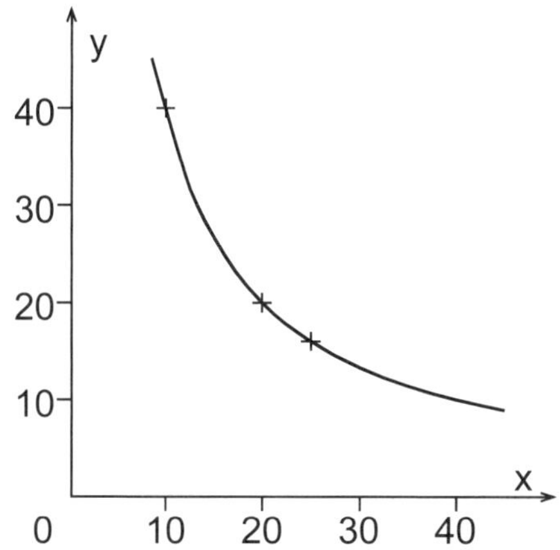

x			
y			

7) Zeichne jeweils zur Wertetabelle den Graphen (Strahl bzw. Kurve) in das Koordinatensystem und gib an, ob die Zuordnung direkt proportional oder indirekt proportional ist.

x	5	10	20
y	10	20	40

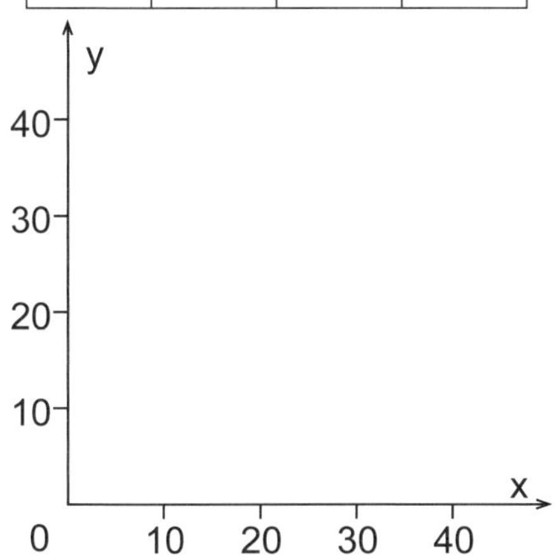

x	5	30	40
y	2,5	15	20

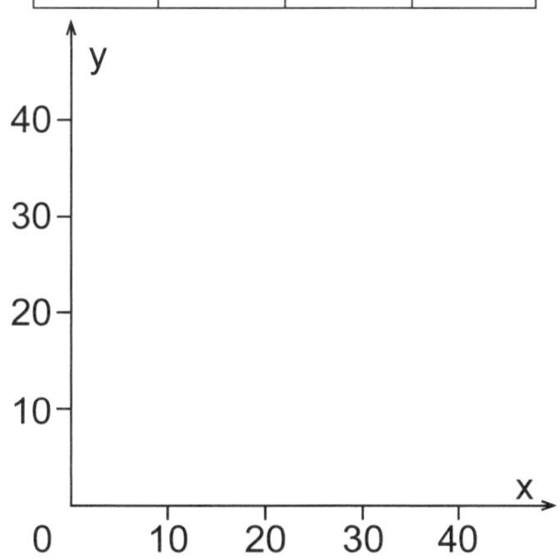

x	10	20	40
y	30	15	7,5

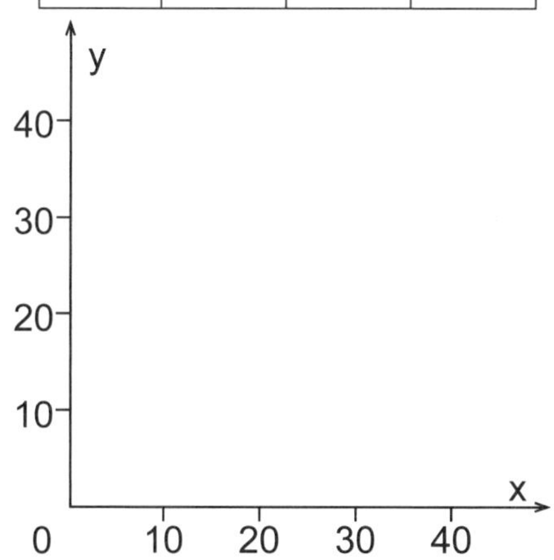

Name:	Proportionale Zuordnungen 2

5) Schreibe, wenn es sinnvoll ist, jeweils „mehr“ bzw. „weniger“ in das Kästchen, und kreuze dann an, wenn die Zuordnung direkt proportional oder indirekt proportional ist.

	direkt proportional	indirekt proportional
Mehr CDs kosten [mehr] Geld.	X	
Bei mehr Spielen schießt ein Fußballer [ ] Tore.		
Mit mehr Geschwindigkeit braucht man für dieselbe Strecke [weniger] Zeit.		X
Auf einer längeren Strecke verbraucht ein Auto [mehr] Treibstoff.	X	
Für weniger Geld bekommt man [weniger] Treibstoff.	X	
Bei mehr Personen reicht der Vorrat für [weniger] Tage.		X

6) Die graphischen Darstellungen zeigen proportionale Zuordnungen.
Trage jeweils die Koordinaten der markierten Punkte in der Wertetabelle ein.

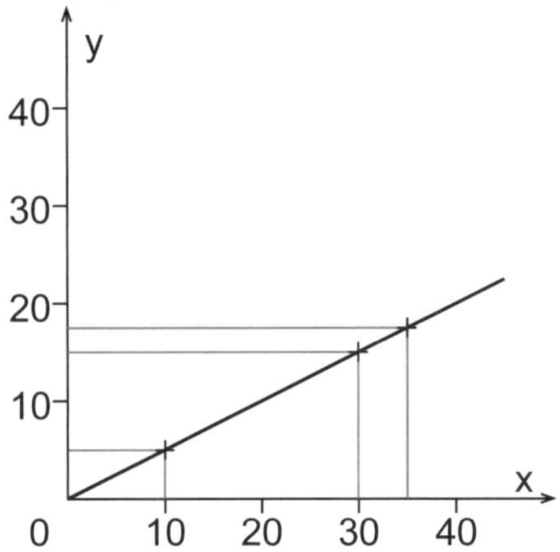

x	10	30	35
y	5	15	17,5

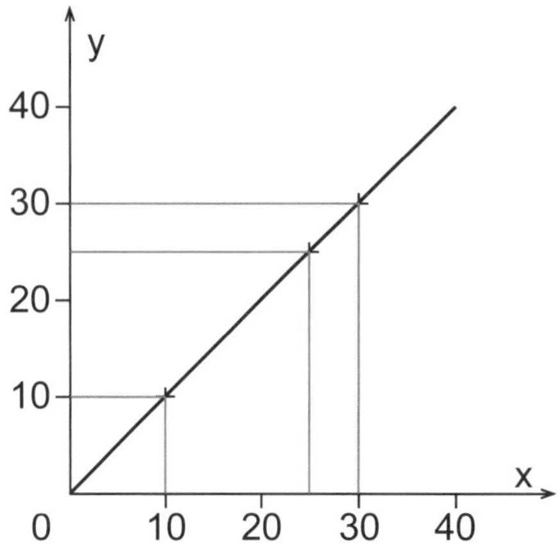

x	10	25	30
y	10	25	30

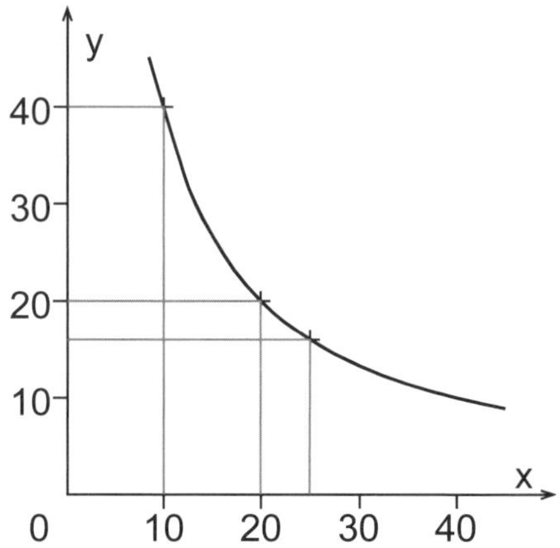

x	10	20	25
y	40	20	16

7) Zeichne jeweils zur Wertetabelle den Graphen (Strahl bzw. Kurve) in das Koordinatensystem und gib an, ob die Zuordnung direkt proportional oder indirekt proportional ist.

x	5	10	20
y	10	20	40

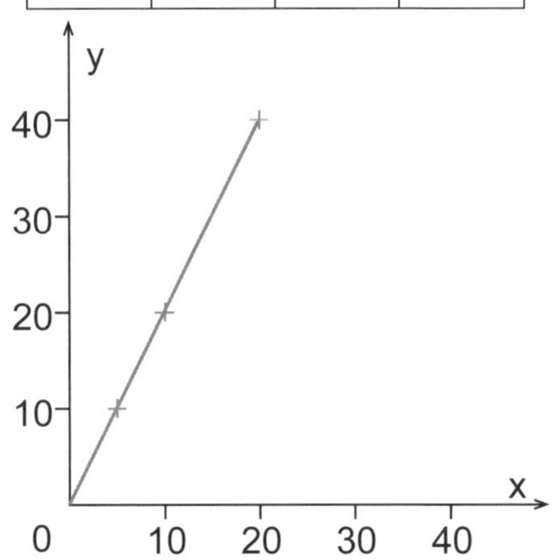

direkt proportional

x	5	30	40
y	2,5	15	20

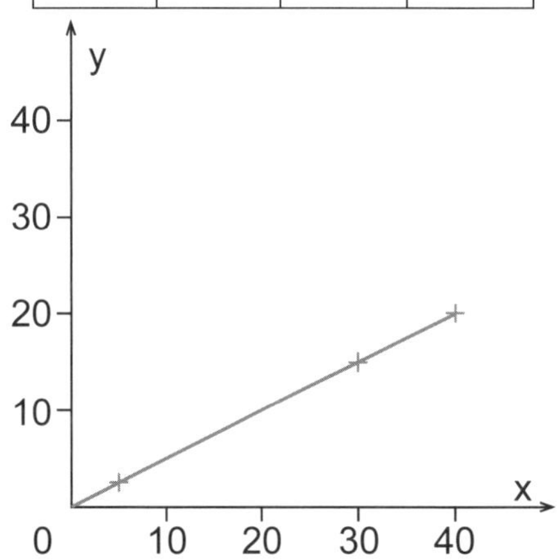

direkt proportional

x	10	20	40
y	30	15	7,5

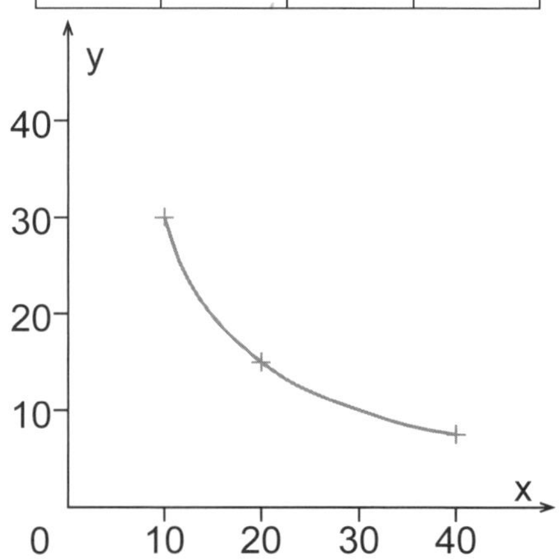

indirekt proportional

Name:	Proportionale Zuordnungen 3

8) Ergänze die Wertetabellen von direkt proportionalen Zuordnungen und gib jeweils auch die Formel an.

x	y
1	2
2	
3	
5	
y =	

x	y
2	60
1	
	150
10	

x	y
10	5
20	
50	
1	

x	y
20	30
	60
2	
	1,5

x	y
1	0,6
2	
3	
0,5	

x	y
2	10
1	
0	
– 1	

9) Die graphische Darstellung zeigt eine direkt proportionale Zuordnung.

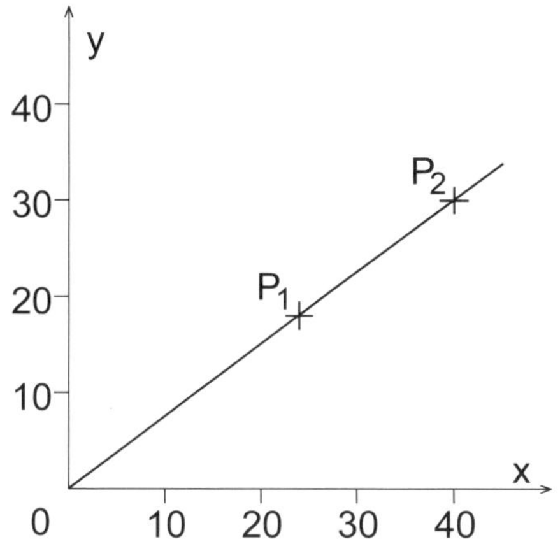

Lies aus der graphischen Darstellung die Koordinaten der markierten Punkte ab.

Bilde die Verhältnisse $y_1 : x_1$ sowie $y_2 : x_2$, und zeige durch Vereinfachen, dass der Wert der beiden Verhältnisse gleich ist.

Schreibe die Proportion $y_1 : y_2 = x_1 : x_2$ auf und zeige mit Hilfe der Produktgleichung, dass sie richtig ist.

10) Die graphische Darstellung zeigt eine indirekt proportionale Zuordnung.

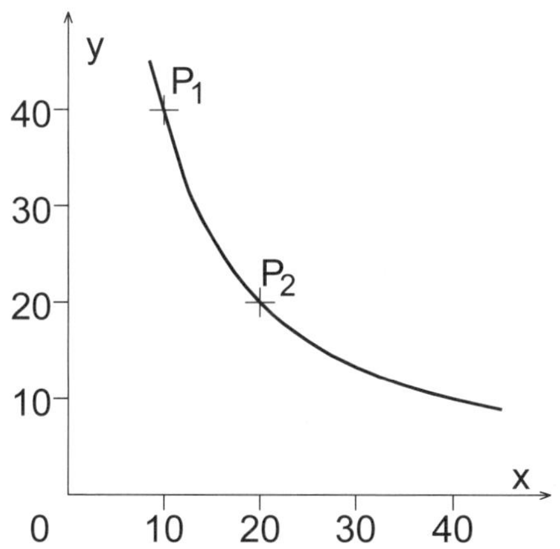

Lies aus der graphischen Darstellung die Koordinaten der markierten Punkte ab.

Bilde die Produkte $x_1 \cdot y_1$ sowie $x_2 \cdot y_2$ und berechne deren Wert.

Schreibe die Proportion $y_1 : y_2 = x_2 : x_1$ auf und zeige mit Hilfe der Produktgleichung, dass sie richtig ist.

11) Forme die Produktgleichungen zu Verhältnisgleichungen um.

$1 \cdot 10 = 5 \cdot 2$	$8 \cdot 6 = 12 \cdot 4$	$4 \cdot 5 = 2 \cdot 10$	$6 \cdot 21 = 14 \cdot 9$

Name:	Proportionale Zuordnungen 3

8) Ergänze die Wertetabellen von direkt proportionalen Zuordnungen und gib jeweils auch die Formel an.

x	y
1	2
2	4
3	6
5	10

$y = 2x$

x	y
2	60
1	30
5	150
10	300

$y = 30x$

x	y
10	5
20	10
50	25
1	0,5

$y = 0{,}5x$

x	y
20	30
40	60
2	3
1	1,5

$y = 1{,}5x$

x	y
1	0,6
2	1,2
3	1,8
0,5	0,3

$y = 0{,}6x$

x	y
2	10
1	5
0	0
– 1	– 5

$y = 5x$

9) Die graphische Darstellung zeigt eine direkt proportionale Zuordnung.

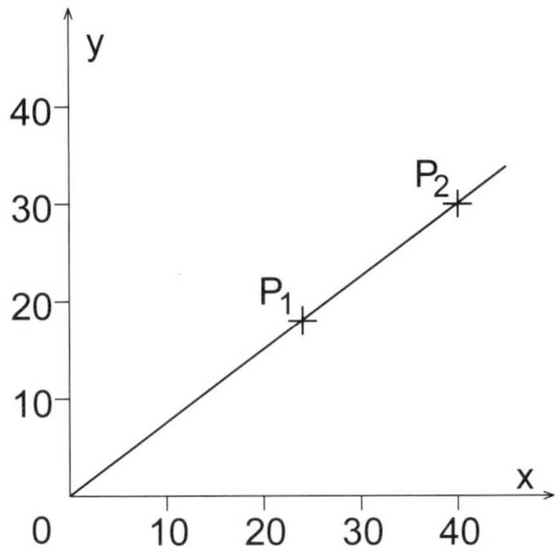

Lies aus der graphischen Darstellung die Koordinaten der markierten Punkte ab.

P_1 (24/18) P_2 (40/30)

Bilde die Verhältnisse $y_1 : x_1$ sowie $y_2 : x_2$, und zeige durch Vereinfachen, dass der Wert der beiden Verhältnisse gleich ist.

$\frac{y_1}{x_1} = \frac{18}{24} = \frac{3}{4}$ $\frac{y_2}{x_2} = \frac{30}{40} = \frac{3}{4}$

Schreibe die Proportion $y_1 : y_2 = x_1 : x_2$ auf und zeige mit Hilfe der Produktgleichung, dass sie richtig ist.

$18 : 30 = 24 : 40$

$18 \cdot 40 = 30 \cdot 24$

$720 = 720$ w. A.

10) Die graphische Darstellung zeigt eine indirekt proportionale Zuordnung.

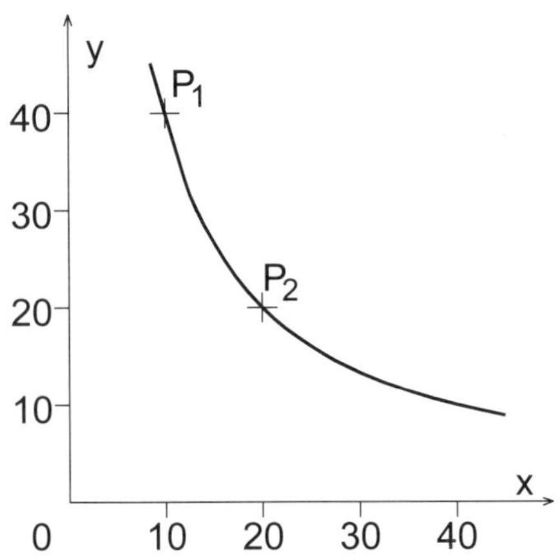

Lies aus der graphischen Darstellung die Koordinaten der markierten Punkte ab.

P_1 (10/40) P_2 (20/20)

Bilde die Produkte $x_1 \cdot y_1$ sowie $x_2 \cdot y_2$ und berechne deren Wert.

$x_1 \cdot y_1 = 10 \cdot 40 = 400$ $x_2 \cdot y_2 = 20 \cdot 20 = 400$

Schreibe die Proportion $y_1 : y_2 = x_2 : x_1$ auf und zeige mit Hilfe der Produktgleichung, dass sie richtig ist.

$y_1 : y_2 = x_2 : x_1$

$40 : 20 = 20 : 10$

$40 \cdot 10 = 20 \cdot 20$

$400 = 400$ w. A.

11) Forme die Produktgleichungen zu Verhältnisgleichungen um.

$1 \cdot 10 = 5 \cdot 2$	$8 \cdot 6 = 12 \cdot 4$	$4 \cdot 5 = 2 \cdot 10$	$6 \cdot 21 = 14 \cdot 9$
$1 : 5 = 2 : 10$	$8 : 12 = 4 : 6$	$4 : 2 = 10 : 5$	$6 : 14 = 9 : 21$

Name:	Proportionale Zuordnungen 4

12) Fülle jeweils die Tabelle aus. Schreibe auch den Rechengang auf.

a) In ein Schwimmbecken fließen pro Minute 400 Liter Wasser zu.

Zeit	Wassermenge
1 min	400 l
5 min	
10 min	
60 min	

b) Wenn je Minute 400 Liter Wasser zufließen, dauert das Füllen eines Schwimmbeckens 45 Minuten.

Wassermenge	Fülldauer
400 l	45 min
200 l	
100 l	
50 l	

13) Um ein Schwimmbecken zu füllen, sind 35 m^3 Wasser nötig. Wie hoch sind die Kosten, wenn für 1 m^3 Wasser 1,90 € zu bezahlen sind?

A:

14) 1994 wurden mit einer Waschmaschine beim Programm „Buntwäsche 60°" durchschnittlich 111 Liter Wasser verbraucht. Im Jahr 2009 verbraucht ein modernes Gerät für dasselbe Programm nur 49 Liter Wasser. Quelle: www.haushaltstechnik.uni-bonn.de

a) Wie viel Wasser spart man bei 52 Waschvorgängen mit dem Programm „Buntwäsche 60°", wenn man ein modernes Gerät benutzt?

b) Wie viel Geld spart man, wenn 1 m^3 Wasser (inklusive Abwassergebühr) 2,61 € kostet?

A:

A:

15) Wenn in ein quaderförmiges Aquarium 90 l Wasser eingefüllt werden, reicht das Wasser bis zu einer Höhe von 27 cm. Bis zu welcher Höhe reicht das Wasser, wenn in dieses Aquarium insgesamt 100 l Wasser eingefüllt werden? Zeichne bei den Skizzen die Wasserhöhe ein.

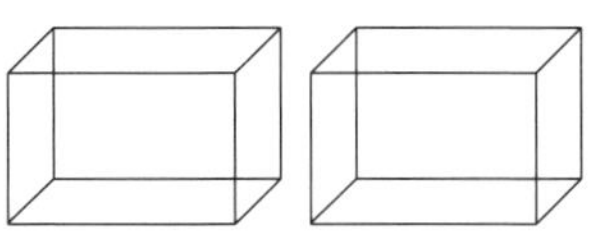

A:

16) In einem quaderförmigen Aquarium mit einer Grundfläche von 32 dm^2 reicht das Wasser bis zu einer Höhe von 18 cm. Bis zu welcher Höhe würde dieselbe Menge Wasser bei einem Aquarium mit einer Grundfläche von 48 dm^2 reichen? Zeichne zunächst Skizzen von den beiden Aquarien.

A:

Name:	Proportionale Zuordnungen 4

12) Fülle jeweils die Tabelle aus. Schreibe auch den Rechengang auf.

a) In ein Schwimmbecken fließen pro Minute 400 Liter Wasser zu.

Zeit	Wassermenge
1 min	400 l
5 min	400 l · 5 = 2 000 l
10 min	400 l · 10 = 4 000 l
60 min	400 l · 60 = 24 000 l

b) Wenn je Minute 400 Liter Wasser zufließen, dauert das Füllen eines Schwimmbeckens 45 Minuten.

Wassermenge	Fülldauer
400 l	45 min
200 l	45 min · 2 = 90 min
100 l	45 min · 4 = 180 min
50 l	45 min · 8 = 360 min

13) Um ein Schwimmbecken zu füllen, sind 35 m^3 Wasser nötig. Wie hoch sind die Kosten, wenn für 1 m^3 Wasser 1,90 € zu bezahlen sind?

1 m^3 ___ 1,90 €

35 m^3 ___ 1,90 € · 35 = 66,50 €

A: Das Füllen des Schwimmbeckens kostet 66,50 €.

14) 1994 wurden mit einer Waschmaschine beim Programm „Buntwäsche 60°“ durchschnittlich 111 Liter Wasser verbraucht. Im Jahr 2009 verbraucht ein modernes Gerät für dasselbe Programm nur 49 Liter Wasser. Quelle: www.haushaltstechnik.uni-bonn.de

a) Wie viel Wasser spart man bei 52 Waschvorgängen mit dem Programm „Buntwäsche 60°“, wenn man ein modernes Gerät benutzt?

1 W ___ 62 l

52 W ___ 62 l · 52 = 3 224 l

A: Man spart 3 224 l Wasser.

b) Wie viel Geld spart man, wenn 1 m^3 Wasser (inklusive Abwassergebühr) 2,61 € kostet?

1 000 l ___ 2,61 €

3 224 l ___ 2,61 € · 3,224 ≈ 8,14 €

A: Man spart 8,14 €.

15) Wenn in ein quaderförmiges Aquarium 90 l Wasser eingefüllt werden, reicht das Wasser bis zu einer Höhe von 27 cm. Bis zu welcher Höhe reicht das Wasser, wenn in dieses Aquarium insgesamt 100 l Wasser eingefüllt werden? Zeichne bei den Skizzen die Wasserhöhe ein.

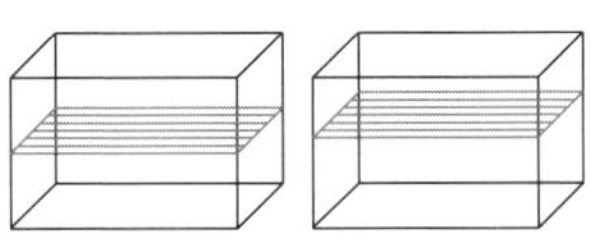

↑ 90 l ___ 27 cm ↑

100 l ___ x

$x : 27 = 100 : 90$

$90x = 100 \cdot 27 \quad | : 90$

$x = \frac{{}^{10}100 \cdot 27^{3}}{90_{9}} = 30$

A: Das Wasser reicht bis zu einer Höhe von 30 cm.

16) In einem quaderförmigen Aquarium mit einer Grundfläche von 32 dm^2 reicht das Wasser bis zu einer Höhe von 18 cm. Bis zu welcher Höhe würde dieselbe Menge Wasser bei einem Aquarium mit einer Grundfläche von 48 dm^2 reichen? Zeichne zunächst Skizzen von den beiden Aquarien.

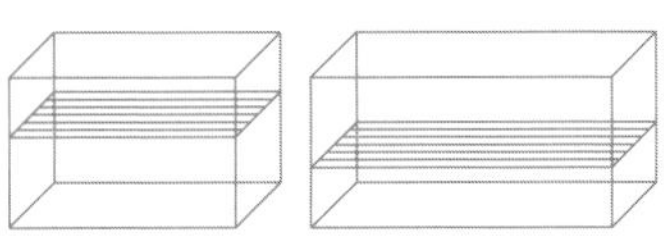

↓ 32 dm^2 ___ 18 cm ↑

48 dm^2 ___ x

$x : 18 = 32 : 48$

$48x = 18 \cdot 32 \quad | : 48$

$x = \frac{{}^{6}18 \cdot 32^{2}}{48_{3\;1}} = 12$

A: Das Wasser würde bis zu einer Höhe von 12 cm reichen.

Name:	Proportionale Zuordnungen 5

17) In einem Copy-Shop werden für DIN-A4-Kopien Punkte-Karten angeboten.

a) Wie viel € kosten 95 Kopien, wenn man eine Punkte-Karte für 300 Kopien zu 17 € verwendet?

A:

b) Wie viel € kosten 95 Kopien, wenn man eine Punkte-Karte für 500 Kopien zu 26 € verwendet.

A:

18) Mit einem Kopierer werden in 5 Minuten 250 Kopien hergestellt. Wie viele Kopien können mit diesem Gerät in einer Stunde hergestellt werden?

A:

19) In einer Druckerei werden an einem Tag 3 200 Bücher mit je 270 Seiten gedruckt. Wie viele Bücher mit je 225 Seiten können in derselben Zeit gedruckt werden?

A:

20) Wenn für ein Buch Papier der Sorte 80 g/m^2 verwendet wird, wiegt dieses Buch 600 g. Wie schwer wäre dieses Buch, würde man eine Papiersorte mit 90 g/m^2 verwenden.

A:

21) Ein Paket mit 500 Blatt DIN-A4-Kopierpapier hat eine Masse von rund 2,5 kg. Wie schwer sind 1 Blatt bzw. 40 Blätter? Schreibe auch den Rechengang auf.

Anzahl der Blätter	Masse

Name:	Proportionale Zuordnungen 5

17) In einem Copy-Shop werden für DIN-A4-Kopien Punkte-Karten angeboten.

a) Wie viel € kosten 95 Kopien, wenn man eine Punkte-Karte für 300 Kopien zu 17 € verwendet?

↑ 300 K ___ 17 € ↑
95 K ___ x

$x : 17 = 95 : 300$

$300x = 17 \cdot 95 \quad | : 300$

$x = \frac{17 \cdot 95}{300} = 5{,}383$ (gekürzt: 95 → 19, 300 → 60)

A: 95 Kopien kosten 5,38 €.

b) Wie viel € kosten 95 Kopien, wenn man eine Punkte-Karte für 500 Kopien zu 26 € verwendet.

↑ 500 K ___ 26 € ↑
95 K ___ x

$x : 26 = 95 : 500$

$500x = 26 \cdot 95 \quad | : 500$

$x = \frac{26 \cdot 95}{500} = 4{,}94$ (gekürzt: 95 → 19, 500 → 100)

A: 95 Kopien kosten 4,94 €.

18) Mit einem Kopierer werden in 5 Minuten 250 Kopien hergestellt. Wie viele Kopien können mit diesem Gerät in einer Stunde hergestellt werden?

↑ 5 min ___ 250 K ↑
60 min ___ x

$x : 250 = 60 : 5$

$5x = 250 \cdot 60 \quad | : 5$

$x = \frac{60 \cdot 250}{5} = 3\,000$ (gekürzt: 250 → 50, 5 → 1)

A: In einer Stunde können 3 000 Kopien hergestellt werden.

19) In einer Druckerei werden an einem Tag 3 200 Bücher mit je 270 Seiten gedruckt. Wie viele Bücher mit je 225 Seiten können in derselben Zeit gedruckt werden?

↓ 270 S ___ 3 200 B ↑
225 S ___ x

$x : 3\,200 = 270 : 225$

$225x = 3\,200 \cdot 270 \quad | : 225$

$x = \frac{3200 \cdot 270}{225} = 3\,840$ (gekürzt: 3200 → 640, 270 → 54 → 6, 225 → 45 → 5 → 1)

A: 3 840 Bücher mit je 225 Seiten können in derselben Zeit gedruckt werden.

20) Wenn für ein Buch Papier der Sorte 80 g/m^2 verwendet wird, wiegt dieses Buch 600 g. Wie schwer wäre dieses Buch, würde man eine Papiersorte mit 90 g/m^2 verwenden.

↑ 80 g/m^2 ___ 600 g ↑
90 g/m^2 ___ x

$x : 600 = 90 : 80$

$80x = 600 \cdot 90 \quad | : 80$

$x = \frac{90 \cdot 600}{80} = 675$ (gekürzt: 90 → 9, 600 → 75, 80 → 8 → 1)

A: Das Buch würde 675 g wiegen.

21) Ein Paket mit 500 Blatt DIN-A4-Kopierpapier hat eine Masse von rund 2,5 kg. Wie schwer sind 1 Blatt bzw. 40 Blätter? Schreibe auch den Rechengang auf.

Anzahl der Blätter	Masse
500	2 500 g
1	2 500 g : 500 = 5 g
40	5 g · 40 = 200 g

22) Ein Rechteck hat den Flächeninhalt $A = 6\ cm^2$.
Fülle den ersten Teil der Tabelle aus und zeichne den Graphen in das Koordinatensystem.
Lies dann die Werte für den zweiten Teil der Tabelle möglichst genau ab und überprüfe sie durch eine Rechnung. Berechne die Werte für den dritten Teil der Tabelle.

Länge in cm	Breite in cm
1	
2	
3	
6	
4	
	1,2
0,5	
10	

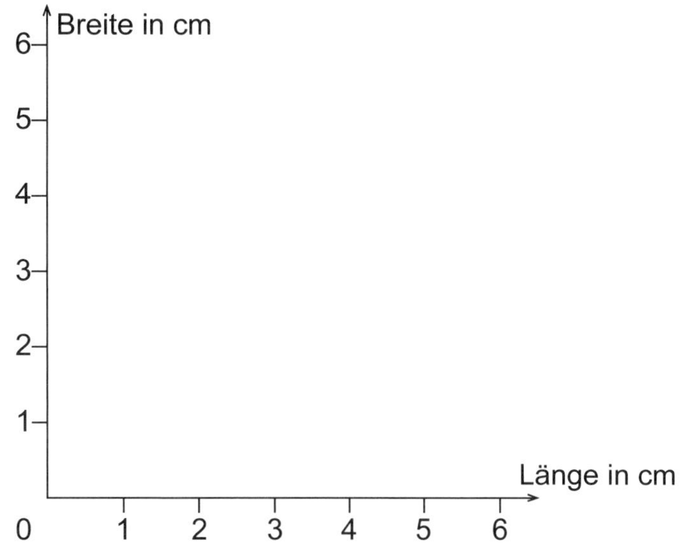

23) Ein Rechteck hat den Flächeninhalt $A = 48\ cm^2$. Die Länge ist gegeben, berechne die Breite.

Länge	1 cm	2 cm	3 cm	4 cm	6 cm	8 cm	12 cm	16 cm	24 cm	48 cm
Breite										

24) Ein Quadrat hat die Seitenlänge a = 10 cm.
Gib Angaben für Rechtecke an, die gleichen Flächeninhalt haben.

Länge								
Breite								

25) Eine $78\ m^2$ große Eigentumswohnung in einem neu errichteten Wohnhaus kostet 132 990 €. Wie viel kostet die $65\ m^2$ große Nachbarwohnung, wenn die Quadratmeterpreise gleich sind?

A:

26) Auf einer $14{,}5\ m^2$ großen Terrasse werden 120 Steinplatten verlegt. Wie viele gleich große Steinplatten wird man für die $8{,}5\ m^2$ große Garagenzufahrt besorgen?

A:

22) Ein Rechteck hat den Flächeninhalt $A = 6\ cm^2$.
Fülle den ersten Teil der Tabelle aus und zeichne den Graphen in das Koordinatensystem.
Lies dann die Werte für den zweiten Teil der Tabelle möglichst genau ab und überprüfe sie durch eine Rechnung. Berechne die Werte für den dritten Teil der Tabelle.

Länge in cm	Breite in cm
1	6
2	3
3	2
6	1
4	1,5
5	1,2
0,5	12
10	0,6

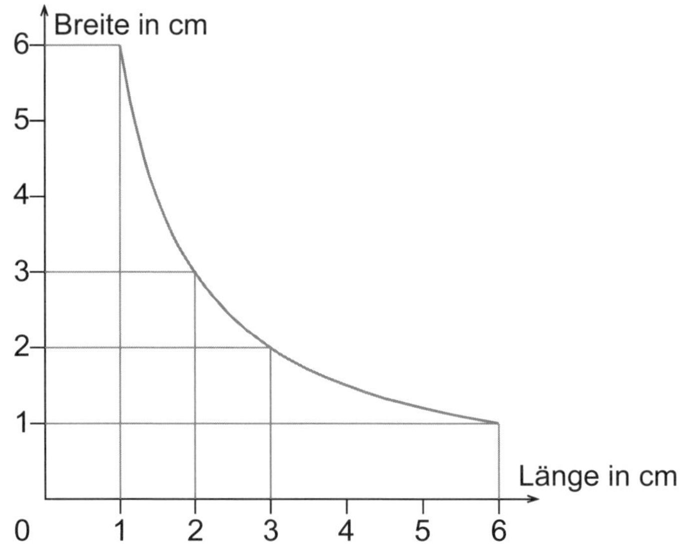

23) Ein Rechteck hat den Flächeninhalt $A = 48\ cm^2$. Die Länge ist gegeben, berechne die Breite.

Länge	1 cm	2 cm	3 cm	4 cm	6 cm	8 cm	12 cm	16 cm	24 cm	48 cm
Breite	48 cm	24 cm	16 cm	12 cm	8 cm	6 cm	4 cm	3 cm	2 cm	1 cm

24) Ein Quadrat hat die Seitenlänge $a = 10$ cm.
Gib Angaben für Rechtecke an, die gleichen Flächeninhalt haben.

Länge	1 cm	2 cm	4 cm	5 cm	20 cm	25 cm	50 cm	100 cm
Breite	100 cm	50 cm	25 cm	20 cm	5 cm	4 cm	2 cm	1 cm

25) Eine 78 m^2 große Eigentumswohnung in einem neu errichteten Wohnhaus kostet 132 990 €. Wie viel kostet die 65 m^2 große Nachbarwohnung, wenn die Quadratmeterpreise gleich sind?

↑ 78 m² ___ 132 990 € ↑
65 m² ___ x

$x : 132\,990 = 65 : 78$

$78x = 132\,990 \cdot 65 \quad | : 78$

$x = \frac{^{22165}\cancel{132990} \cdot \cancel{65}^{5}}{\cancel{78}_{\cancel{6}\,1}} = 110\,825$

A: Die 65 m^2 große Eigentumswohnung kostet 110 825 €.

26) Auf einer 14,5 m^2 großen Terrasse werden 120 Steinplatten verlegt. Wie viele gleich große Steinplatten wird man für die 8,5 m^2 große Garagenzufahrt besorgen?

↑ 14,5 m² ___ 120 St ↑
8,5 m² ___ x

$x : 120 = 8{,}5 : 14{,}5$

$14{,}5x = 120 \cdot 8{,}5 \quad | : 14{,}5$

$x = \frac{120 \cdot \cancel{8{,}5}^{1{,}7}}{\cancel{14{,}5}_{2{,}9}} = 70{,}345$

A: Für die 8,5 m^2 große Garageneinfahrt wird man 71 Steinplatten besorgen.

Name:	Proportionale Zuordnungen 7

27) Auf der 490 km langen Strecke von Würzburg nach Berlin verbraucht ein PKW 23,5 l Diesel-Treibstoff. Berechne den mittleren Treibstoffverbrauch für 100 km. Runde auf eine Dezimale.

A:

28) Für einen PKW ist im Kraftfahrzeugschein als Treibstoff-Verbrauch angegeben: 8,4 l / 100 km in der Stadt und 4,7 l / 100 km auf der Landstraße. Wie viel km kann man jeweils mit einem Tankinhalt von 54 l fahren? Runde auf Ganze.

A:

29) Frau Fischer arbeitet in einem Betrieb, der von ihrem Wohnort 46 km entfernt ist. Da die Fahrt mit öffentlichen Verkehrsmitteln nicht möglich ist, fährt sie mit ihrem PKW. Wie hoch sind die Fahrtkosten in einer Woche mit 5 Arbeitstagen, wenn man für 1 km einen Betrag von 0,36 € annimmt? (Nicht nur der Treibstoff muss bezahlt werden, auch der Autokauf, die Wartung, Steuer und Versicherung.)

A:

30) Herr Weber ist in einer Firma beschäftigt, die von seinem Wohnort 52 km entfernt ist. Die Fahrt mit Bus oder Bahn ist nicht möglich, deshalb fährt er in einem PKW gemeinsam mit anderen Arbeitskollegen und bildet eine sog. Fahrgemeinschaft. Berechne die Kosten, die in einem Monat mit 20 Arbeitstagen für eine Person entstehen, wenn 1 Person alleine fährt bzw. wenn 2, 3, 4, 5 Personen gemeinsam fahren. (Fahrtkosten je km: 0,36 €.)

Anzahl der Personen	Fahrtkosten je Person

27) Auf der 490 km langen Strecke von Würzburg nach Berlin verbraucht ein PKW 23,5 l Diesel-Treibstoff. Berechne den mittleren Treibstoffverbrauch für 100 km. Runde auf eine Dezimale.

490 km ___ 23,5 l
100 km ___ x

$x : 23{,}5 = 100 : 490$

$490x = 23{,}5 \cdot 100 \quad | : 490$

$x = \frac{23{,}5 \cdot 100^{10}}{490_{49}} = 235 : 49 = 4{,}79$

A: Der mittlere Benzinverbrauch für 100 km beträgt 4,8 l.

28) Für einen PKW ist im Kraftfahrzeugschein als Treibstoff-Verbrauch angegeben: 8,4 l / 100 km in der Stadt und 4,7 l / 100 km auf der Landstraße. Wie viel km kann man jeweils mit einem Tankinhalt von 54 l fahren? Runde auf Ganze.

Stadt

8,4 l ___ 100 km
54 l ___ x

$x : 100 = 54 : 8{,}4$

$8{,}4x = 100 \cdot 54 \quad | : 8{,}4$

$x = 5\,400 : 8{,}4 = 642{,}8$

Landstraße

4,7 l ___ 100 km
54 l ___ x

$x : 100 = 54 : 4{,}7$

$4{,}7x = 100 \cdot 54 \quad | : 4{,}7$

$x = 5\,400 : 4{,}7 = 1\,148{,}9$

A: Mit einem Tankinhalt kann man in der Stadt 643 km und auf der Landstraße 1 149 km fahren.

29) Frau Fischer arbeitet in einem Betrieb, der von ihrem Wohnort 46 km entfernt ist. Da die Fahrt mit öffentlichen Verkehrsmitteln nicht möglich ist, fährt sie mit ihrem PKW. Wie hoch sind die Fahrtkosten in einer Woche mit 5 Arbeitstagen, wenn man für 1 km einen Betrag von 0,36 € annimmt? (Nicht nur der Treibstoff muss bezahlt werden, auch der Autokauf, die Wartung, Steuer und Versicherung.)

1 Fahrt ___ 46 km
10 Fahrten ___ 460 km

1 km ___ 0,36 €
460 km ___ 0,36 € · 460 = 165,60 €

A: Die Fahrtkosten in einer Woche betragen 165,60 €.

30) Herr Weber ist in einer Firma beschäftigt, die von seinem Wohnort 52 km entfernt ist. Die Fahrt mit Bus oder Bahn ist nicht möglich, deshalb fährt er in einem PKW gemeinsam mit anderen Arbeitskollegen und bildet eine sog. Fahrgemeinschaft. Berechne die Kosten, die in einem Monat mit 20 Arbeitstagen für eine Person entstehen, wenn 1 Person alleine fährt bzw. wenn 2, 3, 4, 5 Personen gemeinsam fahren. (Fahrtkosten je km: 0,36 €.)

1 Fahrt ___ 52 km
40 Fahrten ___ 52 km · 40 = 2 080 km

1 km ___ 0,36 €
2 080 km ___ 0,36 € · 2 080 = 748,80 €

Anzahl der Personen	Fahrtkosten je Person
1	748,80 €
2	748,80 € : 2 = 374,40 €
3	748,80 € : 3 = 249,60 €
4	748,80 € : 4 = 187,20 €
5	748,80 € : 5 = 149,76 €

Name:	Proportionale Zuordnungen 8

31) Lies aus dem Zeit-Weg-Schaubild die Geschwindigkeiten der drei Fahrzeuge ab.
Gib das Verhältnis der Geschwindigkeiten der drei Fahrzeuge an und vereinfache es auf möglichst kleine natürliche Zahlen.

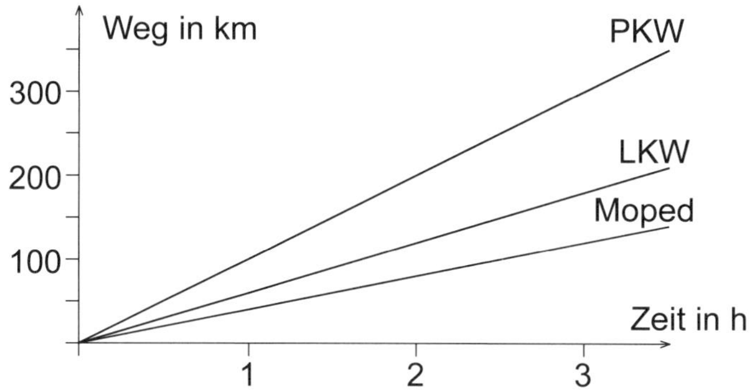

Moped

LKW

PKW

32) Fülle die Wertetabellen aus und gib an, ob das Verhältnis direkt oder indirekt proportional ist.

Die Geschwindigkeit ist konstant.

Zeit in h	Weg in km
3	174
1	
1,5	

Weg in km	Zeit in h
120	1,5
160	
40	

Der Weg ist konstant.

Geschwindigkeit in km/h	Zeit in h
60	2
40	
80	

Zeit in h	Geschwindigkeit in km/h
3	70
2	
4	

Die Zeit ist konstant.

Weg in km	Geschwindigkeit in km/h
100	80
50	
80	

Geschwindigkeit in km/h	Weg in km
45	180
90	
60	

33) Herr Steiner fährt um 6.00 Uhr zu Hause weg und kommt um 6.50 Uhr an der 45 km entfernten Arbeitsstelle an.

a) Mit welcher durchschnittlichen Geschwindigkeit fährt Herr Steiner?

A:

b) Wie wäre der Zeitunterschied, würde Herr Steiner um 5 km/h langsamer fahren?

A:

Name:	Proportionale Zuordnungen 8

31) Lies aus dem Zeit-Weg-Schaubild die Geschwindigkeiten der drei Fahrzeuge ab.
Gib das Verhältnis der Geschwindigkeiten der drei Fahrzeuge an und vereinfache es auf möglichst kleine natürliche Zahlen.

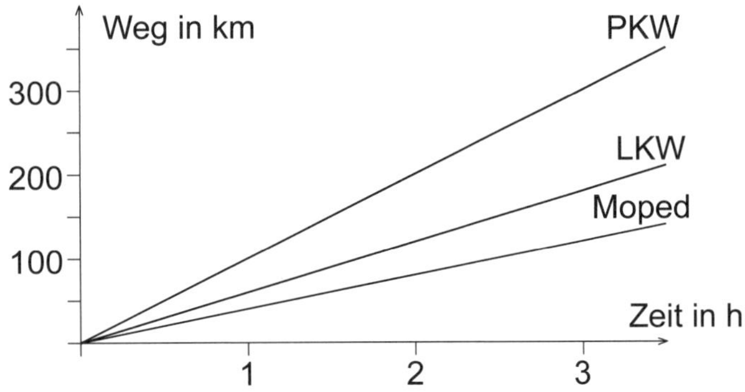

Moped	40 km/h
LKW	60 km/h
PKW	100 km/h

40 : 60 : 100
2 : 3 : 5

32) Fülle die Wertetabellen aus und gib an, ob das Verhältnis direkt oder indirekt proportional ist.

Die Geschwindigkeit ist konstant.

Zeit in h	Weg in km
3	174
1	58
1,5	87

Weg in km	Zeit in h
120	1,5
160	2
40	0,5

direkt proportional

Der Weg ist konstant.

Geschwindigkeit in km/h	Zeit in h
60	2
40	3
80	1,5

Zeit in h	Geschwindigkeit in km/h
3	70
2	105
4	52,5

indirekt proportional

Die Zeit ist konstant.

Weg in km	Geschwindigkeit in km/h
100	80
50	40
80	64

Geschwindigkeit in km/h	Weg in km
45	180
90	360
60	240

direkt proportional

33) Herr Steiner fährt um 6.00 Uhr zu Hause weg und kommt um 6.50 Uhr an der 45 km entfernten Arbeitsstelle an.

a) Mit welcher durchschnittlichen Geschwindigkeit fährt Herr Steiner?

↑ 50 min ___ 45 km ↑
60 min ___ x

$x : 45 = 60 : 50$

$50x = 45 \cdot 60 \quad | : 50$

$x = \frac{{}^{9}\cancel{45} \cdot \cancel{60}^{6}}{\cancel{50}_{\cancel{5}\,1}} = 54$

A: Herr Steiner fährt mit einer durchschnittlichen Geschwindigkeit von 54 km/h.

b) Wie wäre der Zeitunterschied, würde Herr Steiner um 5 km/h langsamer fahren?

↓ 54 km/h ___ 50 min ↑
49 km/h ___ x

$x : 50 = 54 : 49$

$49x = 50 \cdot 54 \quad | : 49$

$x = \frac{50 \cdot 54}{49} = 55{,}102$

A: Herr Steiner würde rund 5 Minuten länger fahren.

Name:	Prismen und Pyramiden 1

1) Drahtmodelle von Prismen – alle Kanten sind sichtbar.
Ergänze die fehlenden Kanten und gib die Namen der Körper an.

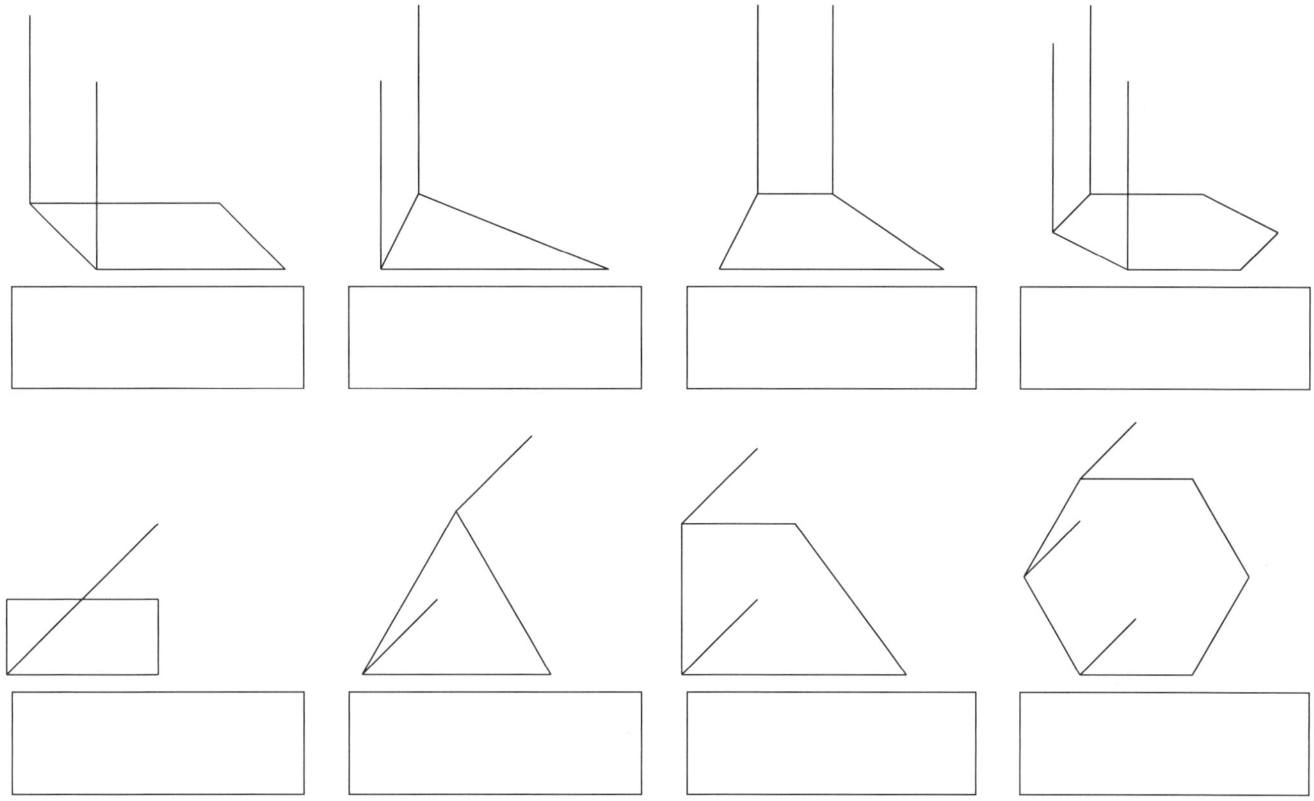

2) Ergänze bei den Schrägrissen die verdeckten Kanten.

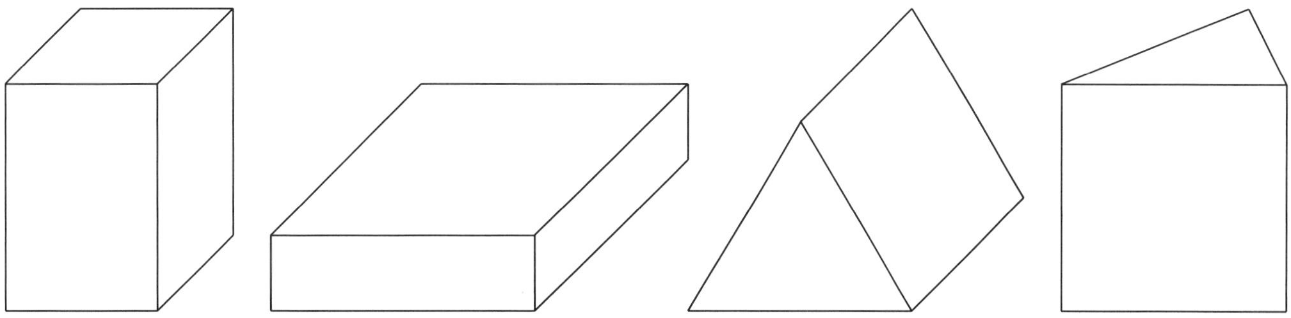

3) Konstruiere die Schrägrisse der Prismen.

a) l = 8 cm; $\alpha = 45°$, $v = \frac{1}{2}$.

b) h = 4 cm; $\alpha = 135°$, $v = \frac{1}{2}$.

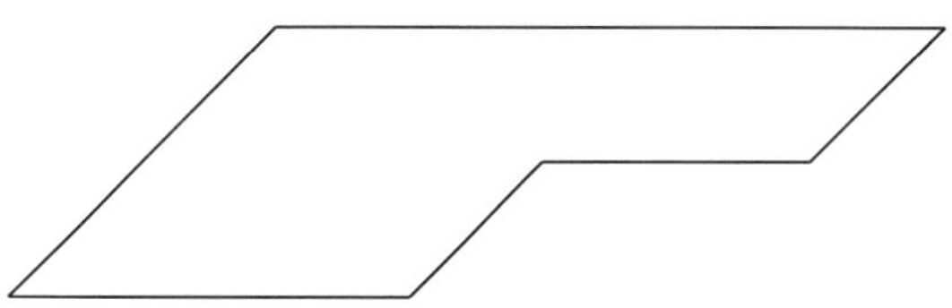

Name:	Prismen und Pyramiden 1

1) Drahtmodelle von Prismen – alle Kanten sind sichtbar.
Ergänze die fehlenden Kanten und gib die Namen der Körper an.

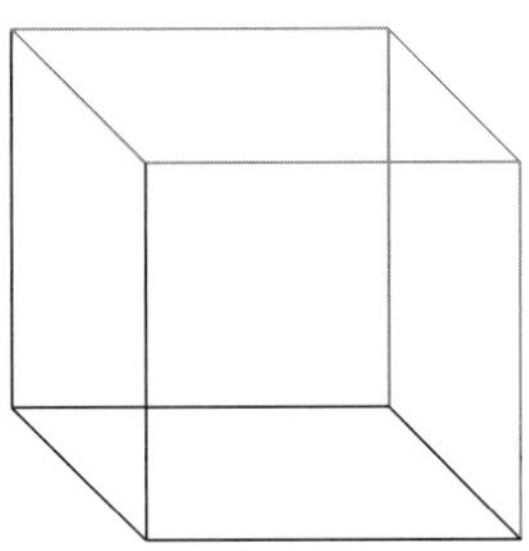

Würfel

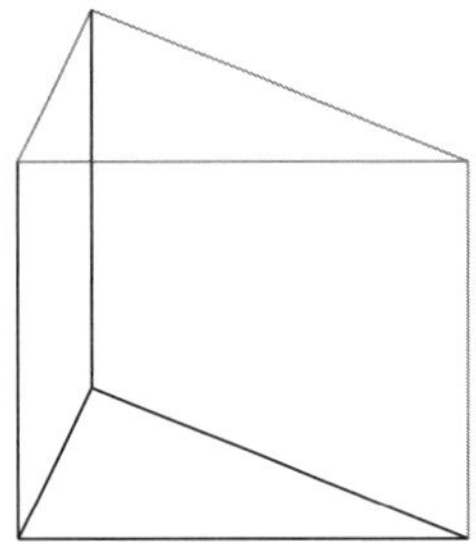

Dreiseitiges Prisma

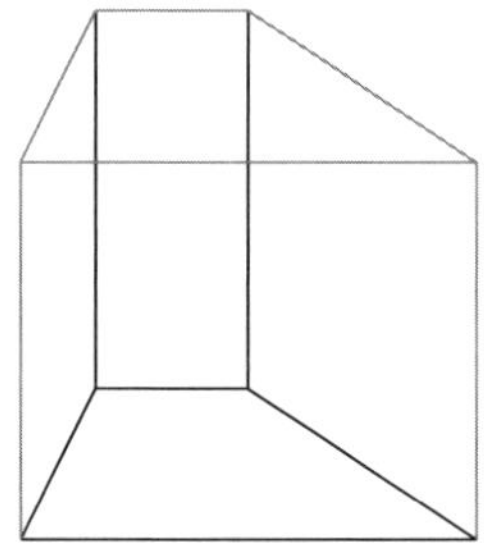

Trapezförmiges Prisma

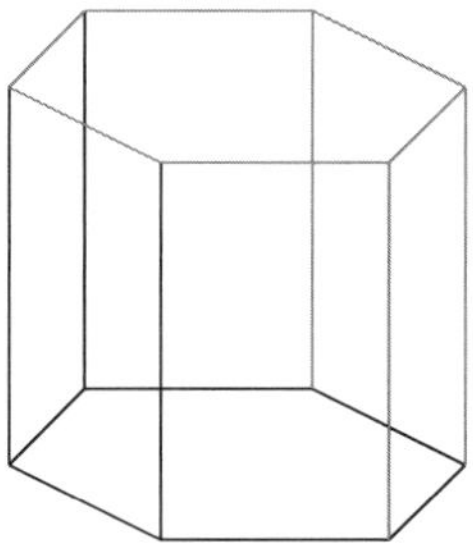

Sechsseitiges Prisma

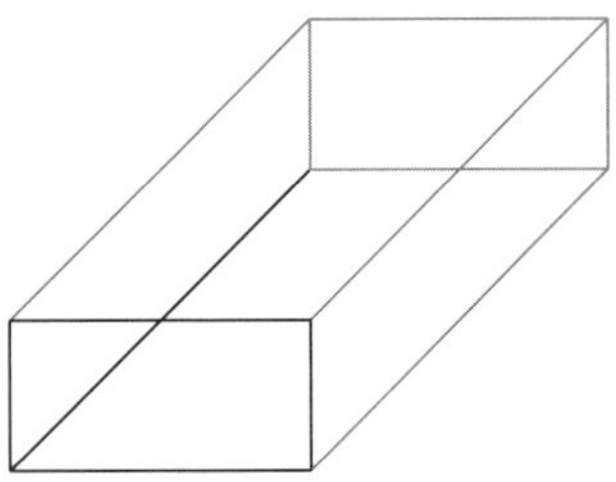

Quader

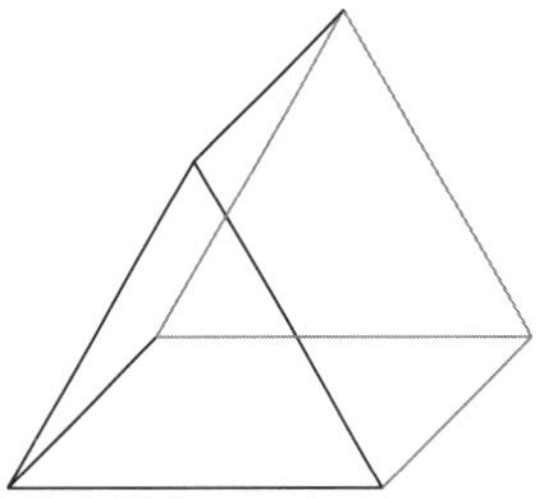

Dreiseitiges Prisma

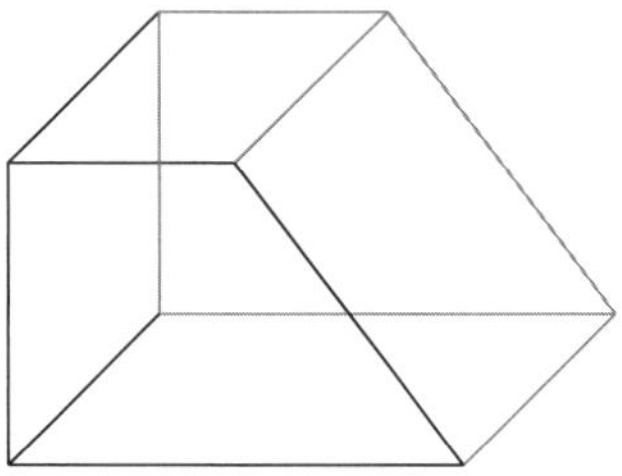

Trapezförmiges Prisma

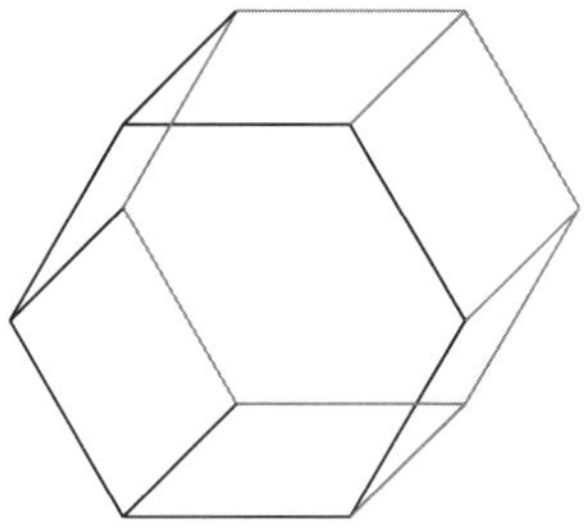

Sechsseitiges Prisma

2) Ergänze bei den Schrägrissen die verdeckten Kanten.

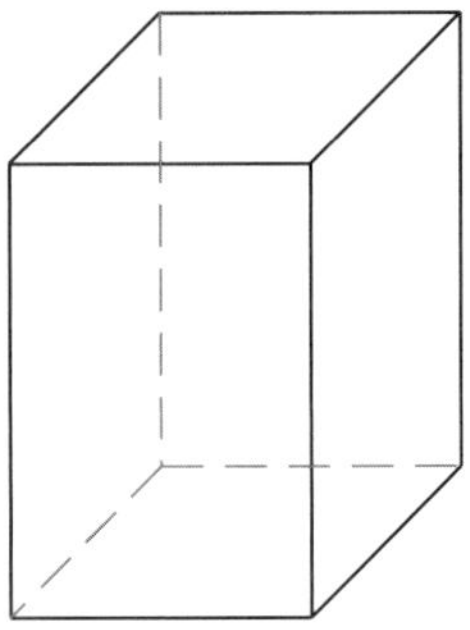

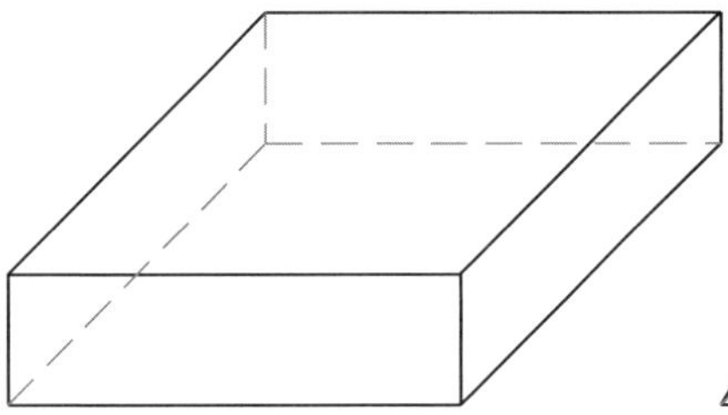

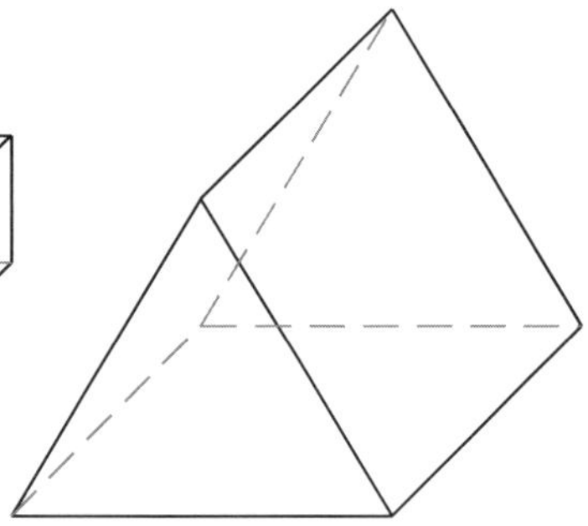

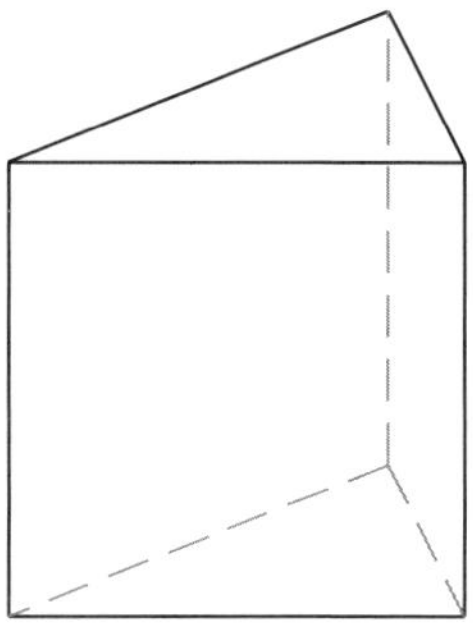

3) Konstruiere die Schrägrisse der Prismen.

a) l = 8 cm; $\alpha = 45°$, $v = \frac{1}{2}$.

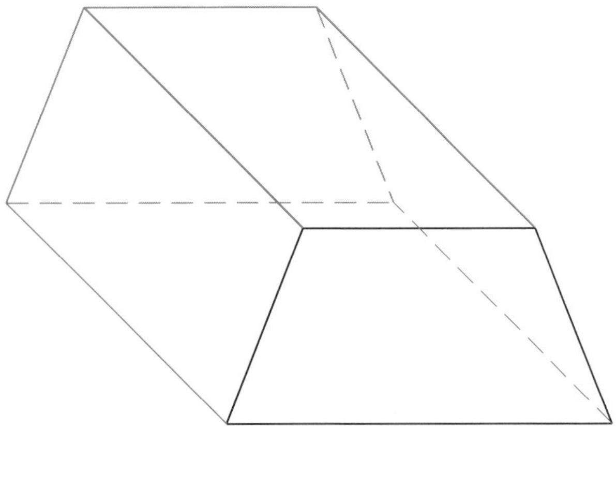

b) h = 4 cm; $\alpha = 135°$, $v = \frac{1}{2}$.

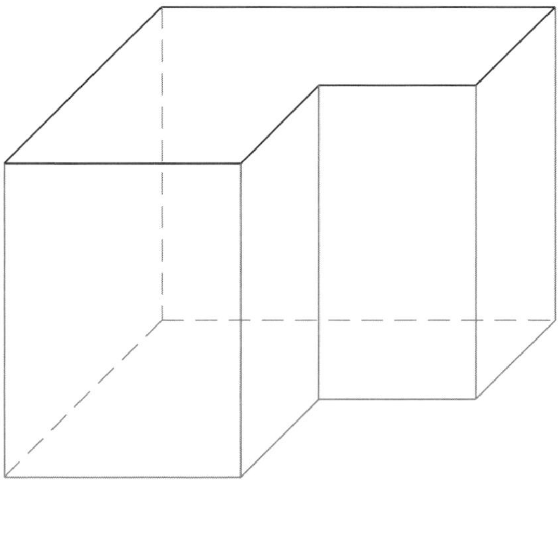

Name:	Prismen und Pyramiden 2

4) Konstruktion der Grundfläche eines geometrischen Körpers im Schrägriss: $\alpha = 135°$, $v = \frac{1}{2}$.

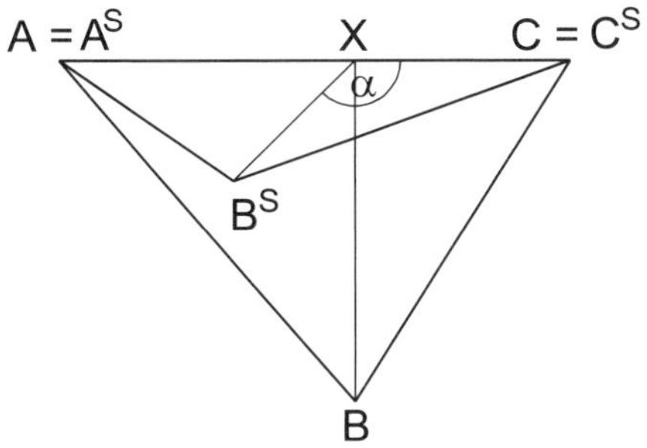

Die Grundfläche wird als Hilfsfigur ABC in wahrer Größe gezeichnet.

Als Bildebene ist jene senkrechte Ebene gewählt, in der die Seite AC des Dreiecks liegt.

Die Seite AC liegt in der Bildebene und ist deshalb im Schrägriss in wahrer Länge abgebildet. (→ A^SC^S)

Vom Punkt B aus wird eine Normale zur Bildebene gezeichnet. (→ X)

Vom Punkt X aus zeichnet man die Abbildung der Strecke BX: um 135° geneigt und auf die Hälfte verkürzt. (→ B^S)

5) Konstruiere die Grundflächen von geometrischen Körpern im Schrägriss.

a) $\alpha = 135°$, $v = \frac{1}{2}$.

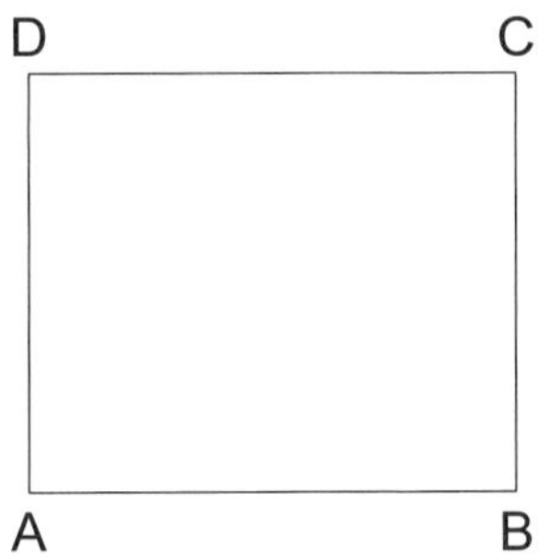

b) $\alpha = 45°$, $v = \frac{1}{2}$.

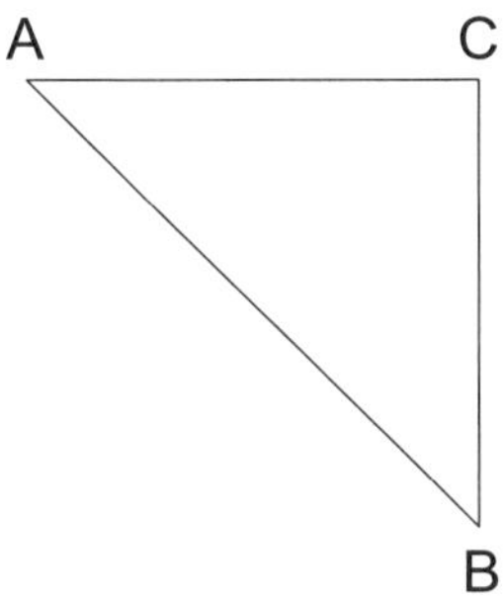

c) $\alpha = 45°$, $v = \frac{1}{2}$.

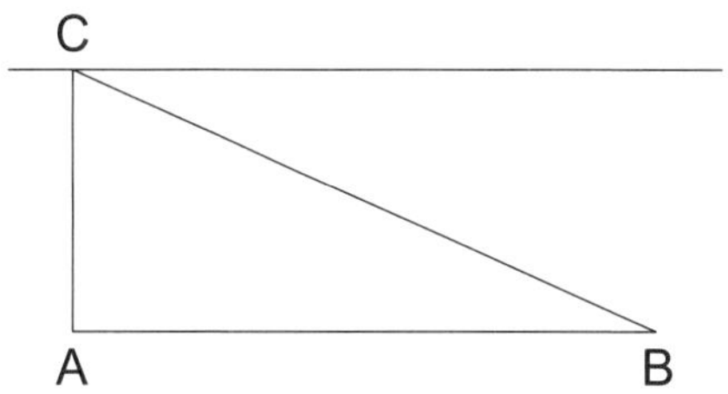

6) Konstruiere die Schrägrisse der Prismen.

a) Quader: a = 4,5 cm, b = 5 cm, h = 3 cm; $\alpha = 135°$, $v = \frac{1}{2}$.

b) Regelmäßiges dreiseitiges Prisma: a = 5 cm, h = 2,5 cm; $\alpha = 45°$, $v = \frac{1}{2}$.

7) Markiere bei den Prismen jeweils die gegebene Schnittfläche und bemale sie.

a) ACGE

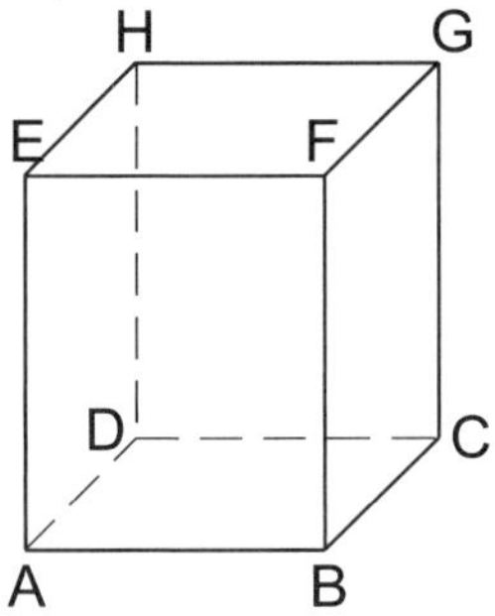

b) BCHE

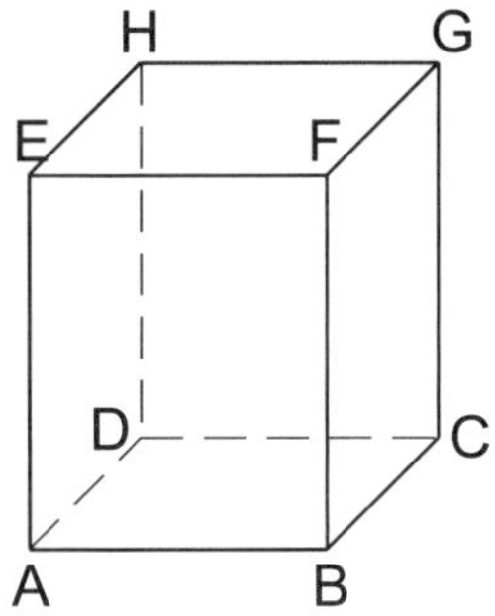

c) ABGH

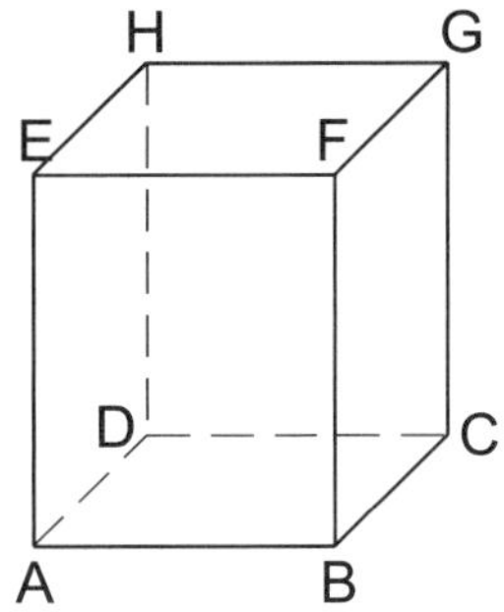

d) ACE

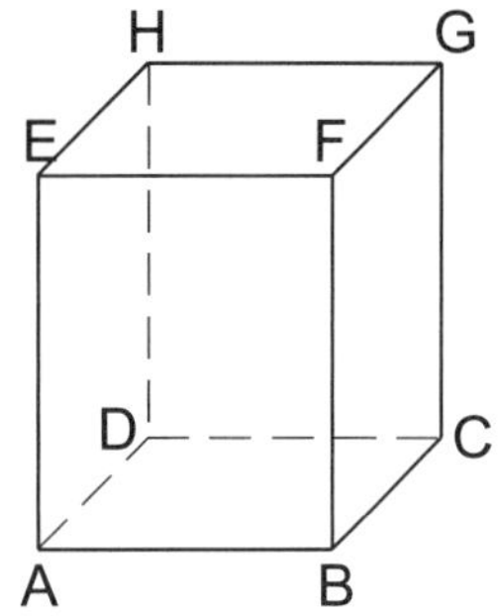

e) ABG

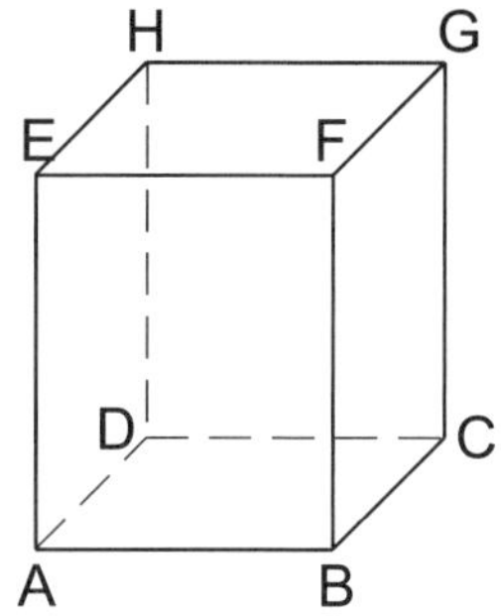

Name:	Prismen und Pyramiden 2

4) Konstruktion der Grundfläche eines geometrischen Körpers im Schrägriss: $\alpha = 135°$, $v = \frac{1}{2}$.

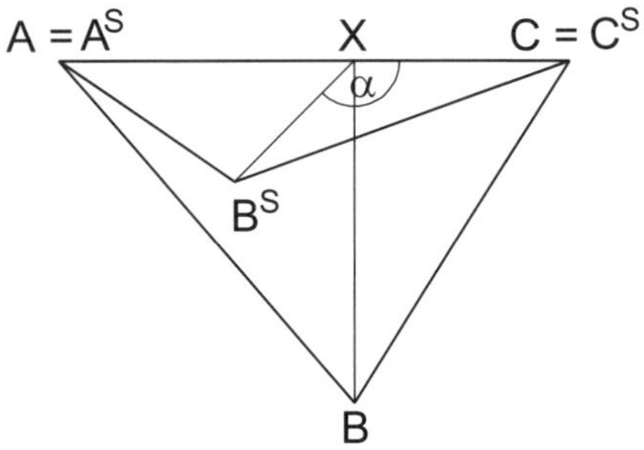

Die Grundfläche wird als Hilfsfigur ABC in wahrer Größe gezeichnet.

Als Bildebene ist jene senkrechte Ebene gewählt, in der die Seite AC des Dreiecks liegt.

Die Seite AC liegt in der Bildebene und ist deshalb im Schrägriss in wahrer Länge abgebildet. (→ A^SC^S)

Vom Punkt B aus wird eine Normale zur Bildebene gezeichnet. (→ X)

Vom Punkt X aus zeichnet man die Abbildung der Strecke BX: um 135° geneigt und auf die Hälfte verkürzt. (→ B^S)

5) Konstruiere die Grundflächen von geometrischen Körpern im Schrägriss.

a) $\alpha = 135°$, $v = \frac{1}{2}$.

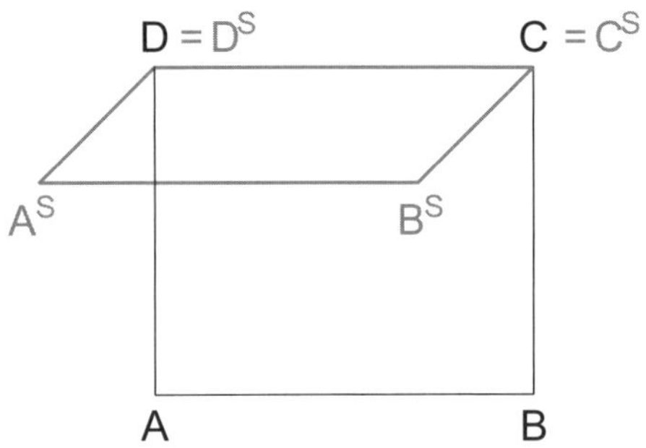

b) $\alpha = 45°$, $v = \frac{1}{2}$.

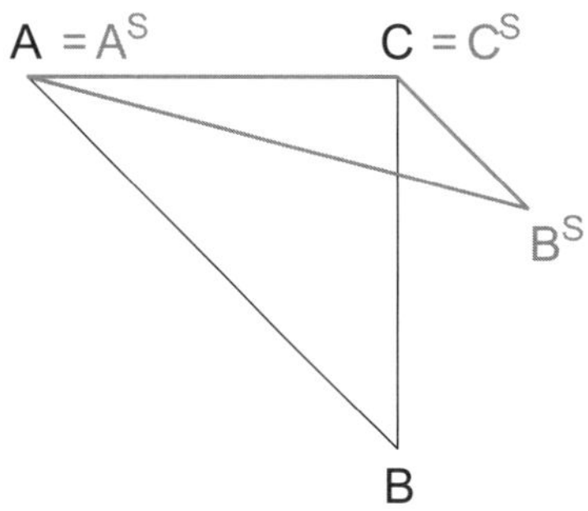

c) $\alpha = 45°$, $v = \frac{1}{2}$.

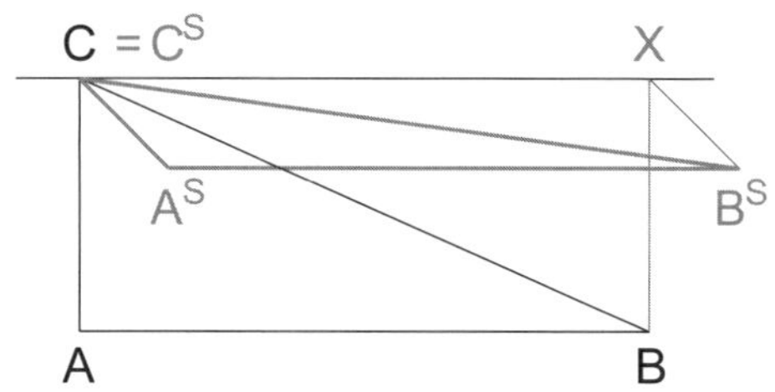

6) Konstruiere die Schrägrisse der Prismen.

a) Quader: a = 4,5 cm, b = 5 cm, h = 3 cm; $\alpha = 135°$, $v = \frac{1}{2}$.

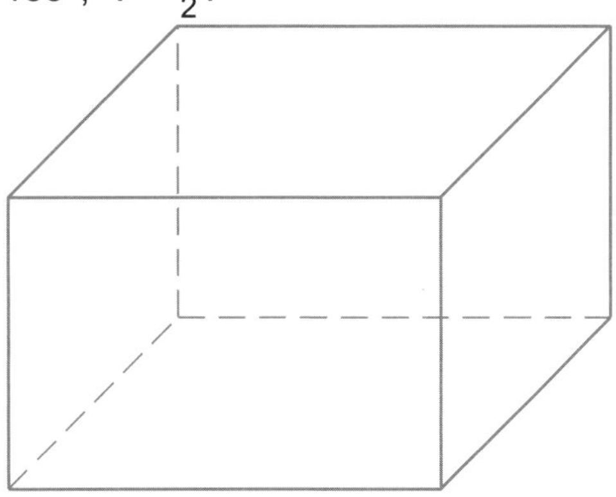

b) Regelmäßiges dreiseitiges Prisma: a = 5 cm, h = 2,5 cm; $\alpha = 45°$, $v = \frac{1}{2}$.

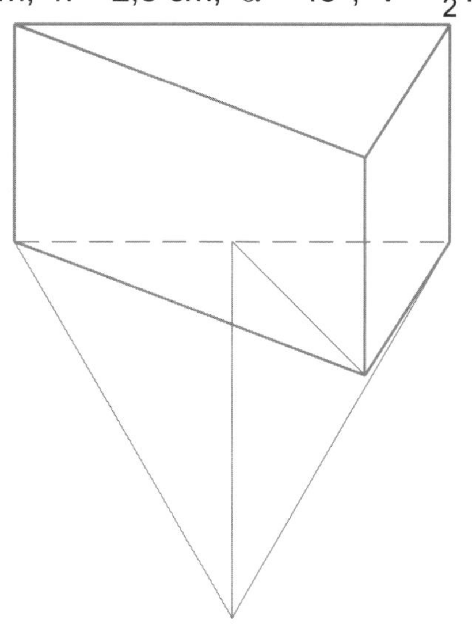

7) Markiere bei den Prismen jeweils die gegebene Schnittfläche und bemale sie.

a) ACGE

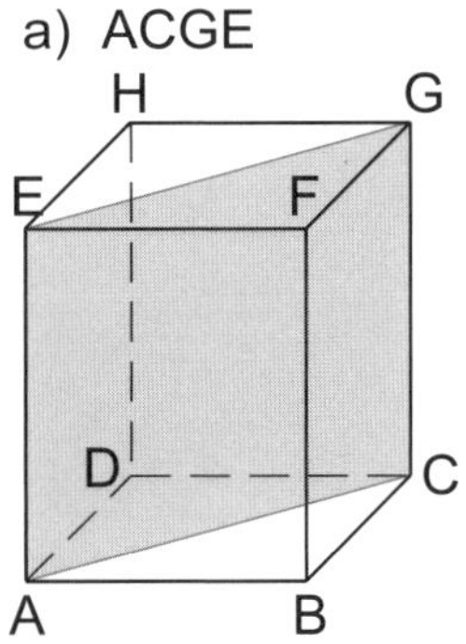

b) BCHE

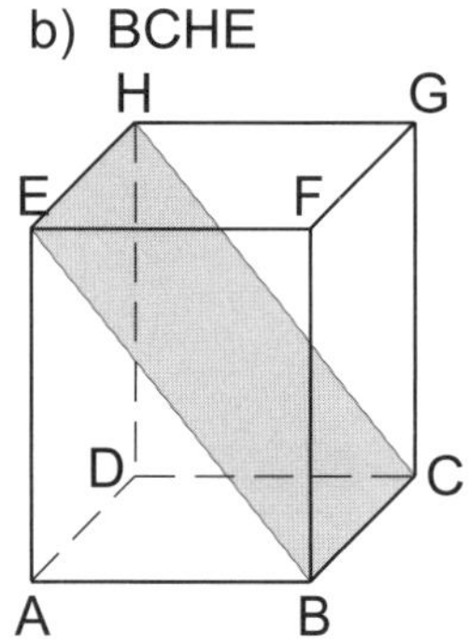

c) ABGH

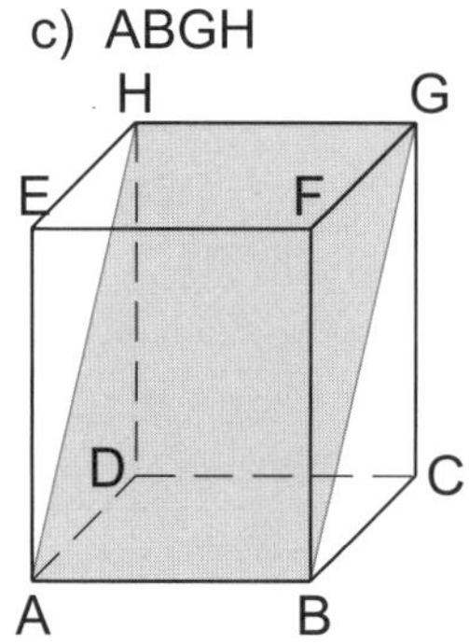

d) ACE

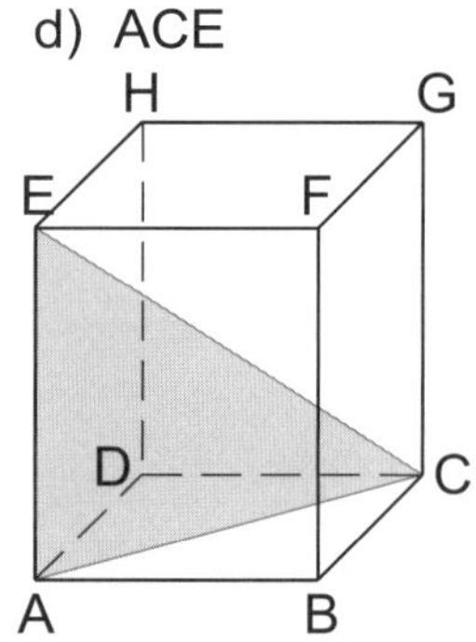

e) ABG

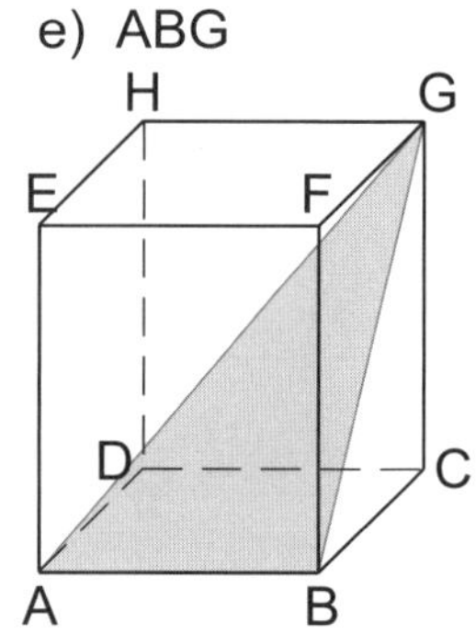

8) Quader: $a = 9$ cm, $b = 3$ cm, $h = 7$ cm; $O = ?$ $V = ?$

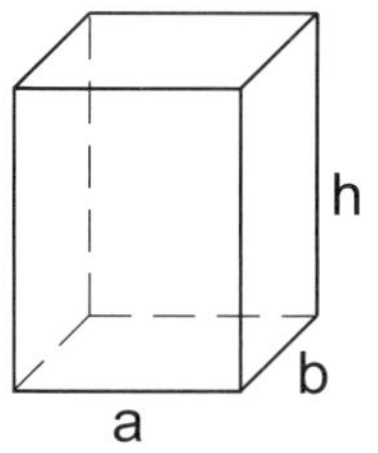

9) Quadratisches Prisma: $a = 15$ cm, $h = 50$ cm; $O = ?$ $V = ?$

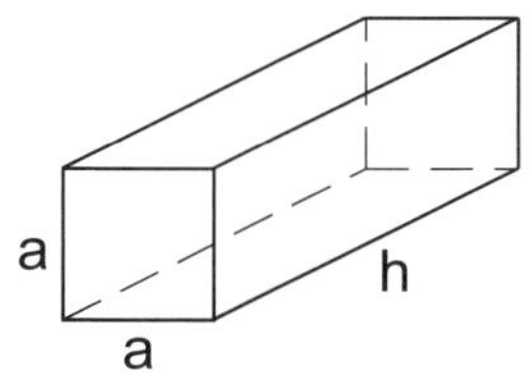

10) Dreiseitiges Prisma (G = rechtw. Dr., $\gamma = 90°$): $a = 10$ m, $b = 24$ m, $c = 26$ m, $h = 45$ m; $O = ?$ $V = ?$

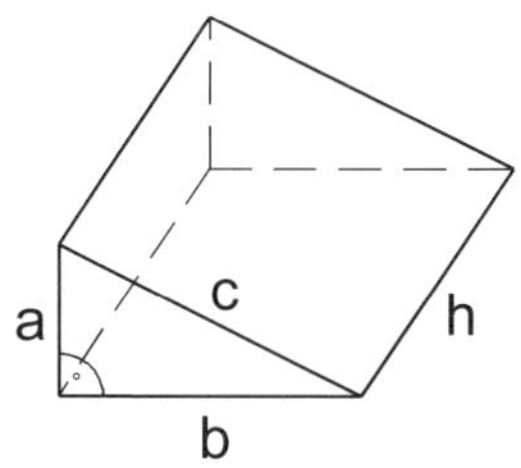

11) Rautenförmiges Prisma: $a = 45$ cm, $h_a = 32$ cm, $h = 0,7$ cm; $O = ?$ $V = ?$

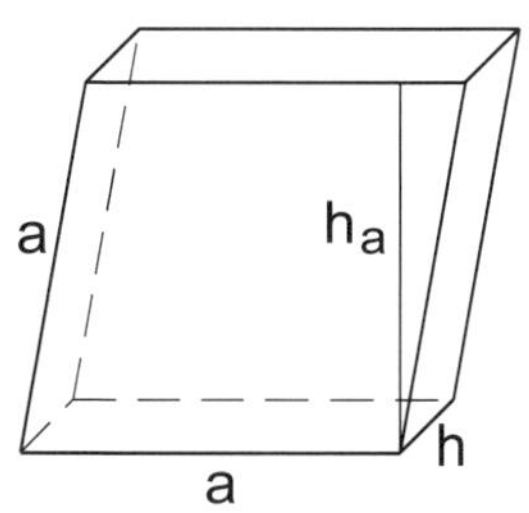

Name:	Prismen und Pyramiden 3

8) Quader: $a = 9$ cm, $b = 3$ cm, $h = 7$ cm; $O = ?$ $V = ?$

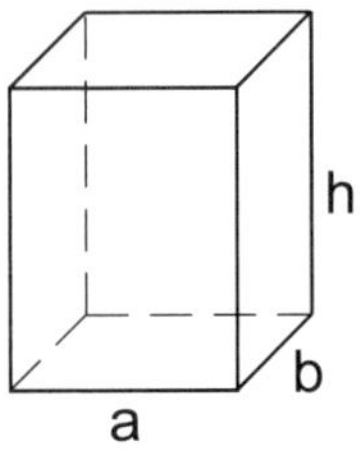

$O = 2 \cdot G + M$

$O = 2 \cdot G + u_G \cdot h$

$O = 2 \cdot a \cdot b + (2 \cdot a + 2 \cdot b) \cdot h$

$O = 2 \cdot 9 \cdot 3 + (2 \cdot 9 + 2 \cdot 3) \cdot 7$

$O = 18 \cdot 3 + (18 + 6) \cdot 7$

$O = 54 + 24 \cdot 7 = 54 + 168 = 222$

O ___ 222 cm^2

$V = G \cdot h$

$V = a \cdot b \cdot h$

$V = 9 \cdot 3 \cdot 7$

$V = 27 \cdot 7$

$V = 189$

V ___ 189 cm^3

9) Quadratisches Prisma: $a = 15$ cm, $h = 50$ cm; $O = ?$ $V = ?$

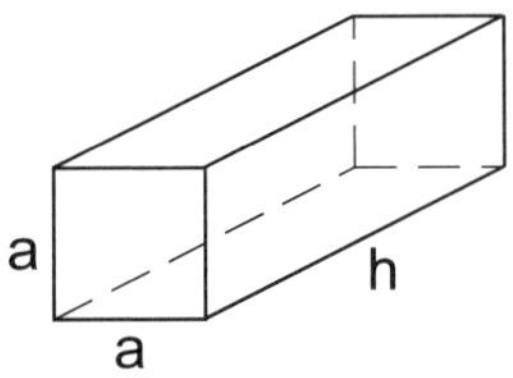

$O = 2 \cdot G + M$

$O = 2 \cdot G + u_G \cdot h$

$O = 2 \cdot a \cdot a + 4 \cdot a \cdot h$

$O = 2 \cdot 15 \cdot 15 + 4 \cdot 15 \cdot 50$

$O = 2 \cdot 225 + 60 \cdot 50$

$O = 450 + 3\,000 = 3\,450$

O ___ 3 450 cm^2

$V = G \cdot h$

$V = a \cdot a \cdot h$

$V = 15 \cdot 15 \cdot 50$

$V = 225 \cdot 50$

$V = 11\,250$

V ___ 11 250 cm^3

10) Dreiseitiges Prisma (G = rechtw. Dr., $\gamma = 90°$): $a = 10$ m, $b = 24$ m, $c = 26$ m, $h = 45$ m; $O = ?$ $V = ?$

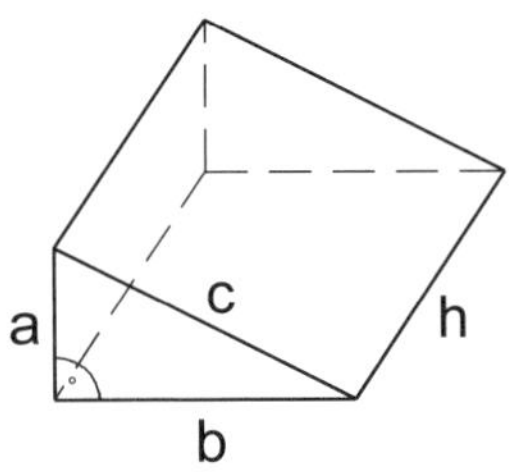

$O = 2 \cdot G + M$

$O = 2 \cdot \frac{a \cdot b}{2} + (a + b + c) \cdot h$

$O = 2 \cdot \frac{10 \cdot \cancel{24}^{12}}{\cancel{2}_1} + (10 + 24 + 26) \cdot 45$

$O = 2 \cdot 120 + 60 \cdot 45$

$O = 240 + 2\,700$

$O = 2\,940$

O ___ 2 940 m^2

$V = G \cdot h$

$V = \frac{a \cdot b}{2} \cdot h$

$V = \frac{10 \cdot \cancel{24}^{12}}{\cancel{2}_1} \cdot 45$

$V = 120 \cdot 45$

$V = 5\,400$

V ___ 5 400 m^3

11) Rautenförmiges Prisma: $a = 45$ cm, $h_a = 32$ cm, $h = 0{,}7$ cm; $O = ?$ $V = ?$

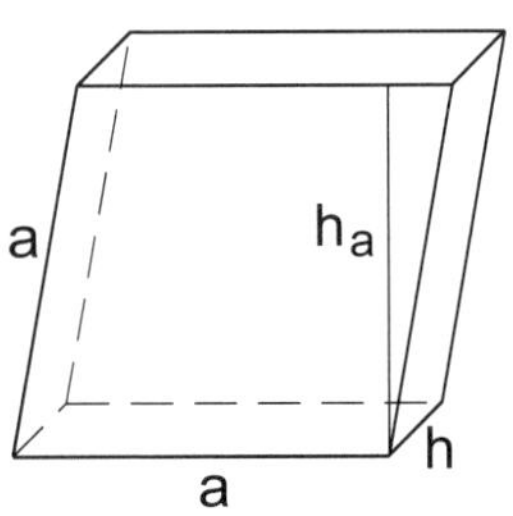

$O = 2 \cdot G + M$

$O = 2 \cdot a \cdot h_a + 4 \cdot a \cdot h$

$O = 2 \cdot 45 \cdot 32 + 4 \cdot 45 \cdot 0{,}7$

$O = 2 \cdot 1\,440 + 180 \cdot 0{,}7$

$O = 2\,880 + 126$

$O = 3\,006$

O ___ 3 006 cm^2

$V = G \cdot h$

$V = a \cdot h_a \cdot h$

$V = 45 \cdot 32 \cdot 0{,}7$

$V = 1\,440 \cdot 0{,}7$

$V = 1\,008$

V ___ 1 008 cm^3

12) Konstruiere die Netze der geometrischen Körper.

a) Quader:
$a = 25$ mm, $b = 15$ mm, $h = 30$ mm.

b) Regelmäßiges dreiseitiges Prisma:
$a = 25$ mm, $h = 20$ mm.

13) Aus Karton wird ein oben offenes quadratisches Prisma ($a = 7$ cm, $h = 12$ cm) hergestellt.

a) Zeichne eine Skizze und berechne den Materialverbrauch.

b) Das Prisma wird aus einem A4-Karton ($a = 21$ cm, $b = 29{,}7$ cm) hergestellt. Berechne, wie viel cm^2 der Abfall (= „Verschnitt“) beträgt und wie viel % des A4-Kartons das sind.

14) Ein quaderförmiger Öltank ($a = 2{,}80$ m, $b = 1{,}50$ m, $h = 0{,}80$ m) soll gestrichen werden. Wie viele Dosen Lack sind erforderlich, wenn eine Dose für 5 m^2 reicht?

Name:	Prismen und Pyramiden 4

12) Konstruiere die Netze der geometrischen Körper.

a) Quader:
$a = 25$ mm, $b = 15$ mm, $h = 30$ mm.

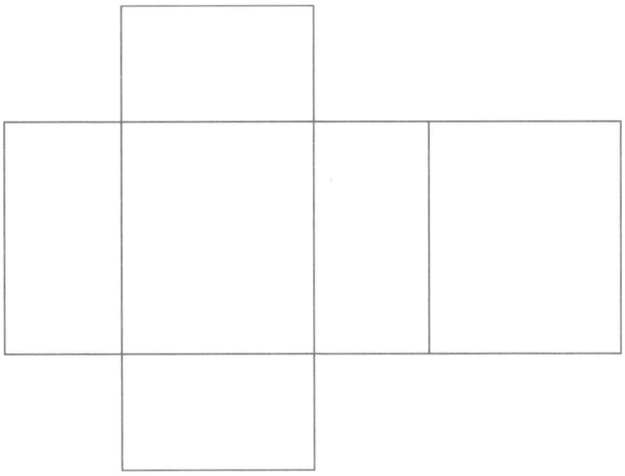

b) Regelmäßiges dreiseitiges Prisma:
$a = 25$ mm, $h = 20$ mm.

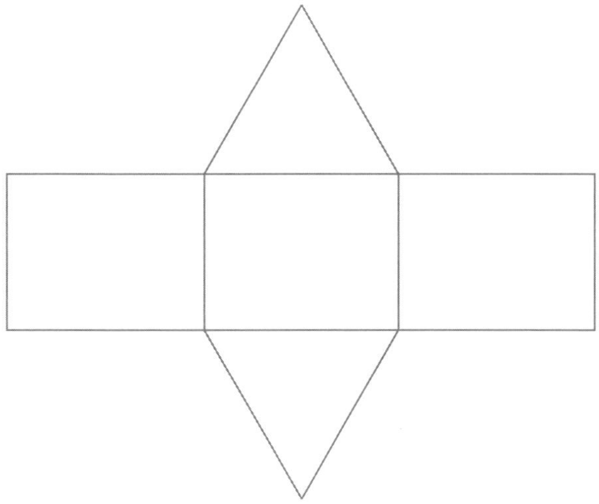

13) Aus Karton wird ein oben offenes quadratisches Prisma ($a = 7$ cm, $h = 12$ cm) hergestellt.

a) Zeichne eine Skizze und berechne den Materialverbrauch.

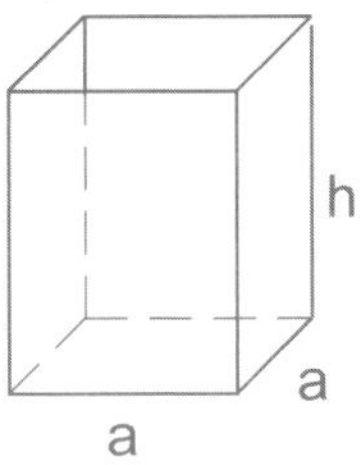

$\text{Mat} = G + M = G + u_G \cdot h$

$\text{Mat} = a \cdot a + 4 \cdot a \cdot h$

$\text{Mat} = 7 \cdot 7 + 4 \cdot 7 \cdot 12 = 49 + 28 \cdot 12$

$\text{Mat} = 49 + 336 = 385$

A: Für das oben offene quadratische Prisma werden 385 cm^2 Karton gebraucht.

b) Das Prisma wird aus einem A4-Karton ($a = 21$ cm, $b = 29{,}7$ cm) hergestellt. Berechne, wie viel cm^2 der Abfall (= „Verschnitt“) beträgt und wie viel % des A4-Kartons das sind.

$A_K = a \cdot b$

$A_K = 21 \cdot 29{,}7 = 623{,}7$

$\text{Abfall} = 623{,}7 - 385 = 238{,}7$

K: $G = 623{,}7\ cm^2$, $W = 238{,}7\ cm^2$; $p\ \% = ?$

$W = G \cdot \frac{p}{100} \quad | : G$

$\frac{p}{100} = W : G$

$\frac{p}{100} = 238{,}7 : 623{,}7$

$\frac{p}{100} = 0{,}383$

$p\ \%\ \_\_\_\ 38{,}3\ \%$

A: Der Abfall beträgt 238,7 cm^2, das sind 38,3 % des A4-Kartons.

14) Ein quaderförmiger Öltank ($a = 2{,}80$ m, $b = 1{,}50$ m, $h = 0{,}80$ m) soll gestrichen werden. Wie viele Dosen Lack sind erforderlich, wenn eine Dose für 5 m^2 reicht?

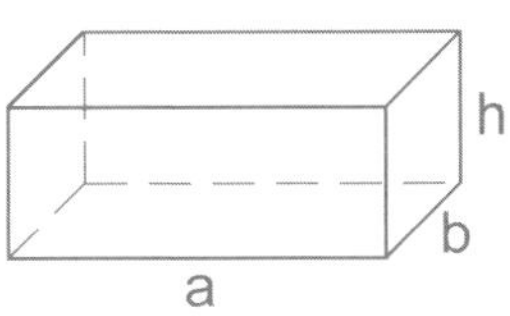

$O = 2 \cdot G + M = 2 \cdot G + u_G \cdot h$

$O = 2 \cdot a \cdot b + (2 \cdot a + 2 \cdot b) \cdot h$

$O = 2 \cdot 2{,}8 \cdot 1{,}5 + (2 \cdot 2{,}8 + 2 \cdot 1{,}5) \cdot 0{,}8$

$O = 5{,}6 \cdot 1{,}5 + (5{,}6 + 3) \cdot 0{,}8$

$O = 8{,}4 + 8{,}6 \cdot 0{,}8 = 8{,}4 + 6{,}88 = 15{,}28$

A: 4 Dosen Lack sind erforderlich.

Name:	Prismen und Pyramiden 5

➪ Achte darauf, dass du mit gleichen Einheiten rechnest.

15) Berechne das Volumen und die Masse eines dreiseitigen Prismas (G = rechtw. Dreieck, $\gamma = 90°$: a = 15 cm, b = 24 cm, h = 1,8 m) aus Eichenholz (ρ = 0,9 g/cm^3).

16) Forme die Formeln nach der gesuchten Größe um.

$V = G \cdot h$; G = ? $V = a \cdot b \cdot h$; a = ? $V = a^2 \cdot h$; h = ?

$M = 3 \cdot a \cdot h$; a = ? $O = 2 \cdot G + M$; M = ? $m = \rho \cdot V$; V = ?

17) a) Quadratisches Prisma:
V = 465,46 cm^3, a = 74 mm; h = ?

b) Regelmäßiges fünfseitiges Prisma:
M = 2,6535 dm^2, h = 8,7 cm; a = ?

➪ | 1 m^3 = | = 1 l | 1 dm^3 = cm^3 |

18) Eva leert den ganzen Inhalt aus einem 25-l-Sack Erde in eine quaderförmige Blumenwanne, die 80 cm lang und 20 cm breit ist. Bis zu welcher Höhe reicht die Erde? Schreibe zunächst eine Kurzangabe.

Name:	Prismen und Pyramiden 5

➩ Achte darauf, dass du mit gleichen Einheiten rechnest.

15) Berechne das Volumen und die Masse eines dreiseitigen Prismas (G = rechtw. Dreieck, $\gamma = 90°$: $a = 15$ cm, $b = 24$ cm, $h = 1{,}8$ m) aus Eichenholz ($\rho = 0{,}9$ g/cm³).

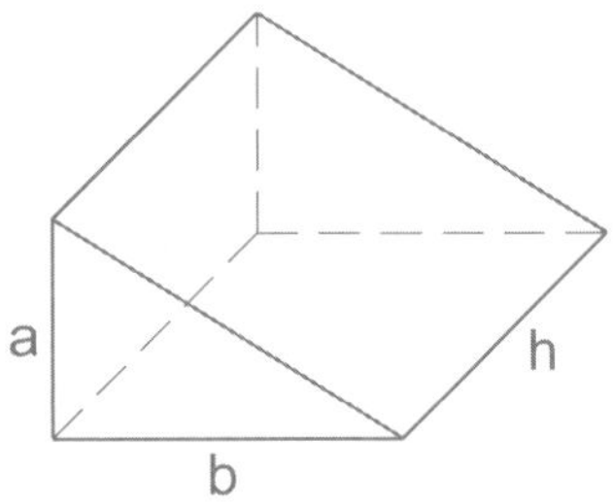

$V = G \cdot h = \frac{a \cdot b}{2} \cdot h$

$V = \frac{15 \cdot 24 \cdot \cancel{180}^{90}}{\cancel{2}_1}$

$V = 32\,400$

V ___ $32\,400\ cm^3$

$m = \rho \cdot V$

$m = 0{,}9 \cdot 32\,400 = 29\,160$

m ___ $29\,160\ g = 29{,}16\ kg$

A: Das dreiseitige Prisma ist 29,16 kg schwer bei einem Volumen von 32 400 cm³.

16) Forme die Formeln nach der gesuchten Größe um.

$V = G \cdot h$; $G = ?$

$V = G \cdot h \quad |:h$

$G = \frac{V}{h}$

$V = a \cdot b \cdot h$; $a = ?$

$V = a \cdot b \cdot h \quad |:(b \cdot h)$

$a = \frac{V}{b \cdot h}$

$V = a^2 \cdot h$; $h = ?$

$V = a^2 \cdot h \quad |:a^2$

$h = \frac{V}{a^2}$

$M = 3 \cdot a \cdot h$; $a = ?$

$M = 3 \cdot a \cdot h \quad |:(3 \cdot h)$

$a = \frac{M}{3 \cdot h}$

$O = 2 \cdot G + M$; $M = ?$

$O = 2 \cdot G + M \quad |-2 \cdot G$

$M = O - 2 \cdot G$

$m = \rho \cdot V$; $V = ?$

$m = \rho \cdot V \quad |:\rho$

$V = \frac{m}{\rho}$

17) a) Quadratisches Prisma:
$V = 465{,}46\ cm^3$, $a = 74$ mm; $h = ?$

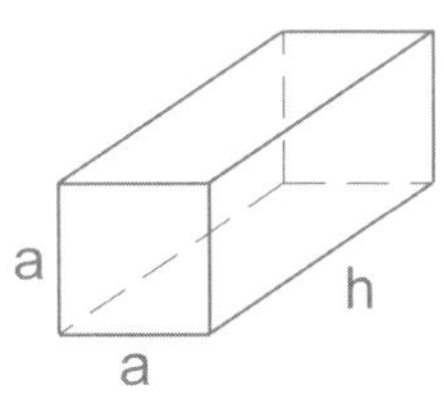

$V = a^2 \cdot h \quad |:a^2$

$h = \frac{V}{a^2}$

$h = \frac{465{,}46}{7{,}4^2} = 8{,}5$

h ___ 8,5 cm

b) Regelmäßiges fünfseitiges Prisma:
$M = 2{,}6535\ dm^2$, $h = 8{,}7$ cm; $a = ?$

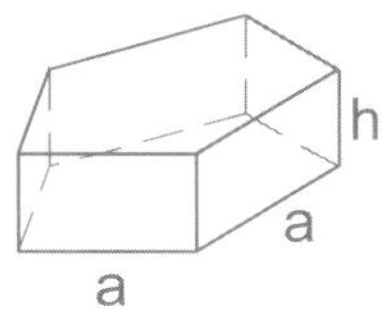

$M = 5 \cdot a \cdot h \quad |:(5 \cdot h)$

$a = \frac{M}{5 \cdot h}$

$a = \frac{265{,}35}{5 \cdot 8{,}7} = 6{,}1$

a ___ 6,1 cm

➩ | $1\ m^3 = 1\,000\ dm^3$ | $1\ dm^3 = 1\ l$ | $1\ dm^3 = 1\,000\ cm^3$ |
|---|---|---|

18) Eva leert den ganzen Inhalt aus einem 25-l-Sack Erde in eine quaderförmige Blumenwanne, die 80 cm lang und 20 cm breit ist. Bis zu welcher Höhe reicht die Erde? Schreibe zunächst eine Kurzangabe.

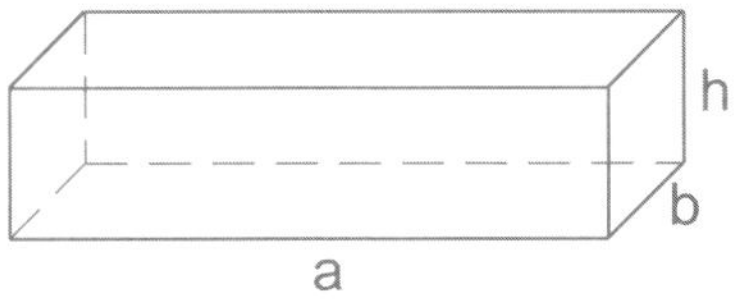

K: $a = 8$ dm, $b = 2$ dm, $V = 25\ dm^3$

$V = a \cdot b \cdot h \quad |:(a \cdot b)$

$h = \frac{V}{a \cdot b}$

$h = \frac{25}{8 \cdot 2} = 1{,}5625$

h ___ 15,625 cm ≈ 16 cm

A: Die Erde reicht bis zu einer Höhe von 16 cm.

Name:	Prismen und Pyramiden 6

⇨	1 m^3 =	= 1 l	100 l = 1 hl	1 l = hl

19) Wie viel hl Wasser sind für das 12 m breite Schwimmbad nötig, wenn es bis 20 cm unter dem Beckenrand gefüllt wird? Schreibe eine Kurzangabe und berechne zuerst die Querschnittsfläche.

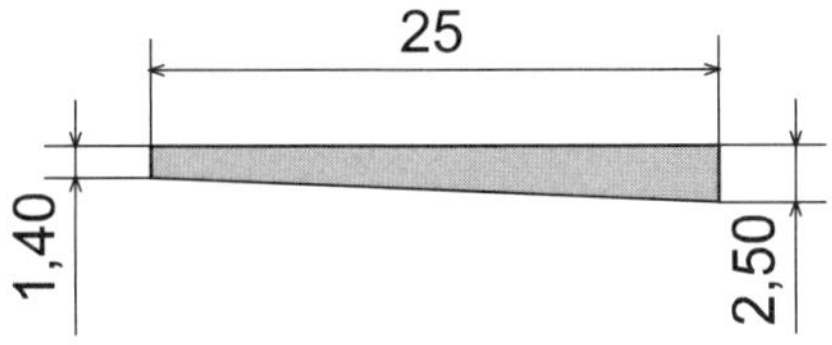

Maße in m.

A:

20) Berechne das Volumen und die Masse eines 3 m langen U-Trägers aus Stahl. (Stahl: 7,8 g/cm^3)

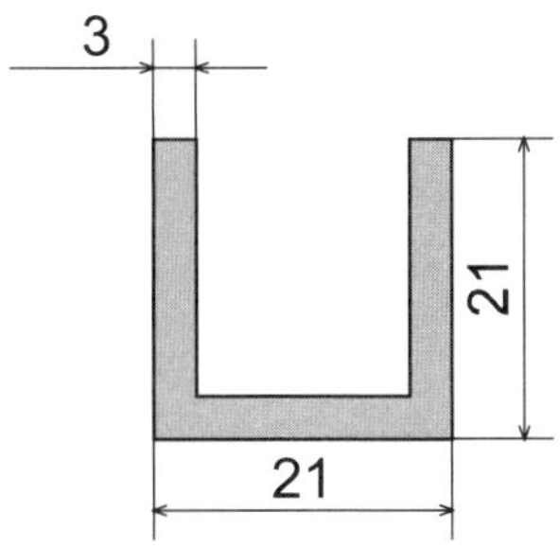

Maße in cm.

A:

21) Berechne die Größe der Giebelwand und dann das Volumen des gesamten Hauses (l = 11 m), den „umbauten Raum".

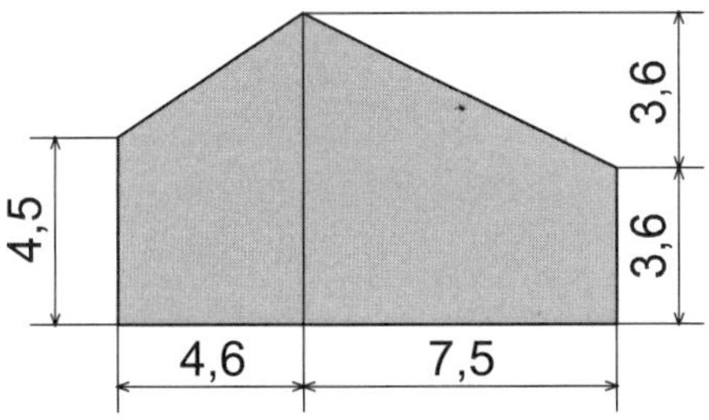

Maße in m.

A:

1 m³ = 1 000 dm³	1 dm³ = 1 l	100 l = 1 hl	1 l = 0,01 hl

19) Wie viel hl Wasser sind für das 12 m breite Schwimmbad nötig, wenn es bis 20 cm unter dem Beckenrand gefüllt wird? Schreibe eine Kurzangabe und berechne zuerst die Querschnittsfläche.

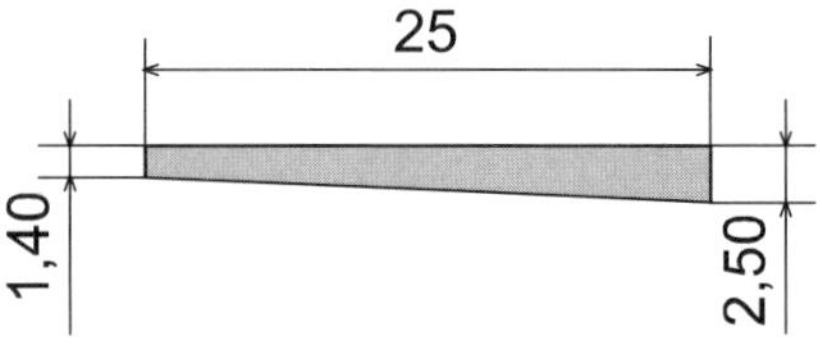

Maße in m.

Trapez: a = 2,30 m, c = 1,20 m, h_a = 25 m; h = 12 m.

$A = \frac{(a + c) \cdot h_a}{2}$

$A = \frac{(2{,}3 + 1{,}2) \cdot 25}{2}$

$A = 3{,}5 \cdot 12{,}5 = 43{,}75$

$V = G \cdot h$

$V = 43{,}75 \cdot 12 = 525$

V ___ 525 m³ = 525 000 dm³ = 525 000 l = 5 250 hl

A: Für das Schwimmbad sind 5 250 hl Wasser nötig.

20) Berechne das Volumen und die Masse eines 3 m langen U-Trägers aus Stahl. (Stahl: 7,8 g/cm³)

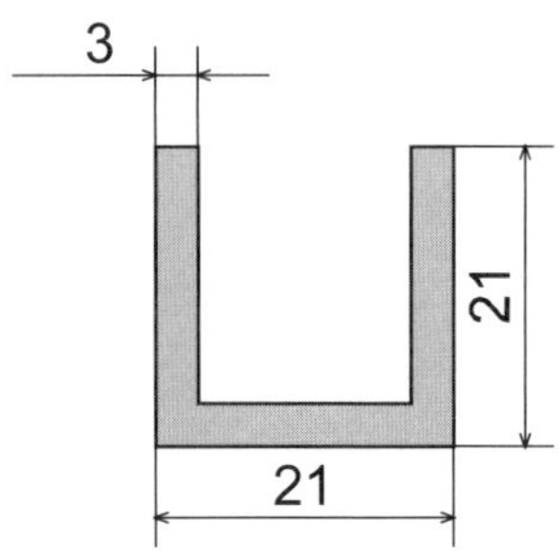

Maße in cm.

h = 300 cm

$A = 21 \cdot 3 + 18 \cdot 3 \cdot 2$

$A = 63 + 108 = 171$

$V = G \cdot h$

$V = 171 \cdot 300 = 51\,300$

V ___ 51 300 cm³

$m = \rho \cdot V$

$m = 7{,}8 \cdot 51\,300 = 400\,140$

m = 400 140 g = 400,14 kg

A: Die Masse des U-Trägers beträgt 400,14 kg.

21) Berechne die Größe der Giebelwand und dann das Volumen des gesamten Hauses (l = 11 m), den „umbauten Raum".

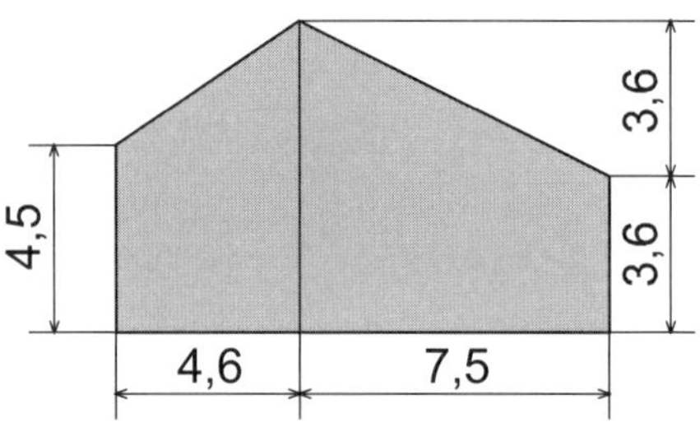

Maße in m.

Giebelwand

$A = \frac{(7{,}2 + 3{,}6) \cdot 7{,}5}{2} + \frac{(7{,}2 + 4{,}5) \cdot \cancel{4{,}6}^{2{,}3}}{\cancel{2}_1}$

$A = \frac{{}^{5{,}4}\cancel{10{,}8} \cdot 7{,}5}{\cancel{2}} + 11{,}7 \cdot 2{,}3$

$A = 40{,}5 + 26{,}91 = 67{,}41$

$V = G \cdot h$

$V = 67{,}41 \cdot 11 = 741{,}51$

V ___ 741,51m³

A: Die Giebelwand ist 67,41 m² groß, der umbaute Raum beträgt 741,51 m³.

Name:	Prismen und Pyramiden 7

22) Zeichne Schrägrisse von Pyramiden.

23) Konstruiere die Schrägrisse der Pyramiden.

a) Quadratische Pyramide:
$a = 5$ cm, $h = 4$ cm; $\alpha = 45°$, $v = \frac{1}{2}$.

b) Rechteckige Pyramide: $a = 6$ cm, $b = 4$ cm,
$h = 5$ cm; $\alpha = 135°$, $v = \frac{1}{2}$.

24) Bemale bei den Pyramiden jeweils die gegebene Schnittfläche.

a) EFS

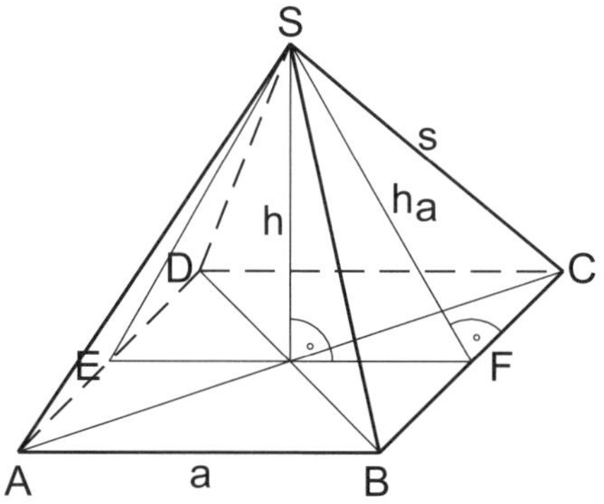

b) ACS

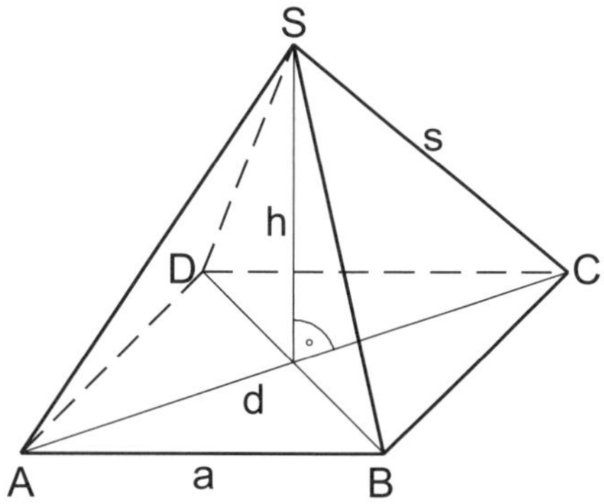

c) $A_1B_1C_1D_1$

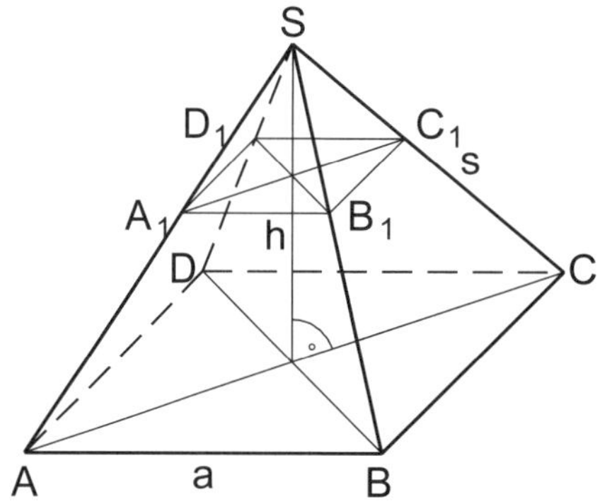

25) Versuche aus den vier Bausteinen eine Kirche zu bauen.

(Maßstab 1 : 2)

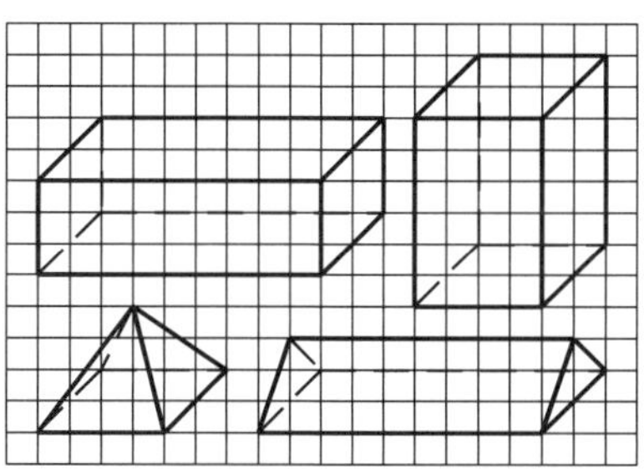

22) Zeichne Schrägrisse von Pyramiden.

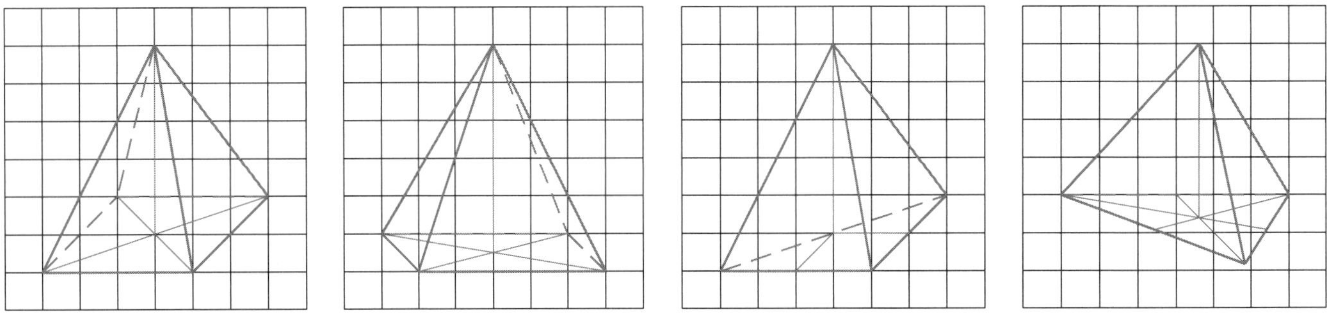

23) Konstruiere die Schrägrisse der Pyramiden.

a) Quadratische Pyramide:
$a = 5$ cm, $h = 4$ cm; $\alpha = 45°$, $v = \frac{1}{2}$.

b) Rechteckige Pyramide: $a = 6$ cm, $b = 4$ cm,
$h = 5$ cm; $\alpha = 135°$, $v = \frac{1}{2}$.

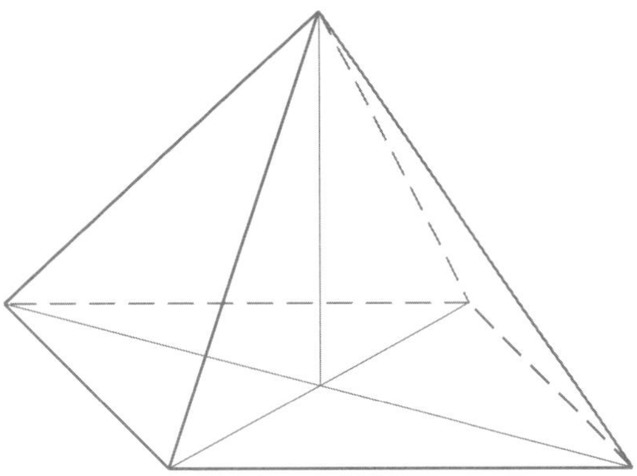

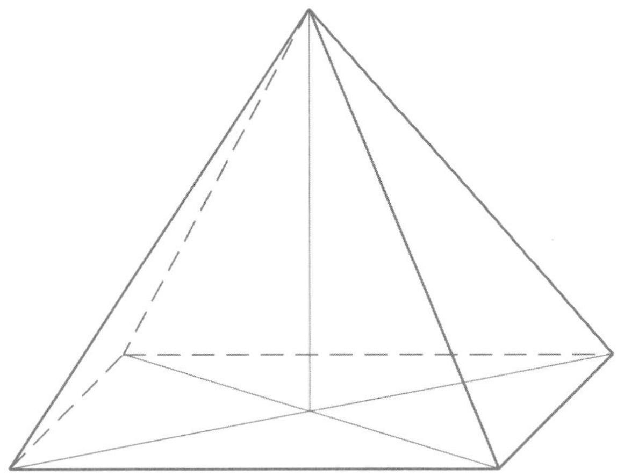

24) Bemale bei den Pyramiden jeweils die gegebene Schnittfläche.

a) EFS

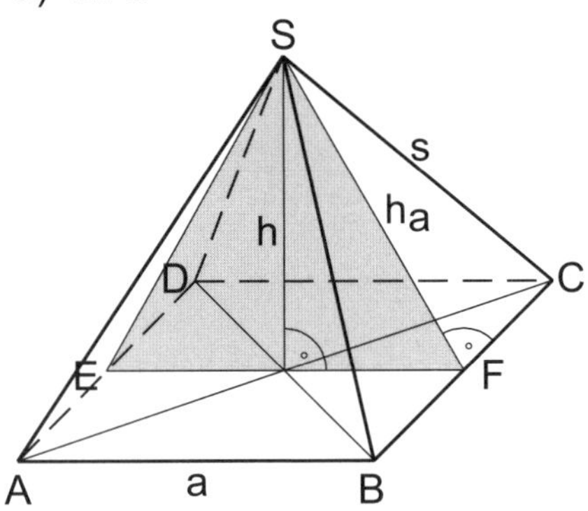

b) ACS

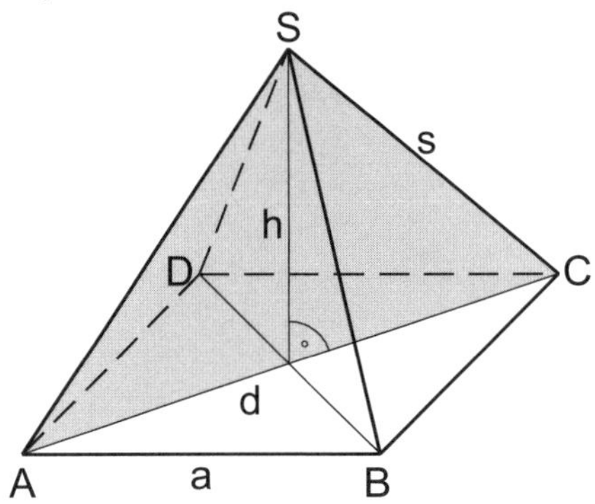

c) $A_1B_1C_1D_1$

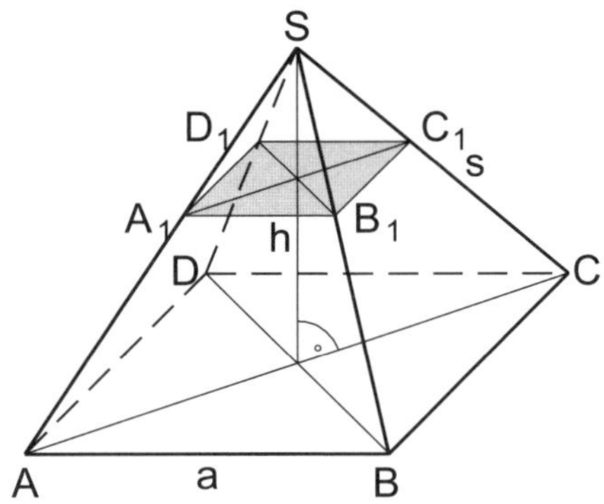

25) Versuche aus den vier Bausteinen eine Kirche zu bauen.

(Maßstab 1 : 2)

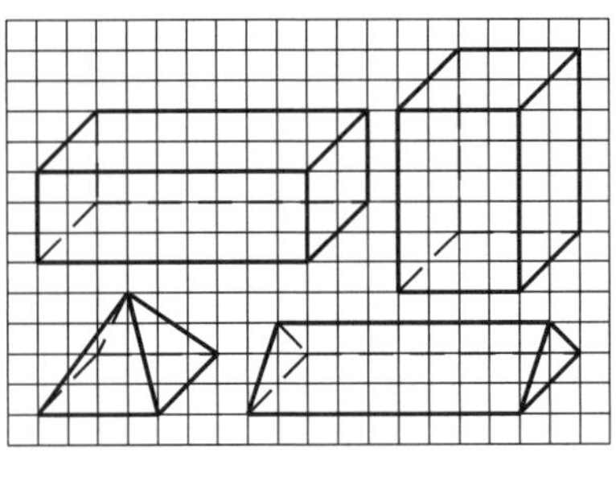

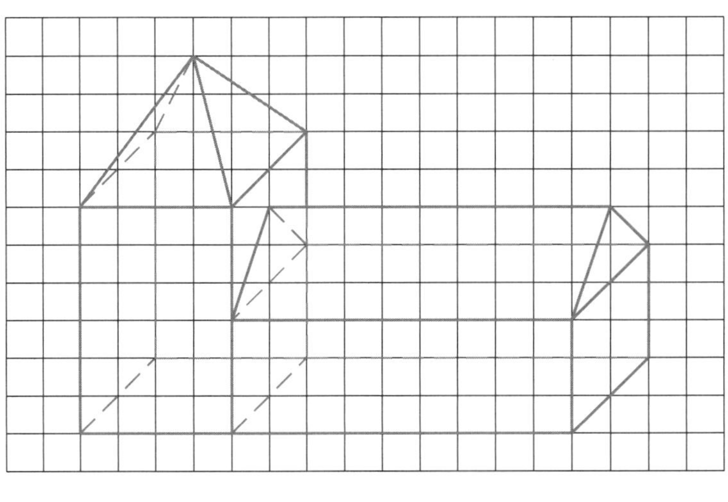

26) Regelmäßige quadratische Pyramide: $a = 8$ cm, $h = 3$ cm; $V = ?$

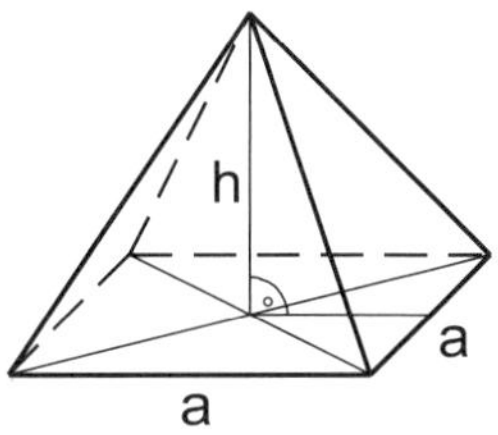

27) Regelmäßige quadratische Pyramide: $a = 5,3$ cm, $h = 12,4$ cm; Skizze, $V = ?$

28) Die Cheopspyramide, Grabstätte des ägyptischen Königs Cheops (4. Dynastie, um 2759 v. Chr.) ist die größte Pyramide Ägyptens. Das mit einer Sargkammer ausgestattete Bauwerk hat die Form einer quadratischen Pyramide mit 230 m langen Grundkanten und einer ursprünglichen Höhe von 146 m. Berechne den Rauminhalt der Cheopspyramide.

A:

29) Regelmäßige quadratische Pyramide: $V = 56,7\ m^3$, $a = 4,5$ m; Skizze, $h = ?$

30) Berechne das Volumen und die Masse einer regelmäßigen quadratischen Pyramide ($a = 2,6$ m, $h = 1,8$ m) aus Marmor. (Marmor: $\rho = 2\,700\ kg/m^3$).

A:

26) Regelmäßige quadratische Pyramide: a = 8 cm, h = 3 cm; V = ?

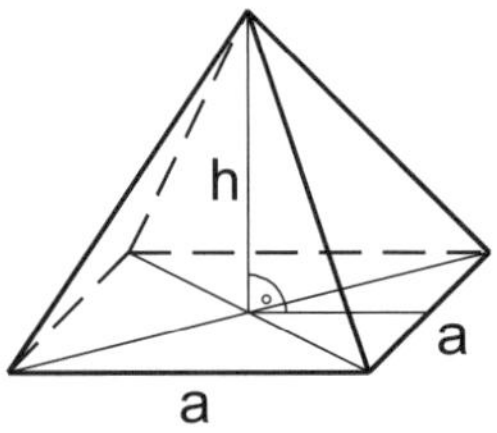

$$V = \frac{G \cdot h}{3} = \frac{a^2 \cdot h}{3}$$

$$V = \frac{8^2 \cdot 3}{3} = \frac{64 \cdot \cancel{3}^1}{\cancel{3}_1} = 64$$

V ___ $64\ \text{cm}^3$

27) Regelmäßige quadratische Pyramide: a = 5,3 cm, h = 12,4 cm; Skizze, V = ?

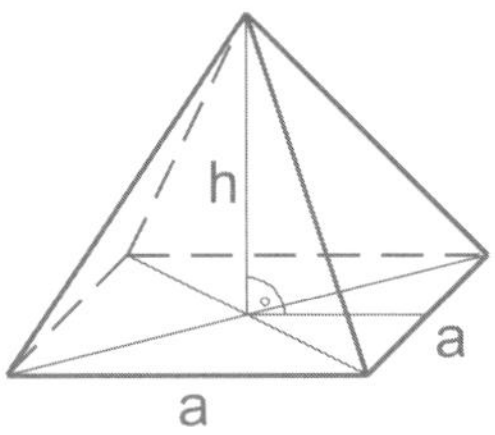

$$V = \frac{G \cdot h}{3} = \frac{a^2 \cdot h}{3}$$

$$V = \frac{5{,}3^2 \cdot 12{,}4}{3} = \frac{28{,}09 \cdot 12{,}4}{3} = 116{,}105$$

V ___ $116{,}105\ \text{cm}^3$

28) Die Cheopspyramide, Grabstätte des ägyptischen Königs Cheops (4. Dynastie, um 2759 v. Chr.) ist die größte Pyramide Ägyptens. Das mit einer Sargkammer ausgestattete Bauwerk hat die Form einer quadratischen Pyramide mit 230 m langen Grundkanten und einer ursprünglichen Höhe von 146 m.

Berechne den Rauminhalt der Cheopspyramide.

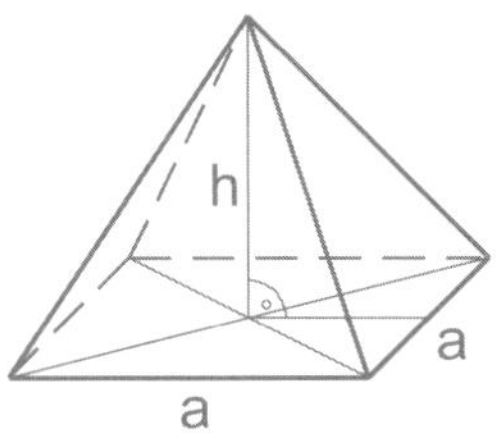

$$V = \frac{G \cdot h}{3} = \frac{a^2 \cdot h}{3}$$

$$V = \frac{230^2 \cdot 146}{3} = \frac{52\,900 \cdot 146}{3} = 2\,574\,466{,}\overline{6}$$

V ___ $2\,574\,467\ \text{m}^3$

A: Der Rauminhalt der Cheopspyramide beträgt rund 2,6 Mio m^3.

29) Regelmäßige quadratische Pyramide: V = 56,7 m^3, a = 4,5 m; Skizze, h = ?

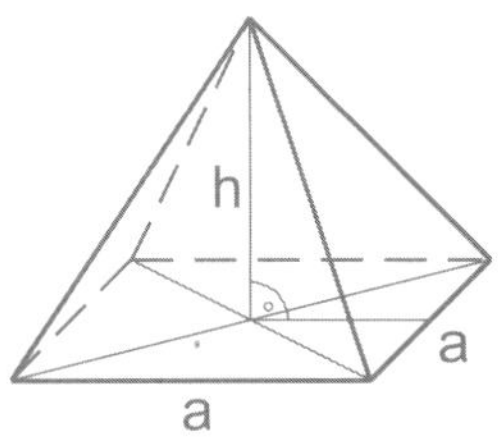

$$V = \frac{G \cdot h}{3} = \frac{a^2 \cdot h}{3}$$

$$56{,}7 = \frac{4{,}5^2 \cdot h}{3}$$

$$56{,}7 = \frac{^{6{,}75}\cancel{20{,}25} \cdot h}{\cancel{3}_1}$$

$$56{,}7 = 6{,}75 \cdot h \quad | : 6{,}75$$

$$h = 56{,}7 : 6{,}75 = 8{,}4$$

h ___ 8,4 m

30) Berechne das Volumen und die Masse einer regelmäßigen quadratischen Pyramide (a = 2,6 m, h = 1,8 m) aus Marmor. (Marmor: $\rho = 2\,700\ \text{kg/m}^3$).

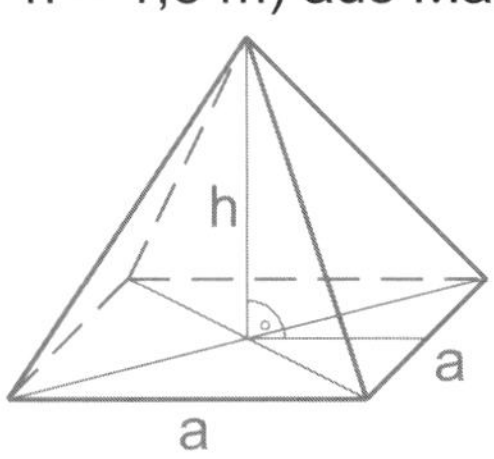

$$V = \frac{G \cdot h}{3} = \frac{a^2 \cdot h}{3}$$

$$V = \frac{2{,}6^2 \cdot 1{,}8}{3} = \frac{6{,}76 \cdot \cancel{1{,}8}^{0{,}6}}{\cancel{3}_1} = 6{,}76 \cdot 0{,}6 = 4{,}056$$

$$m = \rho \cdot V$$

$$m = 2\,700 \cdot 4{,}056 = 10\,951{,}2$$

A: Das Volumen beträgt 4,056 m^3, die Masse 10 951 kg.

31) Konstruiere das Netz einer regelmäßigen quadratischen Pyramide: $a = 20$ mm, $h_a = 45$ mm.

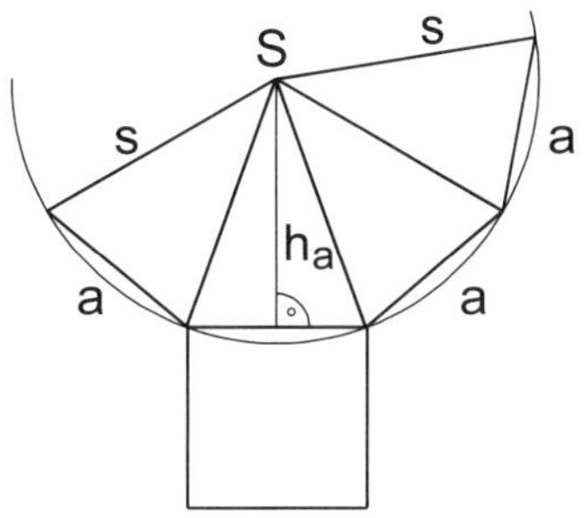

32) a) Regelmäßige quadratische Pyramide:
$a = 8$ cm, $h_a = 5$ cm; Skizze, M = ? O = ?

b) Regelmäßige sechsseitige Pyramide:
$a = 3{,}8$ cm, $h_a = 2{,}4$ cm; Skizze, M = ?

33) Das Dach eines Wohnhauses hat die Form einer regelmäßigen quadratischen Pyramide ($a = 9{,}5$ m, $h_a = 6{,}2$ m). Zeichne eine Skizze und berechne die Größe der Dachfläche.

34) Regelmäßige quadratische Pyramide: $M = 287{,}64\ m^2$, $a = 15{,}3$ m; Skizze, h_a = ?

Name:	Prisminen und Pyramiden 9

31) Konstruiere das Netz einer regelmäßigen quadratischen Pyramide: $a = 20$ mm, $h_a = 45$ mm.

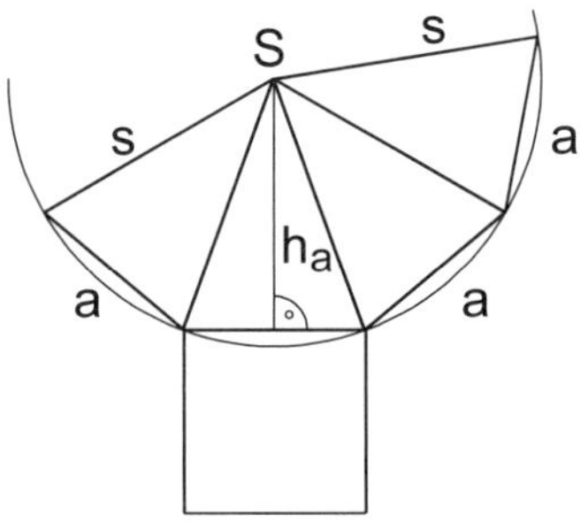

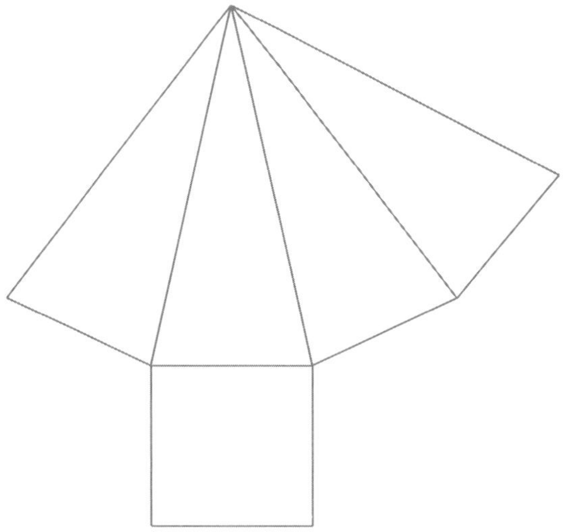

32) a) Regelmäßige quadratische Pyramide:
$a = 8$ cm, $h_a = 5$ cm; Skizze, M = ? O = ?

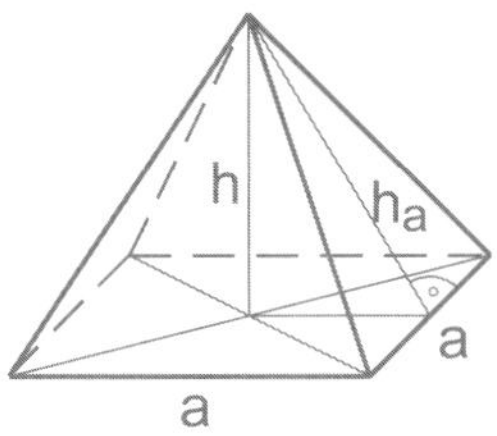

$M = \frac{u_G \cdot h_a}{2} = \frac{4a \cdot h_a}{2}$

$M = 2 \cdot a \cdot h_a$

$M = 2 \cdot 8 \cdot 5 = 80$

M ___ 80 cm²

$O = G + M = a^2 + M$

$O = 8^2 + 80$

$O = 64 + 80 = 144$

O ___ 144 cm²

b) Regelmäßige sechsseitige Pyramide:
$a = 3{,}8$ cm, $h_a = 2{,}4$ cm; Skizze, M = ?

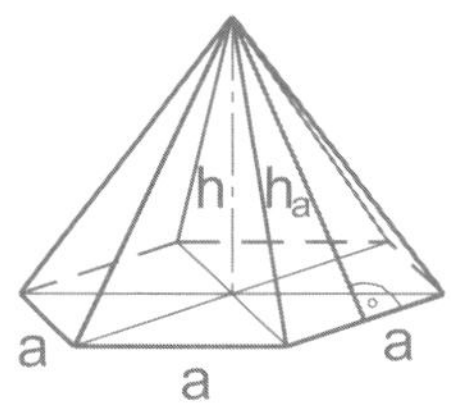

$M = \frac{u_G \cdot h_a}{2} = \frac{6a \cdot h_a}{2}$

$M = 3 \cdot a \cdot h_a$

$M = 3 \cdot 3{,}8 \cdot 2{,}4$

$M = 27{,}36$

M ___ 27,36 cm²

33) Das Dach eines Wohnhauses hat die Form einer regelmäßigen quadratischen Pyramide ($a = 9{,}5$ m, $h_a = 6{,}2$ m). Zeichne eine Skizze und berechne die Größe der Dachfläche.

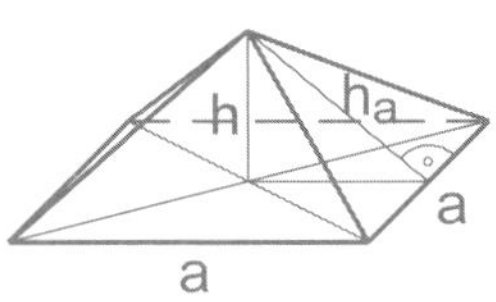

$M = \frac{u_G \cdot h_a}{2} = \frac{4a \cdot h_a}{2} = 2 \cdot a \cdot h_a$

$M = 2 \cdot 9{,}5 \cdot 6{,}2$

$M = 19 \cdot 6{,}2 = 117{,}8$

M ___ 117,8 m²

34) Regelmäßige quadratische Pyramide: $M = 287{,}64$ m², $a = 15{,}3$ m; Skizze, h_a = ?

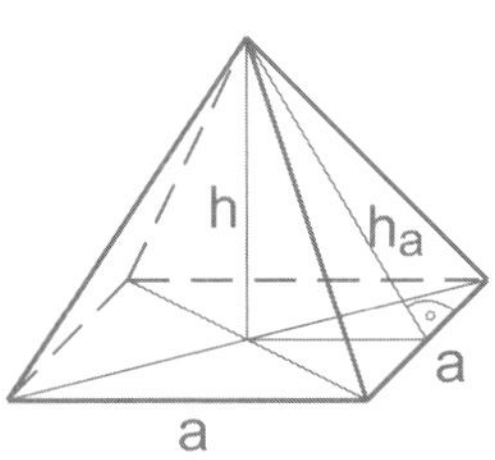

$M = \frac{u_G \cdot h_a}{2} = \frac{4a \cdot h_a}{2}$

$M = 2 \cdot a \cdot h_a$

$287{,}64 = 2 \cdot 15{,}3 \cdot h_a$

$287{,}64 = 30{,}6 \cdot h_a \quad | : 30{,}6$

$h_a = 287{,}64 : 30{,}6 = 9{,}4$

h_a ___ 9,4 m

35) Berechne das Volumen und die Masse eines Betonpfeilers, der aus einem quadratischen Prisma ($a = b = 3$ dm, $h_1 = 7{,}5$ dm) und einer aufgesetzten Pyramide ($h_2 = 2{,}4$ dm) besteht.
(Beton: $\rho = 2{,}5$ kg/dm^3)

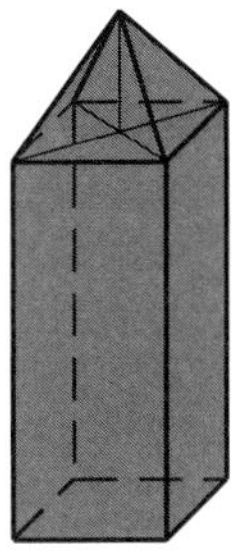

36) Ein Zelt mit Boden soll die Form eines quadratischen Prismas ($a = 2{,}80$ m, $h = 2{,}10$ m) und einer aufgesetzten Pyramide ($h_a = 1{,}60$ m) haben. Zeichne eine Skizze und berechne, wie viel Stoff gebraucht wird, wenn der Verschnitt mit 15 % der Oberfläche angenommen wird.

37) Gib jeweils die Formel für das Volumen an und vereinfache, wenn es möglich ist.

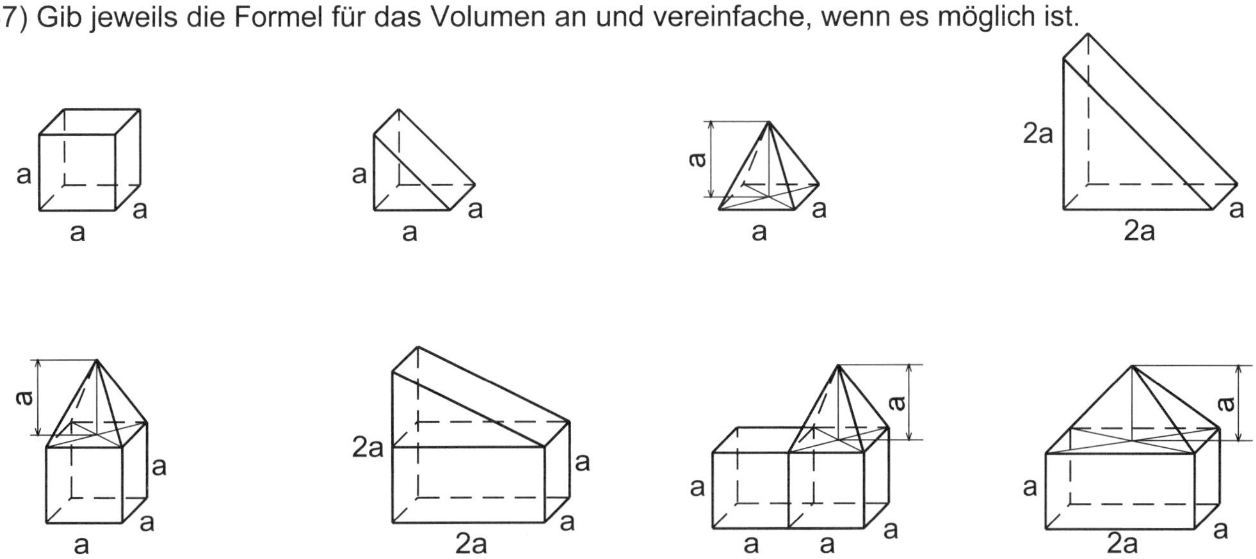

35) Berechne das Volumen und die Masse eines Betonpfeilers, der aus einem quadratischen Prisma ($a = b = 3$ dm, $h_1 = 7{,}5$ dm) und einer aufgesetzten Pyramide ($h_2 = 2{,}4$ dm) besteht. (Beton: $\rho = 2{,}5$ kg/dm³)

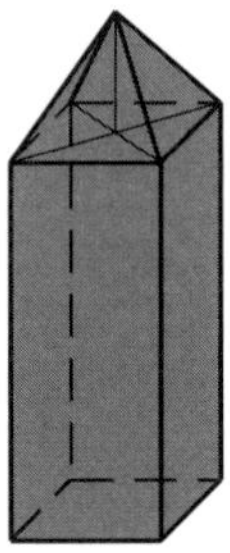

$V = V_1 + V_2$

$V = G \cdot h_1 + \frac{G \cdot h_2}{3}$

$V = 3^2 \cdot 7{,}5 + \frac{3^2 \cdot \cancel{2{,}4}^{0,8}}{\cancel{3}_1}$

$V = 9 \cdot 7{,}5 + 9 \cdot 0{,}8 = 67{,}5 + 7{,}2 = 74{,}7$

V ___ $74{,}7\ dm^3$

$m = \rho \cdot V$

$m = 2{,}5 \cdot 74{,}7 = 186{,}75$

m ___ 186,75 kg

A: Das Volumen beträgt 74,7 dm³, die Masse 186,75 kg.

36) Ein Zelt mit Boden soll die Form eines quadratischen Prismas ($a = 2{,}80$ m, $h = 2{,}10$ m) und einer aufgesetzten Pyramide ($h_a = 1{,}60$ m) haben. Zeichne eine Skizze und berechne, wie viel Stoff gebraucht wird, wenn der Verschnitt mit 15 % der Oberfläche angenommen wird.

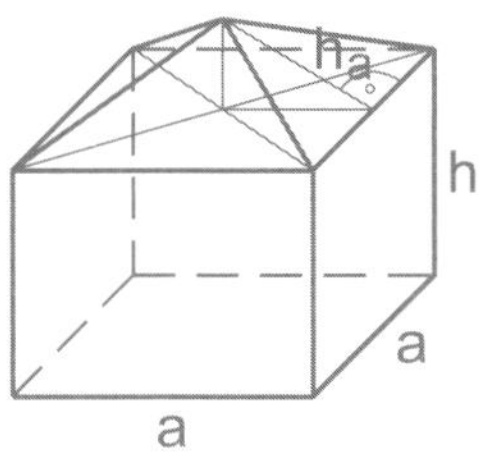

$O = G + M_1 + M_2$

$O = a^2 + 4 \cdot a \cdot h + 4 \cdot \frac{a \cdot h_a}{2}$

$O = 2{,}8^2 + 4 \cdot 2{,}8 \cdot 2{,}1 + 4 \cdot \frac{2{,}8 \cdot \cancel{1{,}6}^{0,8}}{\cancel{2}_1}$

$O = 7{,}84 + 11{,}2 \cdot 2{,}1 + 4 \cdot 2{,}24 = 7{,}84 + 23{,}52 + 8{,}96 = 40{,}32$

O ___ $40{,}32\ m^2$

K: $G = 40{,}32\ m^2$, $p\ \% = 115\ \%$; $A = ?$

$A = G \cdot \frac{p}{100}$

$A = 40{,}32 \cdot 1{,}15 = 46{,}368$

A: Für das Zelt werden inklusive Verschnitt 46,4 m² Stoff gebraucht.

37) Gib jeweils die Formel für das Volumen an und vereinfache, wenn es möglich ist.

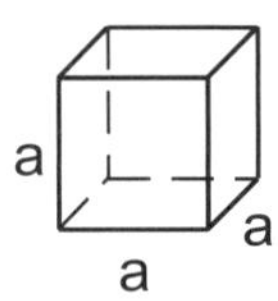

$V = a^3$

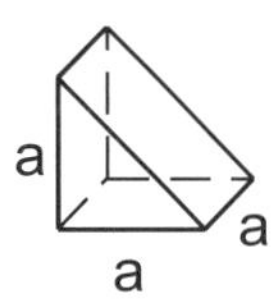

$V = \frac{a^2 \cdot a}{2} = \frac{1}{2}a^3$

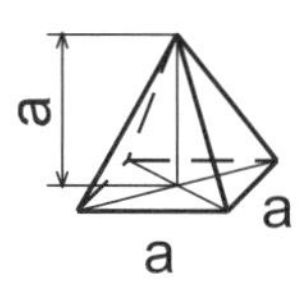

$V = \frac{a^2 \cdot a}{3} = \frac{1}{3}a^3$

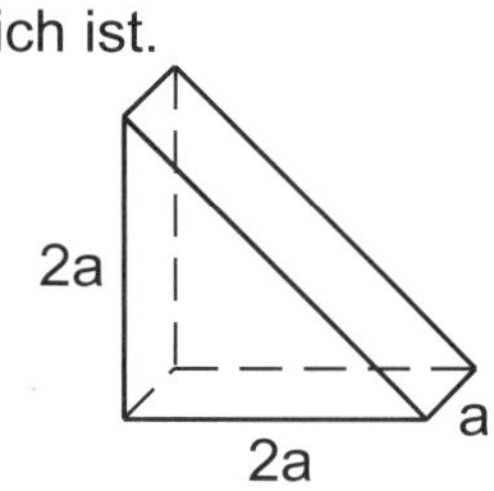

$V = \frac{2a \cdot 2a}{2} \cdot a = 2a^3$

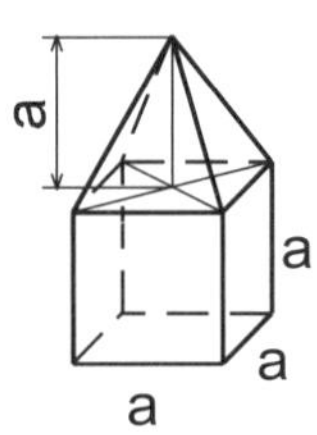

$V = a^3 + \frac{a^3}{3} = \frac{4}{3}a^3$

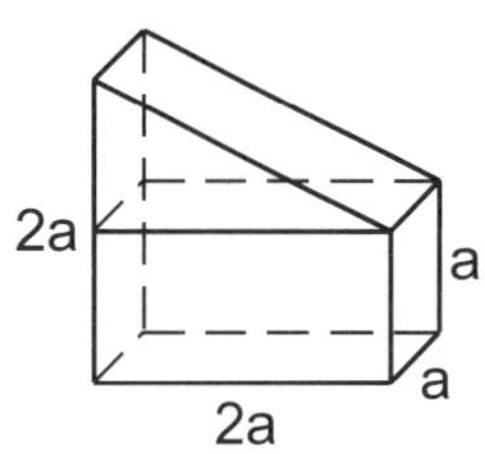

$V = 3a^2 \cdot a = 3a^3$

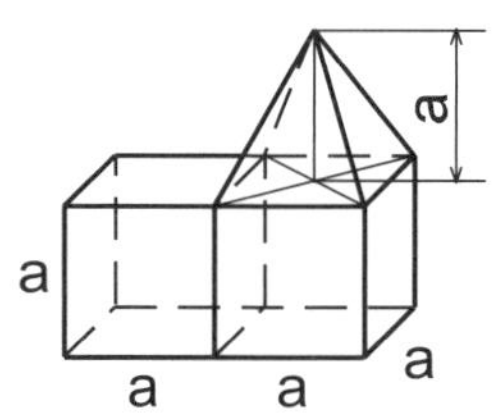

$V = 2a^3 + \frac{a^3}{3} = \frac{7}{3}a^3$

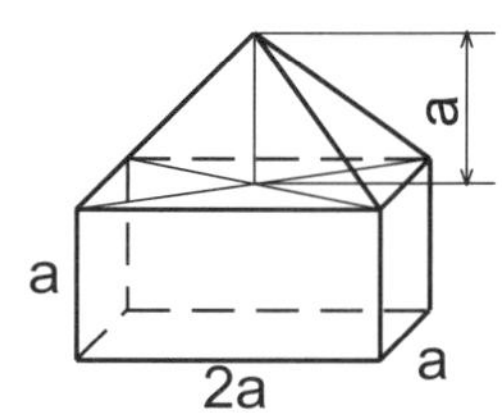

$V = 2a^3 + \frac{2a^2 \cdot a}{3}$

$V = 2a^3 + \frac{2a^3}{3} = \frac{8}{3}a^3$

Name:	Zinsen und Zinseszinsen 1

1) Berechne jeweils den Prozentwert W. Rechne im Kopf.

1 % von 175 € =	7 % von 4 000 € =	3 % von 800 € =
10 % von 890 € =	25 % von 180 € =	20 % von 60 € =
50 % von 280 € =	1,5 % von 600 € =	0,5 % von 360 € =

2) Schreibe die Prozentangaben als Dezimalzahlen und umgekehrt.

Prozentangabe	Dezimalzahl	Prozentangabe	Dezimalzahl	Prozentangabe	Dezimalzahl
1 %			0,125	2,5 %	
	0,03	13,25 %			0,0375
12 %			0,1475	1,75 %	

3) Berechne den Prozentwert W mit Formel.

2 % von 175 €	1,5 % von 480 €	12,25 % von 1 869 €

4) Berechne die Zinsen für ein Jahr.

K = 260 €, p = 3 %	K = 950 €, p = 1,75 %	K = 7 000 €, p = 13,5 %

5) Berechne die Sparzinsen sowie die Kreditzinsen für ein Jahr und berechne dann, um wie viel € die Kreditzinsen höher sind als die Sparzinsen.

Sparzinsen: K = 5 000 €, p_1 = 2,5 %   Kreditzinsen: K = 5 000 €, p_2 = 14,5 %

Vergleich:

A:

6) Berechne die Jahreszinsen für ein Kapital von 1 000 €. Rechne im Kopf.

Zinssatz	1,5 %	2 %	2,5 %	3 %	12 %	12,5 %	13 %	13,5 %
Zinsen								

Name:	Zinsen und Zinseszinsen 1

1) Berechne jeweils den Prozentwert W. Rechne im Kopf.

1 % von 175 € =	1,75 €	7 % von 4 000 € =	280 €	3 % von 800 € =	24 €
10 % von 890 € =	89 €	25 % von 180 € =	45 €	20 % von 60 € =	12 €
50 % von 280 € =	140 €	1,5 % von 600 € =	9 €	0,5 % von 360 € =	1,80 €

2) Schreibe die Prozentangaben als Dezimalzahlen und umgekehrt.

Prozentangabe	Dezimalzahl	Prozentangabe	Dezimalzahl	Prozentangabe	Dezimalzahl
1 %	0,01	12,5 %	0,125	2,5 %	0,025
3 %	0,03	13,25 %	0,1325	3,75 %	0,0375
12 %	0,12	14,75 %	0,1475	1,75 %	0,0175

3) Berechne den Prozentwert W mit Formel.

2 % von 175 €	1,5 % von 480 €	12,25 % von 1 869 €
$W = G \cdot \frac{p}{100}$	$W = G \cdot \frac{p}{100}$	$W = G \cdot \frac{p}{100}$
$W = 175 \cdot 0{,}02$	$W = 480 \cdot 0{,}015$	$W = 1\,869 \cdot 0{,}1225$
$W = 3{,}5$	$W = 7{,}2$	$W = 228{,}952$
W ___ 3,50 €	W ___ 7,20 €	W ___ 228,95 €

4) Berechne die Zinsen für ein Jahr.

K = 260 €, p = 3 %	K = 950 €, p = 1,75 %	K = 7 000 €, p = 13,5 %
$Z = K \cdot \frac{p}{100}$	$Z = K \cdot \frac{p}{100}$	$Z = K \cdot \frac{p}{100}$
$Z = 260 \cdot 0{,}03$	$Z = 950 \cdot 0{,}0175$	$Z = 7\,000 \cdot 0{,}135$
$Z = 7{,}8$	$Z = 16{,}625$	$Z = 945$
Z ___ 7,80 €	Z ___ 16,63 €	Z ___ 945,00 €

5) Berechne die Sparzinsen sowie die Kreditzinsen für ein Jahr und berechne dann, um wie viel € die Kreditzinsen höher sind als die Sparzinsen.

Sparzinsen: K = 5 000 €, $p_1 = 2{,}5$ %

$Z = K \cdot \frac{p_1}{100}$

$Z = 5\,000 \cdot 0{,}025$

$Z = 125$

Z ___ 125,00 €

Kreditzinsen: K = 5 000 €, $p_2 = 14{,}5$ %

$Z = K \cdot \frac{p_2}{100}$

$Z = 5\,000 \cdot 0{,}145$

$Z = 725$

Z ___ 725,00 €

Vergleich: 725 – 125 = 600

A: Die Kreditzinsen sind um 600 € höher als die Sparzinsen.

6) Berechne die Jahreszinsen für ein Kapital von 1 000 €. Rechne im Kopf.

Zinssatz	1,5 %	2 %	2,5 %	3 %	12 %	12,5 %	13 %	13,5 %
Zinsen	15 €	20 €	25 €	30 €	120 €	125 €	130 €	135 €

Name:	Zinsen und Zinseszinsen 2

7) Gib als Bruchteil eines Jahres an und kürze, wenn es möglich ist.

1 Monat:	7 Monate:	1 Tag:	29 Tage:
2 Monate:	11 Monate:	5 Tage:	143 Tage:
6 Monate:	3 Monate:	90 Tage:	270 Tage:

8) Berechne die Zinsen.

K = 1 740 €, p = 3 %, Zeit: 5 Monate	K = 960 €, p = 4,5 %, Zeit: 9 Monate
K = 8 100 €, p = 14,5 %, Zeit: 4 Monate	K = 15,80 €, p = 10,25 %, Zeit: 10 Monate

9) Berechne die Zinsen.

K = 5 000 €, p = 2 %, Zeit: 15 Tage	K = 730 €, p = 1,5 %, Zeit: 322 Tage
K = 425 €, p = 3,25 %, Zeit: 126 Tage	K = 10 000 €, p = 14 %, Zeit: 300 Tage

10) Berechne für einen Kredit von 3 000 € entsprechend dem angegebenen Zinssatz die Zinsen für ein Jahr und die Gesamtschuld nach einem Jahr. Rechne im Kopf.

Zinssatz	7,5 %	8 %	8,5 %	9 %	9,5 %	10 %	10,5 %	11 %
Zinsen								
Gesamtschuld								

Name:	Zinsen und Zinseszinsen 2

7) Gib als Bruchteil eines Jahres an und kürze, wenn es möglich ist.

1 Monat:	$\frac{1}{12}$	7 Monate:	$\frac{7}{12}$	1 Tag:	$\frac{1}{360}$	29 Tage:	$\frac{29}{360}$
2 Monate:	$\frac{2}{12} = \frac{1}{6}$	11 Monate:	$\frac{11}{12}$	5 Tage:	$\frac{5}{360} = \frac{1}{72}$	143 Tage:	$\frac{143}{360}$
6 Monate:	$\frac{6}{12} = \frac{1}{2}$	3 Monate:	$\frac{3}{12} = \frac{1}{4}$	90 Tage:	$\frac{90}{360} = \frac{1}{4}$	270 Tage:	$\frac{270}{360} = \frac{3}{4}$

8) Berechne die Zinsen.

K = 1 740 €, p = 3 %, Zeit: 5 Monate $Z = K \cdot \frac{p}{100} \cdot \frac{m}{12}$ $Z = 1\,740 \cdot 0{,}03 \cdot \frac{5}{12}$ $Z = 21{,}75$ Z ___ 21,75 €	K = 960 €, p = 4,5 %, Zeit: 9 Monate $Z = K \cdot \frac{p}{100} \cdot \frac{m}{12}$ $Z = 960 \cdot 0{,}045 \cdot \frac{\cancel{9}^{3}}{\cancel{12}_{4}}$ $Z = 32{,}4$ Z ___ 32,40 €
K = 8 100 €, p = 14,5 %, Zeit: 4 Monate $Z = K \cdot \frac{p}{100} \cdot \frac{m}{12}$ $Z = 8\,100 \cdot 0{,}145 \cdot \frac{\cancel{4}^{1}}{\cancel{12}_{3}}$ $Z = 391{,}5$ Z ___ 391,50 €	K = 15,80 €, p = 10,25 %, Zeit: 10 Monate $Z = K \cdot \frac{p}{100} \cdot \frac{m}{12}$ $Z = 15{,}80 \cdot 0{,}102\,5 \cdot \frac{\cancel{10}^{5}}{\cancel{12}_{6}}$ $Z = 1{,}349...$ Z ___ 1,35 €

9) Berechne die Zinsen.

K = 5 000 €, p = 2 %, Zeit: 15 Tage $Z = K \cdot \frac{p}{100} \cdot \frac{t}{360}$ $Z = 5\,000 \cdot 0{,}02 \cdot \frac{\cancel{15}^{1}}{\cancel{360}_{24}}$ $Z = 4{,}166...$ Z ___ 4,17 €	K = 730 €, p = 1,5 %, Zeit: 322 Tage $Z = K \cdot \frac{p}{100} \cdot \frac{t}{360}$ $Z = 730 \cdot 0{,}015 \cdot \frac{\cancel{322}^{161}}{\cancel{360}_{180}}$ $Z = 9{,}794...$ Z ___ 9,79 €
K = 425 €, p = 3,25 %, Zeit: 126 Tage $Z = K \cdot \frac{p}{100} \cdot \frac{t}{360}$ $Z = 425 \cdot 0{,}032\,5 \cdot \frac{\cancel{126}^{63}}{\cancel{360}_{180}}$ $Z = 4{,}834...$ Z ___ 4,83 €	K = 10 000 €, p = 14 %, Zeit: 300 Tage $Z = K \cdot \frac{p}{100} \cdot \frac{t}{360}$ $Z = 10\,000 \cdot 0{,}14 \cdot \frac{\cancel{300}^{5}}{\cancel{360}_{6}}$ $Z = 1\,166{,}666...$ Z ___ 1 166,67 €

10) Berechne für einen Kredit von 3 000 € entsprechend dem angegebenen Zinssatz die Zinsen für ein Jahr und die Gesamtschuld nach einem Jahr. Rechne im Kopf.

Zinssatz	7,5 %	8 %	8,5 %	9 %	9,5 %	10 %	10,5 %	11 %
Zinsen	225 €	240 €	255 €	270 €	285 €	300 €	315 €	330 €
Gesamtschuld	3 225 €	3 240 €	3 255 €	3 270 €	3 285 €	3 300 €	3 315 €	3 330 €

Name:	Zinsen und Zinseszinsen 3

Schreibe bei Textaufgaben eine Kurzangabe.

11) Frau Weber hat für den Kauf einer Wohnung einen Kredit von 22 000 € zu einem Zinssatz von 7,5 % aufgenommen. Nach einem Jahr bezahlt sie den Kredit zurück. Wie hoch sind die Zinsen und welchen Betrag muss sie insgesamt zurückzahlen?

A:

12) David hat ein Sparguthaben von 1 582 € und bekommt dafür 2 ¾ % Zinsen. Nach 8 Monaten will er sein gesamtes Guthaben abheben. Wie hoch sind die Zinsen und welchen Betrag kann David abheben?

Kapital	
Zinsen	
Gesamtbetrag	

A:

13) Frau Fischer hat zu Jahresbeginn 2 140 € auf ihrem Sparkonto. Der Zinssatz beträgt 2 ½ %. Sie hebt ihr Geld nach 129 Tagen ab. Wie viel € Zinsen erhält sie? Welchen Betrag hebt sie ab?

Kapital	
Zinsen	
Gesamtbetrag	

A:

14) Herr Tischer versäumt, einen Rechnungsbetrag von 2 975,40 € innerhalb der vereinbarten Zahlungsfrist zu bezahlen. Er wird deshalb gemahnt und muss 10,25 % Verzugszinsen für 34 Tage bezahlen. Welchen Betrag hat Herr Tischer nun zu bezahlen?

A:

Name:	Zinsen und Zinseszinsen 3

Schreibe bei Textaufgaben eine Kurzangabe.

11) Frau Weber hat für den Kauf einer Wohnung einen Kredit von 22 000 € zu einem Zinssatz von 7,5 % aufgenommen. Nach einem Jahr bezahlt sie den Kredit zurück. Wie hoch sind die Zinsen und welchen Betrag muss sie insgesamt zurückzahlen?

K: K = 22 000 €, p = 7,5 %

$Z = K \cdot \frac{p}{100}$

$Z = 22\,000 \cdot 0{,}075$

$Z = 1\,650$

$22\,000 + 1\,650 = 23\,650$

A: Die Zinsen betragen 1 650 €. Frau Weber muss einen Betrag von 23 650 € zurückzahlen.

12) David hat ein Sparguthaben von 1 582 € und bekommt dafür 2 ¾ % Zinsen. Nach 8 Monaten will er sein gesamtes Guthaben abheben. Wie hoch sind die Zinsen und welchen Betrag kann David abheben?

K: K = 1 582 €, p = 2,75 %, Zeit: 8 Monate

Kapital	1 582,00 €
Zinsen	29,00 €
Gesamtbetrag	1 611,00 €

$Z = K \cdot \frac{p}{100} \cdot \frac{m}{12}$

$Z = 1\,582 \cdot 0{,}027\,5 \cdot \frac{\cancel{8}^{2}}{\cancel{12}_{3}} = 29{,}003... \approx 29{,}00$

A: David kann nach 8 Monaten einen Betrag von 1 611,00 € abheben.

13) Frau Fischer hat zu Jahresbeginn 2 140 € auf ihrem Sparkonto. Der Zinssatz beträgt 2 ½ %. Sie hebt ihr Geld nach 129 Tagen ab. Wie viel € Zinsen erhält sie? Welchen Betrag hebt sie ab?

K: K = 2 140 €, p = 2,5 %, Zeit: 129 Tage

Kapital	2 140,00 €
Zinsen	19,17 €
Gesamtbetrag	2 159,17 €

$Z = K \cdot \frac{p}{100} \cdot \frac{t}{360}$

$Z = 2\,140 \cdot 0{,}025 \cdot \frac{\cancel{129}^{43}}{\cancel{360}_{120}} = 19{,}170... \approx 19{,}17$

A: Frau Fischer erhält 19,17 € Zinsen, sie hebt einen Betrag von 2 159,17 € ab.

14) Herr Tischer versäumt, einen Rechnungsbetrag von 2 975,40 € innerhalb der vereinbarten Zahlungsfrist zu bezahlen. Er wird deshalb gemahnt und muss 10,25 % Verzugszinsen für 34 Tage bezahlen. Welchen Betrag hat Herr Tischer nun zu bezahlen?

K: K = 2 975,40 €, p = 10,25 %, Zeit: 34 Tage

$Z = K \cdot \frac{p}{100} \cdot \frac{t}{360}$

$Z = 2\,975{,}40 \cdot 0{,}102\,5 \cdot \frac{\cancel{34}^{17}}{\cancel{360}_{180}}$

$Z = 28{,}803... \approx 28{,}80$

$2\,975{,}40 + 28{,}80 = 3\,004{,}20$

A: Herr Tischer muss 3 004,20 € bezahlen.

Name:	Zinsen und Zinseszinsen 4

15) Finde durch eine Überschlagsrechnung heraus, ob die Behauptungen richtig (r) oder falsch (f) sind.

Für ein Sparguthaben von 1 120 € bekommt man bei einem Zinssatz von 2,75 % nach drei Monaten ungefähr 75 € Zinsen.	
Für ein Sparguthaben von 100 000 € bekommt man bei einem Zinssatz von 3,25 % nach elf Monaten ungefähr 3 000 € Zinsen.	
Für einen Kredit von 1 500 € müssen bei einem Zinssatz von 10,125 % nach einem Monat ungefähr 10 € Zinsen bezahlt werden.	
Für einen Kredit von 100 000 € müssen bei einem Zinssatz von 9,5 % nach einem halben Jahr ungefähr 500 € Zinsen bezahlt werden.	

16) Umkehraufgaben. Berechne das Kapital.

Z = 384 €, p = 3 %, Zeit: 4 Monate; K = ?	Z = 50 €, p = 4 %, Zeit: 150 Tage; K = ?

17) Umkehraufgaben. Berechne den Zinssatz.

K = 1 200 €, Z = 24,5 €, Zeit: 7 Monate; p = ?	K = 1 000 €, Z = 105 €, Zeit: 90 Tage; p = ?

18) Umkehraufgaben. Berechne die Zeit.

K = 400 €, Z = 7,50 €, p = 2,5 %; Zeit: ? Monate	K = 820 €, Z = 61,5 €, p = 12 %; Zeit: ? Tage

15) Finde durch eine Überschlagsrechnung heraus, ob die Behauptungen richtig (r) oder falsch (f) sind.

Für ein Sparguthaben von 1 120 € bekommt man bei einem Zinssatz von 2,75 % nach drei Monaten ungefähr 75 € Zinsen.	f
Für ein Sparguthaben von 100 000 € bekommt man bei einem Zinssatz von 3,25 % nach elf Monaten ungefähr 3 000 € Zinsen.	r
Für einen Kredit von 1 500 € müssen bei einem Zinssatz von 10,125 % nach einem Monat ungefähr 10 € Zinsen bezahlt werden.	f
Für einen Kredit von 100 000 € müssen bei einem Zinssatz von 9,5 % nach einem halben Jahr ungefähr 500 € Zinsen bezahlt werden.	r

16) Umkehraufgaben. Berechne das Kapital.

Z = 384 €, p = 3 %, Zeit: 4 Monate; K = ?	Z = 50 €, p = 4 %, Zeit: 150 Tage; K = ?
$Z = K \cdot \frac{p}{100} \cdot \frac{m}{12} \quad | : (\frac{p}{100} \cdot \frac{m}{12})$	$Z = K \cdot \frac{p}{100} \cdot \frac{t}{360} \quad | : (\frac{p}{100} \cdot \frac{t}{360})$
$K = Z : (\frac{p}{100} \cdot \frac{m}{12})$	$K = Z : (\frac{p}{100} \cdot \frac{t}{360})$
$K = 384 : (0{,}03 \cdot \frac{\cancel{4}^1}{\cancel{12}_3})$	$K = 50 : (0{,}04 \cdot \frac{\cancel{150}^5}{\cancel{360}_{12}})$
K = 38 400	K = 3 000
K ___ 38 400 €	K ___ 3 000 €

17) Umkehraufgaben. Berechne den Zinssatz.

K = 1 200 €, Z = 24,5 €, Zeit: 7 Monate; p = ?	K = 1 000 €, Z = 105 €, Zeit: 90 Tage; p = ?
$Z = K \cdot \frac{p}{100} \cdot \frac{m}{12} \quad | : (K \cdot \frac{m}{12})$	$Z = K \cdot \frac{p}{100} \cdot \frac{t}{360} \quad | : (K \cdot \frac{t}{360})$
$\frac{p}{100} = Z : (K \cdot \frac{m}{12})$	$\frac{p}{100} = Z : (K \cdot \frac{t}{360})$
$\frac{p}{100} = 24{,}5 : (1\,200 \cdot \frac{7}{12})$	$\frac{p}{100} = 105 : (1\,000 \cdot \frac{\cancel{90}^1}{\cancel{360}_4})$
$\frac{p}{100} = 0{,}035$	$\frac{p}{100} = 0{,}42$
p ___ 3,5 %	p ___ 42 %

18) Umkehraufgaben. Berechne die Zeit.

K = 400 €, Z = 7,50 €, p = 2,5 %; Zeit: ? Monate	K = 820 €, Z = 61,5 €, p = 12 %; Zeit: ? Tage
$Z = K \cdot \frac{p}{100} \cdot \frac{m}{12} \quad | : (K \cdot \frac{p}{100})$	$Z = K \cdot \frac{p}{100} \cdot \frac{t}{360} \quad | : (K \cdot \frac{p}{100})$
$\frac{m}{12} = Z : (K \cdot \frac{p}{100})$	$\frac{t}{360} = Z : (K \cdot \frac{p}{100})$
$\frac{m}{12} = 7{,}50 : (400 \cdot 0{,}025)$	$\frac{t}{360} = 61{,}5 : (820 \cdot 0{,}12)$
$\frac{m}{12} = 0{,}75 \quad | \cdot 12$	$\frac{t}{360} = 0{,}625 \quad | \cdot 360$
m = 9	t = 225
t ___ 9 Monate	t ___ 225 Tage

19) Nina möchte so viel sparen, dass sie jedes Jahr über 12 000 € Zinsen verfügen kann. Wie hoch müsste der Betrag bei einem Zinssatz von 5 % sein?

A:

20) Familie Wieser möchte einen Teil der jährlichen Kosten für den Schiurlaub durch Zinsen finanzieren. Welches Kapital müsste sie zunächst einmal ansparen, um dann bei einem Zinssatz von 3,5 % pro Jahr 700 € Zinsen zu erhalten?

A:

21) Herr Schulz hatte zu einem Zinssatz von 9,5 % einen Kredit von 7 200 € aufgenommen. Noch vor Ablauf eines Jahres bezahlte er den Kredit zurück – inklusive der Zinsen waren es 7 713 €. Wie hoch waren die Zinsen, die Herr Schulz bezahlt hat, und nach welcher Zeit hat er den Kredit zurückgezahlt?

A:

22) Berechne den Zinssatz.

sofortkredit gesucht.
Zahle für 50 000 €
nach 9 Monaten
56 000 € zurück.

A:

19) Nina möchte so viel sparen, dass sie jedes Jahr über 12 000 € Zinsen verfügen kann. Wie hoch müsste der Betrag bei einem Zinssatz von 5 % sein?

Z = 12 000 €, p = 5 %, Zeit: 1 Jahr; K = ?

$Z = K \cdot \frac{p}{100} \quad | : \frac{p}{100}$

$K = Z : \frac{p}{100}$

$K = 12\,000 : 0{,}05 = 240\,000$

A: Nina müsste 240 000 € sparen.

20) Familie Wieser möchte einen Teil der jährlichen Kosten für den Schiurlaub durch Zinsen finanzieren. Welches Kapital müsste sie zunächst einmal ansparen, um dann bei einem Zinssatz von 3,5 % pro Jahr 700 € Zinsen zu erhalten?

Z = 700 €, p = 3,5 %, Zeit: 1 Jahr; K = ?

$Z = K \cdot \frac{p}{100} \quad | : \frac{p}{100}$

$K = Z : \frac{p}{100}$

$K = 700 : 0{,}035 = 20\,000$

A: Familie Wieser müsste 20 000 € ansparen.

21) Herr Schulz hatte zu einem Zinssatz von 9,5 % einen Kredit von 7 200 € aufgenommen. Noch vor Ablauf eines Jahres bezahlte er den Kredit zurück – inklusive der Zinsen waren es 7 713 €. Wie hoch waren die Zinsen, die Herr Schulz bezahlt hat, und nach welcher Zeit hat er den Kredit zurückgezahlt?

Z = 7 713 – 7 200 = 513

K = 7 200 €, p = 9,5 %, Z = 513 €; Zeit = ?

$Z = K \cdot \frac{p}{100} \cdot \frac{t}{360} \quad | : (K \cdot \frac{p}{100})$

$\frac{t}{360} = Z : (K \cdot \frac{p}{100})$

$\frac{t}{360} = 513 : (7\,200 \cdot 0{,}095)$

$\frac{t}{360} = 0{,}75 \quad | \cdot 360$

$t = 0{,}75 \cdot 360 = 270 \qquad$ t ___ 270 Tage

A: Herr Schulz bezahlte für den Kredit 513 € Zinsen, die Rückzahlung erfolgte nach 9 Monaten.

22) Berechne den Zinssatz.

K = 50 000 €, Z = 6 000 €, Zeit: 9 Monate; p = ?

$Z = K \cdot \frac{p}{100} \cdot \frac{m}{12} \quad | : (K \cdot \frac{m}{12})$

$\frac{p}{100} = Z : (K \cdot \frac{m}{12})$

$\frac{p}{100} = 6\,000 : (50\,000 \cdot \frac{3}{4})$

$\frac{p}{100} = 0{,}16$

A: Der Zinssatz beträgt 16 %.

Name:	Zinsen und Zinseszinsen 6

Bei der Bank beginnt die Verzinsung am Tag nach der Einlage und endet am Tag der Abhebung.
Beispiel: Einlage am 21. 5. und Abhebung am 7. 8. → t = 9 + 30 + 30 + 7 = 76

23) Berechne (schrittweise) die Anzahl der Tage.

26. 3. bis 18. 5.		13. 6. bis 13. 8.	
14. 8. bis 5. 11.		19. 5. bis 29. 12.	
7. 4. bis 27. 10.		29. 1. bis 24. 9.	

24) Für das Sparguthaben sind 2,5 % Zinsen vereinbart.
Berechne die Zinsen für die angegebene Anzahl von Tagen und den neuen Guthabenstand.

Datum	Buchungstext	Umsatz (+/–)	Guthabenstand
03. 09.	Einzahlung	6 000,00 +	6 000,00
30. 09.	Zinsen		

25) Für das Sparguthaben sind 3,25 % Zinsen vereinbart.
Berechne die Zinsen für die angegebene Anzahl von Tagen und den neuen Guthabenstand.

Datum	Buchungstext	Umsatz (+/–)	Guthabenstand
25. 04.	Einzahlung	4 280,00 +	4 280,00
17. 09.	Zinsen		

26) Ergänze die Tabelle. Versuche, die Aufgaben im Kopf zu lösen oder rechne auf einem extra Blatt.

Kapital	1 000 €	500 €	20 000 €		60 000 €	12 000 €	
Zinssatz	7,5 %	5 %		3 %	2,5 %		8 ¾ %
Zeit	1 Jahr		¼ Jahr	1 Monat		4 Monate	1 Jahr
Zinsen		12,5 €	200 €	20 €	250 €	400 €	350 €

Name:	Zinsen und Zinseszinsen 6

Bei der Bank beginnt die Verzinsung am Tag nach der Einlage und endet am Tag der Abhebung.
Beispiel: Einlage am 21. 5. und Abhebung am 7. 8. → t = 9 + 30 + 30 + 7 = 76

23) Berechne (schrittweise) die Anzahl der Tage.

26. 3. bis 18. 5.	t = 4 + 30 + 18 = 52	13. 6. bis 13. 8.	t = 17 + 30 + 13 = 60
14. 8. bis 5. 11.	t = 16 + 30 + 30 + 5 = 81	19. 5. bis 29. 12.	t = 11 + 6 · 30 + 29 = 220
7. 4. bis 27. 10.	t = 23 + 5 · 30 + 27 = 200	29. 1. bis 24. 9.	t = 1 + 7 · 30 + 24 = 235

24) Für das Sparguthaben sind 2,5 % Zinsen vereinbart.
Berechne die Zinsen für die angegebene Anzahl von Tagen und den neuen Guthabenstand.

Datum	Buchungstext	Umsatz (+/–)	Guthabenstand
03. 09.	Einzahlung	6 000,00 +	6 000,00
30. 09.	Zinsen	11,25 +	6 011,25

K = 6 000 €, p = 2,5 %, Zeit: 27 Tage

$Z = K \cdot \frac{p}{100} \cdot \frac{t}{360}$

$Z = 6\,000 \cdot 0{,}025 \cdot \frac{\cancel{27}^{3}}{\cancel{360}_{40}}$

$Z = 11{,}25$

25) Für das Sparguthaben sind 3,25 % Zinsen vereinbart.
Berechne die Zinsen für die angegebene Anzahl von Tagen und den neuen Guthabenstand.

Datum	Buchungstext	Umsatz (+/–)	Guthabenstand
25. 04.	Einzahlung	4 280,00 +	4 280,00
17. 09.	Zinsen	54,87 +	4 334,87

t = 5 + 30 · 4 + 17 = 5 + 120 + 17 = 142

K = 4 280 €, p = 3,25 %, t = 142 Tage

$Z = K \cdot \frac{p}{100} \cdot \frac{t}{360}$

$Z = 4\,280 \cdot 0{,}032\,5 \cdot \frac{\cancel{142}^{71}}{\cancel{360}_{180}}$

$Z = 54{,}867... \approx 54{,}87$

26) Ergänze die Tabelle. Versuche, die Aufgaben im Kopf zu lösen oder rechne auf einem extra Blatt.

Kapital	1 000 €	500 €	20 000 €	8 000 €	60 000 €	12 000 €	4 000 €
Zinssatz	7,5 %	5 %	4 %	3 %	2,5 %	10 %	8 ¾ %
Zeit	1 Jahr	½ Jahr	¼ Jahr	1 Monat	2 Monate	4 Monate	1 Jahr
Zinsen	75 €	12,5 €	200 €	20 €	250 €	400 €	350 €

Name:	Zinsen und Zinseszinsen 7

27) Kredit-Tilgungsplan
Ergänze in der Tabelle die fehlenden Zahlen. (Schreibe sorgfältig untereinander.)

	Jahresanfang Schuld	plus	Zinsen			Jahresende Rückzahlung	Restschuld
1. Jahr	90 000,00	+	10 800,00	=	100 800,00	30 000,00	
2. Jahr	70 800,00	+	8 496,00	=		30 000,00	49 296,00
3. Jahr		+	5 915,52	=	55 211,52	30 000,00	25 211,52
4. Jahr	25 211,52	+		=	28 236,90	28 236,90	0,00

Lies aus der Tabelle ab bzw. berechne.

a) Welcher Betrag wurde als Kredit aufgenommen?

b) Welche Summe wurde in den ersten drei Jahren zurückgezahlt?

c) Wie hoch ist die Schuld am Ende des dritten Jahres?

d) Welcher Betrag fiel an Zinsen an?

e) Welcher Betrag wurde insgesamt zurückbezahlt?

f) Wie hoch ist der Zinssatz?

28) Kredit-Tilgungsplan
Ergänze in der Tabelle die fehlenden Zahlen. (Schreibe sorgfältig untereinander.)

	Jahresanfang Schuld	plus	Zinsen			Jahresende Rückzahlung	Restschuld
1. Jahr	80 000,00	+	7 200,00	=	87 200,00	20 000,00	
2. Jahr	67 200,00	+	6 048,00	=		20 000,00	53 248,00
3. Jahr		+	4 792,32	=		20 000,00	
4. Jahr	38 040,32	+		=	41 463,95	20 000,00	
5. Jahr		+	1 931,76	=	23 395,71	20 000,00	
6. Jahr	3 395,71	+	305,61	=			

29) Stelle einen Kredit-Tilgungsplan auf.
Ein Kredit von 12 000 € wird zu einem Zinssatz von 10 % aufgenommen und soll in Jahresraten zu 4 000 € zurückbezahlt werden.

	Jahresanfang Schuld	plus	Zinsen			Jahresende Rückzahlung	Restschuld
1. Jahr		+		=			
2. Jahr		+		=			
3. Jahr		+		=			
4. Jahr		+		=			

Name:	Zinsen und Zinseszinsen 7

27) Kredit-Tilgungsplan
Ergänze in der Tabelle die fehlenden Zahlen. (Schreibe sorgfältig untereinander.)

	Jahresanfang Schuld	plus	Zinsen			Jahresende Rückzahlung	Restschuld
1. Jahr	90 000,00	+	10 800,00	=	100 800,00	30 000,00	70 800,00
2. Jahr	70 800,00	+	8 496,00	=	79 296,00	30 000,00	49 296,00
3. Jahr	49 296,00	+	5 915,52	=	55 211,52	30 000,00	25 211,52
4. Jahr	25 211,52	+	3 025,38	=	28 236,90	28 236,90	0,00

Lies aus der Tabelle ab bzw. berechne.

a) Welcher Betrag wurde als Kredit aufgenommen? 90 000,00

b) Welche Summe wurde in den ersten drei Jahren zurückgezahlt? 90 000,00

c) Wie hoch ist die Schuld am Ende des dritten Jahres? 25 211,52

d) Welcher Betrag fiel an Zinsen an? 28 236,90

e) Welcher Betrag wurde insgesamt zurückbezahlt? 118 236,90

f) Wie hoch ist der Zinssatz? 12 %

28) Kredit-Tilgungsplan
Ergänze in der Tabelle die fehlenden Zahlen. (Schreibe sorgfältig untereinander.)

	Jahresanfang Schuld	plus	Zinsen			Jahresende Rückzahlung	Restschuld
1. Jahr	80 000,00	+	7 200,00	=	87 200,00	20 000,00	67 200,00
2. Jahr	67 200,00	+	6 048,00	=	73 248,00	20 000,00	53 248,00
3. Jahr	53 248,00	+	4 792,32	=	58 040,32	20 000,00	38 040,32
4. Jahr	38 040,32	+	3 423,63	=	41 463,95	20 000,00	21 463,95
5. Jahr	21 463,95	+	1 931,76	=	23 395,71	20 000,00	3 395,71
6. Jahr	3 395,71	+	305,61	=	3 701,32	3 701,32	0,00

29) Stelle einen Kredit-Tilgungsplan auf.
Ein Kredit von 12 000 € wird zu einem Zinssatz von 10 % aufgenommen und soll in Jahresraten zu 4 000 € zurückbezahlt werden.

	Jahresanfang Schuld	plus	Zinsen			Jahresende Rückzahlung	Restschuld
1. Jahr	12 000,00	+	1 200,00	=	13 200,00	4 000,00	9 200,00
2. Jahr	9 200,00	+	920,00	=	10 120,00	4 000,00	6 120,00
3. Jahr	6 120,00	+	612,00	=	6 732,00	4 000,00	2 732,00
4. Jahr	2 732,00	+	273,20	=	3 005,20	3 005,20	0,00

Name:	Zinsen und Zinseszinsen 8

30) Ergänze die Tabelle. Gib den Rechengang an.

Zinssatz	Kapital in €	Guthaben nach einem Jahr in €
4,5 %	250	
6 %	2 000	
3 %	27 480	
3,125 %	1 000	
1,875 %	25 900	

31) Für ein Kapital von 5 000 € sind 4 % Zinsen vereinbart. Berechne schrittweise das Guthaben nach 5 Jahren.

Jahr	Jahresanfang Guthaben in €	Zinsen für dieses Jahr in €	Jahresende Guthaben in €
1			
2			
3			
4			
5			

➪ Es gibt bei Taschenrechnern (meist) Möglichkeiten, mit wenig Aufwand mehrmals mit derselben Zahl zu rechnen.

① Man speichert die konstante Zahl (z. B. STO) und drückt dann, anstatt jedes Mal diese Zahl wieder einzugeben, die Speicher-Rückruftaste (z. B. RCL).

② Manche Taschenrechner sind mit einem automatischen Konstantenmodus ausgestattet: wenn man die Taste „=“ mehrmals hintereinander drückt, wird jedes Mal der zuletzt eingegebene Rechenvorgang wiederholt. Bei einigen Modellen ist die Konstante extra einzugeben, muss aber nach Gebrauch wieder gelöscht werden.

Überprüfe diese Funktionen bei deinem Taschenrechner mit Rechnungen mit einfachen Zahlen, z. B.: $10 + 3 + 3 + 3 = 19$ bzw. $10 \cdot 3 \cdot 3 \cdot 3 = 270$

32) Fülle die Tabelle aus.

Kapital	Zinssatz	Guthaben nach 1 Jahr	Guthaben nach 2 Jahren	Guthaben nach 3 Jahren
200,00	4,5 %			
1 000,00	3,75 %			
840,00	2,25 %			

33) Untersuche mit dem Taschenrechner, wie viele Jahre es dauert, bis sich ein Kapital von 1 000 €, das mit den angeführten Zinssätzen angelegt ist, mindestens verdoppelt. Trage dann in der Tabelle den auf ganze € gerundeten entsprechenden Betrag ein. (Z. B.: $K_{17} = 2\,119$)

3 %	5 %	7 %	9 %	11 %	13 %

30) Ergänze die Tabelle. Gib den Rechengang an.

Zinssatz	Kapital in €	Guthaben nach einem Jahr in €
4,5 %	250	250 · 1,045 = 261,25
6 %	2 000	2 000 · 1,06 = 2 120,00
3 %	27 480	27 480 · 1,03 = 28 304,40
3,125 %	1 000	1 000 · 1,03125 = 1 031,25
1,875 %	25 900	25 900 · 1,01875 = 26 385,625 ≈ 26 385,63

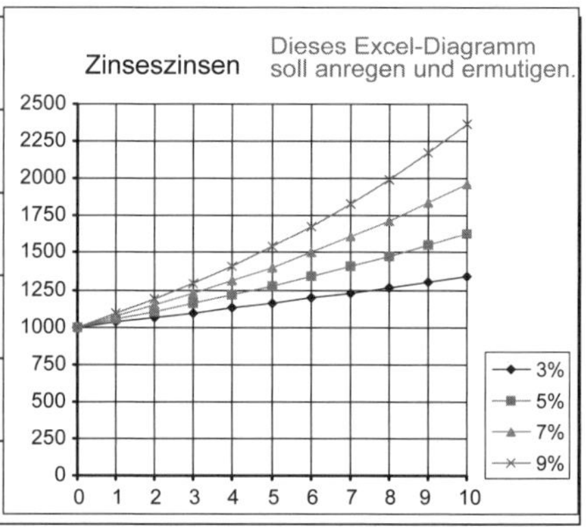

31) Für ein Kapital von 5 000 € sind 4 % Zinsen vereinbart. Berechne schrittweise das Guthaben nach 5 Jahren.

Jahr	Jahresanfang Guthaben in €	Zinsen für dieses Jahr in €	Jahresende Guthaben in €
1	5 000,00	200,00	5 200,00
2	5 200,00	208,00	5 408,00
3	5 408,00	216,32	5 624,32
4	5 624,32	224,97	5 849,29
5	5 849,29	233,97	6 083,26

Es gibt bei Taschenrechnern (meist) Möglichkeiten, mit wenig Aufwand mehrmals mit derselben Zahl zu rechnen.

① Man speichert die konstante Zahl (z. B. STO) und drückt dann, anstatt jedes Mal diese Zahl wieder einzugeben, die Speicher-Rückruftaste (z. B. RCL).

② Manche Taschenrechner sind mit einem automatischen Konstantenmodus ausgestattet: wenn man die Taste „=“ mehrmals hintereinander drückt, wird jedes Mal der zuletzt eingegebene Rechenvorgang wiederholt. Bei einigen Modellen ist die Konstante extra einzugeben, muss aber nach Gebrauch wieder gelöscht werden.

Überprüfe diese Funktionen bei deinem Taschenrechner mit Rechnungen mit einfachen Zahlen, z. B.: 10 + 3 + 3 + 3 = 19 bzw. 10 · 3 · 3 · 3 = 270

32) Fülle die Tabelle aus.

Kapital	Zinssatz	Guthaben nach 1 Jahr	Guthaben nach 2 Jahren	Guthaben nach 3 Jahren
200,00	4,5 %	209,00	218,41	228,23
1 000,00	3,75 %	1 037,50	1 076,41	1 116,77
840,00	2,25 %	858,90	878,23	897,99

33) Untersuche mit dem Taschenrechner, wie viele Jahre es dauert, bis sich ein Kapital von 1 000 €, das mit den angeführten Zinssätzen angelegt ist, mindestens verdoppelt. Trage dann in der Tabelle den auf ganze € gerundeten entsprechenden Betrag ein. (Z. B.: K_{17} = 2 119)

3 %	5 %	7 %	9 %	11 %	13 %
K_{24} = 2 033	K_{15} = 2 079	K_{11} = 2 105	K_9 = 2 172	K_7 = 2 076	K_6 = 2 082

Name:	Zinsen und Zinseszinsen 9

34) Michael bekam zu seinem 14. Geburtstag ein Sparbuch mit 1 500 € geschenkt. Welchen Betrag wird er an seinem 19. Geburtstag abheben können, wenn der (garantierte) Zinssatz 3,375 % beträgt?

Kapital	Guthaben nach 1 Jahr	Guthaben nach 2 Jahren	Guthaben nach 3 Jahren	Guthaben nach 4 Jahren	Guthaben nach 5 Jahren

A:

35) Frau Müller nimmt, um einen Betrieb zu gründen, einen Kredit in Höhe von 60 000 € zu einem Zinssatz von 6,5 % auf. Mit der Rückzahlung wird sie nach 3 Jahren beginnen. Bis zu welcher Höhe ist die Schuld in dieser Zeit angewachsen?

Kredit	Schulden nach 1 Jahr	Schulden nach 2 Jahren	Schulden nach 3 Jahren

A:

36) Nikola will einen Betrag von 2 000 € sparen. Wenn sie das Geld auf einem „Kapitalsparbuch“ für 5 Jahre anlegt, bekommt sie 4,25 % Zinsen pro Jahr. Wenn sie das Geld auf einem „Kapitalsparbuch“ für 3 Jahre anlegt, bekommt sie 3 ¾ % Zinsen pro Jahr. Wie hoch ist jeweils das Guthaben?

A:

37) Herr Klein legt einen Betrag von 4 500 € auf ein Sparkonto zu 4 %.
Nach zwei Jahren hebt er 1 000 € ab und nach einem weiteren Jahr zahlt er 2 400 € ein.
Wie groß ist sein Guthaben nach 5 Jahren? Schreibe den Rechengang auf.

34) Michael bekam zu seinem 14. Geburtstag ein Sparbuch mit 1 500 € geschenkt. Welchen Betrag wird er an seinem 19. Geburtstag abheben können, wenn der (garantierte) Zinssatz 3,375 % beträgt?

Kapital	Guthaben nach 1 Jahr	Guthaben nach 2 Jahren	Guthaben nach 3 Jahren	Guthaben nach 4 Jahren	Guthaben nach 5 Jahren
1 500,00	1 550,63	1 602,96	1 657,06	1 712,98	1 770,80

A: Michael wird an seinem 19. Geburtstag 1 770,80 € abheben können.

35) Frau Müller nimmt, um einen Betrieb zu gründen, einen Kredit in Höhe von 60 000 € zu einem Zinssatz von 6,5 % auf. Mit der Rückzahlung wird sie nach 3 Jahren beginnen. Bis zu welcher Höhe ist die Schuld in dieser Zeit angewachsen?

Kredit	Schulden nach 1 Jahr	Schulden nach 2 Jahren	Schulden nach 3 Jahren
60 000,00	63 900,00	68 053,50	72 476,98

A: Frau Müllers Schulden betragen nach drei Jahren 72 476,98 €.

36) Nikola will einen Betrag von 2 000 € sparen. Wenn sie das Geld auf einem „Kapitalsparbuch" für 5 Jahre anlegt, bekommt sie 4,25 % Zinsen pro Jahr. Wenn sie das Geld auf einem „Kapitalsparbuch" für 3 Jahre anlegt, bekommt sie 3 ¾ % Zinsen pro Jahr. Wie hoch ist jeweils das Guthaben?

p % = 4,25 %, t = 5 Jahre

Kapital	Guthaben nach 1 Jahr	Guthaben nach 2 Jahren	Guthaben nach 3 Jahren	Guthaben nach 4 Jahren	Guthaben nach 5 Jahren
2 000,00	2 085,00	2 173,61	2 265,99	2 362,30	2 462,69

p % = 3,75 %, t = 3 Jahre

Kapital	Guthaben nach 1 Jahr	Guthaben nach 2 Jahren	Guthaben nach 3 Jahren
2 000,00	2 075,00	2 152,81	2 233,54

A: Das Guthaben nach 5 Jahren ist 2 462,69 €, das Guthaben nach 3 Jahren ist 2 233,54 €.

37) Herr Klein legt einen Betrag von 4 500 € auf ein Sparkonto zu 4 %.
Nach zwei Jahren hebt er 1 000 € ab und nach einem weiteren Jahr zahlt er 2 400 € ein.
Wie groß ist sein Guthaben nach 5 Jahren? Schreibe den Rechengang auf.

	4 500 €
nach 1. Jahr	4 500 € · 1,04 = 4 680 €
nach 2. Jahr	4 680 € · 1, 04 – 1 000 € = 3 867,20 €
nach 3. Jahr	3 867,20 € · 1, 04 + 2 400,00 € = 6 421,89 €
nach 4. Jahr	6 421,89 € · 1, 04 = 6 678,77 €
nach 5. Jahr	6 678,77 € · 1, 04 = 6 945,92 €

Name:	Lehrsatz des Pythagoras 1

1) Kontrolliere mit dem Geodreieck die Größe der Winkel und kreuze an, wenn das Dreieck rechtwinklig ist.

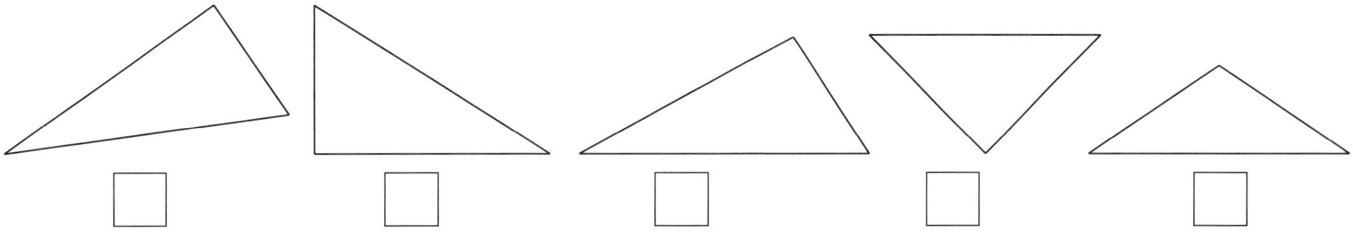

2) Zeichne eine Skizze und konstruiere ein rechtwinkliges Dreieck ($\gamma = 90°$): $b = 64$ mm und $\alpha = 35°$.

3) Entnimm der Skizze die Längen der entsprechenden Bestimmungsstücke und berechne auf zwei Arten den Flächeninhalt.

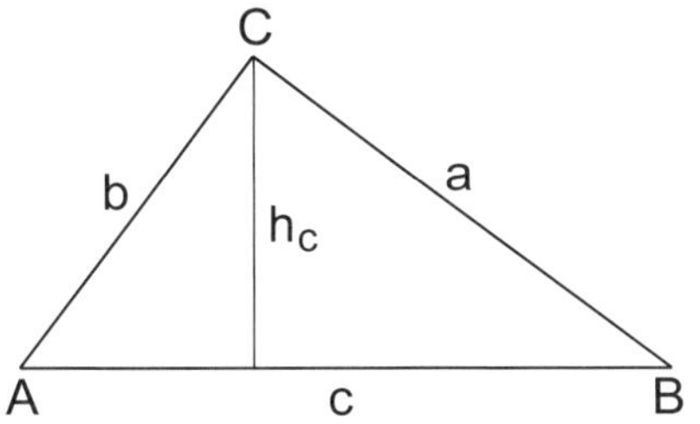

4) Setze die Fachausdrücke ein.

Die ______ bilden den rechten Winkel.

Die ______ liegt dem rechten Winkel gegenüber.

5) Kennzeichne bei den rechtwinkligen Dreiecken jeweils den rechten Winkel und bezeichne die Katheten mit k_1 und k_2 sowie die Hypotenuse mit h.

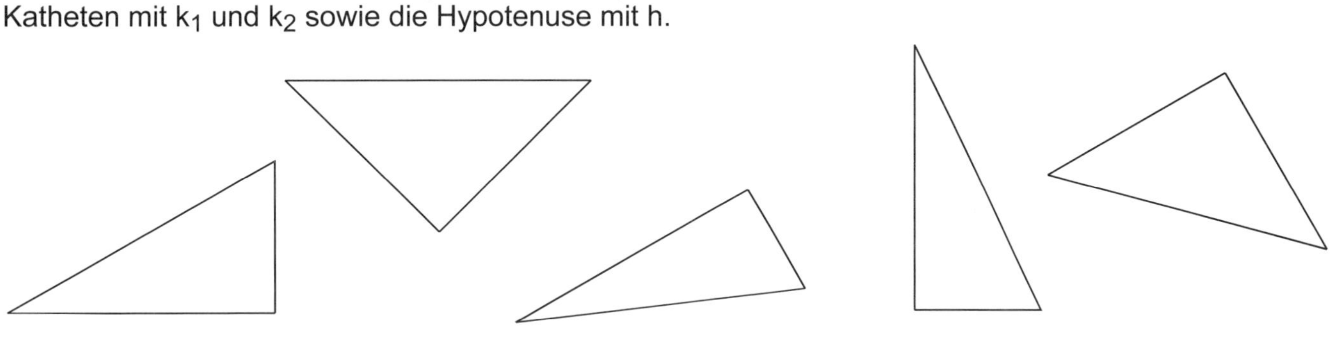

Name:	Lehrsatz des Pythagoras 1

1) Kontrolliere mit dem Geodreieck die Größe der Winkel und kreuze an, wenn das Dreieck rechtwinklig ist.

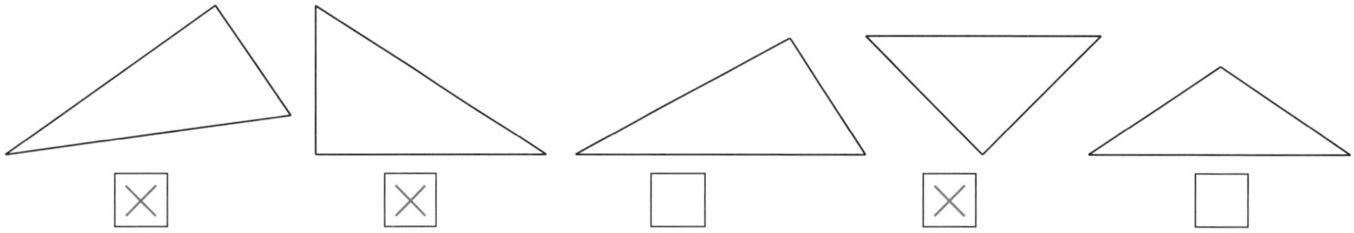

2) Zeichne eine Skizze und konstruiere ein rechtwinkliges Dreieck ($\gamma = 90°$): b = 64 mm und $\alpha = 35°$.

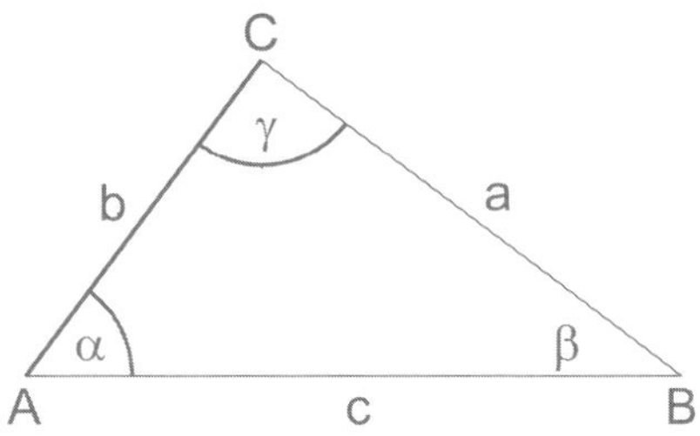

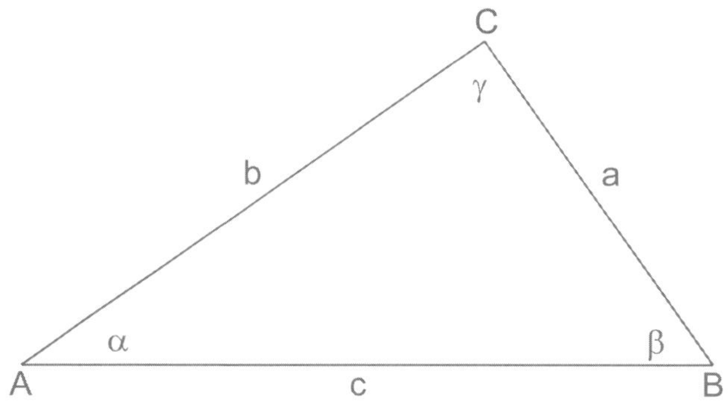

3) Entnimm der Skizze die Längen der entsprechenden Bestimmungsstücke und berechne auf zwei Arten den Flächeninhalt.

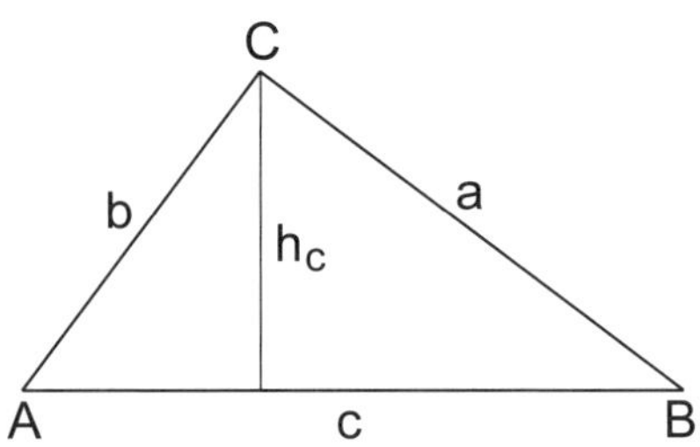

$\gamma = 90°$

a = 40 mm

b = 30 mm

c = 50 mm

h_c = 24 mm

$A = \frac{c \cdot h_c}{2}$

$A = \frac{50 \cdot \cancel{24}^{12}}{\cancel{2}_1}$

A = 600

A ___ 600 mm²

$A = \frac{a \cdot b}{2}$

$A = \frac{^{20}\cancel{40} \cdot 30}{\cancel{2}_1}$

A = 600

A ___ 600 mm²

4) Setze die Fachausdrücke ein.

Die | Katheten | bilden den rechten Winkel.

Die | Hypotenuse | liegt dem rechten Winkel gegenüber.

5) Kennzeichne bei den rechtwinkligen Dreiecken jeweils den rechten Winkel und bezeichne die Katheten mit k_1 und k_2 sowie die Hypotenuse mit h.

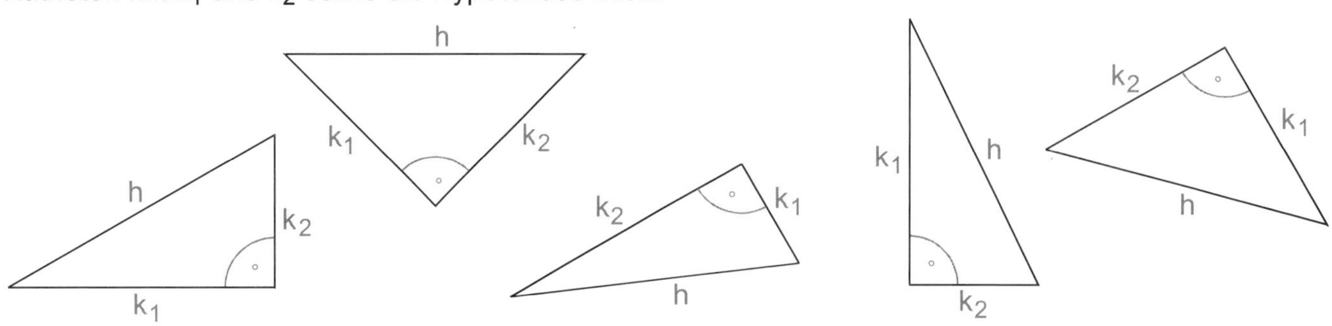

Name:	Lehrsatz des Pythagoras 2

➪ Quadratwurzelziehen ist die Umkehrung des Quadrierens. Beim Quadratwurzelziehen einer Zahl wird jene nicht negative Zahl gesucht, deren Quadrat die gegebene Zahl ist.

6) Quadrieren – Quadratwurzelziehen. Rechne ohne Taschenrechner.

1^2 =	$\sqrt{1}$ = 1	$\sqrt{4}$ =	2^2 =
3^2 =	$\sqrt{9}$ = 3	$\sqrt{16}$ =	
5^2 =		$\sqrt{36}$ =	
7^2 =		$\sqrt{64}$ =	
9^2 =		$\sqrt{100}$ =	
20^2 =		$\sqrt{900}$ =	
40^2 =		$\sqrt{2500}$ =	
$0{,}6^2$ =		$\sqrt{0{,}49}$ =	
$0{,}8^2$ =		$\sqrt{0{,}81}$ =	

7) Berechne die Quadratwurzeln mit dem Taschenrechner. (Verwende die Taste $\boxed{\sqrt{\ }}$.)

$\sqrt{361}$ = 19	$\sqrt{5{,}29}$ =	$\sqrt{60{,}84}$ =
$\sqrt{784}$ =	$\sqrt{23{,}04}$ =	$\sqrt{6084}$ =
$\sqrt{3136}$ =	$\sqrt{39{,}4384}$ =	$\sqrt{608400}$ =

8) Berechne mit dem Taschenrechner die Quadratwurzeln und runde die Ergebnisse auf zwei Dezimalen.

$\sqrt{2}$ =	$\sqrt{50}$ =	$\sqrt{5{,}32}$ =	$\sqrt{7}$ =
$\sqrt{3}$ =	$\sqrt{500}$ =	$\sqrt{0{,}532}$ =	$\sqrt{700}$ =
$\sqrt{10}$ =	$\sqrt{5000}$ =	$\sqrt{0{,}0532}$ =	$\sqrt{70000}$ =

9) Kennzeichne jeweils bei dem Dreieck den rechten Winkel und zieh die Hypotenuse mit grünem Buntstift nach. Lies dann den Lehrsatz des Pythagoras ab.

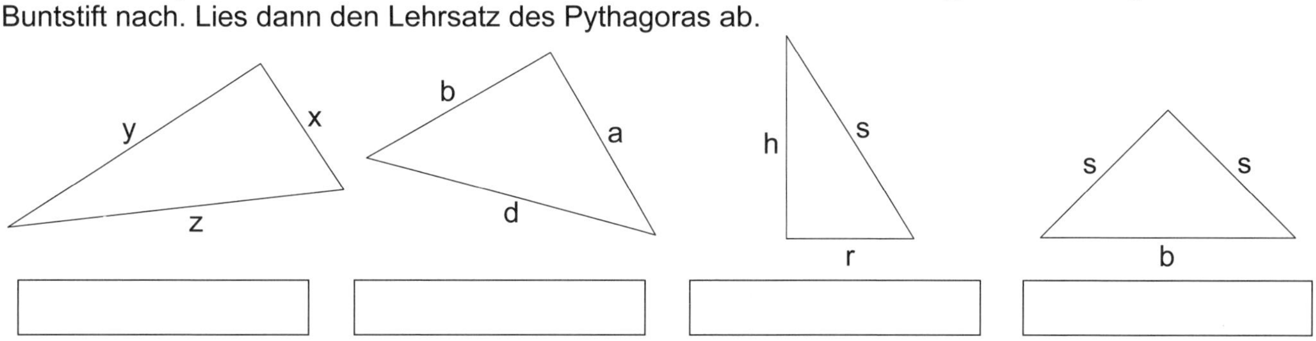

10) Forme jeweils die Gleichung nach der gesuchten Größe schrittweise um.

$a^2 + b^2 = c^2$; a = ? $r^2 + s^2 = t^2$; s = ? $l^2 = e^2 + h^2$; h = ?

Name:	Lehrsatz des Pythagoras 2

➪ Quadratwurzelziehen ist die Umkehrung des Quadrierens. Beim Quadratwurzelziehen einer Zahl wird jene positive Zahl gesucht, deren Quadrat die gegebene Zahl ist.

6) Quadrieren – Quadratwurzelziehen. Rechne ohne Taschenrechner.

$1^2 =$ 1	$\sqrt{1} =$ 1
$3^2 =$ 9	$\sqrt{9} =$ 3
$5^2 =$ 25	$\sqrt{25} =$ 5
$7^2 =$ 49	$\sqrt{49} =$ 7
$9^2 =$ 81	$\sqrt{81} =$ 9
$20^2 =$ 400	$\sqrt{400} =$ 20
$40^2 =$ 1 600	$\sqrt{1600} =$ 40
$0{,}6^2 =$ 0,36	$\sqrt{0{,}36} =$ 0,6
$0{,}8^2 =$ 0,64	$\sqrt{0{,}64} =$ 0,8

$\sqrt{4} =$ 2	$2^2 =$ 4
$\sqrt{16} =$ 4	$4^2 =$ 16
$\sqrt{36} =$ 6	$6^2 =$ 36
$\sqrt{64} =$ 8	$8^2 =$ 64
$\sqrt{100} =$ 10	$10^2 =$ 100
$\sqrt{900} =$ 30	$30^2 =$ 900
$\sqrt{2500} =$ 50	$50^2 =$ 2 500
$\sqrt{0{,}49} =$ 0,7	$0{,}7^2 =$ 0,49
$\sqrt{0{,}81} =$ 0,9	$0{,}9^2 =$ 0,81

7) Berechne die Quadratwurzeln mit dem Taschenrechner. (Verwende die Taste $\sqrt{\ }$.)

$\sqrt{361} =$ 19	$\sqrt{5{,}29} =$ 2,3	$\sqrt{60{,}84} =$ 7,8
$\sqrt{784} =$ 28	$\sqrt{23{,}04} =$ 4,8	$\sqrt{6084} =$ 78
$\sqrt{3136} =$ 56	$\sqrt{39{,}4384} =$ 6,28	$\sqrt{608400} =$ 780

8) Berechne mit dem Taschenrechner die Quadratwurzeln und runde die Ergebnisse auf zwei Dezimalen.

$\sqrt{2} =$ 1,41	$\sqrt{50} =$ 7,07	$\sqrt{5{,}32} =$ 2,31	$\sqrt{7} =$ 2,65
$\sqrt{3} =$ 1,73	$\sqrt{500} =$ 22,36	$\sqrt{0{,}532} =$ 0,73	$\sqrt{700} =$ 26,46
$\sqrt{10} =$ 3,16	$\sqrt{5000} =$ 70,71	$\sqrt{0{,}0532} =$ 0,23	$\sqrt{70000} =$ 264,58

9) Kennzeichne jeweils bei dem Dreieck den rechten Winkel und zieh die Hypotenuse mit grünem Buntstift nach. Lies dann den Lehrsatz des Pythagoras ab.

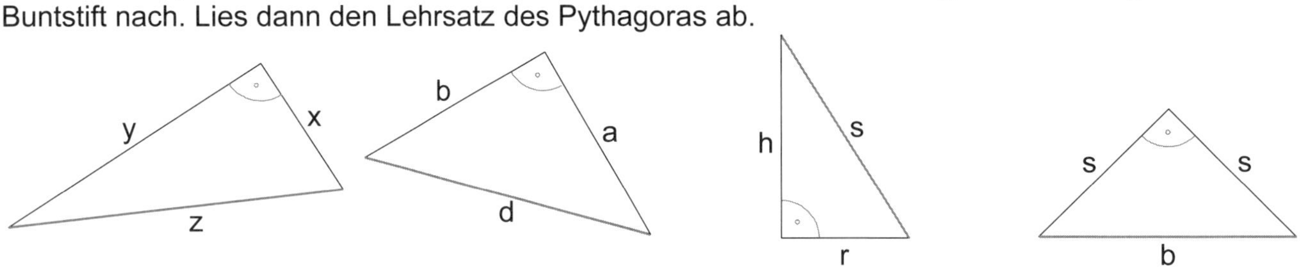

$x^2 + y^2 = z^2$	$a^2 + b^2 = d^2$	$h^2 + r^2 = s^2$	$s^2 + s^2 = b^2$

10) Forme jeweils die Gleichung nach der gesuchten Größe schrittweise um.

$a^2 + b^2 = c^2$; $a = ?$

$a^2 + b^2 = c^2 \quad | - b^2$

$a^2 = c^2 - b^2 \quad | \sqrt{\ }$

$a = \sqrt{c^2 - b^2}$

$r^2 + s^2 = t^2$; $s = ?$

$r^2 + s^2 = t^2 \quad | - r^2$

$s^2 = t^2 - r^2 \quad | \sqrt{\ }$

$s = \sqrt{t^2 - r^2}$

$l^2 = e^2 + h^2$; $h = ?$

$l^2 = e^2 + h^2 \quad | - e^2$

$h^2 = l^2 - e^2 \quad | \sqrt{\ }$

$h = \sqrt{l^2 - e^2}$

Name:	Lehrsatz des Pythagoras 3

11) Kontrolliere die Ergebnisse mit dem Taschenrechner bzw. berechne die fehlenden Werte. Wenn nötig, runde das Ergebnis auf zwei Dezimalen.

$3^2 + 4^2 =$	25
$\sqrt{3^2 + 4^2} =$	5
$13^2 - 5^2 =$	144
$\sqrt{13^2 - 5^2} =$	12

$48^2 + 64^2 =$
$\sqrt{48^2 + 64^2} =$
$29^2 - 21^2 =$
$\sqrt{29^2 - 21^2} =$

$5^2 + 6^2 =$
$\sqrt{5^2 + 6^2} =$
$10^2 - 3^2 =$
$\sqrt{10^2 - 3^2} =$

Kennzeichne bei den rechtwinkligen Dreiecken jeweils den rechten Winkel und zieh die Hypotenuse mit grünem Buntstift nach. Aus dieser Skizze kannst du den Lehrsatz des Pythagoras „ablesen“.

12) Berechne mit dem Satz des Pythagoras die Länge der Hypotenuse. Runde auf eine Dezimale.

a) Rechtwinkliges Dreieck:
$a = 24$ cm, $b = 32$ cm; $c = ?$

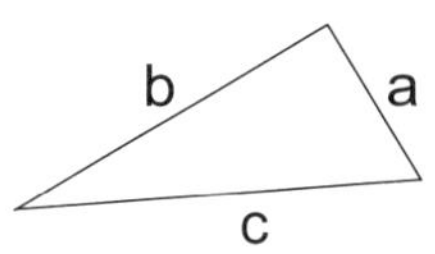

b) Rechtwinkliges Dreieck:
$x = 8{,}9$ cm, $y = 4{,}6$ cm; $z = ?$

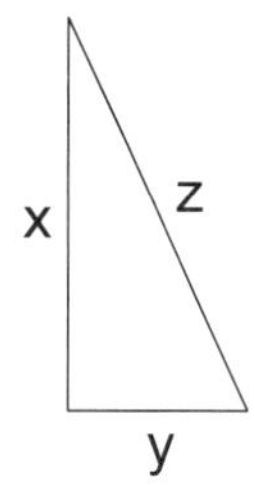

13) Berechne mit dem Satz des Pythagoras die Länge der zweiten Kathete. Runde auf eine Dezimale.

a) Rechtwinkliges Dreieck:
$s = 4$ cm, $t = 9$ cm; $r = ?$

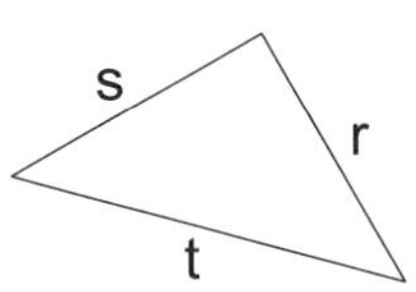

b) Rechtwinkliges Dreieck:
$g = 36$ cm, $f = 20$ cm; $e = ?$

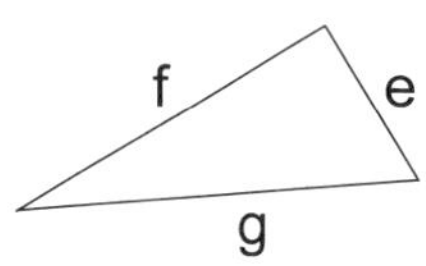

c) Rechtwinkliges Dreieck:
$a = 4{,}5$ cm, $c = 5{,}1$ cm; $b = ?$

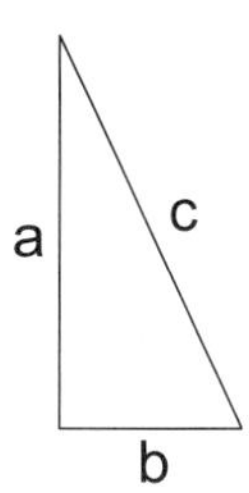

d) Rechtwinkliges Dreieck:
$z = 14$ cm, $x = 8{,}5$ cm; $y = ?$

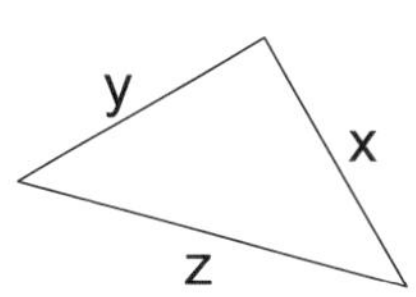

Name:	Lehrsatz des Pythagoras 3

11) Kontrolliere die Ergebnisse mit dem Taschenrechner bzw. berechne die fehlenden Werte. Wenn nötig, runde das Ergebnis auf zwei Dezimalen.

$3^2 + 4^2 =$	25
$\sqrt{3^2+4^2} =$	5
$13^2 - 5^2 =$	144
$\sqrt{13^2-5^2} =$	12

$48^2 + 64^2 =$	6 400
$\sqrt{48^2 + 64^2} =$	80
$29^2 - 21^2 =$	400
$\sqrt{29^2 - 21^2} =$	20

$5^2 + 6^2 =$	61
$\sqrt{5^2+6^2} =$	7,81
$10^2 - 3^2 =$	91
$\sqrt{10^2-3^2} =$	9,54

➪ Kennzeichne bei den rechtwinkligen Dreiecken jeweils den rechten Winkel und zieh die Hypotenuse mit grünem Buntstift nach. Aus dieser Skizze kannst du den Lehrsatz des Pythagoras „ablesen".

12) Berechne mit dem Satz des Pythagoras die Länge der Hypotenuse. Runde auf eine Dezimale.

a) Rechtwinkliges Dreieck:
$a = 24$ cm, $b = 32$ cm; $c = ?$

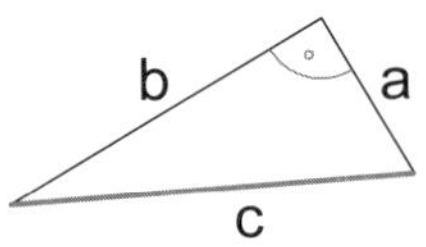

$a^2 + b^2 = c^2 \quad | \sqrt{\ }$

$c = \sqrt{a^2 + b^2}$

$c = \sqrt{24^2 + 32^2}$

$c = 40$

c ___ 40 cm

b) Rechtwinkliges Dreieck:
$x = 8{,}9$ cm, $y = 4{,}6$ cm; $z = ?$

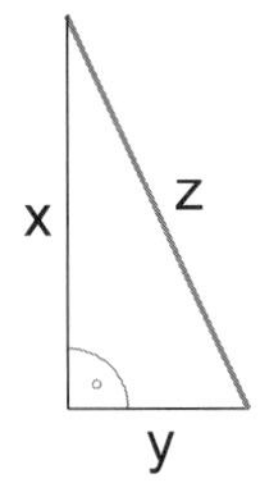

$x^2 + y^2 = z^2 \quad | \sqrt{\ }$

$z = \sqrt{x^2 + y^2}$

$z = \sqrt{8{,}9^2 + 4{,}6^2}$

$z = 10{,}01...$

z ___ 10,0 cm

13) Berechne mit dem Satz des Pythagoras die Länge der zweiten Kathete. Runde auf eine Dezimale.

a) Rechtwinkliges Dreieck:
$s = 4$ cm, $t = 9$ cm; $r = ?$

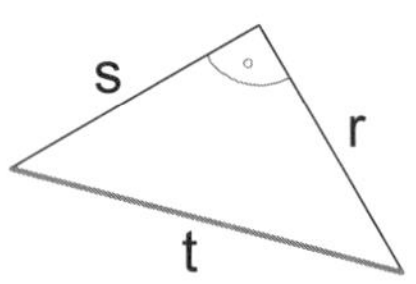

$r^2 + s^2 = t^2 \quad | - s^2$

$r^2 = t^2 - s^2 \quad | \sqrt{\ }$

$r = \sqrt{t^2 - s^2}$

$r = \sqrt{9^2 - 4^2}$

$r = 8{,}06...$

r ___ 8,1 cm

b) Rechtwinkliges Dreieck:
$g = 36$ cm, $f = 20$ cm; $e = ?$

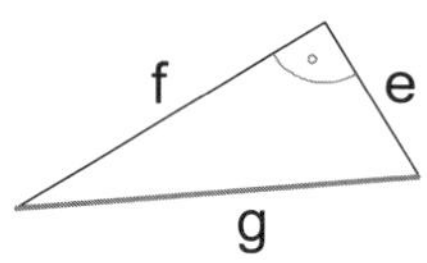

$e^2 + f^2 = g^2 \quad | - f^2$

$e^2 = g^2 - f^2 \quad | \sqrt{\ }$

$e = \sqrt{g^2 - f^2}$

$e = \sqrt{36^2 - 20^2}$

$e = 29{,}93...$

e ___ 29,9 cm

c) Rechtwinkliges Dreieck:
$a = 4{,}5$ cm, $c = 5{,}1$ cm; $b = ?$

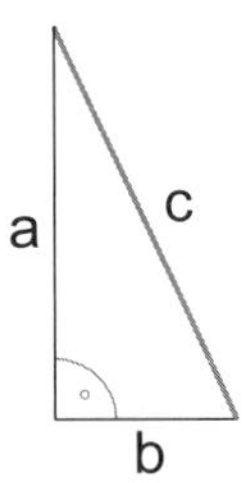

$a^2 + b^2 = c^2 \quad | - a^2$

$b^2 = c^2 - a^2 \quad | \sqrt{\ }$

$b = \sqrt{c^2 - a^2}$

$b = \sqrt{5{,}1^2 - 4{,}5^2}$

$b = 2{,}4$

b ___ 2,4 cm

d) Rechtwinkliges Dreieck:
$z = 14$ cm, $x = 8{,}5$ cm; $y = ?$

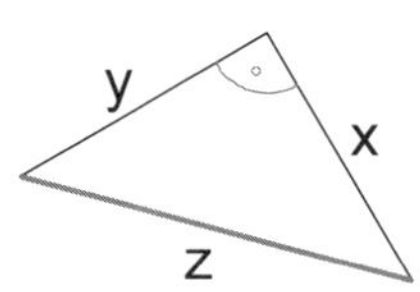

$x^2 + y^2 = z^2 \quad | - x^2$

$y^2 = z^2 - x^2 \quad | \sqrt{\ }$

$y = \sqrt{z^2 - x^2}$

$y = \sqrt{14^2 - 8{,}5^2}$

$y = 11{,}12...$

y ___ 11,1 cm

Name:	Lehrsatz des Pythagoras 4

14) Untersuche, ob die gegebenen Zahlen x, y und z ein pythagoreisches Zahlentripel bilden. Gib auch die Zwischenergebnisse an.

a) $x = 8$, $y = 15$; $z = 17$

b) $x = 10$, $y = 17$; $z = 19$

15) Überprüfe mit dem Satz des Pythagoras, ob das Dreieck rechtwinklig ist.

a) Dreieck: $a = 5$ cm, $b = 4$ cm; $c = 7$ cm

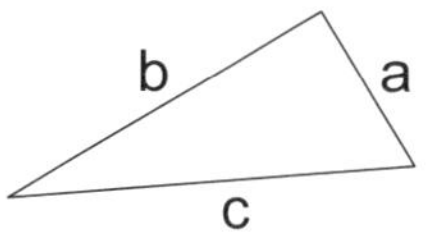

A:

b) Dreieck: $a = 18$ cm, $b = 24$ cm; $c = 30$ cm

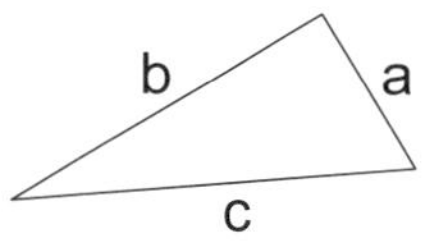

A:

16) Zeichne eine Skizze und konstruiere das rechtwinklige Dreieck ($\gamma = 90°$): $c = 100$ mm, $a = 96$ mm. (Verwende den Satz von Thales.)
Berechne die Länge der Kathete b (kontrolliere mit deiner Konstruktion), den Flächeninhalt und den Umfang.

Name:	Lehrsatz des Pythagoras 4

14) Untersuche, ob die gegebenen Zahlen x, y und z ein pythagoreisches Zahlentripel bilden. Gib auch die Zwischenergebnisse an.

a) $x = 8$, $y = 15$; $z = 17$

$x^2 + y^2 = z^2$

$8^2 + 15^2 = 17^2$

$64 + 225 = 289$

$289 = 289$ w. A.

b) $x = 10$, $y = 17$; $z = 19$

$x^2 + y^2 = z^2$

$10^2 + 17^2 = 19^2$

$100 + 289 = 361$

$389 = 361$ f. A.

15) Überprüfe mit dem Satz des Pythagoras, ob das Dreieck rechtwinklig ist.

a) Dreieck: $a = 5$ cm, $b = 4$ cm; $c = 7$ cm

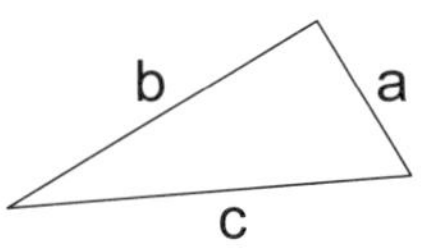

$a^2 + b^2 = c^2$

$5^2 + 4^2 = 7^2$

$25 + 16 = 49$

$41 = 49$ f. A.

A: Das Dreieck ist nicht rechtwinklig.

b) Dreieck: $a = 18$ cm, $b = 24$ cm; $c = 30$ cm

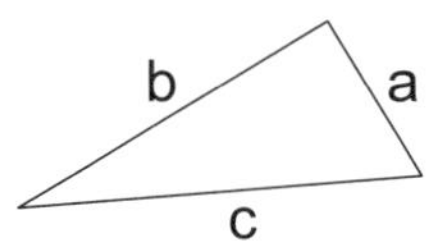

$a^2 + b^2 = c^2$

$18^2 + 24^2 = 30^2$

$324 + 576 = 900$

$900 = 900$ w. A.

A: Das Dreieck ist rechtwinklig.

16) Zeichne eine Skizze und konstruiere das rechtwinklige Dreieck ($\gamma = 90°$): $c = 100$ mm, $a = 96$ mm. (Verwende den Satz von Thales.)
Berechne die Länge der Kathete b (kontrolliere mit deiner Konstruktion), den Flächeninhalt und den Umfang.

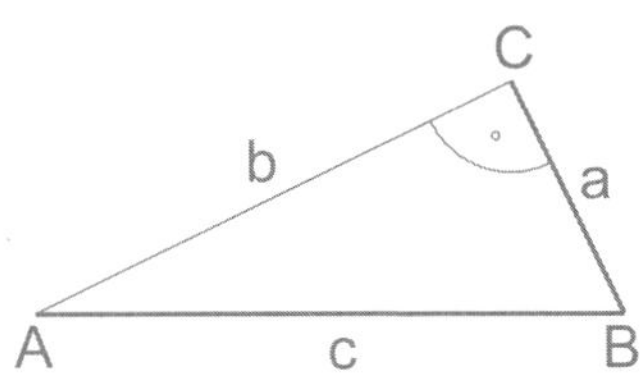

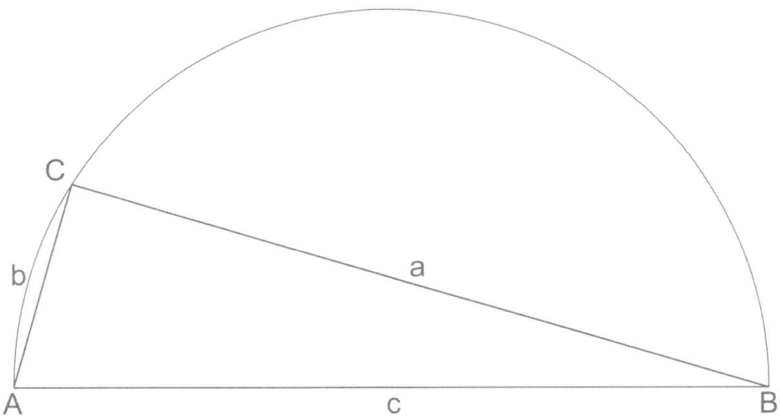

$a^2 + b^2 = c^2 \quad | - a^2$

$b^2 = c^2 - a^2 \quad | \sqrt{\ }$

$b = \sqrt{c^2 - a^2}$

$b = \sqrt{100^2 - 96^2}$

$b = 28$

b ___ 28 mm

$A = \frac{a \cdot b}{2}$

$A = \frac{96 \cdot \not{28}^{14}}{\not{2}_1}$

$A = 1344$

A ___ 1344 mm²

$u = a + b + c$

$u = 96 + 28 + 100$

$u = 224$

u ___ 224 mm

Name:	Lehrsatz des Pythagoras 5

➭ Zeichne immer eine Skizze jenes Dreiecks, von dem du den Lehrsatz des Pythagoras ablesen wirst. Beschrifte alle Seiten, kennzeichne den rechten Winkel und zieh die Hypotenuse mit grünem Buntstift nach. Lies dann die Formel ab.

17) Zeichne eine Skizze und konstruiere das Rechteck: a = 6,2 cm, b = 3,8 cm.
Berechne die Länge der Diagonale, den Flächeninhalt und den Umfang des Rechtecks.

18) Zeichne eine Skizze und konstruiere das Quadrat: a = 4,3 cm.
Berechne die Länge der Diagonale, den Umfang und auf zwei Arten den Flächeninhalt.

Name:	Lehrsatz des Pythagoras 5

Zeichne immer eine Skizze jenes Dreiecks, von dem du den Lehrsatz des Pythagoras ablesen wirst. Beschrifte alle Seiten, kennzeichne den rechten Winkel und zieh die Hypotenuse mit grünem Buntstift nach. Lies dann die Formel ab.

17) Zeichne eine Skizze und konstruiere das Rechteck: a = 6,2 cm, b = 3,8 cm.
Berechne die Länge der Diagonale, den Flächeninhalt und den Umfang des Rechtecks.

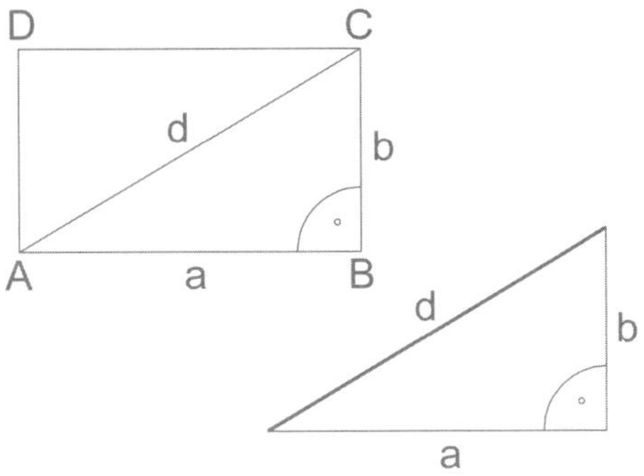

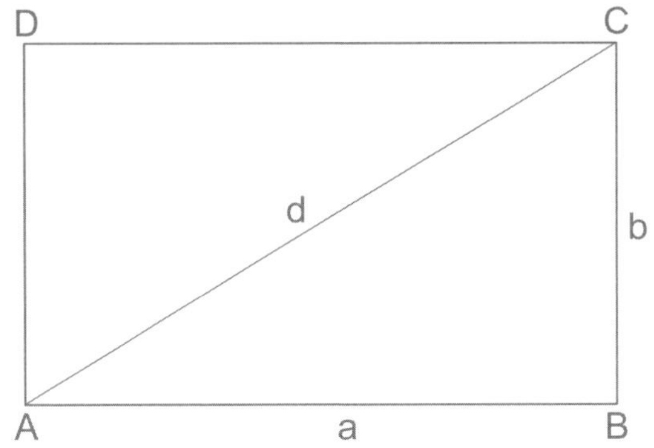

$a^2 + b^2 = d^2 \quad | \sqrt{\ }$

$d = \sqrt{a^2 + b^2}$

$d = \sqrt{6{,}2^2 + 3{,}8^2}$

$d = 7{,}27...$

d ___ 7,3 cm

$A = a \cdot b$

$A = 6{,}2 \cdot 3{,}8$

$A = 23{,}56$

A ___ 23,56 cm^2

$u = (a + b) \cdot 2$

$u = (6{,}2 + 3{,}8) \cdot 2$

$u = 10 \cdot 2$

$u = 20$

u ___ 20 cm

18) Zeichne eine Skizze und konstruiere das Quadrat: a = 4,3 cm.
Berechne die Länge der Diagonale, den Umfang und auf zwei Arten den Flächeninhalt.

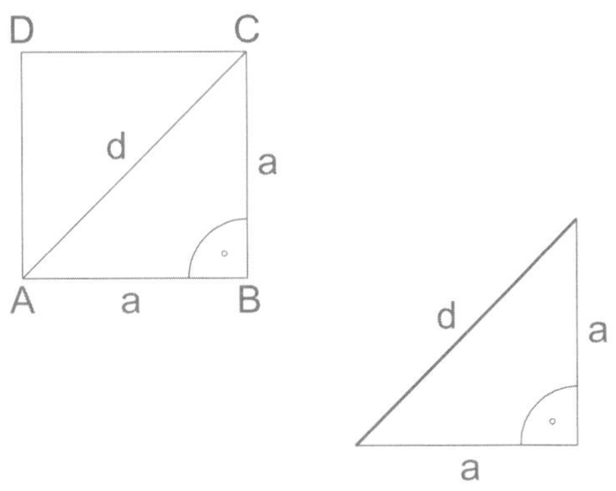

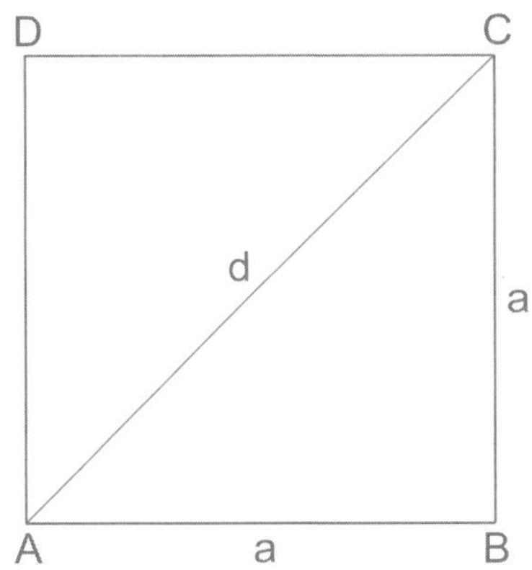

$d^2 = a^2 + a^2$

$d^2 = a^2 \cdot 2 \quad | \sqrt{\ }$

$d = a \cdot \sqrt{2}$

$d = 4{,}3 \cdot \sqrt{2}$

$d = 6{,}08...$

d ___ 6,1 cm

$u = a \cdot 4$

$u = 4{,}3 \cdot 4$

$u = 17{,}2$

u ___ 17,2 cm

$A = a^2$

$A = 4{,}3^2$

$A = 18{,}49$

A ___ 18,49 cm^2

$A = \frac{d^2}{2}$

$A = \frac{6{,}1^2}{2}$

$A = 18{,}605$

A ___ 18,61 cm^2

Name:	Lehrsatz des Pythagoras 6

19) Zeichne eine Skizze und konstruiere das gleichseitige Dreieck: $a = 4{,}5$ cm.
Berechne die Länge der Höhe, den Flächeninhalt und den Umfang.

20) Rechtwinkliges Trapez: $a = 7{,}5$ m, $c = 4$ m, $h = 3$ m. Berechne den Flächeninhalt und den Umfang.

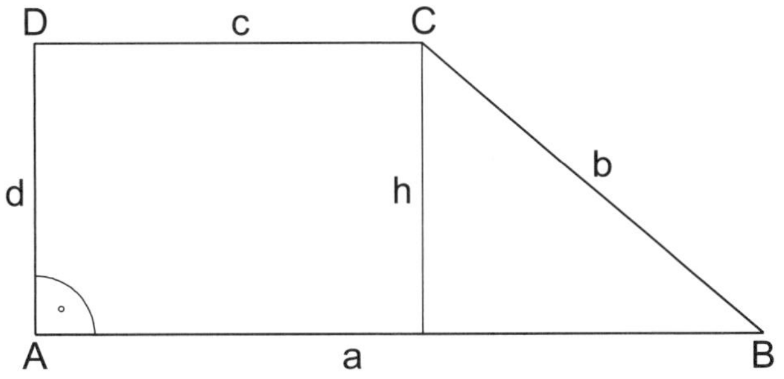

19) Zeichne eine Skizze und konstruiere das gleichseitige Dreieck: a = 4,5 cm.
Berechne die Länge der Höhe, den Flächeninhalt und den Umfang.

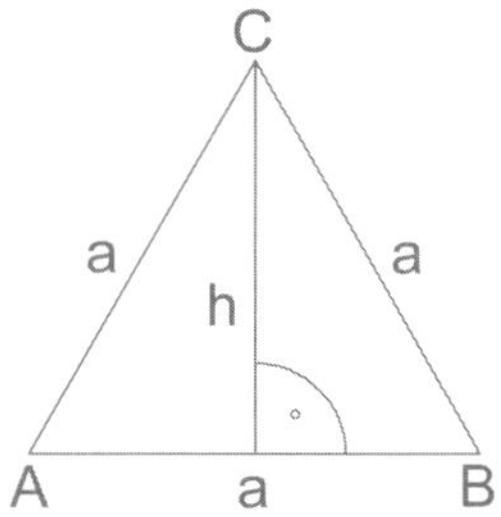

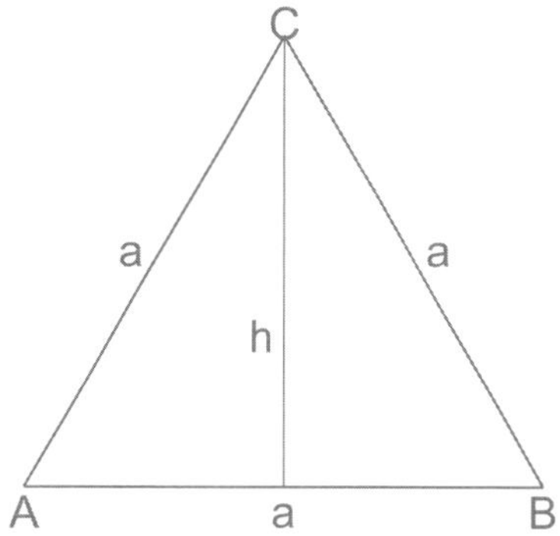

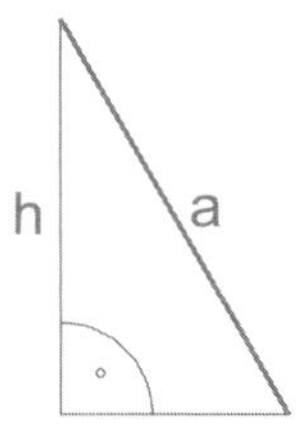

$h^2 + \left(\frac{a}{2}\right)^2 = a^2 \quad | - \left(\frac{a}{2}\right)^2$

$h^2 = a^2 - \left(\frac{a}{2}\right)^2$

$h^2 = a^2 - \frac{a^2}{4}$

$h^2 = \frac{a^2 \cdot 3}{4} \quad | \sqrt{\ }$

$h = \frac{a \cdot \sqrt{3}}{2}$

$h = \frac{4{,}5 \cdot \sqrt{3}}{2}$

$h = 3{,}89...$

h ___ 3,9 cm

$A = \frac{a \cdot h}{2}$

$A = \frac{4{,}5 \cdot 3{,}9}{2}$

$A = 8{,}775$

A ___ $8{,}78\ \text{cm}^2$

$u = a \cdot 3$

$u = 4{,}5 \cdot 3$

$u = 13{,}5$

u ___ 13,5 cm

20) Rechtwinkliges Trapez: a = 7,5 m, c = 4 m, h = 3 m. Berechne den Flächeninhalt und den Umfang.

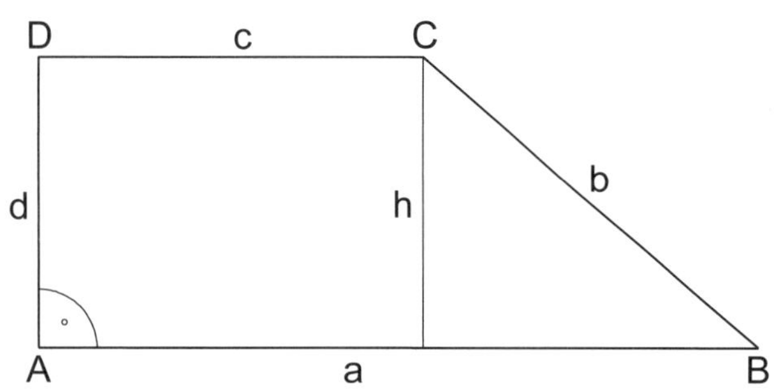

$A = \frac{(a + c) \cdot h}{2}$

$A = \frac{(7{,}5 + 4) \cdot 3}{2}$

$A = \frac{11{,}5 \cdot 3}{2}$

$A = \frac{34{,}5}{2}$

$A = 17{,}25$

A ___ $17{,}25\ \text{m}^2$

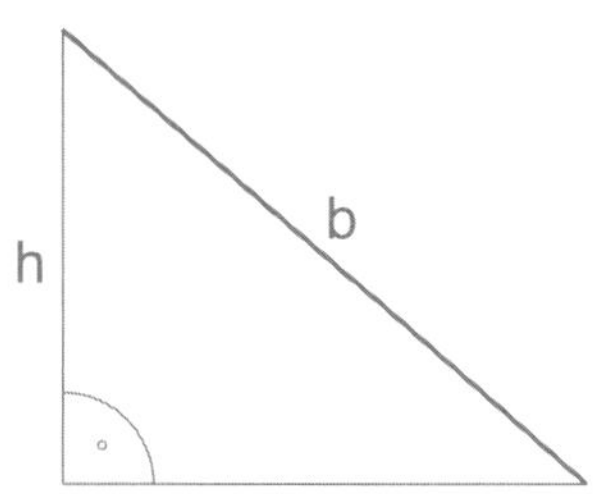

$h^2 + (a - c)^2 = b^2 \quad | \sqrt{\ }$

$b = \sqrt{h^2 + (a - c)^2}$

$b = \sqrt{3^2 + 3{,}5^2}$

$b = 4{,}60...$

b ___ 4,6 m

$u = a + b + c + d$

$u = 7{,}5 + 4{,}6 + 4 + 3$

$u = 19{,}1$

u ___ 19,1 m

21) Eine 6 m lange Leiter l wird an eine Hausmauer gelehnt. Die Entfernung e am Boden beträgt 1,50 m. Bis zu welcher Höhe h reicht die Leiter?

A:

22) Tanjas Schulweg g ist 950 m lang. Wie weit muss sie gehen, wenn sie vor dem Unterricht in einem von ihrer Wohnung W 570 m entfernten Geschäft G noch eine Kleinigkeit kaufen will?

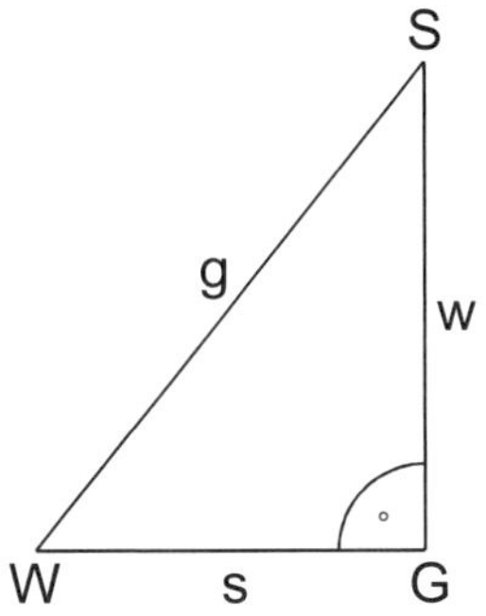

W ... Tanjas Wohnung

G ... Geschäft

S ... Schule

A:

23) Berechne die Länge der schrägen Dachkante d und den Flächeninhalt der gesamten Feuermauer.

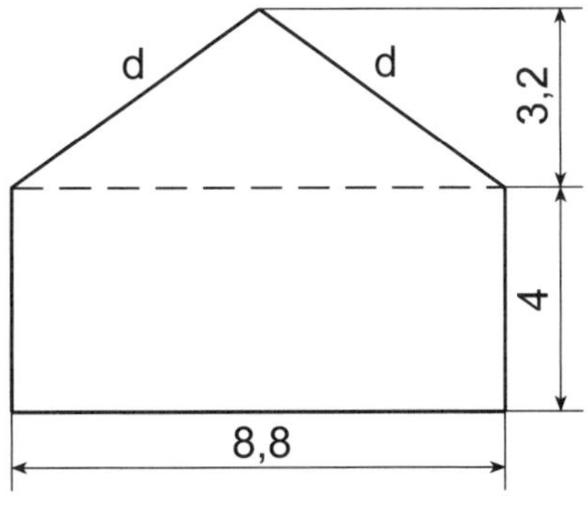

Maße in m.

A:

21) Eine 6 m lange Leiter l wird an eine Hausmauer gelehnt. Die Entfernung e am Boden beträgt 1,50 m. Bis zu welcher Höhe h reicht die Leiter?

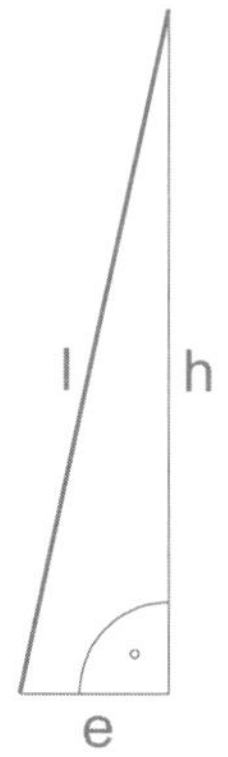

$h^2 + e^2 = l^2 \quad | - e^2$

$h^2 = l^2 - e^2 \quad | \sqrt{}$

$h = \sqrt{l^2 - e^2}$

$h = \sqrt{6^2 - 1{,}5^2}$

$h = 5{,}80...$

$h = 5{,}8$ m

A: Die Leiter reicht bis zu einer Höhe von 5,8 m.

22) Tanjas Schulweg g ist 950 m lang. Wie weit muss sie gehen, wenn sie vor dem Unterricht in einem von ihrer Wohnung W 570 m entfernten Geschäft G noch eine Kleinigkeit kaufen will?

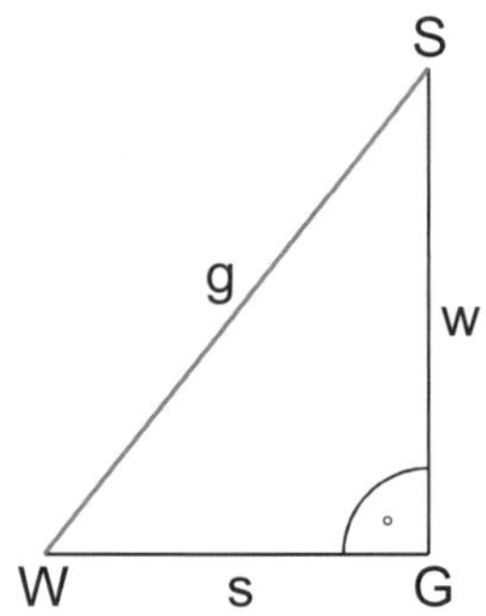

$s^2 + w^2 = g^2 \quad | - s^2$

$w^2 = g^2 - s^2 \quad | \sqrt{}$

$w = \sqrt{g^2 - s^2}$

$w = \sqrt{950^2 - 570^2}$

$w = 760$

w ___ 760 m

$x = s + w$

$x = 570 + 760$

$x = 1330$

x ___ 1 330 m

W ... Tanjas Wohnung

G ... Geschäft

S ... Schule

A: Tanja muss 1 330 m gehen.

23) Berechne die Länge der schrägen Dachkante d und den Flächeninhalt der gesamten Feuermauer.

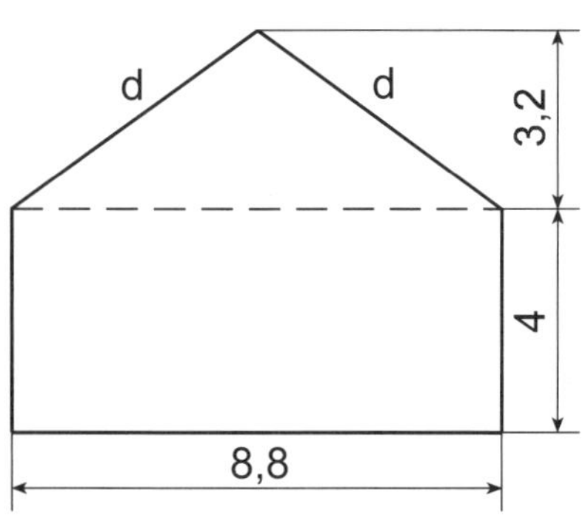

Maße in m.

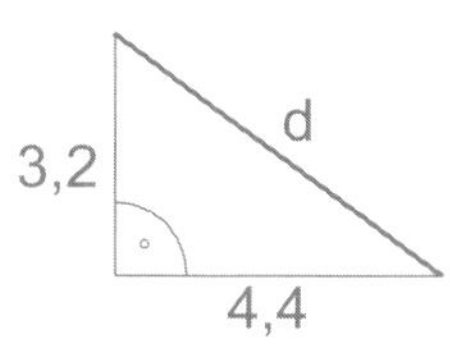

$d^2 = 3{,}2^2 + 4{,}4^2 \quad | \sqrt{}$

$d = \sqrt{3{,}2^2 + 4{,}4^2}$

$d = 5{,}44...$

d ___ 5,4 m

$A = A_R + A_D$

$A = 8{,}8 \cdot 4 + \frac{8{,}8 \cdot \cancel{3{,}2}^{1{,}6}}{\cancel{2}_1} = 35{,}2 + 14{,}08 = 49{,}28$

A ___ 49,28 m²

A: Die schräge Dachkante ist 5,4 m lang.

Der Flächeninhalt der Feuermauer beträgt 49,28 m².

Name:	Lehrsatz des Pythagoras 8

24) Rechtwinkliges Dreieck: $A = 210\ m^2$, $a = 12\ m$; $b = ?$ $c = ?$

25) Die Diagonale eines Quadrats ist 38,2 m lang. Berechne die Länge der Seite a und auf zwei Arten den Flächeninhalt. ($\sqrt{2} \approx 1{,}41$)

26) Der Umkreisradius eines Rechtecks ist 8,5 cm lang. Berechne die Breite des Rechtecks, wenn die Länge 15 cm beträgt.

Name:	Lehrsatz des Pythagoras 8

24) Rechtwinkliges Dreieck: $A = 210\ m^2$, $a = 12\ m$; $b = ?$ $c = ?$

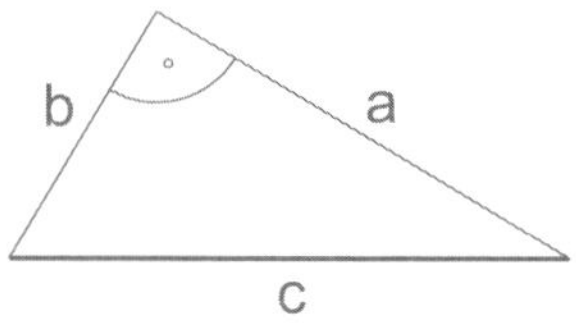

$A = \frac{a \cdot b}{2} \quad | \cdot 2$

$A \cdot 2 = a \cdot b \quad | : a$

$b = \frac{A \cdot 2}{a}$

$b = \frac{^{35}\cancel{210} \cdot \cancel{2}^{1}}{\cancel{12}_{\cancel{6}\,1}}$

$b = 35$

b ___ 35 m

$a^2 + b^2 = c^2 \quad | \sqrt{\ }$

$c = \sqrt{a^2 + b^2}$

$c = \sqrt{12^2 + 35^2}$

$c = 37$

c ___ 37 m

25) Die Diagonale eines Quadrats ist 38,2 m lang. Berechne die Länge der Seite a und auf zwei Arten den Flächeninhalt. ($\sqrt{2} \approx 1{,}41$)

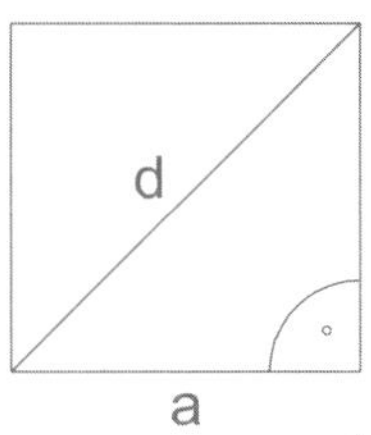

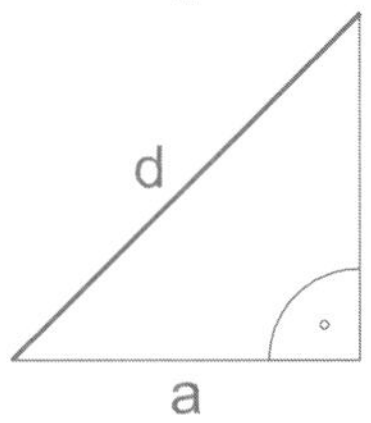

$a^2 + a^2 = d^2$

$d^2 = a^2 \cdot 2 \quad | \sqrt{\ }$

$d = a \cdot \sqrt{2} \quad | : \sqrt{2}$

$a = \frac{d}{\sqrt{2}}$

$a = \frac{38{,}2}{1{,}41}$

$a = 27{,}09...$

a ___ 27,1 m

$A = a^2$

$A = 27{,}1^2$

$A = 734{,}41$

A ___ 734,41 m^2

$A = \frac{d^2}{2}$

$A = \frac{38{,}2^2}{2}$

$A = \frac{1459{,}24}{2}$

$A = 729{,}62$

A ___ 729,62 m^2

26) Der Umkreisradius eines Rechtecks ist 8,5 cm lang. Berechne die Breite des Rechtecks, wenn die Länge 15 cm beträgt.

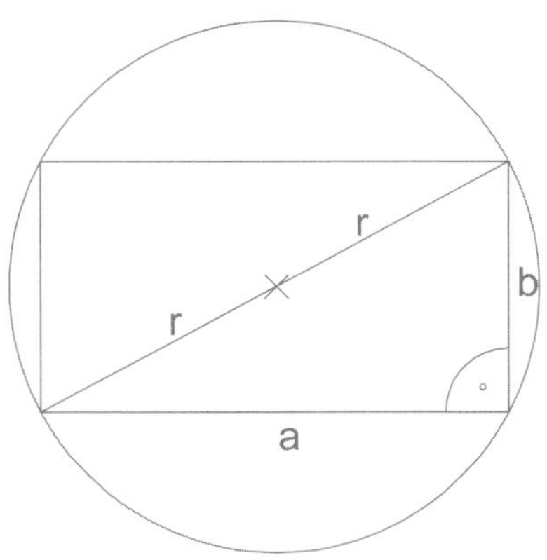

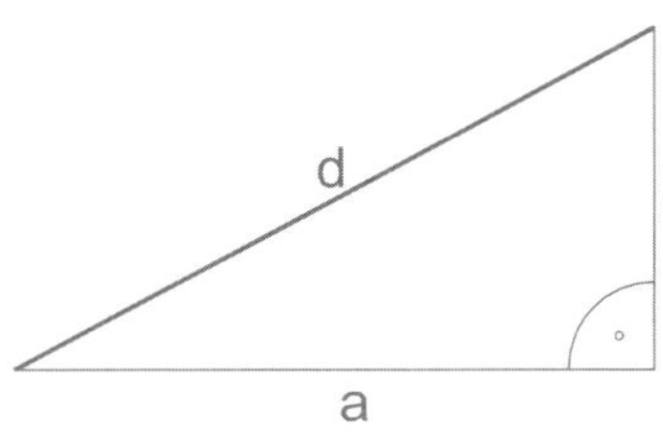

$d = 2 \cdot r$

$d = 2 \cdot 8{,}5$

$d = 17$

d ___ 17 cm

$a^2 + b^2 = d^2 \quad | - a^2$

$b^2 = d^2 - a^2 \quad | \sqrt{\ }$

$b = \sqrt{d^2 - a^2}$

$b = \sqrt{17^2 - 15^2}$

$b = 8$

b ___ 8 cm

Name:	Lehrsatz des Pythagoras 9

27) Die Hypotenuse eines rechtwinklig-gleichschenkligen Dreiecks ist 6 cm lang.
Zeichne eine Skizze, konstruiere das Dreieck und miss die Höhe h_c.
Berechne die Länge der Katheten und auf zwei Arten den Flächeninhalt.

28) Berechne den Flächeninhalt eines regelmäßigen Sechsecks mit der Seitenlänge a = 7,2 cm.

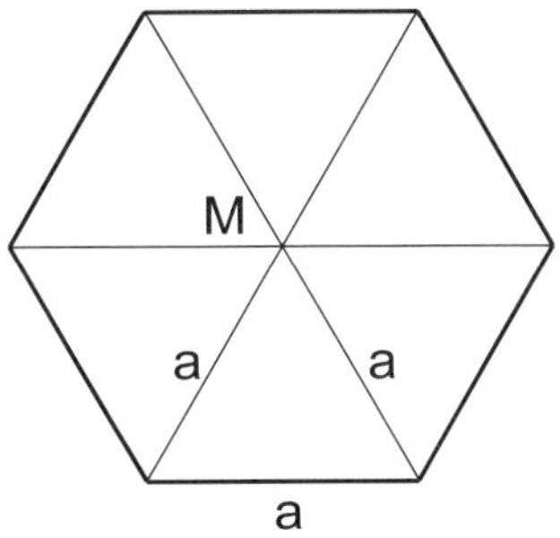

29) Der Flächeninhalt eines gleichseitigen Dreiecks beträgt 39,08 cm^2. Berechne die Seitenlänge a und den Umfang.

Name:	Lehrsatz des Pythagoras 9

27) Die Hypotenuse eines rechtwinklig-gleichschenkligen Dreiecks ist 6 cm lang.
Zeichne eine Skizze, konstruiere das Dreieck und miss die Höhe h_c.
Berechne die Länge der Katheten und auf zwei Arten den Flächeninhalt.

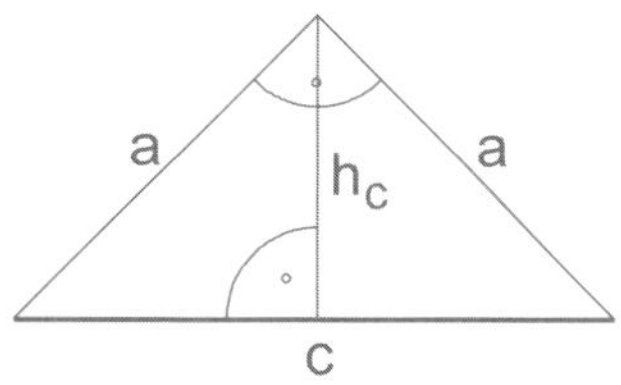

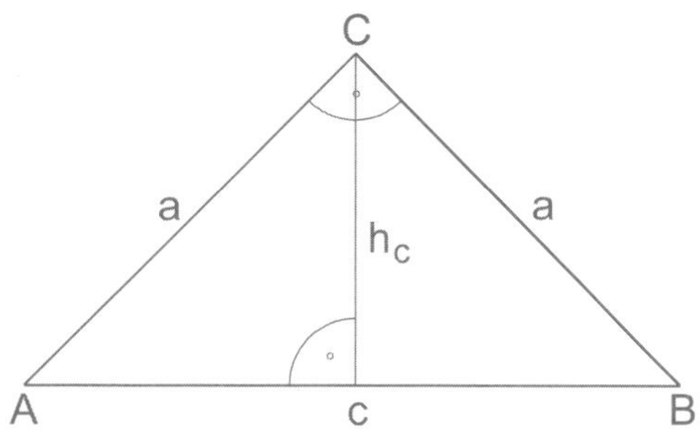

$h_c = 3$ cm

$a^2 + a^2 = c^2$

$c^2 = a^2 \cdot 2 \quad | \sqrt{\ }$

$c = a \cdot \sqrt{2} \quad | : \sqrt{2}$

$a = \frac{c}{\sqrt{2}}$

$a = \frac{6}{\sqrt{2}}$

$a = 4{,}24..$

a ___ $4{,}2$ cm

$A = \frac{a \cdot a}{2}$

$A = \frac{4{,}2 \cdot \cancel{4{,}2}^{2{,}1}}{\cancel{2}_1}$

$A = 8{,}82$

A ___ $8{,}82 \text{ cm}^2$

$A = \frac{c \cdot h_c}{2}$

$A = \frac{{}^3\cancel{6} \cdot 3}{\cancel{2}_1}$

$A = 9$

A ___ 9 cm^2

28) Berechne den Flächeninhalt eines regelmäßigen Sechsecks mit der Seitenlänge a = 7,2 cm.

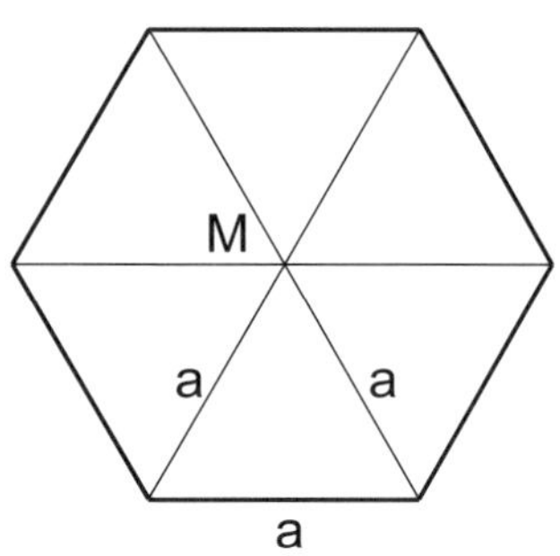

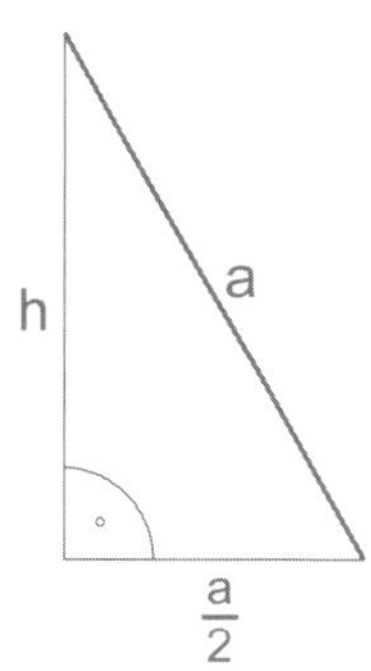

$A = \frac{a^2 \cdot \sqrt{3}}{4} \cdot 6$

$A = \frac{7{,}2^2 \cdot \sqrt{3} \cdot 6}{4}$

$A = 134{,}684...$

A ___ $134{,}68 \text{ cm}^2$

29) Der Flächeninhalt eines gleichseitigen Dreiecks beträgt 39,08 cm^2. Berechne die Seitenlänge a und den Umfang.

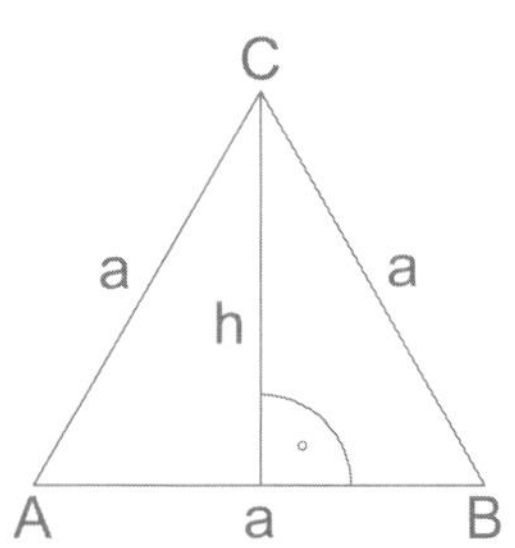

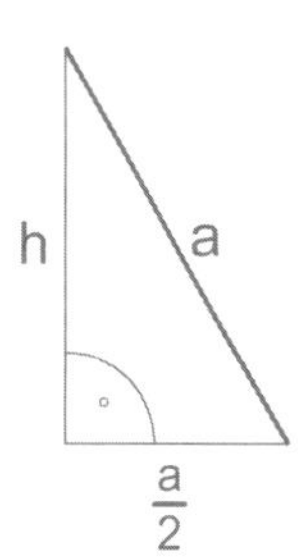

$A = \frac{a^2 \cdot \sqrt{3}}{4} \quad | \cdot 4$

$4 \cdot A = a^2 \cdot \sqrt{3} \quad | : \sqrt{3}$

$a^2 = \frac{4 \cdot A}{\sqrt{3}} \quad | \sqrt{\ }$

$a = \sqrt{\frac{4 \cdot A}{\sqrt{3}}}$

$a = \sqrt{\frac{4 \cdot 39{,}08}{\sqrt{3}}}$

$a = 9{,}50...$

a ___ $9{,}5$ cm

$u = a \cdot 3$

$u = 9{,}5 \cdot 3$

$u = 28{,}5$

u ___ $28{,}5$ cm

Name:	Rechnen mit Formeln 1

Bei Formelumformungen ist es günstig, alle Malpunkte zu schreiben. ($2a \rightarrow 2 \cdot a$)

1) Forme die Formeln nach der gesuchten Größe um.

Quadrat:
$u = 4a$; $a = ?$

Gleichseitiges Dreieck:
$u = 3a$; $a = ?$

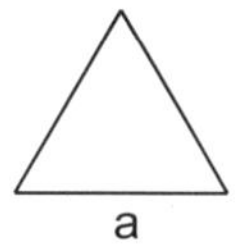

Regelmäßiges Sechseck:
$u = 6a$; $a = ?$

Rechteck:
$A = a \cdot b$; $a = ?$

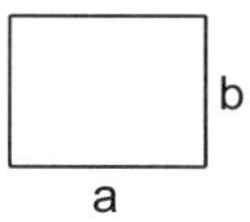

Parallelogramm:
$A = a \cdot h_a$; $h_a = ?$

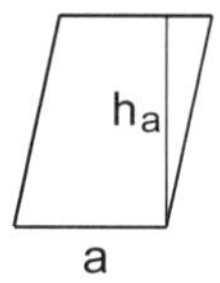

Raute:
$A = a \cdot h$; $a = ?$

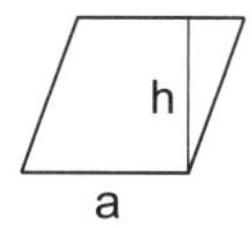

Allgemeines Dreieck:
$u = a + b + c$; $a = ?$

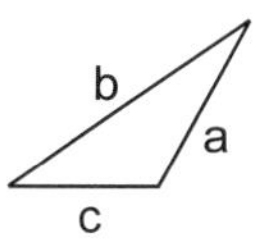

Gleichschenkliges Dreieck ($a = b$):
$u = 2 \cdot a + c$; $c = ?$

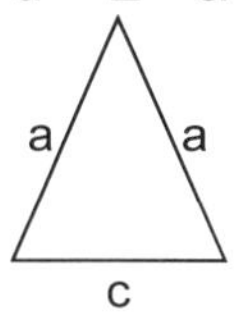

Quader:
$V = a \cdot b \cdot c$; $a = ?$

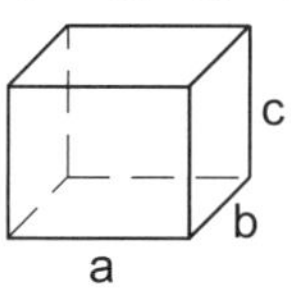

Quadratisches Prisma:
$V = a^2 \cdot c$; $c = ?$

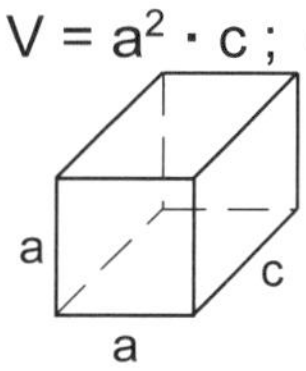

Quader:
$O = 2 \cdot G + M$; $M = ?$

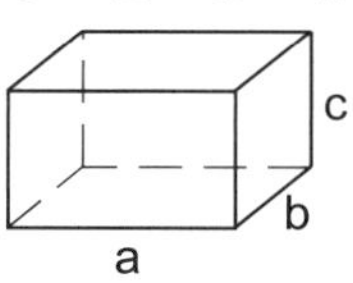

Quadratische Pyramide:
$O = G + M$; $G = ?$

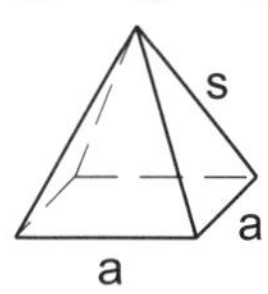

Allgemeines Dreieck:
$A = \frac{c \cdot h_c}{2}$; $h_c = ?$

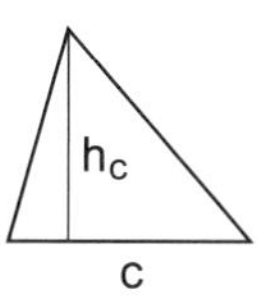

Deltoid:
$A = \frac{e \cdot f}{2}$; $e = ?$

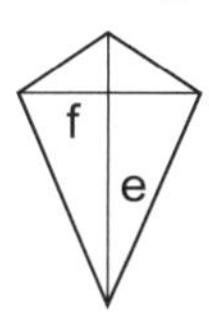

Quadratische Pyramide:
$V = \frac{G \cdot h}{3}$; $h = ?$

Rechteckige Pyramide:
$V = \frac{a \cdot b \cdot h}{3}$; $a = ?$

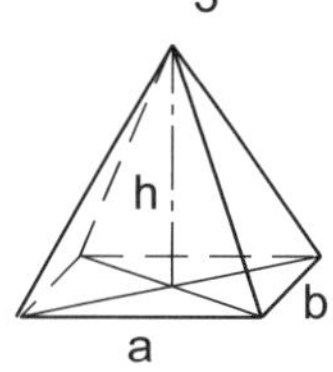

Name:	Rechnen mit Formeln 1

➭ Bei Formelumformungen ist es günstig, alle Malpunkte zu schreiben. ($2a \rightarrow 2 \cdot a$)

1) Forme die Formeln nach der gesuchten Größe um.

Quadrat:
$u = 4a$; $a = ?$

$u = 4 \cdot a \quad | :4$

$a = \frac{u}{4}$

Gleichseitiges Dreieck:
$u = 3a$; $a = ?$

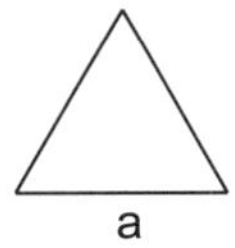

$u = 3 \cdot a \quad | :3$

$a = \frac{u}{3}$

Regelmäßiges Sechseck:
$u = 6a$; $a = ?$

$u = 6 \cdot a \quad | :6$

$a = \frac{u}{6}$

Rechteck:
$A = a \cdot b$; $a = ?$

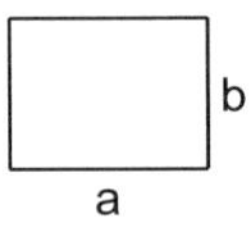

$A = a \cdot b \quad | :b$

$a = \frac{A}{b}$

Parallelogramm:
$A = a \cdot h_a$; $h_a = ?$

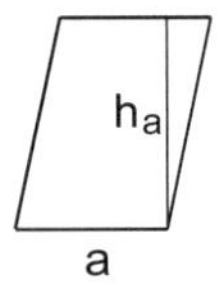

$A = a \cdot h_a \quad | :a$

$h_a = \frac{A}{a}$

Raute:
$A = a \cdot h$; $a = ?$

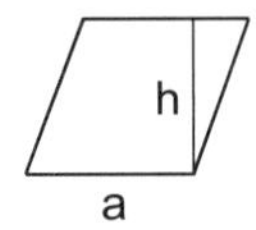

$A = a \cdot h \quad | :h$

$a = \frac{A}{h}$

Allgemeines Dreieck:
$u = a + b + c$; $a = ?$

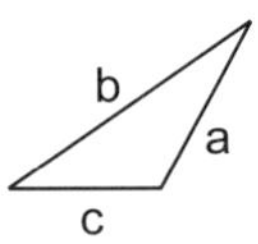

$u = a + b + c \quad | -(b + c)$

$a = u - (b + c)$

Gleichschenkliges Dreieck ($a = b$):
$u = 2 \cdot a + c$; $c = ?$

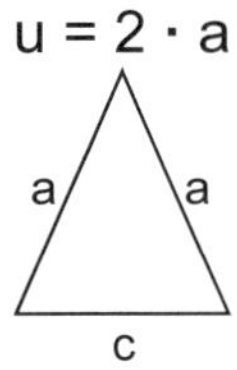

$u = 2 \cdot a + c \quad | -2a$

$c = u - 2a$

Quader:
$V = a \cdot b \cdot c$; $a = ?$

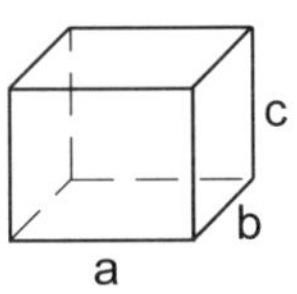

$V = a \cdot b \cdot c \quad | :(b \cdot c)$

$a = \frac{V}{b \cdot c}$

Quadratisches Prisma:
$V = a^2 \cdot c$; $c = ?$

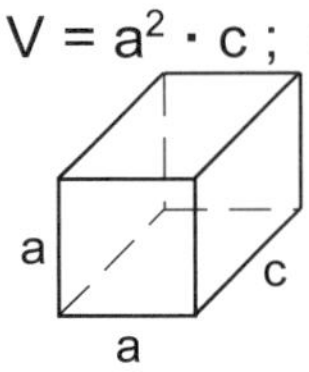

$V = a^2 \cdot c \quad | :a^2$

$c = \frac{V}{a^2}$

Quader:
$O = 2 \cdot G + M$; $M = ?$

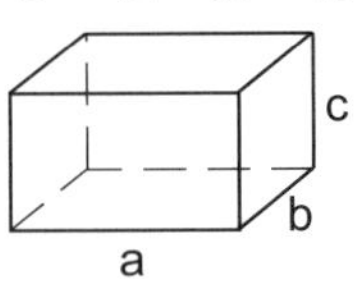

$O = 2 \cdot G + M \quad | -2 \cdot G$

$M = O - 2 \cdot G$

Quadratische Pyramide:
$O = G + M$; $G = ?$

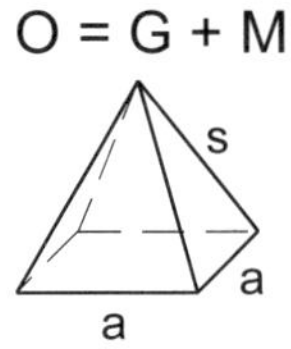

$O = G + M \quad | -M$

$G = O - M$

Allgemeines Dreieck:
$A = \frac{c \cdot h_c}{2}$; $h_c = ?$

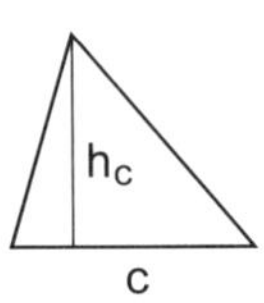

$A = \frac{c \cdot h_c}{2} \quad | \cdot 2$

$A \cdot 2 = c \cdot h_c \quad | :c$

$h_c = \frac{A \cdot 2}{c}$

Deltoid:
$A = \frac{e \cdot f}{2}$; $e = ?$

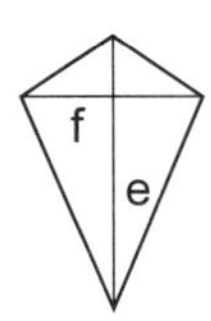

$A = \frac{e \cdot f}{2} \quad | \cdot 2$

$A \cdot 2 = e \cdot f \quad | :f$

$e = \frac{A \cdot 2}{f}$

Quadratische Pyramide:
$V = \frac{G \cdot h}{3}$; $h = ?$

$V = \frac{G \cdot h}{3} \quad | \cdot 3$

$V \cdot 3 = G \cdot h \quad | :G$

$h = \frac{V \cdot 3}{G}$

Rechteckige Pyramide:
$V = \frac{a \cdot b \cdot h}{3}$; $a = ?$

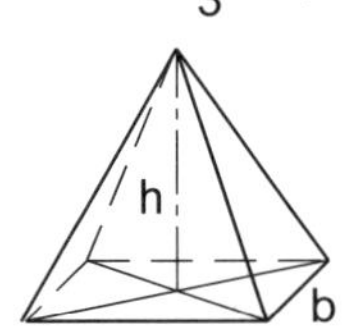

$V = \frac{a \cdot b \cdot h}{3} \quad | \cdot 3$

$V \cdot 3 = a \cdot b \cdot h \quad | :(b \cdot h)$

$a = \frac{V \cdot 3}{b \cdot h}$

Name:	Rechnen mit Formeln 2

2) Stelle für die geometrischen Körper jeweils die Formel für die Gesamtlänge k der Kanten auf.

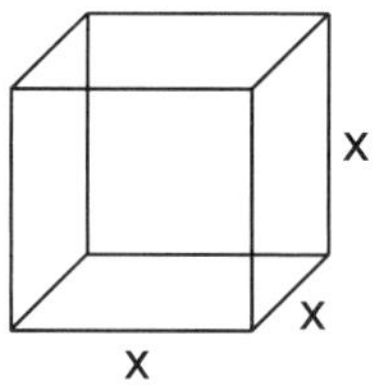

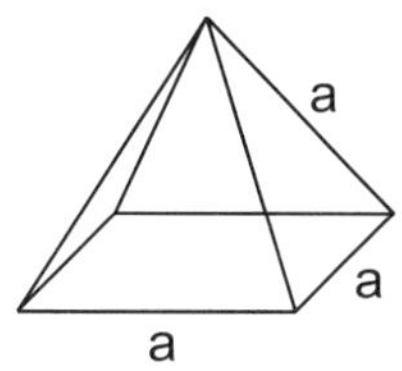

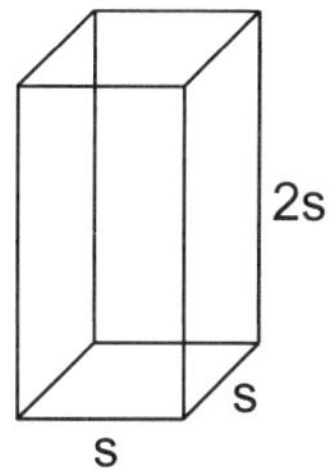

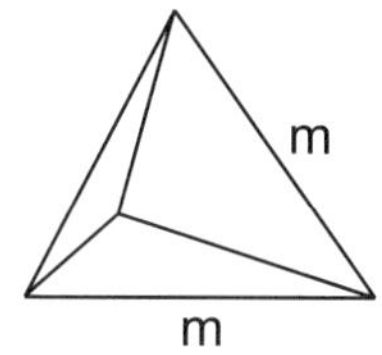

3) Von den abgebildeten regelmäßigen geometrischen Körpern sollen Drahtmodelle hergestellt werden. Stelle eine Formel für die Berechnung der Drahtlänge d auf und berechne dann mit Hilfe dieser Formel die benötigte Drahtlänge.

a) s = 5,3 cm, h = 9,2 cm

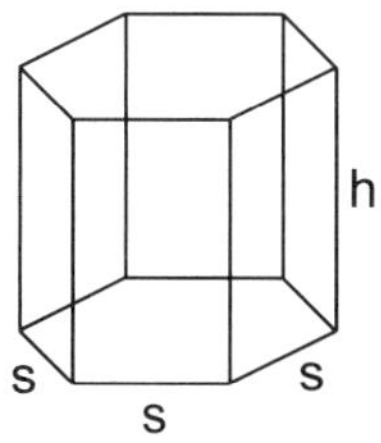

b) a = 12 cm, b = 15 cm

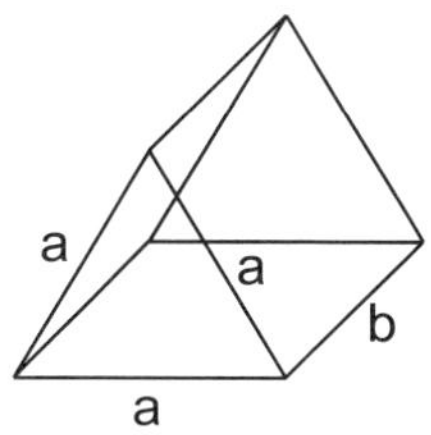

c) x = 2,5 cm, y = 4,1 cm

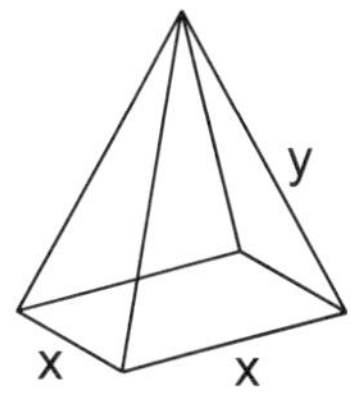

4) Aus Silberdraht sollen Halsketten hergestellt werden.
Stelle jeweils die Formel für die Berechnung der Drahtlänge d auf und berechne dann mit Hilfe dieser Formel die benötigte Drahtlänge.

a) r_1 = 38,5 cm, s_1 = 1,1 cm

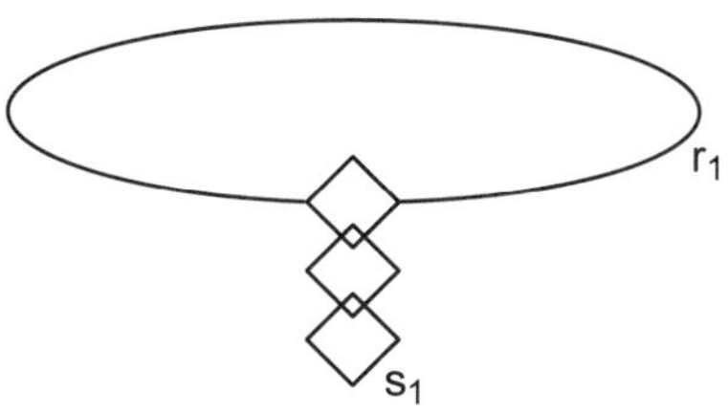

b) r_2 = 31 cm, s_2 = 0,9 cm

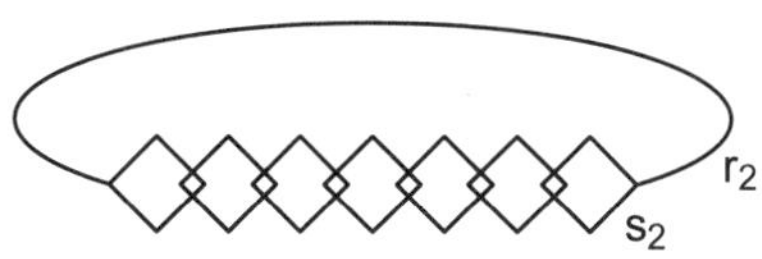

c) r_3 = 33,8 cm, s_3 = 1 cm

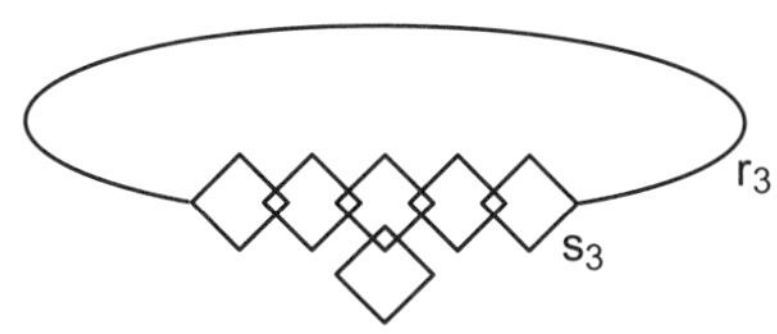

Name:	Rechnen mit Formeln 2

2) Stelle für die geometrischen Körper jeweils die Formel für die Gesamtlänge k der Kanten auf.

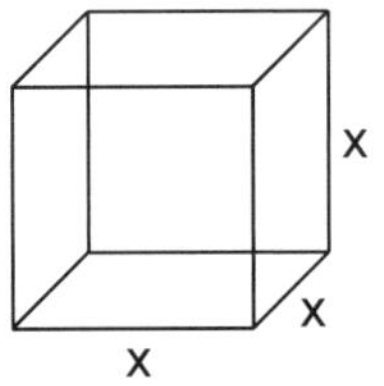

$k = 12x$

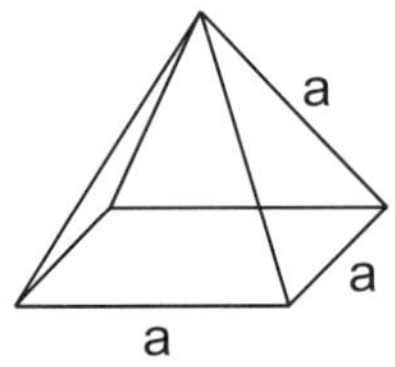

$k = 8a$

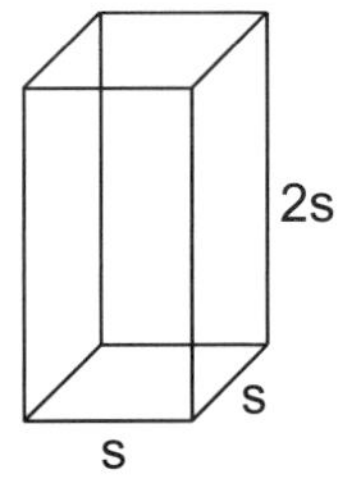

$k = 16s$

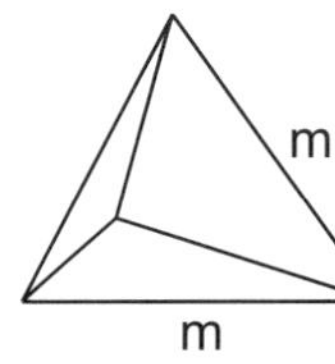

$k = 6m$

3) Von den abgebildeten regelmäßigen geometrischen Körpern sollen Drahtmodelle hergestellt werden. Stelle eine Formel für die Berechnung der Drahtlänge d auf und berechne dann mit Hilfe dieser Formel die benötigte Drahtlänge.

a) s = 5,3 cm, h = 9,2 cm

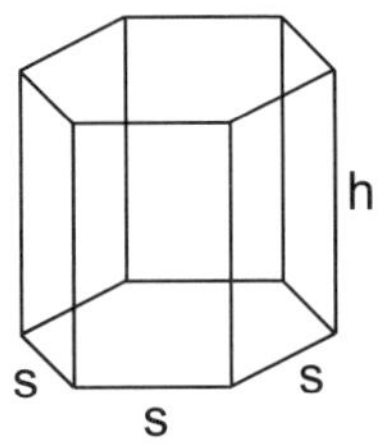

$d = 6s + 6h + 6s$

$d = 12s + 6h$

$d = 12 \cdot 5{,}3 + 6 \cdot 9{,}2$

$d = 63{,}6 + 55{,}2$

$d = 118{,}8$

d ___ 118,8 cm

b) a = 12 cm, b = 15 cm

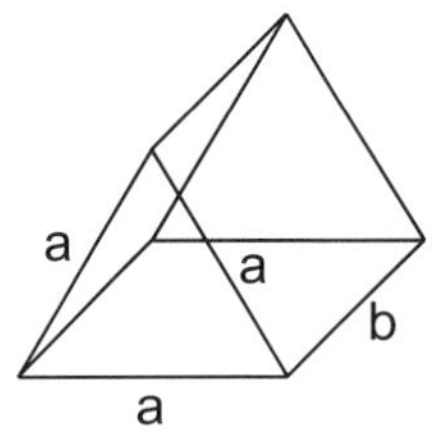

$d = 3a + 3b + 3a$

$d = 6a + 3b$

$d = 6 \cdot 12 + 3 \cdot 15$

$d = 72 + 45$

$d = 117$

d ___ 117 cm

c) x = 2,5 cm, y = 4,1 cm

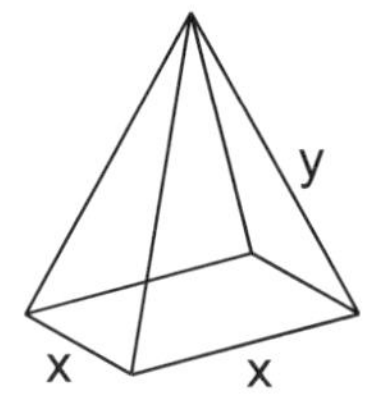

$d = 4x + 4y$

$d = 4 \cdot 2{,}5 + 4 \cdot 4{,}1$

$d = 10 + 16{,}4$

$d = 26{,}4$

d ___ 26,4 cm

4) Aus Silberdraht sollen Halsketten hergestellt werden.
Stelle jeweils die Formel für die Berechnung der Drahtlänge d auf und berechne dann mit Hilfe dieser Formel die benötigte Drahtlänge.

a) r_1 = 38,5 cm, s_1 = 1,1 cm

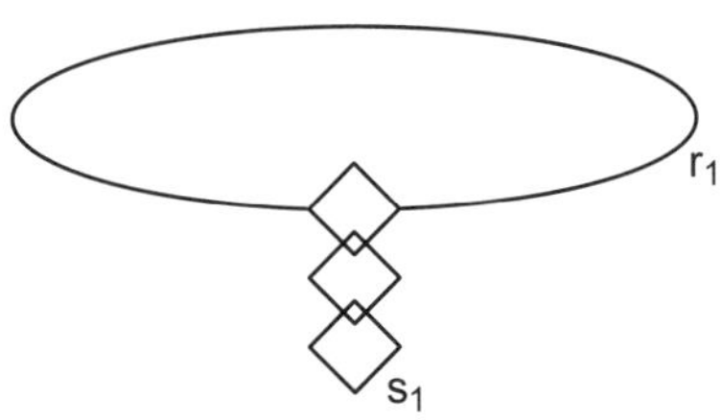

$d_1 = r_1 + 4s_1 \cdot 3$

$d_1 = 38{,}5 + 4 \cdot 1{,}1 \cdot 3$

$d_1 = 38{,}5 + 4{,}4 \cdot 3$

$d_1 = 38{,}5 + 13{,}2$

$d_1 = 51{,}7$

d_1 ___ 51,7 cm

b) r_2 = 31 cm, s_2 = 0,9 cm

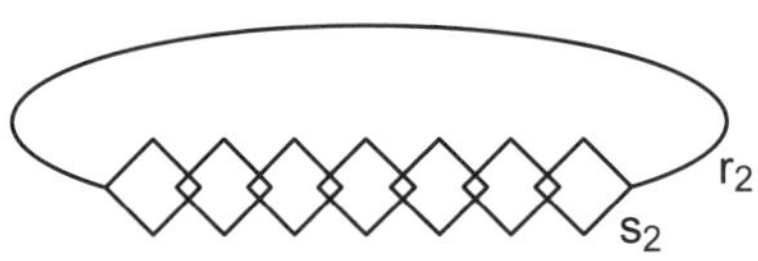

$d_2 = r_2 + 4s_2 \cdot 7$

$d_2 = 31 + 4 \cdot 0{,}9 \cdot 7$

$d_2 = 31 + 3{,}6 \cdot 7$

$d_2 = 31 + 25{,}2$

$d_2 = 56{,}2$

d_2 ___ 56,2 cm

c) r_3 = 33,8 cm, s_3 = 1 cm

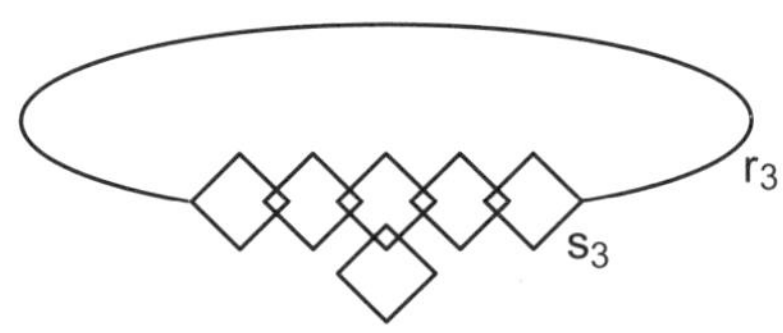

$d_3 = r_3 + 4s_3 \cdot 6$

$d_3 = 33{,}8 + 4 \cdot 1 \cdot 6$

$d_3 = 33{,}8 + 4 \cdot 6$

$d_3 = 33{,}8 + 24$

$d_3 = 57{,}8$

d_3 ___ 57,8 cm

Name:	Rechnen mit Formeln 3

5) Stelle für den Umfang und den Flächeninhalt der Figuren Formeln auf und vereinfache diese so weit wie möglich.

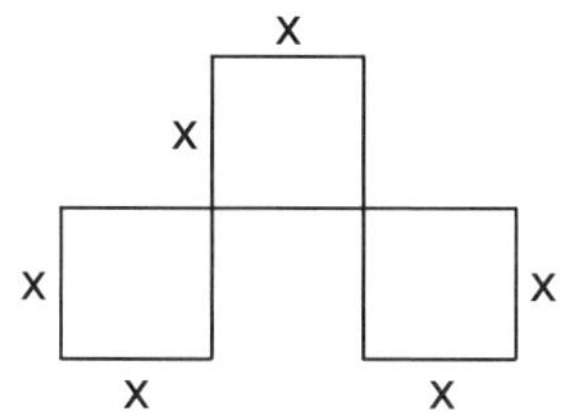

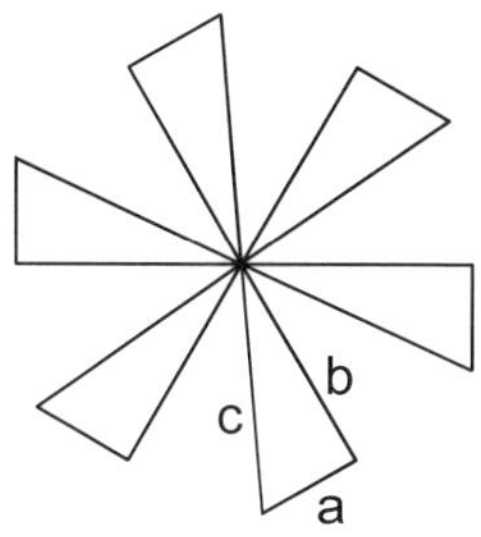

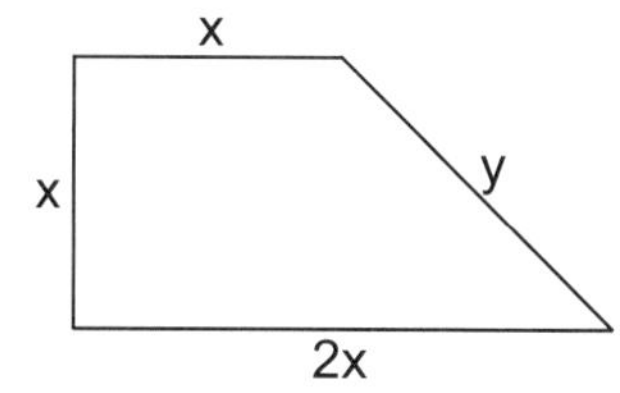

6) Stelle jeweils für den Umfang der Figur eine Formel auf, vereinfache diese so weit wie möglich und berechne daraus die Länge der Strecke x.

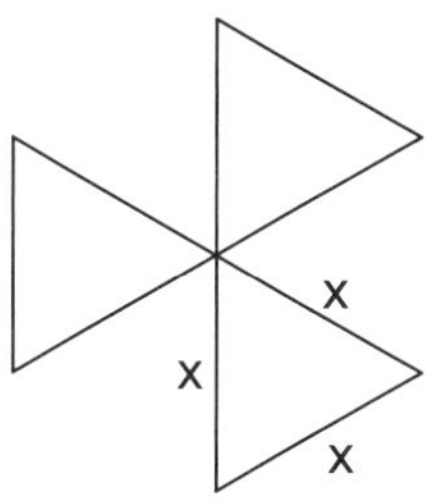

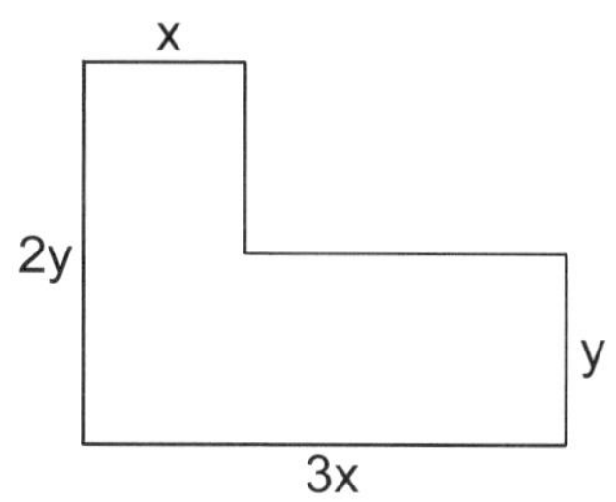

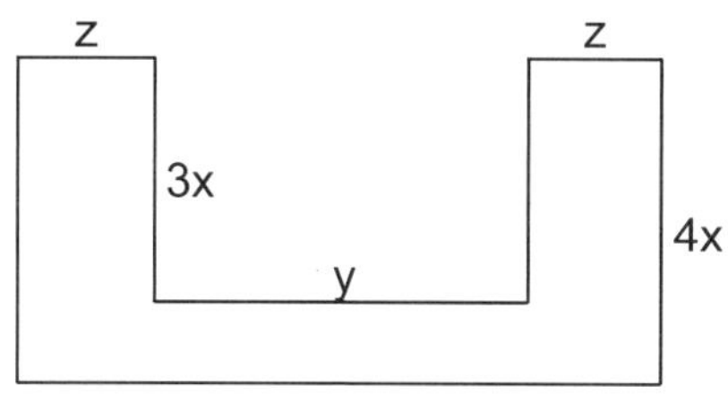

7) Stelle jeweils für das Volumen des geometrischen Körpers eine Formel auf, vereinfache diese so weit wie möglich und berechne daraus die Länge der Kante x.

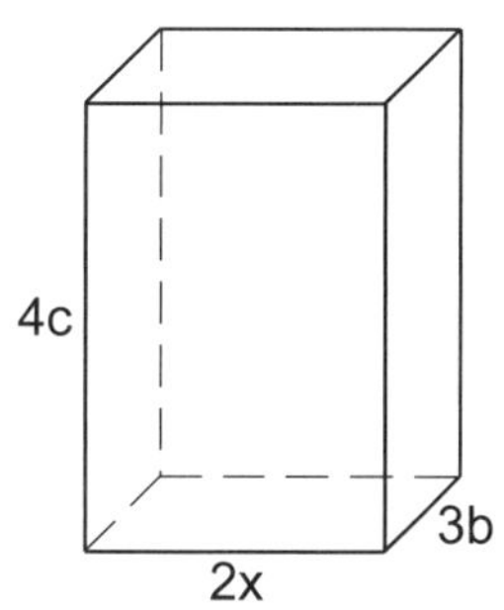

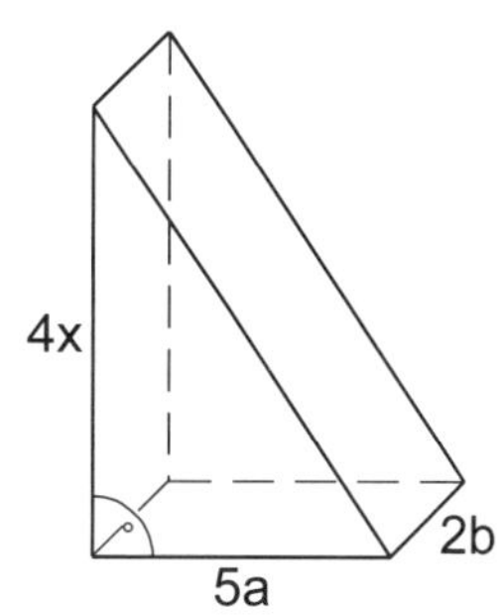

Name:	Rechnen mit Formeln 3

5) Stelle für den Umfang und den Flächeninhalt der Figuren Formeln auf und vereinfache diese so weit wie möglich.

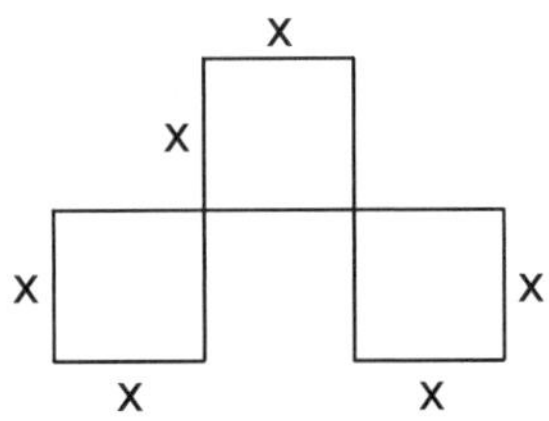

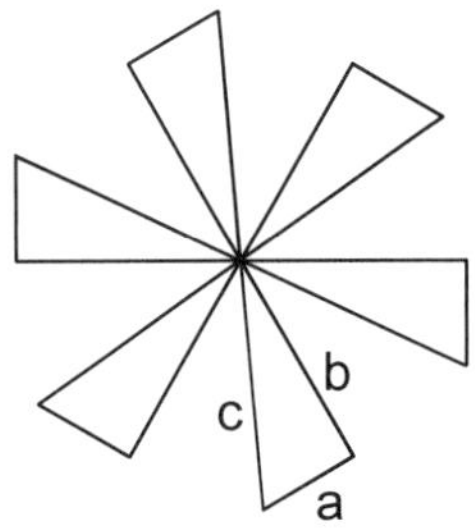

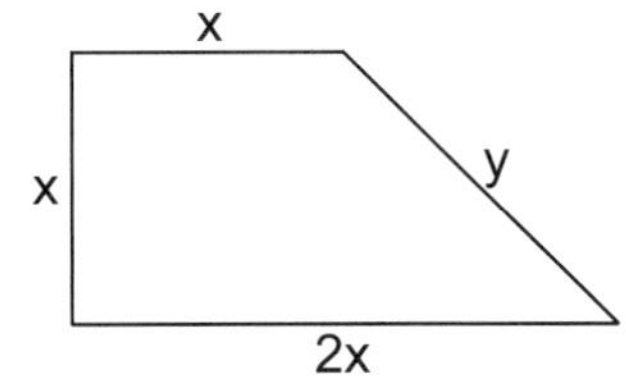

$u = 4x \cdot 3$

$u = 12x$

$A = x^2 \cdot 3$

$A = 3x^2$

$u = (a + b + c) \cdot 6$

$A = \frac{a \cdot b}{2} \cdot 6$

$A = 3ab$

$u = 2x + y + x + x$

$u = 4x + y$

$A = x^2 + \frac{x^2}{2}$

$A = \frac{3}{2}x^2$

6) Stelle jeweils für den Umfang der Figur eine Formel auf, vereinfache diese so weit wie möglich und berechne daraus die Länge der Strecke x.

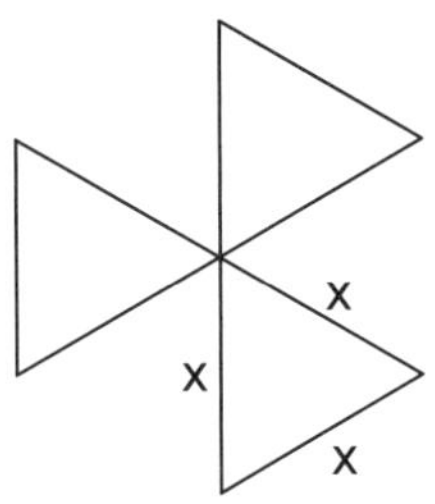

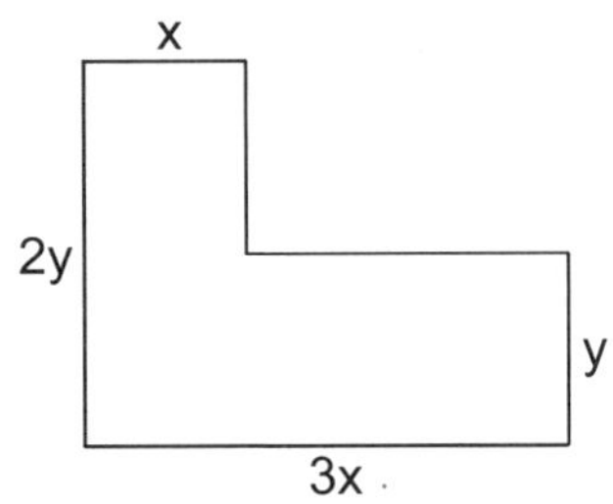

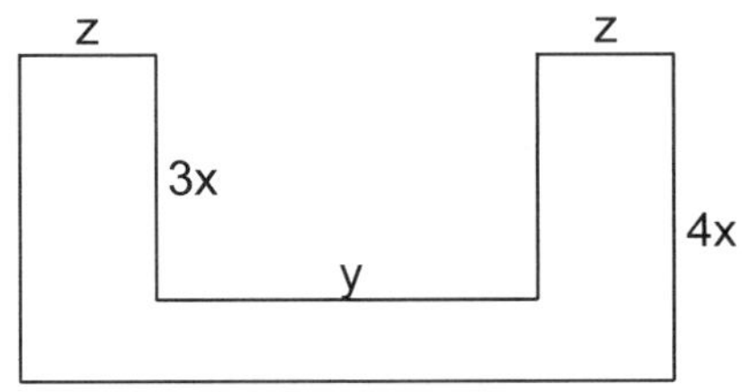

$u = 9x \quad | : 9$

$x = \frac{u}{9}$

$u = 6x + 4y \quad | - 4y$

$6x = u - 4y \quad | : 6$

$x = \frac{u - 4y}{6}$

$u = z + y + z + 4x + z + 3x + y + 3x + z + 4x$

$u = 14x + 2y + 4z \quad | - (2y + 4z)$

$14x = u - (2y + 4z) \quad | : 14$

$x = \frac{u - (2y + 4z)}{14}$

7) Stelle jeweils für das Volumen des geometrischen Körpers eine Formel auf, vereinfache diese so weit wie möglich und berechne daraus die Länge der Kante x.

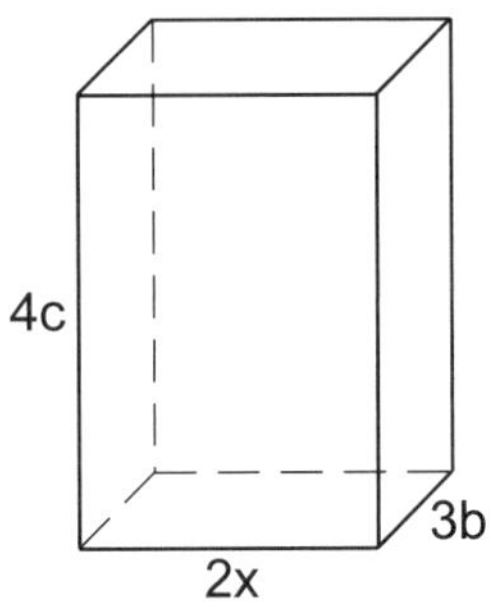

$V = G \cdot h$

$V = 2x \cdot 3b \cdot 4c$

$V = 24bcx \quad | : 24bc$

$x = \frac{V}{24bc}$

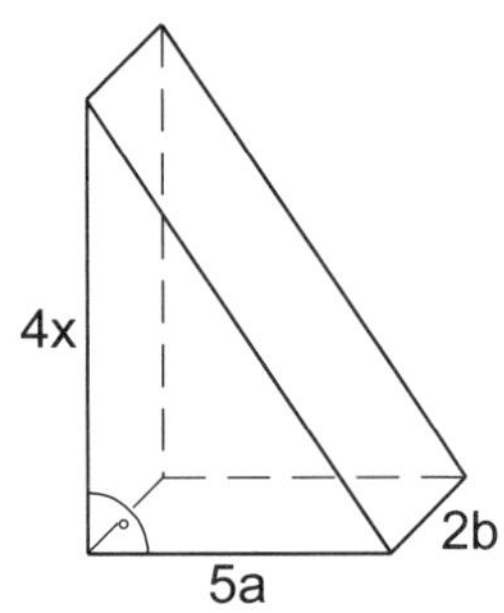

$V = G \cdot h$

$V = \frac{5a \cdot 4x}{2} \cdot 2b$

$V = 10ax \cdot 2b$

$V = 20abx \quad | : 20ab$

$x = \frac{V}{20ab}$

Name:	Rechnen mit Formeln 4

8) Die Telefonkosten K setzen sich aus der konstanten Grundgebühr G und dem Verbindungsentgelt V zusammen. Im „Standardtarif“ (T-ISDN) beträgt die Grundgebühr G für einen Monat 28,67 €. Das Verbindungsentgelt hängt von der Anzahl der Tarifimpulse ab. Ein Tarifimpuls T kostet 0,06 €.

a) Erstelle eine Formel für die Berechnung der Telefonkosten im „Standardtarif“ für einen Monat, wenn x Tarifimpulse anfallen.

b) Berechne mit dieser Formel die Telefonkosten K im „Standardtarif“ für einen Monat für die angegebenen Tarifimpulse.

0 Impulse	
100 Impulse	
200 Impulse	
300 Impulse	
400 Impulse	
500 Impulse	

c) Trage die Werte im Schaubild ein, zeichne den Graphen und lies die ungefähren Telefonkosten für einen Monat bei 350 Tarifimpulsen ab.

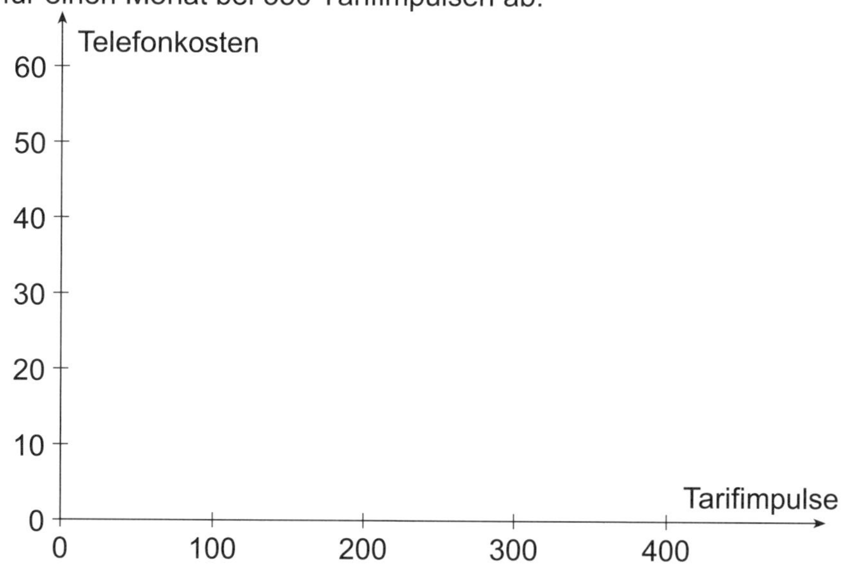

9) Berechne, wie viele Tarifimpulse jeweils angefallen sind.

a) K = 44,87 €

b) K = 59,57 €

Name:	Rechnen mit Formeln 4

8) Die Telefonkosten K setzen sich aus der konstanten Grundgebühr G und dem Verbindungsentgelt V zusammen. Im „Standardtarif“ (T-ISDN) beträgt die Grundgebühr G für einen Monat 28,67 €. Das Verbindungsentgelt hängt von der Anzahl der Tarifimpulse ab. Ein Tarifimpuls T kostet 0,06 €.

a) Erstelle eine Formel für die Berechnung der Telefonkosten im „Standardtarif“ für einen Monat, wenn x Tarifimpulse anfallen.

$K = G + V$

$K = G + T \cdot x$

$K = 28{,}67 + 0{,}06 \cdot x$

b) Berechne mit dieser Formel die Telefonkosten K im „Standardtarif“ für einen Monat für die angegebenen Tarifimpulse.

0 Impulse	$K = 28{,}67$
100 Impulse	$K = 28{,}67 + 0{,}06 \cdot 100 = 28{,}67 + 6{,}00 = 34{,}67$
200 Impulse	$K = 28{,}67 + 0{,}06 \cdot 200 = 28{,}67 + 12{,}00 = 40{,}67$
300 Impulse	$K = 28{,}67 + 0{,}06 \cdot 300 = 28{,}67 + 18{,}00 = 46{,}67$
400 Impulse	$K = 28{,}67 + = 28{,}67 + 24{,}00 = 52{,}67$
500 Impulse	$K = 28{,}67 + 0{,}06 \cdot 500 = 28{,}67 + 32{,}00 = 58{,}67$

c) Trage die Werte im Schaubild ein, zeichne den Graphen und lies die ungefähren Telefonkosten für einen Monat bei 350 Tarifimpulsen ab.

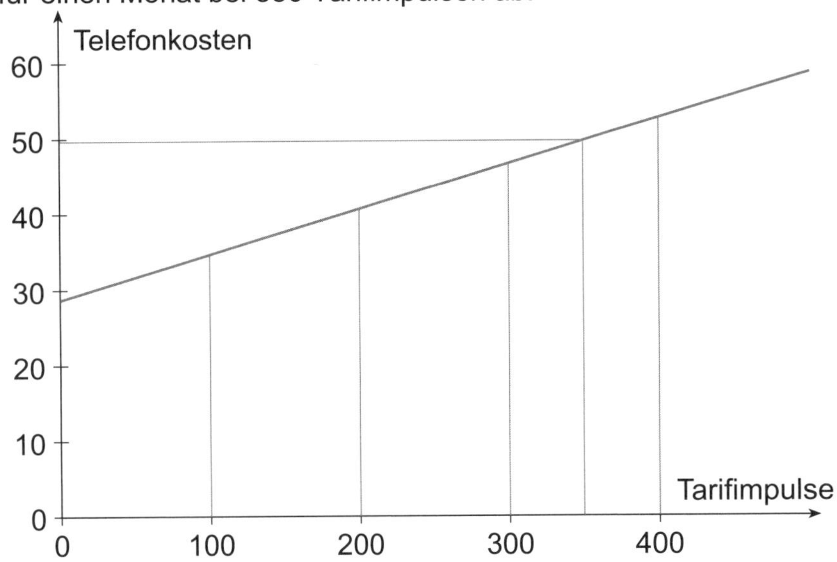

350 T___ ≈ 50 €

9) Berechne, wie viele Tarifimpulse jeweils angefallen sind.

a) K = 44,87 €

$K = G + T \cdot x \quad | - G$

$K - G = T \cdot x \quad | : T$

$x = \frac{K - G}{T}$

$x = \frac{44{,}87 - 28{,}67}{0{,}06} = \frac{16{,}20}{0{,}06}$

$x = 270$

A: 270 Tarifimpulse sind angefallen.

b) K = 59,57 €

$K = G + T \cdot x \quad | - G$

$K - G = T \cdot x \quad | : T$

$x = \frac{K - G}{T}$

$x = \frac{59{,}57 - 28{,}67}{0{,}06} = \frac{30{,}90}{0{,}06}$

$x = 515$

A: 515 Tarifimpulse sind angefallen.

10) Arbeit gleich Kraft mal Weg $W = F \cdot s$

a) Forme die Formel so um, dass die gesuchte Größe berechnet werden kann.

a1) $W = F \cdot s$; $F = ?$

a2) $W = F \cdot s$; $s = ?$

b) Berechne die fehlende Größe. (Formel ... Umformung ... Zahlen einsetzen ...)

W = 8 100 J, F = 450 N; s = ?

11) Leistung gleich Arbeit durch Zeit $P = \frac{W}{t}$

a) Forme die Formel so um, dass die gesuchte Größe berechnet werden kann.

a1) $P = \frac{W}{t}$; $W = ?$

a2) $P = \frac{W}{t}$; $t = ?$

b) Berechne die fehlende Größe. (Formel … Umformung … Zahlen einsetzen …)

P = 600 W, W = 75 000 J; t = ?

12) Hebelgesetz: Kraft mal Kraftarm gleich Last mal Lastarm $F_1 \cdot a_1 = F_2 \cdot a_2$

a) Forme die Formel so um, dass die gesuchte Größe berechnet werden kann.

a1) $F_1 \cdot a_1 = F_2 \cdot a_2$; $F_1 = ?$

a1) $F_1 \cdot a_1 = F_2 \cdot a_2$; $F_2 = ?$

b) Berechne die fehlende Größe. (Formel … Umformung … Zahlen einsetzen …)

F_1 = 200 N, a_1 = 3,5 m, F_2 = 500 N; a_2 = ?

13) Forme die Formel so um, dass die gesuchte Größe berechnet werden kann.

a) $s = v \cdot t$; $v = ?$

b) $\rho = \frac{m}{V}$; $m = ?$

c) $W = I \cdot U \cdot t$; $U = ?$

10) Arbeit gleich Kraft mal Weg $W = F \cdot s$

a) Forme die Formel so um, dass die gesuchte Größe berechnet werden kann.

a1) $W = F \cdot s$; $F = ?$

$W = F \cdot s \quad | : s$

$F = \frac{W}{s}$

a2) $W = F \cdot s$; $s = ?$

$W = F \cdot s \quad | : F$

$s = \frac{W}{F}$

b) Berechne die fehlende Größe. (Formel ... Umformung ... Zahlen einsetzen ...)

$W = 8\,100$ J, $F = 450$ N; $s = ?$

$W = F \cdot s \quad | : F$

$s = \frac{W}{F}$

$s = \frac{^{18\ \cancel{90}}\cancel{8100}}{\cancel{450}_{\cancel{5}\ 1}} = 18$

s ___ 18 m

11) Leistung gleich Arbeit durch Zeit $P = \frac{W}{t}$

a) Forme die Formel so um, dass die gesuchte Größe berechnet werden kann.

a1) $P = \frac{W}{t}$; $W = ?$

$P = \frac{W}{t} \quad | \cdot t$

$W = P \cdot t$

a2) $P = \frac{W}{t}$; $t = ?$

$P = \frac{W}{t} \quad | \cdot t$

$P \cdot t = W \quad | : P$

$t = \frac{W}{P}$

b) Berechne die fehlende Größe. (Formel … Umformung … Zahlen einsetzen …)

$P = 600$ W, $W = 75\,000$ J; $t = ?$

$P = \frac{W}{t} \quad | \cdot t$

$P \cdot t = W \quad | : P$

$t = \frac{W}{P}$

$t = \frac{^{125}\cancel{75000}}{\cancel{600}_{1}} = 125$

t ___ 125 s

12) Hebelgesetz: Kraft mal Kraftarm gleich Last mal Lastarm $F_1 \cdot a_1 = F_2 \cdot a_2$

a) Forme die Formel so um, dass die gesuchte Größe berechnet werden kann.

a1) $F_1 \cdot a_1 = F_2 \cdot a_2$; $F_1 = ?$

$F_1 \cdot a_1 = F_2 \cdot a_2 \quad | : a_1$

$F_1 = \frac{F_2 \cdot a_2}{a_1}$

a1) $F_1 \cdot a_1 = F_2 \cdot a_2$; $F_2 = ?$

$F_1 \cdot a_1 = F_2 \cdot a_2 \quad | : a_2$

$F_2 = \frac{F_1 \cdot a_1}{a_2}$

b) Berechne die fehlende Größe. (Formel … Umformung … Zahlen einsetzen …)

$F_1 = 200$ N, $a_1 = 3{,}5$ m, $F_2 = 500$ N; $a_2 = ?$

$F_1 \cdot a_1 = F_2 \cdot a_2 \quad | : F_2$

$a_2 = \frac{F_1 \cdot a_1}{F_2}$

$a_2 = \frac{\cancel{200} \cdot \cancel{3{,}5}^{\ 0{,}7}}{\cancel{500}_{\ 1}} = 1{,}4$

a_2 ___ 1,4 m

13) Forme die Formel so um, dass die gesuchte Größe berechnet werden kann.

a) $s = v \cdot t$; $v = ?$

$s = v \cdot t \quad | : t$

$v = \frac{s}{t}$

b) $\rho = \frac{m}{V}$; $m = ?$

$\rho = \frac{m}{V} \quad | \cdot V$

$m = \rho \cdot V$

c) $W = I \cdot U \cdot t$; $U = ?$

$W = I \cdot U \cdot t \quad | : (I \cdot t)$

$U = \frac{W}{I \cdot t}$

Name:	Statistik 1

1) Berechne das arithmetische Mittel.
   a) 128, 183, 175
   b) 95, 20, 48, 73

2) Ordne die Daten und ermittle den Zentralwert.
   a) 189, 152, 205, 236, 190
   b) 95, 20, 48, 101, 73, 85

3) Beim Basketballtraining wurden Freiwürfe geübt. Bei jeweils 20 Würfen gab es folgende Trefferzahlen: 18, 15, 17, 12, 15, 11, 13, 15, 9, 16, 8, 0, 13, 14.
   Ordne die Daten, berechne das arithmetische Mittel und ermittle den Zentralwert sowie den Modalwert.

4) Die Mitglieder einer Fußball-Jugendmannschaft haben nach dem Training den Puls gemessen. Die Ergebnisse sind: 145, 157, 180, 165, 174, 165, 176, 171, 172, 155, 177.
   (Der unmittelbar nach einer Belastung gemessene Puls sagt noch nichts über die Kondition aus, nur über die Bereitschaft sich anzustrengen. Die Kondition ist nur dann gut, wenn der Puls schon wenige Minuten nach der Belastung dieselbe Frequenz wie vor der Belastung aufweist. Durch wiederholtes Training wird die Kondition besser.)
   Ordne die Daten, berechne das arithmetische Mittel und ermittle den Zentralwert sowie den Modalwert.

5) Im Rahmen eines Schulsportfestes gab es einen Weitsprung-Bewerb. Die fünf Besten sprangen bei den drei Versuchen die unten angeführten Weiten.
   Berechne jeweils das arithmetische Mittel (runde auf zwei Dezimalen) und fülle dann die Tabelle aus.

Anita: 4,20 m, 3,95 m, 4,14 m.	
Beate: 4,04 m, 4,35 m, 3,99 m.	
Claudia: 4,32 m, 4,07 m, 3,85 m.	
Doris: 3,67 m, 4,33 m, 4,22 m.	
Eva: 4,28 m, 4,02 m, 4,14 m.	

Platzierung	1	2	3	4	5
Name					
Beste Leistung					
Mittelwert					

Welche statistische Größe ist für den Sieg beim Wettkampf entscheidend?

Name:	Statistik 1

1) Berechne das arithmetische Mittel.

a) 128, 183, 175

$\bar{x} = (128 + 183 + 175) : 3 = 486 : 3 = 162$

b) 95, 20, 48, 73

$\bar{x} = (95 + 20 + 48 + 73) : 4 = 236 : 4 = 59$

2) Ordne die Daten und ermittle den Zentralwert.

a) 189, 152, 205, 236, 190

152, 189, <u>190</u>, 205, 236

z = 190

b) 95, 20, 48, 101, 73, 85

20, 48, <u>73</u>, <u>85</u>, 95, 101

$z = \frac{73 + 85}{2} = 158 : 2 = 79$

3) Beim Basketballtraining wurden Freiwürfe geübt. Bei jeweils 20 Würfen gab es folgende Trefferzahlen: 18, 15, 17, 12, 15, 11, 13, 15, 9, 16, 8, 0, 13, 14.
Ordne die Daten, berechne das arithmetische Mittel und ermittle den Zentralwert sowie den Modalwert.

0, 8, 9, 11, 12, 13, <u>13</u>, <u>14</u>, 15, 15, 15, 16, 17, 18.

$\bar{x} = (0 + 8 + 9 + 11 + 12 + 2 \cdot 13 + 14 + 3 \cdot 15 + 16 + 17 + 18) : 14 = 176 : 14 = 12,57$

$\bar{x} = 12,6$ z = 13,5 m = 15

4) Die Mitglieder einer Fußball-Jugendmannschaft haben nach dem Training den Puls gemessen. Die Ergebnisse sind: 145, 157, 180, 165, 174, 165, 176, 171, 172, 155, 177.
(Der unmittelbar nach einer Belastung gemessene Puls sagt noch nichts über die Kondition aus, nur über die Bereitschaft sich anzustrengen. Die Kondition ist nur dann gut, wenn der Puls schon wenige Minuten nach der Belastung dieselbe Frequenz wie vor der Belastung aufweist. Durch wiederholtes Training wird die Kondition besser.)
Ordne die Daten, berechne das arithmetische Mittel und ermittle den Zentralwert sowie den Modalwert.

145, 155, 157, 165, 165, <u>171</u>, 172, 174, 176, 177, 180.

$\bar{x} = (145 + 155 + 157 + 2 \cdot 165 + 171 + 172 + 174 + 176 + 177 + 180) : 11 = 1837 : 11 = 167$

$\bar{x} = 167$ z = 171 m = 165

5) Im Rahmen eines Schulsportfestes gab es einen Weitsprung-Bewerb. Die fünf Besten sprangen bei den drei Versuchen die unten angeführten Weiten.
Berechne jeweils das arithmetische Mittel (runde auf zwei Dezimalen) und fülle dann die Tabelle aus.

Anita: 4,20 m, 3,95 m, 4,14 m.	$\bar{x} = (4,20 + 3,95 + 4,14) : 3 = 12,29 : 3 = 4,10$
Beate: 4,04 m, 4,35 m, 3,99 m.	$\bar{x} = (4,04 + 4,35 + 3,99) : 3 = 12,38 : 3 = 4,13$
Claudia: 4,32 m, 4,07 m, 3,85 m.	$\bar{x} = (4,32 + 4,07 + 3,85) : 3 = 12,24 : 3 = 4,08$
Doris: 3,67 m, 4,33 m, 4,22 m.	$\bar{x} = (3,67 + 4,33 + 4,22) : 3 = 12,22 : 3 = 4,07$
Eva: 4,28 m, 4,02 m, 4,14 m.	$\bar{x} = (4,28 + 4,02 + 4,14) : 3 = 12,44 : 3 = 4,15$

Platzierung	1	2	3	4	5
Name	Beate	Doris	Claudia	Eva	Anita
Beste Leistung	4,35	4,33	4,32	4,28	4,20
Mittelwert	4,13	4,07	4,08	4,15	4,10

Welche statistische Größe ist für den Sieg beim Wettkampf entscheidend? Maximum

Name:	Statistik 2

6) In der 3c gab es bei einem Test, bei dem 40 Punkte zu erreichen waren, folgendes Ergebnis:
29, 38, 27, 34, 20, 29, 35, 12, 40, 33, 22, 29, 36, 22, 40, 7, 26, 35, 37, 34, 22, 26.
Erstelle ein Stängel-Blatt-Diagramm. Schreibe links vom Doppelstrich die Zehner und rechts die Einer.

Gib das Minimum, das Maximum und die Spannweite an.

Berechne das arithmetische Mittel.

7) Kreuze an, wenn das Kastendiagramm der geordneten Liste entspricht.

a) 25, 45, 45, 45, 50, 60, 60, 70, 80. ☐

b) 25, 45, 52,5, 65, 80. ☐

c) 25, 45, 45, 45, 60, 60, 70, 80. ☐

d) 25, 40, 50, 55, 55, 75, 80. ☐

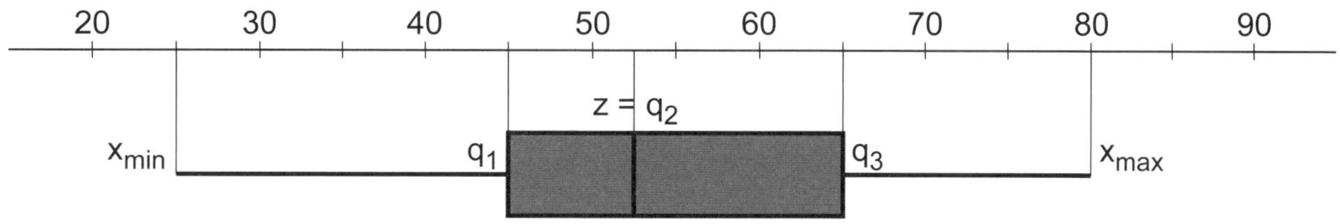

8) Die dritten Klassen fahren zur Wintersportwoche. Mehrere Kinder nützen die Möglichkeit, die Schiausrüstung auszuleihen. Die Schüler/-innen, die sich die Schischuhe ausborgen wollen, haben folgende Schuhgrößen:
38, 40, 39, 43, 37, 37, 41, 39, 39, 41, 36, 38, 38, 39, 40, 41.

a) Ordne die Daten und bestimme die drei Quartile q_1, q_2 und q_3.

b) Berechne das arithmetische Mittel und ermittle den Modalwert.

c) Gib das Minimum, das Maximum sowie die Spannweite an und zeichne ein Kastendiagramm.

Name:	Statistik 2

6) In der 3c gab es bei einem Test, bei dem 40 Punkte zu erreichen waren, folgendes Ergebnis:
29, 38, 27, 34, 20, 29, 35, 12, 40, 33, 22, 29, 36, 22, 40, 7, 26, 35, 37, 34, 22, 26.

Erstelle ein Stängel-Blatt-Diagramm. Schreibe links vom Doppelstrich die Zehner und rechts die Einer.

0	7
1	2
2	9, 7, 0, 9, 2, 9, 2, 6, 2, 6
3	8, 4, 5, 3, 6, 5, 7, 4
4	0, 0

0	7
1	2
2	0, 2, 2, 2, 6, 6, 7, 9, 9, 9
3	3, 4, 4, 5, 5, 6, 7, 8
4	0, 0

Gib das Minimum, das Maximum und die Spannweite an.

$x_{min} = 7$ $x_{max} = 40$ $R = x_{max} - x_{min} = 40 - 7 = 33$

Berechne das arithmetische Mittel.

$\bar{x} = (7 + 12 + 20 + 3 \cdot 22 + 2 \cdot 26 + 27 + 3 \cdot 29 + 33 + 2 \cdot 34 + 2 \cdot 35 + 36 + 37 + 38 + 2 \cdot 40) : 22$

$\bar{x} = 633 : 22 = 28{,}8$

7) Kreuze an, wenn das Kastendiagramm der geordneten Liste entspricht.

a) 25, 45, 45, 45, 50, 60, 60, 70, 80. ☐ b) 25, 45, 52,5, 65, 80. ☐

c) 25, 45, 45, 45, 60, 60, 70, 80. ☒ d) 25, 40, 50, 55, 55, 75, 80. ☐

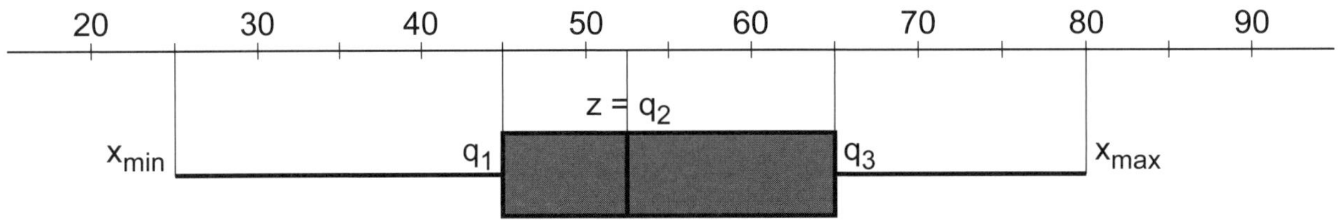

8) Die dritten Klassen fahren zur Wintersportwoche. Mehrere Kinder nützen die Möglichkeit, die Schiausrüstung auszuleihen. Die Schüler/-innen, die sich die Schischuhe ausborgen wollen, haben folgende Schuhgrößen:
38, 40, 39, 43, 37, 37, 41, 39, 39, 41, 36, 38, 38, 39, 40, 41.

a) Ordne die Daten und bestimme die drei Quartile q_1, q_2 und q_3.

36	37	37	38	38	38	39	39	39	39	40	40	41	41	41	43

↓ $q_1 = 38$ ↓ $z = q_2 = 39$ ↓ $q_3 = 40{,}5$

b) Berechne das arithmetische Mittel und ermittle den Modalwert.

$\bar{x} = (36 + 2 \cdot 37 + 3 \cdot 38 + 4 \cdot 39 + 2 \cdot 40 + 3 \cdot 41 + 43) : 16 = 626 : 16 = 39{,}125$

Das arithmetische Mittel beträgt 39,125. Der Modalwert beträgt 39.

c) Gib das Minimum, das Maximum sowie die Spannweite an und zeichne ein Kastendiagramm.

$x_{min} = 36$ $x_{max} = 43$ $R = x_{max} - x_{min} = 43 - 36 = 7$

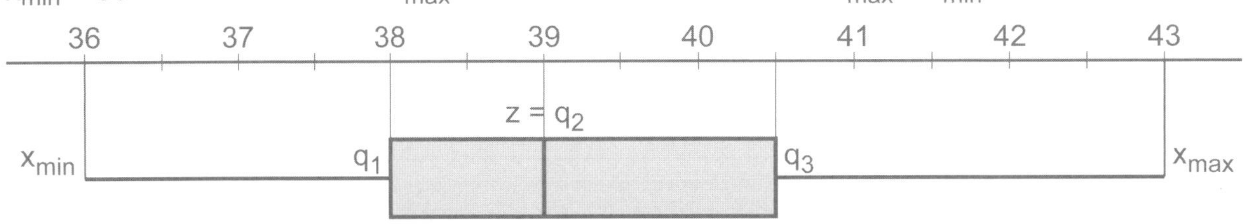

Name:	Sachaufgaben 1

Alles wird teurer. Fast alles.

➯ Steigende Preise vermindern die Kaufkraft. Je teurer Waren werden, umso weniger kann man für gleich viel Geld kaufen.

Das Statistische Bundesamt untersucht monatlich die Kaufkraftveränderung. In vielen Geschäften und Betrieben in ganz Deutschland werden die Preise jener Waren und Dienstleistungen erhoben, die im „Warenkorb" enthalten sind. Daraus wird – im Vergleich mit den Preisen des Vorjahres – der Verbraucherpreisindex (VPI) errechnet. Nicht alle Waren und Dienstleistungen werden im gleichen Ausmaß teurer, manche werden sogar billiger. Der Verbraucherpreisindex ist ein Mittelwert, die Indexzahl gibt den mittleren Preisanstieg in Prozent an.

Dieser Preisanstieg bedeutet eine Geldentwertung und wird Inflation genannt.

1) Nenne einige Waren, die in den letzten Jahren billiger wurden. ______________________

2) In der Tabelle sind Verbraucherpreisindices (VPI) von Deutschland angegeben. Berechne, wie viel eine Gruppe von Waren, die im Jahr 2002 durchschnittlich 100 € gekostet hat, aufgrund der Inflation im Jahresdurchschnitt 2008 kostete. Arbeite mit dem Taschenrechner und schreibe die auf Hundertstel gerundeten Zwischenergebnisse auf. Quelle: www.destatis.de

Jahr	2003	2004	2005	2006	2007	2008
Inflation in %	1	1,7	1,5	1,6	2,3	2,6
Warenpreis						

Berechne die Summe der VPI. [ ]   Um wie viel % wurden die Waren teurer? [ ]

Eine Gruppe von Waren kostete im Jahr 2005 durchschnittlich x €. Wie viel hat diese Gruppe von Waren aufgrund der Inflation im Jahr 2008 durchschnittlich gekostet? Erstelle eine Formel.

3) In der Tabelle sind die VPI der Länder der Euro-Zone für Januar 2008 angegeben.

B	Belgien	3,5	IRL	Irland	4,3	A	Österreich	3,3
D	Deutschland	2,8	I	Italien	2,9	P	Portugal	2,9
FIN	Finnland	3,8	L	Luxemburg	3,3	SLO	Slowenien	6,4
F	Frankreich	2,8	M	Malta	3,5	E	Spanien	4,3
GR	Griechenland	3,9	NL	Niederlande	2,0	CY	Zypern	4,3

Quelle: www.statistik.at

Berechne das arithmetische Mittel.

$\bar{x}$ =

Erstelle eine geordnete Liste und ermittle den Zentralwert z, das 1. Quartil q_1 und das 3. Quartil q_3.

Euro-Zone															
Inflation in %															

Trage die Werte als Kreuze auf dem Zahlenstrahl ein und zeichne ein Kastendiagramm.

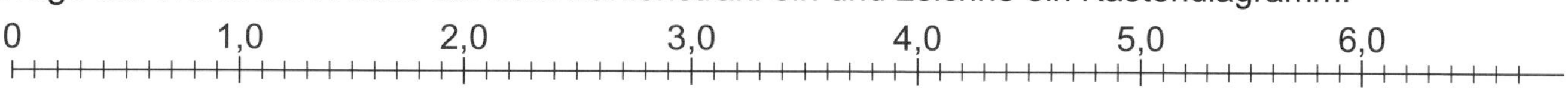

Name:	Sachaufgaben 1

Alles wird teurer. Fast alles.

Steigende Preise vermindern die Kaufkraft. Je teurer Waren werden, umso weniger kann man für gleich viel Geld kaufen.

Das Statistische Bundesamt untersucht monatlich die Kaufkraftveränderung. In vielen Geschäften und Betrieben in ganz Deutschland werden die Preise jener Waren und Dienstleistungen erhoben, die im „Warenkorb" enthalten sind. Daraus wird – im Vergleich mit den Preisen des Vorjahres – der Verbraucherpreisindex (VPI) errechnet. Nicht alle Waren und Dienstleistungen werden im gleichen Ausmaß teurer, manche werden sogar billiger. Der Verbraucherpreisindex ist ein Mittelwert, die Indexzahl gibt den mittleren Preisanstieg in Prozent an.

Dieser Preisanstieg bedeutet eine Geldentwertung und wird Inflation genannt.

1) Nenne einige Waren, die in den letzten Jahren billiger wurden. Z. B. Computer, Handy ...

2) In der Tabelle sind Verbraucherpreisindices (VPI) von Deutschland angegeben.
Berechne, wie viel eine Gruppe von Waren, die im Jahr 2002 durchschnittlich 100 € gekostet hat, aufgrund der Inflation im Jahresdurchschnitt 2008 kostete. Arbeite mit dem Taschenrechner und schreibe die auf Hundertstel gerundeten Zwischenergebnisse auf. Quelle: www.destatis.de

Jahr	2003	2004	2005	2006	2007	2008
Inflation in %	1	1,7	1,5	1,6	2,3	2,6
Warenpreis	101,00 €	102,72 €	104,26 €	105,93 €	108,36 €	111,18 €

Berechne die Summe der VPI. 10,7 Um wie viel % wurden die Waren teurer? 11,18 %

Eine Gruppe von Waren kostete im Jahr 2005 durchschnittlich x €. Wie viel hat diese Gruppe von Waren aufgrund der Inflation im Jahr 2008 durchschnittlich gekostet? Erstelle eine Formel.

$P_{2008} = x \cdot 1{,}016 \cdot 1{,}023 \cdot 1{,}026$

3) In der Tabelle sind die VPI der Länder der Euro-Zone für Januar 2008 angegeben.

B	Belgien	3,5	IRL	Irland	4,3	A	Österreich	3,3
D	Deutschland	2,8	I	Italien	2,9	P	Portugal	2,9
FIN	Finnland	3,8	L	Luxemburg	3,3	SLO	Slowenien	6,4
F	Frankreich	2,8	M	Malta	3,5	E	Spanien	4,3
GR	Griechenland	3,9	NL	Niederlande	2,0	CY	Zypern	4,3

Quelle: www.statistik.at

Berechne das arithmetische Mittel.

$\bar{x} = (3{,}5 + 2{,}8 + 3{,}8 + 2{,}8 + 3{,}9 + 4{,}3 + 2{,}9 + 3{,}3 + 3{,}5 + 2{,}0 + 3{,}3 + 2{,}9 + 6{,}4 + 4{,}3 + 4{,}3) : 15$

$\bar{x} = 54{,}0 : 15 = 3{,}6$

Erstelle eine geordnete Liste und ermittle den Zentralwert z, das 1. Quartil q_1 und das 3. Quartil q_3.

Euro-Zone	NL	D	F	I	P	L	A	B	M	FIN	GR	IRL	E	CY	SL
Inflation in %	2,0	2,8	2,8	2,9	2,9	3,3	3,3	3,5	3,5	3,8	3,9	4,3	4,3	4,3	6,4

↓ $q_1 = 2{,}9$ ↓ $z = q_2 = 3{,}5$ ↓ $q_3 = 4{,}3$

Trage die Werte als Kreuze auf dem Zahlenstrahl ein und zeichne ein Kastendiagramm.

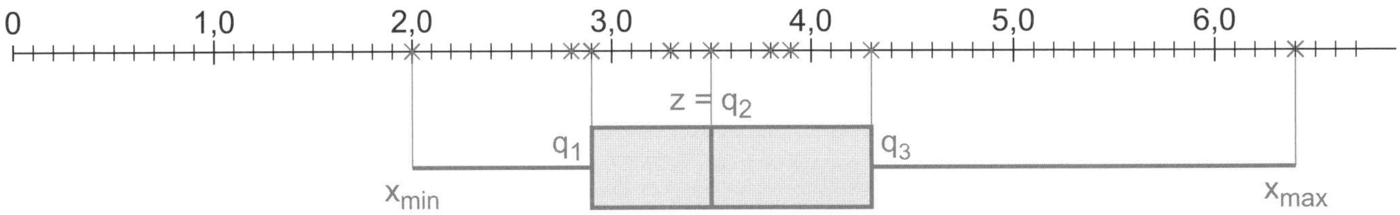

Name:	Sachaufgaben 2

1) Aufgrund der Lohn- und Preisentwicklung kann man feststellen, ob und in welchem Ausmaß das Einkommen der Erwerbstätigen wächst, stagniert oder sinkt. (Der Tariflohnindex gibt die mittlere Lohnerhöhung der Arbeiter, Angestellten, Öffentlich Bediensteten und Verkehrsbediensteten in % an.)

	1986	1988	1990	1992	1994	1996	1998	2000	2002	2004
Tariflohnindex	100	105,8	116,0	130,9	142,2	150,6	156,7	163,9	172,3	179,8
Preisindex	100	103,4	109,5	117,7	125,6	130,8	133,7	137,6	143,8	148,8

Quelle: Statistik Austria

a) Trage die Tariflohnindices sowie die Preisindices als Punkte im Diagramm ein und verbinde jeweils die Punkte. Bemale dann jene Fläche, die dem „Reallohnzuwachs“ (wirkliche Lohnerhöhung) entspricht.

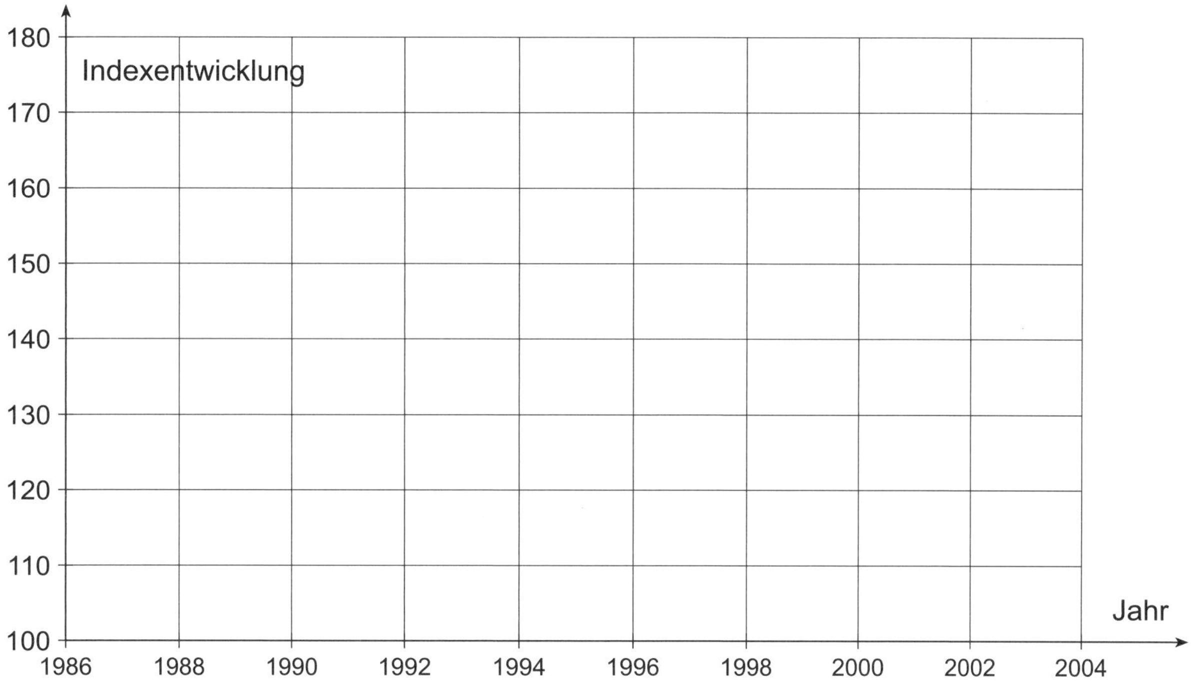

b) Lies aus der Tabelle oder dem Diagramm ab bzw. berechne.

Arbeitnehmer/-innen, die 1 000 € im Jahr 1986 verdient hatten, verdienten im Jahr 2004 im Mittel

Waren, die 1 000 € im Jahr 1986 gekostet hatten, kosteten im Jahr 2004 im Mittel

Für die Zeit von 1986 bis 2004 beträgt der Reallohnzuwachs im Mittel

c) Berechne den prozentualen Reallohnzuwachs für den Zeitraum von 1986 bis 2004.

Name:	Sachaufgaben 2

1) Aufgrund der Lohn- und Preisentwicklung kann man feststellen, ob und in welchem Ausmaß das Einkommen der Erwerbstätigen wächst, stagniert oder sinkt. (Der Tariflohnindex gibt die mittlere Lohnerhöhung der Arbeiter, Angestellten, Öffentlich Bediensteten und Verkehrsbediensteten in % an.)

	1986	1988	1990	1992	1994	1996	1998	2000	2002	2004
Tariflohnindex	100	105,8	116,0	130,9	142,2	150,6	156,7	163,9	172,3	179,8
Preisindex	100	103,4	109,5	117,7	125,6	130,8	133,7	137,6	143,8	148,8

Quelle: Statistik Austria

a) Trage die Tariflohnindices sowie die Preisindices als Punkte im Diagramm ein und verbinde jeweils die Punkte. Bemale dann jene Fläche, die dem „Reallohnzuwachs" (wirkliche Lohnerhöhung) entspricht.

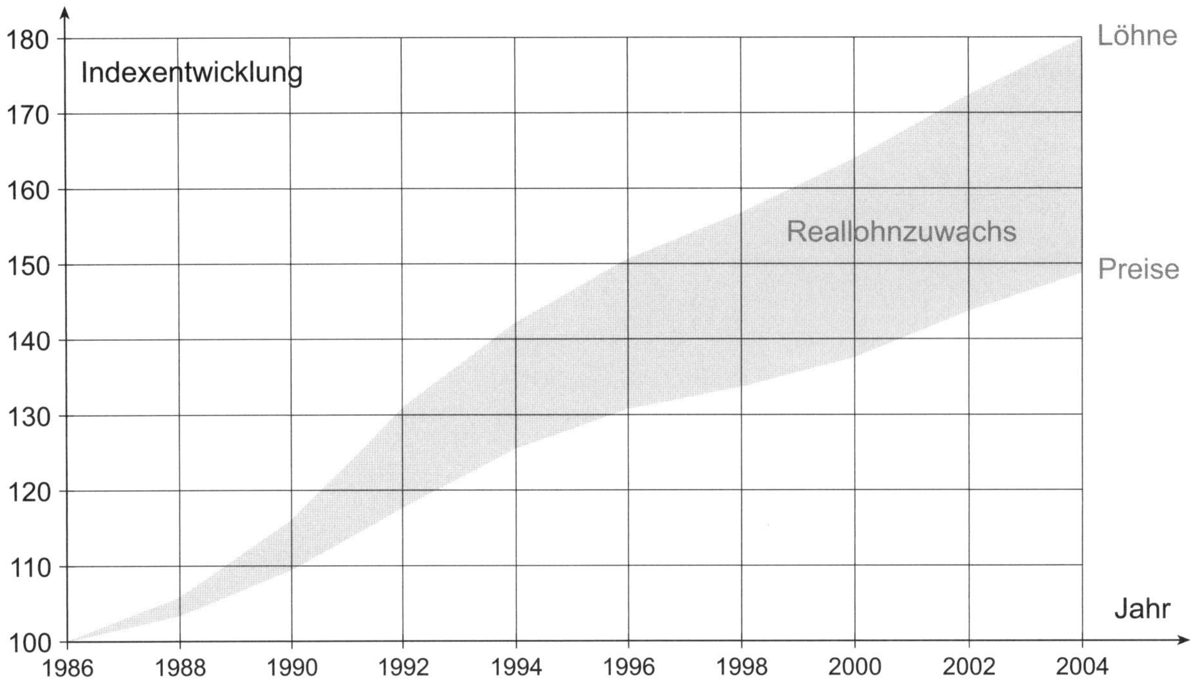

b) Lies aus der Tabelle oder dem Diagramm ab bzw. berechne.

Arbeitnehmer/-innen, die 1 000 € im Jahr 1986 verdient hatten, verdienten im Jahr 2004 im Mittel | 1 798 €.

Waren, die 1 000 € im Jahr 1986 gekostet hatten, kosteten im Jahr 2004 im Mittel | 1 488 €.

Für die Zeit von 1986 bis 2004 beträgt der Reallohnzuwachs im Mittel | 310 €.

c) Berechne den prozentualen Reallohnzuwachs für den Zeitraum von 1986 bis 2004.

Löhne: G = 48,8, W = 79,8; p % = ?

$$W = G \cdot \frac{p}{100} \quad | : G$$

$$\frac{p}{100} = W : G$$

$$\frac{p}{100} = 79{,}8 : 48{,}8 = 1{,}635\,2...$$

p % ___ 163,5 %

A: Der prozentuale Reallohnzuwachs für den Zeitraum von 1986 bis 2004 beträgt 63,5 %.

Name:	Sachaufgaben 3

Strom-Jahresabrechnung

Die Stromkosten **S** setzen sich aus dem Grundpreis **G** und dem Arbeitspreis **A** zusammen.

Der Grundpreis **G** ist ein Fixbetrag und beträgt für ein Jahr (inkl. MwSt.) 31,39 €.

Der Arbeitspreis **A** beträgt (inkl. MwSt.) 13,48 c je verbrauchter kWh.
Im Arbeitspreis A sind auch die Ökosteuer, der Zuschlag für erneuerbare Energie und der KWK-Zuschlag (Förderbetrag für elektrische Energie aus Kraft-Wärme-Kopplungsanlagen) enthalten.

Preisangaben und Preisgestaltung: Beispiel einer Strom-Jahresabrechnung.

1) a) Erstelle eine Formel für die Berechnung der Stromkosten.

b) Gib die Bedeutung der Abkürzung kWh an.

2) Berechne den Arbeitspreis A sowie die gesamten Stromkosten S.

a) Stromverbrauch: 2 922 kWh

	kWh	Bruttopreis je kWh in €	Bruttopreis in €
Grundpreis			
Arbeitspreis			
Stromkosten			

b) Stromverbrauch: 5 659 kWh

	kWh	Bruttopreis je kWh in €	Bruttopreis in €
Grundpreis			
Arbeitspreis			
Stromkosten			

3) a) Erstelle eine Formel für die Berechnung der Stromkosten, wenn x kWh Strom verbraucht werden.

b) Berechne mit dieser Formel die Stromkosten für den angegebenen Verbrauch.

0 kWh	
1 000 kWh	
2 000 kWh	
3 000 kWh	
4 000 kWh	

c) Trage die Werte im Schaubild ein und lies den ungefähren Preis für einen Verbrauch von 2 500 kWh ab.

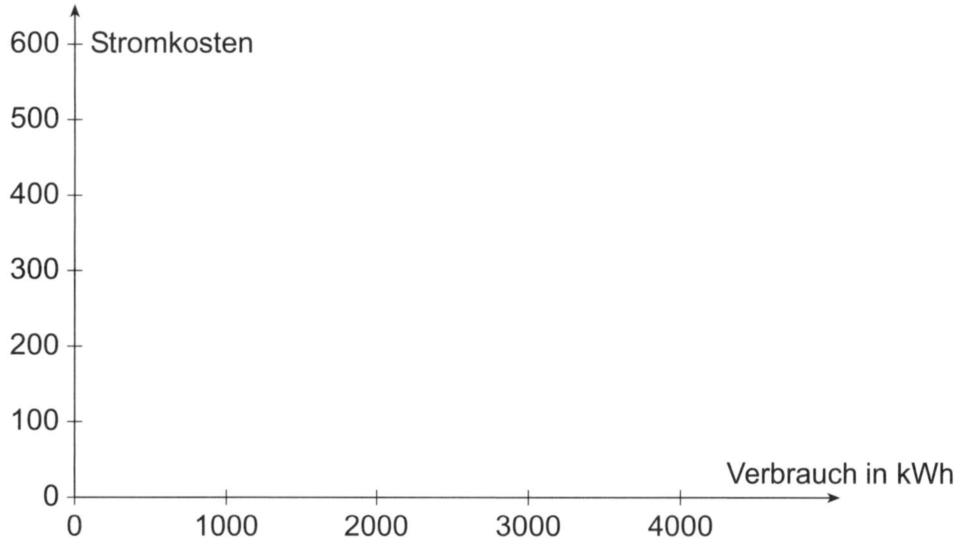

Name:	Sachaufgaben 3

Strom-Jahresabrechnung

Die Stromkosten **S** setzen sich aus dem Grundpreis **G** und dem Arbeitspreis **A** zusammen.

Der Grundpreis **G** ist ein Fixbetrag und beträgt für ein Jahr (inkl. MwSt.) 31,39 €.

Der Arbeitspreis **A** beträgt (inkl. MwSt.) 13,48 c je verbrauchter kWh.
Im Arbeitspreis A sind auch die Ökosteuer, der Zuschlag für erneuerbare Energie und der KWK-Zuschlag (Förderbetrag für elektrische Energie aus Kraft-Wärme-Kopplungsanlagen) enthalten.

Preisangaben und Preisgestaltung: Beispiel einer Strom-Jahresabrechnung.

1) a) Erstelle eine Formel für die Berechnung der Stromkosten. S = G + A

b) Gib die Bedeutung der Abkürzung kWh an. Kilowattstunde

2) Berechne den Arbeitspreis A sowie die gesamten Stromkosten S.

a) Stromverbrauch: 2 922 kWh

	kWh	Bruttopreis je kWh in €	Bruttopreis in €
Grundpreis			31,39
Arbeitspreis	2 922	0,1348	393,89
Stromkosten			425,28

b) Stromverbrauch: 5 659 kWh

	kWh	Bruttopreis je kWh in €	Bruttopreis in €
Grundpreis			31,39
Arbeitspreis	5 659	0,1348	762,83
Stromkosten			794,22

3) a) Erstelle eine Formel für die Berechnung der Stromkosten, wenn x kWh Strom verbraucht werden.

$S = 31{,}39 + 0{,}1348 \cdot x$

b) Berechne mit dieser Formel die Stromkosten für den angegebenen Verbrauch.

0 kWh	$S = 31{,}39$
1 000 kWh	$S = 31{,}39 + 0{,}1348 \cdot 1\,000 = 31{,}39 + 134{,}8 = 166{,}19$
2 000 kWh	$S = 31{,}39 + 0{,}1348 \cdot 2\,000 = 31{,}39 + 269{,}6 = 300{,}99$
3 000 kWh	$S = 31{,}39 + 0{,}1348 \cdot 3\,000 = 31{,}39 + 404{,}4 = 435{,}79$
4 000 kWh	$S = 31{,}39 + 0{,}1348 \cdot 4\,000 = 31{,}39 + 539{,}2 = 570{,}59$

c) Trage die Werte im Schaubild ein und lies den ungefähren Preis für einen Verbrauch von 2 500 kWh ab.

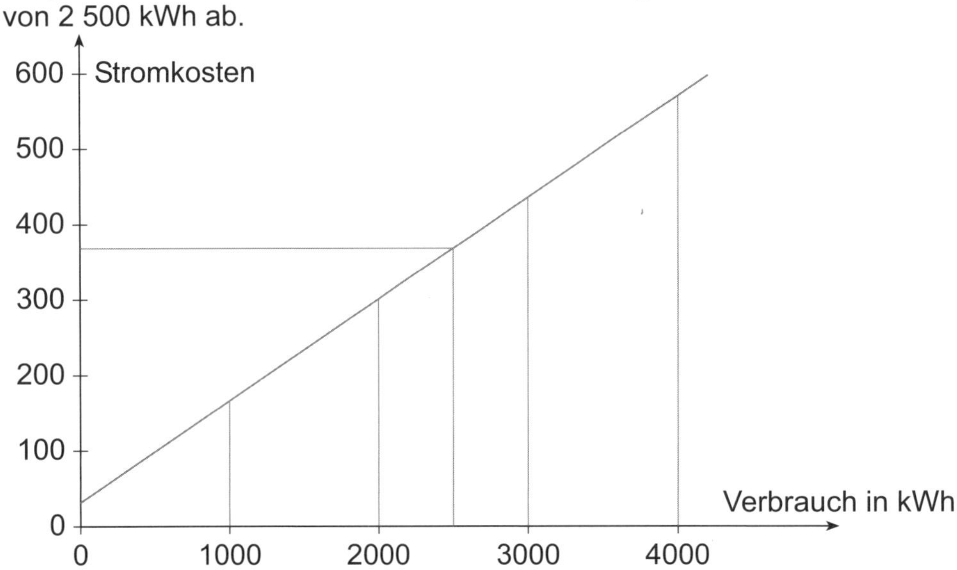

2 500 kWh: ≈ 370 €

Name:	Sachaufgaben 4

4) Man kann Energie und Geld sparen, wenn man bei einer Waschmaschine statt „Kochwäsche 95°C“ das Programm „Buntwäsche 60°C“ wählt.
Berechne den Energieverbrauch und die Energiekosten für die Familien A und B und vergleiche dann. (1 kWh kostet 13,48 c.)

Waschprogramm	Energieverbrauch
Kochwäsche 95°C	1,70 kWh
Buntwäsche 60°C	0,95 kWh
Gesamt	

Familie A		
Anzahl	Energieverbrauch	Energiekosten
52-mal		
40-mal		
92-mal		

Familie B		
Anzahl	Energieverbrauch	Energiekosten
14-mal		
78-mal		
92-mal		

Vergleich:

A:

5) Gib zumindest drei Möglichkeiten an, wie du persönlich Energie (und Kosten) sparen kannst.

____

____

6) In der Tabelle ist von einigen Ländern der Energieverbrauch pro Einwohner im Jahr 2001 in kg SKE („Steinkohleeinheiten“) angegeben. Quelle: UN nach Fischer Weltalmanach

USA	11 067
Australien	8 582
Russland	5 989

Deutschland	5 663
Argentinien	2 110
China VR	856

Indien	441
Dem. Rep. Kongo	36
Tschad	8

a) Berechne, um wie viel Prozent der Energieverbrauch pro Einwohner in den USA größer ist als in Deutschland.

b) Berechne, um wie viel Prozent der Energieverbrauch pro Einwohner im Tschad geringer ist als in Deutschland.

7) Findest du Gründe für die extrem hohen Unterschiede im Energieverbrauch der verschiedenen Länder?

____

____

Name:	Sachaufgaben 4

4) Man kann Energie und Geld sparen, wenn man bei einer Waschmaschine statt „Kochwäsche 95°C“ das Programm „Buntwäsche 60°C“ wählt.
Berechne den Energieverbrauch und die Energiekosten für die Familien A und B und vergleiche dann. (1 kWh kostet 13,48 c.)

Waschprogramm	Energieverbrauch	Familie A			Familie B		
		Anzahl	Energieverbrauch	Energiekosten	Anzahl	Energieverbrauch	Energiekosten
Kochwäsche 95°C	1,70 kWh	52-mal	88,4 kWh	11,92 €	14-mal	23,8 kWh	3,21 €
Buntwäsche 60°C	0,95 kWh	40-mal	38,0 kWh	5,12 €	78-mal	74,1 kWh	9,99 €
Gesamt		92-mal	126,4 kWh	17,04 €	92-mal	97,9 kWh	13,20 €

Vergleich: Energieverbrauch: 126,4 – 97,9 = 28,5

Energiekosten: 17,04 – 13,20 = 3,84

A: Familie B verbraucht 28,5 kWh weniger Energie und spart dadurch 3,84 €.

5) Gib zumindest drei Möglichkeiten an, wie du persönlich Energie (und Kosten) sparen kannst.

Z. B. Energiesparlampe, richtiges Lüften, Geräte nach Gebrauch abschalten, duschen statt Wannenbad

6) In der Tabelle ist von einigen Ländern der Energieverbrauch pro Einwohner im Jahr 2001 in kg SKE („Steinkohleeinheiten“) angegeben. Quelle: UN nach Fischer Weltalmanach

USA	11 067	Deutschland	5 663	Indien	441
Australien	8 582	Argentinien	2 110	Dem. Rep. Kongo	36
Russland	5 989	China VR	856	Tschad	8

a) Berechne, um wie viel Prozent der Energieverbrauch pro Einwohner in den USA größer ist als in Deutschland.

K: G = 5 663 kg, W = 11 067 kg; p % = ?

$W = G \cdot \frac{p}{100} \quad | : G$

$\frac{p}{100} = W : G$

$\frac{p}{100} = 11\,067 : 5\,663$

$\frac{p}{100} = 1{,}954\ldots$

p % ___ 195 %

A: In den USA ist der Energieverbrauch pro Einwohner um ca. 95 % größer als in Deutschland.

b) Berechne, um wie viel Prozent der Energieverbrauch pro Einwohner im Tschad geringer ist als in Deutschland.

K: G = 5 663 kg, W = 8 kg; p % = ?

$W = G \cdot \frac{p}{100} \quad | : G$

$\frac{p}{100} = W : G$

$\frac{p}{100} = 8 : 5\,663$

$\frac{p}{100} = 0{,}001\,41\ldots$

p % ___ 0,14 %

A: Im Tschad ist der Energieverbrauch pro Einwohner um ca. 99,86 % geringer als in Deutschland.

7) Findest du Gründe für die extrem hohen Unterschiede im Energieverbrauch der verschiedenen Länder?

Z. B. wirtschaftliche und technische Entwicklung, Dauer der Heizperiode, Energiepreise, Verschwendung

Name:	Sachaufgaben 5

Eine Merkhilfe für das Ohmsche Gesetz.

Das Ohmsche Gesetz ist ein wichtiges Gesetz der Elektrizitätslehre.
Es beschreibt den Zusammenhang zwischen Stromstärke, Spannung und Widerstand.
In einem elektrischen Stromkreis ist die Stromstärke zur Spannung direkt proportional und zum Widerstand indirekt proportional.

Ohm, ein deutscher Physiker, entdeckte 1826 das nach ihm benannte Naturgesetz.

1) Eine Form des Ohmschen Gesetzes lautet: $I = \frac{U}{R}$. Schreibe dieses Gesetz mit Worten.

____

2) Gib jeweils die Abkürzung an und die Einheit, in der gemessen wird.

Stromstärke:	elektrische Spannung:	elektrischer Widerstand:
Maßeinheit:	Maßeinheit:	Maßeinheit:

3) Forme das Ohmsche Gesetz so um, dass die gesuchte Größe berechnet werden kann.

a) $I = \frac{U}{R}$; $U = ?$

b) $I = \frac{U}{R}$; $R = ?$

4) Ergänze die Wertetabelle und zeichne ein Schaubild.

a) Der Widerstand R beträgt 10 Ω und ist konstant.

Spannung U in V	5	10	15	20
Stromstärke I in A	0,2			

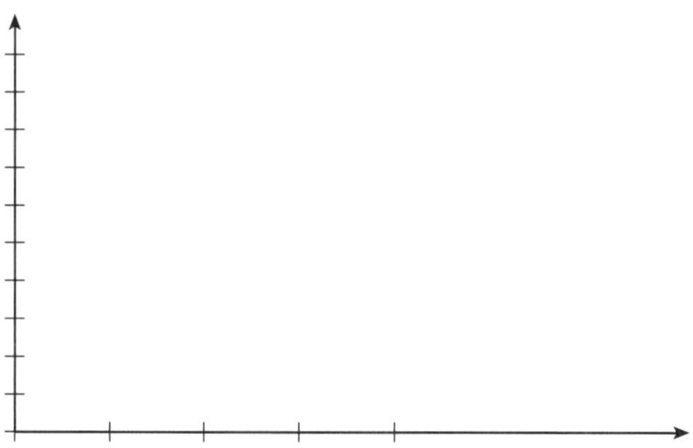

b) Die Spannung U beträgt 3 V und ist konstant.

Widerstand R in Ω	5	10	15	20
Stromstärke I in A	0,6			

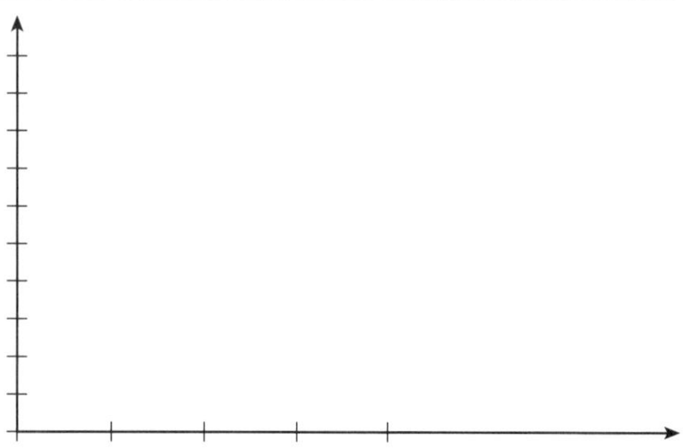

5) Berechne mit Hilfe des Ohmschen Gesetzes die fehlende Größe.

a) U = 9 V, I = 1,5 A; R = ?

b) U = 6 V, R = 2,4 Ω; I = ?

c) R = 2,4 Ω, I = 5 A; U = ?

Name:	Sachaufgaben 5

Eine Merkhilfe für das Ohmsche Gesetz.

Das Ohmsche Gesetz ist ein wichtiges Gesetz der Elektrizitätslehre.
Es beschreibt den Zusammenhang zwischen Stromstärke, Spannung und Widerstand.
In einem elektrischen Stromkreis ist die Stromstärke zur Spannung direkt proportional und zum Widerstand indirekt proportional.

Ohm, ein deutscher Physiker, entdeckte 1826 das nach ihm benannte Naturgesetz.

1) Eine Form des Ohmschen Gesetzes lautet: $I = \frac{U}{R}$. Schreibe dieses Gesetz mit Worten.

Stromstärke gleich Spannung durch Widerstand.

2) Gib jeweils die Abkürzung an und die Einheit, in der gemessen wird.

Stromstärke: I	elektrische Spannung: U	elektrischer Widerstand: R
Maßeinheit: 1 Ampere (1 A)	Maßeinheit: 1 Volt (1V)	Maßeinheit: 1 Ohm (1Ω)

3) Forme das Ohmsche Gesetz so um, dass die gesuchte Größe berechnet werden kann.

a) $I = \frac{U}{R}$; U = ?

$I = \frac{U}{R} \quad | \cdot R$

$U = I \cdot R$

b) $I = \frac{U}{R}$; R = ?

$I = \frac{U}{R} \quad | \cdot R$

$I \cdot R = U \quad | : I$

$R = \frac{U}{I}$

4) Ergänze die Wertetabelle und zeichne ein Schaubild.

a) Der Widerstand R beträgt 10 Ω und ist konstant.

Spannung U in V	5	10	15	20
Stromstärke I in A	0,2	0,4	0,6	0,8

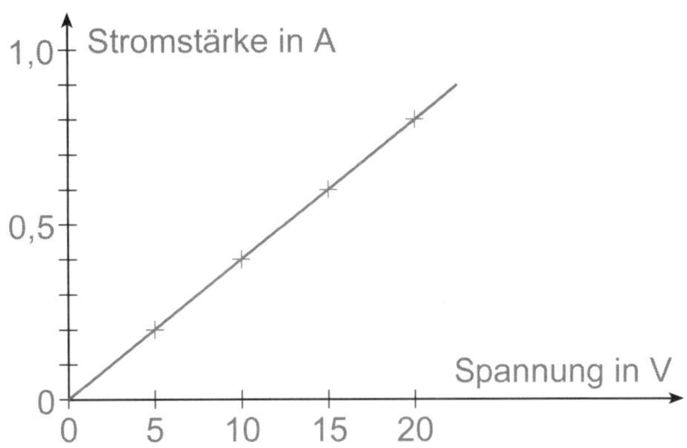

b) Die Spannung U beträgt 3 V und ist konstant.

Widerstand R in Ω	5	10	15	20
Stromstärke I in A	0,6	0,3	0,2	0,15

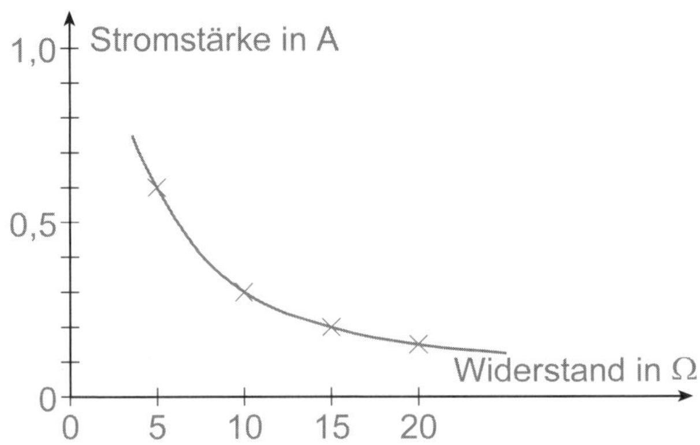

5) Berechne mit Hilfe des Ohmschen Gesetzes die fehlende Größe.

a) U = 9 V, I = 1,5 A; R = ?

$I = \frac{U}{R} \quad | \cdot R$

$I \cdot R = U \quad | : I$

$R = \frac{U}{I}$

R = 9 : 1,5 = 6

R ___ 6 Ω

b) U = 6 V, R = 2,4 Ω; I = ?

$I = \frac{U}{R}$

I = 6 : 2,4 = 2,5

I ___ 2,5 A

c) R = 2,4 Ω, I = 5 A; U = ?

$I = \frac{U}{R} \quad | \cdot R$

$U = I \cdot R$

U = 5 · 2,4 = 12

U ___ 12 V

Name:	Rätsel 1

Die Hälfte der Hälfte einer Zahl ist um 15 kleiner als das Doppelte des Doppelten derselben Zahl.

Wie heißt die Zahl?

Richtig oder falsch?

- 1 m = 100 cm
- 1 kg = 0,001 g
- 1 dm³ = 1 l
- 1 hl = 100 l
- 1 m³ = 1 000 000 cm³
- 1 t = 10 kg
- 1 m = 0,001 km
- 1 kg = 100 g
- 1 ha = 100 a
- 1 km = 100 m
- 1 dm = 0,1 m
- 1 m² = 1 000 000 mm²

Streiche jene Figuren, die keine Netze von geometrischen Körpern sind.

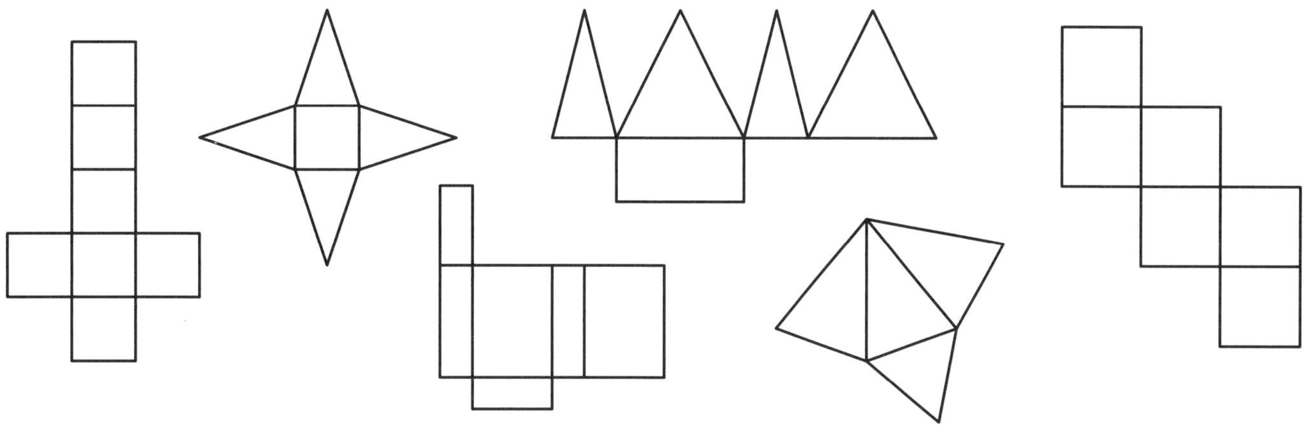

Herr Moritz überlegt, welche dieser einstelligen Zahlen wohl am öftesten vorkommt.

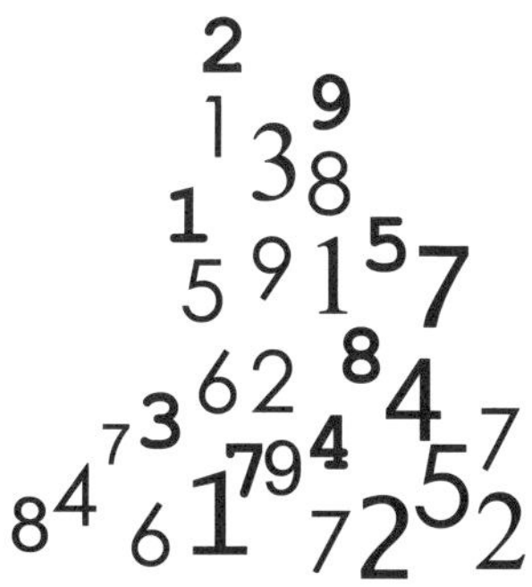

Martin sagt zu seiner Schwester Sandra: „Du hast genauso viele Brüder wie Schwestern.“ Sandra antwortet: „Du, Martin, hast zweimal mehr Schwestern als Brüder.“

Wie viele Jungen und Mädchen gibt es in dieser Familie?

Knaben	Mädchen

Ordne die Figuren in der letzten Reihe richtig an.

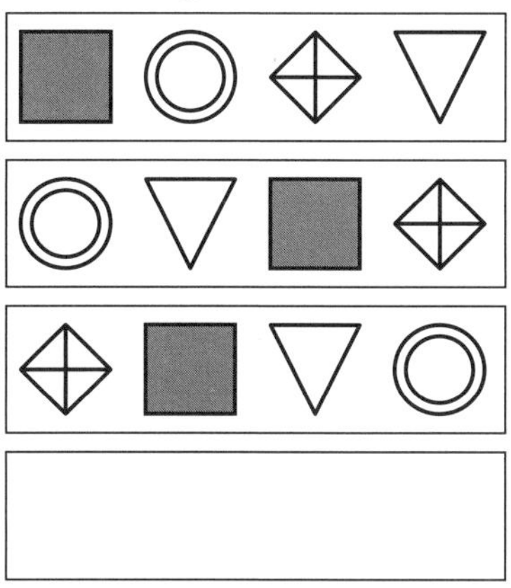

Eine Geheimschrift! Kannst du sie entziffern?

Jedes Symbol entspricht einer Ziffer.
(Tipp: Versuche zuerst die Symbole für die Ziffern Eins und Null zu finden.)

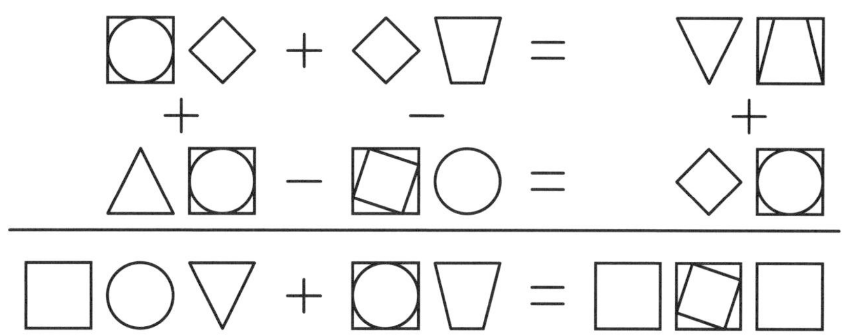

Name:	Rätsel 1

Die Hälfte der Hälfte einer Zahl ist um 15 kleiner als das Doppelte des Doppelten derselben Zahl.

Wie heißt die Zahl?

$\frac{1}{4}x + 15 = 4x \quad | - \frac{1}{4}x$

$15 = 3\frac{3}{4}x \quad | : 3\frac{3}{4}$

$x = 4$

Die Zahl heißt 4.

Richtig oder falsch?

1 m = 100 cm	~~1 kg = 0,001 g~~	1 dm³ = 1 l
1 hl = 100 l	1 m³ = 1 000 000 cm³	~~1 t = 10 kg~~
1 m = 0,001 km	~~1 kg = 100 g~~	1 ha = 100 a
~~1 km = 100 m~~	1 dm = 0,1 m	1 m² = 1 000 000 mm²

Streiche jene Figuren, die keine Netze von geometrischen Körpern sind.

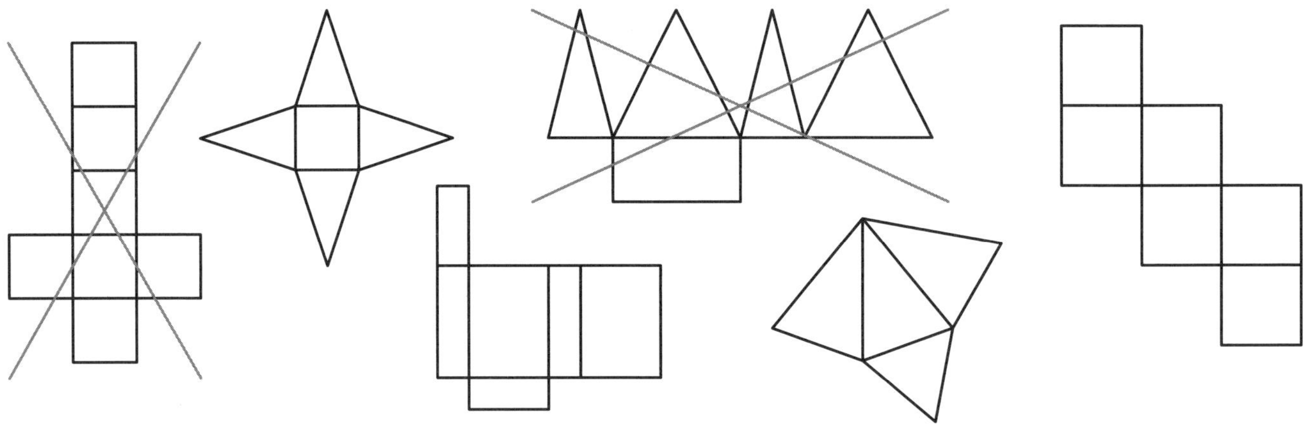

Herr Moritz überlegt, welche dieser einstelligen Zahlen wohl am öftesten vorkommt.

7

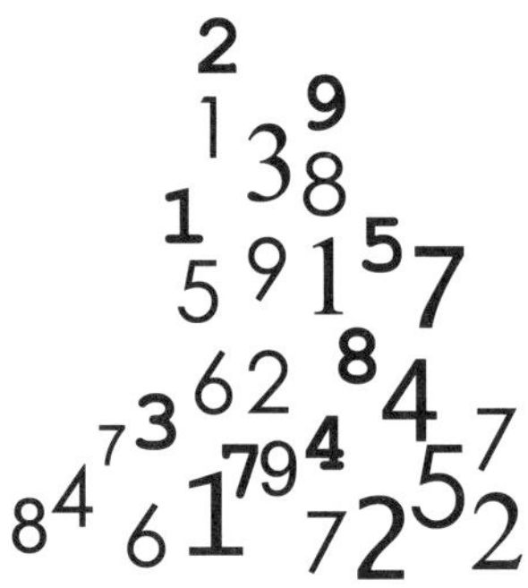

Martin sagt zu seiner Schwester Sandra: „Du hast genauso viele Brüder wie Schwestern.“ Sandra antwortet: „Du, Martin, hast zweimal mehr Schwestern als Brüder.“

Wie viele Jungen und Mädchen gibt es in dieser Familie?

2 Knaben | 3 Mädchen

Ordne die Figuren in der letzten Reihe richtig an.

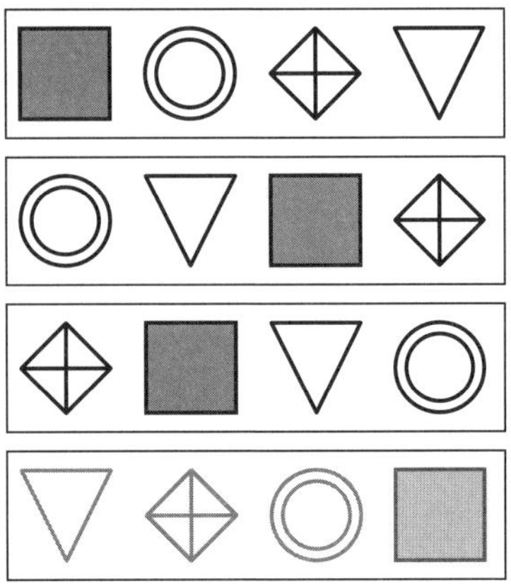

Eine Geheimschrift! Kannst du sie entziffern?

Jedes Symbol entspricht einer Ziffer.
(Tipp: Versuche zuerst die Symbole für die Ziffern Eins und Null zu finden.)

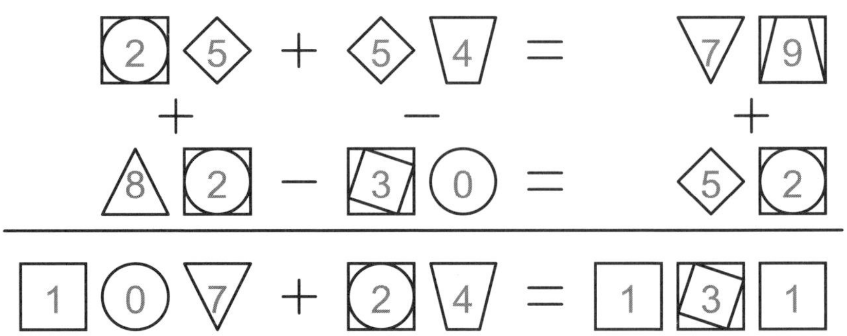

Name:	Rätsel 2

Das Fünffache einer Zahl ist um 150 größer als das Doppelte von Hundert.
Wie heißt die Zahl?

Multipliziert man das Alter von Frau Schubert mit der Anzahl ihrer Kinder, so ergibt das 123.

Wie alt ist Frau Schubert und wie viele Kinder hat sie?

Nur ein Würfelnetz passt zum abgebildeten Würfel.

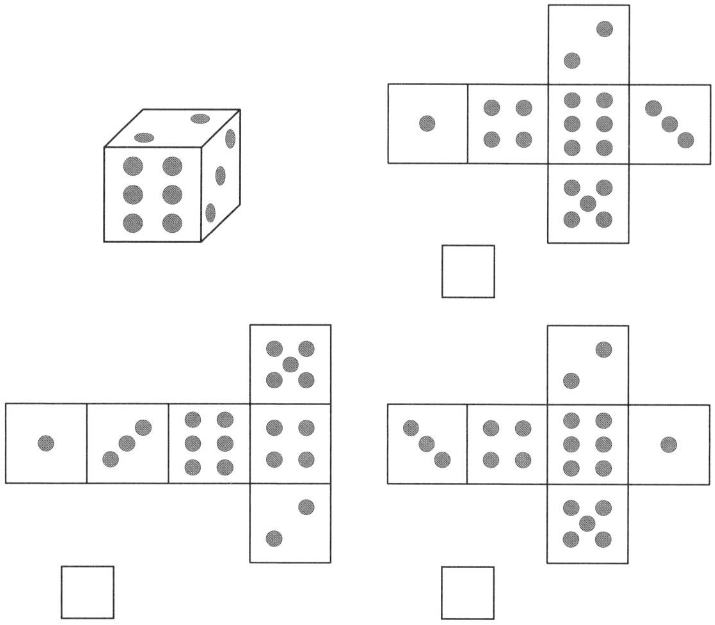

In jeder Buchstabengruppe haben die Buchstaben jeweils eine gemeinsame Eigenschaft.

HIOX	FGJR	ACEY

Jeweils eine Figur passt nicht zu den drei anderen; streiche sie durch.

Stelle die Zahl 100 mit Hilfe der Grundrechenarten und fünfmal die Zahl Fünf dar.

Stelle die Zahl 1 000 in Form einer Addition und achtmal die Ziffer Acht dar.

Die Zahlen von 1 bis 9 sollen so eingetragen werden, dass die Summe der Zahlen an jeder „Dreiecksseite“ 20 beträgt.

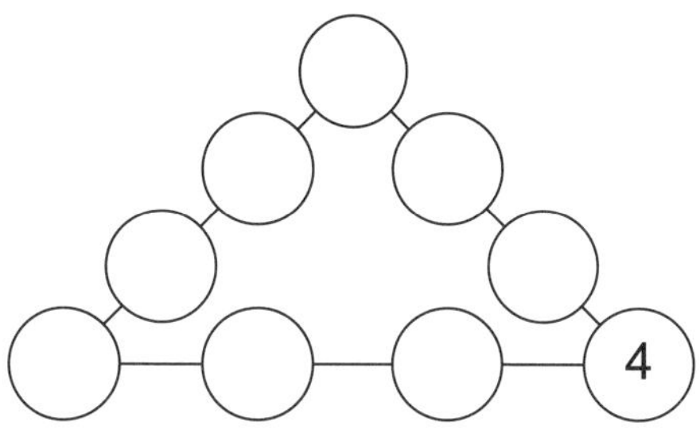

Name:	Rätsel 2

Das Fünffache einer Zahl ist um 150 größer als das Doppelte von Hundert.
Wie heißt die Zahl?

$5x - 150 = 2 \cdot 100$

$5x - 150 = 200 \quad | + 150$

$5x = 350 \quad | : 5$

$x = 70$

Die Zahl heißt 70.

Multipliziert man das Alter von Frau Schubert mit der Anzahl ihrer Kinder, so ergibt das 123.

Wie alt ist Frau Schubert und wie viele Kinder hat sie?

41 Jahre	3 Kinder

Nur ein Würfelnetz passt zum abgebildeten Würfel.

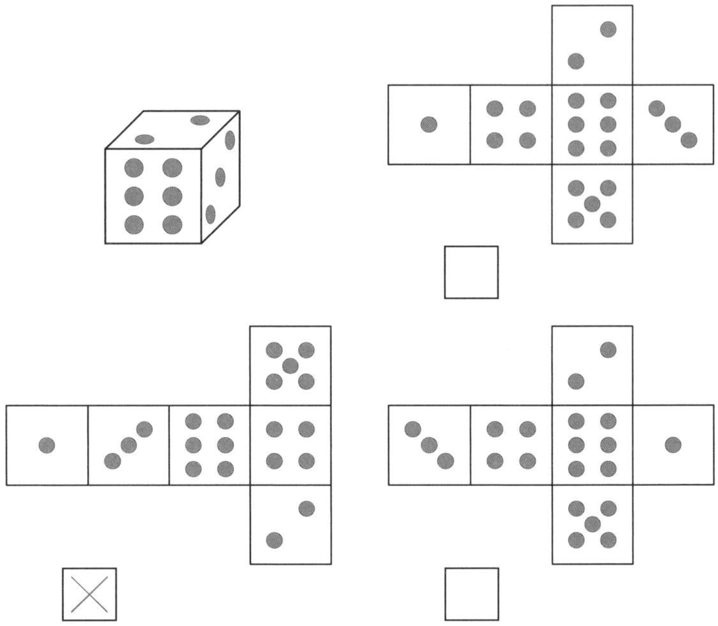

In jeder Buchstabengruppe haben die Buchstaben jeweils eine gemeinsame Eigenschaft.

HIOX	FGJR	ACEY
mehrachsig symmetrisch	nicht symmetrisch	einachsig symmetrisch

Jeweils eine Figur passt nicht zu den drei anderen; streiche sie durch.

Stelle die Zahl 100 mit Hilfe der Grundrechenarten und fünfmal die Zahl Fünf dar.

$5 \cdot 5 \cdot 5 - 5 \cdot 5 = 100$

✧ ✧ ✧ ✧ ✧

Stelle die Zahl 1 000 in Form einer Addition und achtmal die Ziffer Acht dar.

888 + 88 + 8 + 8 + 8 = 1 000

Die Zahlen von 1 bis 9 sollen so eingetragen werden, dass die Summe der Zahlen an jeder „Dreiecksseite“ 20 beträgt.

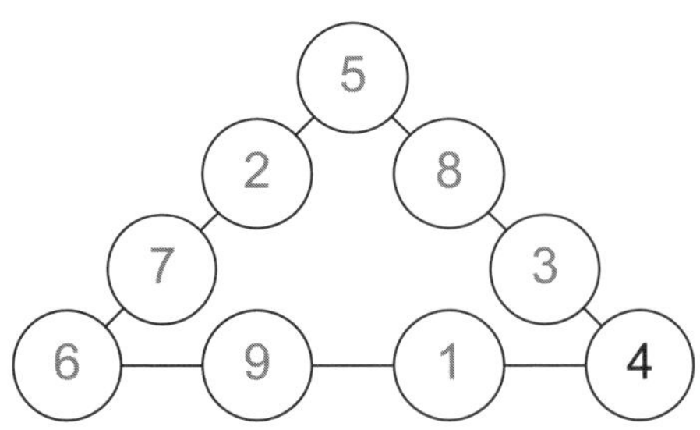

Name:	Rätsel 3

Setze die logischen Reihen fort.

2 → 4 → 8 → ☐ → ☐

∨ → < → ∧ → ☐ → ☐

5 → 9 → 8 → 12 → ☐

Finde selbst ein magisches Quadrat:

In jeder Zeile, Spalte und Diagonale muss die Summe der drei Zahlen 27 sein.
Jede Zahl darf nur einmal vorkommen.

12		

In diesem Buchstabenkasten sind 11 Begriffe, die mit Mathematik zu tun haben, versteckt.

Die Wörter können in jeder Richtung geschrieben sein.

G	V	U	L	L	U	N	L	K
L	S	Z	I	N	S	E	N	C
E	P	Y	R	A	M	I	D	E
I	R	R	Q	R	E	L	C	I
C	I	H	O	S	E	P	I	E
H	S	F	B	Z	A	H	L	R
U	M	D	R	F	E	R	G	D
N	A	U	L	K	O	N	M	J
G	W	T	N	M	R	E	T	A

Auf einem Bauernhof gibt es Schweine und Hühner. Diese Tiere haben 97 Köpfe und 312 Füße.

Wie viele Schweine sind es und wie viele Hühner?

Wie spät ist es, wenn seit Mitternacht 500 Minuten vergangen sind?

☐

Bei den Schrägrissdarstellungen fehlen Kanten. Ergänze sie.

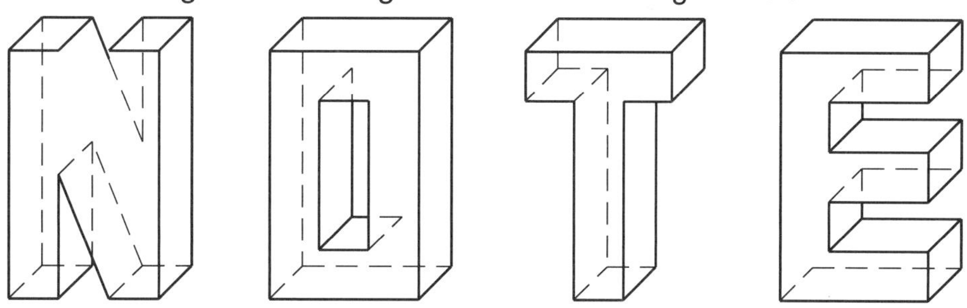

Eine Fußballmannschaft gewann viermal so viele Spiele wie sie verlor; fünf Spiele verliefen unentschieden. Insgesamt gab es 20 Spiele.

Wie viele Spiele gewann die Mannschaft?

Setze Rechenzeichen ein.

1 ☐ 1 = 2

1 ☐ 1 = 1

4 ☐ 3 ☐ 2 = 5

7 ☐ 5 ☐ 2 = 0

8 ☐ 2 ☐ 5 = 20

9 ☐ 2 ☐ 3 ☐ 4 = 19

Name:	Rätsel 3

Setze die logischen Reihen fort.

2 → 4 → 8 → 16 → 32

∨ → < → ∧ → > → ∨

5 → 9 → 8 → 12 → 11

Finde selbst ein magisches Quadrat:

In jeder Zeile, Spalte und Diagonale muss die Summe der drei Zahlen 27 sein.
Jede Zahl darf nur einmal vorkommen.

10	11	6
5	9	13
12	7	8

In diesem Buchstabenkasten sind 11 Begriffe, die mit Mathematik zu tun haben, versteckt.

Die Wörter können in jeder Richtung geschrieben sein.

G	V	U	L	L	U	N	L	K
L	S	Z	I	N	S	E	N	C
E	P	Y	R	A	M	I	D	E
I	R	R	Q	R	E	L	C	I
C	I	H	O	S	E	P	I	E
H	S	F	B	Z	A	H	L	R
U	M	D	R	F	E	R	G	D
N	A	U	L	K	O	N	M	J
G	W	T	N	M	R	E	T	A

Auf einem Bauernhof gibt es Schweine und Hühner. Diese Tiere haben 97 Köpfe und 312 Füße.

Wie viele Schweine sind es und wie viele Hühner?

$4x + 2 \cdot (97 - x) = 312$

$4x + 194 - 2x = 312$

$2x + 194 = 312 \quad | -194$

$2x = 118 \quad | : 2$

$x = 59$

59 Schweine und 38 Hühner

Wie spät ist es, wenn seit Mitternacht 500 Minuten vergangen sind?

8.20 Uhr

Bei den Schrägrissdarstellungen fehlen Kanten. Ergänze sie.

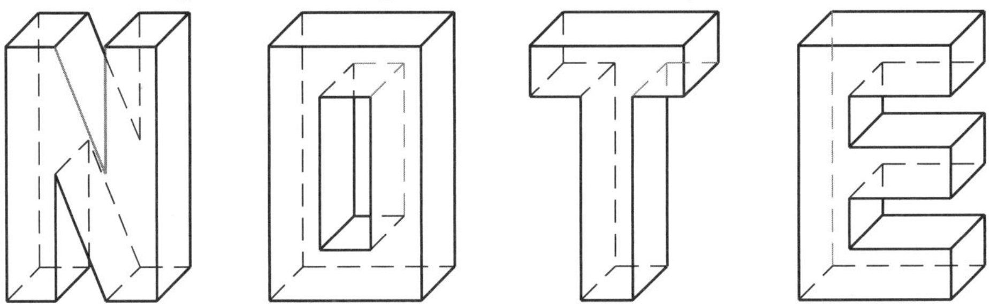

Eine Fußballmannschaft gewann viermal so viele Spiele wie sie verlor; fünf Spiele verliefen unentschieden. Insgesamt gab es 20 Spiele.

Wie viele Spiele gewann die Mannschaft?

$4x + x + 5 = 20$

$5x + 5 = 20 \quad | -5$

$5x = 15 \quad | : 5$

$x = 3$

Die Mannschaft gewann 12 Spiele.

Setze Rechenzeichen ein.

1 [+] 1 = 2

1 [·] 1 = 1

4 [+] 3 [–] 2 = 5

7 [–] 5 [–] 2 = 0

8 [:] 2 [·] 5 = 20

9 [·] 2 [–] 3 [+] 4 = 19